collana di istruzione scientifica
serie di automatica

Dal catalogo McGraw-Hill:

Benvenuti, De Santis, Farina, *Sistemi dinamici - Modellistica, analisi e controllo*
Bolzern, Scattolini, Schiavoni, *Fondamenti di controlli automatici*, 3/e
Chiacchio, *Tecnologie informatiche per l'automazione*, 2/e
Chiaverini, Caccavale, Villani, Sciavicco, *Fondamenti di sistemi dinamici*
Di Febbraro, Giua, *Sistemi ad eventi discreti*
Jaeger, Blalock, *Microelettronica*, 3/e
Magnani, Ferretti, Rocco, *Tecnologie dei sistemi di controllo*, 2/e
Millman, Grabel, Terreni, *Elettronica di Millman*, 4/e
Nordmann, Birkhofer, *Elementi di macchine e meccatronica. Progettazione dei sistemi tecnici*
Rizzoni, *Elettrotecnica. Principi e applicazioni*, 2/e
Sciavicco, Siciliano, *Robotica industriale*, 2/e

Claudio Bonivento
Luca Gentili
Andrea Paoli

Sistemi di automazione industriale

Architetture e controllo

McGraw-Hill

Milano • New York • San Francisco • Washington D.C. • Auckland
Bogotá • Lisboa • London • Madrid • Mexico City • Montreal
New Delhi • San Juan • Singapore • Sydney • Tokyo • Toronto

McGraw-Hill
A Division of The McGraw-Hill Companies

Publisher: Paolo Roncoroni
Development editor: Marta Colnago
Produzione: Donatella Giuliani
Realizzazione editoriale: Carmelo Giarratana
Grafica di copertina: Edicomma, Milano
Immagine di copertina: © Bim
Stampa: Cromografica Europea, Rho (MI)

ISBN 978-88-386-6693-3
Printed in Italy
123456789CROCRO4G3210

a mia moglie Giuliana	C. B.
alla mia famiglia	L. G.
alla mia famiglia	A. P.

Indice

Prefazione

Il volume *Sistemi di automazione industriale - Architetture e controllo* trae origine dall'esperienza didattica dagli autori maturata a partire dall'A.A. 2004-05 nell'ambito del Corso di Laurea di secondo livello di Ingegneria Gestionale. La scelta degli argomenti e il taglio della trattazione riflette la maturata convinzione che sia sempre più necessaria, nella pratica dell'ingegneria, una visione di sistema dei processi di supervisione e controllo che permettono il regolare e desiderato funzionamento di macchine e apparati interdipendenti.

Non vi è dubbio che tra i fattori più innovativi e decisivi per il funzionamento dei moderni sistemi di automazione sia da annoverare la presenza di efficienti e affidabili sistemi di calcolatori distribuiti su una rete di comunicazione in grado di far svolgere in tempo reale la prevista sequenza di funzioni riguardanti acquisizione, condizionamento, diagnosi, elaborazione e attuazione dell'azione di controllo sul processo considerato. Anche nell'area dell'automazione industriale, che è molto vasta e diversificata in rapporto ai settori di applicazione, così come tipicamente avviene in quella delle telecomunicazioni, la conoscenza delle tecnologie digitali è ormai un passo obbligato unificante per tenere aggiornata la professionalità di un ingegnere e per permettergli di contribuire con successo allo sviluppo di soluzioni innovative di processo e di prodotto.

Da questo punto di vista confidiamo che il contenuto del volume sia utile non solo ai tecnici specialisti di sistemi di controllo in senso stretto, ma anche a studenti e ingegneri meccanici, gestionali, elettrici, elettronici, chimici, informatici interessati all'impiego e alla gestione dei moderni sistemi automatizzati.

Il lettore potrebbe osservare che buona parte dei contenuti trattati (in particolare i Capitoli 2, 3, 6, 7, 8 rispettivamente sui sistemi real-time, sulle reti di comunicazione, sul controllo di variabili logiche, sui linguaggi di programmazione per PLC e infine sull'uso delle reti di Petri per la modellazione di sistemi dinamici a eventi discreti) è materia che può essere considerata di competenza anche di aree disciplinari diverse da quella dell'automatica a cui fanno capo gli autori. Il fatto è che la complessità delle specifiche imposte e l'incremento delle prestazioni richieste, da una parte, e la trasversalità delle tecnologie digitali, dall'altra, impongono oggi un ripensamento profondo di molti corsi universitari e un sostanziale superamento dei tradizionali angusti steccati accademici a favore di altri ben più importanti concetti di ricerca di qualità e completezza delle conoscenze utili per la soluzione dei problemi. In tale contesto dinamico, una visione culturale dei sopraccitati argomenti che si rapporti ai fondamenti concettuali dell'automatica, può aiutare l'"ingegnere tout court" a collocare le diverse parti del "puzzle dell'automazione" in un'interessante prospettiva in cui si dia grande valore all'integrazione dell'uso di adeguati modelli matematici e algoritmi con quello delle moderne tecnologie di supporto e all'integrazione delle conoscenze sulla natura specifica del sistema considerato (di tipo meccanico, elettrico, chimico, biologico che sia) con le metodiche che si riferiscono alle discipline dell'ingegneria dell'informazione, ossia automatica, elettronica, informatica e telecomunicazioni.

Ben si comprende che la problematica così delineata risulterebbe troppo ampia per essere trattata in un solo corso universitario. Abbiamo dunque operato una scelta oculata di argomenti privilegiando quelli correlati con le caratteristiche tecniche tipiche dei principali settori applicativi dell'"high-mech" quali l'automotive, le macchine automatiche per il packaging, i sistemi elettromeccanici per la movimentazione e il trasporto e la robotica. Riteniamo tuttavia che il materiale selezionato abbia una valenza sufficientemente ampia per poter essere di interesse anche in molti altri contesti applicativi.

Passiamo ora in rapida rassegna il contenuto degli otto capitoli in cui abbiamo articolato il volume, con l'avvertenza generale che ciascun capitolo ha una sua marcata autoconsistenza e una specifica bibliografia ragionata, in modo che il lettore possa essere in grado di crearsi molteplici percorsi di utilizzo del materiale presentato.

Nel Capitolo 1, *Architetture per l'automazione industriale*, vengono ricordate le principali definizioni riguardanti l'automazione industriale e il controllo automatico, assieme alle motivazioni che ne hanno decretato l'importanza nell'ambito dei processi produttivi industriali. Questa parte è corredata da un excursus storico, necessario per una migliore comprensione dello sviluppo di questa scienza ingegneristica. La seconda parte del capitolo è dedicata all'illustrazione dei principali concetti del Computer Integrated Manufacturing, ovvero del modello teorico di un sistema di produzione che prevede l'integrazione dei processi produttivi con i sistemi di automazione e con i sistemi informativi gestionali. Tale discussione porta alla definizione di un modello gerarchico e, di conseguenza, alla definizione di un'architettura hardware/software modulare e gerarchica per il sistema di automazione.

Nel Capitolo 2, *Sistemi di controllo real time*, si illustrano le principali caratteristiche dei sistemi informatici che operano in tempo reale e la loro importanza nell'ambito delle applicazioni di automazione industriale. Vengono inoltre introdotti i più importanti e significativi algoritmi utilizzati per la programmazione concorrente di tali sistemi. Si considera infine RTAI Linux come esempio significativo di sistema operativo real time utilizzato in applicazioni di automazione industriale.

Nel Capitolo 3, *Reti di calcolatori per l'automazione*, si tratta il problema della comunicazione nei sistemi di automazione industriale. Partendo da un'introduzione generale sulle reti di calcolatori, vengono specificati i relativi concetti di funzionamento con riferimento alle reti di computer usate per la comunicazione di alto livello e alle reti di comunicazione di campo. Per non appesantire la trattazione, si è evitato di parlare di singole realizzazioni, ma ci si è limitati a descrivere gli standard affermati che guidano il progetto di tali sistemi. In particolare, si introduce lo standard Open System Interconnection per quanto riguarda le comunicazioni di tipo office e gli standard Fieldbus e Controller Area Network per i sistemi di comunicazione real time.

Il Capitolo 4, *Controllo di variabili analogiche*, richiama nozioni di base del controllo in retroazione e feedforward, definendo gli schemi concettuali e tecnologici per il progetto di un sistema di controllo. Partendo dallo schema tecnologico si discutono le problematiche fondamentali dell'interfacciamento di un controllore digitale con l'impianto da controllare, tipicamente caratterizzato da un insieme di grandezze di natura analogica. Vengono poi illustrate le principali specifiche che devono essere soddisfatte dal sistema di controllo e, sulla base di queste, si introduce la classe dei controllori a struttura fissa più usata nella pratica industriale, ossia i regolatori PID. Tali regolatori sono descritti con un certo dettaglio sia nella loro versione tempo continua sia nella versione digitale, discutendo le principali tecniche realizzative e i principali metodi di tuning. L'ultima parte del capitolo tratta alcune problematiche di tipo numerico dei controllori digitali: si mostra come la strutturazione dell'algoritmo influenzi la propagazione degli errori e come occorra intervenire per tenere conto dell'architettura hardware di supporto al controllo. Infine, viene presentato e commentato il codice software real time di un controllore PID.

Nel Capitolo 5, *Sistemi di attuazione e controllo del moto*, sono presi in considerazione i sistemi di movimentazione automatizzati. Vengono introdotti il concetto di azionamento elettrico e i principi di base del funzionamento degli attuatori elettromeccanici. Si esamina a fondo il motore a corrente continua a eccitazione separata dal momento che ogni modello di macchina elettrica può essere ricondotto, mediante opportune trasformazioni matematiche, al modello di tale motore. Ne viene inoltre presentato lo schema classico di controllo. Si passa poi a considerare una possibile soluzione del problema della sincronizzazione di assi di moto e a caratterizzare le leggi di moto più utilizzate per gli azionamenti elettrici. La parte conclusiva tratta alcune linee guida per la scelta della tipologia di azionamento e per il suo dimensionamento in relazione al tipo di compito di controllo desiderato.

Argomento del Capitolo 6, *Il controllore logico programmabile*, è il dispositivo industriale che si è imposto come standard per il controllo logico di sequenze, ossia il Controllore Logico Programmabile (PLC, secondo l'acronimo inglese). Dopo aver inizialmente ricordato lo sviluppo storico che ha portato questo controllore ad assumere un'importanza fondamentale come componente di un moderno impianto di automazione industriale, si passa a descriverne la struttura hardware e software facendo riferimento a quanto stabilito dalla normativa internazionale IEC 61131. I linguaggi di programmazione che sono stati definiti per questo controllore sono brevemente richiamati mettendo in evidenza come, pur in presenza di uno standard internazionale accettato, in realtà i differenti produttori di PLC abbiano nel tempo adottato strumenti di progettazione proprietari. Ci si focalizza infine sull'importanza del software nel processo di progettazione di un impianto industriale, sottolineando che questo componente deve essere considerato alla stregua di un comune prodotto industriale e che, pertanto, la sua progettazione rappresenta un processo di grande rilevanza. In particolare, ne vengono sottolineate le desiderate proprietà fondamentali di strutturazione e standardizzazione.

Nel Capitolo 7, *Sequential Functional Chart*, si illustra il linguaggio di programmazione Sequential Functional Chart (SFC), introducendone le principali caratteristiche ed evidenziando le proprietà fondamentali che lo rendono particolarmente appropriato per una progettazione strutturata del software. Si propongono a corredo alcuni esempi progettuali che, pur nella loro valenza e semplicità didattica, permettono di evidenziare le notevoli possibilità espressive del linguaggio di programmazione SFC. Si introduce poi il formalismo grafico GEMMA che permette la descrizione delle situazioni operative del sistema di automazione, mostrando in particolare come la gestione delle condizioni di emergenza venga agevolata dall'uso di tale strumento al fine di consentire una migliore progettazione per quanto riguarda la sicurezza dell'impianto. È importante precisare che, nella stesura di questo capitolo, l'enfasi è stata posta sullo strumento SFC come ausilio alla progettazione e non come linguaggio di programmazione. Questa impostazione ha portato al rilassamento dei vincoli sintattici che la norma IEC 61131-3 prevede al fine di mettere a disposizione del lettore uno strumento il più flessibile possibile con cui affrontare il problema della progettazione del controllo di sequenze. In secondo luogo, è stata adottata una sintassi chiara e precisa, derivante da varie implementazioni reali proposte da produttori di PLC e CAD per sistemi di controllo, al fine di poter descrivere in maniera univoca e completa lo strumento di progettazione. Questa impostazione ha permesso in definitiva di ovviare all'astrazione introdotta dalla norma fornendo al lettore uno strumento differenziato sulla base delle proprie esigenze didattiche.

Il Capitolo 8, *Modellistica, analisi e controllo mediante sistemi a eventi discreti*, introduce il lettore allo studio della classe dei sistemi a eventi discreti (DES, secondo l'acronimo inglese) attraverso l'analisi dei principali modelli matematici utilizzabili per descriverli. Si parla in particolare di linguaggi e automi e, in maniera più approfondita, di reti di Petri. Per queste ultime strutture sono fornite le principali definizioni e alcune linee guide su come utilizzarle per modellare i sistemi fisici e in particolare i processi di produzione industriale. Si presentano poi proprietà e tecniche di analisi per le reti di Petri insieme ai concetti fondamentali per il loro controllo. Il capitolo si chiude con una breve discussione sul rapporto esistente tra reti di Petri e software per il controllo logico, proponendo alcune idee su come queste possano essere tradotte nei linguaggi della norma IEC 61131-3.

Il volume è caratterizzato dalla presenza di numerosi esempi pratici, riportati in ogni capitolo per stimolare il lettore alla padronanza degli strumenti illustrati. Inoltre, al termine di ogni capitolo è presente una sezione di quesiti teorici ed esercizi volti alla verifica della comprensione degli argomenti trattati da parte del lettore. Le soluzioni e ulteriori esercizi sono disponibili sul sito www.ateneonline.it/bonivento.

Ringraziamenti

Desideriamo innanzitutto ringraziare tutti i lettori che con le loro osservazioni sulla versione preliminare hanno permesso il miglioramento dell'opera. Ringraziamo poi i colleghi che ci hanno dato preziosi consigli nella preparazione di questo libro e, in particolare, Alberto Tonielli, che ha ispirato l'impostazione generale della trattazione sul controllo del moto e sulla programmazione dei PLC. Ringraziamo inoltre Andrea Tilli per le preziose discussioni durante la preparazione del Capitolo 5. Infine, ringraziamo la casa editrice per il supporto fornitoci nella fase di stesura del volume.

Delle eventuali manchevolezze e imprecisioni residue rimaniamo responsabili esclusivi, confidando nella collaborazione di studenti e attenti lettori per utili segnalazioni.

gli Autori

Bologna, agosto 2010

1

Architetture per l'automazione industriale

Argomento di questo capitolo sono i moderni sistemi di automazione industriale. Inizialmente vengono ricordate le principali definizioni riguardanti l'automazione industriale, assieme alle motivazioni che ne hanno decretato l'importanza nell'ambito dei processi produttivi industriali. Questa parte è corredata da un excursus storico, necessario per una migliore comprensione dello sviluppo di questa scienza ingegneristica. La seconda parte del capitolo è dedicata all'illustrazione dei principali concetti dell'architettura Computer Integrated Manufacturing, ovvero del modello teorico di un sistema di produzione che prevede l'integrazione dei processi produttivi con i sistemi di automazione e con i sistemi informativi gestionali. Tale discussione porta alla definizione di un modello gerarchico e, di conseguenza, alla definizione di un'architettura hardware/software modulare e gerarchica per il sistema di automazione. L'ultima parte del capitolo è dedicata alla descrizione delle problematiche che devono essere affrontate durante il processo di progettazione di un impianto di automazione industriale.

1.1 Automazione industriale: dai primi meccanismi alla Computer Integrated Manufacturing

Un processo produttivo può essere definito come una trasformazione fisica di materiali effettuata al fine di ottenere un prodotto desiderato. Ogni processo produttivo è realizzabile mediante un'opportuna disponibilità e combinazione di tre fattori o "ingredienti" fondamentali:

- energia;
- informazione;
- controllo.

Ogni lavoro compiuto dall'uomo sin dalla preistoria al fine di ottenere un prodotto desiderato contiene questi ingredienti; si pensi per esempio a un uomo che manipola una pietra per ottenerne un utensile: la trasformazione da pietra grezza a utensile finito avviene mediante l'energia muscolare fornita dall'uomo che lavora la pietra, il controllo è assicurato dal cervello dell'uomo stesso che dosa in maniera esperta l'energia muscolare attraverso i movimenti necessari alla lavorazione e la gestione delle informazioni avviene mediante i sensi e il cervello dell'uomo che utilizza vista e tatto per guidare la lavorazione e ottenere l'utensile nella forma desiderata. L'uomo in tal caso fornisce dunque tutti i tre elementi fondamentali per eseguire il processo produttivo.

Lo sviluppo dei sistemi produttivi nel corso dei secoli è sempre stato volto all'eliminazione totale o parziale dell'intervento umano nei processi di erogazione e manipolazione dei tre ingredienti fondamentali che abbiamo citato. Le motivazioni sono semplici: erogare energia è faticoso, a volte pericoloso e non se ne dispone sempre nella quantità necessaria; fornire controllo e gestire le informazioni non è sempre possibile perché l'uomo potrebbe non disporre delle capacità e della precisione desiderata.

Esaminando il percorso che ha portato a eliminare il più possibile la componente umana dai processi produttivi, si nota che i primi tentativi sono stati volti a dispensare l'uomo dal fornire l'energia necessaria alla lavorazione: si pensi per esempio all'utilizzo di energia animale per lo svolgimento di lavori particolarmente pesanti (aratura dei campi o estrazione di acqua dai pozzi) o allo sfruttamento dell'energia eolica o idraulica nei mulini a vento o ad acqua. Tale processo di **industrializzazione** culmina nella rivoluzione industriale, quando i processi produttivi vengono caratterizzati dall'uso generalizzato di macchine azionate tramite potenza meccanica ricavata da fonti energetiche naturali come i combustibili fossili. Per fornire una contenstualizzazione temporale di tale fenomeno si può ricordare che il primo filatoio meccanico fu introdotto nel 1768, mentre la prima motrice a vapore è datata 1776.

Anche l'esigenza di dispensare la componente umana dalle operazioni di controllo e gestione delle informazioni è sempre stata molto sentita, soprattutto per quanto riguarda quei processi che richiedevano una particolare precisione che l'uomo non era in grado di garantire in modo ripetitivo e continuativo: si pensi per esempio alla gestione di informazioni riguardanti il tempo o la temperatura. Sin dall'antichità furono costruiti sistemi che non necessitavano della presenza dell'uomo per svolgere le funzioni di controllo e gestione dell'informazione: per esempio Ctesibio (vissuto ad Alessandria d'Egitto nel II secolo a.C.) ideò un sistema idraulico per la costruzione di un orologio. In Figura 1.1 viene mostrato tale sistema in cui due cisterne sono collegate mediante un orifizio che fa crescere in maniera costante il livello di liquido in una delle due; un galleggiante immerso in tale cisterna è collegato a un indice che si sposta lungo una scala graduata segnando il trascorrere del tempo. Un ulteriore esempio è il termostato ideato e costruito da Cornelius Drebbel (1572-1663), basato sull'utilizzo di un termometro che, mediante opportuni collegamenti meccanici, permetteva di mantenere costante la temperatura all'interno di un'incubatrice.

Durante la rivoluzione industriale ottenne un enorme rilievo il regolatore centrifugo che Watt adottò nel 1787 per controllare la velocità di una macchina a vapore; tale sistema riveste una grande importanza nella storia della tecnica perché fu il capostipite degli apparecchi automatici di controllo indispensabili per il corretto funzionamento degli impianti. Questo regolatore faceva accelerare la macchina se questa rallentava per il troppo carico o la faceva rallentare dopo un'accelerazione dovuta a diminuzione di carico. In Figura 1.2 è illustrato tale sistema,

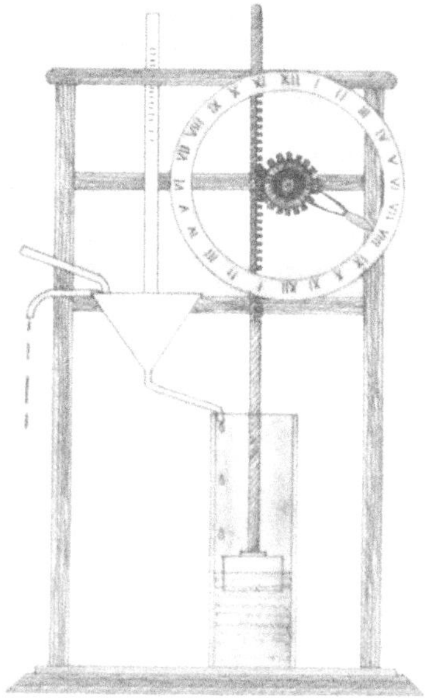

Figura 1.1 Orologio ad acqua di Ctesibio.

il cui funzionamento si basa sugli effetti della forza centrifuga sulle due masse sferiche: se la velocità della macchina aumenta, esse si allargano e, per mezzo di leve, fanno chiudere la valvola a farfalla. In questo modo la quantità di vapore che giunge nel cilindro diminuisce e la macchina rallenta. Se la macchina rallenta le masse si abbassano, aprendo maggiormente la valvola a farfalla.

L'esperienza maturata nello studio di automatismi ha nel tempo portato a formulare una teoria del controllo, che costituisce il nucleo dell'**automatica**, con lo scopo di definire, sulla base di un insieme di misure effettuate sulle grandezze fisiche accessibili, l'azione più efficace da compiere sul processo al fine di ottenere da questo il comportamento desiderato. Il primo contributo formulato rigorosamente in questa direzione è dovuto a J.C. Maxwell[1] ed è stato pubblicato nel 1868 dalla Royal Society. In tale lavoro intitolato "On governors" si afferma che *"il regolatore è una parte della macchina attraverso la quale la velocità della macchina stessa è mantenuta costante nonostante la presenza di variazioni della potenza erogata o della resistenza (al moto)"*. In Figura 1.3 viene riportata l'intestazione originale di questo fondamentale lavoro.

Nell'ambito della teoria del controllo alcuni risultati fondamentali che è importante citare sono quelli dovuti a E.J. Routh (1831-1907) e A. Hurwitz (1859-1919) riguardanti la stabilità dei sistemi lineari, a H.S. Black (1898-1983) su-

[1]Maxwell è noto anche per essere stato il fondatore della teoria delle onde elettromagnetiche.

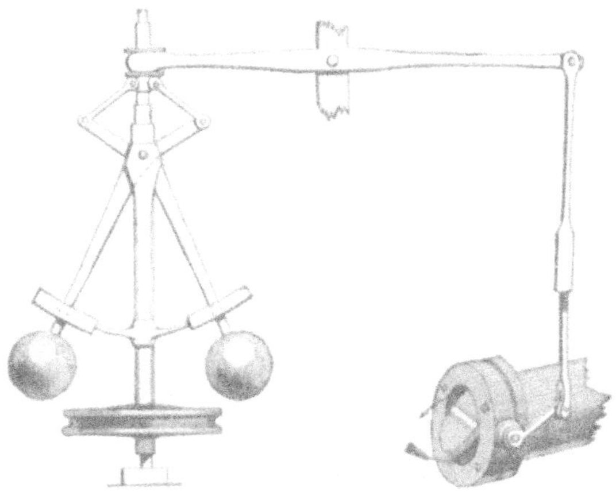

Figura 1.2 Regolatore di velocità di Watt.

gli amplificatori in retroazione negativa, a H. Nyquist (1889-1976) e H.W. Bode (1905-1982) riguardanti l'analisi frequenziale dei sistemi dinamici, a J.G. Ziegler e N.B. Nichols che nel 1942 introdussero il concetto di controllore proporzionale, integrale, derivativo (PID). Nella prima metà del XX secolo gli sviluppi della teoria del controllo proseguirono in modo differenziato nei paesi occidentali (partendo da basi e motivazioni ingegneristiche) e in Unione Sovietica (partendo da basi prettamente matematiche). Dal 1950 in poi gli sviluppi della teoria del controllo si sono largamente basati sulla teoria dei sistemi dinamici portando alla soluzione di problemi di ottimizzazione dell'azione di controllo, di identificazione dei modelli e di controllo dei sistemi non lineari.

Per avere applicazioni significative dei risultati teorici appena ricordati, si è dovuto attendere lo sviluppo di adeguate tecnologie tali da permettere di trasferire sul campo l'esperienza pionieristica dei servocomandi accumulata durante il periodo del secondo conflitto mondiale. Dal 1947 si comincia a parlare di **automazione**[2], termine usato per la prima volta alla Ford Motor Company per indicare l'insieme degli apparati di movimentazione automatica che erano stati installati nelle loro linee di produzione.

Nel periodo postbellico le più grandi realtà industriali dell'epoca iniziarono ad avere la necessità di rendere più veloce ed efficiente la produzione tramite tecniche e tecnologie che permettessero anche un consistente aumento della produttività inteso come rapporto tra volume di prodotti e personale impiegato. In particolare le linee produttive di queste industrie necessitavano di sistemi che determinassero ed eseguissero le sequenze di azioni necessarie per la produzione

[2]Il termine automazione deriva dal termine inglese automation nato come contrazione dell'espressione "automatic production".

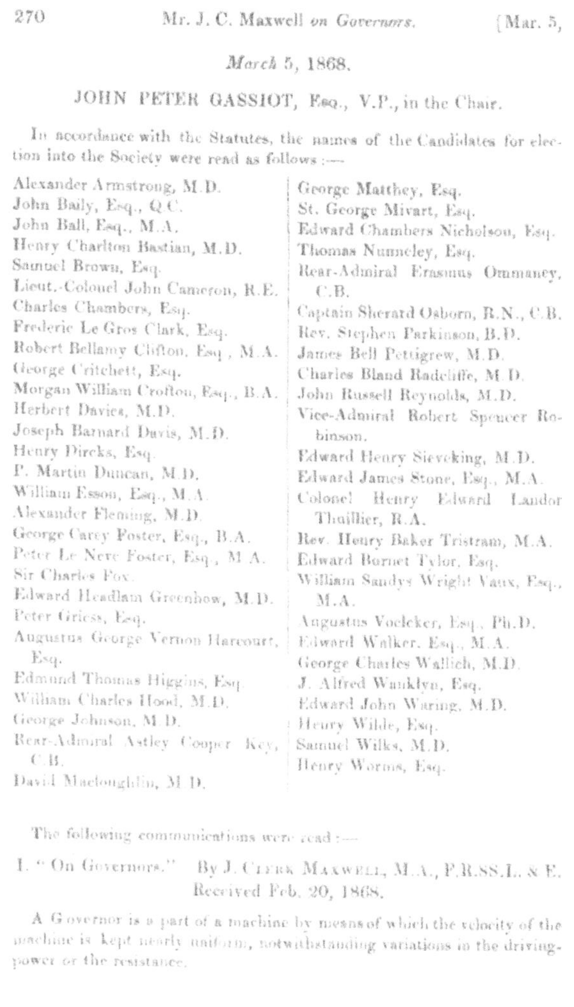

270 Mr. J. C. Maxwell *on Governors.* [Mar. 5,

March 5, 1868.

JOHN PETER GASSIOT, Esq., V.P., in the Chair.

In accordance with the Statutes, the names of the Candidates for election into the Society were read as follows :—

Alexander Armstrong, M.D.
John Baily, Esq., Q.C.
John Ball, Esq., M.A.
Henry Charlton Bastian, M.D.
Samuel Brown, Esq.
Lieut.-Colonel John Cameron, R.E.
Charles Chambers, Esq.
Frederic Le Gros Clark, Esq.
Robert Bellamy Clifton, Esq., M.A.
George Critchett, Esq.
Morgan William Crofton, Esq., B.A.
Herbert Davies, M.D.
Joseph Barnard Davis, M.D.
Henry Dircks, Esq.
P. Martin Duncan, M.D.
William Esson, Esq., M.A.
Alexander Fleming, M.D.
George Carey Foster, Esq., B.A.
Peter Le Neve Foster, Esq., M.A.
Sir Charles Fox.
Edward Headlam Greenhow, M.D.
Peter Griess, Esq.
Augustus George Vernon Harcourt, Esq.
Edmund Thomas Higgins, Esq.
William Charles Hood, M.D.
George Johnson, M.D.
Rear-Admiral Astley Cooper Key, C.B.
David Macloughlin, M.D.
George Matthey, Esq.
St. George Mivart, Esq.
Edward Chambers Nicholson, Esq.
Thomas Nunneley, Esq.
Rear-Admiral Erasmus Ommaney, C.B.
Captain Sherard Osborn, R.N., C.B.
Rev. Stephen Parkinson, B.D.
James Bell Pettigrew, M.D.
Charles Bland Radcliffe, M.D.
John Russell Reynolds, M.D.
Vice-Admiral Robert Spencer Robinson.
Edward Henry Sieveking, M.D.
Edward James Stone, Esq., M.A.
Colonel Henry Edward Landor Thuillier, R.A.
Rev. Henry Baker Tristram, M.A.
Edward Burnet Tylor, Esq.
William Sandys Wright Vaux, Esq., M.A.
Augustus Voelcker, Esq., Ph.D.
Edward Walker, Esq., M.A.
George Charles Wallich, M.D.
J. Alfred Wanklyn, Esq.
Edward John Waring, M.D.
Henry Wilde, Esq.
Samuel Wilks, M.D.
Henry Worms, Esq.

The following communications were read :—

I. "On Governors." By J. Clerk Maxwell, M.A., F.R.SS.L. & E. Received Feb. 20, 1868.

A Governor is a part of a machine by means of which the velocity of the machine is kept nearly uniform, notwithstanding variations in the driving-power or the resistance.

Figura 1.3 Intestazione dell'articolo "On governors" di J.C. Maxwell.

senza il continuo intervento dell'uomo. D'altra parte, proprio in quegli anni, vennero rese disponibili alcune tecnologie elettroniche e informatiche che permisero di modificare notevolmente l'approccio alla produzione automatizzata. Da allora il termine automazione si è largamente diffuso con il significato generico di impiego di macchine per pilotare altre macchine ed ha assunto un ruolo fondamentale all'interno dei processi di produzione industriale.

Utilizzare le macchine create in ambito informatico/elettronico (i circuiti elettrici e, in seguito, i calcolatori) per effettuare le manipolazioni simboliche richieste da un'efficiente automazione fu il fattore vincente che rese possibile il progetto di sistemi di controllo con capacità, in termini di potenza di calcolo, decisamente superiori a quelli utilizzati ai tempi nelle industrie.

Dapprima vennero introdotte le prime reti di componenti elettrici (relè e temporizzatori) per l'esecuzione di controlli logico/sequenziali: in questo modo era possibile progettare e realizzare sistemi combinatori del tutto automatici che, al verificarsi di determinate condizioni, attivavano l'avvio o la fine di ciascuna delle operazioni di base svolte dalle macchine di produzione (si pensi per esempio all'interruzione di una movimentazione quando un organo meccanico raggiungeva il proprio fine corsa). Questi particolari sistemi automatizzati, detti di **prima generazione**, erano particolarmente lenti nell'acquisizione delle informazioni necessarie al loro funzionamento e nella loro elaborazione, erano costosi da progettare e realizzare ed erano caratterizzati da una flessibilità molto scarsa (la ridefinizione delle sequenze di azioni necessitava di una riprogettazione completa degli schemi logici e dei circuiti a relè corrispondenti).

Grazie all'evoluzione dell'elettronica a semiconduttore (e in particolare grazie allo sviluppo delle tecnologie basate sull'utilizzo di transistori e circuiti stampati), durante gli anni Sessanta nacque una **seconda generazione** di sistemi di controllo. Tra gli anni Sessanta e Settanta tali sistemi, basati su dispositivi elettronici a semiconduttore, vennero largamente utilizzati dalle principali industrie per il loro costo più vantaggioso e per le dimensioni più compatte sebbene, a livello di flessibilità, queste soluzioni lasciassero ancora a desiderare.

L'evoluzione dell'elettronica e dell'informatica e in particolare la disponibilità dei sistemi a microprocessore per l'esecuzione di algoritmi programmabili, permise la nascita di una **terza generazione** di sistemi di controllo caratterizzata proprio dalla possibilità di eseguire generici algoritmi logico/sequenziali programmati dall'utente con semplici istruzioni di tipo informatico. Sebbene il primo controllore logico programmabile per il controllo di variabili logiche (PLC) fu introdotto già nel 1968 dalla Allen Bradley nell'ambito dell'automazione della produzione automobilistica, la sua diffusione non fu immediata e ciò permise che la seconda generazione di sistemi di controllo vivesse sino a metà degli anni Settanta. I controllori programmabili divennero uno standard di fatto solo nel seguito quando i loro costi, e in particolare i costi dei componenti elettronici quali i microprocessori, divennero competitivi anche per le industrie di medie/piccole dimensioni.

Concludendo possiamo affermare che il ruolo dell'automazione industriale nell'ambito dei processi produttivi è fondamentale al fine di:

- far compiere lavori semplici e ripetitivi alle macchine senza l'intervento umano, con minori costi, maggiore affidabilità e con continuità temporale;
- far compiere in modo automatico operazioni che richiedono una precisione e una velocità impossibili a un operatore umano;
- far compiere alle macchine operazioni che richiedono potenze così elevate che l'operatore umano non riuscirebbe a fornire;
- far compiere a macchine appositamente progettate operazioni pericolose in ambienti ostili per l'uomo;
- rispettare normative di sicurezza e sostenibilità ambientale.

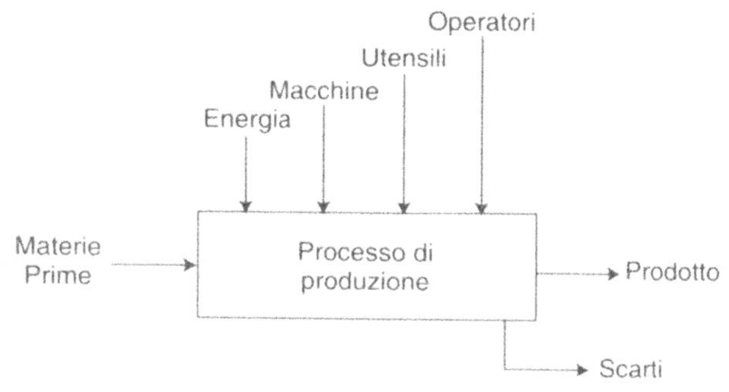

Figura 1.4 Rappresentazione schematica di un processo di produzione.

Negli ultimi anni il concetto di automazione industriale è stato esteso non solo alla produzione vera e propria, ma anche ai suoi sistemi di supporto, cioè a tutti i processi di progettazione, organizzazione e gestione della produzione: si inizia così a parlare di automazione industriale in senso più ampio, integrando i processi produttivi con i sistemi di automazione e con i sistemi informativi gestionali. Il termine che viene usato per indicare questa moderna automazione industriale è Computer Integrated Manufacturing; a tale argomento è dedicato il prossimo paragrafo.

1.2 Computer Integrated Manufacturing

In questo paragrafo illustreremo i principali concetti dell'architettura **Computer Integrated Manufacturing** (CIM), ovvero del modello teorico di un sistema di produzione che prevede l'integrazione dei processi produttivi con i sistemi di automazione e con i sistemi informativi gestionali. Inizieremo descrivendo brevemente cosa si intende per produzione manifatturiera per poi descrivere come i sistemi di automazione si inseriscono in tale ambito. Presenteremo infine il modello teorico di un sistema CIM e, in particolare, arriveremo a definire la sua architettura di automazione.

1.2.1 Sistemi di produzione manifatturiera

Con il termine **manufacturing** si intende l'insieme di processi fisici e/o chimici che devono essere applicati ai materiali grezzi/semi-lavorati al fine di ottenere il prodotto finale. Come mostrato in Figura 1.4, il manufacturing è un processo di trasformazione di materiali che avviene mediante l'utilizzo di più elementi quali macchinari, utensili, energia e intervento umano; tale processo è solitamente di tipo sequenziale, ovvero può essere scomposto in un insieme di passi sequenziali ognuno dei quali opera una trasformazione del materiale sino al raggiungimento

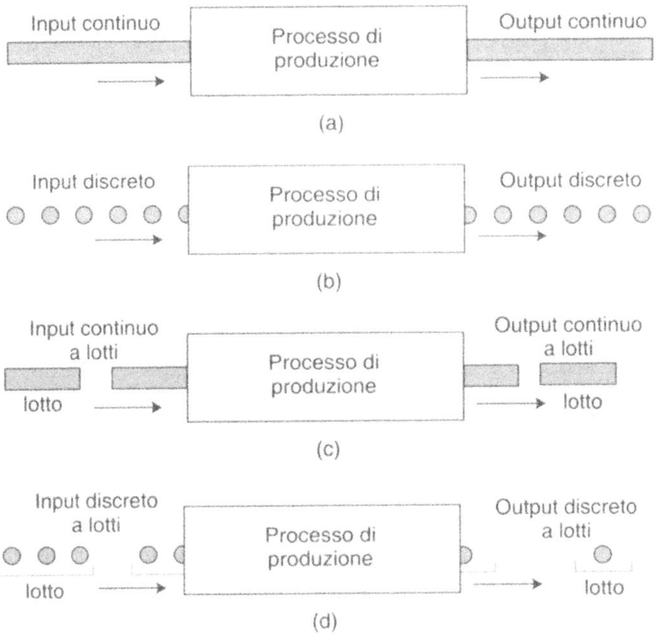

Figura 1.5 Classificazione dei processi produttivi: processo di produzione continuo tipico dell'industria di processo (a), processo di produzione discreto tipico di un'industria manifatturiera (b), processo di produzione continuo a lotti (c) e processo di produzione discreto a lotti (d).

dello stato desiderato. Il processo[3] fornirà come output il prodotto desiderato assieme a una serie di scarti di produzione.

La produzione può essere classificata, come illustrato in Figura 1.5, secondo il tipo di trasformazioni necessarie per giungere al prodotto finale. Nel caso in cui le materie prime e il prodotto finito siano entrambi di tipo continuo, ovvero nel caso in cui la produzione sia realizzata mediante una serie di trasformazioni continue su un flusso continuo di materiale, si parla di **produzione continua** (Figura 1.5a); è questo il caso dell'**industria di processo**, ovvero dell'industria che si occupa tipicamente della produzione chimica, farmaceutica, alimentare e di energia in cui, per esempio, le materie prime e il prodotto finale si presentano in forma di liquidi, gas o polveri. Nel caso in cui materiali di partenza e prodotto finale siano numerabili, ovvero la produzione avvenga mediante il processo di trasformazione di ogni singola unità di materia prima, si parla di **produzione discreta**;

[3]Da un punto di vista strettamente economico il processo di produzione è l'insieme delle operazioni necessarie per fornire valore aggiunto ai materiali grezzi modificandone alcune proprietà.

solitamente quando si parla di **industria manifatturiera** si intende quest'ultimo tipo di produzione (Figura 1.5b).

Se i materiali vengono processati in quantità finite e determinate a priori dette **lotti**, si parla di **produzione a lotti**: il processo di produzione in questo caso è discontinuo in quanto ci sono delle pause di produzione tra i vari lotti; tali pause sono dovute al fatto che, per ottenere il prodotto finale, occorre trasformare solo una data quantità di materiale grezzo (Figura 1.5c e 1.5d). Si noti che la produzione a lotti è possibile sia nel caso dell'industria di processo che nel caso dell'industria manifatturiera. Un tipico caso di produzione continua a lotti è quello dell'industria chimica in cui, per ottenere una certa quantità di prodotto, esiste una ricetta precisa che stabilisce le quantità di reagenti necessari.

Come accennato in precedenza, il processo produttivo è composto da una sequenza di operazioni elementari necessarie per convertire la materia di partenza nel prodotto finale desiderato. Queste operazioni possono essere classificate come segue:

- operazioni di lavorazione;
- operazioni di assemblaggio;
- operazioni di trasporto e stoccaggio dei materiali;
- operazioni di test;
- operazioni di coordinamento e controllo.

Le **operazioni di lavorazione** sono le operazioni di trasformazione vere e proprie in cui si usa energia meccanica, termica, chimica o elettrica per modificare le proprietà fisiche dei materiali. Tale energia è convogliata sul materiale per mezzo di macchinari e utensili che effettuano le manipolazioni necessarie.

Per ottenere il prodotto finale è in generale necessario unire in maniera permanente o semi-permanente due o più parti in modo da formare un'unica entità; è questo lo scopo delle **operazioni di assemblaggio**.

Le operazioni di lavorazione e assemblaggio sono solitamente intramezzate da **operazioni di trasporto e stoccaggio** dei materiali. Questa fase è in realtà una delle più importanti del processo di produzione dato che, in molti casi, il tempo in cui i materiali sono movimentati o fermi in magazzino è maggiore di quello in cui i materiali sono lavorati; è pertanto necessario che tali operazioni siano realizzate nel modo più efficiente possibile.

Le **operazioni di test** sono volte alla verifica del prodotto finale e delle sue funzionalità per accertare se questi soddisfa gli standard e le specifiche imposte.

Ovviamente tutte le operazioni fin qui elencate devono essere coordinate e, vedremo meglio in seguito, il più possibile automatizzate attraverso le cosiddette **operazioni di coordinamento e controllo**.

Il processo di produzione descritto finora viene realizzato mediante un'infrastruttura nota come **sistema di produzione**: con questo termine si indica l'insieme delle attrezzature, delle persone e delle procedure necessarie per eseguire le operazioni di produzione manifatturiera. Come mostrato in Figura 1.6 il sistema di produzione è costituito da due macro-livelli:

1. **impianto di produzione**, ovvero l'equipaggiamento fisico necessario alla produzione;

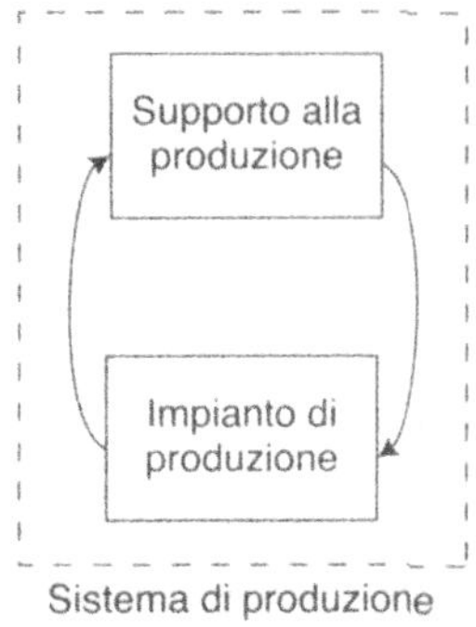

Figura 1.6 Schematizzazione di un sistema di produzione.

2. **sistema di supporto**, ovvero l'insieme delle procedure di organizzazione e gestione della produzione.

L'**impianto di produzione** include tutte le attrezzature fisiche necessarie per compiere le operazioni di lavorazione, assemblaggio, trasporto, test e controllo che abbiamo appena descritto; pertanto l'impianto di produzione è costituito dall'insieme di macchinari e utensili che effettuano le trasformazioni, dai mezzi di trasporto dei materiali, dall'equipaggiamento necessario per il test e la verifica dei prodotti e dal sistema di controllo dell'impianto.

L'impianto di produzione e la sua organizzazione sono fortemente influenzati, oltre che ovviamente dal tipo di processo produttivo, anche dall'**entità della produzione** (generalmente indicata dal numero di prodotti realizzati in un anno dall'impianto) e dalla **varietà della produzione**, ovvero dal numero di tipologie di prodotti realizzati dall'impianto. Una classificazione dei sistemi produttivi sulla base della quantità di prodotto annuo può essere la seguente[4]:

- **piccola produzione**, da 1 a 100 unità di prodotto annuali;
- **media produzione**, da 100 a 10000 unità di prodotto annuali;
- **grande produzione**, sopra le 10000 unità di prodotto annuali.

Come mostrato in Figura 1.7, esiste in generale una correlazione inversa tra l'entità della produzione e la sua varietà: solitamente è possibile avere una grande varietà di prodotti solo se la quantità annua di prodotto è sufficientemente bassa.

Il **sistema di supporto alla produzione** include un insieme di attività di gestione delle informazioni legate alla produzione. Come mostrato in Figura 1.8, è possibile schematizzare il sistema di supporto alla produzione come un anello di attività che circondano le attività produttive vere e proprie; tali attività di supporto gestiscono il flusso di informazioni in ingresso e in uscita dal processo di

[4]Fonte M.P. Groover, *Automation, production systems and computer-integrated manufacturing*, [4].

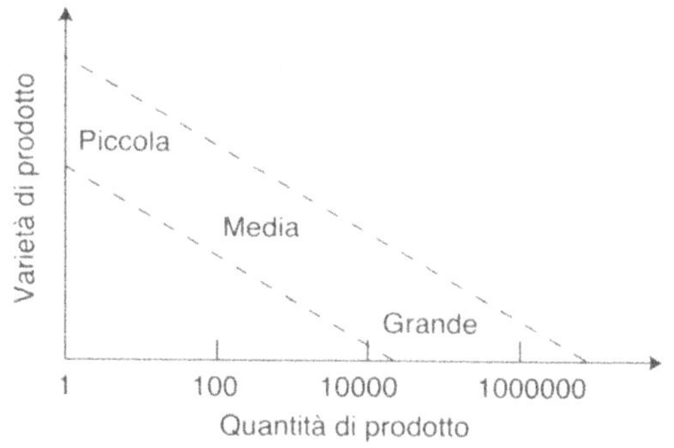

Figura 1.7 Classificazione di un sistema di produzione sulla base di quantità e varietà.

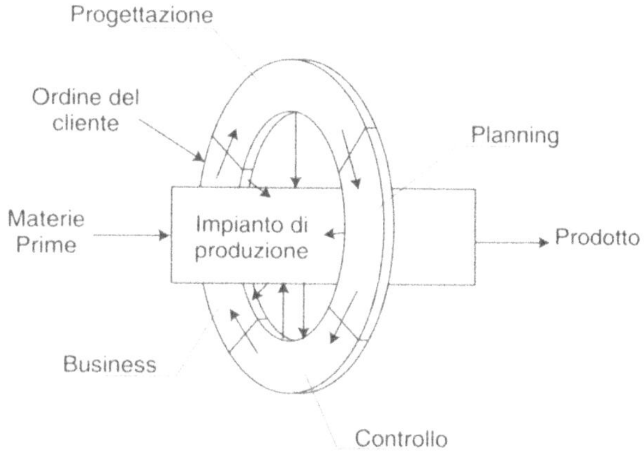

Figura 1.8 Schematizzazione delle attività di supporto alla produzione.

produzione in modo da renderlo possibile. Le attività di supporto possono essere classificate in:

- **attività di business**, principali attività di contatto con il cliente e, dunque, il punto di partenza e di arrivo del processo; includono gestione ordini, marketing, vendita, bilancio, budget, ecc.;
- **attività di progettazione**, attività volte alla progettazione del processo di produzione sulla base delle esigenze del cliente;
- **attività di planning**, sulla base delle funzioni di business e delle attività di progettazione, la produzione viene pianificata e gestita mediante queste attività; mediante il planning si determinano le sequenze di lavorazione e assemblaggio, le politiche di produzione e stoccaggio e le politiche di rifornimento di materiali;

- **attività di controllo**, attività di gestione e supervisione del processo di produzione; includono il controllo dei processi produttivi, il controllo dei flussi di materiali e il controllo di qualità dei processi e dei prodotti.

1.2.2 Automazione dei processi produttivi

Per ottimizzare il processo produttivo, alcune delle attività di produzione e di supporto sono automatizzate; abbiamo visto come il termine automazione industriale faccia riferimento al complesso delle metodologie e tecnologie (di tipo controllistico, elettronico, meccanico e informatico) che permettono il controllo di una macchina da parte di un'altra macchina evitando l'intervento dell'uomo.

L'automazione dell'impianto di produzione riguarda l'utilizzo di macchine automatiche o robot industriali per la lavorazione e l'assemblaggio delle parti, l'utilizzo di linee di trasporto o di sistemi a guida autonoma per la movimentazione e lo stoccaggio dei materiali e l'impiego di sistemi di controllo qualità automatici. In genere si distingue tra automazione rigida, programmabile o flessibile.

Un sistema di **automazione rigida** è un sistema in cui la sequenza delle operazioni di produzione è fissa; il processo di produzione è realizzato mediante la sequenza coordinata di una serie di operazioni elementari molto semplici (per esempio il caricamento di un pezzo in un macchinario o la foratura di un pezzo mediante una macchina utensile). Solitamente i sistemi di automazione rigida sono destinati a grandi produzioni in cui la frequenza di produzione è molto elevata e la varietà di prodotto è molto bassa.

In un sistema di **automazione programmabile** è invece possibile cambiare la sequenza delle operazioni di produzione in modo da variare la configurazione finale del prodotto. Generalmente questo tipo di automazione si trova in industrie con un'entità di produzione medio-bassa, solitamente caratterizzate da processi produttivi a lotti: ogni lotto corrisponde a una configurazione diversa del prodotto finale e, pertanto, tra un lotto e l'altro è necessario un tempo di attesa per la riconfigurazione dell'impianto di produzione ovvero per il caricamento del nuovo programma di produzione e per il cambiamento di setup delle macchine (per esempio lavorazioni diverse richiedono utensili di diverse tipologie o dimensioni). Un classico esempio di produzione automatizzata programmabile è quello realizzato con macchine a controllo numerico, ovvero macchine utensili controllate mediante il calcolatore, in cui la lavorazione da eseguire è descritta da un programma di controllo, cioè da un codice modificabile dall'operatore in cui ogni istruzione corrisponde a un passo di lavorazione.

Infine l'**automazione flessibile** è un'estensione dell'automazione programmabile in cui è possibile diversificare la produzione senza però avere tempi morti di conversione dell'impianto. Questo è possibile solitamente in quanto le diverse varietà di prodotti finali sono tipicamente molto simili e le lavorazioni sono effettuate mediante macchinari caratterizzati da un'alta configurabilità e flessibilità. Tale flessibilità può per esempio riguardare l'ordine delle lavorazioni o l'assegnamento di una lavorazione a una stazione di lavoro; tali sistemi sono noti come **Flexible Manufacturing Systems** (FMS). In Figura 1.9 è mostrata la

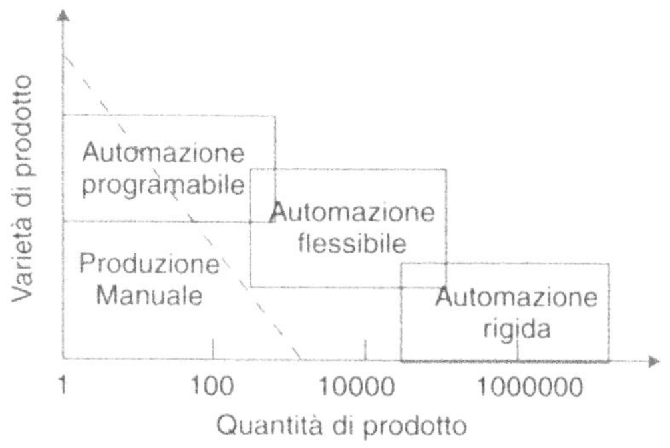

Figura 1.9 Classificazione del sistema di automazione.

classificazione del sistema di automazione in funzione di entità e varietà della produzione.

Per quanto riguarda l'automazione delle attività di supporto è importante citare il **Decision Support System** (DSS), ovvero il sistema software che mette a disposizione dell'utente una serie di funzionalità di supporto ai processi decisionali: in particolare tali software permettono in maniera interattiva ed estremamente semplice l'analisi dei dati e l'utilizzo di modelli di valutazione delle decisioni allo scopo di aumentare l'efficienza e l'efficacia del processo decisionale.

Un altro importante strumento di automazione delle attività di supporto è l'**Enterprise Resource Planning** (ERP), ovvero un insieme di applicazioni informatiche volte all'automazione di attività di amministrazione e finanza, logistica, gestione della produzione e delle risorse umane.

Altri esempi di automazione delle attività di supporto (nello specifico per l'automazione della fase di progettazione e planning) sono i sistemi **Computer Aided Design** (CAD) e **Computer Aided Engineering** (CAE) che permettono la progettazione automatizzata di forme, legami e funzionalità del prodotto finale e i sistemi **Computer Aided Manufacturing** (CAM) e **Computer Aided Process Planning** (CAPP) che permettono di automatizzare le prove di fattibilità, la simulazione del processo di produzione (quali macchinari utilizzare, quali operazioni eseguire, quando eseguirle) e la generazione del programma macchina per ogni singola operazione di produzione.

Nei sistemi di produzione automatizzati di concezione moderna, l'automazione dell'impianto di produzione e l'automazione delle attività di supporto alla produzione si fondono permettendo in questo modo una forte integrazione grazie all'esistenza di un'unica infrastruttura informatica distribuita che coinvolge sia il livello di produzione fisica che quello di gestione e supporto della produzione. Questa situazione è usualmente indicata con il termine Computer Integrated Manufacturing (CIM) ed è schematizzata in Figura 1.10.

Il CIM è un insieme di tecniche e capacità che consente di sfruttare le tecnologie informatiche non solo per il processo di produzione, ma anche per i processi

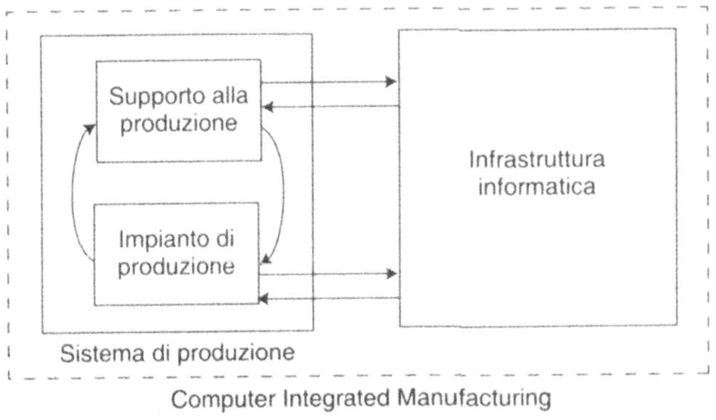

Figura 1.10 Schema di un sistema Computer Integrated Manufacturing.

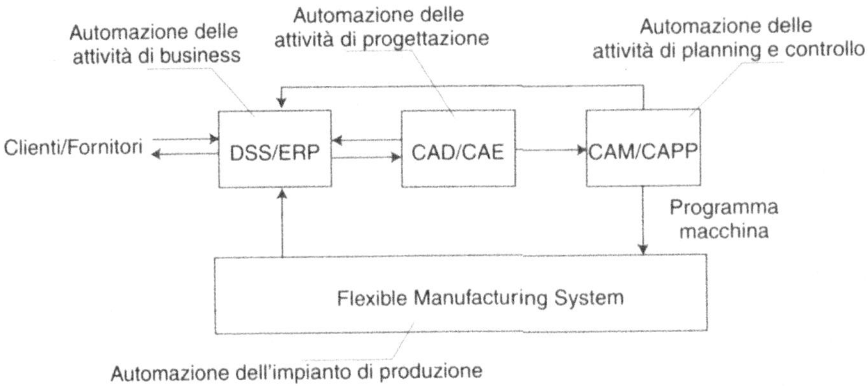

Figura 1.11 Automazione in un sistema Computer Integrated Manufacturing.

a monte e a valle. Riguarda tutte le funzioni nell'impresa che possono essere assistite, automatizzate e, quindi, eseguite e controllate dall'elaboratore con un alto livello di integrazione tra le varie fasi come a formare un unico processo.

In Figura 1.11 è rappresentata l'integrazione dei sistemi di automazione in un sistema CIM, evidenziando la forte interconnessione tra l'automazione delle attività di business (DSS/ERP), l'automazione delle attività di progettazione (CAD/CAE), l'automazione delle attività di planning e controllo (CAM/CAPP) e l'automazione dell'impianto di produzione vero e proprio.

L'integrazione dell'automazione in un sistema CIM garantisce ovviamente un miglioramento della qualità della produzione assieme alla riduzione dei tempi e dei costi; allo stesso tempo è possibile aumentare la flessibilità della produzione riducendo anche gli scarti del processo produttivo. Tale integrazione è inoltre fondamentale al fine di conformarsi a leggi e regolamenti su sicurez-

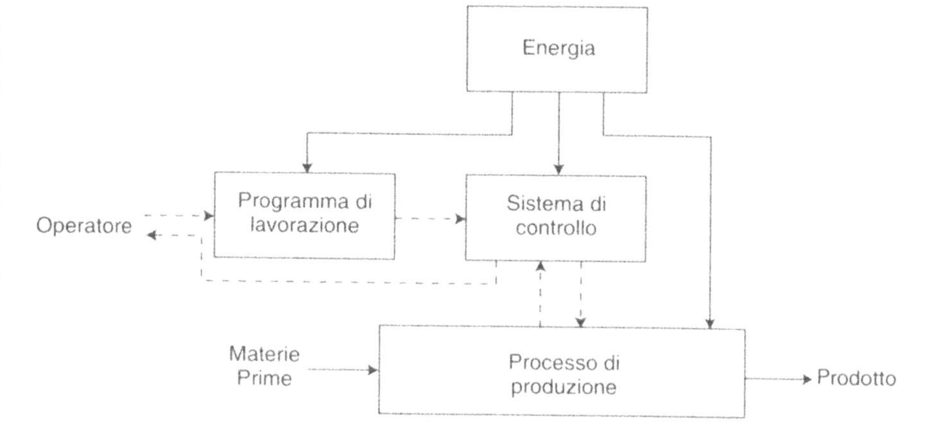

Figura 1.12 Schematizzazione di un sistema automatizzato. Le linee tratteggiate indicano scambio di informazioni mentre quelle continue indicano flussi di materiali o energia.

za del processo produttivo e qualità del prodotto e al fine di ridurre l'impatto energetico-ambientale del processo produttivo stesso.

Un sistema in cui i flussi di energia, materiali e informazioni sono controllati senza l'intervento dell'uomo per la realizzazione di un processo (produttivo o di supporto) è detto **processo automatizzato**.

Come illustrato in Figura 1.12 un processo automatizzato è costituito da tre elementi: un set di informazioni che indicano il comportamento di specifica per il processo (programma di lavorazione), un sistema di controllo che permette il soddisfacimento di tali specifiche e una fonte di energia che alimenta tutto il sistema.

Le azioni che devono essere compiute dal processo per soddisfare le specifiche desiderate sono elencate nel **programma di lavorazione**, ovvero un set di informazioni che descrivono i passi da eseguire nel ciclo di lavoro. Nel caso più semplice tale elenco è costituito dalla semplice richiesta che una o più variabili di sistema rimangano sufficientemente prossime a un valore desiderato (per esempio la velocità di rotazione di un utensile deve rimanere più possibile vicina a un dato valore durante una particolare lavorazione). L'operatore può, in ogni istante, modificare il valore desiderato per le variabili di interesse. Si parla in questo caso di **istruzioni di regolazione**.

In altri casi il programma di lavorazione è composto da una serie di **istruzioni logico/sequenziali** che si ripropongono ciclicamente. Un esempio di tali istruzioni sequenziali potrebbe richiedere di caricare il pezzo da lavorare in macchina, effettuare la lavorazione e, terminata questa, scaricare la macchina.

In generale una sequenza di istruzioni sequenziali assieme a un insieme di istruzioni di regolazione permettono la definizione esaustiva del ciclo di lavorazione.

In molti casi il programma di lavorazione richiede che vengano prese alcune decisioni durante il ciclo di lavoro e che, quindi, l'operatore possa intervenire direttamente sul programma per fornire ulteriori input necessari. È ovvio che la realizzazione del programma di lavorazione deve permettere la maggior flessibilità possibile cosicché sia possibile modificarlo con il minimo sforzo e nel minor tempo possibile. I moderni sistemi di automazione, basati su sistemi informatici orientati all'utente, garantiscono questa proprietà.

Il **sistema di controllo** è il vero e proprio cuore del processo automatizzato; esso è un sistema di elaborazione riceve informazioni sullo stato del processo (mediante opportuni componenti detti **sensori**), le elabora secondo algoritmi specificati e invia agli **attuatori** le informazioni relative alle azioni da mettere in atto sul processo, fornendo informazioni anche all'operatore. I moderni sistemi di controllo devono realizzare anche funzionalità più sofisticate quali il monitoraggio delle prestazioni del sistema, la rilevazione automatica dei malfunzionamenti, la gestione automatica della manutenzione del processo e il controllo della sicurezza. Pertanto al sistema di controllo vengono demandati molteplici compiti:

- misura e acquisizione delle grandezze di interesse mediante i sensori;
- elaborazione delle strategie di controllo e degli algoritmi di segnalazione e diagnostica rispettando vincoli temporali ben definiti (un sistema che garantisca tale proprietà viene detto sistema real time: a tale argomento è dedicato il Capitolo 2);
- attuazione dei comandi conseguenti all'elaborazione delle strategie di controllo;
- trasferimento delle informazioni da/verso altri sistemi di controllo o da/verso l'esterno.

Il sistema di controllo può essere classificato a seconda delle variabili che esso influenza; tali variabili possono essere continue e discrete. Una **variabile continua** è una variabile che ha un andamento di tipo continuo nel tempo e che assume i propri valori in un intervallo di numeri reali; una **variabile discreta** è una variabile che può assumere valori in un insieme numerabile. Un esempio classico di variabili discrete sono le **variabili binarie** che assumono i soli valori 0 e 1; tali variabili sono dette anche **variabili logiche** dato che descrivono lo stato del processo mediante concetti associati ai valori 0 e 1 (per esempio 0=falso e 1=vero). Seguendo la stessa distinzione possiamo parlare di **controllo di variabili analogiche** nel caso in cui le variabili interessate siano continue e **controllo di variabili logiche** nel caso in cui le variabili interessate siano di tipo logico. Si intuisce che le istruzioni di regolazioni saranno eseguite mediante sistemi di controllo di variabili analogiche mentre le istruzioni sequenziali saranno eseguite da sistemi di controllo logico. I sistemi di controllo di variabili analogiche saranno argomento del Capitolo 4, mentre i sistemi di controllo di variabili logiche verranno illustrati nel Capitolo 6.

Il terzo componente fondamentale del sistema automatizzato, rappresentato in Figura 1.12, è la fonte di **energia** necessaria affinché sia il processo che il sistema di controllo possano operare. La principale sorgente di energia nei sistemi automatizzati moderni è ovviamente l'energia elettrica; questa fornisce attualmente numerosi vantaggi tra i quali ampia disponibilità a costo moderato, facilità di

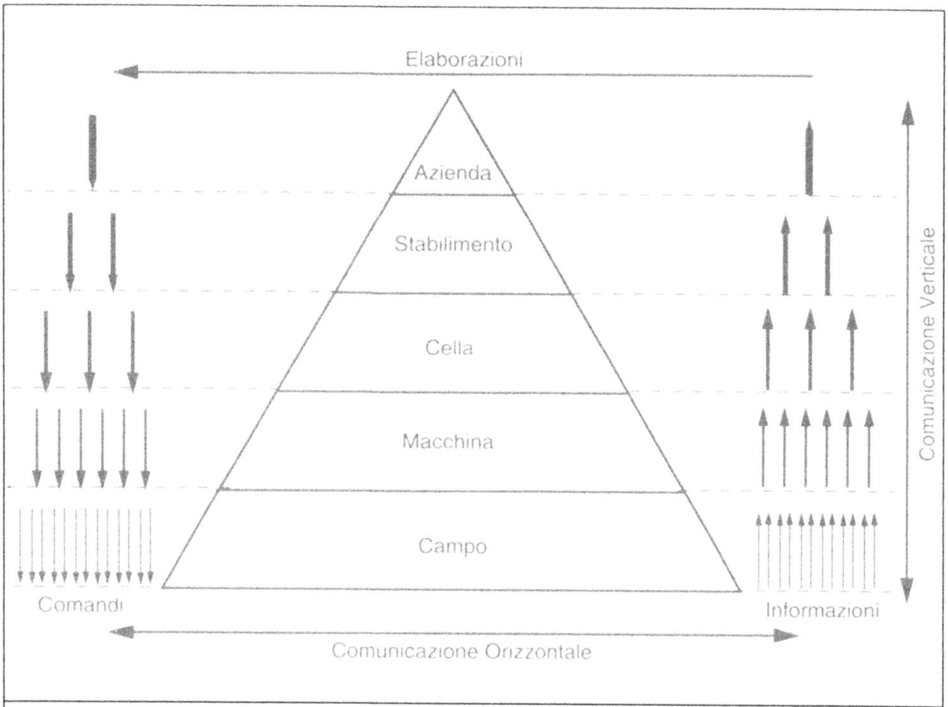

Figura 1.13 Modello piramidale di un sistema CIM.

conversione in altre forme di energia (termica, meccanica, ecc.), facilità di immagazzinamento (per esempio mediante batterie) e possibilità di utilizzo sia per alimentare la parte di potenza del sistema che la parte di gestione delle informazioni. Quest'ultima caratteristica è tra le più importanti dato che, come già accennato, i moderni sistemi di controllo sono realizzati mediante sistemi digitali a processore che, pertanto, richiedono energia sia per l'elaborazione e la memorizzazione delle informazioni, sia per l'attuazione fisica delle manipolazioni sul processo.

1.2.3 Modello e architettura della Computer Integrated Manufacturing

Abbiamo visto in precedenza che i processi da automatizzare nell'ambito di un sistema CIM corrispondono sia a processi produttivi che a processi di supporto. È evidente che esiste una gerarchia per cui i processi di supporto si trovano a un livello superiore rispetto a quelli produttivi (per esempio il planning della produzione influenza le attività produttive vere e proprie). Anche all'interno delle attività di supporto e produttive esiste una gerarchia: per esempio le funzioni di business, che comportano il contatto con il cliente, influenzano le attività di progettazione e planning della produzione, così come una particolare lavorazione meccanica influenza i movimenti dei singoli meccanismi che compongono la macchina utensile. In particolare l'automazione di un singolo passo produttivo in una macchina (per esempio la rotazione di un utensile) è a un livello più basso rispetto all'automazione dell'intera macchina (per esempio l'automazione della sequenza carica pezzo, lavora pezzo, scarica pezzo lavorato) e questa sarà a un livello ancora inferiore rispetto all'automazione del processo di planning della produzione. Per questi motivi il modello che descrive un sistema CIM è di tipo gerarchico e in particolare piramidale (Figura 1.13).

I livelli tipici della piramide sono cinque e in ogni livello esistono sistemi di controllo modulari che si occupano dei diversi processi presenti a quel livello. A tutti i livelli l'automazione è caratterizzata da funzioni di:

- acquisizione, manipolazione, trasferimento di informazioni;
- elaborazione di strategie;
- attuazione delle strategie elaborate.

I controllori dei livelli superiori vedono come processo da controllare il sistema fisico reale più i controllori dei livelli inferiori. È evidente che all'interno di questa struttura gerarchica esiste uno scambio di informazioni sia orizzontale (cioè tra i processi automatizzati dello stesso livello) sia verticale (cioè tra processi automatizzati appartenenti a livelli differenti). Per sfruttare appieno i vantaggi che un sistema CIM può offrire (fortemente legati all'integrazione della comunicazione nella sua gerarchia), la comunicazione verticale riveste un ruolo fondamentale ed è pertanto da preferire a quella orizzontale: i livelli superiori, che hanno una visione più globale dei processi ai livelli inferiori, non agiscono direttamente sul sistema fisico vero e proprio ma comunicano e dunque eseguono i propri processi automatizzati sui livelli di controllo inferiori.

Le elaborazioni effettuate ai livelli più elevati della gerarchia avvengono su dati complessi e strutturati: si pensi per esempio alle basi di dati gestionali per il supporto alle decisioni rispetto ai segnali necessari per il controllo della velocità di un utensile (tipicamente la sola velocità di rotazione). Pertanto più si sale di livello e più i dati misurati e le azioni attuate sono strutturate e complesse; a queste ovviamente corrispondono algoritmi di elaborazione sempre più sofisticati.

Al contrario, le tempistiche con le quali si memorizzano le informazioni, si elaborano le decisioni e si attuano i comandi diventano sempre meno stringenti salendo di livello nella piramide. Salendo di livello diminuisce anche la necessità di puntualità nell'attuazione della strategia; i livelli più bassi devono avere caratteristiche di correttezza temporale oltre che logica, non è cioè importante solo che il risultato dell'elaborazione sia corretto, ma è anche fondamentale che tale risultato arrivi entro un certo istante temporale; si parla in tal caso di sistemi real time. Affinché questi concetti risultino chiari basta pensare alle differenze tra il sistema di controllo di un utensile e il sistema decisionale DSS: la misura necessaria per il controllo dell'utensile è la sola misura di velocità laddove i dati necessari per il sistema decisionale sono dati complessi tipici delle basi dati gestionali ma, mentre l'elaborazione effettuata dal sistema DSS ha una cadenza irregolare e blanda (a volte settimane/mesi), l'elaborazione del sistema di controllo dell'utensile deve essere eseguita regolarmente e con tempistiche molto stringenti (le frequenze di intervento possono essere di ordine superiore al kHz).

Entriamo ora maggiormente nel dettaglio descrivendo brevemente i cinque livelli della piramide.

1. **Livello di campo**: è il livello più basso della gerarchia e comprende i vari componenti hardware che eseguono fisicamente le trasformazioni necessarie per la produzione e il loro controllo. A questo livello troviamo sensori, attuatori e componenti dell'impianto (meccanici, elettromeccanici, ecc.); l'intelligenza richiesta ai dispositivi di campo è limitata, dovendo essi soltanto trasdurre grandezze fisiche di varia natura. Ultimamente, tuttavia, sta crescendo la tendenza di dotare sensori e attuatori di intelligenza dedicata anche al preprocessing dell'informazione primaria e alla gestione di un'interfaccia di comunicazione. Il livello di campo costituisce la sezione di ingresso/uscita al processo per il livello superiore e la sua funzione è quella di riportare al livello sovrastante le misure di processo e di attuare i comandi ricevuti da esso. Per fare ciò i dispositivi di campo sono raggruppati in sistemi di controllo semplici che solitamente portano a termine istruzioni di regolazione. Un sistema di controllo di campo è visto a livello superiore come un *attuatore virtuale*: per esempio un asservimento di velocità a livello di campo viene visto dal livello superiore come un attuatore di velocità; in tal modo il livello superiore può imporre una velocità desiderata senza entrare nel dettaglio di come tale velocità viene effettivamente garantita. Un esempio dell'automazione di questo livello può essere il controllo di un asse di una macchina utensile o il controllo di un giunto di un robot industriale. Solitamente il controllo di campo viene implementato tramite sistemi digitali a processore progettati ad hoc detti controllori embedded.
2. **Livello di macchina**: gli elementi del controllo di campo vengono raggruppati al livello superiore per formare gruppi di componenti atti a fornire una determinata funzionalità; per esempio una macchina utensile o un robot industriale. A livello di macchina questi componenti sono organizzati in sistemi di controllo le cui funzioni sono sia il controllo di variabili analogiche per la regolazione che la realizzazione sequenziale di operazioni; si consideri per esempio il controllo di un robot industriale: a livello di campo si controllano le velocità e le posizioni dei singoli giunti, a livello di macchina viene pianificato il movimento del robot nello spazio operativo e la sequenza delle azioni che deve effettuare. Tali operazioni non sono in genere molto complesse, ma devono essere coordinate con quelle eseguite dalle altre macchine dell'impianto attraverso le istruzioni impartite dal livello superiore: ancora una volta il controllo a livello di macchina viene visto come un attuatore virtuale dal livello superiore. Le apparecchiature che realizzano il controllo a questo livello sono sistemi digitali quali il controllore logico programmabile (PLC, Programmable Logic Controller) o sistemi di controllo embedded.
3. **Livello di cella**: una cella di produzione è un insieme di macchine interconnesse fisicamente da un sistema di trasporto e stoccaggio materiali e controllate in maniera coordinata in modo da portare a termine un ben definito processo produttivo. I sistemi di controllo costituenti questo livello regolano e supervisionano il funzionamento coordinato di tutte le macchine operatrici facenti parte della cella di lavoro. Le operazioni svolte a questo livello sono analo-

ghe a quelle del livello di macchina risultando soltanto più complesse in quanto coinvolgono un maggior numero di elementi da controllare. Anche l'equipaggiamento per il controllo è lo stesso del livello inferiore (controllori logici e sistemi embedded).

4. **Livello di stabilimento**: questo è il livello che racchiude tutte le celle o le linee produttive di un impianto industriale; riceve le istruzioni dal livello gestionale (planning, gestione degli ordini ecc.) e le attua sotto forma di piani operativi per la produzione. Un componente fondamentale del sistema di controllo a questo livello è costituito dal sistema di supervisione, controllo e acquisizione dati (**Supervisory Control And Data Acquisition**, SCADA). Le apparecchiature su cui sono implementate le piattaforme software sono tipicamente workstation con struttura client/server. Da questo livello in su i requisiti di elaborazione real time sono fortemente ridotti se non inesistenti.
5. **Livello di azienda**: è il livello più alto della gerarchia dove avvengono i processi gestionali di supporto a tutti i livelli inferiori. A questo livello non si parla più di sistema di controllo ma di sistema decisionale; come al livello inferiore, l'infrastruttura software è implementata su workstation con struttura client/server connesse al mainframe aziendale. Non esistono vincoli di tipo temporale.

Dalla discussione appena effettuata risulta evidente come i sistemi di controllo che realizzano l'automazione dei vari livelli costituiscono una struttura gerarchica derivata dalla struttura piramidale; questa struttura gerarchica (Figura 1.14) è descritta nello standard ANSI/ISA-S88.01-1995 che, originato nell'ambito del controllo di processo e successivamente assunto anche in ambito manifatturiero, classifica le funzioni di controllo in tre livelli: controllo di campo, controllo di procedure e controllo di coordinamento.

Il **controllo di campo** è il livello più basso di controllo esistente nella piramide CIM; esso si colloca al livello di campo e comprende i sistemi di controllo dei singoli componenti di campo. È esclusivamente di tipo continuo ed è implementato su dispositivi dedicati quali controllori embedded o schede dedicate al controllo di motori elettrici. Data l'importanza che l'asservimento di motori elettrici riveste nell'ambito dei sistemi di automazione industriale, a tale argomento è dedicato il Capitolo 5.

Il **controllo di procedure** si colloca ai livelli di macchina e di cella della piramide CIM e riguarda il controllo di gruppi strutturati di componenti di campo. Può essere sia di tipo continuo che di tipo logico; per quanto riguarda il controllo continuo si trova soprattutto a livello di macchina e riguarda il controllo di gruppi di variabili continue o funzioni più avanzate quali la determinazione dei segnali di riferimento o il tuning adattativo dei parametri per i sistemi di controllo di base. Un esempio potrebbe essere il calcolo del riferimento di velocità per un nastro trasportatore che collega due macchine sulla base delle informazioni sulla velocità di lavoro della macchina a monte e di quella a valle.

Il controllo logico di procedure riguarda invece il coordinamento dei sistemi di campo sulla base della lista di operazioni sequenziali che compongono il programma di lavorazione. Il controllo di procedure svolge anche funzioni più avanzate quali il monitoraggio delle prestazioni e la diagnostica e la gestione automa-

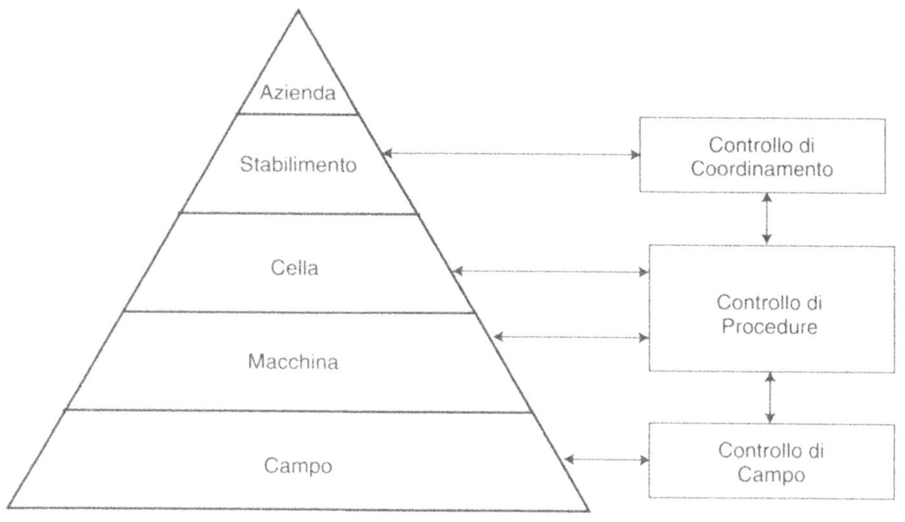

Figura 1.14 Classificazione dei sistemi di controllo in un sistema CIM secondo lo standard ANSI/ISA-S88.01-1995.

tica dei malfunzionamenti. È solitamente implementato su schede dedicate o PC industriali e, per quanto riguarda il controllo logico, su controllori programmabili (PLC).

Il **controllo di coordinamento** è il livello di controllo più elevato, si pone a livello di stabilimento nella piramide CIM e riguarda principalmente il coordinamento e la gestione delle varie celle di produzione: manda in esecuzione, dirige o ferma i vari sistemi di controllo di procedure sulla base di algoritmi complessi e solitamente più orientati all'intelligenza artificiale e ai sistemi esperti che al controllo automatico in senso stretto. Per esempio algoritmi propri della ricerca operativa possono essere utilizzati per decidere il volume della produzione ottimale e dunque per impartire ordini ai livelli di controllo inferiori (planning della produzione). In generale il controllo di coordinamento non è soggetto a vincoli real time ed è pertanto implementato su calcolatori standard.

Come abbiamo detto in precedenza, c'è una forte esigenza di comunicazione tra i vari sistemi di controllo attraverso i livelli della piramide CIM: questo scambio di informazioni avviene attraverso un'infrastruttura di comunicazione informatica che interconnette tutta l'architettura fin qui descritta. Ovviamente tale rete dovrà permettere la comunicazione orizzontale tra i vari componenti dello stesso livello e verticale tra i vari livelli. Come descritto, le esigenze di scambio di informazioni sono differenti ai vari livelli: i livelli bassi scambiano informazioni semplici e poco strutturate ma con frequenza molto elevata e, dato che esistono vincoli temporali, con necessità di un buon determinismo per assicurare che la comunicazione avvenga in modo affidabile entro un istante di tempo certo. Al contrario, le informazioni che circolano ai livelli alti della piramide sono costituite da dati complessi, di grandi dimensioni e strutturati; la frequenza di comunicazione è molto più bassa e non ci sono praticamente vincoli temporali. Per questi motivi la rete di comunicazione è in realtà costituita da più sottoreti, ognuna delle quali caratterizzata dai requisiti dei componenti del livello che mette in comunicazione.

Possiamo individuare tre tipologie di rete all'interno dell'infrastruttura di comunicazione appena descritta: rete di campo, rete per il controllo e rete per le informazioni.

La **rete di campo** mette in comunicazione i dispositivi di campo e i vari sistemi di controllo di campo con i sistemi di controllo di macchina; deve pertanto assicurare scambio di piccoli pacchetti di dati con velocità e determinismo temporale. L'estensione di tale rete è geograficamente locale.

La **rete per il controllo** permette la comunicazione tra i sistemi di controllo dei livelli di cella e macchina. I dati scambiati iniziano a essere strutturati, sono ancora di piccola dimensione e la frequenza di scambio è più bassa; i vincoli real time sono meno stringenti. Anche questo tipo di rete ha un'estensione limitata.

Infine la **rete per le informazioni** o **rete enterprise** è la rete informativa dell'azienda che collega i livelli di stabilimento e azienda; sulle informazioni che circolano su questa rete si basano sia i sistemi decisionali che i sistemi di controllo di coordinamento. I dati sono di grandi dimensioni e strutturati, ma la frequenza di comunicazione è bassa e non esistono vincoli real time. L'estensione della rete è geograficamente ampia in quanto può interconnettere anche più stabilimenti. Vista l'importanza delle comunicazioni e quindi delle infrastrutture informatiche di scambio dati, a questo argomento sarà interamente dedicato il Capitolo 3.

Ricapitolando quanto fin qui detto, possiamo concludere affermando che, in un sistema di produzione CIM, l'architettura di automazione è di tipo modulare e gerarchico tale da permettere una completa integrazione tra le funzioni di produzione e quelle di supporto gestionale. Il sistema di gestione, supervisione, controllo e misura dei processi produttivi è costituito da un insieme di dispositivi interconnessi e comunicanti tra di loro attraverso una o più reti di comunicazione; tale sistema di automazione industriale distribuito è raffigurato schematicamente in Figura 1.15.

1.3 Architetture hardware per il controllo

Nei paragrafi precedenti abbiamo introdotto il concetto di automazione industriale e abbiamo illustrato i vari livelli gerarchici di controllo e, dunque, i vari compiti che un sistema di controllo automatizzato deve eseguire. Abbiamo inoltre già evidenziato la natura elettronico/informatica di questi dispositivi e abbiamo brevemente introdotto i dispositivi dedicati al controllo di campo (controllori embedded) e i controllori programmabili, le schede dedicate o i PC industriali per il controllo di procedure. In questo paragrafo cercheremo di definire in maniera generale le architetture hardware dei diversi dispositivi di controllo per applicazioni generiche, evidenziando per ciascuno di essi le caratteristiche fondamentali che li rendono particolarmente adatti a determinati compiti.

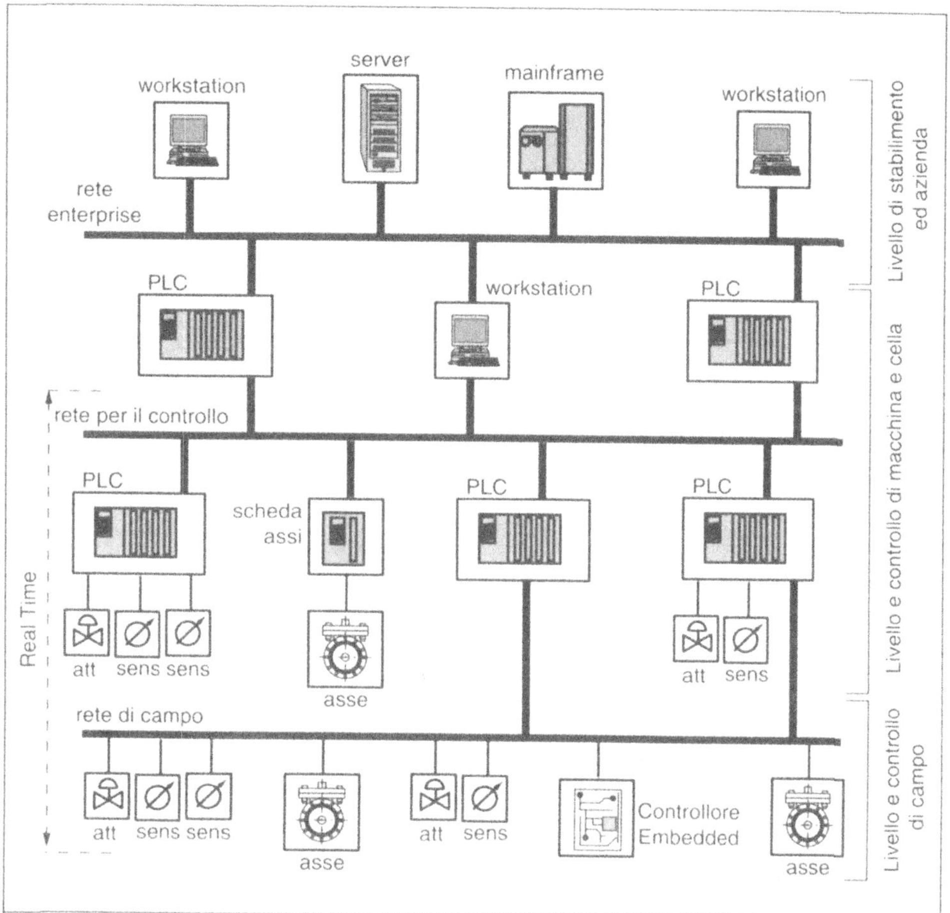

Figura 1.15 Architettura di un sistema di automazione industriale distribuito.

1.3.1 Sistemi di controllo embedded

Un sistema di controllo che viene realizzato tramite una singola scheda elettronica o tramite un singolo circuito integrato viene chiamato **controllore embedded**: tale scheda (o circuito) contiene al suo interno tutto il necessario per connettere il controllore all'impianto da controllare e per eseguire in maniera opportuna gli algoritmi di controllo definiti dall'utente.

In generale, con il termine sistema embedded (cioè sistema "incapsulato") si identificano dei sistemi elettronici a microprocessore progettati appositamente per una determinata applicazione (nel nostro caso l'esecuzione di algoritmi per il controllo automatico) spesso realizzati tramite una piattaforma hardware ad hoc (custom). Contrariamente al caso dei PC generici, la progettazione di un sistema embedded nasce dalla conoscenza dei compiti specifici da eseguire: l'esecuzione di tali compiti sarà assicurata da una combinazione hardware/software specificamente studiata per l'applicazione. Questo permette di ridurre l'hardware

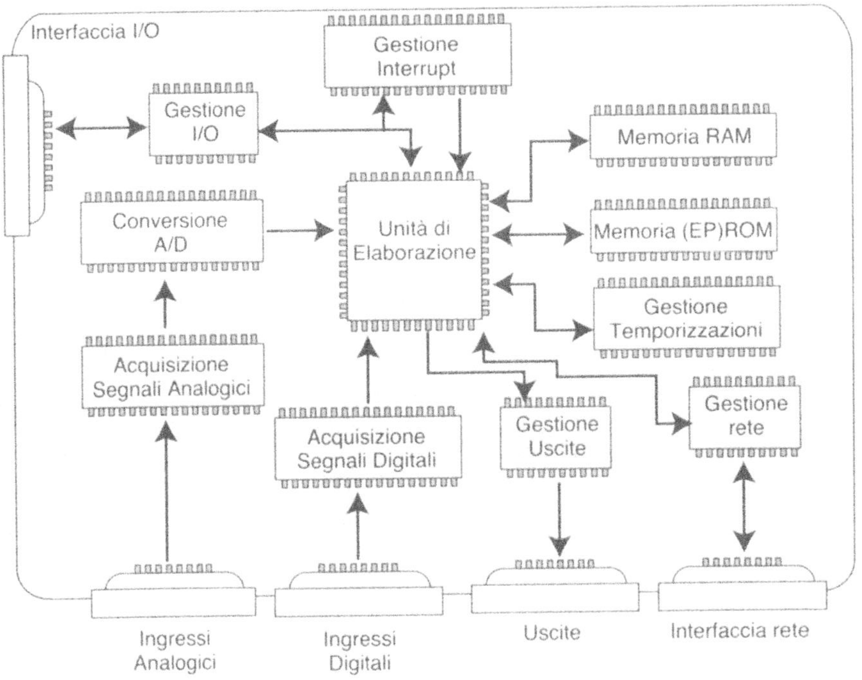

Figura 1.16 Layout di scheda per un sistema di controllo embedded.

necessario in termini di spazio occupato, di consumi e anche di costo di fabbricazione. Questo fattore ha determinato una rapida diffusione dei sistemi embedded anche nell'ambito dell'automazione industriale: un controllore embedded può essere molto conveniente nei casi in cui i compiti di controllo che dovrà eseguire siano già noti a priori, permettendo in tal modo di avviare e condurre in maniera particolarmente efficiente la progettazione di tale dispositivo.

In particolare un controllore embedded deve prevedere al suo interno una serie di componenti fondamentali: un'unità di elaborazione per eseguire gli algoritmi di controllo definiti dall'utente e i programmi necessari per la gestione dell'intero sistema (compreso il sistema operativo), un certo quantitativo di memoria volatile (per contenere tutti i dati temporanei necessari durante l'esecuzione degli algoritmi di controllo) e non volatile (per contenere il sistema operativo e i programmi utente) e una serie di circuiti e interconnessioni per l'acquisizione, la gestione e la generazione di segnali digitali e analogici (campionatori, convertitori digitale/analogico e analogico/digitale, circuiti di sincronizzazione per la comunicazione sincrona con altri dispositivi, circuiti per interfacciarsi a particolari bus come bus di campo ecc.). In Figura 1.16 viene mostrato un possibile layout di scheda per un controllore embedded.

La progettazione ad hoc di questi sistemi è orientata all'esecuzione di software per il controllo in real time, caratterizzata cioè da tempi di esecuzione ben determinati; questo risulta spesso un requisito fondamentale per l'utilizzo all'interno di un sistema di automazione: nel Capitolo 2 il concetto di esecuzione real time verrà introdotto ed esaminato in profondità, evidenziandone l'importanza nel campo dell'automazione industriale.

La sempre più avanzata tecnologia di miniaturizzazione dei componenti elettronici ha permesso la definizione di controllori embedded realizzati mediante un unico circuito elettronico che ingloba al suo interno tutte le caratteristiche che abbiamo appena introdotto. Tali controllori vengono detti **microcontrollori**[5] e sono oggi utilizzati in una grandissima varietà di applicazioni: tra le tante possiamo citare i telefoni cellulari, apparecchiature informatiche come router, stampanti o fotocopiatrici, elettrodomestici come forni a microonde, lavatrici, DVD e centraline di controllo nelle vetture automobilistiche. Gli esempi appena proposti mettono in evidenza che i microcontrollori, per le loro caratteristiche, sono principalmente utilizzati in tutte le applicazioni che richiedono le seguenti proprietà: notevole riduzione degli ingombri, numero limitato di segnali di ingresso e uscita da gestire, basso consumo, scarsa o nulla interfaccia con l'utente, scarsa o nulla necessità di integrazione con altri dispositivi dello stesso tipo.

Gli impianti di automazione industriale sono spesso progettati per essere realizzati in quantità numericamente piccole e questo comporta che il costo della miniaturizzazione e della produzione di un microcontrollore non sia conveniente. Inoltre in molti casi potrebbe essere necessaria una capacità di elaborazione molto maggiore rispetto a quella necessaria negli esempi che abbiamo appena riportato e che un microcontrollore non può garantire se non a costi non competitivi; un impianto di automazione industriale complesso, infine, può essere caratterizzato da un numero di ingressi e uscite che rende di fatto impossibile fisicamente l'utilizzo di un microcontrollore. In questi casi può essere progettato un **controllore embedded su singola scheda** utilizzando dei componenti elettronici standard e progettando in maniera opportuna il software che dovrà far funzionare il controllore: verranno quindi integrati nella stessa scheda l'elaboratore principale, le memorie e gli integrati che realizzano le interfacce necessarie con gli ingressi e le uscite del sistema. Per questi controllori viene solitamente utilizzato un elaboratore centrale commerciale, da scegliere in maniera opportuna a seconda di quale sia il compito di controllo che deve essere eseguito: possono infatti essere utilizzati microprocessori commerciali di tipo general purpose, processori specializzati nel trattamento dei segnali (Digital Signal Processor, DSP) capaci di eseguire operazioni su numeri interi oppure su numeri reali (aritmetica fixed point o floating point) oppure dispositivi digitali specializzati nel realizzare funzioni logiche la cui funzionalità è programmabile via software (Field Programmable Gate Array, FPGA).

I controllori embedded sono progettati e costruiti per eseguire uno specifico algoritmo di controllo e non è solitamente presente un sistema operativo vero e proprio: in realtà il software che viene eseguito nei controllori embedded viene progettato in modo da contenere anche un kernel di sistema operativo per realiz-

[5]Tra i microcontrollori più utilizzati ricordiamo i PIC.

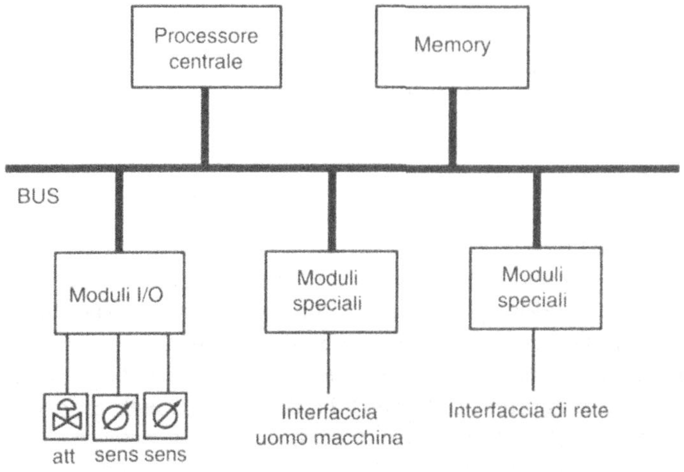

Figura 1.17 Sistema di controllo realizzato mediante architettura a bus.

zare funzioni di basso livello quali gestione delle risorse, degli interrupt, ecc.. La conoscenza a priori delle funzionalità che il controllore dovrà garantire e dunque dell'algoritmo di controllo da eseguire permette quindi la definizione diretta di un software ad hoc che si occupi della comunicazione con gli ingressi e le uscite, la gestione delle risorse quali la memoria e l'esecuzione dell'algoritmo di controllo vero e proprio assicurando, nel contempo, che i vincoli di un'esecuzione real time siano sempre soddisfatti.

1.3.2 Sistemi di controllo con architettura a bus

Nel caso in cui i compiti di controllo da eseguire siano caratterizzati da una complessità notevole, da un numero elevato di segnali di ingresso e uscita da gestire, dalla necessità di progettare interfacce uomo macchina più sofisticate e, soprattutto, dalla necessità di interconnettere il sistema di controllo con diversi dispositivi o reti informatiche, i controllori embedded sono sostituti da controllori realizzati tramite un'**architettura a bus**.

Un bus è un insieme di linee elettriche che permettono la comunicazione tra più dispositivi: per definire compiutamente un bus devono quindi essere definite le funzionalità di tali linee elettriche, i protocolli di comunicazione tra i vari dispositivi interconnessi e le interconnessioni meccaniche ed elettriche che permettono il collegamento fisico tra il bus e i dispositivi. Un'architettura a bus permette quindi l'utilizzo, mediante la connessione al bus stesso, di differenti dispositivi e moduli così da aumentare in maniera semplice e immediata le funzionalità del sistema di controllo.

In Figura 1.17 viene illustrato lo schema funzionale di un controllore con architettura a bus in cui, a un modulo principale che contiene il processore centrale (architettura monoprocessore), vengono interconnessi moduli contenenti la memoria, moduli per la gestione di segnali di ingresso e uscita e moduli per la gestione di interconnessioni con periferiche particolari (tastiere, schermi o, più in generale, dispositivi per realizzare l'interfaccia uomo macchina) e con reti informatiche.

In un controllore con architettura a bus, le linee elettriche del bus vengono differenziate e raggruppate a seconda delle loro funzioni: linee di indirizzo (ogni modulo è caratterizzato da un proprio indirizzo), linee per il passaggio dei dati veri e propri, linee di alimentazione e linee di controllo per la gestione della comunicazione.

Esistono diversi bus standard per i quali sono disponibili moduli realizzati da differenti produttori che eseguono varie funzionalità e che possono quindi essere direttamente connessi per realizzare l'architettura di controllo desiderata: tra tutti citiamo il bus ISA (nella sua variante industriale EISA), il bus PCI che è attualmente utilizzato nei personal computer con la sua variante più moderna PCI-Express, il bus VME molto utilizzato in ambito industriale e di cui sono disponibili diverse implementazioni e i bus PC104 e PC104+ anche essi molto utilizzati in ambito industriale in quanto consentono la realizzazione di moduli e quindi di sistemi dalle dimensioni e dai consumi molto ridotti.

La specifica architettura del bus e in particolare i protocolli che gestiscono le comunicazioni, definiscono le caratteristiche del bus stesso, come la possibilità di ospitare più unità di elaborazione per ottenere un sistema multiprocessore (in questo caso il protocollo di comunicazione dovrà essere in grado di gestire correttamente la presenza di due o più unità principali), la velocità di trasmissione dei dati e degli indirizzi, il numero massimo di moduli che è possibile interconnettere, il quantitativo massimo di memoria che è possibile gestire o il fatto che il bus sia di tipo sincrono (con un clock e quindi un tempo che scandisce le diverse operazioni) oppure asincrono (in cui le operazioni possono avvenire in qualsiasi istante, rendendo il sistema più flessibile ma anche più complesso da gestire a livello di protocolli di comunicazione).

Il vantaggio principale di questa architettura è la flessibilità di progettazione del sistema di controllo desiderato mediante la scelta dei moduli e, quindi, delle funzionalità necessarie all'applicazione che si intende realizzare.

Progettare un controllore con architettura a bus richiede la scelta del particolare bus che può essere realizzato ad hoc oppure scelto tra gli standard disponibili a seconda delle specifiche dell'applicazione che si vuole eseguire: velocità dei dati che devono percorrere il bus, quantità di memoria che deve essere disponibile, numero di moduli che devono essere gestiti contemporaneamente, ecc.. Occorre inoltre scegliere la struttura che conterrà fisicamente il sistema complessivo (rack) scegliendo in maniera opportuna la grandezza e lo spazio fisico per eventuali espansioni (i bus PC104 e PC104+ permettono, per esempio, la realizzazione di sistemi più ridotti, detti stackPC, grazie alla possibilità di utilizzare schede impilate e collegate tramite connettori passanti). Nel caso in cui si scelga un bus standard, devono essere scelti in maniera ottimale i moduli richiesti dall'applicazione da realizzare, mentre l'utilizzo di un bus proprietario costringe a progettare anche i moduli necessari.

Questa tipologia di architettura, strutturalmente più complessa rispetto a quella dei sistemi embedded, necessita, per la gestione delle proprie risorse, di un sistema operativo decisamente più sofisticato: solitamente i controllori che sfruttano questa architettura sono caratterizzati da sistemi operativi che si occupano delle problematiche di comunicazione e di gestione di tutti i moduli interconnessi al bus in maniera del tutto trasparente rispetto all'utilizzatore che può dunque progettare il software di controllo e gli algoritmi che il controllore dovrà eseguire senza considerare i problemi di gestione di basso livello. Il sistema operativo gestirà quindi tutto il sistema, eseguendo gli algoritmi di controllo programmati e assicurando in ogni condizione un funzionamento nel rispetto dei vincoli real time.

Un sistema di controllo con architettura a bus può essere utilizzato, per la sua natura e per le sue caratteristiche, in ambiti molto differenti; la possibilità di dotarlo di moduli aggiuntivi permette una grande flessibilità. Questi motivi, uniti alla possibilità di rendere i sistemi a bus facilmente programmabili per eseguire algoritmi di controllo definiti dall'utente, hanno portato alla nascita e al successo in ambito industriale di controllori basati su questa architettura: i controllori logici programmabili (Programmable Logic Controller, PLC). Tali controllori sono diventati nel tempo lo standard industriale per quanto riguarda il controllo di procedure. I controllori PLC e la loro programmazione saranno trattate in maniera approfondita nei Capitoli 6 e 7.

1.3.3 Sistemi di controllo su personal computer

Negli ultimi anni, grazie alla notevole evoluzione dell'informatica e dei PC per uso generico e alla forte diminuzione dei loro costi, l'utilizzo di sistemi basati su PC per realizzare dei controllori industriali è sempre più diffuso. I vantaggi che una tale soluzione comporta sono facilmente intuibili: costi competitivi, ampia disponibilità di hardware e di fornitori differenti, funzionalità avanzate già presenti nel sistema (come interfaccia uomo macchina o sistemi per lo sviluppo e la programmazione del software, semplice interconnessione con reti informatiche di ogni tipo, sistemi operativi real time già sviluppati e caratterizzati da ottime doti di flessibilità per eventuali modifiche). Inoltre è bene precisare che anche tale soluzione segue un'architettura a bus, ereditandone quindi i principali vantaggi. Ovviamente un normale PC, affinché possa essere utilizzato in un ambiente ostile come quello industriale (caratterizzato da temperature ambientali molto elevate, elevati disturbi elettromagnetici, polvere e sporco), deve essere modificato nella sua struttura interna ed esterna: a tale scopo sono dunque nati i **PC industriali** che sono caratterizzati da notevoli doti di robustezza. Altra caratteristica che i comuni PC non posseggono, e che è invece indispensabile per l'utilizzo come controllori industriali, è la disponibilità di schede per l'interconnessione con un alto numero di dispositivi di ingresso e uscita: a tal fine si possono utilizzare reti informatiche specifiche (reti di campo) e una scheda in grado di gestire lo standard prescelto. Di questa categoria di controllori fanno parte i soft PLC, ovvero controllori logici programmabili realizzati tramite comuni PC industriali.

1.4 Fasi di sviluppo di un sistema di automazione industriale

Nei paragrafi precedenti abbiamo descritto come un moderno impianto automatizzato sia costituito da un insieme di macchinari più o meno complessi e più o meno distribuiti spazialmente che cooperano per lo svolgimento del compito automatizzato a cui sono adibiti: in sostanza un sistema automatizzato è caratterizzato dalla complessa interazione meccanica e informatica tra diversi elementi e macchinari. Senza entrare necessariamente nello specifico dei compiti che le singole macchine devono realizzare, si può osservare che l'impianto complessivo è suddiviso in quattro diverse parti che cooperano tra loro: una parte meccanica (ingranaggi, rulli, strutture meccaniche di supporto, meccanismi per la trasformazione e la distribuzione del moto, ecc.), una elettrica (alimentazione, sensori, attuatori e tutti i componenti di potenza), una elettronica (unità di controllo e schede di supporto e interfaccia) e una informatico/controllistica (programmi e algoritmi per il controllo, la coordinazione e la supervisione dell'impianto, software per la gestione dell'interfaccia con l'utente e per le interfacce di rete). Risulta evidente che il progetto di un impianto automatico complesso è un processo difficile in quanto richiede lo sforzo e la cooperazione di esperti in tutti i quattro campi che abbiamo appena evidenziato. In precedenza ci siamo soffermati sulle architetture hardware specifiche per i vari livelli di controllo, mettendo in evidenza quali debbano essere le linee guida per i progettisti al fine di compiere una scelta adeguata all'applicazione che si sta considerando. Ora consideriamo invece il processo di progettazione di un sistema di automazione industriale nel suo complesso, esaminando le fasi che caratterizzano tutto il ciclo di sviluppo, partendo dai contatti con il cliente e dalla definizione delle specifiche funzionali, per arrivare alla consegna dell'impianto realizzato. In particolare descriveremo inizialmente quale è il ciclo di progetto "classico" e ne evidenzieremo i difetti e le problematiche che potrebbero sorgere seguendo tali direttive: per questo motivo si introdurrà un differente ciclo di sviluppo e progetto secondo una linea guida che prevede una maggiore integrazione tra i membri del team di progetto.

In Figura 1.18 vengono illustrate in maniera schematica le "classiche" fasi che compongono il ciclo di sviluppo e progettazione di un sistema di automazione industriale. In tale ciclo vengono evidenziate due fasi che spesso vengono eseguite in maniera indipendente: una fase di definizione e progettazione delle componenti meccaniche ed elettriche portata avanti da sviluppatori esperti in ambito elettromeccanico, seguita da una fase di progettazione delle componenti elettroniche e informatiche eseguita dai progettisti esperti nell'ambito informatico/controllistico. La scarsa interazione tra queste due fasi di sviluppo rappresenta una problematica "classica" all'interno di una struttura di produzione di sistemi automatizzati: evidenzieremo in seguito le motivazioni di tale problematica cercando possibili soluzioni tramite una maggiore integrazione operativa tra i progettisti delle due macroaree elettromeccanica e informatico/controllistica.

Sempre con riferimento alla Figura 1.18, viene evidenziato come il punto di partenza sia sicuramente la comunicazione con i clienti che forniscono tutte le

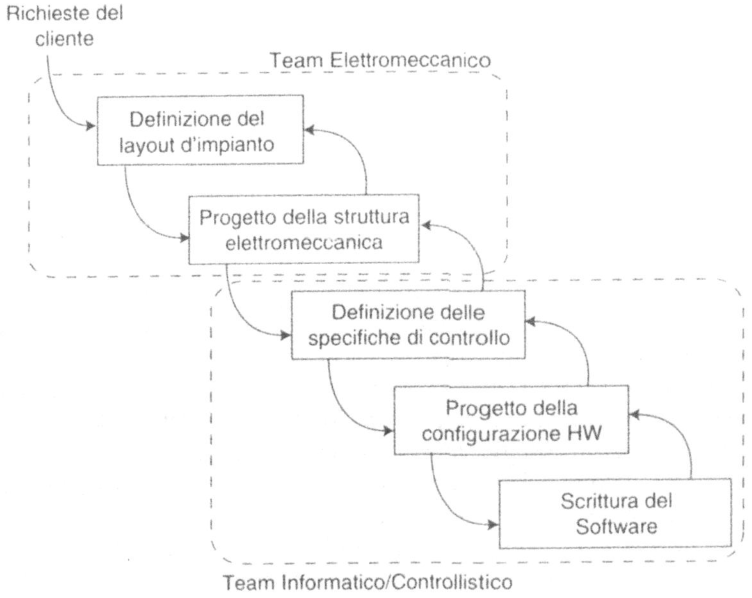

Figura 1.18 Modello a cascata del ciclo di progettazione "classico " di un impianto di automazione industriale.

specifiche e le funzionalità che l'impianto dovrà essere in grado di eseguire. Da questa base il team di progettisti elettromeccanici individua solitamente i sottosistemi che comporranno l'impianto (definizione del layout dell'impianto) e per ognuno di essi identifica e progetta la struttura e i vari componenti elettromeccanici che, comandati e coordinati in maniera opportuna, possono realizzare le funzionalità richieste soddisfacendo le specifiche fornite dai clienti. Questa fase dello sviluppo termina con la consegna ai progettisti informatico/controllistici delle necessarie specifiche funzionali che i componenti elettromeccanici appena progettati devono soddisfare. La struttura hardware del sistema da controllare è già stata definita in termini di sensori e attuatori disponibili e a questo punto il team di sviluppo informatico/controllistico progetta i sistemi di controllo e di interconnessione/comunicazione necessari, definendone la struttura hardware (controllore custom, programmabile, PLC, sistemi e bus di comunicazione ecc.) e progettando il software di controllo.

I punti critici di tale ciclo sono individuabili essenzialmente nei due istanti in cui avvengono le comunicazioni tra personale proveniente da "mondi differenti": la comunicazione tra il cliente e i progettisti (comunicazione tipicamente mediata da personale dell'ufficio commerciale) e la comunicazione tra il team di progettisti elettromeccanici e quello informatico/controllistico. In Figura 1.19 viene evidenziato in maniera ironica tale processo mediante una ben nota strip reperibile in rete.

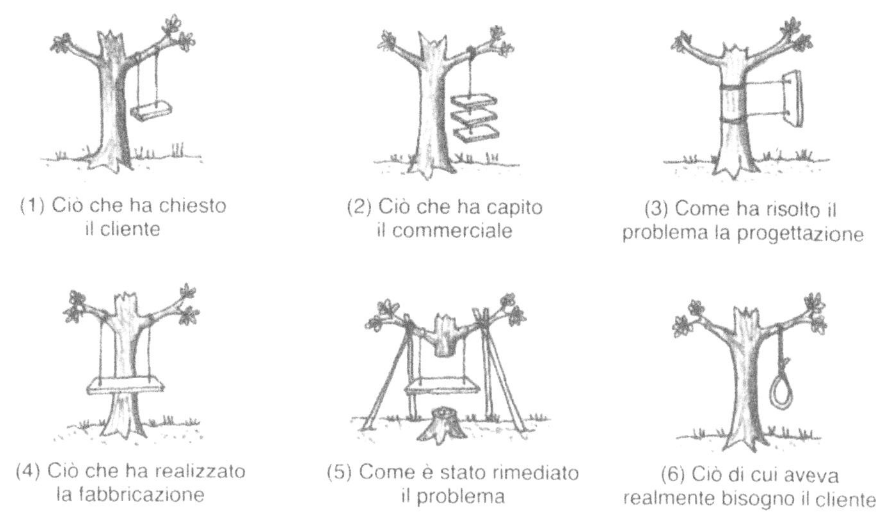

Figura 1.19 Errori di comunicazione durante il processo di progettazione.

La diversa provenienza culturale e la mancanza di adeguati formalismi per la descrizione di funzionalità e specifiche può comportare una serie di fraintendimenti ed equivoci nelle fasi iniziali della progettazione che possono essere causa di errori nelle fasi successive. In Figura 1.18 le frecce di retroazione indicano proprio la necessità di una interazione il più possibile diretta durante le varie fasi di progettazione soprattutto tra i progettisti e i clienti ma anche tra i progettisti stessi: quello che si vuole evitare è l'insorgere di funzionalità o specifiche che non erano state in un primo momento ben evidenziate nella comunicazione cliente/commerciale/progettista e che rendono necessaria una rivisitazione del progetto dalle sue basi con un evidente spreco in termini di tempi e dunque costi.

La stessa problematica è presente anche nella fase di passaggio tra il progetto elettromeccanico e quello informatico/controllistico. Spesso una progettazione elettromeccanica poco accorta può comportare l'insorgere di grosse problematiche a livello informatico/controllistico. Si pensi per esempio alla progettazione di un impianto automatizzato complesso che richiederebbe la presenza di un certo numero di sensori e attuatori per rendere più semplice e immediata la progettazione del sistema di controllo (inteso come struttura hardware e software); una progettazione elettromeccanica poco integrata con il team informatico/controllistico potrebbe aver definito una struttura hardwarc dell'impianto in cui sono presenti un numero insufficiente di sensori o attuatori: il risparmio di costo dovuto all'assenza di un componente di questo tipo può rendere necessaria la definizione di algoritmi e strategie di controllo molto più sofisticate e dunque costose in termini di tempo di progetto e risorse necessarie. Tutto ciò si sarebbe potuto evitare mediante semplici modifiche all'impianto stesso, modifiche possibili durante la fase

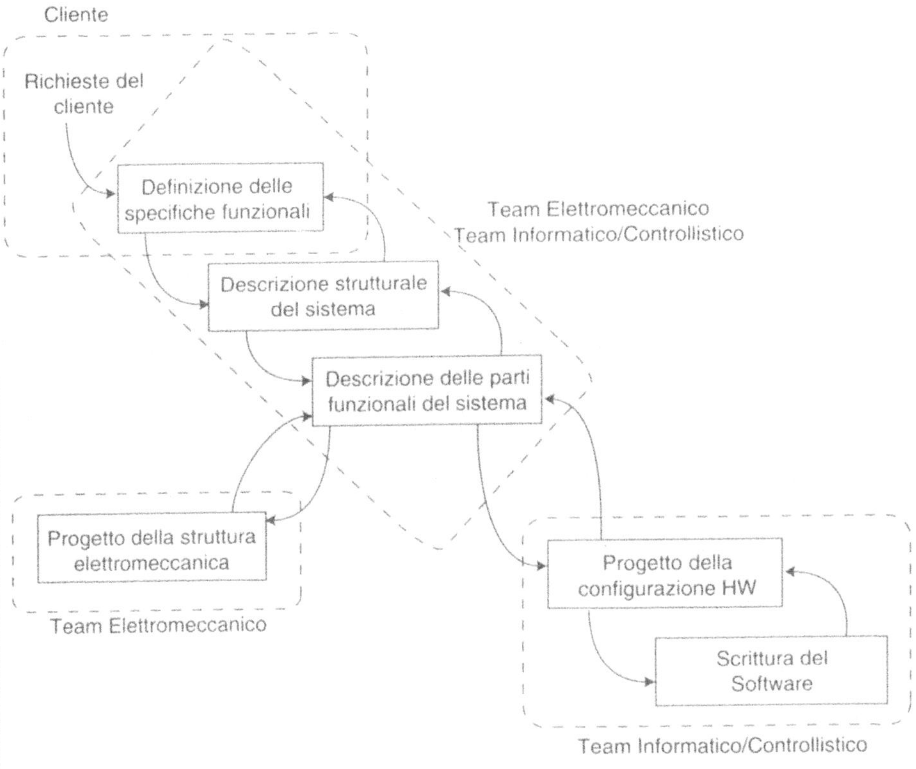

Figura 1.20 Modello a cascata del ciclo di progettazione funzionale di un impianto di automazione industriale.

di progettazione ma difficili o costose una volta che la struttura elettromeccanica dell'impianto stesso è stata definita. Una volta terminata la progettazione elettromeccanica, le possibilità di modificare parti della struttura dell'impianto (per esempio per aggiungere un sensore oppure un attuatore) sono spesso molto limitate oppure costose perché richiedono una revisione anche profonda dell'intero impianto. Tali problematiche devono essere evitate procedendo sin dai primi passi mediante una **progettazione integrata** che permetta ai progettisti di tutti i campi di intervenire in tempo utile.

La maggiore integrazione tra i vari progettisti può essere sviluppata evidenziando maggiormente, nel ciclo di studio e progettazione dell'impianto automatizzato, la definizione strutturale e funzionale del sistema, rendendo più semplice e immediata la suddivisione dello stesso e favorendo in questo modo un approccio di tipo top/down alla progettazione. In Figura 1.20 viene indicato questo nuovo ciclo di progettazione, più indirizzato verso un approccio di tipo funzionale, che vede una maggiore integrazione tra i progettisti elettromeccanici e informatico/controllistici. In particolare deve essere evidenziata una fase di raccolta delle specifiche e delle funzionalità del sistema svolta in cooperazione con il cliente e che deve portare alla definizione di documenti il più possibile formali, dettagliati e privi di ambiguità. Tale fase può essere a sua volta suddivisa in tre differenti passi di tipo top/down.

Il primo passo è una fase di descrizione funzionale generale del sistema in cui vengono definite con il cliente tutte le specifiche sotto forma di funzionalità e corrispondenti azioni che il sistema dovrà svolgere secondo le richieste.

In base a tali funzionalità deve essere sviluppata una descrizione strutturale del sistema generale, cercando di suddividere i vari compiti richiesti e di individuare le corrispettive strutture hardware elettromeccaniche necessarie per la loro esecuzione: è bene sottolineare che tale fase deve essere svolta in maniera flessibile, cercando di suddividere le problematiche senza definire una struttura rigida e non modificabile, senza cioè definire a priori una disposizione fisica delle macchine e dei componenti che comporranno il sistema generale.

In base alle caratteristiche funzionali che sono state definite al punto precedente, i team di progettisti elettromeccanici e informatico/controllistici possono procedere a una fase congiunta in cui vengono definite in maniera più rigorosa le varie parti che comporranno l'impianto; tutte le caratteristiche funzionali vengono descritte in maniera più specifica e particolareggiata. Questo passo di caratterizzazione comportamentale del sistema serve proprio per permettere ai diversi team di verificare che la struttura individuata sia adeguata alla soluzione del problema di progettazione e che dunque sia possibile avviare la progettazione vera e propria della parte elettromeccanica e, in parallelo, di quella informatico/controllistica: è a tal punto che, per esempio, si può verificare se il numero di sensori e attuatori e la loro localizzazione all'interno del sistema è ottimale e semplifica per quanto possibile la successiva fase di progettazione dell'hardware e del software di controllo. Come anticipato, una volta stabilita in maniera definitiva la struttura generale dell'impianto e di tutti i suoi sottocomponenti, è possibile avviare contemporaneamente le ultime fasi di progettazione elettromeccanica e informatico/controllistica.

Un importante requisito per un buon svolgimento del ciclo di sviluppo è rappresentato dall'utilizzo di formalismi e linguaggi comuni sin dall'inizio del ciclo, cioè sin dalla definizione delle specifiche: l'utilizzo di formalismi comuni permette sia una più semplice integrazione dei diversi team di sviluppo sia un più facile interfacciamento con eventuali fornitori esterni che utilizzino gli stessi formalismi. Un'adeguata formalizzazione delle specifiche e dei passi di progetto porta inoltre alla creazione "spontanea" di una documentazione utile per successive modifiche del progetto o per l'aggiunta di nuove funzionalità all'impianto; tale documentazione creata passo per passo è inoltre molto utile perché permette una semplice ma formale comprensione delle funzionalità da implementare ai progettisti informatici che si occupano, nell'ultima fase del ciclo, di scrivere il codice software vero e proprio.

Nel Capitolo 6 esamineremo nello specifico anche il ciclo di sviluppo del software per automazione industriale, evidenziando l'utilità e dunque la necessità di un formalismo ben definito per la descrizione delle specifiche. Inoltre, nel Capitolo 7, introdurremo un particolare formalismo che permette la descrizione del funzionamento logico/sequenziale di un impianto di automazione e che dunque si presta bene a essere utilizzato durante le prime fasi di sviluppo e progettazione dell'impianto stesso: il Sequential Functional Chart (SFC).

Attualmente gli sforzi di ricerca rivolti allo studio di linguaggi formali e univoci per la descrizione di sistemi di automazione sono orientati all'utilizzo di strumenti mutuati dall'ingegneria del software: l'introduzione di concetti come la programmazione a oggetti e strumenti quali l'Unified Modeling Language (UML) hanno portato alla definizione di linguaggi standard per la descrizione di sistemi di automazione distribuita (descritti nella norma IEC 61499) e di strumenti modellistici come il Systems Modeling Language (SysML).

Domande

D1.1 Definire i livelli del modello gerarchico piramidale CIM, indicando per ognuno ruolo ed esigenze.

D1.2 Facendo riferimento al modello CIM, si descriva schematicamente il processo di produzione e le attività di supporto alla produzione.

D1.3 Descrivere i controllori embedded e i controllori con architettura a bus, indicando le differenze e gli ambiti d'uso caratteristici.

D1.4 Indicare, descrivendole brevemente, le possibili tipologie di automazione in un sistema CIM. Si indichino inoltre in quali scenari di produzione sono utilizzabili.

D1.5 Descrivere e illustrare le principali caratteristiche della struttura gerarchica dei sistemi di controllo nella piramide CIM.

D1.6 Descrivere i differenti tipi di sistemi di automazione mettendoli in relazione alla varietà e quantità di prodotto.

D1.7 Classificare i processi produttivi in termini di tipologia, quantità e varietà della produzione.

D1.8 Definire schematicamente il modello di un sistema automatizzato.

D1.9 Indicare i principali tool di automazione delle attività di supporto alla produzione.

D1.10 Definire un sistema di flexible manufacturing.

D1.11 Illustrare il layout tipico di una scheda di controllo embedded.

D1.12 Illustrare il layout tipico di una architettura di controllo a bus.

D1.13 Definire il concetto di soft PLC.

D1.14 Definire il ciclo di progettazione funzionale di un impianto di automazione industriale evidenziando i vantaggi rispetto al classico ciclo di progettazione a cascata.

Bibliografia ragionata

I moderni sistemi di automazione industriale sono ampiamente presentati in [1] dove sono anche fornite definizioni e concetti riguardanti la Computer Integrated Manufacturing. In [2] viene presentata la storia delle tecnologie dell'informazione e, tra queste, ampio risalto viene dato all'automatica e all'automazione industriale. Inoltre in [3] vengono presentati le 25 pubblicazioni più significative nell'ambito dell'automatica dal 1932 al 1981.

Un testo di riferimento per i sistemi produttivi e in particolare per l'architettura CIM è [4]; similmente in [5] vengono classificati i sistemi di controllo presenti in tale architettura. Una descrizione dei principali processi produttivi in ambito industriale viene fornita in [6] per quanto riguarda le lavorazioni meccaniche mediante macchine utensili a controllo numerico mentre in [7] si presentano gli aspetti tecnologici e teorici della robotica industriale.

Importanti discussioni riguardanti le attività di supporto alla produzione sono presentate in [8]. In [9] il lettore interessato può approfondire argomenti relativi all'architettura hardware dei sistemi CIM così come ai principali componenti del livello di campo.

Per quanto riguarda le architetture hardware degli elaboratori a microprocessore, un testo di riferimento è [10]; interessanti approfondimenti riguardanti le architetture hardware dei sistemi di controllo possono anche essere trovati in [1].

Un'esauriente discussione riguardante le fasi di progettazione di un impianto di automazione industriale da un punto di vista prettamente informatico è fornita in [11], [12] e [13].

Il lettore interessato ad approfondire i concetti relativi a i nuovi strumenti unificati per la descrizione dei sistemi di automazione industriale può far riferimento a [14] e [15] per quanto riguarda la norma IEC 61499 e [16] per quanto riguarda il SysML.

[1] P. Chiacchio, F. Basile, *Tecnologie informatiche per l'automazione*, ISBN 883866147-2, McGraw Hill Italia, Milano, 2004.

[2] A. Beghi, A. Lepschy, *Appunti dalle lezioni di storia della tecnologia dell'informazione*, memorie non pubblicate, 2003.

[3] T. Başar *Control theory: twenty-five seminal papers (1932-1981)*, The Institute of Electrical and Electronics Engineers, New York, 2001.

[4] M.P. Groover, *Automation, Production Systems, and Computer-Integrated Manufacturing (3rd Edition)*, ISBN 978-0132393218, Prentice Hall, Upple Saddle River, 2007.

[5] Standard ANSI/ISA-S88.01-1995, *Batch control part 1: models and terminology*, ANSI, Washington D.C., 1995.

[6] F. Grimaldi, *CNC: macchine utensili a controllo numerico*, ISBN 882032487-3, Hoepli, Milano, 2005.

[7] B. Siciliano, L. Sciavicco, L. Villani, G. Oriolo , *Robotica - Modellistica, pianificazione e controllo*, 3^a edizione, ISBN 9788838663222, McGraw-Hill Italia, Milano, 2008.

[8] A. Pareschi, E. Ferrari, A. Persona, A. Regattieri, *Logistica integrata e flessibile per i sistemi produttivi dell'industria e del terziario*, ISBN 888652496-X, Progetto Leonardo, Bologna, 2003.

[9] G. Magnani, G. Ferretti, P. Rocco *Tecnologie dei sistemi di controllo*, 2^a edizione, ISBN 9788838663215, McGraw Hill Italia, Milano, 2007.

[10] A. Tanenbaum, *Architettura dei computer: un approccio strutturato - quinta edizione*, ISBN 887750593-1, Pearson Italia, Milano, 2006.

[11] F. Bonfatti, P. D. Monari, U. Sampieri, *IEC 1131-3 Programming Methodology*, ISBN 295115850-5, CJ International, Seyssins, 1997.

[12] F. Bonfatti, G. Gadda, P. D. Monari, *Programmazione di software* PLC *secondo lo standard IEC 61131-3*, ISBN 883711458-3, Pitagora Editrice, Bologna, 2004.

[13] K.H. John, M. Tiegelkamp, *IEC 61131-3 Programming Industrial Automation Systems*, ISBN 3-540-67752-6, Springer, Berlin, 2001.

[14] L. Ferrarini, C. Veber, *IEC 61499 - Uno standard per i sistemi distribuiti di automazione industriale*, ISBN 883711493-1, Pitagora Editrice, Bologna, 2004.

[15] R.W. Lewis, *Modelling control systems using IEC 61499*, ISBN 085296796-9, The Institution of Electrical Engineering, London, 2001.

[16] SysML Merge Team, *Systems Modeling Language (SysML) specification*, `http://www.omg.org/cgi-bin/doc?ad/06-02-01`, 2006.

2

Sistemi di controllo real time

In questo capitolo vengono illustrate le principali caratteristiche dei sistemi real time e la loro importanza nell'ambito delle applicazioni di automazione industriale. La prima parte del capitolo è dedicata all'introduzione del concetto di real time e alle definizioni che caratterizzano i sistemi real time; viene anche illustrata l'importanza che questa tipologia di sistemi riveste nell'ambito dell'automazione industriale. Per offrire una trattazione più omogenea e completa, nei restanti paragrafi del capitolo vengono introdotti i più importanti e significativi algoritmi utilizzati per la programmazione concorrente di sistemi real time. Infine, per concludere la trattazione, viene citato un esempio di sistema operativo real time utilizzato in applicazioni di automazione industriale: Real Time Application Interface Linux.

2.1 Sistemi real time

Nel Capitolo 1 sono stati introdotti i processi automatizzati e il fondamentale concetto di sistema di controllo che, come abbiamo accennato, richiedono il rispetto di ben definiti vincoli temporali e, pertanto, rappresentano l'esempio più calzante di sistemi real time. In generale un qualsiasi sistema per la manipolazione delle informazioni che deve fornire risultati o risposte entro determinati limiti temporali può essere definito sistema real time o in tempo reale. Prima di introdurre delle definizioni maggiormente rigorose riguardo tali sistemi, andando a definire esplicitamente cosa si intende con le parole "tempo reale", è possibile, ricordando le peculiari caratteristiche dei sistemi di controllo, cercare di inquadrare in maniera adeguata l'ambito che stiamo affrontando.

Un sistema di controllo, così come un sistema informatico, di telecomunicazione, ecc., deve spesso lavorare assicurando determinate specifiche che ne definiscono il "buon funzionamento". Tali specifiche descrivono il comportamento che il sistema deve seguire nominalmente, sottintendendo che tale comportamento deve essere mantenuto nel tempo a prescindere da eventuali eventi esterni (disturbi, guasti, eventi inattesi, ecc.) che potrebbero influenzarne il funzionamento. Ciò significa che il sistema di controllo deve essere progettato in maniera accurata, utilizzando tecniche adeguate al fine di ottenere un sistema complessivo che assicuri un funzionamento il più possibile robusto. Per il progetto di sistemi critici (sistemi cioè che potrebbero comportare rischi a persone o cose) tali considerazioni sono, se possibile, ancora più importanti; è quindi necessario, nella progettazione di tali sistemi, assumere come obiettivo quello di garantire un funzionamento accettabile anche nella peggiore combinazione di eventi possibile.

In un sistema automatico la parte operativa è provvista di una unità di controllo che ne rileva costantemente lo stato di funzionamento in modo da intervenire in maniera opportuna non appena viene constatata una qualsiasi variazione inadeguata nel funzionamento: questa unità di controllo dovrà dunque fornire, in un tempo opportunamente veloce, i comandi adeguati affinché il sistema controllato continui a comportarsi secondo quelle che sono le sue specifiche. Comando adeguato e tempo opportuno sono i due concetti alla base della definizione di sistema in tempo reale.

L'unità di controllo è già stata definita come sistema informatico cha manipola in maniera opportuna, e quindi tramite specifici algoritmi, le informazioni provenienti dalla parte operativa al fine di fornire come risultato informazioni utili al corretto funzionamento del sistema controllato. Risulta dunque immediato comprendere che i concetti di "comando adeguato" e "tempo opportuno" sono correlati agli algoritmi caratteristici che vengono eseguiti dall'unità di controllo: un **algoritmo** si dice **logicamente corretto** quando i risultati forniti sono quelli attesi, a rigor di logica, a partire dai dati in ingresso; si dice **temporalmente corretto**, quando i risultati sono forniti rispettando delle prestabilite specifiche temporali dette **deadline**.

In base alle definizioni appena enunciate, è possibile definire in maniera univoca cosa si deve intendere per **sistema real time**: un sistema che elabora delle informazioni in modo da fornire delle risposte logicamente e temporalmente corrette.

Spesso, in maniera sicuramente poco corretta, viene inteso per sistema real time un sistema che sia in grado di rispondere "velocemente" a un particolare evento. L'ambiguità di tale definizione risiede tutta nel concetto di "velocità": tale concetto non può essere infatti generalizzato e ciò che può essere veloce in determinati ambiti può risultare intollerabilmente lento in altri. Si pensi, per esempio, a quelli che sono i requisiti temporali richiesti per un sistema di controllo di eventi critici in un impianto chimico o nucleare e quelli richiesti invece a un sistema di controllo di un comune ascensore: ritardi di qualche millisecondo possono essere facilmente accettati per il sistema di controllo che deve attivare il motore di un ascensore per rispondere a un chiamata mentre, gli stessi millisecondi, possono essere tragicamente intollerabili nella supervisione di un impianto nucleare. La presenza di predeterminati vincoli sul tempo di reazione di un sistema definisce in maniera inequivocabile un sistema real time.

Altrettanto erronea è la convinzione che gli enormi progressi riguardanti la velocità di calcolo degli elaboratori elettronici possa in qualche modo risolvere le problematiche relative ai sistemi real time: si è infatti portati a pensare che elaboratori molto veloci siano in grado di gestire con facilità qualsiasi vincolo temporale. Tale affermazione è vera se si considera quello che è il tempo di risposta medio di un sistema di elaborazione: calcolatori più performanti sono in grado di ottenere, tramite una maggiore velocità di elaborazione, un miglior tempo medio di risposta. I requisiti real time non sono però automaticamente rispettati: la velocità di esecuzione degli algoritmi da parte di un calcolatore non ne assicura la correttezza temporale se tale requisito non è stato preso debitamente in considerazione nella fase di progetto e sviluppo del software. Si pensi, per esempio, a una implementazione software di un algoritmo che, per una banale svista in fase di programmazione, al verificarsi di una particolare, e imprevista, combinazione di ingressi riesca a fornire il giusto risultato solo dopo un tempo di elaborazione eccessivo: questo sistema, implementato su un veloce calcolatore otterrà dei risultati che sono mediamente ottimi, ma, all'occorrenza della combinazione imprevista, le deadline temporali non saranno soddisfatte producendo quindi un possibile danno di grande entità. In letteratura vengono riportati numerosi esempi a suffragio di questa importante precisazione: un imprevedibile errore dovuto a un software di controllo non perfetto ha ritardato, a un costo ovviamente rimarchevole, il primo volo dello Space Shuttle, così come, durante la guerra del Golfo, il sistema di difesa che comandava il lancio dei missili Patriot non riuscì ad abbattere un missile Scud lanciato verso l'Arabia Saudita a causa di un errore software. In entrambi i casi i codici e gli algoritmi di controllo erano stati accuratamente testati e simulati ma non erano mai stati individuati i fatali errori: per esempio il sistema di controllo dei missili Patriot produceva, a ogni ciclo, un piccolissimo ritardo di temporizzazione invisibile durante i normali test di controllo; in guerra, tali sistemi rimasero in funzione per centinaia di ore consecutive durante le quali il piccolissimo ritardo si sommò sino a risultare di entità considerevole pregiudicando così il funzionamento che si riteneva real time. Risulta dunque chiaro che l'obiettivo di un sistema real time riguarda il soddisfacimento di vincoli temporali nella *totalità* dei casi e non *mediamente* nel tempo; il comportamento di un sistema real time deve quindi essere **prevedibile** e tale prevedibilità può essere ottenuta solo utilizzando adeguate tecniche di analisi e di progetto che tengano in conto non solo la correttezza logica dell'algoritmo, ma anche la correttezza temporale dello stesso. La proprietà di un sistema di avere un comportamento prevedibile è nota anche come **comportamento deterministico**. Risulta quindi evidente come lo studio dei sistemi real time, e più in particolare lo studio delle architetture hardware e software adatte all'implementazione di sistemi real time, sia un argomento particolarmente importante. Finora abbiamo fatto riferimento all'ambito dell'automazione industriale e all'ambito informatico in cui il problema dei sistemi real time è particolarmente sentito; tuttavia esistono altri campi in cui il real time trova la sua applicazione: per esempio nell'ambito delle telecomunicazioni le informazioni devono essere trasmesse e ricevute entro un determinato lasso di tempo, passato il quale perdono il loro valore informativo. Altri esempi possono essere problemi di signal processing, applicazioni radar o applicazioni multimediali come la compressione e decompressione di flussi video/audio.

2.2 Classificazione dei sistemi real time

Un sistema si dice **hard real time** se la violazione di una deadline temporale comporta un effetto disastroso. Il non rispetto delle deadline non è dunque ammissibile in quanto potrebbe portare, per esempio, al danneggiamento del sistema stesso, di altri apparati o di persone.

Un sistema si dice **soft real time** se la violazione di una deadline temporale non compromette il corretto funzionamento del sistema. Il non rispetto delle deadline può essere dunque ammesso, almeno sino a quando il degrado delle performance rimane accettabile.

Per come abbiamo definito in precedenza i sistemi real time, è spontaneo considerare tutti i sistemi di controllo digitali come sistemi hard real time: questo è ovvio in quanto l'acquisizione di dati sensoriali, il rilevamento di condizioni critiche e più in generale il controllo di dispositivi automatici sono evidentemente sistemi in cui il non rispetto delle deadline temporali potrebbe portare a conseguenze anche dannose.[1] In generale, quando nel progetto di un sistema real time si deve prendere in considerazione un elemento come la sicurezza (che può essere riferita alle persone così come all'ambiente o al sistema stesso da controllare), i vincoli da rispettare sono di tipo hard.

Al contrario possono esserci compiti real time in cui il non rispetto delle deadline può essere ragionevolmente accettato: per esempio la risposta di un ascensore a una chiamata, la risposta di una macchina automatica al comando per passare dalla fase di inizializzazione alla fase di lavoro, l'input di caratteri da tastiera o la visualizzazione degli stessi sul monitor possono tutti essere considerati compiti real time di tipo soft. Spesso le specifiche temporali di un sistema soft real time sono definite in termini probabilistici; si consideri per esempio una rete telefonica e il tempo di instradamento di una nostra chiamata: il comportamento desiderato del sistema potrebbe essere definito in termini statistici, cioè l'instradamento deve durare meno di 1 secondo nel 90% dei casi, meno di 5 secondi nel 99% dei casi. Tali richieste prefigurano quindi un sistema real time di tipo soft.

In definitiva il concetto di sistemi hard e soft real time si riallaccia al concetto di **Quality Of Service** (QOS) desiderato: le performance che si vogliono ottenere classificano, di volta in volta, il sistema come hard o soft real time. Nel caso del sistema di controllo e supervisione di un ascensore, per esempio, coesisteranno specifiche soft real time (tempo di risposta in seguito a una chiamata al piano) e hard real time (gestione della sicurezza in seguito a eventi critici).

Un'ulteriore distinzione può facilmente essere effettuata introducendo il concetto di velocità di elaborazione del sistema informatico che esegue l'algoritmo real time: un vincolo real time si dice **largo** se le deadline temporali sono ampie rispetto ai tempi di calcolo necessari per svolgere le operazioni richieste; un vincolo real time si dice **stretto** se le deadline temporali sono strette rispetto ai tempi di calcolo necessari per eseguire le operazioni richieste.

Larghezza e strettezza dei vincoli dipendono fortemente dal particolare sistema di elaborazione che si troverà a svolgere i compiti real time: i tempi di esecuzione sono tipicamente dipendenti dalla potenza e velocità di esecuzione dei calcolatori utilizzati. Nel caso di sistemi real time con vincoli stretti risulta

[1] Si pensi, per esempio, alla destabilizzazione in un sistema lineare tempo invariante dovuta alla perdita di margine di fase causata da un ritardo a seguito di una deadline mancata.

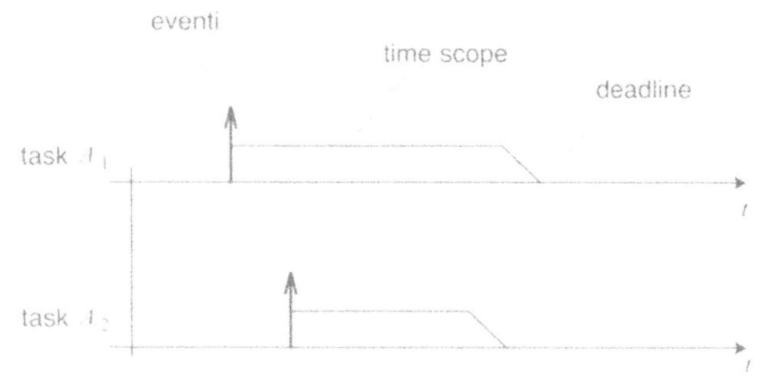

Figura 2.1 Due eventi scatenano due task (A_1 e A_2) temporalmente sovrapposti.

quindi fondamentale l'organizzazione delle fasi di elaborazione e l'ottimizzazione dell'esecuzione delle attività per sfruttare al massimo l'hardware che si ha a disposizione.

L'introduzione del concetto di sistemi real time con vincoli larghi e stretti è importante in quanto, tipicamente, i sistemi hard real time sono anche sistemi con vincoli stretti: nei sistemi di controllo digitale per esempio, la piattaforma di elaborazione non può essere sovradimensionata per semplici (e ovvi) problemi di costo; ci si trova quindi spesso ad avere a che fare con sistemi hard real time in cui deve essere progettata in maniera accurata anche l'organizzazione dell'elaborazione delle attività.

2.3 Parallelismo e programmazione concorrente

Un generico sistema real time deve svolgere diverse attività anche completamente indipendenti tra loro: si pensi per esempio a un generico sistema di controllo che deve elaborare l'azione di controllo e nello stesso tempo monitorare lo stato di alcuni allarmi. Nella trattazione che segue, tali attività sono genericamente chiamate **task** (o processi) e sono solitamente innescate da eventi; coerentemente con la filosofia real time, i task devono essere terminati entro certe deadline temporali. La finestra temporale tra l'evento che scatena il task e la relativa deadline è detta **time scope**. L'indipendenza con la quale diversi eventi possono accadere e, quindi, la possibilità che diversi task siano da eseguire nello stesso istante, fa sorgere immediatamente il problema dell'esecuzione parallela di diverse attività (Figura 2.1 che rappresenta due task da eseguire in parallelo; le frecce rivolte verso l'alto indicano l'evento che innesca i task e i trapezi indicano i relativi time scope).

Lo svolgimento dei compiti relativi a ogni task è affidato alle unità di elaborazione (**processori**) che sono disponibili nel sistema. Si parla di architettura **multiprocessore** quando nel sistema sono presenti più unità di elaborazione che possono eseguire contemporaneamente i compiti richiesti dai diversi task: in questo caso l'esecuzione di task paralleli viene affidata a differenti processori che, contemporaneamente, elaborano e svolgono le attività a loro richieste ottenendo, in questo modo, un parallelismo reale. Si parla, invece, di sistema **monoprocessore** quando si ha a disposizione una sola unità di elaborazione che può quindi eseguire in ogni istante i compiti richiesti da un solo task. In questo caso, per eseguire diversi task parallelamente, si deve utilizzare un parallelismo logico: si dovrà cioè definire una strategia di gestione che sequenzializzi l'uso della risorsa fisica (processore) in modo da eseguire tutti i task soddisfacendo le rispettive deadline. Lo studio e la definizione di questa strategia di gestione viene chiamata **programmazione concorrente** (o **scheduling**) e, in un sistema real time, risulta necessaria ogni volta che il numero dei task paralleli da eseguire supera il numero di unità di elaborazione a disposizione.

In generale, la situazione che si deve affrontare nello studio e nella progettazione di un sistema real time è quella in cui si ha la necessità di esecuzione parallela di task diversi con un numero di unità di calcolo insufficiente per realizzare un parallelismo reale; anzi, in un'ottica di riduzione di costi e complessità, sono proprio i sistemi monoprocessore quelli solitamente a disposizione per la realizzazione di un sistema real time. Nel seguito, per la definizione dei diversi algoritmi di programmazione concorrente, faremo dunque riferimento proprio a sistemi a singolo processore.

È possibile associare un'informazione dinamica ai task che devono essere eseguiti da un sistema monoprocessore così da identificarne lo stato: un task che è stato innescato dal relativo evento ed è quindi potenzialmente in grado di essere eseguito è detto **attivo**. Tutti i task attivi che sono in attesa di essere eseguiti dall'unità di calcolo (evidentemente occupata a eseguire un'altra attività) sono detti **pronti** (**ready**); generalmente tali processi sono posizionati in una coda (**ready queue**). Il task che occupa la risorsa computazionale è invece detto **in esecuzione**. La programmazione concorrente definisce dunque l'insieme di regole che determinano quale attività mandare in esecuzione tra i task pronti (**algoritmo di scheduling**). Lo **scheduler** è un'unità, realizzata in hardware o software, che assegna la risorsa di computazione a uno dei task pronti: tale operazione viene detta **dispatching**.

Prima di introdurre alcuni tra i più importanti algoritmi di scheduling utilizzati per la programmazione concorrente nei sistemi real time, definiamo una nomenclatura univoca per i parametri caratteristici di un generico task A_i (si veda la Figura 2.2):

- a_i istante in cui il task diventa attivo (**activation time**);
- d_i istante entro cui il task deve essere completato (**deadline assoluta**);
- s_i istante in cui il task va in esecuzione per la prima volta (**start time**);
- e_i istante in cui l'esecuzione del task è stata definitivamente terminata (**end time**);
- $C_i = e_i - s_i$ intervallo di tempo necessario per l'esecuzione del task da parte dell'unità di elaborazione (**computation time**);
- $D_i = d_i - a_i$ intervallo di tempo entro cui il task deve essere completato a partire dall'activation time (**deadline relativa** o time scope);

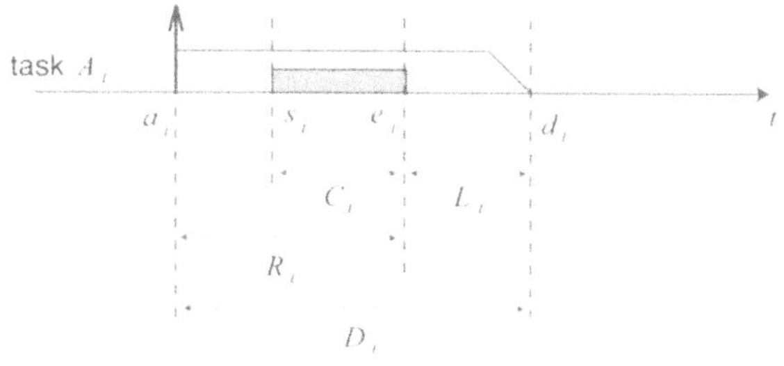

Figura 2.2 Modello di un generico task A_i.

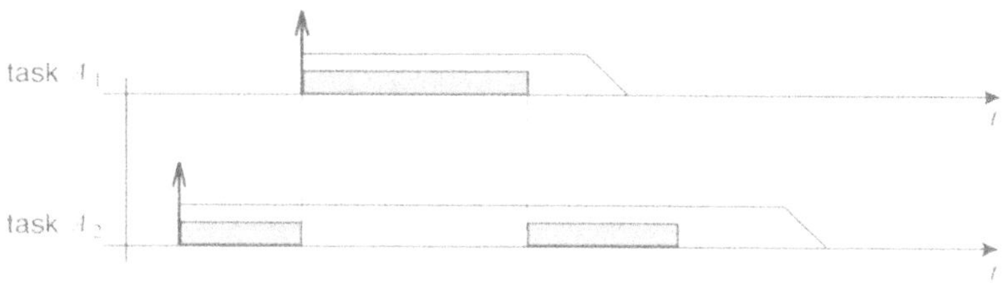

Figura 2.3 Grazie al meccanismo di preemption il task A_1, essendo prioritario, interrompe l'esecuzione del task A_2.

- $R_i = e_i - a_i$ intervallo di tempo che occorre per terminare il task a partire dall'activation time (**release time** o **response time**);
- $L_i = e_i - d_i$ ritardo che intercorre tra la terminazione del task e l'occorrenza della sua deadline (**lateness**): si noti che il lateness di un task che termina prima della sua deadline è negativo.

Alcuni sistemi prevedono che un task in esecuzione possa essere momentaneamente interrotto per consentire l'esecuzione di altre attività più importanti; il task interrotto viene quindi riportato nella coda delle attività pronte e la sua esecuzione verrà in seguito ripresa dal punto in cui era stata sospesa. L'operazione di interruzione del processo in esecuzione per liberare l'unità di elaborazione e il riposizionamento dello stesso nella coda dei processi pronti viene chiamata **preemption** (Figura 2.3). Risulta quindi evidente che un algoritmo di scheduling deve definire l'ordinamento dei processi all'interno della coda dei task pronti, effettuare il dispatching al task più importante e definire una precisa strategia nel caso in cui si voglia utilizzare il meccanismo di preemption.

Nell'introdurre il concetto di programmazione parallela abbiamo descritto i task come attività indipendenti scatenate da eventi: in realtà diversi task potrebbero essere in stretta relazione tra loro e non sempre tali attività possono essere eseguite seguendo un ordine arbitrario. Possono infatti essere definite due tipo-

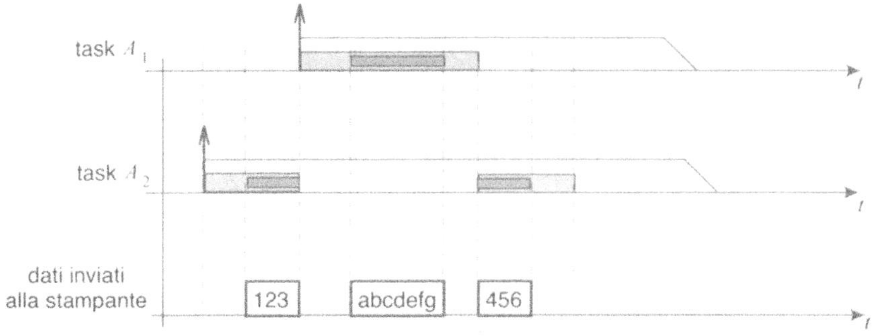

Figura 2.4 Scheduling con preemption senza gestione dei vincoli di mutua esclusione per la risorsa condivisa. Il rettangolo grigio scuro all'interno dell'intervallo di elaborazione rappresenta l'accesso alla risorsa condivisa.

logie di relazioni tra diverse attività: **vincoli di precedenza** e **vincoli di mutua esclusione su risorse condivise**.

Si consideri per esempio un sistema di controllo che deve decidere l'azione da eseguire in base all'elaborazione di due differenti dati provenienti da sensori diversi. In questo sistema possiamo definire cinque task fondamentali deve svolgere: ricezione delle informazioni dai due sensori (due task), elaborazione di tali dati (due task) e scelta dell'azione da eseguire. Risulta evidente che le cinque attività appena elencate non sono completamente indipendenti: esistono vincoli di precedenza sia tra le azioni di ricezione dei dati ed elaborazione (ovviamente tali task dovranno essere eseguiti in stretta sequenza), sia tra il task relativo alla scelta dell'azione da eseguire e i due task di elaborazione (la scelta dell'azione da eseguire può essere presa solo dopo aver finito di elaborare i dati provenienti da entrambi i sensori).

Vincoli di mutua esclusione sono invece tipicamente presenti in tutti i sistemi in cui una singola risorsa viene condivisa da attività che possono però utilizzarla una alla volta: in questo caso la risorsa viene detta condivisa e l'accesso a tale risorsa deve essere adeguatamente gestito in maniera mutuamente esclusiva.

Si consideri per esempio un semplice sistema monoprocessore in cui esiste un'unica risorsa condivisa (per esempio una stampante) e diversi task; si consideri inoltre un sistema di preemption secondo il quale la presenza di un task pronto maggiormente importante può bloccare l'esecuzione di un'attività meno prioritaria. La presenza di un'unica stampante condivisa fa nascere un problema di mutua esclusione; se tale vincolo non viene debitamente tenuto in conto, la funzionalità del sistema può essere compromessa. Come illustrato in Figura 2.4, la preemption di un processo più importante comporta la stampa di un documento in cui le pagine richieste dai due processi sono mescolate: il task A_2 vuole stampare il documento "123456" e viene interrotto dal task A_1 (maggiormente prioritario) che deve stampare il documento "abcdefg". Il risultato è la stampa di un documento

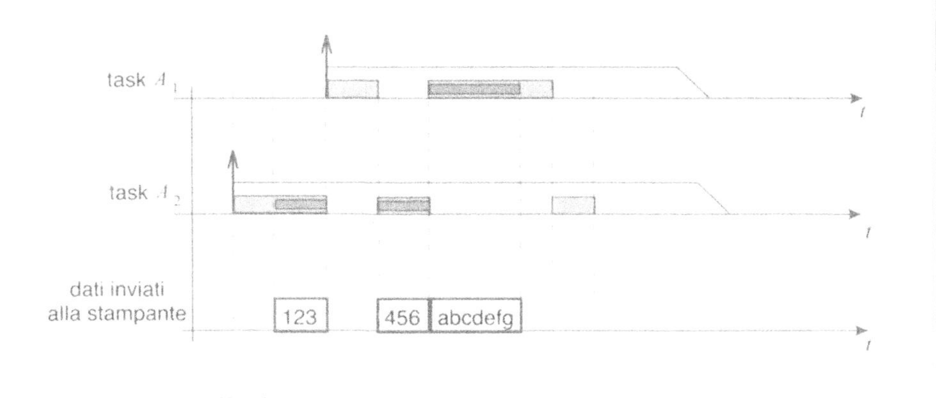

Figura 2.5 Scheduling con preemption e gestione dei vincoli di mutua esclusione per la risorsa condivisa.

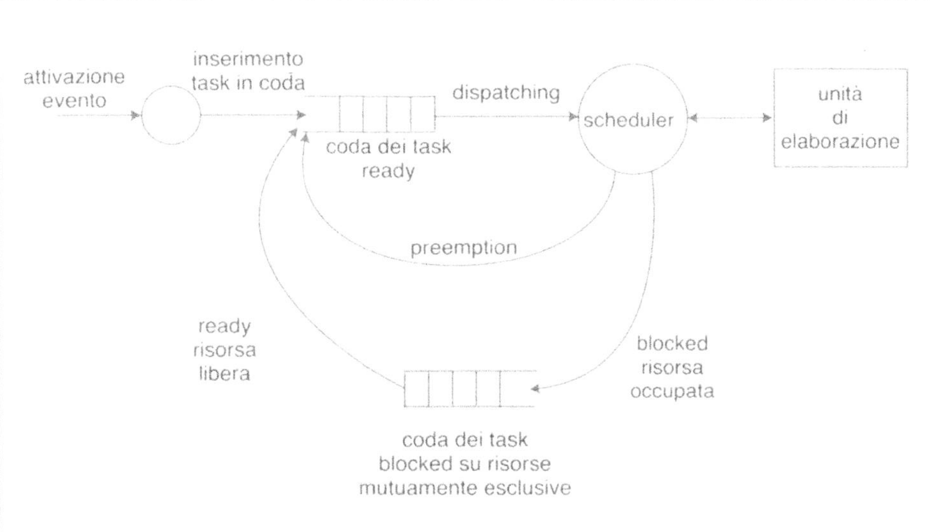

Figura 2.6 Modello generico di scheduling con gestione di preemption e blocking.

con informazioni miste. Per risolvere questo problema è necessario adottare una tecnica di tipo semaforico: il tentativo di accesso alla risorsa condivisa già in uso da altro processo deve essere bloccato sino alla liberazione della risorsa stessa.

In Figura 2.5 viene illustrata una schedulazione che tiene in conto del vincolo di mutua esclusione. Il processo in esecuzione che cerca di accedere alla risorsa occupata viene a sua volta interrotto e posto in un'ulteriore coda di task bloccati (**blocked queue**); una volta liberata la risorsa i processi nella coda dei bloccati tornano a essere ready. Il risultato è la stampa ordinata dei due documenti richiesti.

In Figura 2.6 vengono illustrate le possibili azioni e le diverse code che possono essere presenti in un generico sistema real time.

2.4 Algoritmi di scheduling

Un problema di programmazione concorrente per un sistema real time è risolto da un algoritmo di scheduling se assicura la terminazione di tutti i task prima delle relative deadline, rispettando tutti gli eventuali vincoli di precedenza e assicurando un accesso corretto alle risorse condivise mutuamente esclusive.

Dato un insieme di task nell'ambito di un problema di programmazione concorrente, tale insieme è detto **schedulabile** se esiste un algoritmo di scheduling che permetta il rispetto di tutte le deadline temporali.

Per comprendere in pieno il ruolo fondamentale della programmazione concorrente e, quindi, l'importanza di un algoritmo di scheduling ben progettato in un sistema real time, è possibile far riferimento a un semplicissimo esempio: due eventi simultanei devono essere gestiti in un sistema monoprocessore. Il metodo di scheduling più semplice è quello secondo cui viene eseguito il primo processo pronto e non viene gestito alcun meccanismo di preemption. Questa metodologia di scheduling, eseguire i processi seguendo l'ordine di attivazione e quindi di ingresso nella coda dei processi pronti, è detta **First In First Out** (**FIFO**).

In Figura 2.7 il primo processo attivo (task A_2) viene mandato subito in esecuzione mentre l'altro (task A_1) viene posto in attesa nella coda dei processi pronti; non appena l'esecuzione di A_2 è terminata, viene attivato A_1 che, purtroppo, non riesce a essere terminato in tempo utile: la deadline non è stata rispettata. In Figura 2.8, per gestire gli stessi due task, viene utilizzato un algoritmo di scheduling più sofisticato che prevede la preemption per mandare in esecuzione il processo con la deadline più stringente: all'attivazione del task A_1, caratterizzato da una deadline temporalmente più ravvicinata, l'algoritmo di scheduling ne prevede l'esecuzione, fermando temporaneamente il processo A_2. In questo modo le deadline temporali sono rispettate per ambedue i task: le regole di scheduling influenzano, dunque, pesantemente il comportamento del sistema in relazione alle sue prestazioni real time.

Un generico algoritmo di scheduling può essere classificato secondo particolari proprietà: tale suddivisione ci permetterà di ottenere una visione globale delle diverse famiglie di algoritmi di scheduling e di introdurne, nel seguito, alcuni tra i più utilizzati per la soluzione di particolari problemi di programmazione concorrente.

Abbiamo già introdotto la fondamentale differenza tra sistemi **monoprocessore** e sistemi **multiprocessore**: ovviamente tale differenziazione può essere fatta anche per gli algoritmi di scheduling che devono essere implementati su tali sistemi.

Altra proprietà già introdotta riguarda la possibilità di interrompere un task in esecuzione per avviare un'altra attività maggiormente importante: possiamo quindi distinguere tra algoritmi **preemptive** e **non preemptive**.

Se tutte le decisioni riguardanti lo scheduling sono prese prima dell'attivazione dei task sulla base delle informazioni note a priori, l'algoritmo risultante viene detto **offline**: la schedulazione temporale viene quindi effettuato a priori e non viene modificata durante l'esecuzione delle attività. Se invece le decisioni

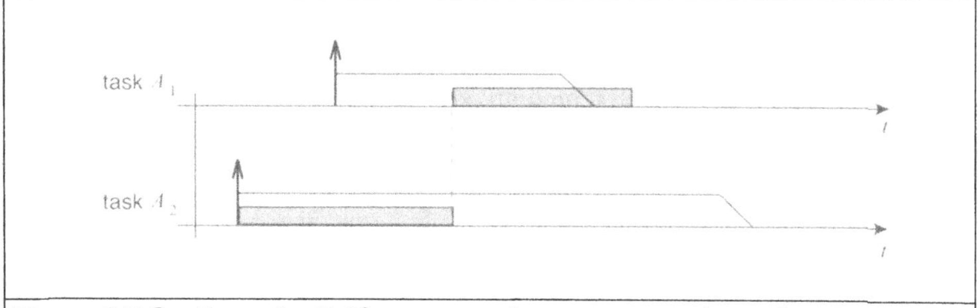

Figura 2.7 Gestione di attività concorrenti senza meccanismo di preemption.

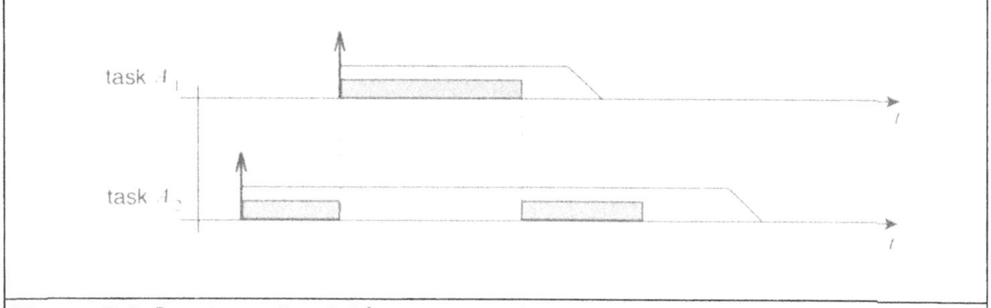

Figura 2.8 Gestione di attività concorrenti con meccanismo di preemption.

riguardanti lo scheduling vengono effettuate durante l'esecuzione dei diversi task, si parla di algoritmo di scheduling **online**.

Vengono detti algoritmi di scheduling **statici** tutti quegli algoritmi in cui le regole di dispatching sono definite a partire da parametri che non variano durante il funzionamento del sistema; algoritmi **dinamici** sono invece basati su parametri che possono variare durante l'esecuzione dei task.

È bene evidenziare le differenze che esistono tra algoritmi offline, online e statici, dinamici. Un algoritmo offline è sicuramente un algoritmo statico: esisterà infatti una sorta di tabella in cui è definito l'ordine di schedulazione; tale tabella non viene mai modificata durante il funzionamento del sistema. Un algoritmo online può, invece, essere sia statico che dinamico: si pensi a un algoritmo che assegna, a priori, un indice di priorità ad ogni processo che può essere attivato; in presenza di un nuovo task attivo viene eseguito il processo con priorità maggiore tra quelli in esecuzione e quelli nella ready queue. In questo modo l'ordine di schedulazione può essere modificato durante le esecuzioni (l'attivazione di un task maggiormente prioritario modifica la coda delle attività pronte: algoritmo online), ma è basato su parametri e priorità fissate una volta per tutte, quindi staticamente.

Si possono infine evidenziare due ulteriori famiglie di algoritmi di scheduling, sottolineando le proprietà real time che vengono assicurate. Un algoritmo di scheduling che garantisce il rispetto del vincolo temporale per ogni task si dice **guaranteed**. Questa tipologia di algoritmi si basa su test di garanzia che vengono eseguiti non appena un task viene attivato: se il test assicura l'esecuzione del task prima dello scadere della deadline, l'attività viene posta nella coda dei task pronti; se il test non viene superato, l'attività viene rifiutata dal sistema. In pratica un algoritmo guaranteed evita di gestire un task che potrebbe non essere in grado di eseguire nel rispetto dei vincoli temporali: si considera quindi migliore un aborto del task piuttosto che un'esecuzione fuori tempo massimo. Solitamente algoritmi di questo tipo prevedono un meccanismo dinamico di gestione delle eccezioni in modo che la presenza di task rifiutati, ma di importanza fondamentale per il sistema, scateni l'occorrenza di task a priorità massima per la messa in sicurezza del sistema.

Un algoritmo che assicura un determinato livello di prestazioni medie nell'esecuzione dei task, in termini di response time o lateness, viene detto **best effort**: tali algoritmi sono solitamente di tipo euristico (basati quindi su considerazioni di tipo probabilistico) e sono specificatamente dedicati alla soluzione di problemi di tipo soft real time in cui le prestazioni medie sono più importanti rispetto all'assoluta garanzia dei vincoli temporali.

Il problema della definizione di un algoritmo di scheduling, così come è stato esposto all'inizio del paragrafo nella sua forma più generale, non è computazionalmente risolvibile in tempo polinomiale rispetto al numero di task; è stato infatti dimostrato che il problema generico dello scheduling è di tipo NP hard: non esistono cioè algoritmi di complessità polinomiale nel numero di processi che siano in grado di definire uno scheduling efficace. D'altra parte è anche vero che la maggior parte dei problemi real time che devono essere affrontati non presentano tutte le caratteristiche che vengono considerate nell'enunciazione generica del problema: in altre parole i problemi di scheduling che devono realmente essere affrontati permettono la definizione di ipotesi semplificative sul tipo di sistema e sui vincoli che devono essere rispettati.

Nel seguito introdurremo alcuni tra gli algoritmi di scheduling più utilizzati facendo sempre riferimento a particolari ipotesi simplificative: non saranno considerati vincoli di precedenza o di mutua esclusione di risorse, verranno presi in considerazione sistemi in cui è sempre possibile interrompere l'esecuzione di un processo (sistemi preemptive) e verranno considerati solo task di tipo periodico (attività che si attivano periodicamente). Infatti le attività fondamentali nell'ambito dell'automazione industriale come l'elaborazione di controlli digitali, l'acquisizione e l'elaborazione di segnali provenienti da fonti esterne (sensori), il monitoraggio e la supervisione di attività automatizzate sono tutti compiti che devono essere tipicamente affrontati in modo ciclico e quindi legati a task periodici.

2.4.1 Scheduling di task periodici

In questo paragrafo saranno brevemente descritti alcuni algoritmi per lo scheduling real time di attività periodiche. Prima di introdurre gli algoritmi di scheduling veri e propri, è il caso di evidenziare quelle che sono le ipotesi necessarie per trattare la problematica in maniera analitica. Come accennato, consideriamo solo task periodici, attività cioè che vengono attivate periodicamente, e ipotizziamo che tale periodo, detto **periodo di attivazione**, rimanga costante. La deadline coincide con la fine del periodo di attivazione corrente, ovvero l'esecuzione deve termi-

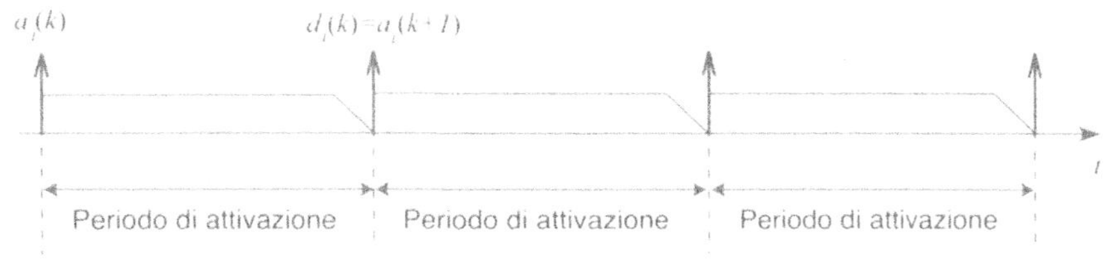

Figura 2.9 Modello generale di task periodici.

nare prima della successiva attivazione. Il computation time di ogni task viene considerato costante. I vari task sono infine indipendenti tra loro e non esistono problematiche relative a risorse mutuamente condivise.

In Figura 2.9 vengono illustrate graficamente tutte le ipotesi considerate e vengono introdotti alcuni dei parametri che utilizzeremo nella descrizione degli algoritmi di scheduling. In relazione alla k-esima esecuzione del generico task i-esimo, chiamiamo $a_i(k)$ l'istante di attivazione mentre la **frequenza di richiesta** è l'inverso dell'intervallo di tempo che intercorre tra due diversi istanti di attivazione (questo intervallo è ovviamente il periodo caratteristico dell'i-esimo task). La deadline della k-esima esecuzione dell i-esimo task corrisponde, grazie alle ipotesi appena fatte, all'istante di attivazione della $(k+1)$-esima esecuzione dello stesso task ($d_i(k) = a_i(k+1)$).

Il problema da affrontare è quindi quello di schedulare, utilizzando un sistema monoprocessore, un insieme di task periodici in modo che tutte le deadline temporali siano soddisfatte.

Considerando un insieme di n task periodici caratterizzati da periodo di attivazione T_i e computation time C_i, è possibile definire il **fattore di utilizzazione** dell'unità di elaborazione come

$$U = \sum_{i=1}^{n} \frac{C_i}{T_i} \, .$$

Il fattore C_i/T_i rappresenta la frazione di tempo di utilizzazione dell'unità di elaborazione da parte dell'i-esimo task; pertanto, il fattore di utilizzazione indica quanto l'insieme di task utilizza la risorsa computazionale. Risulta immediato comprendere che un insieme di task caratterizzati da un fattore di utilizzazione $U > 1$ è sicuramente non schedulabile, richiedendo un utilizzo superiore al 100% delle possibilità del sistema.

Una volta scelto il metodo di scheduling, risulta definito per ogni insieme di task possibili un valore limite $U_{\max}$ del fattore di utilizzazione oltre il quale la schedulazione di tali task non risulta più fattibile. È bene evidenziare che il limite $U_{\max}$ dipende sia dall'algoritmo di scheduling che dall'insieme di task rispetto a cui viene calcolato.

Definito un algoritmo di scheduling e un insieme di task, il processore viene detto **completamente utilizzato** se la schedulazione è fattibile e se un aumento

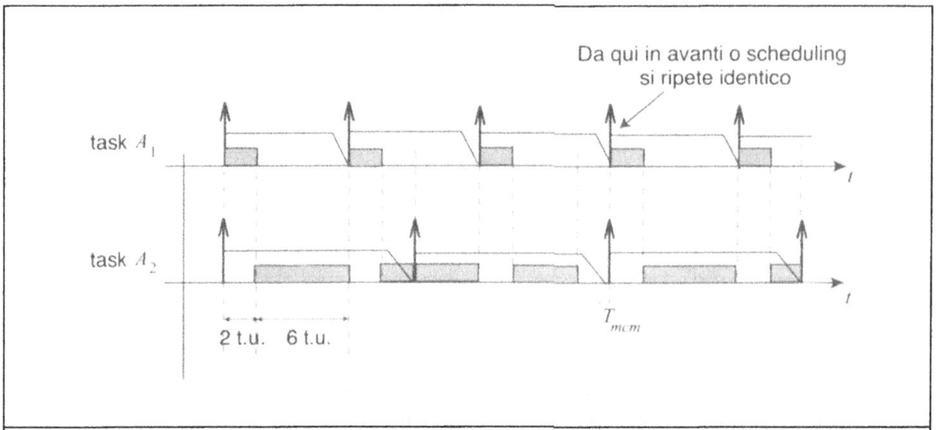

Figura 2.10 Schedulazione dei processi periodici dell'Esempio 2.1 con fattore di utilizzo $U = U_{\max}$: processore completamente utilizzato. T_{mcm} rappresenta il minimo comuni multiplo dei periodi di attivazione.

comunque piccolo di uno dei tempi di calcolo C_i (aumentando di conseguenza U) rende la schedulazione impossibile; il fattore di utilizzazione in questo caso sarà sicuramente uguale ad $U_{\max}$.

Esempio 2.1 Si consideri un insieme di due task periodici (A_1 e A_2) caratterizzati dai seguenti parametri: $T_1 = 8$ time unit (t.u.), $T_2 = 12$ t.u., $C_1 = 2$ t.u., $C_2 = 8$ t.u.; si consideri inoltre un algoritmo di scheduling che assegna priorità maggiore al task caratterizzato da periodo di attivazione minore (questo tipo di algoritmo verrà studiato nel dettaglio in seguito). In questo caso il fattore di utilizzazione è:

$$U = \frac{C_1}{T_1} + \frac{C_2}{T_2} = \frac{11}{12} \approx 0.92 \, .$$

La Figura 2.10 mostra che l'insieme di task risulta schedulabile ma, in Figura 2.11, viene illustrato come un aumento arbitrariamente piccolo del tempo di elaborazione di uno dei due task ($C_1 = 2 + \varepsilon$ t.u.) renda impossibile la schedulazione per il superamento della deadline relativa al secondo task. È quindi evidente come, per questo insieme di task, l'algoritmo definito utilizza completamente il processore e il massimo fattore di utilizzazione risulta $U_{\max} = 11/12$.

Si definisce **limite superiore minimo del fattore di utilizzazione** $U_{\text{lsm}}(F)$ di un algoritmo di scheduling F il minimo tra tutti i massimi fattori di utilizzazione calcolati per ogni insieme possibile di task periodici. Questo parametro è molto importante in quanto è caratteristico dell'algoritmo di scheduling e ne descrive il carico computazionale massimo che può essere sicuramente gestito. Pertanto $U_{\text{lsm}}(F)$ permette di definire un test di schedulabilità sicuramente valido per l'algoritmo di schedulazione preso in esame: un insieme di task periodici è

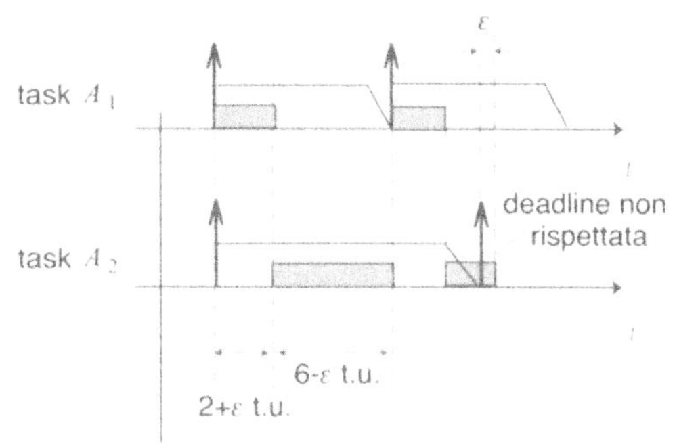

Figura 2.11 Schedulazione de processi periodici dell'Esempio 2.1 con fattore di utilizzo $U > U_{\max}$: deadline non rispettate.

sicuramente schedulabile tramite un algoritmo F se

$$U \leq U_{\text{lsm}}(F) .$$

Algoritmo Rate Monotonic Priority Ordering (RMPO)
Dato un insieme di n task periodici, ognuno caratterizzato dal proprio periodo di attivazione T_i e dal proprio computation time C_i, è possibile assegnare a ogni task una priorità inversamente proporzionale al proprio periodo di attivazione e utilizzare tale proprietà per schedulare i task mediante un meccanismo di preemption. A ogni attivazione di un nuovo task si aggiorna la coda dei task ready e si manda in esecuzione quello caratterizzato dalla maggiore priorità: in ogni istante il task schedulato è, tra tutti i task ready, quello caratterizzato dalla maggiore frequenza di attivazione. Tale algoritmo è anche chiamato, per ovvi motivi, Shortest Period First.

Esempio 2.2 In Figura 2.12 è rappresentato lo scheduling temporale tramite algoritmo RMPO di tre task (A_1, A_2, A_3) caratterizzati dai seguenti parametri: $T_1 = 8$ t.u., $C_1 = 2$ t.u., $T_2 = 16$ t.u., $C_2 = 3$ t.u., $T_3 = 12$ t.u., $C_3 = 5$ t.u.; il fattore di utilizzazione per questo insieme di processi è:

$$U = \frac{C_1}{T_1} + \frac{C_2}{T_2} + \frac{C_3}{T_3} \approx 0.8542 .$$

L'ordinamento dei task è pertanto A_1, A_3, A_2; si noti come la seconda attivazione del task A_1 comporta la preemption del task meno prioritario A_2 che era in esecuzione.

L'algoritmo RMPO appartiene alla famiglia degli algoritmi statici in quanto, avendo ipotizzato che i periodi di attivazione rimangano costanti, la priorità dei diversi task è assegnata a priori e rimane tale per tutta la durata del funzionamento del sistema.

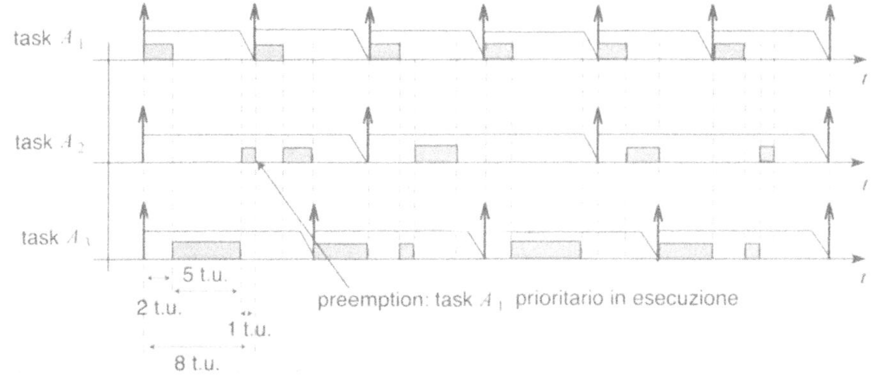

Figura 2.12 Scheduling RMPO dei processi periodici dell'Esempio 2.2.

È possibile dimostrare che, se un insieme di task non risulta schedulabile tramite l'algoritmo RMPO, allora non esiste nessun altro algoritmo di tipo statico che riesca risolvere lo stesso problema di programmazione concorrente; se invece un insieme di task è schedulabile tramite un qualsiasi algoritmo statico, allora è schedulabile anche tramite l'algoritmo RMPO. Questa proprietà evidenzia l'ottimalità dell'algoritmo RMPO nel campo dello scheduling di processi periodici con assegnazione statica delle priorità.

Il limite superiore minimo del fattore di utilizzazione dell'algoritmo RMPO, calcolato per un insieme di n task periodici, risulta essere:

$$U_{\text{lsm}}(\text{RMPO}) = n(2^{1/n} - 1) \; .$$

In Figura 2.13 è graficato l'andamento della funzione $U_{\text{lsm}}(\text{RMPO})$ al variare del numero di task n; si noti come, all'aumentare di n, la curva tenda al valore limite:

$$\lim_{n \to \infty} U_{\text{lsm}}(\text{RMPO}) = ln2 \approx 0.69 \; .$$

Si può affermare che, per un generico insieme di task periodici, l'algoritmo RMPO garantisce la schedulabilità sino a un fattore di occupazione pari a 0.69: al di sopra di questo valore la schedulazione potrebbe essere possibile, ma non è garantita. Nella curva di Figura 2.13 possono infatti essere evidenziate due zone differenti a seconda del fattore di occupazione: insiemi di task caratterizzati da un valore di U che giace al di sotto della curva sono sicuramente schedulabili tramite l'algoritmo RMPO; se il valore di U è situato tra la curva e il valore 1 la schedulazione potrebbe essere ancora possibile ma non garantita. In questo caso occorre verificare la schedulabilità graficamente come è stato effettuato nell'Esempio 2.2.

È bene mettere in evidenza un'importante proprietà dell'algoritmo RMPO nei confronti di insiemi di task periodici caratterizzati da particolari legami. Se un insieme di task è legato da relazioni armoniche, allora la condizione necessaria e

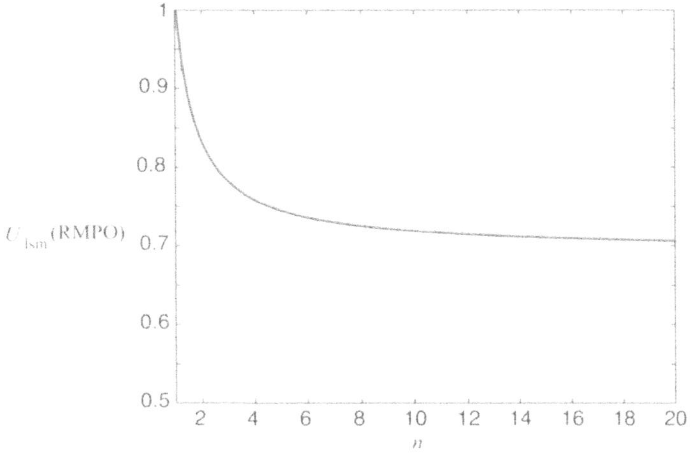

Figura 2.13 Algoritmo RMPO: andamento del limite superiore minimo del fattore di utilizzazione U_{lsm} al variare del numero n di task periodici.

sufficiente affinché sia possibile la schedulazione tramite algoritmo RMPO risulta essere semplicemente $U \leq 1$: cioè un insieme di task i cui periodi sono in relazione armonica tra loro sono sempre schedulabili tramite RMPO a patto che il fattore di occupazione sia minore o uguale di 1.

Algoritmo Earliest Deadline First (EDF)

Nella trattazione sulle proprietà generali che devono caratterizzare un sistema real time abbiamo più volte messo in evidenza l'importanza della prevedibilità del comportamento del sistema stesso; la schedulazione di un insieme di task periodici che non possiede legami di tipo armonico ed è caratterizzato da un fattore di utilizzazione $ln2 \leq U \leq 1$, sebbene possibile, non è però garantita dall'utilizzo dell'algoritmo RMPO. Per rendere il sistema real time prevedibile risulta pertanto necessario lo studio di altri algoritmi di scheduling. La proprietà di ottimalità dell'algoritmo RMPO rispetto a tutti gli algoritmi a priorità statica ci costringe a esaminare necessariamente algoritmi caratterizzati da un'assegnazione di priorità di tipo dinamico.

Tra gli algoritmi per lo scheduling basati su un'assegnazione dinamica della priorità, uno dei più utilizzati è l'algoritmo Earliest Deadline First (EDF): in ogni istante viene schedulato il task la cui deadline è più imminente. Anche questo algoritmo è intrinsccamente di tipo preemptive: non appena viene attivato un task caratterizzato da una deadline più stringente rispetto a quello in esecuzione, questo viene bloccato per avviare il task prioritario. La priorità di ogni task è inversamente proporzionale alla propria deadline assoluta; l'assegnazione di tale priorità avviene evidentemente in maniera dinamica: a ogni attivazione di un nuovo task, lo scheduler dovrà riesaminare le deadline di tutti i task attivi, pronti

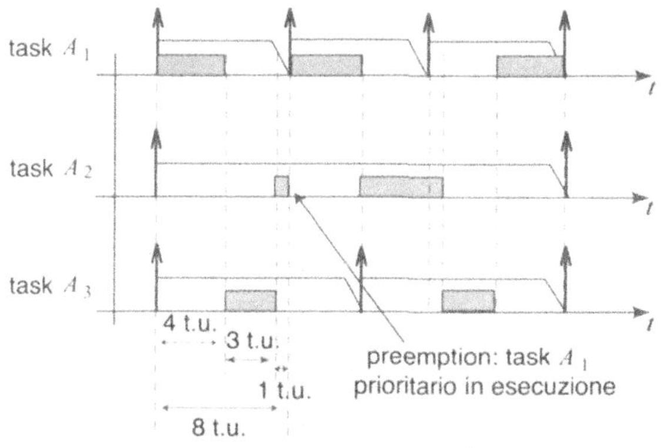

Figura 2.14 Scheduling EDF dei processi periodici dell'Esempio 2.3.

e in esecuzione, per individuare quella più imminente e mandare in esecuzione il relativo task.

Esempio 2.3 In Figura 2.14 è graficato lo scheduling di tre processi periodici (A_1, A_2, A_3) effettuato mediante l'algoritmo EDF. I parametri caratteristici dei task sono: $T_1 = 8$ t.u., $C_1 = 4$ t.u., $T_2 = 24$ t.u., $C_2 = 6$ t.u., $T_3 = 12$ t.u., $C_3 = 3$ t.u.. È possibile notare come, durante la prima esecuzione del task A_2, l'attivazione del task A_1 comporta una revisione delle priorità assegnando a quest'ultimo l'utilizzo dell'unità di elaborazione in quanto caratterizzato da una deadline temporale più stringente rispetto al processo A_2. Il fattore di utilizzazione di questo insieme di processi risulta essere:

$$U = \frac{C_1}{T_1} + \frac{C_2}{T_2} + \frac{C_3}{T_3} = 1 \,.$$

È possibile dimostrare che l'algoritmo EDF è ottimo rispetto a tutti gli algoritmi di scheduling per processi periodici con assegnazione dinamica della priorità: se un insieme di task non è schedulabile tramite EDF, allora non è schedulabile tramite altri algoritmi dinamici; se invece un insieme di task è schedulabile mediante un qualsiasi algoritmo dinamico, allora è schedulabile anche tramite l'algoritmo EDF. È inoltre possibile provare che, dato un insieme di processi periodici, la loro schedulazione tramite algoritmo EDF è possibile se il fattore di utilizzo è minore o uguale di 1 ($U \leq 1$). Questa proprietà ci permette di effettuare un test di schedulabilità che assicura, utilizzando l'algoritmo EDF, il soddisfacimento di tutte le deadline temporali per un insieme di task periodici: la prevedibilità del sistema real time è dunque assicurata.

L'algoritmo di scheduling dinamico EDF permette di schedulare con certezza tutti quegli insiemi di processi periodici il cui fattore di utilizzazione è minore di 1; al contrario l'algoritmo statico RMPO offre garanzie di schedulazione per

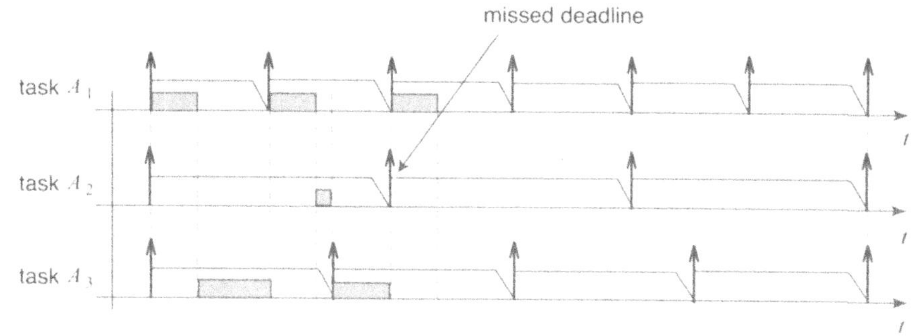

Figura 2.15 Scheduling RMPO dei processi periodici dell'Esempio 2.4.

insiemi di processi con fattore di utilizzazione minore di 0.69. L'algoritmo EDF consente di ottenere una schedulazione anche raggiungendo un fattore di utilizzazione massimo per l'unità di elaborazione; questa importante proprietà è però controbilanciata da una maggiore complessità nelle attività dello scheduler che gestisce il sistema real time. L'implementazione di un algoritmo RMPO non comporta la definizione di uno scheduler complesso in quanto la priorità è assegnata a priori ai diversi task e il suo compito è di controllare il processo con priorità maggiore da mandare in esecuzione; lo scheduler EDF, al contrario, deve anche ricalcolare le priorità dei diversi task ad ogni nuova attivazione per poter decidere quale eseguire.

Nel seguente esempio vengono confrontati gli algoritmi RMPO ed EDF per effettuare lo scheduling di un insieme di processi periodici.

Esempio 2.4 Si consideri un insieme di tre processi periodici (A_1, A_2, A_3) da schedulare; i parametri caratteristici dei task sono $T_1 = 8$ t.u., $C_1 = 3$ t.u., $T_2 = 16$ t.u., $C_2 = 3$ t.u., $T_3 = 12$ t.u., $C_3 = 5$ t.u.. Il fattore di utilizzazione è:

$$U = \frac{C_1}{T_1} + \frac{C_2}{T_2} + \frac{C_3}{T_3} \approx 0.98 \, .$$

I tre task non sono caratterizzati da legami di tipo armonico, dunque l'algoritmo RMPO non assicura la schedulazione in quanto $U > 0.69$. Al contrario, l'algoritmo EDF garantisce la schedulazione dell'insieme dei task essendo $U < 1$. Nelle Figure 2.15 e 2.16 sono graficati gli andamenti temporali della schedulazione tramite algoritmo RMPO ed EDF rispettivamente. Come previsto i tre task sono schedulati in modo da rispettare tutte le deadline quando si utilizza l'algoritmo EDF; al contrario l'algoritmo RMPO fallisce la schedulazione non rispettando la deadline per il processo A_2.

È bene infine evidenziare che, per come è stato definito, l'algoritmo EDF può essere utilizzato nello scheduling di processi non necessariamente periodici: al

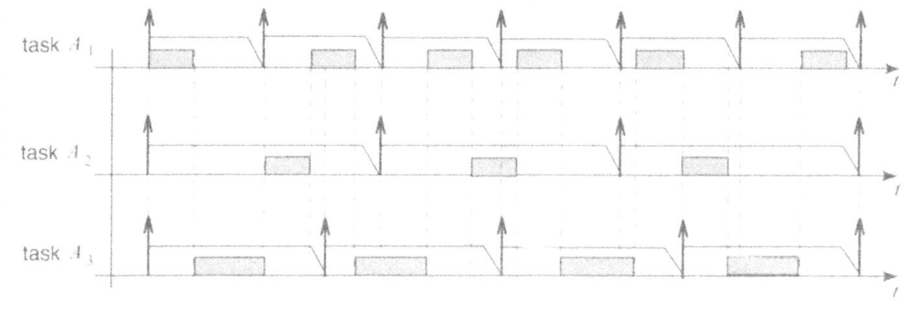

Figura 2.16 Scheduling EDF dei processi periodici dell'Esempio 2.4.

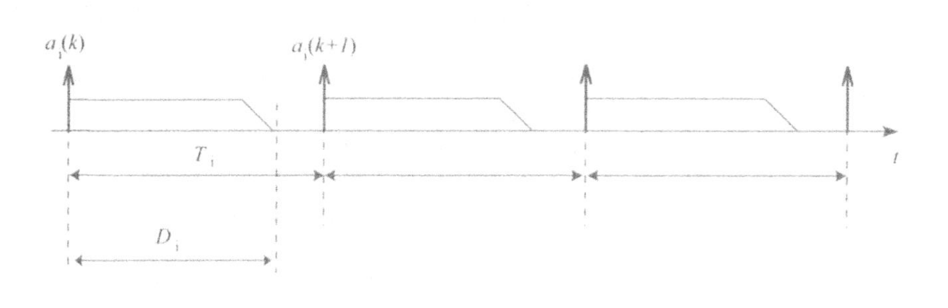

Figura 2.17 Modello di una generica attività periodica A_i.

contrario dell'algoritmo RMPO, infatti, l'assegnazione delle priorità non dipende dalla periodicità dei task.

Algoritmo Deadline Monotonic Priority Ordering (DMPO)

Nella definizione degli algoritmi RMPO ed EDF abbiamo fatto riferimento a un modello di attività periodiche secondo cui la deadline di ogni task coincide con la fine del periodo di attivazione corrente. In realtà potrebbe essere necessario prendere in considerazione attività la cui deadline relativa non coincide con il periodo di attivazione: quindi attività periodiche che devono terminare la loro esecuzione ben prima della propria successiva attivazione. Per comodità riportiamo in Figura 2.17 un modello di attività periodica più generale, in cui la deadline relativa D_i non coincide con il periodo T_i. Per lo scheduling di questa tipologia di processi può essere definito l'algoritmo Deadline Monotonic Priority Ordering (DMPO): la priorità di ogni task viene assegnata in maniera statica ed è inversamente proporzionale alla propria deadline relativa. Questo algoritmo è, evidentemente, un'estensione dell'algoritmo RMPO: se la deadline relativa di ogni task ritornasse a essere coincidente con il periodo di attivazione ($D_i = T_i$), l'assegnazione delle priorità tramite algoritmo DMPO sarebbe identico a quella ottenuta tramite RMPO. Come può essere dimostrato per l'algoritmo RMPO, anche il DMPO è un algoritmo ottimo per quanto riguarda gli algoritmi caratterizzati da assegnazione statica della priorità: se un insieme di task del tipo illustrato in Figura 2.17 non è schedulabile con DMPO, allora non è schedulabile con nessun altro algoritmo statico; se è schedulabile mediante un qualsiasi algoritmo statico, allora è schedulabile anche tramite DMPO.

La definizione di un test di schedulabilità per l'algoritmo DMPO può essere effettuata a partire dalla conoscenza della condizione introdotta per l'algoritmo RMPO: sostituendo il periodo di occorrenza con la deadline relativa, si può ottenere la seguente formula:

$$\sum_{i=1}^{n} \frac{C_i}{D_i} \leq n(2^{1/n} - 1)\,.$$

Un insieme di n task è schedulabile tramite l'algoritmo DMPO se tale equazione è soddisfatta. È bene notare che tale condizione è solamente sufficiente ma non necessaria; per come è stata trovata infatti (sostituendo T_i con D_i) tale condizione si riferisce a un caso pessimistico secondo cui tutti i periodi di attivazione sono ridotti alle rispettive deadline. Questo test di schedulabilità, sebbene intuitivamente immediato a partire dalla conoscenza delle similitudini tra gli algoritmi DMPO e RMPO, è altamente inefficiente. Una condizione necessaria e sufficiente affinché un insieme di n task sia schedulabile tramite algoritmo DMPO è quella enunciata nel cosiddetto **Teorema di Audsley**. Definito l'algoritmo iterativo:

$$\begin{aligned}
R_i^{(0)} &= \textstyle\sum_{k=1}^{i} C_k \\
I_i^{(0)} &= \textstyle\sum_{k=1}^{i-1} C_k \\
R_i^{(s)} &= I_i^{(s)} + C_i \\
I_i^{(s)} &= \textstyle\sum_{k=1}^{i-1} \text{ceiling}\left(\frac{R_i^{(s-1)}}{T_k}\right) C_k
\end{aligned}$$

in cui ceiling(x) è la funzione che associa al reale x il più piccolo intero non minore di x, si definisce $R_i = R_i^{(\alpha)} = R_i^{(\alpha-1)}$ (cioè R_i risulta definito quando due iterazioni successive portano allo stesso risultato). Il teorema di Audsley dice che un insieme di n task è schedulabile tramite l'algoritmo DMPO se e solo se

$$\forall i\,,\ 1 \leq i \leq n\,, \qquad R_i \leq D_i\,.$$

È bene infine evidenziare che, per come è stato definito, anche l'algoritmo DMPO può essere utilizzato nello scheduling di processi non necessariamente periodici: al contrario dell'algoritmo RMPO, infatti, l'assegnazione della priorità non dipende dal periodo di occorrenza dei task.

Timeline Scheduling

L'approccio Timeline Scheduling (o cyclic executive) (utilizzato per esempio nei sistemi militari di difesa, nei sistemi aeronautici e nel controllo del traffico aereo) si basa sulla suddivisione dell'asse temporale in intervalli di tempo uguali (**time slices**) da assegnare in maniera opportuna per l'esecuzione dei diversi task.

Considerando un insieme di n task periodici, viene definito il **minor cycle** come il massimo comun divisore di tutti i periodi di attivazione; il **major cycle** è invece definito come il minimo comune multiplo di tutti i periodi di attivazione. La durata di un time slice viene presa pari al minor cycle e, all'interno di questo intervallo, vengono schedulati in modo offline e arbitrario tutti i task. Dato che non è previsto alcun meccanismo di preemption, l'ipotesi che viene normalmente assunta è che il computation time di ogni processo sia minore del minor cycle; in questo caso a ogni time slice viene schedulata l'intera esecuzione di una o più attività.[2]

Esempio 2.5 Si considerino tre task periodici (A_1, A_2, A_3) caratterizzati dai seguenti parametri: $T_1 = 8$ t.u., $C_1 = 2$ t.u., $T_2 = 16$ t.u., $C_2 = 4$ t.u., $T_3 = 32$ t.u., $C_3 = 6$ t.u.; il minor cycle (e quindi il time slice) è di 8 t.u. mentre il major cycle è di 32 t.u.. Osservando i valori dei periodi di attivazione T_i si può intuire che il task A_1 va eseguito a ogni time slice, il task A_2 dovrà essere eseguito ogni due mentre A_3 ogni quattro time slice. In Figura 2.18 è graficata una possibile schedulazione di questi tre task secondo l'algoritmo timeline scheduling.

Per garantire a priori la schedulabilità di un insieme di task mediante questo algoritmo è sufficiente verificare che la somma dei vari tempi di esecuzione assegnati a ogni time slice sia minore del time slice stesso: nell'Esempio 2.5 quindi è sufficiente assicurare che $C_1 + C_2 \leq 8$ e $C_1 + C_3 \leq 8$.

Il pregio più evidente di questa metodologia di scheduling è l'intrinseca semplicità di implementazione: lo scheduler deve solo incorporare un timer che lo risveglia a ogni minor cycle e un semplice algoritmo statico e offline di assegnazione dell'unità di elaborazione. Non esistono meccanismi di preemption (e quindi problematiche implementative derivanti da questo come la necessità di salvare opportunamente il contesto di un task che viene bloccato in modo da farlo ripartire esattamente dallo stato in cui era stato fermato) e non esistono meccanismi di assegnazione della priorità. Lo studio della schedulabilità può infine essere effettuato a priori semplicemente considerando i tempi di esecuzione per ogni time slice. Questa tipologia di scheduling presenta però diversi svantaggi se si considera la sua flessibilità di utilizzo. Una modifica alle frequenze di attivazione o ai tempi di computazione di un solo task comporta inevitabilmente una rivisitazione completa dell'algoritmo e una nuova assegnazione delle esecuzioni nei diversi time slice; la modifica di un periodo di attivazione potrebbe probabilmente modificare il minor cycle e dunque la durata dei time slice stessi con la conseguente necessità di rielaborare l'algoritmo. Inoltre, essendo un algoritmo essenzialmente offline, soffre di una fragilità intrinseca rispetto a possibili malfunzionamenti, anche leggeri; si pensi, per esempio, a un aumento temporaneo e piccolo a piacere

[2]In realtà in letteratura esiste anche la versione preemptive dell'algoritmo Timeline Scheduling che non richiede l'ipotesi di computation time minori del time slice.

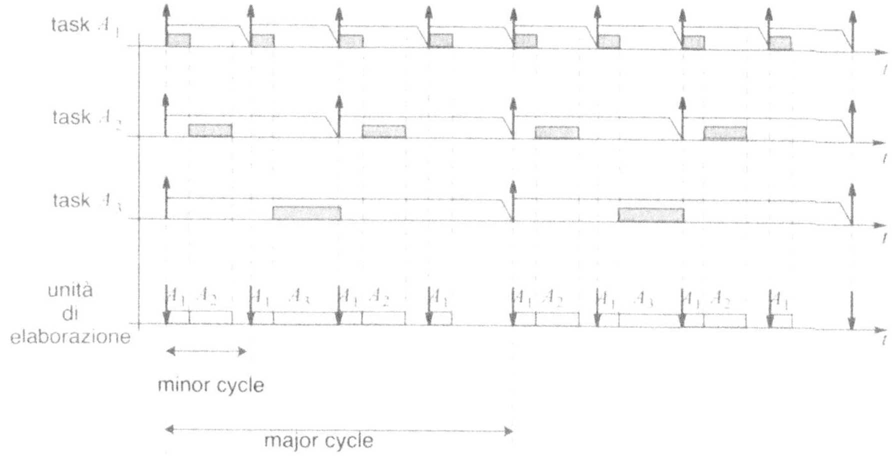

Figura 2.18 Timeline scheduling dei processi periodici dell'Esempio 2.5.

del tempo di calcolo del task A_3 nell'Esempio 2.5: durante il time slice in cui viene eseguito insieme al processo A_1, si avrebbe un caso in cui l'esecuzione non è terminata nel tempo previsto. In questa situazione occorrerebbe prevedere un meccanismo di preemption per sospendere l'esecuzione e per permettere il completamento del task in ritardo oppure abortire del tutto l'esecuzione di tale task nella speranza che ciò non comporti gravi danni. È evidente quindi come questa metodologia di scheduling sia particolarmente conveniente in quei casi in cui i tempi di attivazione e i relativi tempi di computazione sono perfettamente noti e non soggetti a possibili variazioni dovute a situazioni anomale.

È bene infine evidenziare come questo algoritmo di scheduling non permetta la gestione dei processi non periodici.

2.4.2 Scheduling di task misti: periodici e aperiodici

Nei paragrafi precedenti abbiamo introdotto diversi algoritmi di scheduling che permettono una corretta programmazione concorrente per insiemi di task periodici; abbiamo anche evidenziato le motivazioni che rendono particolarmente importante questa tipologia di attività e abbiamo utilizzato l'ipotesi di periodicità al fine di ottenere dei risultati analitici per quanto riguarda i test di schedulabilità. Abbiamo infine accennato che nei sistemi di automazione, che sono il principale argomento di questo testo, la situazione tipica che deve essere affrontata nella progettazione di un sistema real time prevede la presenza simultanea di una serie di task periodici insieme ad attività aperiodiche (si consideri per esempio la gestione di eventi scatenati da situazioni anomale o di allarme oppure la visualizzazione di informazioni sul pannello di controllo richiesta da un operatore). È evidente che l'obiettivo principale è quindi quello di trattare in maniera opportuna anche questi task aperiodici, cercando di mantenere per quanto possibile intatte le proprietà di prevedibilità assicurate dagli algoritmi per task periodici cha abbiamo introdotto. I task aperiodici devono rispettare vincoli temporali hard o soft real time: tratteremo questi due casi separatamente.

È possibile trattare attività periodiche e non periodiche con vincoli temporali hard real time, garantendone la schedulabilità o, almeno, un affidabile test di schedulabilità, solo nel caso in cui sia disponibile un'informazione temporale sull'occorrenza dei task aperiodici. Si ipotizzi di conoscere l'intervallo di occorrenza minimo tra due attivazioni dello stesso task aperiodico (intervallo di tempo all'interno del quale sicuramente non vi è una nuova attivazione dello stesso task); si consideri inoltre, per questi task aperiodici, anche un tempo di computazione pessimistico di caso peggiore. In questo modo è possibile considerare il task aperiodico come se fosse periodico con periodo pari all'intervallo di occorrenza minimo e con computation time di caso peggiore. Queste ipotesi ci permettono di esaminare il problema di programmazione concorrente nel caso peggiore e quindi di trattare lo scheduling di task misti mediante le medesime tecniche già viste per task puramente periodici. Questo tipo di soluzione permette ovviamente di ottenere i risultati di prevedibilità richiesti dai vincoli hard real time, ma introduce una notevole mancanza di ottimizzazione visto che il task aperiodico viene necessariamente trattato come se fosse attivo periodicamente. In realtà molti dei task aperiodici presenti in un sistema di automazione industriale sono caratterizzati da vincoli soft real time (per esempio l'input di comandi e la visualizzazione di informazioni sul pannello di controllo di una macchina automatica). In questo caso l'algoritmo di scheduling dovrà da un lato garantire la schedulabilità dei task periodici hard real time (permettendo di utilizzare le metodologie introdotte per i task puramente periodici) e dall'altro assicurare un livello di prestazioni desiderato, solitamente di tipo statistico, per quanto riguarda i task non periodici.

È possibile distinguere subito tra due diverse categorie di algoritmi per task misti in cui i task aperiodici hanno vincoli soft real time: algoritmi che attuano un servizio in background e algoritmi tramite server.

Lo scheduling di task misti tramite **servizio in background** consiste nell'eseguire i task aperiodici solo negli istanti di tempo in cui l'unità di elaborazione è libera e non ci sono processi periodici hard real time da eseguire. Lo scheduling dei processi periodici risulta quindi invariato ed è possibile utilizzare gli algoritmi che abbiamo introdotto in precedenza; i processi aperiodici vengono gestiti tipicamente secondo una regola di tipo FIFO negli istanti in cui l'unità di elaborazione è libera. In Figura 2.19 è rappresentato lo schema funzionale di questo tipo di algoritmo.

Esempio 2.6 In Figura 2.20 è graficato lo scheduling mediante algoritmo RMPO con servizio in background di tre processi periodici (A_1, A_2, A_3) caratterizzati dai seguenti parametri $T_1 = 8$ t.u., $C_1 = 2$ t.u., $T_2 = 16$ t.u., $C_2 = 4$ t.u., $T_3 = 32$ t.u., $C_3 = 8$ t.u., e di un processo aperiodico A_4 caratterizzato da $C_4 = 9$; è possibile notare come il processo aperiodico venga eseguito durante le pause di schedulazione, senza influenzare l'esecuzione dei processi periodici, la cui schedulabilità non è quindi influenzata dalla presenza del servizio in background.

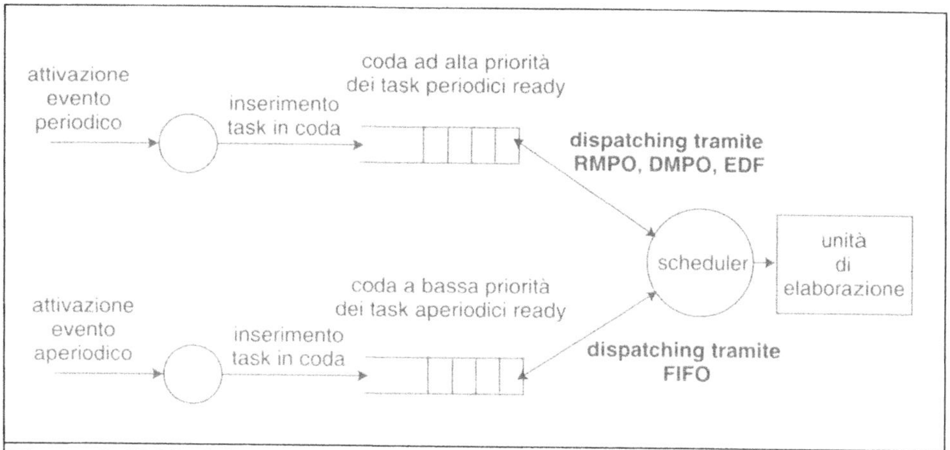

Figura 2.19 Modello di scheduling di task misti con servizio in background.

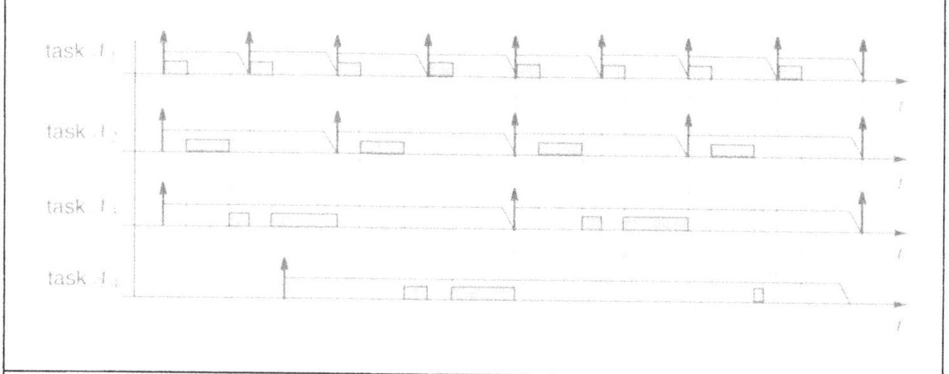

Figura 2.20 Scheduling dei processi periodici e aperiodici dell'Esempio 2.6 mediante algoritmo RMPO con servizio in background.

È chiaro che i tempi di risposta ai task aperiodici sono profondamente influenzati dal fattore di occupazione caratteristico dei task periodici che vengono eseguiti: se tale fattore fosse elevato (come nella maggior parte dei casi), il tempo dedicato all'esecuzione dei task aperiodici sarebbe molto limitato e dunque il response time piuttosto elevato.

Lo scheduling di task misti tramite **server** si basa invece sulla definizione di un processo, detto **processo server**, periodico con periodo T_{srv} e computation time C_{srv} (detto **capacità massima del server**). Tale processo periodico viene schedulato tramite l'algoritmo definito per i task periodici (Figura 2.21). L'esecuzione dei processi aperiodici viene dunque effettuata dal processo server durante il suo computation time; occorre pertanto stabilire le regole che definiscono l'utilizzo della capacità di computazione del server da parte dei processi aperiodici in attesa di esecuzione.

Il servizio **polling server** permette lo scheduling di task misti: la capacità del processo server (il cui valore massimo è comunque fissato) viene posta al suo

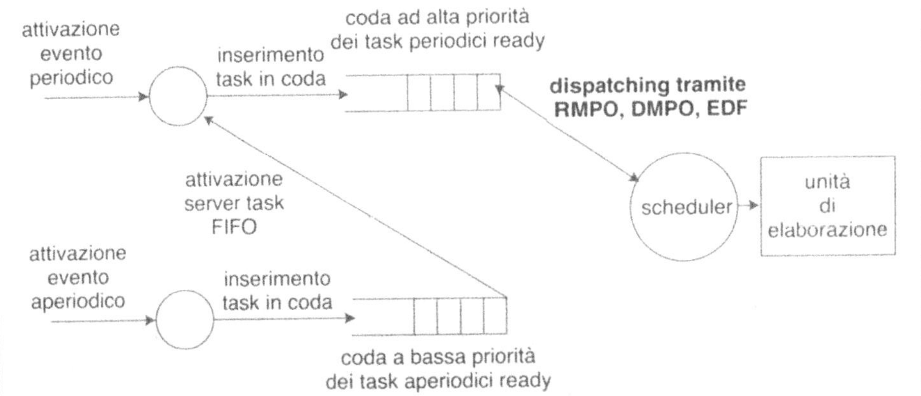

Figura 2.21 Modello di scheduling di task misti con server.

valore massimo all'inizio di ogni periodo; viene consumata dai processi aperiodici attivi mandati in esecuzione finché il server ha capacità elaborativa residua ($C_{\text{srv}} > 0$). In assenza di ulteriori richieste da parte di processi aperiodici, la residua capacità disponibile viene rilasciata ponendo $C_{\text{srv}} = 0$.

Esempio 2.7 In Figura 2.22 è graficata la schedulazione di due processi periodici (A_1, A_2) caratterizzati da $T_1 = 8$ t.u., $C_1 = 4$ t.u., $T_2 = 16$ t.u., $C_2 = 2$ t.u., e un processo aperiodico A_3 con $C_3 = 5$ t.u.; il polling server A_s è definito da $T_{\text{srv}} = 12$ t.u. $C_{\text{srv}} = 3$ t.u.. L'algoritmo di scheduling utilizzato è un classico RMPO. Si noti come, in assenza di processi aperiodici da servire, la capacità di elaborazione del server venga lasciata libera: per esempio al termine della prima esecuzione di A_1 l'algoritmo RMPO manderebbe in esecuzione il task server A_s; dato che nessun processo aperiodico è in attesa di esecuzione, la capacità computazionale del server è posta a 0 dando immediatamente la possibilità allo scheduler di eseguire il processo periodico più prioritario in attesa (task A_2). La stessa situazione accade alla seconda attivazione del processo server: in quell'istante A_s è il task più prioritario secondo l'algoritmo RMPO e viene mandato in esecuzione; dato che non ci sono processi aperiodici in attesa, la capacità viene subito portata a 0 liberando l'unità di elaborazione. Si noti come questo meccanismo non renda possibile l'esecuzione del task aperiodico A_3 nell'istante della sua attivazione nonostante l'unità di elaborazione sia libera: il processo server aveva infatti appena rilasciato tutta la sua capacità e potrà servire il task aperiodico solo nel periodo di attivazione successivo.

Secondo questo schema di programmazione concorrente, la schedulazione dei processi periodici è influenzata dalla presenza dei processi aperiodici: per esempio, considerando sempre l'algoritmo RMPO, il test di schedulabilità per n processi periodici caratterizzati da fattore di utilizzazione U diventa, con l'aggiunta del

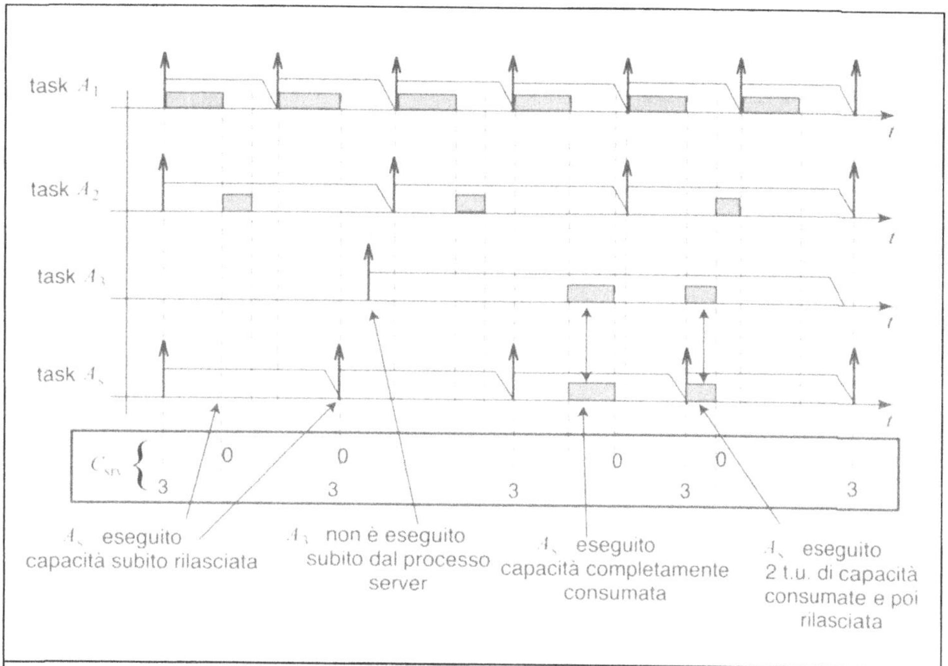

Figura 2.22 Scheduling dei processi periodici e aperiodici dell'Esempio 2.6 mediante algoritmo RMPO con servizio polling server.

processo server, pari a:

$$U + \frac{C_{\text{srv}}}{T_{\text{srv}}} \leq U_{\text{lsm}}^{(n+1)}(\text{RMPO}) = (n+1)(2^{1/(n+1)} - 1) \, .$$

Potendo imporre la frequenza di attivazione del processo polling server, è possibile assegnare una priorità elevata al server in modo da privilegiare, se ritenuto necessario, la prontezza di risposta ai processi aperiodici.

Un'altra tipologia di server a priorità statica è il **deferrable server**: in maniera molto simile al polling server, anche per il deferrable server viene definito un processo periodico con periodo e capacità elaborativa fissati. A ogni ciclo il computation time viene posto uguale alla capacità elaborativa ma, differentemente da quanto accade per il polling server, in assenza di ulteriori richieste di processi aperiodici, la capacità C_s non viene rilasciata ma mantenuta. Questa caratteristica permette di diminuire il tempo di risposta ai processi aperiodici, rendendo però più complicata la schedulabilità.

In letteratura sono state definite numerose altre metodologie di schedulazione basate su server: tra le più famose possiamo citare il **total bandwidth server**; questo algoritmo, contrariamente al polling server e al deferrable server, si basa su un'assegnazione dinamica delle priorità ed è quindi implementato tipicamente mediante un algoritmo di scheduling dinamico come l'EDF. A ogni task aperiodico attivo viene associata una deadline assoluta che quindi permette di modificare

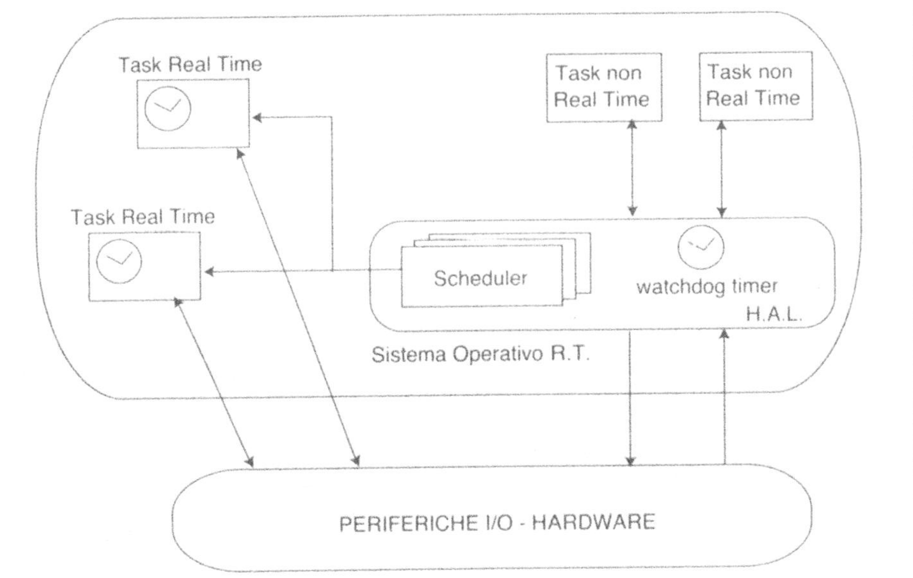

Figura 2.23 Implementazione hw/sw di un sistema real time.

la priorità del processo server nella coda dei processi pronti. La scelta della deadline assoluta relativa a un processo aperiodico assume in questa metodologia di scheduling una particolare importanza: deadline troppo conservative potrebbero portare a tempi di risposta medi ai task aperiodici decisamente lunghi mentre deadline troppo stringenti potrebbero rendere più complicato lo scheduling dei processi periodici hard real time.

2.5 Implementazione hardware e software di un sistema real time

Nei paragrafi precedenti sono stati introdotti i concetti di sistema real time e, di conseguenza, la problematica della gestione di task paralleli e la programmazione concorrente; in realtà un sistema real time deve essere implementato tramite software per funzionare all'interno di un elaboratore. Lo schema funzionale solitamente adottato è quello evidenziato in Figura 2.23: il sistema operativo è l'interfaccia software che permette di gestire in real time i task che si presentano, sfruttando le capacità elaborative fornite dall'hardware a disposizione.
Un sistema operativo real time deve, in generale, occuparsi della gestione contemporanea di task real time (soft e hard) e non real time; per esempio in un sistema di controllo, la lettura dei sensori, il calcolo dell'azione di controllo e la sua attuazione sono task real time mentre la visualizzazione a terminale dello stato del sistema è un task non real time o, al limite, real time con vincoli temporali soft.

Per questo i sistemi operativi real time sono dotati di un'unità denominata **Hardware Abstraction Layer** (HAL) che funge da filtro tra tutti i processi e l'hardware. I task non real time vengono gestiti direttamente dall'HAL, mentre quelli real time sono filtrati da una parte fondamentale dell'HAL detta **scheduler** che gestisce direttamente i vincoli temporali implementando la strategia di programmazione concorrente scelta. I task non real time sono gestiti secondo una politica di best effort in modo da non perturbare il funzionamento dei task real time. Tale meccanismo è completamente trasparente per l'utente e per i componenti del sistema di automazione che si interfacciano direttamente al sistema operativo attraverso periferiche di input/output.

Il sistema operativo controlla costantemente il rispetto di tutte le deadline temporali tramite un timer di sistema detto **watchdog timer**: in caso di mancato rispetto di una deadline, viene immediatamente segnalata l'anomalia e viene avviata un'opportuna routine di emergenza.

2.5.1 Implementazione event driven e time driven

Nella discussione relativa ai diversi algoritmi di scheduling è stato implicitamente ipotizzato che ogni task venga preso in considerazione da parte del sistema non appena esso viene innescato da un qualche evento. Questo approccio è chiamato **event driven**: un sistema operativo real time basato su tale approccio è sempre pronto a considerare nuovi task attivi che sono immediatamente schedulati. Fondamentalmente si tratta di reagire a ogni evento non appena esso si presenta, andando a gestire immediatamente l'attività relativa (posizionandola nella coda dei task pronti, effettuando il test di garanzia o mandandola direttamente in esecuzione). Abbiamo anche visto come questa tipologia di approccio comporti la necessità di definire complessi algoritmi di scheduling.

Un approccio event driven alla realizzazione di un sistema real time risulta sicuramente intuitivo e flessibile: ogni task viene gestito non appena diventa attivo e la possibilità di descrivere i differenti task in base alle loro caratteristiche e alla loro importanza definendo una priorità, permette al sistema di poter gestire in maniera ottimale le proprie risorse, garantendo, mediante un'accurata programmazione degli algoritmi di scheduling, il soddisfacimento delle specifiche temporali anche in casi hard real time.

Il limite principale di questo approccio risiede fondamentalmente nella sua intrinseca complessità realizzativa: la definizione di un algoritmo di scheduling per un generico problema di programmazione concorrente può essere un problema decisamente difficile e, soprattutto, oneroso. La difficile definizione di strategie di schedulazione si riflette, inevitabilmente, anche sulla progettazione del sistema operativo che dovrà poi eseguirle: software sofisticati potranno quindi assicurare prestazioni di tipo hard real time mettendo però in conto un notevole aumento dei costi dovuti all'inevitabile aumento della complessità.

Un approccio decisamente più semplice alla gestione delle problematiche tipiche della programmazione parallela consiste nel rilevare periodicamente l'occorrenza degli eventi e gestire di conseguenza ogni singolo evento e attività; il

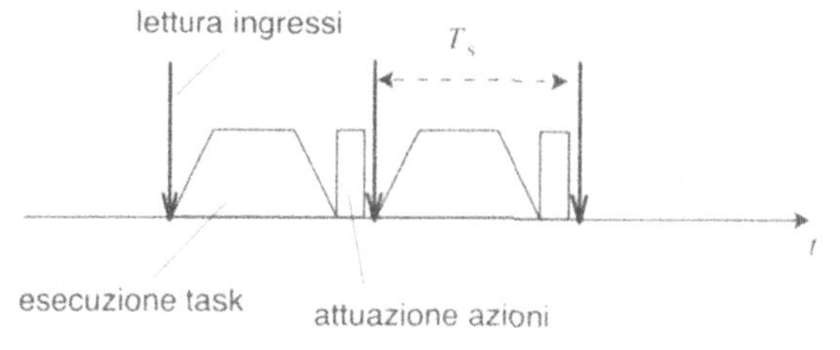

Figura 2.24 Implementazione time driven di un sistema real time.

periodo di tempo tra due rilevazioni consecutive è detto **periodo di rilevazione** T_s (o **periodo di scansione**). Tale approccio è noto come **time driven**. Risulta immediato comprendere il motivo principale che ha concorso alla definizione di una strategia di scheduling di questo tipo: nella realtà l'unità di elaborazione, che è tipicamente un sistema digitale, riceve le informazioni relative al processo fisico reale tramite il campionamento dei segnali provenienti dai sensori. La rilevazione periodica degli ingressi del sistema risulta dunque una condizione intrinsecamente presente all'interno di un sistema di controllo e, dunque, all'interno di un sistema real time in cui l'unità di elaborazione è rappresentata da un sistema digitale.

In generale un sistema che adotta una strategia time driven si comporterà come evidenziato in Figura 2.24: l'esecuzione dei diversi task avviene durante due successive rilevazioni. Le azioni che il sistema operativo deve portare avanti risultano pertanto decisamente semplificate: leggere periodicamente i canali di ingresso, effettuare le elaborazioni dei vari task e infine aggiornare le uscite attuando quelle che sono le azioni di risposta ai diversi eventi.

È chiaro che l'implementazione time driven di sistema operativo real time si basa sull'osservazione degli ingressi in istanti ben definiti in modo da poter disporre dei dati necessari a ricavare le informazioni sullo stato generale del sistema in esame: le variazioni dello stato sono la rappresentazione dell'occorrenza di un evento. Si può dunque affermare che l'implementazione time driven sposta l'attenzione dall'osservazione diretta e immediata degli eventi verso quella degli effetti sul sistema degli eventi stessi. Queste considerazioni portano inevitabilmente alla nascita di problematiche relative alla gestione sincrona di eventi asincroni.

Solitamente l'occorrenza di un evento è collegata a informazioni legate a segnali logici: per esempio il cambio di stato di un segnale logico può indicare l'attivazione di un evento. In questi casi il cambiamento nello stato del segnale è, nell'implementazione event driven, immediatamente interpretato dal sistema come l'innesco del relativo evento. Nell'implementazione time driven, durante l'intervallo che intercorre tra due diverse rilevazioni degli ingressi, e dunque tra due rilevazioni dello stato del sistema, il sistema è cieco: eventi legati a veloci transizioni dello stato logico di un segnale potrebbero non essere mai rilevati e dunque l'attività relativa a questo evento mai iniziata. Si veda a tal proposito la Figura 2.25 in cui due eventi, a e b, sono collegati al fronte di salita di due segnali x_a ed x_b: si noti come un sistema operativo real time implementato tramite un

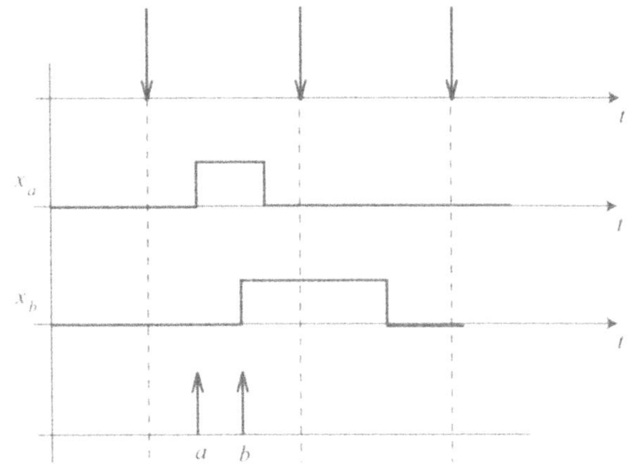

Figura 2.25 Sequenze di eventi possibili nell'implementazione time-driven.

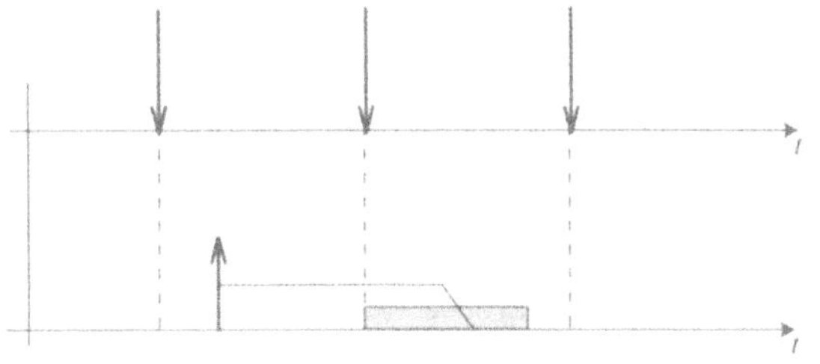

Figura 2.26 Mancata esecuzione di un'attività il cui time scope è contenuto tra due istanti di rilevazione.

approccio time driven non sia in grado di rilevare l'evento a osservando solo la variazione dello stato del segnale x_a. Risulta evidentemente necessaria un'ipotesi relativa all'osservabilità degli effetti che gli eventi provocano nel sistema: non devono esistere eventi i cui effetti possano essere invisibili al sistema real time.

Nelle Figure 2.26 e 2.27 sono raffigurate altre due situazioni critiche che un approccio time driven deve affrontare: ipotizzando che gli effetti dell'occorrenza di un evento siano sufficienti alla sua rilevazione, deve comunque essere chiaro che tale rilevazione e la seguente esecuzione può avvenire solo a partire dal successivo istante di lettura. Se il time scope di un'attività fosse piuttosto contenuto, potrebbe non essere possibile completare in tempo utile il task in quanto l'esecuzione avverrà comunque con un certo ritardo: tale situazione è illustrata in Figura 2.26. Inoltre l'informazione relativa all'ordine in cui si presentano due eventi occorrenti entrambi tra due rilevazioni successive viene persa: i due task saranno trattati come se fossero stati attivati nello stesso istante (Figura 2.27). Queste considerazioni evidenziano le caratteristiche positive e negative di un approccio

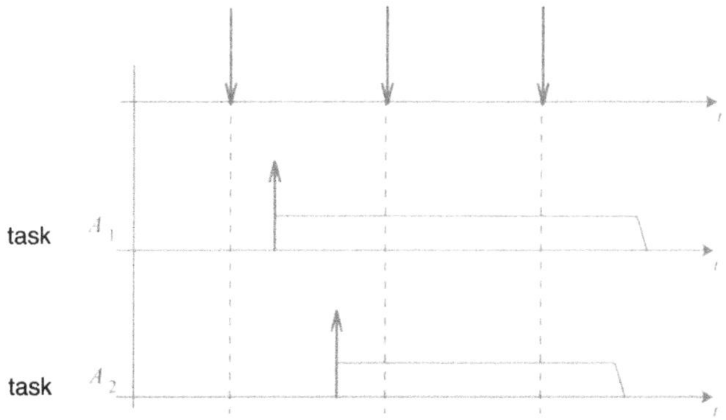

Figura 2.27 Perdita dell'informazione relativa all'ordine di occorrenza degli eventi di attivazione di due task.

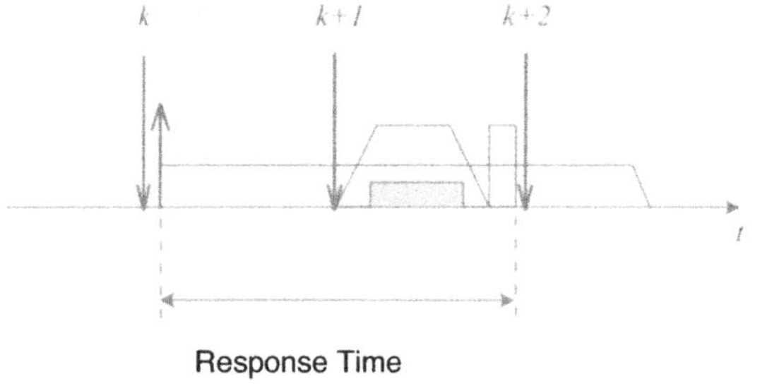

Figura 2.28 Massimo response time in un sistema time driven.

di tipo time driven. In particolare, la semplicità che caratterizza la realizzazione di un sistema basato su tale approccio permette di ottenere sistemi real time dal costo estremamente contenuto. Inoltre, il particolare approccio all'elaborazione delle attività consente di ottenere un sistema real time altamente prevedibile: il comportamento real time del sistema è difatti sempre garantito a patto che l'esecuzione delle attività da parte dell'unità di elaborazione avvenga e termini sempre nell'intervallo tra due istanti di rilevazione. Può essere in questo caso definito in maniera univoca un valore massimo per il response time del sistema. Si faccia riferimento al caso peggiore in cui un evento accada immediatamente dopo un istante di rilevazione; il sistema sarà in grado di rilevarlo solo al successivo istante di rilevazione e l'esecuzione del relativo task sarà terminata sicuramente al termine di quest'ultimo ciclo.

In definitiva, il massimo response time è pari a due volte il periodo di rilevazione (si faccia riferimento alla Figura 2.28). D'altra parte, le problematiche riguardanti l'impossibilità di rilevare particolari eventi e di ricostruire l'ordine di attivazione di altri, rappresentano una notevole mancanza di flessibilità.

2.5.2 Implementazione di sistemi real time dedicata ai sistemi di automazione

Come descritto nel Capitolo 1, in un sistema di automazione industriale coesistono due differenti esigenze di controllo: controllo digitale di variabili analogiche e controllo di sequenze logiche; entrambe devono essere implementate in modo da soddisfare vincoli real time.

Un sistema di controllo digitale elabora variabili temporali rilevate ciclicamente mediante campionamento, calcola l'azione di controllo e attua tale azione: è dunque immediato considerare il controllo digitale come composto da tre task seriali legati da vincoli di dipendenza (lettura ingressi, calcolo dell'azione di controllo e attuazione) che risultano periodici con periodo di attivazione pari al tempo di campionamento. Per tali task risulta particolarmente conveniente una implementazione di tipo time driven.

Per quanto riguarda il controllo di sequenze, il supervisore che calcola le azioni logiche in funzione della lettura di variabili logiche (eventi) è un sistema asincrono: gli eventi che occorrono nel sistema sono infatti asincroni (possono accadere in ogni istante) e completamente indipendenti tra loro. Il supervisore dovrà pertanto eseguire task asincroni in risposta all'occorrenza di tali eventi. Risulterebbe quindi ottimale la scelta di un'implementazione event driven. Tuttavia, come spiegato precedentemente, tale scelta risulta sicuramente onerosa in termini di progettazione, programmazione e implementazione hardware soprattutto perché andrebbe integrata con l'implementazione time driven degli algoritmi di controllo digitale. Non è più sufficiente che il sistema operativo si risvegli ogni tempo di campionamento per eseguire i task di controllo, ma dovrebbe essere sempre vigile per monitorare l'occorrenza degli eventi e schedularli in maniera opportuna.

Considerato che un evento è un'entità asincrona che modifica lo stato del sistema, una strategia particolarmente utilizzata è quella di rilevare periodicamente tale stato e agire di conseguenza risvegliando i task necessari. In altre parole monitorando ciclicamente i sensori presenti nel sistema è possibile ottenere una fotografia di questo da cui ricavare le informazioni relative agli eventi occorsi nel periodo precedente. In questo modo si ottiene una gestione sincrona e periodica delle attività ed è pertanto possibile un'implementazione di tipo time driven in cui si possono ancora distinguere le tre attività seriali e dipendenti di lettura dei sensori, esecuzione delle attività necessarie e attuazione delle uscite.

Il problema è stato così ridotto alla gestione di n task seriali, periodici di periodo T_i $(i = 1, 2, \ldots, n)$ (che includono sia i task di controllo digitale che quelli di controllo di sequenza) da implementare con approccio time driven.

Abbiamo visto in precedenza che questo tipo di implementazione può presentare delle problematiche relative a tempi di rilevazione T_s non sufficientemente ravvicinati: se infatti rileviamo lo stato del sistema con periodo troppo grande, rischiamo di non essere in grado di eseguire in tempo attività con time scope stringente. Per ovviare tale problema è conveniente ridurre il tempo di rilevazione e sceglierlo almeno uguale al minimo periodo di attivazione degli n task

$$T_s \leq \min_i(T_i) \; ;$$

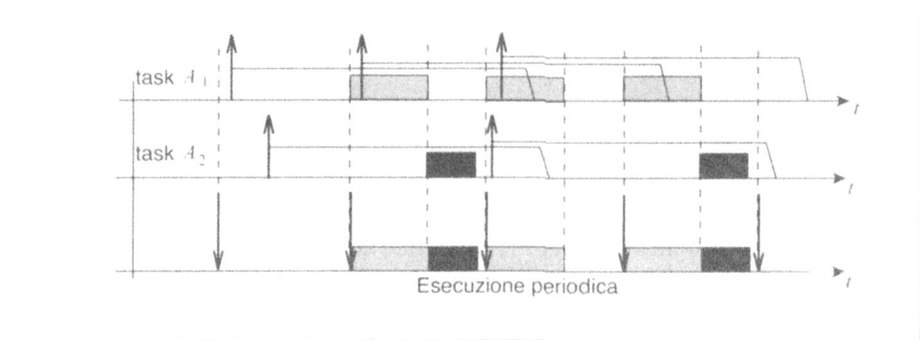

Figura 2.29 Implementazione real time di tipo time driven: scelta del periodo di rilevazione.

in questo modo, sotto l'ipotesi che il time scope di ogni task sia superiore a due volte il tempo di rilevazione

$$D_i \geq 2T_s \qquad \forall i = 1, 2, \ldots, n$$

e che la somma dei tempi di calcolo degli n task sia inferiore al tempo di rilevazione

$$\sum_{i=1}^{n} C_i < T_s \,,$$

siamo sicuri di poter schedulare tutti i task. Tali ipotesi sono presentate in Figura 2.29 per due task A_1 e A_2.

Sotto queste ipotesi la schedulazione dei task può avvenire offline con strategia Timeline Scheduling: il test di schedulabilità per questo algoritmo è infatti rispettato per ipotesi scegliendo come minor cycle il periodo di rilevazione. Considerando l'insieme di task periodici introdotti nell'Esempio 2.5, in Figura 2.30 il periodo di rilevazione time driven è preso uguale al minor cycle e viene messo in evidenza che, grazie alle ipotesi fatte in precedenza, è sempre possibile eseguire ogni task e l'unico vincolo da rispettare è quello di dipendenza tra le attività (eseguire per esempio il task A_2 sempre prima del task A_1).

È anche possibile utilizzare altri algoritmi di scheduling come quelli visti precedentemente, con l'unico vincolo che la strategia può essere calcolata solo a ogni istante di rilevazione. In questo modo è possibile prevedere anche la schedulazione di attività aperiodiche che possono essere allocate ed eseguite con modalità best effort nel tempo rimanente del ciclo di rilevazione utilizzando una strategia di servizio in background (in Figura 2.31, assieme ai task dell'Esempio 2.5, il task aperiodico A_4 con $C_4 = 9$ viene eseguito nei tempi rimanenti dei diversi cicli di rilevazione).

In presenza di attività critiche si può prevedere un'implementazione real time mista event e time driven in modo che le attività critiche possano essere attivate immediatamente con politica event driven sospendendo l'esecuzione time driven degli altri task.

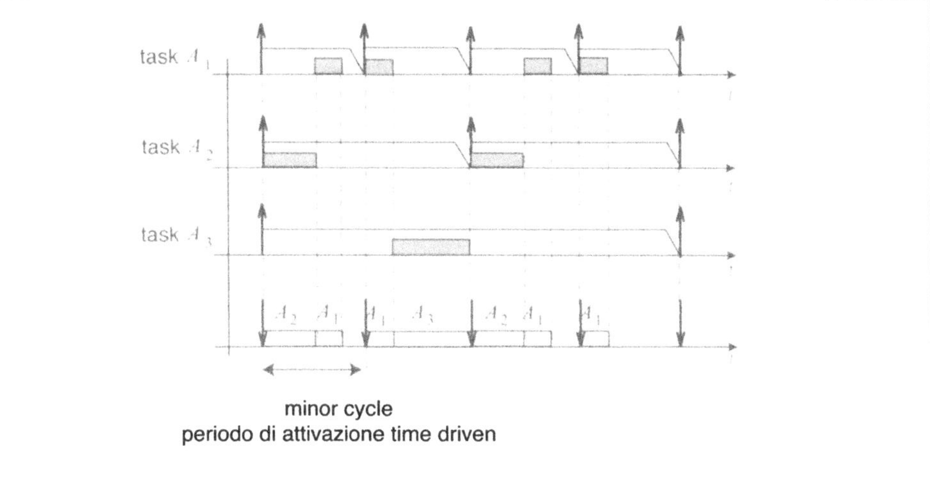

Figura 2.30 Timeline scheduling di tipo time driven dei task dell'Esempio 2.5.

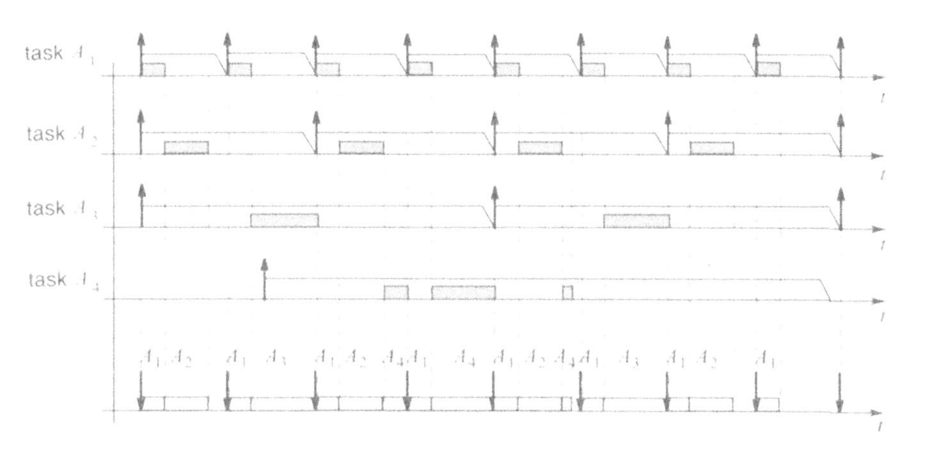

Figura 2.31 Timeline scheduling di tipo time driven dei task dell'Esempio 2.5 con servizio in background.

2.6 Un esempio di sistema operativo real time: RTAI Linux

Linux è un sistema operativo general purpose open source che, nella sua versione standard, non è adatto a un utilizzo prettamente real time: come Windows nelle sue versioni standard (Windows 95/98/Me/2000/Xp/Vista/7), non offre tutti i servizi necessari a ottenere un comportamento deterministico nell'eseguire task caratterizzati da vincoli temporali ben definiti. I meccanismi di scheduling a disposizione sono infatti piuttosto semplici e si limitano a una gestione dinamica

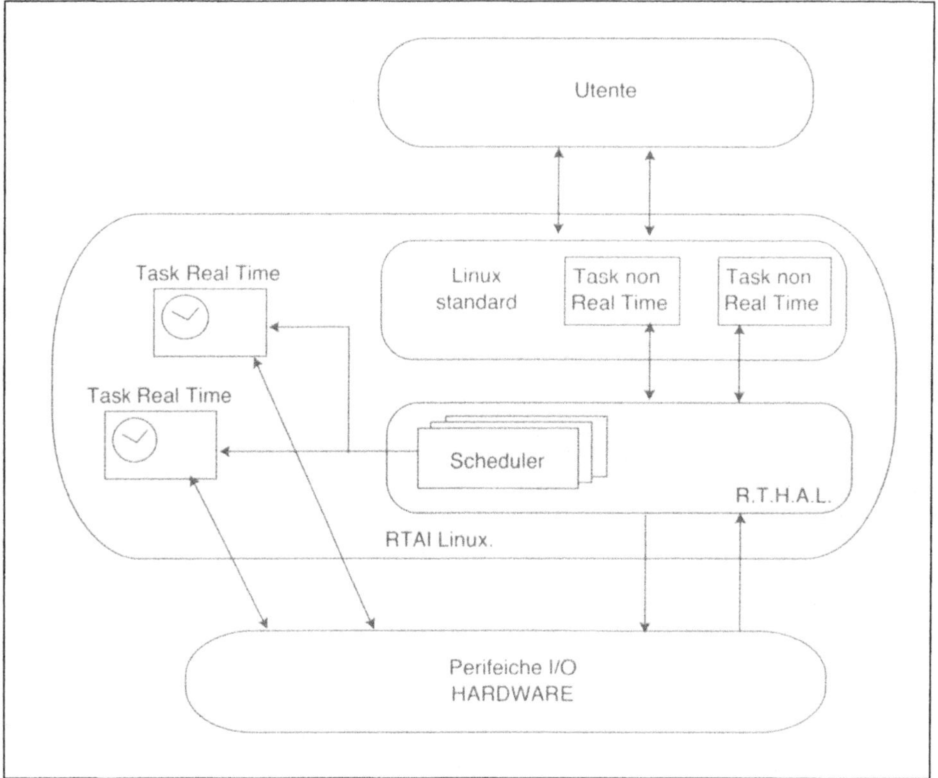

Figura 2.32 Implementazione hw/sw del sistema operativo RTAI Linux.

dell'utilizzo del processore al fine di ottenere le migliori performance in termini di risposta media, senza però avere la possibilità di impostare in maniera precisa priorità e quindi ottenere il determinismo necessario in un sistema real time.

La caratteristica struttura del sistema operativo Linux e la possibilità di accedere liberamente al codice sorgente hanno permesso lo studio e la definizione di una particolare modifica (patch) del kernel Linux che riesca a garantire un comportamento real time: **Real Time Application Interface Linux (RTAI Linux)** implementa uno schema realizzativo simile a quello che è stato introdotto nel Paragrafo 2.5 per fornire un sistema operativo real time che abbia, in ogni caso, anche le funzionalità general purpose tipiche di Linux senza compromettere il determinismo garantito per l'esecuzione dei processi real time.

I processi general purpose relativi al sistema operativo Linux vengono trattati da RTAI come task aventi priorità minima ed eseguiti solo negli istanti in cui l'unità di elaborazione risulta libera e non ci sono task real time pronti a essere eseguiti. Questa fondamentale proprietà permette di costruire una HAL in grado di filtrare le richieste hardware gestendo direttamente i task real time, senza però modificare il codice relativo ai processi general purpose che sono ancora gestiti da Linux standard. Lo sviluppo di RTAI è stato quindi finalizzato alla creazione di questa HAL che è stata definita **Real Time Hardware Abstraction Layer**; questa intercetta tutti gli interrupt hardware e li instrada in maniera opportuna a seconda della loro natura: interrupt relativi a task real time sono subito instradati allo scheduler real time che provvede alla loro schedulazione ed esecuzione; interrupt relativi a processi non real time e a processi relativi al sistema operativo Linux standard sono filtrati ed eseguiti con politica best effort. Lo scheduler può essere programmato in modo da utilizzare uno specifico algoritmo di scheduling (FIFO, RMPO, EDF ecc.). La struttura del sistema operativo RTAI Linux è illustrata in Figura 2.32.

L'approccio open source che permette di esaminare e modificare liberamente i codici del sistema operativo Linux ha portato all'ideazione di RTAI e a un notevole successo di quest'ultimo in ambito industriale: la grande flessibilità garantita dalla possibilità di modificare il sistema operativo per adattarlo alle proprie esigenze (sistemi monoprocessore o multiprocessore, ecc.) così come la possibilità di utilizzare contemporaneamente le capacità general purpose di Linux ha permesso a RTAI di diventare uno dei sistemi operativi real time più apprezzati nell'ambito dei sistemi di automazione industriale.

Domande

D2.1 Descrivere il concetto di programmazione concorrente in un sistema real time.

D2.2 Classificare i sistemi real time in termini di tipologie di vincoli e di task.

D2.3 Descrivere il modello di un generico task real time.

D2.4 Classificare le varie tipologie di algoritmi di scheduling.

D2.5 Descrivere il problema dello scheduling di task periodici introducendo il concetto di fattore di utilizzazione e del suo limite superiore minimo.

D2.6 Illustrare la metodologia di scheduling EDF.

D2.7 Illustrare la metodologia di scheduling RMPO.

D2.8 Illustrare la metodologia di scheduling DMPO.

D2.9 Illustrare la metodologia di timeline scheduling.

D2.10 Illustrare le tipologie di gestione dei task aperiodici hard e soft real time in un algoritmo di scheduling per processi periodici.

D2.11 Illustrare il concetto di parallelismo per la gestione di eventi simultanei indicando le differenze principali tra sistemi di controllo event e time driven.

D2.12 Indicare i vincoli per la scelta del periodo di rilevazione in un sistema time driven real time con task periodici.

Esercizi

E2.1 In un sistema di controllo real time monoprocessore coesistono tre processi periodici.

- Processo P_1: periodo di attivazione 16 t.u., computation time 8 t.u..
- Processo P_2: periodo di attivazione 48 t.u., computation time 12 t.u..
- Processo P_3: periodo di attivazione 24 t.u., computation time 6 t.u..

Calcolare il fattore di utilizzazione e graficare lo scheduling dei task mediante algoritmo EDF.

E2.2 In un sistema di controllo real time monoprocessore coesistono tre processi periodici.

- Processo P_1: periodo di attivazione 160 t.u., computation time 30 t.u..
- Processo P_2: periodo di attivazione 120 t.u., computation time 50 t.u..
- Processo P_3: periodo di attivazione 80 t.u., computation time 30 t.u..

Studiare la schedulabilità mediante algoritmo RMPO.

E2.3 In un sistema di controllo real time monoprocessore coesistono due processi periodici.

- Processo P_1: periodo di attivazione 16 t.u., computation time 8 t.u..
- Processo P_2: periodo di attivazione 48 t.u., computation time 12 t.u..

Occorre gestire anche un processo aperiodico A_p caratterizzato da deadline relativa pari 90 t.u. e computation time 30 t.u.. Questo task viene innescato all'istante 2 t.u.. Si consideri una strategia deferrable server per la gestione del task aperiodico con processo server S_3 caratterizzato da $T_3 = 12$ t.u., $C_3 = 3$ t.u.. Ipotizzando uno scheduling di tipo EDF, si studi la schedulabilità dello scenario proposto.

E2.4 In un sistema di controllo real time monoprocessore coesistono tre processi periodici.

- Processo P_1: periodo di attivazione 16 t.u., computation time 3 t.u..
- Processo P_2: periodo di attivazione 4 t.u., computation time 1 t.u..
- Processo P_3: periodo di attivazione 8 t.u., computation time 2 t.u..

Studiare la schedulabilità mediante algoritmo timeline scheduling.

Soluzioni e ulteriori esercizi sul sito www.ateneonline.it/bonivento

Bibliografia ragionata

Una trattazione approfondita dei sistemi real time è fornita sia in [1] che in [2]: in questi testi vengono descritte in maniera formale tutte le problematiche affrontate in questo capitolo. In particolare gli esempi relativi all'importanza e alla criticità dei sistemi real time sono tratti da [1].

In [3] viene dimostrato che un generico problema di scheduling non è trattabile in tempo polinomiale rispetto al numero di processi.

In [4] viene dimostata l'ottimalità dell'algoritmo RMPO nei confronti di generici algoritmi con assegnazione statica della priorità e viene introdotto il calcolo del limite superiore minimo del fattore di utilizzazione per l'algoritmo RMPO. In [5] viene infine dimostrato che tale limite tende a un valore unitario quando i task periodici sono legati tra loro da relazioni armoniche.

In [4] viene dimostrata la schedulabilità di un insieme di task periodici caratterizzati da fattore di utilizzazione minore o uguale a uno mediante l'algoritmo EDF.

L'algoritmo Deadline Monotonic è stato introdotto in [6] mentre in [7] viene introdotto un algoritmo che permette la definizione e la dimostrazione del Teorema di Audsley.

Per quanto riguarda il sistema operativo RTAI può essere consultato il manuale utente [8] reperibile tramite il sito internet di riferimento [9]; ulteriori informazioni riguardanti l'utilizzo di sistemi operativi real time basati su Linux nell'ambito dell'automazione industriale possono essere trovate in [10].

[1] G. C. Buttazzo, *Sistemi in Tempo Reale 3° edizione*, ISBN 8837116403, Pitagora, Bologna, 2006.

[2] J. W. S. Liu, *Real-Time Systems*, ISBN 013099651-3, Prentice Hall, Upple Saddle River, 2000.

[3] M. R. Garey, D. S. Johnson, "Complexity results for multiprocessor scheduling under resource constraints", *SIAM Journal of Computing*, 4(4), Philadelphia, 1975.

[4] C. L. Liu, J. W. Layland, "Scheduling algorithms for multiprogramming in a hard-real-time environment", *Journal of the ACM*, New York, 20(1), 1973.

[5] J. P. Lehoczky, L. Sha, Y. Ding, "The rate-monotonic scheduling algorithm: exact characterization and average case behaviour", *IEEE Real Time Systems Symposium*, Santa Monica, USA, 1989.

[6] J. Leung, J. Whitehead, "On the complexity of fixed priority scheduling of periodic real-time tasks", *Performance Evaluation*, North Holland, Amsterdam, 2(4), 1982.

[7] N. C. Audsley, A. Burns, M. Richardson, A. Wellings, "Hard real-time scheduling: the deadline monotonic approach", *IEEE Real-Time Operating Systems Workshop*, Boston, USA, 1992.

[8] G. Racciu, P.Mantegazza, "RTAI 3.3 User Manual rev 0.1", Milano, 2006.

[9] `http://www.rtai.org`

[10] A. Macchelli, C. Melchiorri, "Real-Time Linux in automazione e robotica", *Automazione e Strumentazione*, 52(8), Milano, 2004.

3

Reti di calcolatori per l'automazione

Oggetto di questo capitolo è il problema della comunicazione nei sistemi di automazione industriale. Partendo da un'introduzione generale sulle reti di calcolatori, ne vengono illustrati i relativi concetti di funzionamento con riferimento alle reti di computer usate per la comunicazione di alto livello (reti di tipo office) e alle reti di comunicazione real time. Per non appesantire la trattazione, si evita di parlare di singole realizzazioni ma ci si limita a descrivere standard affermati che guidano il progetto di tali sistemi: in particolare si introduce lo standard Open System Interconnection per quanto riguarda le comunicazioni di tipo office e gli standard Fieldbus e Controller Area Network per i sistemi di comunicazione real time.

3.1 La comunicazione nei sistemi di automazione

Come illustrato nel Capitolo 1, il modello di un sistema automatizzato di produzione è di tipo piramidale. Riportiamo per comodità in Figura 3.1 la stessa illustrazione già presentata nel Capitolo 1 che schematizza questi concetti. A ogni livello della piramide le esigenze sono le stesse: acquisire informazioni, elaborare strategie, attuare azioni correttive. Ai livelli alti della piramide si parla di controllo di gestione e di coordinamento, ai livelli intermedi di controllo di procedure e ai livelli bassi di controllo di campo. Quello che cambia tra i vari livelli sono i dati su cui si lavora. Il controllo di gestione utilizza dati molto complessi e strutturati (tipici delle banche dati gestionali) ma le elaborazioni avvengono su tempi molto lunghi. Scendendo lungo la piramide troviamo informazioni sempre più semplici, ma sempre più frequenti. Al livello più basso, il livello di campo, le informazioni saranno le letture dei vari sensori e i comandi saranno le azioni di attuazione.

Ovviamente la circolazione di informazioni all'interno della piramide è di vitale importanza. Il flusso di informazioni deve essere sia orizzontale in modo che le varie parti di ogni livello possano coordinarsi, sia di tipo verticale in modo che le informazioni di un dato livello, opportunamente combinate e rielaborate, possano servire al livello superiore per calcolare le proprie strategie. Da tali strategie si originano i comandi che vengono inviati ai livelli inferiori con dettagli sempre maggiori scendendo lungo la piramide. Tutto questo è possibile grazie alle reti di

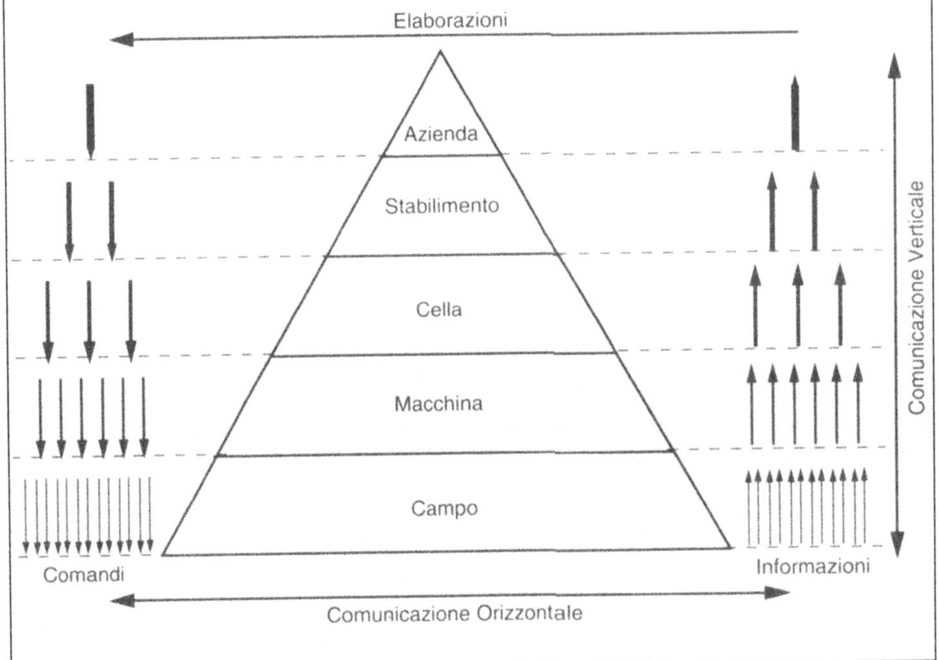

Figura 3.1 La piramide CIM e le informazioni coinvolte.

comunicazione digitale. L'intero sistema produttivo deve essere interconnesso in modo che il flusso di informazioni possa circolare in tutta la struttura aziendale.

Data la struttura fortemente gerarchica del sistema produttivo, anche la rete di comunicazione avrà un'architettura gerarchica. La comunicazione avverrà su più livelli con scambio di messaggi tra i vari livelli. Una tipica struttura di comunicazione è illustrata in Figura 3.2.

Al livello più alto della gerarchia di comunicazione abbiamo la rete per le informazioni anche nota come **rete enterprise**. A questa rete sono collegate le workstation degli uffici, i server e ovviamente il mainframe dell'azienda. In questa rete scorrono le informazioni per il controllo di gestione. Essa deve trasferire dati complessi con frequenze basse; è necessario un alto livello di sicurezza, ma non servono accorgimenti particolari per la robustezza nè per soddisfare particolari requisiti temporali.

A livello inferiore troviamo i sistemi di comunicazione che supportano il controllo di cella, macchina e campo. I nodi che faranno parte di questi canali di comunicazione non saranno solo semplici workstation, ma controllori logici, schede di controllo assi, schede elettroniche che realizzano controllori embedded e, come ultimo livello, sensori e attuatori che costituiscono il livello di campo. Ovviamente, a questo livello, i requisiti che deve avere il sistema di comunicazione sono diversi da quelli della rete per le informazioni. Infatti i dati trattati sono molto più semplici, ma generati con frequenze molto più alte. Dato che, come illustra-

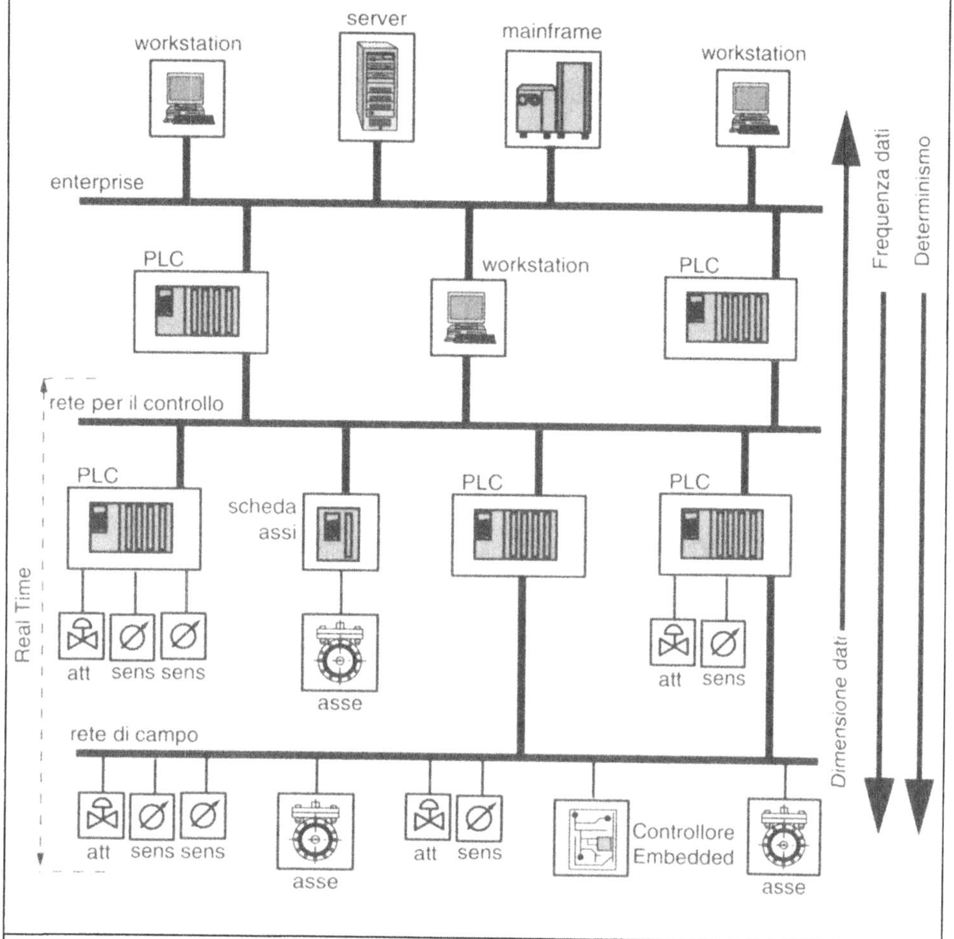

Figura 3.2 Classificazione delle reti di comunicazione industriali.

to nel Capitolo 2, i task coinvolti in questi livelli hanno necessità di soddisfare specifiche real time, anche la comunicazione sarà un task real time. Proprio per questi motivi è necessario far sì che la rete abbia un comportamento fortemente deterministico e predicibile. Dato che le reti per il controllo sono alloggiate in ambiente industriale, anche le specifiche di robustezza a disturbi, interferenze e alle sollecitazioni ambientali saranno più stringenti rispetto a quelle della rete per le informazioni.

Infine, visto che le reti per il controllo dovranno collegare componenti eterogenei come tipo (controllori logici, sensori, attuatori ecc.) e come costruttore, proprietà come interoperabilità e intercambiabilità sono indispensabili. Dispositivi di campo diversi tra loro potranno integrarsi, cooperare e interpretare correttamente le informazioni scambiate, senza bisogno di riconfigurazioni a livello di dispositivo o di rete.

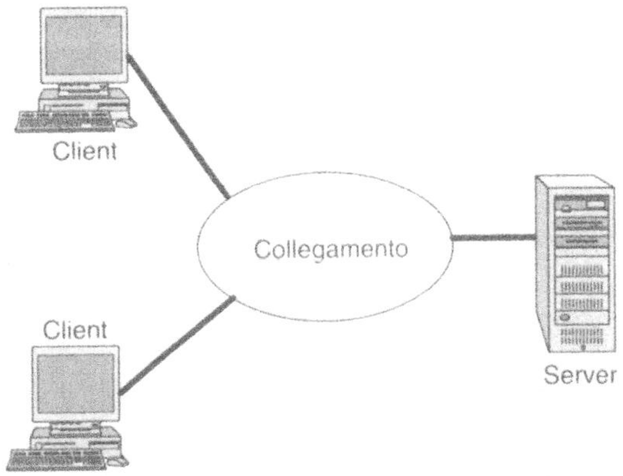

Figura 3.3 Un sistema client-server.

3.2 Introduzione alle reti di calcolatori

Anche se l'industria dei calcolatori elettronici è giovane se confrontata con altre, i passi fatti in quest'area sono stati straordinari. Il modo in cui i calcolatori assolvono il loro compito è profondamente cambiato. Si è infatti passati da un modello di lavoro in cui esisteva un solo potente calcolatore che era in grado di far fronte a tutta la necessità computazionale dell'azienda, a un modello in cui un grande numero di calcolatori interconnessi lavorano in cooperazione per svolgere il loro compito. Questi sistemi sono detti **reti di calcolatori**. Con la terminologia rete di calcolatori si intende dunque un insieme di calcolatori autonomi interconnessi, cioè in grado di scambiarsi informazioni.

Un classico esempio di utilizzo delle reti di calcolatori è la condivisione delle risorse: normalmente, in ambito aziendale, risorse quali programmi, equipaggiamenti e dati devono essere disponibili a più persone indipendentemente dalla loro posizione; in tal caso le risorse sono memorizzate (o fisicamente collegate) a potenti computer detti server. Gli utilizzatori accedono a tali server mediante dei computer meno potenti denominati client. Server e client sono collegati e quindi sono in grado di scambiarsi le informazioni necessarie. Tale modello è detto client-server ed è illustrato in Figura 3.3. Questo è anche ciò che succede quando si accede al *World Wide Web*: un server remoto contiene le informazioni relative al sito che si vuole navigare e il personal computer da cui si accede è il client.

In maniera più dettagliata, nel modello client-server ci sono due processi che comunicano: il primo in esecuzione sulla macchina client e il secondo sulla macchina server. Durante la comunicazione il processo client invia una richiesta al processo server; questi completa il compito richiesto e invia una risposta al processo client. Tale modello di comunicazione è illustrato in Figura 3.4.

Un diverso modello di connessione tra calcolatori è la cosiddetta connessione peer-to-peer. In questo caso un certo numero di utenti formano un gruppo all'in-

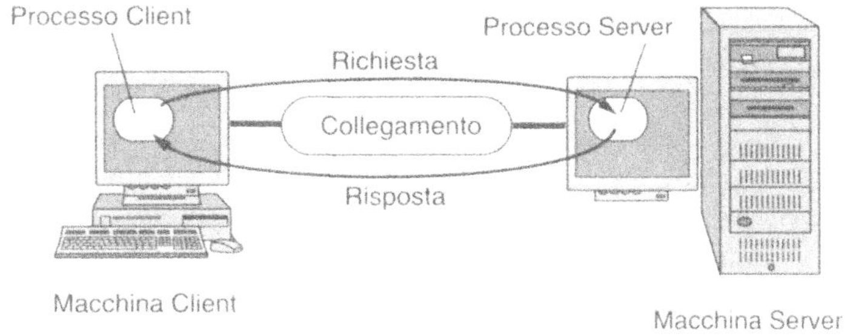

Figura 3.4 Modello di comunicazione in un sistema client-server.

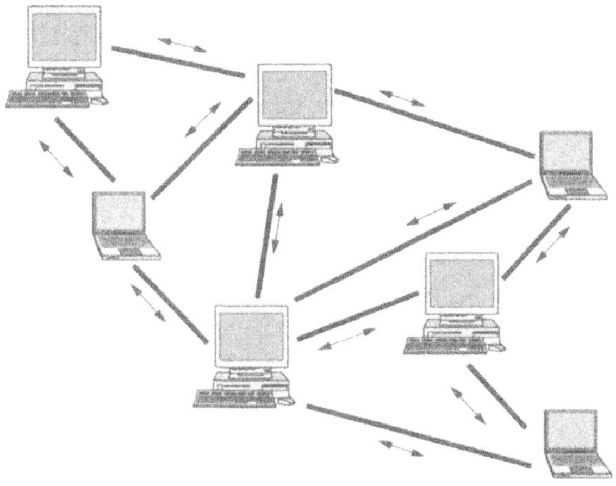

Figura 3.5 Modello di comunicazione peer-to-peer.

terno del quale avviene la comunicazione. Non esiste più la distinzione tra client e server nel senso che ogni utente è sia client (richiede servizi) che server (fornisce servizi). Il modello di comunicazione peer-to-peer è illustrato in Figura 3.5.

Le reti di calcolatori giocano in definitiva un ruolo importantissimo sia per quello che riguarda le applicazioni aziendali che per quello che riguarda le applicazioni personali. Nel primo caso, oltre la condivisione di risorse quali stampanti, scanner, database informatici, altre fondamentali applicazioni sono quelle volte alla comunicazione interpersonale come posta elettronica o strumenti di project management, alla fornitura di servizi da parte dell'azienda al cliente via rete (e-commerce) o al controllo di gestione dell'azienda stessa.

Per quanto riguarda le applicazioni personali abbiamo già ricordato il World Wide Web e la posta elettronica, mentre altri esempi classici sono le applicazioni di instant messaging, la comunicazione peer-to-peer o lo streaming di contenuti multimediali.

3.2.1 Classificazione e topologia

Esistono due grandi famiglie di reti di calcolatori: reti broadcast[1] e reti punto-punto.

Nelle **reti broadcast** esiste un solo canale di comunicazione condiviso da tutte le macchine della rete. I messaggi spediti da una macchina, divisi in piccole parti chiamate pacchetti, vengono ricevuti da tutte le macchine; una speciale stringa indirizzo, contenuta in ogni pacchetto, specifica il/i destinatario/i. Quando una macchina riceve un pacchetto, controlla l'indirizzo e decide se tenere il pacchetto o scartarlo. Con il termine broadcasting si intende proprio una comunicazione globale, ovvero si intende l'operazione mediante la quale un pacchetto viene destinato a tutte le macchine della rete.

Le reti broadcast vengono classificate a seconda del modo in cui il canale viene allocato ai vari nodi. L'allocazione può essere statica o dinamica. Nel caso di allocazione statica il tempo è suddiviso in intervalli discreti (detti quanti) che vengono destinati a turno ai vari nodi. Il nodo può trasmettere solo in corrispondenza del quanto assegnatogli; se non ha nulla da trasmettere il quanto resta inutilizzato. In questo caso l'arbitraggio è piuttosto semplice, ma non si utilizza tutta la capacità trasmissiva a disposizione, ovvero si sfrutta solo una parte della banda del canale. Al fine di ottimizzare l'utilizzo della capacità trasmissiva disponibile, risulta più efficiente un'allocazione dinamica del canale: il permesso di trasmissione viene concesso a un nodo on demand. L'allocazione dinamica può essere centralizzata o decentralizzata. Nel caso di arbitraggio centralizzato esiste un master del canale che decide quale nodo può trasmettere durante l'intervallo di tempo successivo; tale decisione può avvenire in seguito a richieste dei singoli nodi o secondo degli algoritmi ben precisi. Nel caso di arbitraggio decentralizzato non esiste un master del canale, ma ogni nodo decide quando trasmettere.

Nelle reti **punto-punto** coppie di macchine sono collegate mediante un ramo dedicato della rete. Un pacchetto deve compiere un opportuno percorso per arrivare da macchina sorgente a macchina destinazione, eventualmente visitando dei nodi intermedi. Dato che in generale è possibile che esistano diversi percorsi che collegano due nodi, ogni volta che si spedisce un pacchetto è necessario definire il percorso che connette fisicamente due macchine cercando di ottimizzare il tragitto.

Reti di dimensioni contenute sono solitamente di tipo broadcast, mentre reti estese sono solitamente punto-punto. Ovviamente questo è solo un criterio generale ed esistono diverse eccezioni.

Oltre a questa distinzione topologica, le reti di computer vengono classificate in base alla loro estensione. Tale classificazione è descritta in Figura 3.6.

Le **Personal Area Network** (PAN) sono reti pensate per la singola persona. Per esempio collegamenti bluetooth tra un dispositivo palmare e il proprio personal computer o tra il proprio cellulare e un auricolare senza fili. L'estensione geografica è minima e arriva fino a qualche metro di distanza.

[1] In italiano potrebbe essere tradotto con "reti per la comunicazione globale".

Distanza Media Nodi	Estensione Geografica	
1 m	Metro quadro	Personal area network
10 m	Stanza	Local area network
100 m	Edificio	Local area network
1 km	Distretto	Local area network
10 km	Città	Metropolitan area network
100 km	Nazione	Wide area network
1000 km	Continente	Wide area network
10,000 km	Pianeta	Internet

Figura 3.6 Classificazione delle reti di computer in base alla loro estensione.

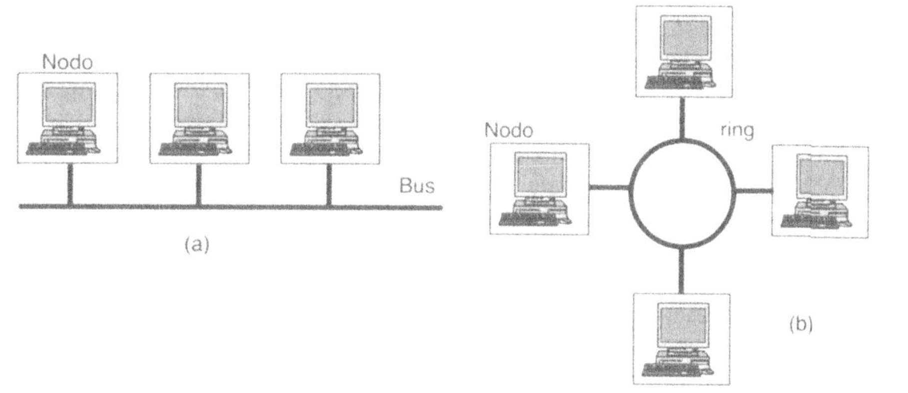

Figura 3.7 Esempio di reti broadcast. Rete a bus (a). Rete ad anello (b).

Le **Local Area Network** (LAN) sono reti private, la cui estensione geografica va dai pochi metri fino a pochi chilometri. Sono le reti usate per connettere personal computer in uffici e aziende, per scambiare informazioni e condividere risorse. Dato che sono reti geograficamente concentrate, la loro gestione è generalmente semplice; inoltre, per le loro caratteristiche topologiche, le LAN soddisfano un comportamento prettamente deterministico: tempi e ritardi di trasmissione sono limitati e solitamente noti a priori nel caso peggiore (worst case). Le LAN sono solitamente reti broadcast.

Esistono varie topologie per le reti LAN; le due topologie broadcast più note sono a bus e ad anello. Tali topologie sono descritte in Figura 3.7.

Nelle reti a **bus** esiste un unico canale di comunicazione condiviso da tutti i nodi della rete. In ogni istante un solo nodo è master del bus e quindi può trasmettere un pacchetto. Per evitare conflitti è quindi necessario un sistema di arbitraggio del bus che risolva situazioni in cui più di un nodo voglia spedire un pacchetto. L'esempio più famoso di rete LAN a bus è denominato IEEE802.3 e meglio noto come **ethernet**.[2] Questa è una tipologia di rete broadcast basata su bus con controllo decentralizzato (ovvero lasciato ai singoli nodi). Ogni nodo può trasmettere quando vuole; nel caso in cui duc pacchetti collidano i trasmettitori attendono un tempo casuale e poi riprovano a trasmettere.

Nelle reti ad **anello** il canale di comunicazione condiviso è circolare e chiuso. I pacchetti circolano nell'anello in maniera seriale: ogni bit si propaga lungo l'anello in un tempo solitamente inferiore al tempo di trasmissione dell'intero pacchetto. Anche in questo caso è necessario un arbitraggio del canale per evitare accessi simultanei. Solitamente l'anello è un canale unidirezionale pertanto tale tipologia di rete risulta immediatamente compromessa non appena uno solo dei nodi risulta fisicamente disconnesso e l'anello si apre. Per ovviare a questo grave problema di robustezza, solitamente i nodi sono connessi alla rete ad anello tramite dei dispositivi fisici (centri di cablaggio) che permettono la disconnessione del nodo senza per questo compromettere la funzionalità dell'anello.

Le **Metropolitan Area Network** (MAN) sono reti a estensione tipicamente metropolitana. Un classico esempio sono le reti telefoniche e, in molti paesi, le reti della televisione via cavo. Ultimamente si hanno reti di comunicazione MAN in cui confluiscono dati dal segnale telefonico, televisivo e internet.

Le **Wide Area Network** (WAN) coprono aree geografiche molto vaste (paesi o continenti). Elementi della rete sono macchine private (denominate host) interconnesse attraverso una rete denominata subnet (gestita da un provider) il cui compito è permettere agli host di scambiarsi dati. In questo modo si semplifica il problema separando l'aspetto della comunicazione (confinata alla subnet) dall'aspetto delle applicazioni (confinate ai singoli host). La subnet è composta da due tipi di elementi: linee di trasmissione attraverso le quali viaggiano i dati e sistemi di interconnessioni di linee denominati router. I router smistano i dati da una linea di trasmissione a un'altra determinando il percorso dei pacchetti. Solitamente gruppi di host sono connessi attraverso una LAN di cui fa parte almeno un router. I router connettono attraverso la subnet le varie LAN tra di loro come mostrato in Figura 3.8. Si può notare come le LAN abbiano una topologia broadcast, mentre la subnet ha solitamente una topologia punto-punto.

Solitamente ogni linea di trasmissione di una subnet connette due router. Se due router non fisicamente interconnessi devono comunicare, lo fanno attraverso altri router. In questo caso il router che fa da ponte colleziona tutti i pacchetti ricostruendo il messaggio (politica store and forward) e decide come instradare il messaggio fino al router di destinazione (algoritmo di routing). Per esempio in Figura 3.9 il messaggio deve arrivare al router E partendo dal router A. Questi decide ovviamente di spedire il messaggio attraverso C (e non attraverso B); il

[2]Ethernet è lo standard delle schede di rete dei personal computer usuali.

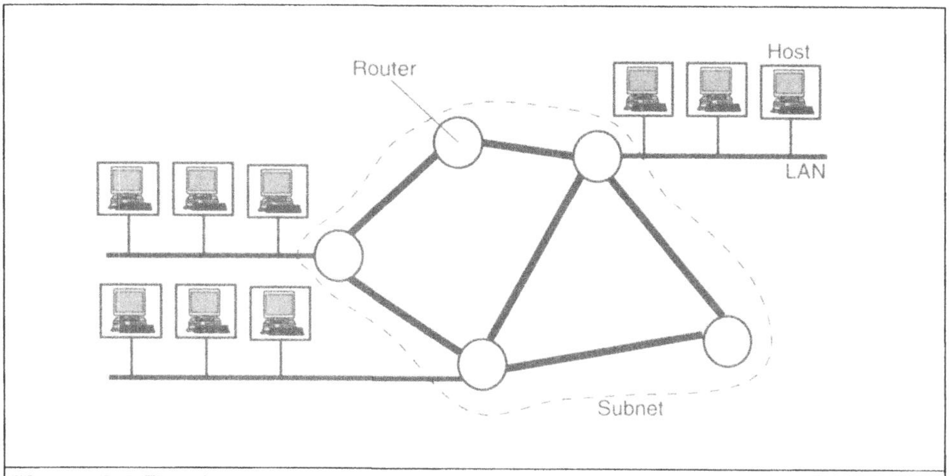

Figura 3.8 Topologia tipica di una rete WAN.

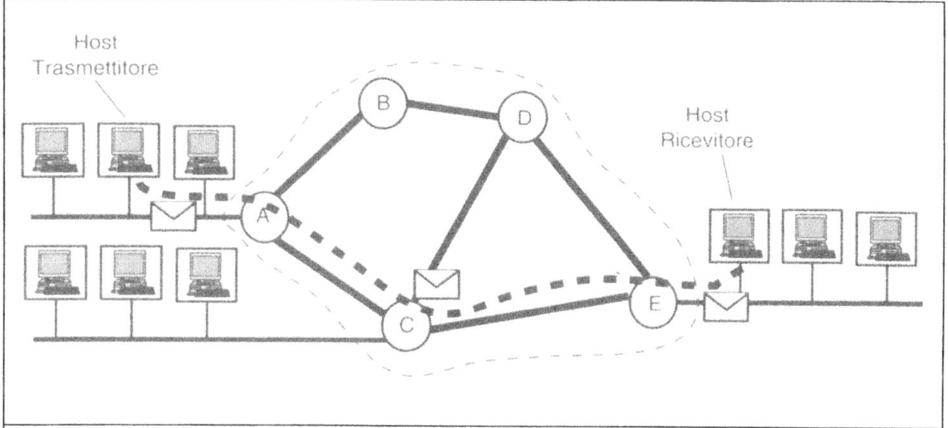

Figura 3.9 Flusso di pacchetti attraverso una rete WAN.

router C decide poi di inviare direttamente il messaggio a E senza passare da D. La politica store and forward serve a evitare che pacchetti dello stesso messaggio possano seguire tragitti diversi per arrivare a destinazione.

3.2.2 Mezzi fisici per la trasmissione dei segnali

Il compito del mezzo trasmissivo è quello di trasportare i singoli bit dell'informazione da un host all'altro. I mezzi trasmissivi che possono essere usati sono classificati in termini di larghezza di banda e di tempo di trasmissione. Esistono due famiglie di mezzi trasmissivi: guidati, ovvero mezzi in cui l'informazione passa attraverso una guida fisica (cavo di rame, fibra ottica ecc.) e mezzi non guidati, in cui l'informazione si propaga senza un mezzo fisico di trasmissione (laser, onde radio ecc.). Nell'ambito dell'automazione industriale i mezzi trasmissivi so-

Figura 3.10 Doppino telefonico.

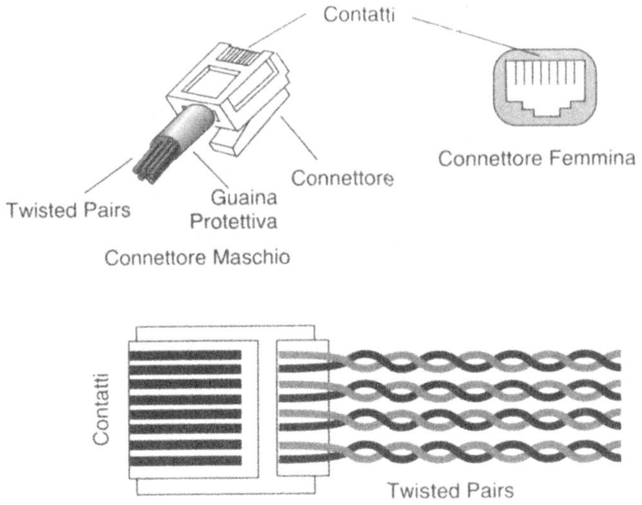

Figura 3.11 Cavo 10Base-T.

no esclusivamente di tipo guidato; di seguito ne introdurremo alcuni esempi e ne descriveremo le principali caratteristiche.

Nei sistemi di trasmissione dei segnali, la prima tipologia di mezzo trasmissivo guidato che si incontra è il **doppino telefonico**: una coppia di cavi di rame ritorti mediante un processo di binatura in modo che i campi magnetici esterni possano interferire allo stesso modo sui due conduttori (twisted pair). Il doppino può essere singolo (una sola coppia) oppure realizzato mediante una treccia di una serie più o meno numerosa di coppie. In questo caso, ogni coppia presenta una frequenza di binatura diversa; aumentando il numero di spire per centimetro, si migliora la qualità del segnale trasmesso e si riducono le interferenze. Queste categorie di cavi intrecciati, raffigurati in Figura 3.10, sono noti come Unshielded Twisted Pair (UTP). Nell'ambito più specifico delle reti di calcolatori e, quindi, nella trasmissione di dati informatici sono state definite diverse tipologie di mezzi trasmissivi guidati solitamente utilizzati per il cablaggio di LAN aziendali come i cavi 10Base-T, 100Base-T, 1000Base-T: questi, raffigurati in Figura 3.11, sono cavi UTP che presentano quattro twisted pair.

Uno dei mezzi di trasmissione più usati per la trasmissione di segnali digitali o analogici, soprattutto nell'ambito dell'automazione industriale, è il **cavo coassiale**. Come mostrato in Figura 3.12, il cavo coassiale è formato da un cavo

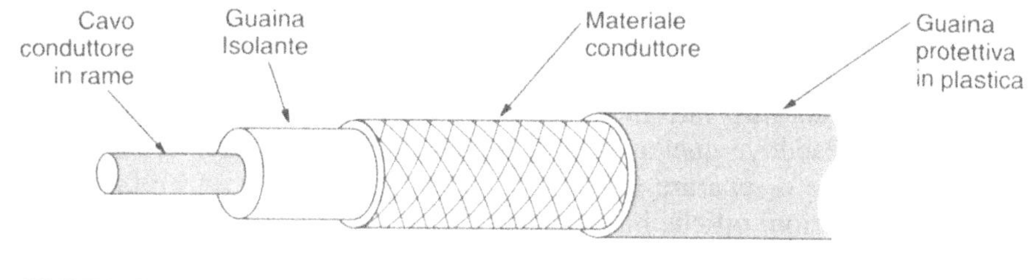

Figura 3.12 Cavo coassiale per la trasmissione di segnali.

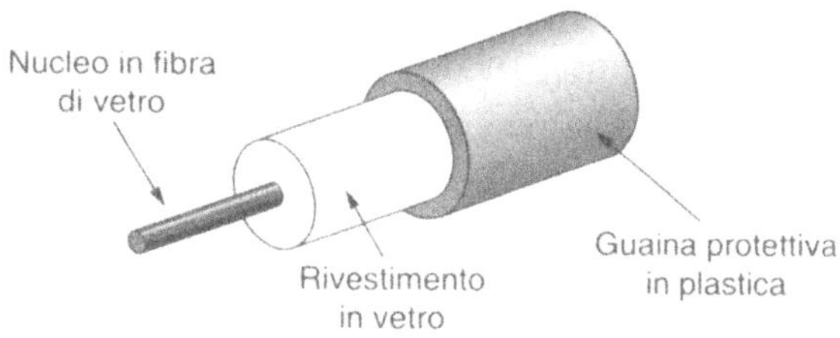

Figura 3.13 Cavo in fibra ottica per la trasmissione di segnali.

conduttore in rame circondato da materiale isolante. Il materiale isolante è a sua volta contenuto in una calza di materiale conduttore, protetto da una guaina in plastica. Per come è costruito, il cavo coassiale fornisce sia una buona larghezza di banda che un'ottima reiezione a disturbi e interferenze elettromagnetiche.

La ricerca di mezzi trasmissivi sempre più veloci e affidabili ha portato a studiare come un segnale possa propagarsi mediante trasmissione ottica. Proprio sulla trasmissione ottica si basa il mezzo trasmissivo che, negli ultimi anni, è emerso nel panorama delle comunicazioni e che sta prendendo sempre più il sopravvento: la **fibra ottica**. Gli ingredienti principali di una trasmissione ottica sono una sorgente di luce, un mezzo di propagazione e un ricevitore. Il trasmettitore traduce l'informazione in impulsi luminosi. Gli impulsi si propagano attraverso una fibra di vetro e arrivano al ricevitore. Ogni volta che il ricevitore riceve un impulso, genera un impulso elettrico e l'informazione viene ricostruita. In questo modo si ottiene una comunicazione monodirezionale. Se l'impulso luminoso viene convogliato nel mezzo trasmissivo con un angolo superiore a un dato valore, si ha una totale riflessione della luce all'interno della fibra e l'informazione può essere propagata per lunghe distanze teoricamente senza perdite. Le fibre ottiche, come mostrate in Figura 3.13, sono realizzate in maniera simile ai cavi coassiali: un nucleo in fibra di vetro è ricoperto da un rivestimento ancora in vetro e da una pellicola protettiva in plastica.

Ovviamente la fibra ottica ha una larghezza di banda nettamente maggiore rispetto a quella del doppino telefonico o del cavo coassiale; inoltre, grazie al basso livello di attenuazione del segnale, è possibile distanziare notevolmente i ripetitori/amplificatori rispetto al caso del cavo in rame (50 Km circa contro i 5 Km del doppino telefonico). Grazie al fatto che la trasmissione è di tipo ottico, la fibra non ha problemi di interferenze elettromagnetiche o di mancanza di alimentazione. Dall'altro lato la comunicazione via fibra è una comunicazione monodirezionale laddove quella su cavo di ramo è bidirezionale; quindi occorre affiancare due fibre o separare le comunicazioni in banda su una sola fibra per ottenere comunicazioni ottiche bidirezionali.

Per confrontare le prestazioni in termini di capacità trasmissiva, facciamo riferimento alla nozione di **throughput** ovvero la quantità di dati trasmessi da un punto all'altro in un dato lasso di tempo. Il doppino telefonico raggiunge un throughput teorico di 56Kbps[3] (anche se tramite tecniche frequenziali è possibile raggiungere throughput teorici di 30Mbps); il cavo coassiale raggiunge un throughput di 10Mbps mentre cavi di tipo 1000Base-T raggiungono i 1000Mbps; cavi realizzati tramite tecnologie ottiche raggiungono infine throughput nell'ordine di grandezza del Tbps.

3.2.3 Architettura software

Finora abbiamo descritto le caratteristiche fisiche delle reti di calcolatori; queste sono ovviamente trasparenti all'utilizzatore finale che accede all'implementazione fisica tramite una serie di funzionalità realizzate via software. Di seguito descriveremo quella che è la tipica architettura di gestione software delle reti di calcolatori.

Tipicamente il software che gestisce le comunicazioni in una rete di calcolatori viene organizzato secondo una struttura a livelli. Questo permette di ridurre la complessità di gestione, dividendo il problema generale in una serie di funzionalità organizzate tramite una struttura gerarchica. A questo punto la gestione software di reti di calcolatori si riduce alla definizione di tali funzionalità e delle informazioni che queste si scambiano.

La struttura software di tipo gerarchico è anche detta **stack** in cui ogni livello, a cui corrispondono una o più funzionalità, è denominato **layer**. Ogni rete differisce per numero di layer e per le funzioni che ciascuno di questi esegue. Ogni layer fornisce dei servizi ai layer superiori nascondendo a questi i dettagli implementativi.

Un generico layer n su una macchina può comunicare con il layer n di un'altra macchina e l'insieme di regole di tale comunicazione è detto **protocollo**. In realtà layer di pari livello su host differenti non si scambiano alcun dato; il flusso dei dati avviene verticalmente da layer a layer dello stesso host mentre la comunicazione vera e propria (ovvero la trasmissione fisica dei dati) avviene attraverso il layer 1 che si interfaccia direttamente con il mezzo trasmissivo. Per questo motivo tra layer attigui esistono una serie di primitive e servizi che ne regolano la comunicazione; la collezione di questi servizi è detta **interfaccia di layer**.

[3] L'acronimo bps si riferisce a bit per secondo.

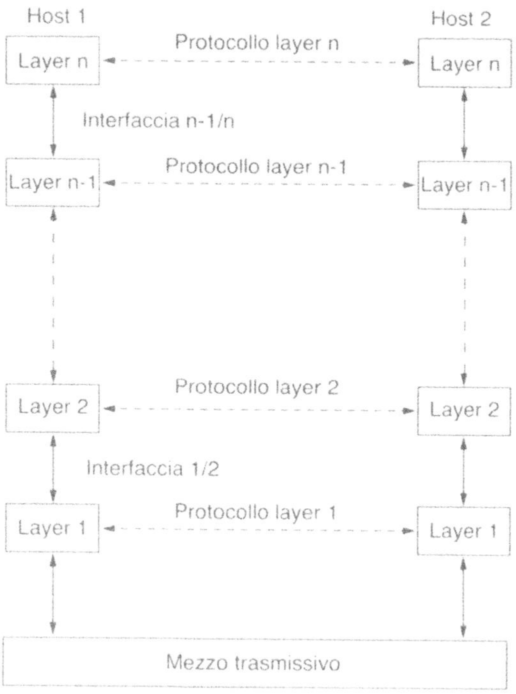

Figura 3.14 Tipica architettura software di una rete di computer.

L'insieme di layer, protocolli di layer e interfacce di layer è detta architettura software di rete. In Figura 3.14 è riportata come esempio l'architettura software di una rete a n layer.

Ogni layer deve identificare il trasmettitore e il ricevitore di un messaggio: un host che voglia comunicare con un host remoto deve avere un meccanismo per specificare il destinatario. In altre parole ogni protocollo di layer deve possedere un meccanismo di indirizzamento. Nel protocollo dei layer devono inoltre essere inserite informazioni su come i dati devono essere trasferiti: per esempio se la rete accetta dati in un'unica direzione o in entrambe le direzioni. Occorre inoltre gestire il controllo degli errori di trasmissione: nei protocolli sono inseriti codici di controllo e correzione degli errori per poter recuperare dati corrotti in seguito a una trasmissione errata. Sempre per questo motivo, nei protocolli sono implementate delle primitive di hand-shaking in modo che il ricevitore possa comunicare al trasmettitore quali dati ha ricevuto correttamente e quali no. Infine occorre evitare che la rete venga congestionata da trasmissioni di dati da host veloci ad host lenti. Per risolvere questo problema i protocolli di layer possono contenere una sorta di feedback da ricevitore a trasmettitore che indichi il livello di riempimento del buffer di lettura del ricevitore. Questo tipo di meccanismo è solitamente indicato come **controllo di flusso**.

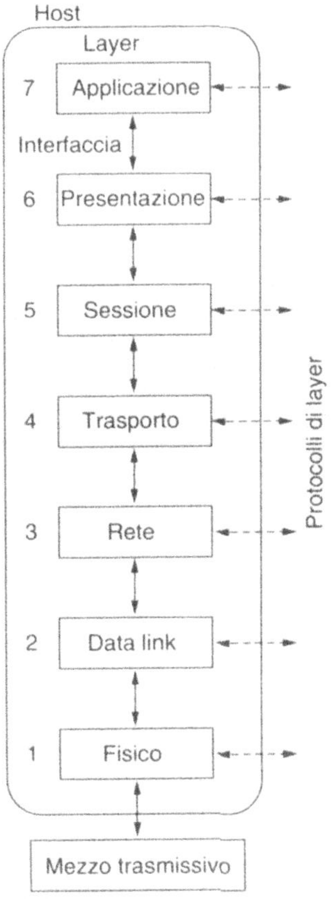

Figura 3.15 Architettura di rete ISO-OSI.

3.3 Il modello di riferimento Open Systems Interconnection

Nel paragrafo precedente è stato introdotto il concetto di architettura software per una rete di calcolatori; ora verrà descritto un particolare modello di architettura software: l'architettura **Open Systems Interconnection** della **International Standards Organization** (nota come architettura ISO-OSI). I concetti che vengono introdotti per ogni layer e le soluzioni proposte da questo standard possono risultare validi in un gran numero di applicazioni reali; per questo motivo tale architettura software viene considerata un modello molto generale e, pertanto, di riferimento nell'ambito delle reti di calcolatori.

Il modello, sviluppato nel 1983 e revisionato nel 1995, è composto da sette livelli, come raffigurato in Figura 3.15.

Layer fisico

Compito del layer fisico è trasmettere i singoli bit dell'informazione sul canale trasmissivo. Si deve occupare quindi di controllare la correttezza del segnale inviato o ricevuto. A questo livello vengono fissate le convenzioni fisiche della trasmissione: i livelli di tensione che corrispondono ai livelli logici 1 e 0 dell'informazione, le temporizzazioni, come si stabilisce e si chiude una comunicazione tra due host ecc. Tale livello verrà trattato in maniera dettagliata nel Paragrafo 3.4.

Layer data-link

Questo layer ha come compito la preparazione del messaggio per la trasmissione. Il layer data-link del trasmettitore divide il dato in parti (frames) e le trasmette sequenzialmente al layer fisico; il layer data-link del ricevitore conferma la ricezione di ogni frame (se avvenuta correttamente) spedendo un frame di acknowledgment. Compito del data-link è anche effettuare il controllo di flusso sulla rete, ovvero monitorare il livello di riempimento del buffer del ricevitore in modo da evitare la congestione di host lenti da parte di host veloci. Infine, se la rete è broadcast, il data-link gestisce e regola gli accessi al canale condiviso. Tale task è affidato a un sotto-livello del layer detto di accesso al mezzo o **Medium Access Control** (MAC). Tale sotto-livello sarà oggetto di approfondimento nel Paragrafo 3.5.

Il layer di rete

Il livello di rete gestisce le operazioni di controllo della subnet; in particolare decide quale deve essere il percorso del pacchetto da sorgente a destinazione. Questo percorso può essere determinato staticamente (ovvero sulla base di decisioni effettuate a priori in fase di progettazione), o in maniera semi-dinamica (ovvero all'inizio di ogni comunicazione tra host), o, nei casi più complessi, in maniera completamente dinamica per ogni pacchetto spedito. Il livello di rete si occupa anche di controllo di congestione della subnet e di qualità del servizio (gestione dei ritardi, dei tempi di trasmissione ecc.). Dato che nelle reti broadcast il problema dell'instradamento del messaggio è molto semplice, il layer di rete è a sua volta molto semplice e, talvolta, non esiste.

Layer di trasporto

Compito del livello di trasporto è quello di ricevere dati dal livello di sessione e dividerli in parti (pacchetti) assicurandosi che il contenuto dell'informazione non venga corrotto.

Layer di sessione

Il layer di sessione gestisce le connessioni tra host differenti stabilendo il contatto e chiudendolo al termine della comunicazione. A questo livello vengono gestiti il controllo della comunicazione decidendo l'ordine di trasmissione, il controllo dei conflitti (prevenendo situazioni in cui due host iniziano a trasmettere contemporaneamente) e la sincronizzazione delle operazioni.

Layer di presentazione
Il layer di presentazione gestisce la codifica dell'informazione da trasmettere in termini di sintassi e semantica. A questo livello si uniformano le rappresentazioni dei dati e si inseriscono bit di controllo e di verifica della correttezza del dato.

Layer di applicazione
Il livello di applicazione contiene una serie di protocolli necessari all'utilizzatore finale. Un esempio è il protocollo **HyperText Transfer Protocol** (HTTP) che è alla base del World Wide Web; altri protocolli sono quello per le email (POP e SMTP), per il trasferimento dei file (FTP) ecc.

Al fine di spiegare nell'ottica dello standard ISO-OSI i meccanismi di interconnessione tra diversi host, consideriamo il caso di una rete WAN in cui due host sono interconnessi tramite due router della subnet: come già descritto in precedenza (Paragrafo 3.2) il router riceve il messaggio dall'host trasmettitore, ne colleziona tutti i pacchetti, lo ricostruisce e lo instrada verso il router di destinazione (ovvero verso il router nella cui sotto-rete è presente l'host destinatario). Per questo motivo l'architettura di rete relativa al router sarà semplificata rispetto a quella di un host: sono necessari infatti solo i livelli che regolano la trasmissione/ricezione fisica del messaggio (livello fisico), l'accesso al mezzo e la decomposizione e ricostruzione del messaggio (livello data-link) e l'instradamento attraverso la subnet (livello di rete); tutti i livelli superiori non sono necessari. Tale esempio è illustrato in Figura 3.16.

3.4 Il livello fisico

Come specificato nel paragrafo precedente, il livello fisico si occupa della trasmissione sul mezzo trasmissivo dei bit che compongono l'informazione. Occorre quindi definire come le informazioni digitali da trasmettere sono fisicamente realizzate e inviate attraverso il canale: sarà necessario specificare lo stato elettrico del canale quando l'informazione trasmessa è un bit a livello logico alto, quando a livello logico basso e quando il canale è libero e privo di contenuto informativo. Altre specifiche da definire in questo layer sono le specifiche meccaniche ed elettriche della connessione host/canale, le dinamiche temporali della trasmissione e la sincronizzazione dei dati. Il protocollo di layer che contiene tutte queste informazioni sarà dunque fortemente dipendente dal mezzo trasmissivo e dal tipo di cablaggio utilizzato.

A livello fisico viene gestito il flusso dei dati lungo il canale trasmissivo. Nel caso in cui il flusso sia possibile solo in una direzione, la trasmissione è detta **simplex** mentre, se i dati possono transitare nel canale in entrambe le direzioni, si parla di trasmissione **duplex**. In particolare una trasmissione half duplex permette il flusso in entrambe le direzione ma in tempo alterno, mentre una trasmissione full duplex permette contemporaneamente il flusso di dati in entrambe le direzioni.

Il protocollo di layer fisico definisce anche se la trasmissione del dato deve essere sincrona o asincrona. Nella **trasmissione sincrona** il trasmittente invia i

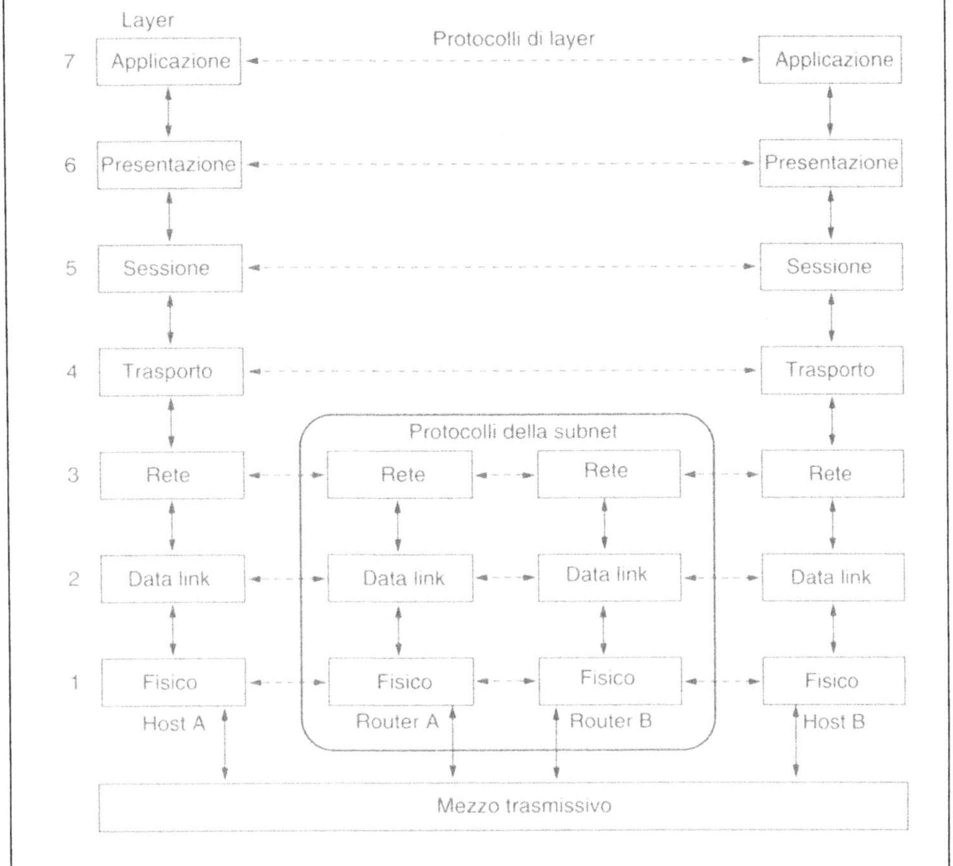

Figura 3.16 Connessione di due host mediante due router in una WAN: standard ISO-OSI.

dati e trasmette un segnale di sincronizzazione (cioè invia un clock), che consente al ricevitore di conoscere la durata fisica di un bit (periodo di bit, ovvero per quanto tempo lo stato fisico del canale identifica l'informazione di un bit). Trasmettitore e ricevitore sono sincronizzati dal clock che determina anche la velocità di trasferimento e il ricevitore può decodificare in maniera corretta le informazioni contenute nel canale.

Nella **trasmissione asincrona** non viene inviato un segnale di clock ma vengono aggiunti ai dati utili una serie di bit dedicati a segnalare l'inizio e la fine della trasmissione di un pacchetto (bit di start e stop). Un bit di start consente al ricevente di poter predisporsi per accettare la ricezione dei bit significativi. L'inizio del riconoscimento dei dati utili è avviato dalla ricezione del primo bit di start e concluso con la ricezione del bit di stop.

A livello fisico viene anche stabilito come codificare l'informazione logica dei bit. Nel seguito verranno introdotti alcuni metodi di codifica tra i più utilizzati.

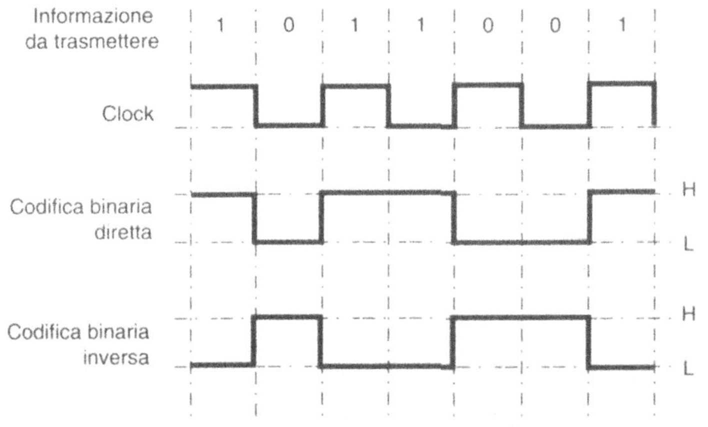

Figura 3.17 Codifica binaria diretta e inversa di un dato per la trasmissione.

Il metodo più semplice per codificare i singoli bit è utilizzare una **codifica binaria**: il canale ammette due stati fisici associati agli stati logici 1 e 0. Se al valore logico 1 del bit corrisponde una tensione positiva H (negativa L per il valore logico 0), si parla di **codifica binaria diretta**; viceversa si parla di **codifica binaria inversa** se al valore logico 1 viene associata una tensione negativa del canale. In Figura 3.17 è rappresentata un'informazione codificata mediante metodo binario diretto e inverso; il segnale di clock identifica il periodo di bit del trasmettitore.

Visto che possono esistere degli istanti in cui il canale trasmissivo non è occupato da nessun trasmettitore, occorre definire il suo stato di riposo (nessun contenuto informativo): nel caso in cui lo stato di riposo venga codificato come uno dei due stati logici, si parla di **codifica binaria non polare**. Questo tipo di codifica comporta dei problemi in quanto non vi è nessuna differenza tra un trasmettitore a riposo e un trasmettitore che invia sul canale l'informazione logica con cui si è codificato anche lo stato di riposo. Per questo motivo sono state introdotte le **codifiche binarie polari**: la codifica dei bit sul canale avviene mediante due stati attivi diversi da quello di riposo (per esempio tensione positiva per l'informazione logica 1, negativa per l'informazione logica 0 e nulla per lo stato di riposo). In Figura 3.18 è illustrata la differenza tra questi due tipi di codifiche.

Nelle codifiche citate finora non è previsto un ritorno forzato a uno stato di riposo del canale che identifichi il termine dell'informazione contenuta nel singolo bit: tali codifiche sono pertanto dette **Non Return to Zero** (NRZ). In questo caso può sorgere un problema di sincronizzazione tra trasmettitore e ricevitore. Supponendo di dover inviare una serie di bit con uguale valore, il ricevitore potrà distinguere i vari bit solo nel caso in cui possegga le giuste informazioni temporali di trasmissione: dovrà quindi essere perfettamente sincronizzato con il trasmettitore. Visto che, in caso di trasmissione asincrona, trasmettitore e ricevitore non usano lo stesso clock, potrebbe capitare che perdano il sincronismo e non ricono-

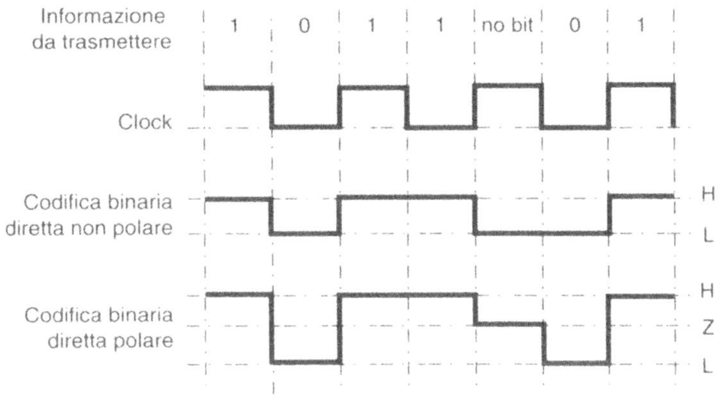

Figura 3.18 Codifiche binario polare e non polare.

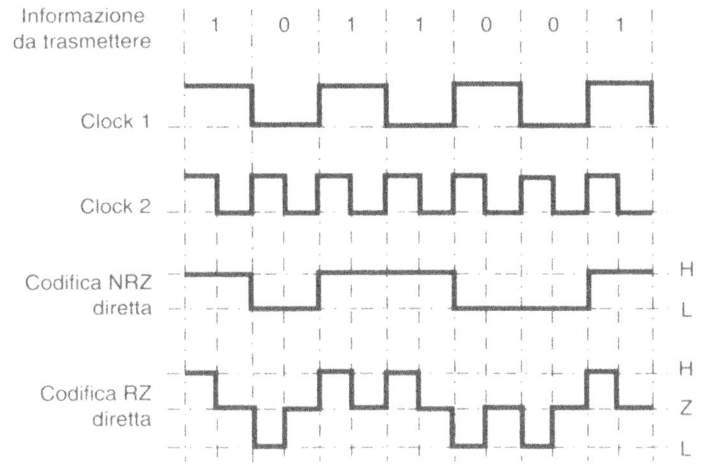

Figura 3.19 Codifiche NRZ e RZ.

scano più quando termina l'informazione di un bit e inizia quella di un altro bit con valore logico uguale al precedente. Per questo motivo le codifiche senza ritorno a zero sono soggette a possibili errori di sincronizzazione e decodifica; vengono pertanto introdotte le codifiche **Return to Zero** (RZ): le informazioni dei bit sono separate da un ritorno allo stato di riposo Z del canale. In Figura 3.19 è illustrata la differenza tra queste due tipologie di codifica: nella codifica RZ il periodo di bit viene suddiviso in due parti uguali e viene utilizzata la prima metà per trasmettere l'informazione e la seconda metà lasciando a riposo il canale; in questo modo il ricevitore potrà facilmente sincronizzarsi al trasmettitore. Il segnale clock 1 rap-

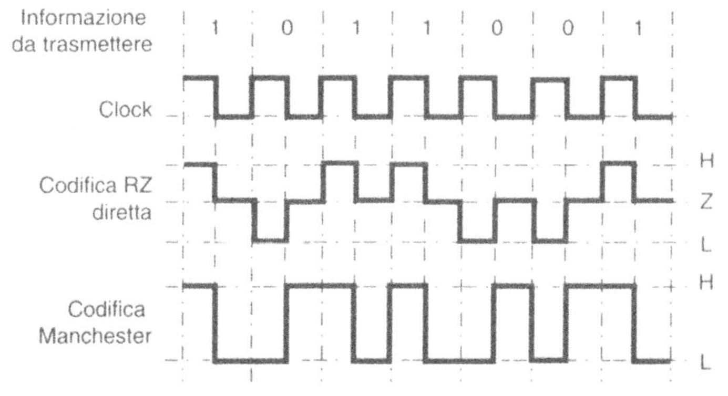

Figura 3.20 Codifiche RZ e Manchester.

presenta il periodo effettivo di bit del trasmettitore mentre clock 2 rappresenta il periodo di bit del segnale trasmesso tramite codifica RZ; si noti un evidente svantaggio relativo alla mancata ottimizzazione della capacità trasmissiva del canale: a parità di informazione trasmessa la banda necessaria raddoppia.

Il principale svantaggio delle codifiche RZ riguarda la relativa vicinanza tra i valori di tensione che devono essere utilizzati per codificare tre livelli logici: questo comporta che rumori o interferenze possono rendere incerto lo stato del canale con maggiore facilità. Per ovviare a tale mancanza di robustezza, pur mantenendo la proprietà di semplice sincronizzazione, una delle codifiche più utilizzate è la **codifica Manchester**. Il periodo di bit viene diviso in due parti: la prima parte codifica l'informazione vera e propria, la seconda rappresenta la transizione da un bit all'altro. Questo permette una più facile sincronizzazione tra trasmettitore e ricevitore grazie alla rilevazione del cambiamento di stato del canale che avviene sempre a metà del periodo di bit. Un bit a 1 è rappresentato con uno stato alto nella prima metà del periodo di bit e basso nella seconda; un bit a 0 è rappresentato con uno stato basso nella prima metà del periodo e alto nella seconda. In Figura 3.20 viene raffigurata la medesima informazione codificata tramite codifica RZ e Manchester.

Una problematica che affligge la codifica Manchester riguarda la sincronizzazione su sequenze di bit con lo stesso valore logico: in Figura 3.21 è rappresentata una situazione di questo tipo. Il ricevitore deve poter individuare un fronte di variazione in modo da identificarlo come fronte di metà periodo e poter decodificare correttamente l'informazione. Nel caso di bit successivi di uguale valore, il cambiamento di stato avviene sia a metà sia a fine periodo di bit: in questo caso il ricevitore può sincronizzarsi con il fronte sbagliato e ricostruire l'informazione errata. Per risolvere tale problematica, particolarmente sentita nell'ambito dell'automazione industriale (si consideri per esempio una trasmissione seriale da parte di un sensore logico, tipicamente caratterizzata dall'invio di informazioni sempre uguali che cambiano solo all'occorrenza di particolari eventi), è stata introdotta

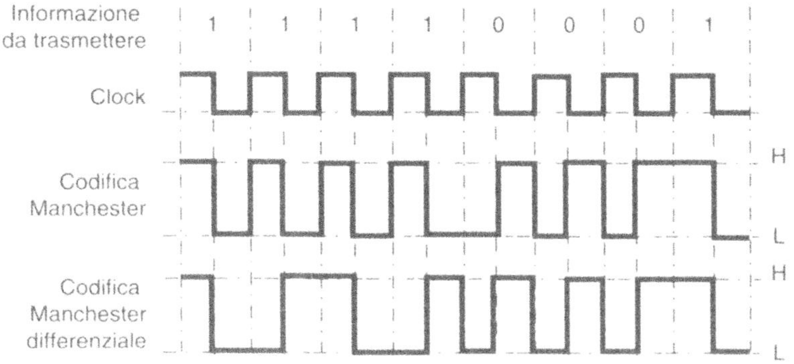

Figura 3.21 Codifiche Manchester e Manchester differenziale.

una versione differenziale della codifica Manchester. Nella **codifica Manchester differenziale** il periodo di bit è ancora diviso in due parti in cui la prima parte rappresenta l'informazione mentre la seconda ha il valore opposto della prima; un bit a 1 è codificato mediante assenza di transizione all'inizio del periodo di bit, un bit a 0 è codificato mediante una transizione di stato all'inizio del periodo di bit. In pratica l'informazione è codificata nella prima metà del periodo mediante il confronto del segnale con il semiperiodo precedente e non dal livello logico trasmesso. In questo modo la sincronizzazione è sempre garantita dalla presenza di un fronte di variazione dello stato del canale a metà periodo di bit anche nel caso di trasmissione di bit con valore uguale. Si noti dalla Figura 3.21 come, nel caso di trasmissione di bit dal valore uguale a zero, il problema di sincronizzazione sussista anche nel caso di codifica Manchester differenziale; tuttavia si è sempre certi che il dato trasmesso sia effettivamente composto da una serie di bit a zero.

Una volta deciso il metodo di codifica dell'informazione per la trasmissione, occorre affrontare il problema della connessione elettrica e meccanica tra host e linea trasmissiva. A tal proposito esistono vari standard; tra i più famosi ricordiamo RS232 (standard seriale tra i più vecchi), RS422 e RS485 ben noti nell'ambito dell'automazione industriale.

Lo standard RS422 permette la trasmissione di segnali digitali fino a 10 Mbit/s fino a distanze di circa 1200 m (usando integrati moderni è inoltre possibile superare i limiti imposti dallo standard sia in termini di velocità che di distanza). Tale standard prevede un trasmettitore e un massimo di 10 ricevitori ma è più comune l'utilizzo di questo standard nelle comunicazioni punto-punto, cioè per collegare un trasmettitore a un singolo ricevitore come rappresentato in Figura 3.22. Si vuole trasmettere un segnale il cui livello logico basso è rappresentato da una differenza di tensione tra massa (morsetto GND) e il morsetto A pari a 0 Volt mentre il livello logico alto è rappresentato da una differenza di tensione tra i medesimi morsetti pari a +V Volt. Al fine di incrementare la robustezza della trasmissione rispetto a possibili disturbi e interferenze, si genera un segnale negato rispetto a quello da trasmettere (ovvero si considera la differenza di tensione tra

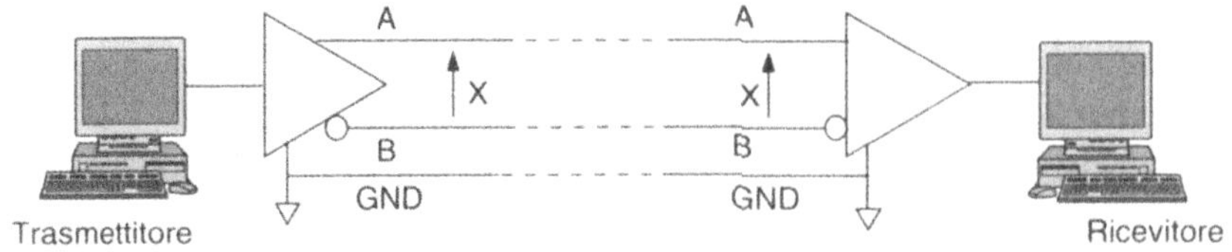

Figura 3.22 Connessione punto-punto secondo lo standard RS422.

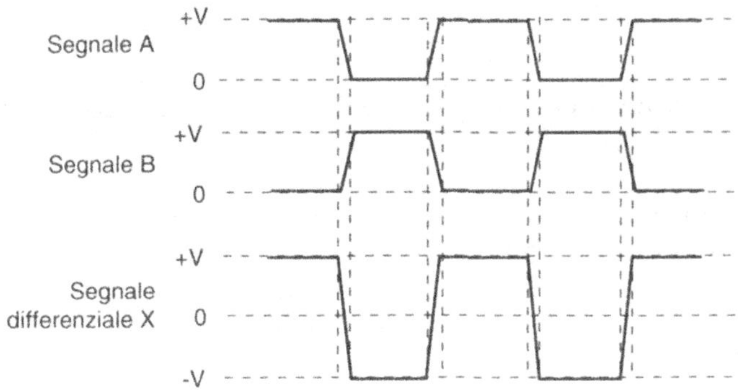

Figura 3.23 Andamento dei segnali nello standard RS422.

massa e morsetto B) e si invia sul canale il segnale differenza, cioè la differenza di tensione tra il morsetto A e il morsetto B. L'andamento di tali segnali è illustrato in Figura 3.23; si può notare come il segnale differenziale effettivamente trasmesso abbia un range di variazione doppio rispetto al segnale originale (ovvero si ottiene un segnale bilanciato $\pm$ V), risultando pertanto maggiormente immune ai disturbi e quindi adatto all'utilizzo in ambienti industriali. Occorre specificare che tale standard è intrinsecamente di tipo simplex; nel caso di realizzazioni industriali, la topologia più frequente prevede due soli dispositivi collegati tra loro attraverso due coppie di cavi (oltre la massa), una per ciascun verso di trasmissione del segnale; in questo caso è possibile realizzare una comunicazione full-duplex.

Un altro standard di trasmissione differenziale è indicato con RS485. Questi è molto simile allo standard RS422 ma introduce una sostanziale miglioria permettendo la connessione sullo stesso canale fino a un massimo di 32 trasmettitori e ricevitori (in realtà utilizzando integrati a basso assorbimento tale limitazione può essere superata). Quindi la differenza più importante con lo standard RS422 è la possibilità di gestire linee in cui coesistono più trasmettitori (linee trasmissive multi-drop). Il problema maggiore è pertanto la gestione dei possibili conflitti: un solo trasmettitore alla volta può essere attivo. Per questo motivo i trasmettitori possono portarsi in un terzo stato (stato ad alta impedenza) in cui si comportano come se fossero fisicamente non collegati al canale.

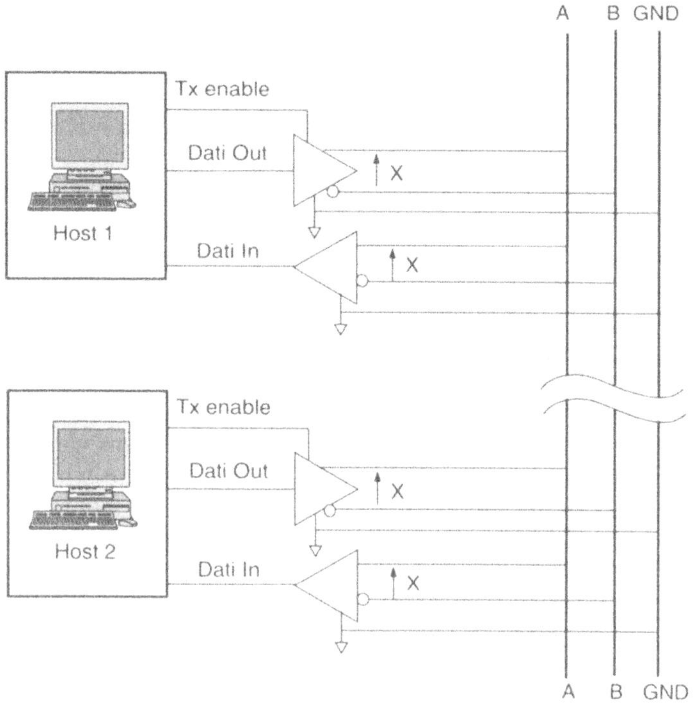

Figura 3.24 Connessione tra host secondo lo standard RS485.

In Figura 3.24 è presentata una possibile connessione di due host che possono sia trasmettere che ricevere secondo lo standard RS485. Si noti che i trasmettitori hanno anche un ingresso di disabilitazione in modo da poter gestire il problema dei conflitti di trasmissione. Lo standard RS485 è progettato per comunicazioni di tipo half duplex. Al momento lo standard RS485 è tra i più usati in ambito industriale grazie alla propria flessibilità e alla robustezza realizzativa.

3.5 Il livello data-link

Il protocollo di layer data-link si occupa del collegamento tra i vari nodi della rete. Pertanto è compito di tale livello preparare il dato alla trasmissione dividendo il messaggio in frame e inserendo stringhe di controllo quali per esempio indirizzo del destinatario e bit che permettano a questi di capire se il frame arrivato è corretto o si è corrotto nel trasporto.

Inoltre a livello di data-link viene gestito il controllo di flusso ovvero il controllo della congestione degli host riceventi. Infatti, soprattutto in caso di trasmissioni asincrone, è possibile che il ricevente non sia pronto ad accettare nuovi dati. In tal caso occorre predisporre un meccanismo (che può essere hardware o software) che permetta al trasmettitore di accorgersi di questa situazione in modo da sospendere momentaneamente la trasmissione. Ovviamente il controllo di flusso via software è possibile solo se la comunicazione è full duplex dovendo il trasmettitore ricevere, a sua volta, informazioni di congestione dal ricevitore. Queste operazioni vengono gestite da un sotto-livello del layer data-link chiamato **Logic Link Control** (LLC).

Nelle reti broadcast abbiamo già discusso l'importanza di un meccanismo che regoli l'accesso degli host al canale trasmissivo condiviso. Tale compito fondamentale è realizzato dal layer data-link che si occupa di gestire la politica di allocazione del mezzo trasmissivo agli host che vogliono trasmettere un dato. Queste operazioni sono gestite dal sotto-livello **Medium Access Control** (MAC).

Come spiegato in precedenza, l'allocazione del mezzo trasmissivo può avvenire in maniera statica o dinamica. Nel caso di allocazione statica l'accesso al mezzo trasmissivo da parte degli host è stabilito a priori definendo una politica di suddivisione: tale divisione può avvenire nel dominio frequenziale, cioè a ogni host viene assegnata una banda di frequenza, o nel dominio temporale, cioè in ogni quanto temporale un solo host è il master del canale e può trasmettere. Ovviamente, come già spiegato, se le trasmissioni non sono regolari si ha un utilizzo non efficiente della banda del canale. Tuttavia i metodi statici permettono un buon determinismo e una buona ripetitibilità nella tempistica della trasmissione.

Più efficienti dal punto di vista dell'utilizzo della capacità trasmissiva, sono i metodi di allocazione dinamica del canale; in questo caso il canale viene assegnato a un host solo quando questi deve effettivamente trasmettere. Occorre in questo caso definire una politica adatta a gestire situazioni in cui più di un host voglia trasmettere sul canale condiviso. Inoltre occorre gestire in maniera opportuna il caso in cui due o più host trasmettano contemporaneamente (collisione di dati sul canale trasmissivo). Il problema della collisione può essere affrontato a posteriori (ovvero quando il conflitto di trasmissione è già avvenuto) o a priori (ovvero cercando di evitare la collisione prima che avvenga). Nel primo caso si parla di metodi a **rilevamento di collisione**, nel secondo di metodi ad **assenza di collisione**.

Nelle politiche con rilevamento di collisione, i nodi sono in ogni istante liberi di iniziare a trasmettere; mentre trasmette, l'host deve anche verificare se il segnale che è sulla linea è quello che egli vuole effettivamente trasmettere. Nelle politiche ad assenza di collisione esiste un meccanismo di arbitraggio del canale che assicura che un solo nodo alla volta, tra quelli che devono trasmettere, possa accedere al canale. Di seguito saranno presentate due classiche politiche dinamiche di accesso al mezzo: il protocollo a rilevamento della portante (metodo a rilevamento di collisione) e il protocollo a token (metodo ad assenza di collisione).

3.5.1 Protocollo dinamico Carrier Sense Multiple Access

Nel protocollo a rilevamento di portante Carrier Sense Multiple Access (CSMA), un host che trasmette un dato resta in ascolto del canale per capire se la propria trasmissione è andata a buon fine. Ovvero, confrontando opportunamente la potenza o la larghezza di impulso del segnale presente nel canale con il dato che ha trasmesso, un host riesce a individuare se il suo dato è stato trasmesso correttamente o è stato corrotto dalla collisione con qualche altro dato.

In particolare la politica di trasmissione è la seguente: quando un host deve trasmettere un dato, controlla se il canale è libero; se il canale è impegnato da altre trasmissioni, l'host attende un periodo di tempo casuale e poi riprova. Se nessun altro nodo sta trasmettendo, l'host invia un frame e continua a testare lo stato del canale. Se un altro nodo ha richiesto contemporaneamente il canale, i dati effettivamente sul mezzo trasmissivo risultano differenti da quelli che sono stati trasmessi e la collisione viene rilevata. A questo punto ci sono due possibilità:

- tutti i dati trasmessi vengono considerati corrotti e tutti i nodi smettono di trasmettere attendendo un periodo di tempo casuale prima di riprovare (**protocolli senza risoluzione di collisione**);
- grazie a un particolare meccanismo di codifica e interfaccia al canale, anche in caso di collisione esiste almeno un host il cui messaggio non risulta corrotto (**protocolli a risoluzione di collisione**).

Nel protocollo a rilevamento della collisione senza risoluzione **Carrier Sense Multiple Access Collision Detection** (CSMA-CD), il livello fisico resta in ascolto del canale. Quando il canale è libero, l'host attende un periodo di tempo detto interframe time dopo il quale inizia a trasmettere. Se avviene collisione, non appena il nodo se ne accorge, attende un periodo di tempo (detto jam time) per permettere a tutti gli altri host di rilevare la collisione e poi ferma la trasmissione. In seguito si tenterà nuovamente di inviare il messaggio.

Nel protocollo a risoluzione di collisione **Carrier Sense Multiple Access Collision Resolution** (CSMA-CR), se c'è conflitto, uno degli host che ha trasmesso domina sugli altri e la sua informazione è l'unica a non essere corrotta: tale host è l'unico a poter continuare la trasmissione. Ovviamente questo meccanismo è possibile se supportato dal livello fisico che implementa una codifica del dato grazie alla quale è possibile identificare per ogni bit uno stato logico dominante e uno recessivo. L'arbitraggio in seguito a una collisione avviene dunque a livello di bit: nel caso in cui due host vadano in collisione, il bit con la codifica dominante vince e il dato non viene corrotto; gli host che vedono sul canale uno stato dominante quando vorrebbero trasmettere uno stato recessivo capiscono che c'è stata collisione e interrompono la trasmissione.

Dato che nei protocolli CSMA ogni nodo testa il canale prima di iniziare a trasmettere, la collisione tra dati avviene se un secondo nodo trasmette quando non è stato ancora raggiunto dal dato trasmesso dal primo nodo. Per questo i ritardi di trasmissione influenzano pesantemente le prestazioni di questo protocollo. Un dato fondamentale per classificare le prestazioni di un protocollo CSMA è il tempo di rilevazione delle collisioni. Per considerare il caso peggiore facciamo riferimento alla situazione illustrata in Figura 3.25. Sia τ il tempo di propagazione del segnale tra i due host più lontani A e B. All'istante $t = 0$ l'host A inizia a trasmettere dato che il canale è libero. All'istante $\tau - \varepsilon$ anche B, che vede il canale libero in quanto ancora non raggiunto dal dato spedito da A, decide di trasmettere il suo dato.

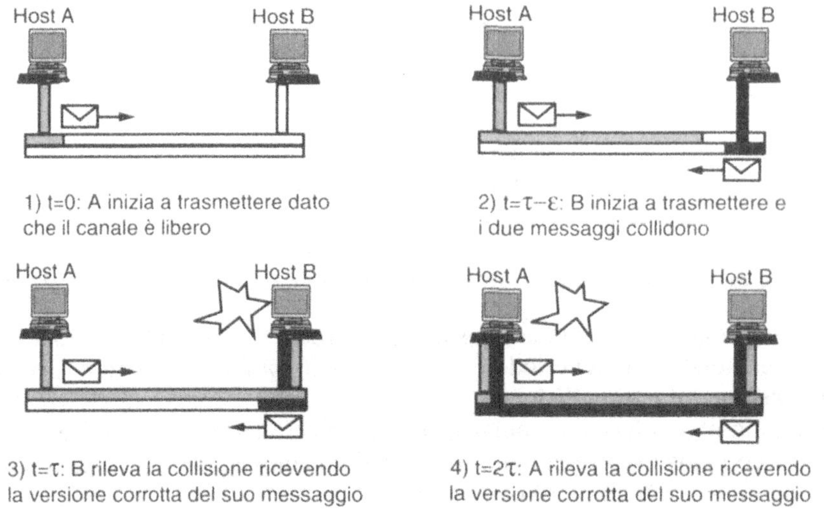

Figura 3.25 Analisi di caso peggiore per la determinazione del tempo di rilevazione di una collisione in protocolli CSMA.

Nell'istante τ l'host B si accorge della collisione sentendo sul canale trasmissivo qualcosa di diverso rispetto al dato appena trasmesso e si ferma; l'effetto della collisione arriva all'host A solo dopo 2τ dalla sua trasmissione (quando cioè la collisione provocata dal dato inviato da B si è propagata sino al nodo A). Pertanto un generico host impegherà al più 2τ istanti prima di accorgersi di una eventuale collisione.

3.5.2 Protocollo dinamico Token Bus (IEEE 802.4) e Token Ring (IEEE 802.5)

Le reti con gestione di accesso al mezzo mediante token sono reti ad assenza di collisioni. Un solo host alla volta è il master del canale e può trasmettere dati; il possesso del mezzo trasmissivo è assegnato dal possesso del **token**, ovvero un pacchetto di byte che i vari nodi possiedono a turno. Il token viene trasmesso da host a host dopo che il primo ha verificato di aver trasmesso correttamente un pacchetto o comunque entro un determinato periodo di tempo. Un sistema di questo tipo è fortemente deterministico per quanto riguarda il tempo di attesa prima della trasmissione; infatti se sul canale sono cablati n host e il tempo per trasmettere un pacchetto prima di dover cedere il token è τ, un host attenderà al massimo $n\tau$ prima di ricevere il token e quindi trasmettere il proprio pacchetto di dati. Il canale in cui circola il token può essere di tipo bus (Token bus) oppure ad anello (Token ring).

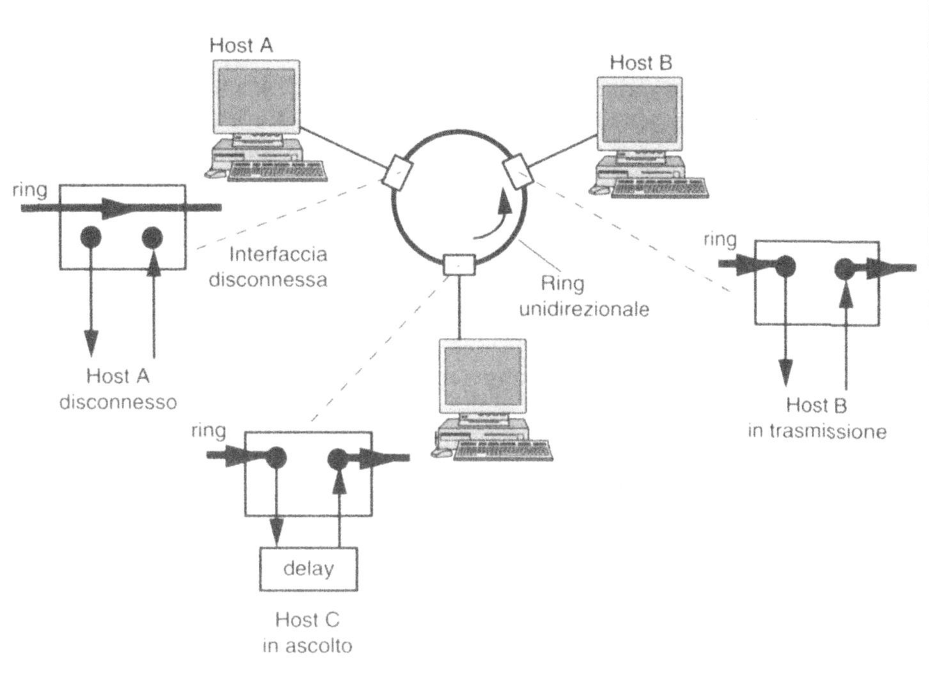

Figura 3.26 Rete con protocollo Token ring.

La più importante implementazione di rete Token ring attualmente in commercio è la rete **IBM Token ring**; il canale trasmissivo è circolare e l'impiego di centri di cablaggio permette di evitare che un guasto a un nodo comprometta il funzionamento dell'intera rete.

Fisicamente il ring ha dimensioni molto ridotte rispetto all'estensione della rete per ridurre le probabilità di guasto fisico all'anello stesso (si veda la Figura 3.26). Gli host sono cablati sull'anello mediante dei particolari dispositivi che lo possono porre in stato di trasmissione, ascolto o disconnessione dalla rete. In questo modo, anche se l'host non è disponibile, si chiude subito un circuito che lo esclude dalla rete, ovvero viene ricostruito l'anello fisico in hardware e in modo trasparente (per esempio l'host A in Figura 3.26).

Il frame di token circola continuamente nell'anello; il nodo che vuole trasmettere un proprio dato prende il token e lo modifica rispedendolo sull'anello: in questo modo gli atri nodi sanno che il token non è utilizzabile e non tentano di trasmettere a loro volta. Il trasmettitore dopo aver spedito il token modificato spedisce un frame di dato assieme all'indirizzo del destinatario e un frame di controllo; quando riceve nuovamente il frame di token che aveva modificato, sa che il suo frame di dato ha raggiunto tutti i nodi dell'anello (e quindi anche il reale destinatario). Se il trasmettitore ha la necessità di trasmettere nuovamente un frame, ripete la procedura rispedendo di nuovo il token modificato e successivamente il nuovo frame di dati e di controllo. Quando l'host ha finito di trasmettere, riportando il token al suo stato originario, lo trasmette nuovamente sul canale permettendo così la trasmissione da parte di un altro host.

Per evitare trasmissioni troppo lunghe o problemi derivanti da malfunzionamenti dell'host che trasmette, esiste un time-out dopo il quale un nuovo frame di token viene fatto circolare nell'anello. È chiaro che, per poter funzionare correttamente, il tempo di trasmissione dei frame di token, di dato e di controllo deve essere minore del tempo di percorrenza di un bit all'interno dell'intero anello. Se questa proprietà è soddisfatta, il trasmettitore (host B in Figura 3.26) riceve il primo bit del frame di token da lui modificato solo quando ha inviato l'ultimo bit del frame di controllo. Dato che il percorso dell'informazione all'interno dell'anello è tipicamente molto breve, gli host che sono in ascolto introducono fisicamente un ritardo di trasmissione mediante il centro di cablaggio (host C nella Figura 3.26) per soddisfare tale proprietà.

Esiste inoltre un meccanismo per gestire le priorità di trasmissioni; ogni frame da trasmettere è caratterizzato da una priorità. Anche il frame di token ha una priorità codificata: se un host vuole trasmettere un pacchetto con priorità n, deve aspettare di possedere un token con priorità minore o uguale a n. In questi casi deve esistere un meccanismo di gestione della priorità del token in modo da garantire un numero minimo e massimo di trasmissioni a ogni ciclo del token nell'anello.

Il meccanismo di accesso mediante token può essere abbinato anche a un canale a bus. In questo caso si parla di architettura **Token bus**. Anche se il canale è di tipo bus, il token percorre un anello virtuale di tipo logico composto dagli host che desiderano trasmettere. Ogni nodo connesso fisicamente al bus che voglia partecipare alla comunicazione, deve ricevere una posizione virtuale all'interno dell'anello logico: deve cioè conoscere l'indirizzo del nodo precedente e del nodo successivo. Questo tipo di logica permette agli host presenti nell'anello virtuale di gestire in maniera opportuna il passaggio del token da un nodo all'altro. In ogni istante un nodo che voglia entrare o lasciare l'anello logico deve comunicarlo agli altri in modo che questi possano istantaneamente aggiornare la struttura logica del ring. Il possessore del token, periodicamente, invita gli host all'entrata in rete spedendo un particolare pacchetto; se qualcuno risponde in tempo utile viene accettato in rete. Nel caso che più host vogliano entrare, la contesa viene risolta con un algoritmo random. In caso di congestione non ci saranno inviti a entrare in rete. Un nodo che voglia uscire dall'anello logico lo comunica, spedendo un particolare pacchetto, appena ricevuto il token; in questo pacchetto di uscita sono contenute le informazioni necessarie affinché tutti i nodi possano aggiornare la mappa dell'anello logico. Se un nodo non riesce a trasferire il token al suo successore perché questi non risponde, allora manda un pacchetto per interrogare l'eventuale successore del nodo guasto: se qualcuno risponde, il nodo guasto viene eliminato dall'anello logico e si prosegue normalmente. Se si guasta il nodo che aveva il token, un timer segnala che il token non circola da troppo tempo, si genera un nuovo token e si riparte risolvendo in modo casuale eventuali situazioni di contesa del token. L'architettura Token bus realizza quindi a livello logico quelle che sono le funzionalità tipiche di un'architettura di tipo Token ring, pur mantenendo i vantaggi che un'architettura fisica a bus comporta rispetto alla corrispettiva ad anello: maggiore robustezza e flessibilità per nuovi nodi in ingresso e uscita dalla rete.

Risulta quindi evidente come, a livello di tempistiche di comunicazione, il comportamento di una rete a token sia fortemente predicibile e quindi deterministico. È infine importante sottolineare che, grazie all'assenza di collisioni e al comportamento deterministico di tali tipologie di rete, le architetture a token sono largamente presenti nell'ambito dell'automazione industriale.

3.6 Reti di comunicazione real time

Come già visto in precedenza, nei sistemi di automazione industriale esistono necessità di comunicazione a diversi livelli. La comunicazione deve avere requisiti diversi a seconda del livello in cui avviene: le reti di comunicazione dei livelli di gestione e supervisione devono soddisfare esigenze diverse da quelle presenti nei livelli di controllo. Per quanto riguarda i primi la comunicazione deve gestire il trasferimento di dati strutturati con una frequenza non elevata e soprattutto senza vincoli temporali critici. La rete ha dimensioni importanti dovendo connettere le varie strutture dell'azienda (stabilimenti, uffici, ecc.); a questo livello di comunicazione non sussistono inoltre particolari problemi di immunità a disturbi e interferenze dato che gli host della rete si trovano in un ambiente non ostile.

Le caratteristiche della comunicazione nei livelli di cella, macchina e campo sono invece differenti: i dati scambiati sono semplici e non strutturati, ma la frequenza con cui devono essere trasmessi è particolarmente elevata. Dato che la comunicazione a questi livelli avviene tra task real time, i vincoli temporali sono critici e anche lo scambio di dati dovrà avere caratteristiche real time. La rete avrà dimensioni ridotte perché servirà tipicamente a interconnettere sensori, attuatori e componenti di macchinari automatici per la produzione; dunque anche il numero di nodi sarà limitato. La robustezza dell'architettura delle reti a questo livello di comunicazione dovrà soddisfare particolari specifiche rispetto ai disturbi e alle interferenze dato che i nodi e il canale saranno tipicamente alloggiati in ambienti industriali ostili.

Il traffico di rete nei livelli di cella, macchina e campo è costituito da tre tipi di messaggi: periodici, aperiodici e sporadici. I **messaggi periodici** sono messaggi generati o utilizzati da task periodici. Ovviamente anche la trasmissione di messaggi periodici è un task periodico. Per questi messaggi i vincoli real time sono generalmente hard e stretti: occorre garantire il rispetto di tali vincoli con determinismo. Classici esempi di comunicazione con messaggi periodici sono il trasporto di letture di sensori verso sistemi di acquisizione dati e il trasporto di comandi da unità di controllo verso gli attuatori. Esistono poi **messaggi aperiodici** ovvero generati da task aperiodici: un esempio potrebbe essere il trasposto di un comando di fine ciclo operativo da operatore umano alle varie parti dell'impianto. Questi messaggi non hanno deadline hard, quindi possono essere trasmessi secondo politiche di best effort, ovvero al meglio delle possibilità del sistema. Ovviamente è bene che il ritardo di trasmissione di questi messaggi sia comunque

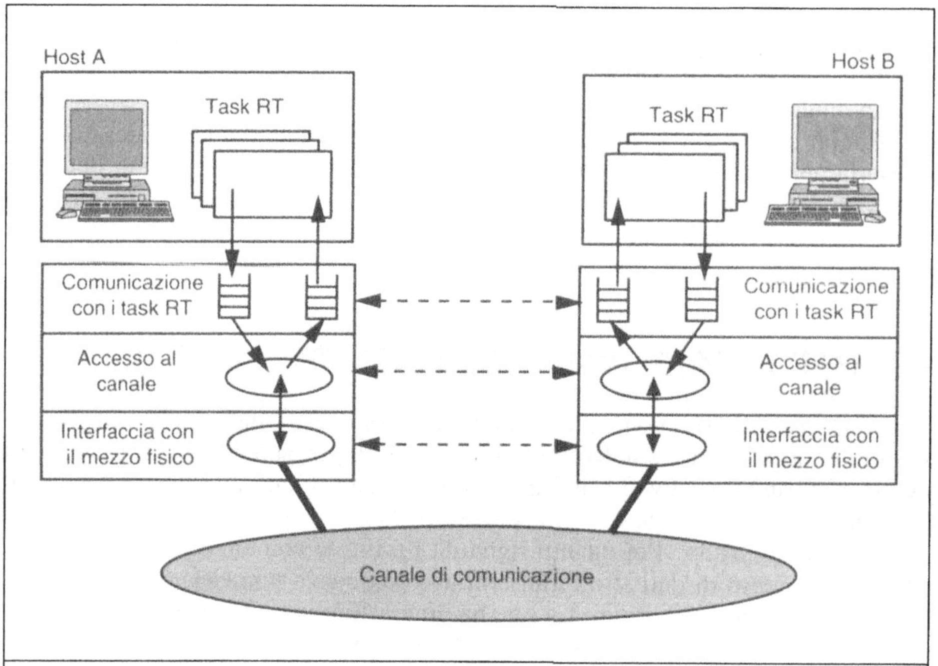

Figura 3.27 Modello di comunicazione real time.

piccolo. Infine nella rete possono circolare **messaggi sporadici**, ovvero generati da task aperiodici ma con vincoli hard realtime. Un classico esempio di questo tipo di messaggi sono gli allarmi o i segnali di emergenza che devono essere ovviamente gestiti in maniera hard real time. I protocolli delle reti real time sono dunque progettati per far fronte alle esigenze di trasmissione di questi tre tipi di messaggi.

L'architettura software di una rete real time può essere schematizzata come una pila di protocolli così come abbiamo visto in precedenza per le reti informatiche generali. Possiamo quindi schematizzare la rete real time come un insieme di nodi interconnessi da un canale di comunicazione. Ogni nodo si connette con il canale mediante un'interfaccia schematizzabile tramite un buffer per i messaggi in ingresso e un buffer per i messaggi in uscita. Dalla discussione appena fatta è chiaro che l'interfaccia dovrà curare tre aspetti fondamentali: la comunicazione con i task real time del nodo, l'accesso al mezzo fisico e l'interfaccia fisica con il mezzo. Questi tre aspetti devono avere caratteristiche real time: il flusso dati dal buffer di uscita di un nodo al buffer di ingresso di un altro dovrà essere trasparente per entrambi e soddisfare i vincoli real time di entrambi. Data la semplicità dei dati trasmessi e la velocità di trasmissione richiesta, poca attenzione è posta sulla preparazione del dato per trasmissione. In Figura 3.27 è rappresentata questa schematizzazione delle reti real time.

Di seguito definiremo le specifiche di questi sistemi e accenneremo ad alcuni metodi di scheduling per la trasmissione real time.

3.6.1 Specifiche delle reti di comunicazione real time

Le reti real time devono garantire prestazioni soddisfacenti in termini di scheduling e verifica dei vincoli real time, controllo di flusso e sincronizzazione della comunicazione. Per quanto riguarda gli end-user (ovvero i task real time allocati negli host della rete), la comunicazione deve essere trasparente e si deve garantire il soddisfacimento dei vincoli temporali per i messaggi periodici e sporadici (i pacchetti devono essere spediti e ricevuti entro un tempo fissato) e un tempo di trasmissione medio soddisfacente per i messaggi aperiodici. Questi obiettivi devono essere raggiunti con le risorse disponibili mediante una politica di utilizzazione efficiente.

La definizione di una rete real time che soddisfi pienamente le specifiche sopra elencate, soprattutto per quanto riguarda i vincoli strettamente hard real time relativi a messaggi periodici e sporadici, richiederebbe una grossa mole di risorse fisiche e quindi alti costi realizzativi. Nella pratica, tali stringenti specifiche vengono spesso rilassate definendo una soglia di tollerabilità. Per questo motivo gli algoritmi di gestione e di trasmissione sono progettati e tarati su una soglia di ammissibilità di tipo probabilistico: è ammesso che, nel caso peggiore (per esempio negli istanti di massima congestione della rete), una piccola percentuale dei messaggi periodici e sporadici possa non arrivare in tempo. Tale specifica è nota come **missed packet rate**.

Un'ulteriore specifica della rete è che nessun dato trasmesso vada perso durante il processo di comunicazione. Questo potrebbe avvenire, per esempio, perché il buffer di ingresso o di uscita di un host ha raggiunto la sua capacità massima. Per fare in modo che tale situazione non possa mai presentarsi occorrerebbe sovradimensionare tali buffer, ottenendo però un semplice aumento dei costi senza ottenere visibili miglioramenti (solo buffer infiniti potrebbero soddisfare in pieno questo vincolo). Per gestire al meglio questa specifica si introduce la seguente ipotesi sul processo di comunicazione: nessun task real time pronto a essere eseguito deve essere bloccato perché i buffer di ingresso e uscita del nodo sono pieni. Questo significa che messaggi destinati a task che non sono ancora pronti a essere eseguiti devono essere scartati dal buffer in modo da far posto ai messaggi destinati ai task pronti all'esecuzione; i messaggi scartati andranno ovviamente persi. L'algoritmo di gestione della rete deve garantire che la percentuale dei pacchetti persi (**lost packet rate**) sia inferiore a una certa soglia ammissibile.

Dato che si richiede che la comunicazione real time sia un processo predicibile e quindi deterministico, un indice di valutazione delle prestazioni di una rete real time è la varianza del ritardo di trasmissione (**delay jitter**): non è solo importante che il messaggio arrivi entro certi limiti temporali, ma anche che l'istante di arrivo del messaggio sia noto con determinismo. Gli algoritmi di trasmissione e scheduling per reti real time sono progettati per limitare il delay jitter.

Il necessario soddisfacimento delle specifiche introdotte influenza pesantemente l'architettura software delle reti real time. Viste le specifiche temporali stringenti e la richiesta di determinismo, ogni volta che si intende trasmettere un messaggio da un host a un altro della rete, la connessione, indipendentemente dalla realizzazione fisica della rete stessa, dovrà essere di tipo punto-punto. Questo è possibile se, quando due host devono comunicare, il protocollo di rete stabilisce una connessione fisica tra gli host e la chiude solo quando la comunicazione è terminata. In questo caso si dice che i servizi forniti dal protocollo sono **connection oriented**, ovvero l'enfasi dei servizi offerti dalla rete è posta sulla connessione tra host.[4] Il fatto che ogni volta che due nodi devono scambiarsi un messaggio si venga a creare una connessione fisica e logica punto-punto tra i due, permette di spedire i pacchetti utilizzando un percorso prefissato che non varia per tutta la durata della trasmissione. In questo modo si aumenta il determinismo e pertanto la garanzia di soddisfacimento delle specifiche.

3.6.2 Algoritmi di scheduling per reti real time

Abbiamo visto che i servizi delle reti real time sono di tipo connection oriented; la trasmissione di un messaggio implica quindi la creazione di un canale fisico e logico punto-punto tra trasmettitore e ricevitore. I problemi da affrontare a livello di algoritmi di scheduling riguardano dunque la gestione della politica di ordine di trasmissione tra i nodi e la gestione dell'accesso al canale condiviso. Le politiche di accesso al mezzo che possono essere utilizzate nell'ambito di una rete real time sono quelle illustrate nel Paragrafo 3.5 e in particolare i metodi di allocazione statica o dinamica ad assenza di collisione che garantiscono determinismo.

In questo paragrafo ci soffermeremo a illustrare dei metodi di scheduling per la gestione dell'ordinamento di trasmissione degli host specifici per le reti real time. Questi algoritmi sono particolarmente importanti nelle **reti switched** come quella in Figura 3.28: in tali reti gli host possono essere messi in comunicazione tramite diversi percorsi fisici formati da rami (link) di connessioni punto-punto collegati tra loro da elementi detti switch che instradano i pacchetti. Gli switch possono essere modellati come degli elementi fisici che possono, di volta in volta, stabilire delle connessioni fisiche tra uno dei rami in ingresso e uno dei rami in uscita. Si suppone che gli switch siano dotati di un buffer di ingresso condiviso dai rami in ingresso e da tanti buffer di uscita quanti sono i rami di uscita. In questa tipologia di reti, due host che devono comunicare con altrettanti ricevitori possono essere costretti a instradare i loro messaggi attraverso il medesimo switch; ovviamente, in questo caso, è importante schedulare opportunamente la trasmissione dei pacchetti dallo switch per soddisfare le specifiche real time di entrambi gli host. Gli algoritmi di scheduling si riducono pertanto ad algoritmi di gestione di code: il problema è quello di gestire i buffer di ingresso e uscita degli host e degli switch connessi alla rete.

In letteratura esistono varie classi di algoritmi per la gestione di tali buffer:

- FIFO queueing, politiche first in first out in cui la trasmissione è gestita in base all'ordine di arrivo dei messaggi da servire nei vari buffer;

[4] Un diverso tipo di servizio in cui l'enfasi è posta sul messaggio è detto connectionless: l'host spedisce il messaggio sul canale, il messaggio contiene l'indirizzo del destinatario pertanto tutti gli host sanno se tenere in considerazione il dato oppure no.

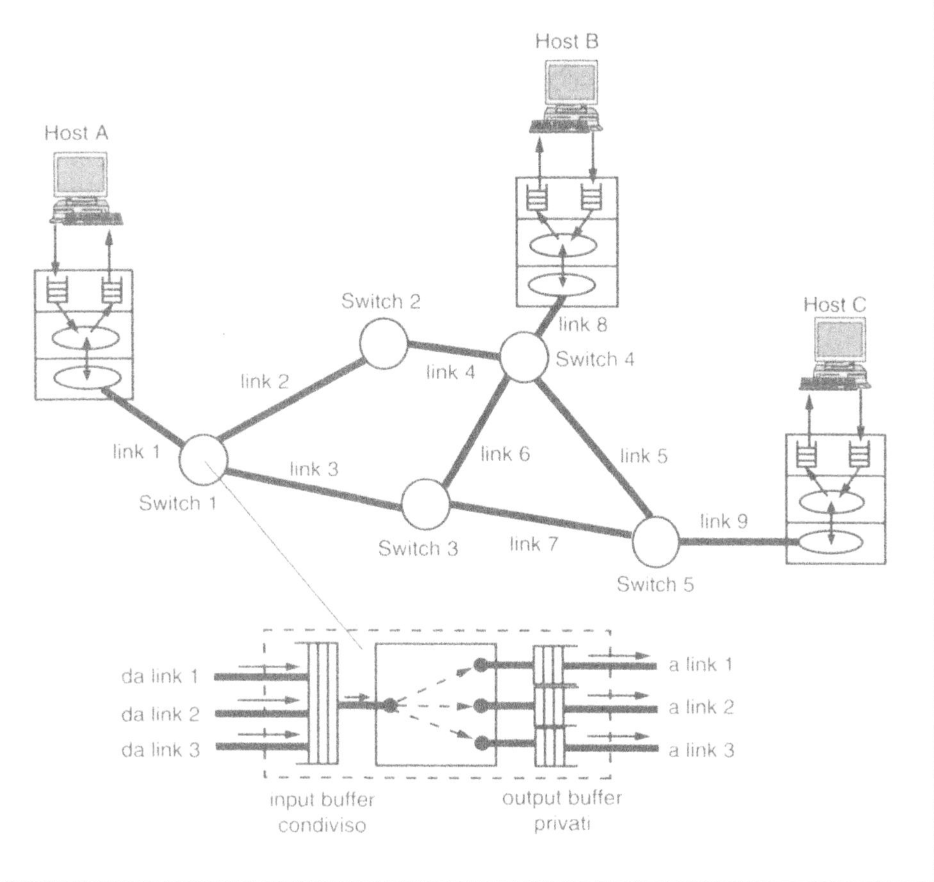

Figura 3.28 Rete real time switched.

- priority queueing, politiche che gestiscono un qualche ordinamento di priorità dei messaggi nei buffer;
- fair queueing, algoritmi in cui le code vengono servite secondo politiche round-robin per evitare che alcuni messaggi a priorità inferiore non vengano mai presi in considerazione.

Lo scheduling di servizi di trasmissione connection oriented deve essere di tipo non preemptive: una volta iniziata la trasmissione di un frame, la connessione tra gli host non viene infatti chiusa finché questa non è terminata.

Un algoritmo molto utilizzato nell'ambito delle reti real time è il **non preemptive weighted fair queueing algorithm**. Questo algoritmo combina le caratteristiche degli algoritmi fair queueing a quelle degli algoritmi priority queueing: alla politica round robin viene associato un metodo di ordinamento di priorità dei messaggi nei buffer in modo che tutte le code vengano servite e, allo stesso tempo, quelle con maggior priorità abbiano maggior banda garantita. In questo modo è possibile ottenere un ottimo comportamento in termini di soddisfacimento dei vincoli temporali, di predicibilità e determinismo dei tempi di trasmissione e di contenimento del delay jitter. Dai vari link in ingresso allo switch arrivano messaggi che devono essere distribuiti. A monte di questi link, il nodo i che deve trasmettere (sia esso un host effettivo oppure uno switch) utilizzerà un buffer di uscita per accodare i propri messaggi: questi costituiscono una coda di tipo FIFO (quando il messaggio arriva in testa alla coda viene spedito dal buffer di uscita al buffer in ingresso del nodo a valle). Sia n il numero di connessioni attive in ingresso a un dato switch, a ogni connessione sarà destinata una frazione u_i della banda disponibile tale che $U = \sum_{i=1}^{n} u_i \leq 1$; ovvero si suppone che le connessioni in ingresso non saturino completamente la banda disponibile dello switch. Per poter gestire i messaggi che arrivano dalle n code a monte, lo switch utilizza uno scheduler che costruisce una coda di priorità definendo un indice per ogni link i in ingresso chiamato **finishing number** fn_i. In realtà questo indice non è associato alla coda a monte, ma al pacchetto in testa a tale coda, cioè al pacchetto pronto a essere spedito dal nodo i. Lo switch instrada i pacchetti dal proprio buffer di ingresso verso il proprio buffer di uscita e quindi verso la destinazione successiva secondo un ordine stabilito dai finishing number: più piccolo è il finishing number e maggiormente prioritario sarà il corrispettivo pacchetto nella coda di ingresso dello switch. Dato che il metodo non ammette preemption, il pacchetto che è in trasmissione continuerà a essere gestito fino a trasmissione completata anche se nel frattempo arrivano pacchetti più prioritari.

All'arrivo del primo pacchetto di una connessione i, lo scheduler calcola il finishing number della connessione e inserisce identificativo di connessione e finishing number nel suo buffer (i, fn_i); se il canale è libero inizia subito la trasmissione. A questo punto, se arrivano pacchetti da altre connessioni j che vogliono iniziare a trasmettere, lo scheduler ne calcola il finishing number e li inserisce nel suo buffer. Quando la trasmissione del pacchetto dal nodo i finisce, lo scheduler cancella l'elemento corrispondente nella sua coda di priorità. Se l'host i che ha appena utilizzato la connessione dello switch vuole ancora trasmettere, lo scheduler calcola il finishing number del nuovo pacchetto e inserisce il nuovo elemento (i, fn_i) nella sua lista di priorità. A questo punto lo scheduler fa partire la trasmissione dal nodo che nella sua lista ha il finishing number più basso. In Figura 3.29 è illustrato un semplice esempio di tale algoritmo.

Bisogna ora definire come può essere calcolato il finishing number di un pacchetto che un generico nodo voglia trasferire. Inizialmente per ogni connessione il finishing number è nullo. Il finishing number della connessione i viene aggiornato all'arrivo di un pacchetto k pronto per la trasmissione in questo modo:

$$
\begin{aligned}
fn_i[0] &= 0 \\
fn_i[k] &= fn_i[k-1] + \frac{\text{dimensione di } k}{u_i} \, .
\end{aligned}
$$

In questo modo l'ordinamento di pacchetti pronti per la trasmissione da diversi nodi avviene secondo un ordinamento decrescente definito dal finishing number che rappresenta una sorta di tempo virtuale mancante alla fine del task di trasmissione dei nodi. Si può facilmente verificare che in questo modo il caso peggiore

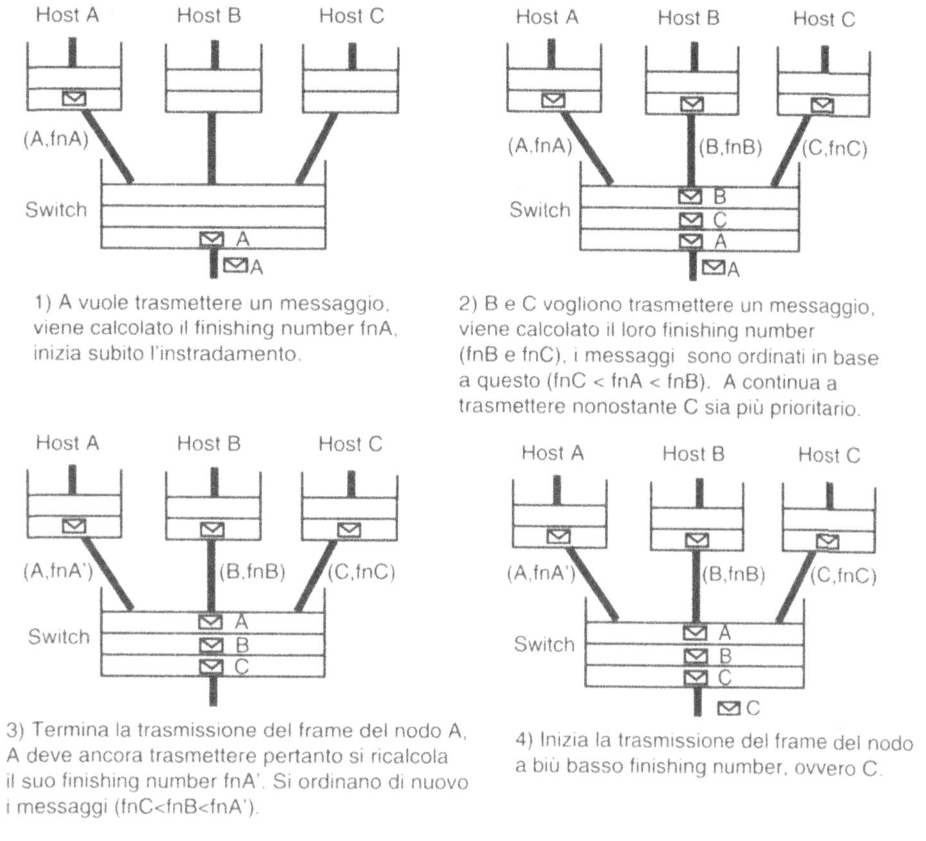

Figura 3.29 Esempio di gestione di rete switched mediante algoritmo non preemptive weighted fair queueing.

di latenza di un pacchetto pronto alla trasmissione dal nodo i è

$$L_i = 1 + \frac{\text{dimensione dei pacchetti in coda dal nodo } i}{u_i}\,.$$

Essendo noto il comportamento nel caso peggiore, la trasmissione offre garanzie di predicibilità e quindi determinismo.

3.7 La norma IEC 61158: il modello di riferimento Fieldbus

Vista la particolare importanza delle comunicazioni a livello di campo nelle applicazioni di automazione industriale, grande interesse è stato posto nello studio di architetture di rete per tale livello sin dai primi anni Ottanta; questo ha portato alla nascita di una notevole quantità di soluzioni applicative diverse e quindi alla susseguente necessità di uno standard internazionale in cui far confluire le varie soluzioni, per permettere la loro interoperabilità in ambito industriale. La standardizzazione per reti di comunicazione real time a livello di campo è iniziata quindi fin dalla seconda metà degli anni Ottanta a opera dell'**International Electro-technical Commission** (IEC) ed ha portato alla stesura di una serie di documenti identificati dalla sigla IEC 61158; da questi emerge un modello di riferimento denominato **Fieldbus**. Mentre il modello OSI è uno standard di riferimento per il progetto di reti di comunicazioni di tipo office, il modello Fieldbus è uno standard per la progettazione di sistemi di comunicazione industriale real time a livello di campo. Rientrano in tale standard la maggior parte dei sistemi di comunicazione di campo esistenti sul mercato: tra i più famosi citiamo ControlNet, Profibus, P-NET, Fieldbus Foundation, WorldFIP, Interbus. Per non appesantire la trattazione con dettagli applicativi o realizzativi specifici delle varie soluzioni, nel seguito parleremo dei principi su cui si basano e che sono espressi dalla norma IEC 61158.

In una rete di campo gli host sono sensori, attuatori, microcontrollori e in generale risorse fisiche che compongono il sistema di automazione: tali host hanno la necessità di comunicare e scambiare dati tra loro. Come il modello OSI, anche il modello Fieldbus è caratterizzato da un'architettura software a stack di protocolli. I livelli che compongono tale architettura sono tre; il livello più alto è denominato **application layer** ed è predisposto all'interfaccia tra le risorse fisiche e il sistema di comunicazione. Il livello intermedio, denominato **data-link layer**, è predisposto alla gestione dell'accesso dei nodi al canale di comunicazione. Infine il livello più basso è il **physical layer** il cui compito è preparare e spedire i dati sul canale di comunicazione. In Figura 3.30 è raffigurata l'architettura software Fieldbus in riferimento al modello OSI. I documenti che definiscono tale architettura sono IEC 61158-2 per quanto riguarda il physical layer, IEC 61158-3 e IEC 61158-4 per quanto riguarda il data-link layer e IEC 61158-5 e IEC 61158-6 per quanto riguarda l'application layer.

L'architettura software del modello Fieldbus può essere divisa in due parti: il **Data Terminal Equipment** (DTE) e il **Data Communication Equipment** (DCE). Nel DTE risiedono tutte le funzioni di interfaccia tra la risorsa e il mezzo trasmissivo che non dipendono dal mezzo fisico. Le funzioni che invece dipendono dal tipo di mezzo fisico di trasmissione (codifica, specifiche elettriche, specifiche meccaniche ecc.) risiedono nel DCE.

Le funzioni che costituiscono il **physical layer** appartengono in parte al DTE e in parte al DCE. Infatti, come illustrato in Figura 3.31, il livello fisico può essere suddiviso in tre sottolivelli:

- Device Independent Sublayer (DIS) che appartiene al DTE;
- Medium Dependent Sublayer (MDS) che appartiene al DCE;
- Medium Attachment Unit (MAU) che appartiene al DCE.

In fase di trasmissione il DIS riceve i dati dal livello data-link; tali dati, denominati Physical Interface Data Unit (PHIDU) vengono elaborati dal DIS e il risultato del-

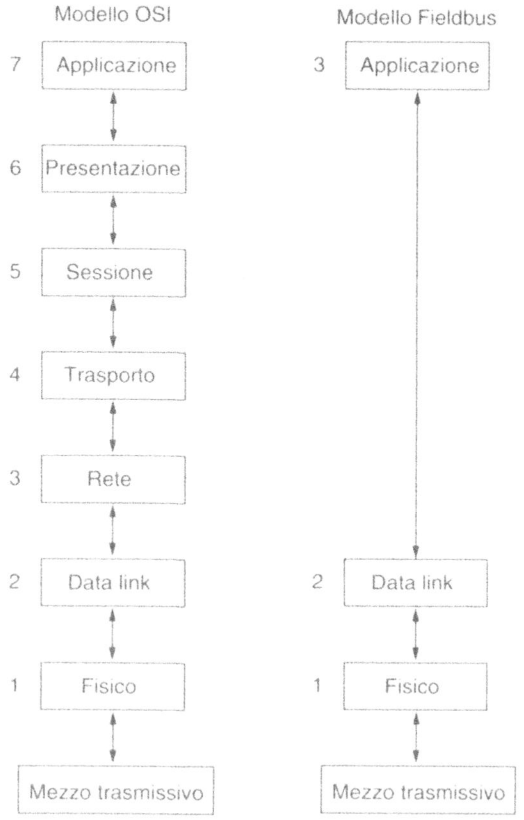

Figura 3.30 Confronto tra l'architettura software del modello OSI e Fieldbus.

l'elaborazione, denominato Physical Service Data Unit (PHSDU), viene trasmesso in modo seriale al MDS. In fase di ricezione avviene il procedimento inverso: il DIS riceve le PHSDU dal sotto-livello MDS e le trasforma in PHIDU da passare al livello data-link. In altre parole il compito del DIS è quello di interfaccia tra il DTE e il DCE, ovvero trasformare i dati da dipendenti dal mezzo fisico a indipendenti e viceversa. Il compito del MDS è quello di elaborare le PHSDU e trasmetterle o riceverle dal mezzo fisico. Il MDS aggiunge preambolo e delimitatore alla PHSDU se siamo in fase di trasmissione o li elimina se siamo in fase di ricezione. Inoltre il MDS si occupa di gestire la sincronizzazione e la temporizzazione della comunicazione e di codificare/decodificare le PHSDU. Data la stretta correlazione con il mezzo fisico è ovvio che il MDS faccia parte del DCE; pertanto i servizi relativi al MDS dipenderanno dal mezzo fisico in questione. Il compito del MAU è quello di gestire la trasmissione fisica attraverso il mezzo trasmissivo; visto il compito strettamente dipendente dal mezzo fisico in questione, anche il MAU fa parte del DCE.

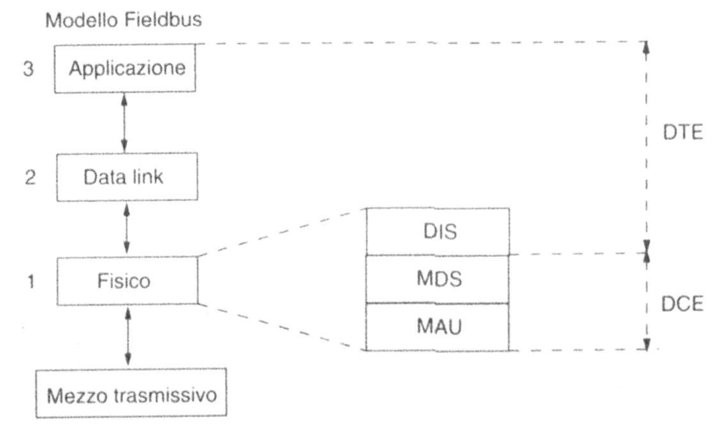

Figura 3.31 Decomposizione funzionale del physical layer.

Il livello cui è affidato il compito più critico è il **data-link layer**; il suo compito è infatti quello di gestire l'accesso dei nodi, denominati Data Link Element (DLE), al mezzo trasmissivo, secondo le loro esigenze di comunicazione e rispettando i vincoli real time. Come sottolineato nei paragrafi precedenti, le esigenze di comunicazione real time sono relative a task periodici e task sporadici: nel primo caso occorre garantire che l'informazione prodotta sia trasmessa prima della generazione dell'informazione successiva, nel secondo caso l'esigenza è che l'informazione generata arrivi ai destinatari secondo vincoli real time e comunque nel minor tempo possibile. Per soddisfare entrambe queste esigenze il data-link layer implementa due strategie: accesso al mezzo mediante pre-schedulazione per quanto riguarda i messaggi periodici e accesso mediante token per i messaggi sporadici. Il coordinamento dei due metodi di accesso avviene grazie alla presenza in rete di un ulteriore nodo di comunicazione denominato **Link Active Scheduler** (LAS) che, avendo il pieno controllo del processo di comunicazione, gestisce in maniera coordinata sia l'accesso mediante pre-schedulazione che quello mediante token. La gestione dei messaggi periodici si basa su una schedulazione di tipo statico definita a priori. Il meccanismo si basa su una tabella di schedulazione progettata sulla base delle esigenze di comunicazione ciclica dei vari nodi. In questa tabella sono stabiliti tutti gli istanti di trasmissione dei task periodici richiesti dagli host in un periodo denominato macrociclo. La ciclicità dei task in considerazione permette di identificare questo macrociclo che, se ripetuto periodicamente, contiene tutte le richieste di trasmissione. In questo modo può accedere in trasmissione al canale solo il nodo che ne ha diritto sulla base delle informazioni contenute nella tabella di schedulazione. Istante per istante il LAS controlla la tabella di schedulazione e, nel caso in cui un task periodico abbia una trasmissione prenotata, lo autorizza inviandogli un particolare frame detto Compel Data (CD). Il nodo, ricevuto il CD e sicuro di essere il master del canale, effettua la trasmissione inviando il suo frame di dato (DT). Tutto questo meccanismo è illustrato in Figura 3.32.

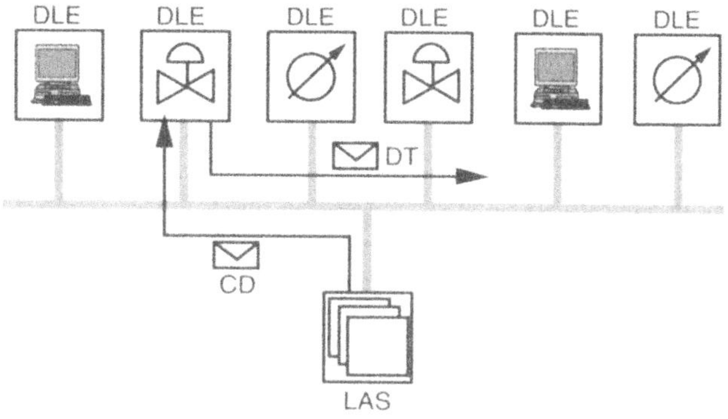

Figura 3.32 Meccanismo di accesso al mezzo statico mediante schedulazione a priori.

Negli intervalli di tempo in cui la tabella non prevede alcuna trasmissione di task periodici, il LAS attiva l'accesso via token immettendo il token sul canale e inviandolo al nodo cui spetta. In particolare il LAS, che ha in memoria una lista di circolazione del token, invia un particolare frame detto Pass Token (PT) al nodo che è primo in lista. Nel PT è contenuta un'informazione temporale, ovvero il massimo tempo di utilizzo del token, e un indice di priorità. Il DLE che viene in possesso del token, trasmette le informazioni che hanno una priorità non inferiore a quella del token e, una volta finita la trasmissione o scaduto il limite di tempo, restituisce il token al LAS mediante un frame denominato Return Token (RT). Ricevuto tale frame il LAS spedirà il PT al successivo DLE nella lista. In questo modo il LAS realizza il ring logico in cui circola il token. Una volta terminato un ciclo di rotazione del token nel ring logico, il LAS può confrontare il tempo impiegato dal token a effettuare un giro con un obiettivo temporale detto Target Token Rotation Time (TTRT): se il tempo impiegato è superiore al TTRT il LAS aumenta la priorità del token in modo da permettere solo ad host che devono trasmettere messaggi particolarmente prioritari di poter trattenere il token e comunicare; viceversa, se il token ha impiegato un tempo di circolo minore del TTRT, la priorità al ciclo di rotazione successivo sarà diminuita in quanto è possibile permettere la comunicazione anche ad host che devono trasmettere pacchetti meno prioritari. Questo meccanismo è illustrato in Figura 3.33. Occorre sottolineare che la gestione a token dell'accesso al mezzo non è ottimale per quanto riguarda la trasmissione di processi periodici che, nel caso dei sistemi di automazione, sono caratterizzati da periodi piccoli (alcuni msec). Infatti l'incertezza sul tempo di ciclo del token (confrontabile come ordine di grandezza con i periodi dei task) può portare alla perdita di alcune deadlines. Viceversa, utilizzare una preschedulazione per gestire i messaggi sporadici, porterebbe a uno spreco di banda inutile con conseguente necessità di sovradimensionamento del mezzo fisico e dei circuiti di interfaccia. Pertanto la soluzione mista appena descritta è una soluzione ottimale per soddisfare le esigenze del sistema di comunicazione real time.

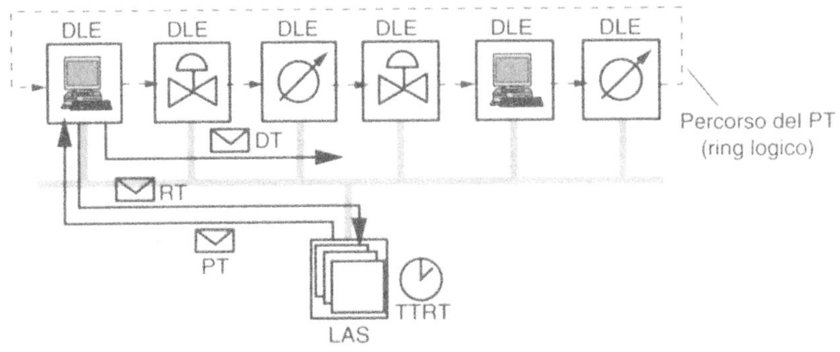

Figura 3.33 Meccanismo di accesso al mezzo dinamico mediante token.

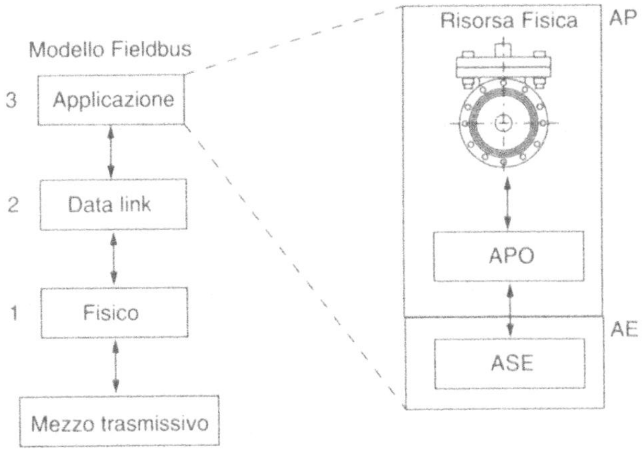

Figura 3.34 Struttura logica del livello di applicazione.

Il layer di più alto livello nel modello Fieldbus è il **livello di applicazione**. Obiettivo di questo livello è definire l'insieme di risorse, informazioni e funzionalità necessarie per supportare la comunicazione del nodo. Questo insieme viene detto Application Process (AP) ed è formato da un'astrazione delle funzionalità denominate Application Process Objects (APO) che scambiano i dati reali con le risorse fisiche. I messaggi scambiati dalle risorse fisiche con gli APO vengono poi passati alle Application Entities (AE) che realizzano i servizi di comunicazione tra gli APO e i livelli inferiori del modello. Questi servizi sono chiamati Application Service Entities (ASE). Vista la varietà delle risorse che possono essere coinvolte nel processo di comunicazione di campo, questo layer è fortemente dipendente dal tipo di host interconnesso. In Figura 3.34 è raffigurata la struttura del livello di applicazione nel modello Fieldbus.

3.8 Il modello di riferimento Controller Area Network

La crescente esigenza di progettazione modulare dei sistemi di controllo per processi industriali richiede la definizione di architetture di rete efficienti che permettano, soddisfacendo eventuali vincoli real time, la comunicazione orizzontale tra i vari moduli di controllo e verticale tra i moduli di controllo, i device di campo e i sistemi di gestione. Questo task, come già mostrato in Figura 3.2, è affidato alla rete per il controllo. Tale rete avrà una topologia a bus e il suo compito sarà collegare tra loro moduli di macchine, sottosistemi fisici, componenti di campo e sistemi di raccolta dati per la gestione. Pertanto la rete per il controllo richiede una grande versatilità per interconnettere tra loro sistemi eterogenei; sono inoltre richieste caratteristiche plug-and-play che consentano di contenere il numero di operazioni di riconfigurazione della rete in seguito alla connessione di un nuovo nodo o in seguito a generiche operazioni di manutenzione. Devono infine essere gestite comunicazioni hard e soft real time, lasciando la possibilità di multicasting, ovvero la trasmissione dello stesso messaggio a più host.

Il modello di riferimento **Controller Area Network** (CAN) è stato sviluppato attorno alla metà degli anni Ottanta dalla Bosch come architettura di rete volta alla comunicazione seriale nelle applicazioni di tipo automotive. La crescente domanda di elettronica nel settore automotive aveva reso necessario un modo intelligente e robusto per consentire la comunicazione fra i dispositivi elettronici montati su un autoveicolo; tuttavia, date le caratteristiche di versatilità e robustezza dei sistemi di comunicazione basati su CAN e le specifiche comuni che un bus di comunicazione deve soddisfare nelle applicazioni automotive e in quelle di automazione civile e industriale (temporizzazione rigida, elevata affidabilità anche in ambienti rumorosi, semplicità di cablaggio e costi contenuti), lo sviluppo di tale standard nell'ambito dei sistemi di automazione è stato immediato e massiccio, tanto che sono in molti a vedere nel bus CAN lo standard dominante nelle reti industriali del prossimo futuro.

Lo standard CAN, definito nel documento ISO 11898, prevede comunicazioni seriali su un sistema bus di tipo broadcast, con allocazione dinamica secondo metodologia CSMA-CR. L'architettura software di una rete CAN prevede l'implementazione dei soli livelli fisico e data-link e lascia all'utilizzatore l'implementazione degli altri cinque livelli aumentando in questo modo la versatilità del sistema di comunicazione.

Il bus CAN implementa un servizio di comunicazione connectionless: non si costituiscono connessioni punto-punto logiche tra gli host, ma l'enfasi del servizio è sul messaggio che viene spedito a tutti gli altri host che decideranno se tenere in considerazione il dato oppure no. In realtà, il protocollo non prevede alcun meccanismo di indirizzamento, ma il messaggio è caratterizzato da un frame di identificazione che codifica la sua priorità e il suo contenuto; quando si spedisce un messaggio, tutti gli altri nodi, che sono rimasti in ascolto, lo ricevono. Una volta ricevuto il messaggio ogni nodo esegue un test di accettazione sul contenuto del messaggio e decide se il dato è di interesse o meno. Questo meccanismo, noto come **frame acceptance filtering**, è raffigurato in Figura 3.35. In questo modo il meccanismo di broadcasting è spostato dal trasmettitore (che non codifica, come

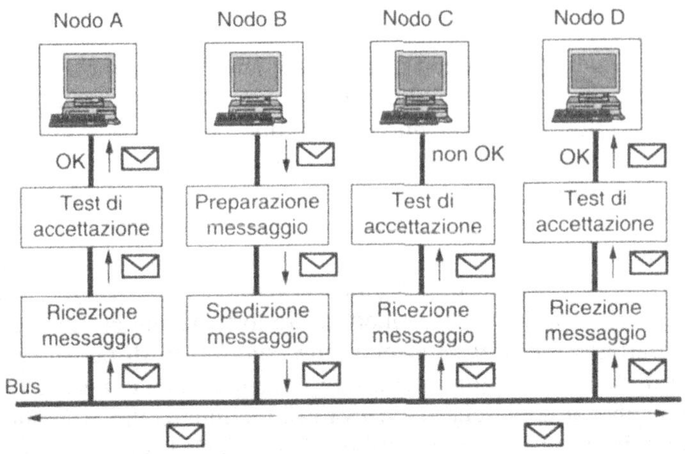

Figura 3.35 Meccanismo di frame acceptance filtering in una rete CAN: il nodo B spedisce un messaggio di interesse per i nodi A e D.

nelle reti broadcast standard, l'indirizzo del destinatario del dato, ma il contenuto del messaggio) al ricevitore (che testa tale contenuto) e risulta molto semplice aggiungere un nodo alla rete, dato che, non essendo previsto un indirizzamento, non sono necessarie modifiche hardware o software. In una rete CAN, un nodo non ha alcuna necessità di conoscere informazioni circa la configurazione del sistema. Il numero di nodi, in tali reti, è teoricamente illimitato ed effettivamente limitato solo dalle caratteristiche del bus fisico utilizzato per la connessione.

In un sistema di comunicazione CAN l'accesso al mezzo avviene mediante protocollo CSMA-CR: come spiegato nel Paragrafo 3.5, un nodo, prima di trasmettere un messaggio sul bus, resta in ascolto del canale per un certo periodo; se in questo periodo nessun altro nodo trasmette, il nodo che ha bisogno inizia a trasmettere il suo dato. È comunque possibile che due nodi inizino a trasmettere pressoché contemporaneamente causando collisione di messaggi sul bus. La collisione viene gestita mediante un protocollo di collision resolution basato su un arbitraggio a livello di bit effettuato sulla codifica di priorità del messaggio. Ogni nodo che ha trasmesso un messaggio resta in ascolto del canale per controllare che lo stato del canale sia concorde con quello che lui ha trasmesso.

La rete è vista come una grande porta AND in cui i nodi che vogliono acquisire il bus effettuano un arbitraggio bit a bit seguendo una logica AND (**wired and**). Nel protocollo CAN un bit a valore logico 0 è rappresentato da uno stato dominante sul canale (**bit dominante**), mentre un bit a valore logico 1 è rappresentato da uno stato recessivo (**bit recessivo**). Lo stato logico del canale può essere dunque dominante o recessivo a seconda dell'informazione trasmessa. Grazie alla particolare implementazione del sistema di trasmissione, un bit dominante ha sempre il sopravvento su un bit recessivo: se due nodi trasmettono contemporaneamente due messaggi di priorità diversa, a un certo punto il messaggio a priorità più bassa

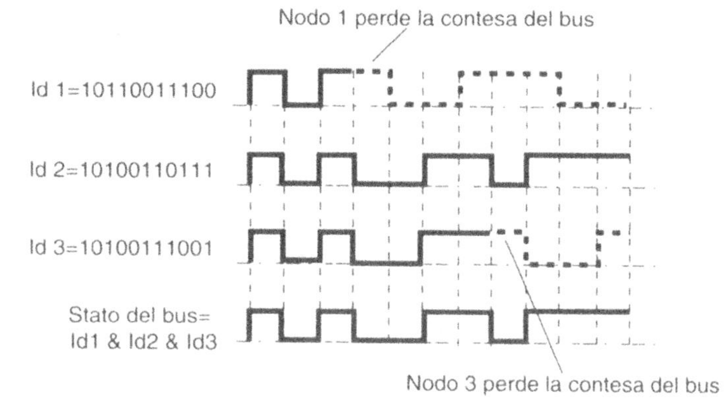

Figura 3.36 Risoluzione della collisione mediante wired and.

sarà caratterizzato da un bit recessivo mentre quello a priorità più alta da un bit dominante; a questo punto il bit dominante vince, lo stato logico del canale è dominante e il nodo che ha trasmesso l'informazione meno prioritaria se ne accorge interrompendo subito la trasmissione. Considerato questo meccanismo, è chiaro che più è basso l'identificatore del messaggio più è alta la priorità: messaggi con identificatore pari a zero sono i più prioritari.

Un esempio di arbitraggio nel caso di tre host che trasmettano contemporaneamente è presentato in Figura 3.36. Per ottenere questo meccanismo di arbitraggio del bus, la trasmissione di informazioni, in una rete CAN, avviene in formato differenziale. La linea è costituita da conduttori: **CAN LOW** e **CAN HIGH** caratterizzati da tensione rispetto a massa rispettivamente pari a VCAN-H e VCAN-L. Lo stato recessivo è caratterizzato da tensioni VCAN-H e VCAN-L uguali e pari a un valore intermedio della tensione: la differenza di tensione tra le due linee è quindi circa zero. Nello stato dominante VCAN-H è pari al massimo valore di tensione del bus e VCAN-L al minimo valore di tensione del bus: la differenza di tensione tra le due linee è massima. Gli andamenti delle tensioni VCAN-H, VCAN-L e della tensione differenziale durante la trasmissione di un bit dominante e di un bit recessivo sono raffigurati in Figura 3.37. Dato che durante la trasmissione di un bit recessivo (cioè a valore logico 1) la tensione differenziale di bus è uguale a zero, mentre durante la trasmissione di un bit dominante (cioè a valore logico 0) è maggiore di una data soglia, è chiaro che, nel caso in cui vengano inviati sul bus contemporaneamente un bit dominante e un bit recessivo, prevale il bit dominante: il bus assume lo stato elettrico corrispondente al bit dominante, cioè la tensione differenziale del canale è diversa da zero. In pratica il bus effettua istante per istante l'AND logico di tutti i bit inviati dai nodi. In Figura 3.38 è rappresentato lo schema di interfaccia di un nodo al bus; si noti come a uno zero logico trasmesso (bit dominante nell'operazione di AND logico) corrisponda uno stato fisico del bus caratterizzato da tensione differenziale non nulla (stato fisico dominante per il bus). Il nodo 1 vuole trasmettere un messaggio con iden-

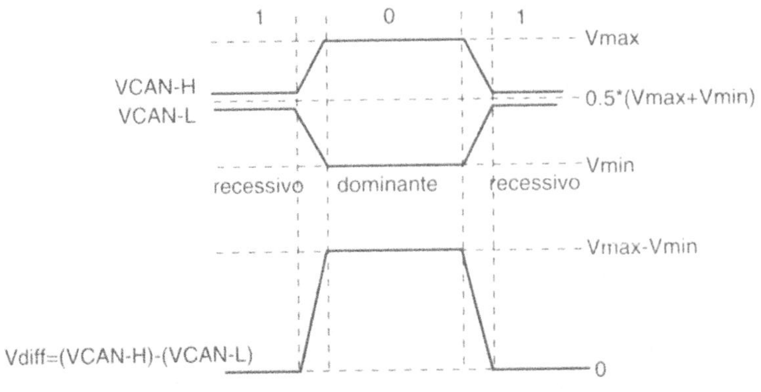

Figura 3.37 Andamenti delle tensioni VCAN-H, VCAN-L e della tensione differenziale durante la trasmissione in un bus CAN.

tificatore 100, mentre il nodo 2 trasmette contemporaneamente il messaggio con identificatore 101. Leggendo lo stato del canale, il nodo 2 rileva un successione di stati recessivo-dominante-dominante; dato che si aspettava di leggere la sequenza recessivo-dominante-recessivo si accorge della collisione e smette di trasmettere.

È importante sottolineare che una condizione indispensabile per il funzionamento di questo meccanismo di risoluzione delle collisioni è che i vari contendenti del bus vedano contemporaneamente lo stesso bit: è quindi di fondamentale importanza il problema della sincronizzazione della trasmissione; inoltre il tempo di propagazione del bit da un host a un altro deve essere trascurabile rispetto al periodo di bit.

Un'altra caratteristica importante del CAN è quella dell'elevata insensiblità alle interferenze elettromagnetiche: grazie alla natura differenziale del segnale di trasmissione del CAN, entrambe le linee sono influenzate nello stesso modo da disturbi e interferenze e quindi il segnale differenziale è lasciato inalterato.

Il bus CAN garantisce un'elevata affidabilità del sistema di comunicazione: la rilevazione degli errori e la richiesta di ritrasmissione viene gestita direttamente dall'hardware con diversi metodi eseguiti sia a livello di messaggio che di singolo bit. Se un messaggio viene considerato errato da uno solo di questi test, non viene accettato dai vari nodi interessati, i quali inviano un frame di errore richiedendo al nodo trasmettitore di rispedire lo stesso messaggio; dopo un certo numero di errori consecutivi di trasmissione il nodo viene isolato e non può più trasmettere. Quindi lo standard CAN permette di ottenere un'ottima tolleranza ai guasti grazie al fatto che ciascun nodo è in grado di rilevare il proprio malfunzionamento e di autoescludersi dal bus se questo è permanente.

Concludendo questa discussione sui bus CAN, è importante sottolineare che questo tipo di tecnologia permette di ottenere ottime prestazioni in termini di velocità di trasmissione grazie all'implementazione dei soli primi due livelli della pila ISO-OSI e alla realizzazione hardware dell'interfaccia al mezzo trasmissivo.

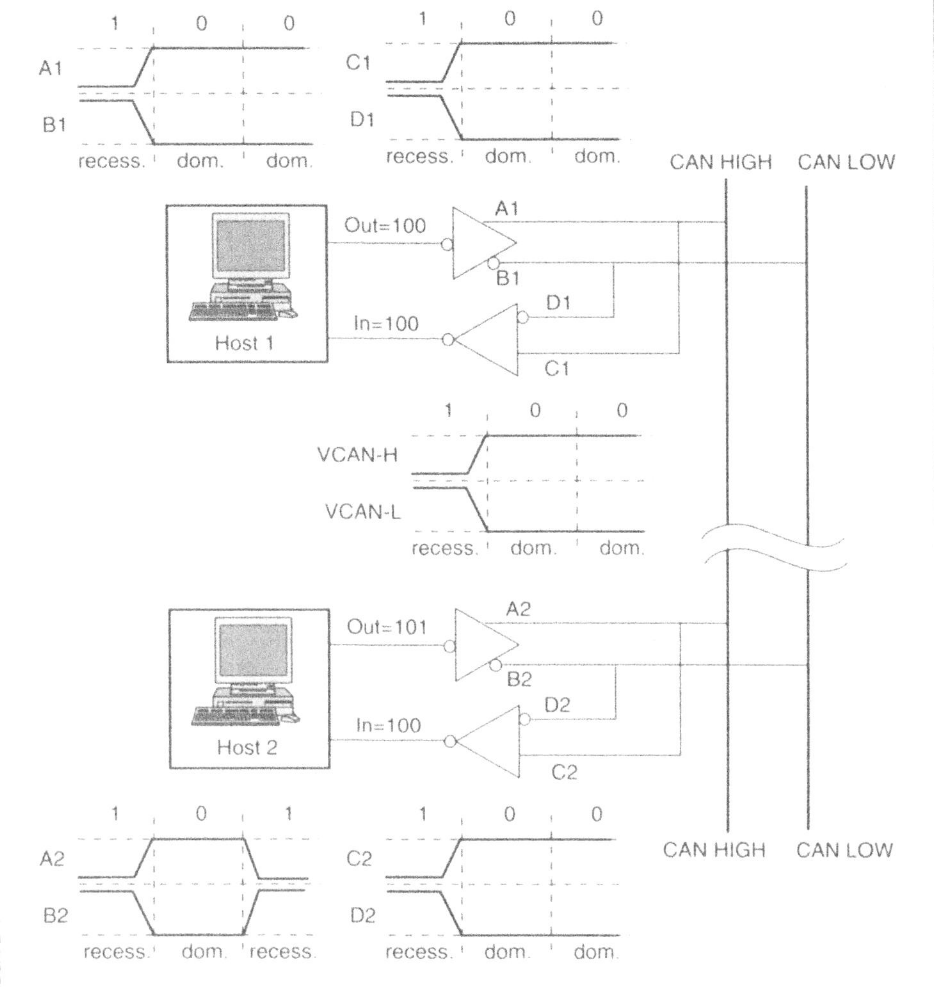

Figura 3.38 Interfaccia di un nodo al bus CAN e segnali generati in trasmissione.

Questo permette al bus CAN, pur non essendo progettato esplicitamente per soddisfare vincoli di trasmissione real time, di poter essere utilizzato con ottimi risultati anche ai più bassi livelli di comunicazione (e quindi anche come bus di campo). Lo standard CAN demanda ai costruttori dei componenti che verranno connessi la realizzazione dei restanti livelli; questo permette la connessione di un elevato numero di dispositivi mantenendo un'adeguata velocità di trasmissione. In definitiva il bus CAN permette semplicità e flessibilità del cablaggio, immunità ai disturbi ed elevata affidabilità. Tutti questi motivi rendono i bus CAN ottimi candidati per essere utilizzati nei sistemi di automazione industriale sia a livello di controllo che a livello di campo.

		Comunicazioni Office	Comunicazioni Industriali
Installazione	**Installazione base**	Installazioni fisse nell'edificio e flessibili dei dispositivi	Cablaggio complesso
			Guida binaria, agganci
	Connettori	Nessun requisito	Connettori IP20-30-67
	Topologia	Reti a stella a livello terziario; alberi gerarchici	Ridondante ad anello
			Topologia a bus per campo
Condizioni Ambientali	**Temperatura**	Normale	Range -40°C/+70°C; convezione naturale
	Umidità	Normale	Fino al 95% non condensata
	Polvere	Bassa	Possibile
	Meccanica	Bassa	Resistenza a sollecitazioni e vibrazioni. IEC113; IEC 60068
	Specifiche elettriche	Nessun requisito	EMI; IEC 1000-4-2,4,6
	Agenti chimici	Nessun requisito	Possibile
	EMC	Bassa	Elevata
Dati	**Dimensione dati**	Dato grande e strutturato	Dato medio e non strutturato
		Pacchetto piccolo	Pacchetto grande
	Disponibilità	Media	Elevata
	MTBF	Media	Elevata
	Trasmissione	Periodica	Periodica e non
	Funzioni real time	Non richieste	Necessarie

Figura 3.39 Confronto tra reti di tipo office e reti industriali.

3.9 Confronto tra reti di tipo office e reti industriali

Per concludere la discussione relativa ai vari sistemi di comunicazione presenti in ambito industriale, ci sembra utile inserire in Figura 3.39 uno schema che riepiloghi le principali differenze tra le reti di calcolatori di tipo office e le reti dedicate alle comunicazioni industriali.

Domande

D3.1 Classificare le reti di calcolatori per estensione e topologia.

D3.2 Descrivere i principali mezzi fisici per la trasmissione di un segnale.

D3.3 Descrivere i principali mezzi fisici per la trasmissione di un segnale.

D3.4 Descrivere il modello di riferimento ISO-OSI.

D3.5 Descrivere le principali modalità di codifica delle informazioni.

D3.6 Illustrare i principali protocolli di accesso al mezzo per reti broadcast.

D3.7 Indicare le principali differenze tra le reti di calcolatori di tipo office e quelle di tipo industriale.

D3.8 Discutere le principali specifiche per reti di comunicazione real time.

D3.9 Descrivere l'algoritmo non preemptive weighted fair queueing per lo scheduling di reti switched real time.

D3.10 Discutere le principali caratteristiche del modello Fieldbus in relazione allo standard ISO-OSI, descrivendo le funzionalità associate ai vari livelli del protocollo.

D3.11 Illustrare il metodo di accesso al mezzo in una rete Fieldbus giustificandolo rispetto alle esigenze e alle specifiche di trasmissione in una rete real time.

D3.12 Illustrare il modello di riferimento CAN.

D3.13 Illustrare il metodo di accesso al mezzo nel modello CAN.

Bibliografia ragionata

Un'utile e approfondita panoramica sui sistemi di comunicazione e sulle reti di calcolatori è fornita in [1]. In [2] viene illustrato nel dettaglio il modello di riferimento OSI. Ovviamente tale modello è ampiamente illustrato nello standard ISO [3] (si veda il sito internet `http://www.iso.org/`).

In [4] è fornita un'esaustiva trattazione delle reti industriali dal punto di vista dell'architettura hardware, mentre in [5] l'attenzione è focalizzata sulle architetture software delle stesse.

Gli algoritmi di scheduling per le reti di comunicazione real time sono ampiamente illustrati in [6].

Le reti per la comunicazione a livello di campo sono illustrate in [7] e [8]; gli standard relativi al modello Fieldbus sono [9], [10], [11], [12], [13] e [14] (si veda il sito internet `http://www.iec.ch/`).

Un'ampia trattazione dello standard CAN è presente in [15]; il modello CAN è ampiamente illustrato nello standard ISO [16].

Interessanti discussioni sul networking industriale sono infine fornite in [17] e [18] da cui è tratta la tabella di Figura 3.39.

Ulteriore materiale relativo a bus di campo e alle reti industriali è reperibile nei siti internet di Fieldbus Foundation [19], Can in Automation [20] e Profibus Users Organization [21].

[1] A. S. Tanenbaum, *Reti di calcolatori*, 4^a edizione, ISBN 887192182-8, Prentice Hall, Milano, 2003.

[2] H. Zimmermann, "OSI reference model - The ISO model of architectures for open systems interconnection", *IEEE transactions on communication*, 28(4), New York, USA, 1980.

[3] Standard ISO/IEC 7498-1, *Information technology - Open Systems Interconnection - Basic reference model: the basic model*, ISO, Ginevra, 1994.

[4] G. Magnani, G. Ferretti, P. Rocco *Tecnologie dei sistemi di controllo*, 2^a edizione, ISBN 9788838663215, McGraw Hill Italia, Milano, 2007.

[5] P. Chiacchio, F. Basile, *Tecnologie informatiche per l'automazione*, ISBN 883866147-2, McGraw Hill Italia, Milano, 2004.

[6] J. W. S. Liu, *Real-time systems*, ISBN 013099651-3, Prentice Hall, Upple Saddle River, 2000.

[7] N.P. Mahalik, *Fieldbus technology : industrial network standards for real-time distributed control*, ISBN 354040183-0, Springer, Berlin, 2003.

[8] S. Cavalieri, "Foundation Fieldbus: history and features", *The Industrial Communication Technology Handbook*, ISBN 0-8493-3077-7, CRC Press, Boca Raton, 2005.

[9] Standard IEC 61158-1, *Digital data communications for measurement and control - Fieldbus for use in industrial control systems - Part 1: Overview and guidance for the IEC 61158 series*, IEC, Ginevra, 2003.

[10] Standard IEC 61158-2, *Digital data communications for measurement and control - Fieldbus for use in industrial control systems - Part 2: Physical layer specification and service definition*, IEC, Ginevra, 2003.

[11] Standard IEC 61158-3, *Digital data communications for measurement and control - Fieldbus for use in industrial control systems - Part 3: Data link service definition*, IEC, Ginevra, 2003.

[12] Standard IEC 61158-4, *Digital data communications for measurement and control - Fieldbus for use in industrial control systems - Part 4: Data link protocol specification*, IEC, Ginevra, 2003.

[13] Standard IEC 61158-5, *Digital data communications for measurement and control - Fieldbus for use in industrial control systems - Part 5: Application layer service definition*, IEC, Ginevra, 2003.

[14] Standard IEC 61158-6, *Digital data communications for measurement and control - Fieldbus for use in industrial control systems - Part 6: Application layer protocol specification*, IEC, Ginevra, 2003.

[15] K. Etschberger, *Controller Area Network. basics, protocols, chips and applications*, ISBN 300007376-0, IXXAT, Weingarten, 2001.

[16] Standard ISO11898, *High speed controller area network*, ISO, Ginevra, 1990.
[17] AA.VV., *IEEE Control System Magazine - Special issue on networks and control*, 21(1), New York, 2001.
[18] K. Peters, "Una panoramica sul networking industriale", *Automazione e strumentazione*, 53(9), Milano, 2005.
[19] `http://www.Fieldbus.org`
[20] `http://www.can-cia.org`
[21] `http://www.profibus.com`

4

Controllo di variabili analogiche

In questo capitolo viene discusso il problema del controllo di variabili analogiche; sono ricordati inizialmente i concetti base del controllo in retroazione, definendone gli schemi tecnologici e di riferimento. Partendo dallo schema tecnologico si discutono le problematiche fondamentali dell'interfacciamento di un controllore digitale con l'impianto. Successivamente sono illustrate le principali specifiche che devono essere soddisfatte dal sistema di controllo e, sulla base di queste, viene introdotta una classe di controllori a struttura fissa molto usati in ambito industriale: i regolatori PID. Tali regolatori sono dettagliatamente descritti sia nella loro versione tempo continua che nella versione digitale illustrando le principali tecniche realizzative e i principali metodi di tuning. L'ultima parte del capitolo è dedicata alle problematiche implementative del controllore digitale progettato: si mostra come la strutturazione dell'algoritmo influenzi la propagazione degli errori e come occorra intervenire per tenere conto dell'architettura hardware di supporto al controllo. Infine viene presentato e commentato il codice real time di un controllore PID. È importante sottolineare che nella trattazione di questo capitolo si fa riferimento a nozioni di base proprie di un corso di controlli automatici che sono considerate bagaglio culturale del lettore.

4.1 Il loop di controllo

Nel Capitolo 1 abbiamo dettagliatamente illustrato l'architettura di un generico sistema di controllo industriale mostrando la differenze tra il controllo sequenziale di variabili logiche e il controllo di variabili analogiche; in questo capitolo ci focalizzeremo su quest'ultimo.

Con il termine **controllo automatico** di un sistema si intende la manipolazione automatica di un processo per ottenere un funzionamento desiderato; tale funzionamento desiderato è di norma rappresentato mediante dei vincoli sull'andamento temporale di alcune variabili del processo. Tali variabili, dette **variabili controllate**, devono evolvere seguendo particolari andamenti temporali assegnati a priori (**segnali di riferimento**) soddisfacendo un insieme di requisiti pre-determinati (**specifiche di controllo**); quando i segnali di riferimento sono costanti nel tempo si parla di **problema di regolazione** mentre, se i segnali di

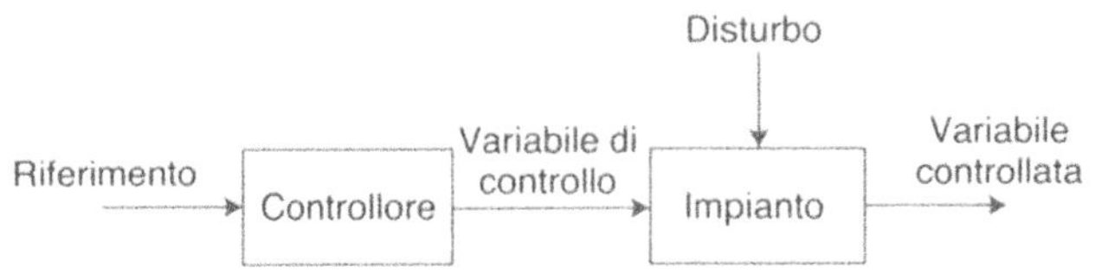

Figura 4.1 Schema di controllo in catena aperta.

riferimento sono variabili nel tempo, si parla di **problema di inseguimento**. Ovviamente, per risolvere il problema appena introdotto, occorre interfacciarsi con il processo applicando opportuni ingressi che condizionino le variabili controllate; tali variabili manipolabili sono dette **variabili di controllo**.

L'**impianto** è il processo su cui si deve agire per forzarne l'evoluzione; tale sistema si suppone noto e descritto mediante un modello (logico/matematico). Purtroppo, nella realtà, la conoscenza dell'impianto è limitata in quanto la sua evoluzione dipende anche da un insieme di fattori che non sono nè manipolabili nè noti con certezza; tale insieme, noto come **incertezza sul sistema**, rappresenta lo scostamento del sistema dalle condizioni attese (**condizioni nominali**) dovuto alla scarsa conoscenza del processo (**incertezza di modello**) e a segnali esogeni che agiscono su di esso (**disturbi**). Di norma, nelle applicazioni reali, l'incertezza è nota nel suo caso peggiore e le specifiche di controllo devono essere soddisfatte in questa situazione.

L'andamento delle variabili di controllo viene calcolato da un sistema detto **controllore**; tale sistema deve, istante per istante, decidere l'azione di controllo da applicare al processo per fare in modo che le variabili controllate siano sufficientemente prossime ai segnali di riferimento così da soddisfare le specifiche di controllo.

Nella realtà a tale obiettivo occorre affiancare quello di rendere sufficientemente moderate le variabili di controllo; la motivazione dietro a questo ulteriore vincolo è semplice da intuire se si pensa che tali azioni di controllo dovranno essere attuate da sistemi caratterizzati da limitazioni fisiche (attuatori).

Se il controllore basa il calcolo delle variabili di controllo sulla sola conoscenza del processo e dei segnali di riferimento, si parla di controllore in **catena aperta** (Figura 4.1); se invece il controllore è a conoscenza dell'evoluzione dell'impianto tramite opportune **variabili misurate** (a loro volta influenzate dalle variabili di controllo) e basa anche su di esse il calcolo dell'azione di controllo, si parla di controllore in **catena chiusa** o in **retroazione** (Figura 4.2).

Un caso particolare, ma di uso comune, di controllo in retroazione è quello in cui variabili misurate e variabili controllate coincidano. In questo caso è possibile definire l'**errore di controllo** come la differenza tra segnali di riferimento e variabili controllate; il regolatore in retroazione, come illustrato in Figura 4.3 baserà il calcolo delle variabili di controllo direttamente sull'errore.

È bene sottolineare che, nel caso in cui l'incertezza di modello e i disturbi possano essere trascurati, uno schema di controllo in catena aperta potrebbe be-

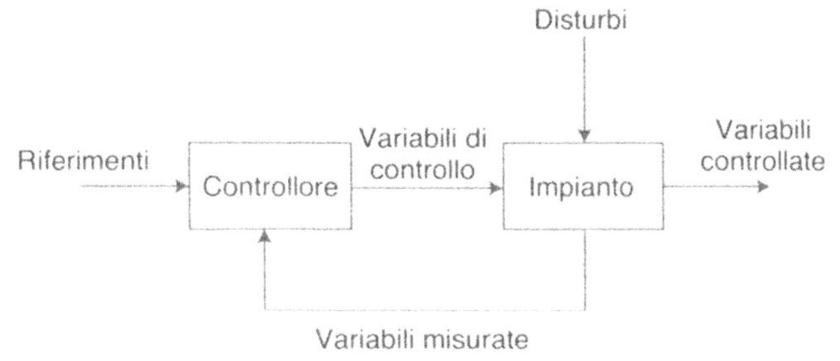

Figura 4.2 Schema di controllo in retroazione.

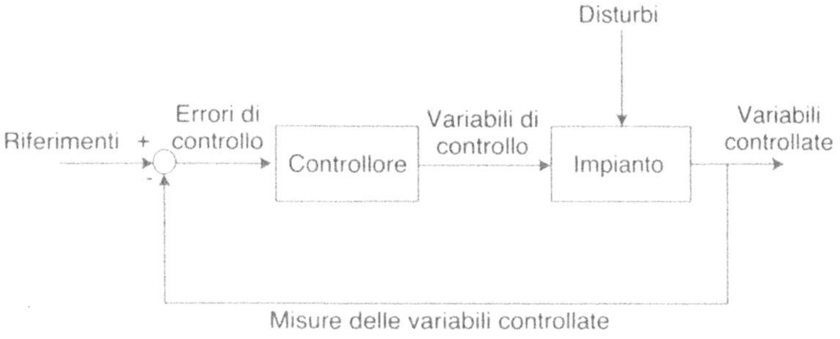

Figura 4.3 Schema di controllo in retroazione con misura delle variabili controllate.

nissimo soddisfare tutte le specifiche di controllo sopra descritte; basti pensare a un semplice sistema meccanico in cui tutti i parametri meccanici sono noti con precisione: il modello di questo sistema può essere utilizzato, invertendolo, per calcolare la forza da applicare affinché compia un movimento desiderato.[1] Nel caso in cui occorra considerare incertezze sul processo (per esempio una massa non nota con precisione) o l'effetto di disturbi esogeni (per esempio l'effetto di una forza d'attrito), il controllo in catena aperta non è in grado di contrastarne gli effetti; al contrario, un sistema di controllo in retroazione, misurando gli effetti dell'incertezza mediante le variabili misurate, è in grado di reagire di conseguenza ottenendo performance nettamente migliori rispetto al controllore in catena aperta. Dato che nella realtà non è mai possibile trascurare disturbi e incertezze, nel seguito faremo riferimento sempre a schemi di controllo in retroazione. Nel caso in cui il controllore calcoli le variabili di controllo all'istante attuale $\bar{t}$ basandosi solo sulle informazioni a disposizione nello stesso istante (valore del riferimento

[1]Nel Capitolo 5 questa tipologia di progetto verrà utilizzata per calcolare le cosiddette azioni in avanti di un sistema di controllo per assi elettrici.

e delle variabili misurabili all'istante $\bar{t}$) si parla di **controllore statico**; viceversa, se il calcolo dell'azione di controllo è basato anche sulla storia passata (valore dei segnali di riferimento e delle variabili misurabili per $0 \leq t \leq \bar{t}$) si parla di **controllore dinamico**. Tipicamente i controllori sono **modulanti** nel senso che le variabili di controllo variano con continuità nel tempo; in realtà, in ambito industriale, sono molto usati i cosiddetti **controllori a relè** o **discontinui** in cui la variabile di controllo assume un insieme finito di valori tra i quali commuta quando lo scostamento tra variabili controllate e segnali di riferimento supera opportune soglie.

Il controllore, fin qui rappresentato come un'entità astratta, è anche esso un sistema fisico che elabora le informazioni a disposizione per calcolare il valore attuale dell'azione di controllo. Le prime realizzazioni tecnologiche dei controllori (risalenti agli inizi del XX secolo) erano di tipo meccanico, ovvero le leggi della fisica venivano utilizzate per fare in modo che il sistema reagisse opportunamente a certe sollecitazioni (nel Capitolo 1 abbiamo citato come esempio il regolatore meccanico di Watt).

In seguito si diffusero le implementazioni idrauliche o pneumatiche dei controllori: la funzione del controllore era realizzata progettando opportunamente dei circuiti in cui fluiva olio o aria compressa; le variabili con cui il controllore eseguiva le proprie elaborazioni erano portata e pressione dei fluidi. Tali controllori erano dotati di sufficiente flessibilità e potevano realizzare anche funzioni complesse; tuttavia costo e ingombro rendevano tali realizzazioni svantaggiose. Per questo motivo, grazie anche agli sviluppi dell'elettrotecnica e dell'elettronica, le realizzazioni dei controllori di tipo elettrico e, in seguito, elettronico ebbero ampia diffusione con notevole risparmio in termini di costi e di ingombro e notevole aumento della flessibilità del sistema.

Attualmente il controllore è realizzato mediante microprocessori dedicati che eseguono particolari algoritmi; è chiaro quindi che tali sistemi sono dotati di una grande capacità di calcolo (permettendo quindi l'implementazione di funzioni sempre più complesse) e di una grande flessibilità (cambiare la funzione di controllo significa semplicemente cambiare il programma di calcolo da eseguire). Occorre tuttavia sottolineare che l'elaborazione di variabili analogiche mediante segnali digitali ha introdotto nel sistema di controllo una serie di ulteriori approssimazioni dovute alla conversione dei segnali analogici in digitali e viceversa; tali approssimazioni hanno aggiunto delle complicazioni nell'analisi e nel progetto dei sistemi di controllo. Inoltre l'implementazione digitale del controllore implica che questo lavori a basse potenze e che quindi il segnale di controllo debba essere amplificato opportunamente prima di essere applicato al processo.

Nel seguito di questo capitolo illustreremo lo schema tecnologico di un sistema di controllo in retroazione, mettendo in evidenza le caratteristiche dei segnali in gioco e le difficoltà che nascono a causa della coesistenza di segnali digitali e analogici. Una volta definite le specifiche di controllo passeremo a illustrare una classe di controllori particolarmente utilizzati in ambito industriale: i regolatori PID. Descriveremo la struttura di tali controllori e illustreremo alcune tecniche di tuning; infine termineremo mostrando l'implementazione software di tali regolatori.

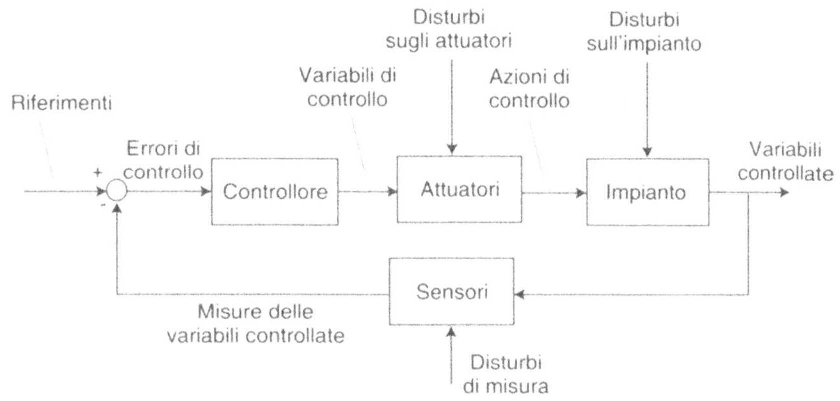

Figura 4.4 Schema tecnologico di un sistema di controllo in retroazione.

4.1.1 Schemi tecnologici e di riferimento

In Figura 4.4 è rappresentato lo schema tecnologico di un sistema di controllo in retroazione in cui la variabile controllata sia anche misurabile. Si noti come l'azione di controllo calcolata dal controllore debba essere elaborata ulteriormente da un sistema detto **attuatore** prima di giungere in ingresso all'impianto. Compito dell'attuatore è quello di rendere il segnale di controllo compatibile con l'ingresso del processo sia per quanto riguarda il dominio fisico, sia per quanto riguarda la potenza: l'attuatore converte un segnale informativo a bassa potenza (segnale di controllo) in un segnale ad alta potenza. Ovviamente lo stesso attuatore può essere soggetto a dei disturbi esogeni: generalmente tali disturbi agiscono alle stesse frequenze dei disturbi sull'impianto; dato che impianto e attuatori sono sistemi con un comportamento frequenziale di tipo passa-basso, i disturbi che agiscono su di essi sono tipicamente a frequenze comparabili con quelle di lavoro.

Le variabili controllate sono misurate mediante dei **sensori**, ovvero dei sistemi che convertono una grandezza fisica in un segnale a bassa potenza (segnale informativo) dello stesso dominio fisico del controllore (quindi in un segnale elettrico). Anche il sensore può essere disturbato da segnali esogeni dovuti, per esempio, a fenomeni di interferenza elettromagnetica; tali segnali, detti **rumori di misura**, sono tipicamente a frequenze molto maggiori rispetto a quelle di lavoro.

Come detto in precedenza, il controllore è in realtà implementato mediante un sistema di elaborazione digitale; nello schema di controllo coesistono pertanto segnali analogici (propri dell'impianto, dell'attuatore e del sensore) con segnali digitali (propri del controllore). In Figura 4.5 è rappresentato lo schema tecnologico di un sistema di controllo in retroazione con controllore digitale. Si noti come il controllore contenga anche le interfacce tra i due tipi di segnale: un **convertitore analogico/digitale** (A/D) e un **convertitore digitale/analogico** (D/A). Tali convertitori sono sincronizzati con il controllore stesso mediante un segnale di

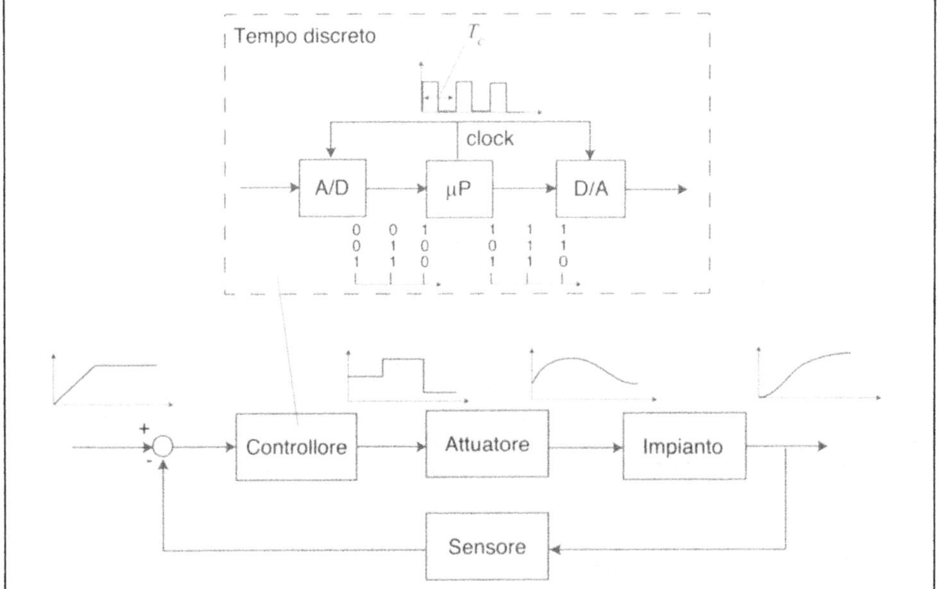

Figura 4.5 Schema tecnologico di un sistema di controllo digitale in retroazione.

clock di periodo T_c detto **periodo di campionamento**. I segnali analogici variano con continuità nel tempo e pertanto sono anche detti **segnali a tempo continuo**. L'evoluzione del controllore digitale avviene, invece, a istanti discreti (distanziati da un tempo T_c); i segnali digitali che elabora sono pertanto detti **segnali a tempo discreto**.

Il primo problema che si incontra in un sistema di controllo digitale è quello di rappresentare un segnale analogico con un segnale digitale. Un segnale analogico (Figura 4.6a) varia con continuità sia nella dimensione del tempo che in quella dell'ampiezza. Un segnale digitale è invece rappresentato da n bit, ovvero da n cifre binarie e pertanto può solo descrivere un numero di livelli discreti pari a 2^n; in altre parole la **risoluzione** di un segnale digitale (ovvero il rapporto tra il range di tale segnale e il numero di livelli discreti) è finito. Dato che per rappresentare un segnale analogico (che ha una risoluzione infinita) ci vorrebbero infiniti bit, tali segnali, prima di essere convertiti in segnali digitali, vengono quantizzati. Un **segnale quantizzato** (Figura 4.6b) può assumere valori solo in un insieme numerabile; la minima variazione rappresentabile del segnale è detta **livello di quantizzazione** q. Una volta quantizzato, il segnale può essere convertito in digitale semplicemente campionandolo con periodo T_c ovvero considerandone il valore solo a istanti di tempo $t = kT_c$ ($k = 0, 1, \ldots$); si noti che, essendo il segnale sia campionato che quantizzato, per rappresentarlo saranno sufficienti un numero n di bit che dipende dal range di variazione del segnale Δ e dal livello di quantizzazione q ($n = \log_2 \Delta/q$). Un **segnale digitale** (Figura 4.6c) è pertanto un segnale quantizzato che varia a istanti discreti del tempo (equispaziati dal pe-

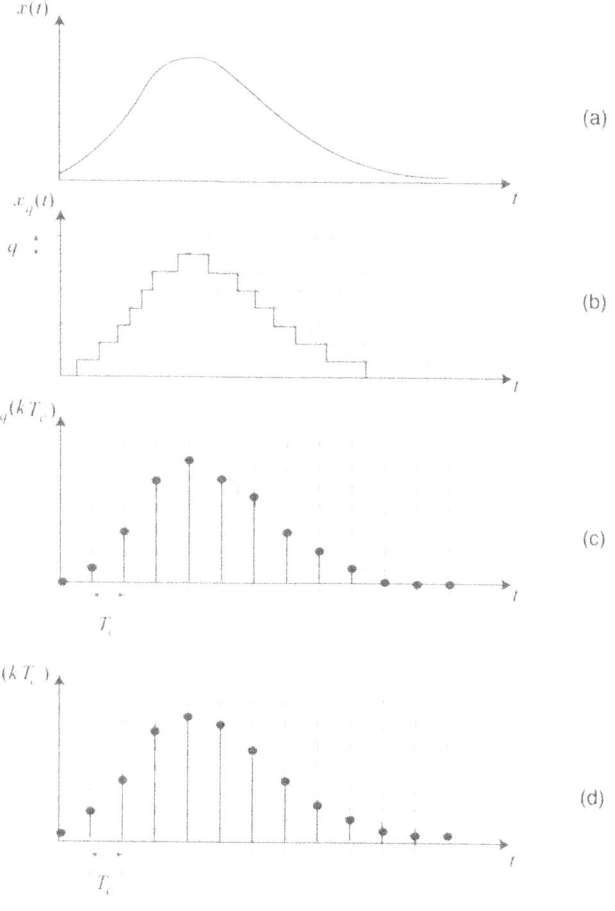

Figura 4.6 Digitalizzazione e campionamento di un segnale analogico: segnale analogico (a), quantizzato (b), digitale (c), campionato (d).

riodo di campionamento). Nel caso in cui l'ampiezza del segnale possa variare con continuità, ma a istanti discreti del tempo, si parla di **segnale campionato** (Figura 4.6d).

Le operazioni appena descritte vengono realizzate dal convertitore A/D (Figura 4.7a) il quale riceve in ingresso un segnale analogico $x(t)$, lo quantizza e lo campiona con periodo T_c, restituendo in uscita la sequenza di valori $x_q(kT_c)$ opportunamente codificati mediante una sequenza di bit. La conversione inversa, realizzata dal convertitore D/A e raffigurata in Figura 4.7b, implica la ricostruzione di un segnale analogico $x_r(t)$ partendo dalla sequenza dei suoi campioni. La tecnica di ricostruzione più usata nella pratica (e alla quale si fa riferimento in Figura 4.7b) è quella realizzata mediante il **ricostruttore di ordine zero** (Ze-

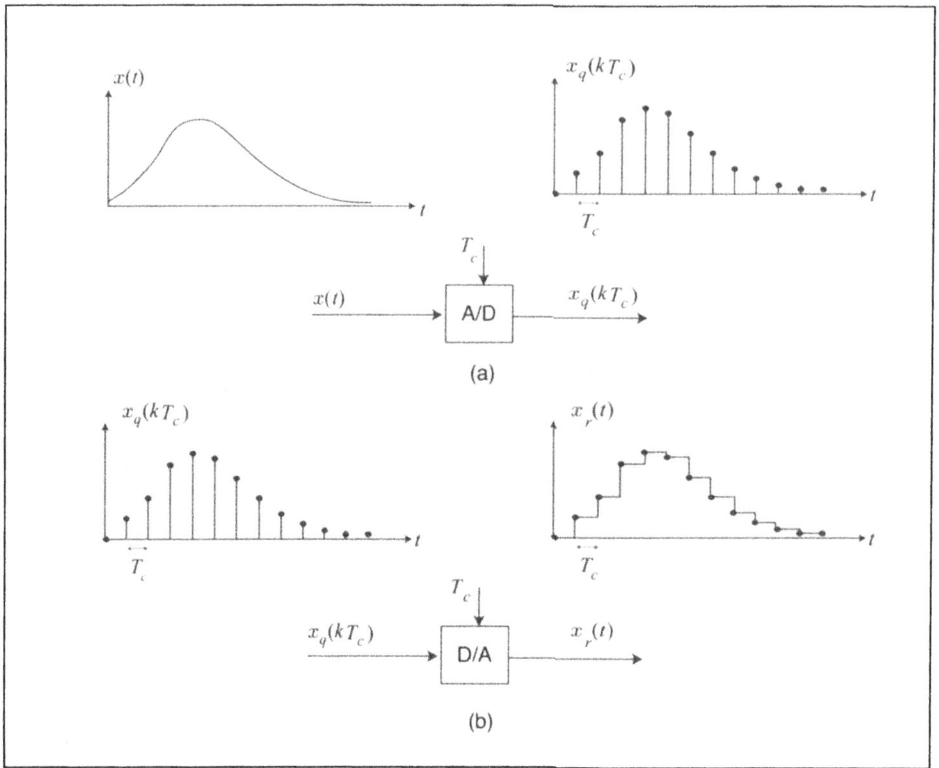

Figura 4.7 Convertitore A/D (a) e D/A (b).

ro Order Hold, ZOH) che mantiene in uscita per $kT_c \leq t \leq (k+1)T_c$ il valore numerico ricevuto in ingresso all'istante $t = kT_c$.

I vantaggi dell'utilizzo di un controllore digitale rispetto a una realizzazione analogica sono una maggiore capacità e precisione di elaborazione, una grande flessibilità e una maggiore sensibilità e trasmissibilità dovuta all'informazione digitale la cui codifica risulta strutturalmente più robusta per la trasmissione rispetto ai segnali analogici.

La realizzazione digitale presenta tuttavia anche degli svantaggi causati dalle approssimazioni introdotte da quantizzazione, campionamento e ricostruzione, che rendono più difficile l'analisi e il progetto del controllore e che saranno oggetto di discussione nel prossimo paragrafo.

4.1.2 Quantizzazione, campionamento e ricostruzione

In un anello di controllo digitale sorgono dei problemi derivanti dalle approssimazioni introdotte nel processo di conversione analogico/digitale e digitale/analogico. Di seguito illustreremo brevemente tali problemi fornendo alcune linee guida per il contenimento degli effetti a essi dovuti.

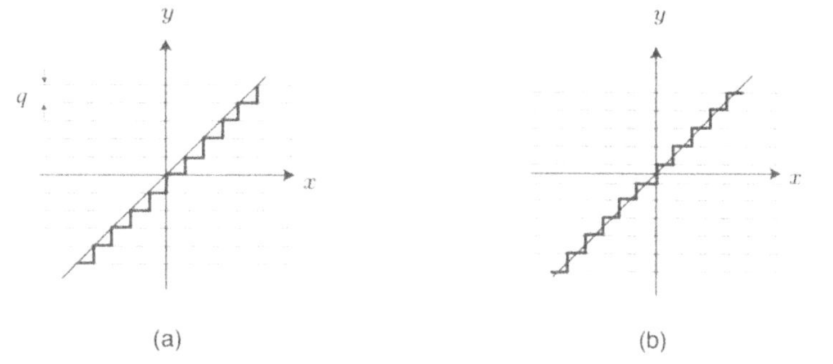

Figura 4.8 Quantizzazione per troncamento (a) e per arrotondamento (b).

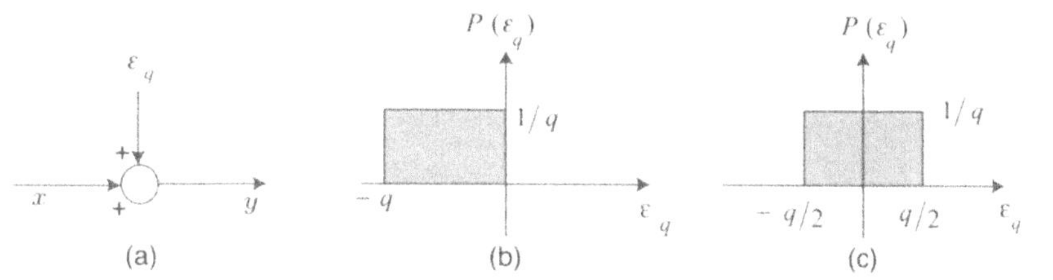

Figura 4.9 Quantizzazione: modello matematico dell'effetto della quantizzazione (a), densità di probabilità del rumore di quantizzazione nel caso di troncamento (b) e nel caso di arrotondamento (c).

Come abbiamo appena visto, la prima operazione eseguita dal convertitore A/D è una quantizzazione del segnale analogico; a causa della quantizzazione risultano non distinguibili due campioni analogici che differiscono tra loro di una quantità inferiore al livello di quantizzazione usato (il cosiddetto **zero macchina**). Le caratteristiche di quantizzazione più usate sono raffigurate in Figura 4.8: la quantizzazione può avvenire per troncamento (Figura 4.8a) o per arrotondamento (Figura 4.8b).

In entrambi i casi l'effetto della quantizzazione può essere descritto da un rumore bianco additivo ε_q uniformemente distribuito con densità di probabilità $P(\varepsilon_q)$ costante e pari a $1/q$; nel caso di troncamento $\varepsilon_q \in [-q; 0]$ mentre nel caso di arrotondamento $\varepsilon_q \in [-q/2; q/2]$ (Figura 4.9). Nel caso di troncamento il rumore di quantizzazione è caratterizzato da valor medio $\bar{\varepsilon}_q$ e varianza σ_q^2 rispettivamente pari a:

$$\begin{aligned}
\bar{\varepsilon}_q &= -\frac{q}{2} \\
\sigma_q^2 &= \overline{\varepsilon_q^2} - \bar{\varepsilon}_q^2 = \int_{-q}^{0} \varepsilon_q^2 P(\varepsilon_q) d\varepsilon_q - \bar{\varepsilon}_q^2 = \frac{1}{q}\int_{-q}^{0} \varepsilon_q^2 d\varepsilon_q - \frac{q^2}{4} = \frac{q^2}{12} \,.
\end{aligned}$$

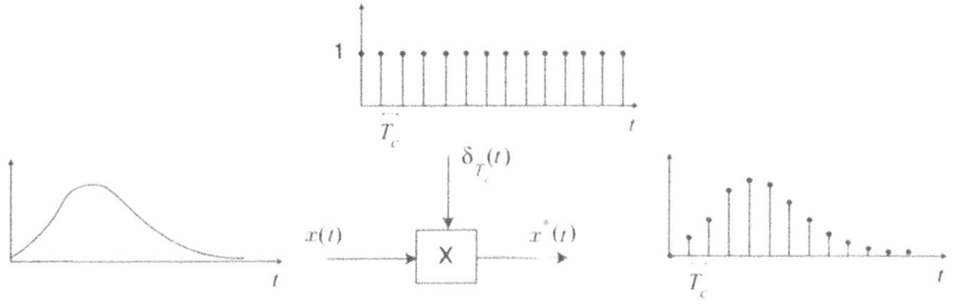

Figura 4.10 Campionamento a impulsi di un segnale $x(t)$.

Se la quantizzazione avviene per arrotondamento, il rumore additivo è caratterizzato da valor medio e varianza rispettivamente pari a:

$$\begin{aligned}\bar{\varepsilon}_q &= 0\\ \sigma_q^2 &= \overline{\varepsilon_q^2} - \bar{\varepsilon}_q^2 = \int_{-q/2}^{q/2} \varepsilon_q^2 P(\varepsilon_q) d\varepsilon_q - \bar{\varepsilon}_q^2 = \frac{1}{q}\int_{-q/2}^{q/2} \varepsilon_q^2 d\varepsilon_q = \frac{q^2}{12} \,.\end{aligned}$$

Il segnale quantizzato viene poi campionato in modo da ottenere un segnale digitale. È importante sottolineare che l'effetto del campionamento è indipendente dalla natura quantizzata o meno del segnale; nel seguito, pertanto, considereremo il problema del campionamento di un generico segnale analogico.

Il processo di campionamento realizzato dal convertitore A/D (Figura 4.10) può essere schematizzato come il prodotto del segnale $x(t)$ con un treno di impulsi di Dirac $\delta_{T_c}(t)$ equidistanziati nel tempo dal periodo di campionamento T_c:

$$\delta_{T_c}(t) = \sum_{k=0}^{\infty} \delta(t - kT_c) \;;$$

la funzione $\delta_{T_c}(t)$ è ovviamente una funzione continua nel tempo e periodica. In questo caso si parla di **campionamento a impulsi** in quanto gli impulsi vengono modulati in ampiezza dai campioni $x(kT_c)$ dando origine al segnale $x^\star(t)$

$$x^\star(t) = x(t)\delta_{T_c}(t) \;;$$

si noti come il segnale $x^\star(t)$ sia la rappresentazione tempo continua di un segnale digitale essendo stata ottenuta mediante la composizione di due segnali tempo continui ($x(t)$ e $\delta_{T_c}(t)$).

È semplice, partendo dall'andamento spettrale $X(j\omega)$ del segnale $x(t)$ e dallo sviluppo in serie di Fourier del segnale $\delta_{T_c}(t)$, ricavare l'andamento spettrale $X^\star(j\omega)$ del segnale campionato $x^\star(t)$:

$$X^\star(j\omega) = \frac{1}{T_c} \sum_{n=-\infty}^{\infty} X(j\omega - jn\omega_c)$$

dove $\omega_c = 2\pi/T_c$ è la **pulsazione di campionamento**. Lo spettro $X^\star(j\omega)$ ha pertanto un andamento periodico in cui le componenti sono distanziate di una pulsazione pari a ω_c; la componente $|X(j\omega)|/T_c$ (ottenuta per $n = 0$) è detta **componente primaria**, mentre tutte le altre componenti $|X(j\omega - jn\omega_c)|/T_c$ ($n \neq 0$) sono chiamate **componenti complementari**. Per comprendere bene il processo di campionamento consideriamo un segnale $x(t)$ dotato di spettro limitato in frequenza come quello in Figura 4.11a: il segnale $x(t)$ ha componenti spettrali a pulsazioni $-\omega_\mathrm{M} \leq \omega \leq \omega_\mathrm{M}$. Campionando il segnale $x(t)$ con periodo T_c si ottiene un andamento spettrale del segnale campionato come quello in Figura 4.11b. Si noti come la condizione

$$\omega_c > 2\omega_M \Rightarrow T_c < \frac{\pi}{\omega_M}$$

permetta di mantenere separata la componente primaria da quelle complementari. Se tale condizione, nota come **teorema del campionamento di Shannon**, è verificata, la ricostruzione del segnale $x(t)$ (ovvero l'operazione realizzata dal convertitore D/A) può avvenire mediante un filtraggio in grado di isolare la sola componente primaria (Figura 4.11c e 4.11d), ovvero con un **filtro ricostruttore ideale** il cui andamento frequenziale sia definito da

$$G_\mathrm{R}(j\omega) = \begin{cases} T_c & -\dfrac{\omega_c}{2} \leq \omega \leq \dfrac{\omega_c}{2} \\ 0 & \text{altrove} \end{cases} .$$

Si può dimostrare che il filtro $G_\mathrm{R}(j\omega)$ non è fisicamente realizzabile in quanto non causale[2]; tuttavia, come vedremo a breve, il ricostruttore ZOH approssima in frequenza il filtro ricostruttore ideale.

In Figura 4.12 è rappresentata in frequenza l'operazione di campionamento e ricostruzione di un segnale $x(t)$ quando il teorema di Shannon non è verificato. Si noti come le componenti secondarie siano sovrapposte a quella principale impedendo quindi una corretta ricostruzione del segnale; tale fenomeno è noto come **aliasing**. È importante sottolineare che finora abbiamo considerato segnali $x(t)$ a spettro limitato. Questa ipotesi non può mai essere verificata in realtà; basti pensare al fatto che il controllore digitale elabora delle misure che risultano corrotte da un rumore di misura in alta frequenza. Per questo motivo la pulsazione ω_M viene definita come la massima pulsazione a cui il segnale presenta contenuto informativo (tutte le componenti a pulsazioni superiori ad ω_M sono considerate rumore). Rispettando in questo caso il teorema di Shannon si riscontra comunque sovrapposizione frequenziale e quindi aliasing; per evitare questo inconveniente è necessario introdurre nell'anello di controllo dei filtri analogici e/o digitali, detti **filtri antialiasing**, che eliminino le componenti rumorose ad alta frequenza del segnale da campionare.

[2]Mediante l'operazione di antitrasformata di Fourier, si può osservare che la risposta impulsiva del filtro ideale è tale da richiedere tutti i campioni passati e futuri per ricostruire il segnale $x(t)$.

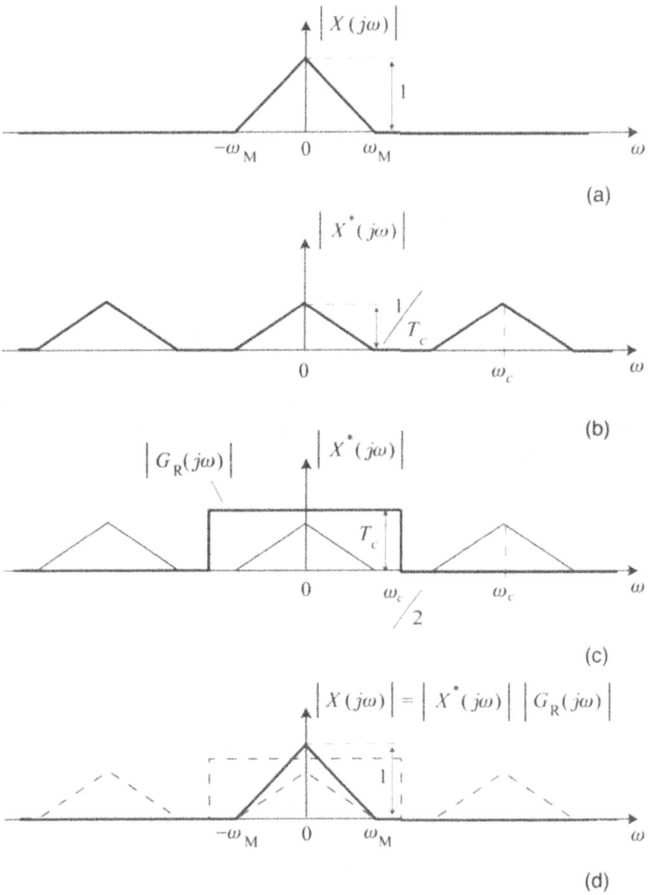

Figura 4.11 Interpretazione frequenziale delle operazioni di campionamento e ricostruzione: il teorema di Shannon.

Consideriamo ora il ricostruttore di ordine zero: la risposta che tale ricostruttore fornisce se stimolato da un impulso unitario è costituita da una funzione costante di ampiezza unitaria non nulla solo all'interno dell'intervallo $t \in [0; T_c]$ (Figura 4.13). Se indichiamo con $h(t)$ la funzione gradino unitario, possiamo scrivere la risposta impulsiva $h_0(t)$ del ricostruttore ZOH come

$$h_0(t) = h(t) - h(t - T_c)$$

ovvero in frequenza

$$H_0(j\omega) = \frac{1}{j\omega} - \frac{e^{-j\omega T_c}}{j\omega} = \frac{1 - e^{-j\omega T_c}}{j\omega}.$$

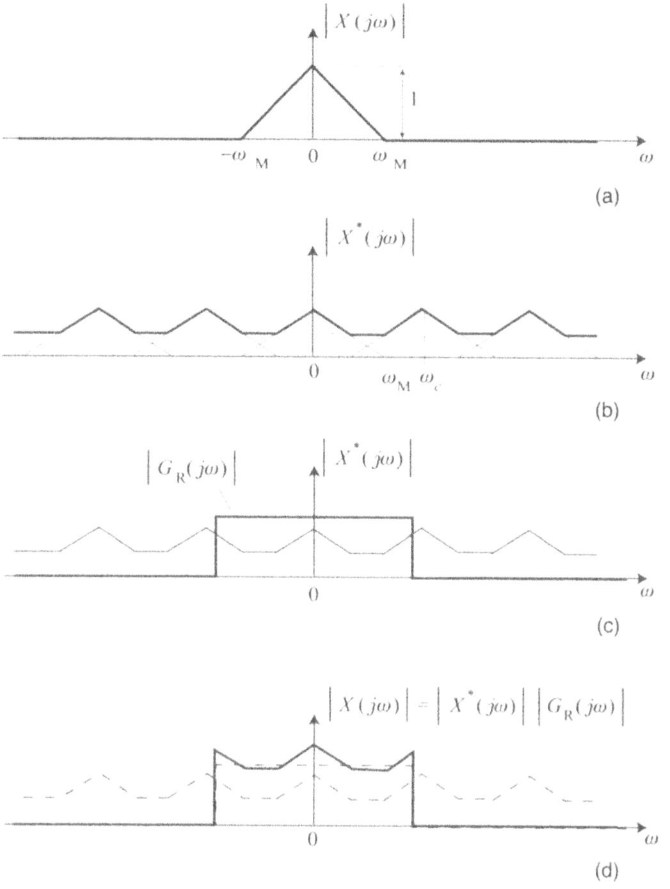

Figura 4.12 Interpretazione frequenziale delle operazioni di campionamento e ricostruzione: il fenomeno dell'aliasing.

Con semplici passaggi matematici si ottiene

$$H_0(j\omega) = T\frac{\sin(\omega T_c/2)}{\omega T_c/2}e^{-j\omega T_c/2} ;$$

la funzione di risposta armonica del ricostruttore ci dà due preziose informazioni:

1. l'ampiezza dello spettro del ricostruttore ZOH è

$$|H_0(j\omega)| = T\left|\frac{\sin(\omega T_c/2)}{\omega T_c/2}\right| ,$$

quindi, per valori sufficientemente piccoli di $\omega T_c/2$ (ovvero scegliendo T_c sufficientemente piccolo), $|H_0(j\omega)| \approx T_c$ approssimando il ricostruttore ideale;

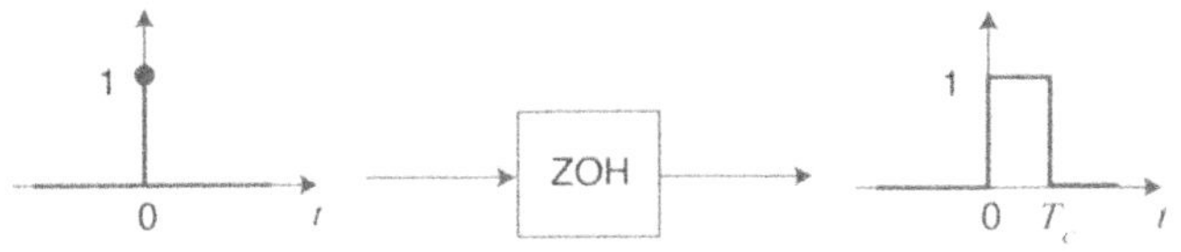

Figura 4.13 Il ricostruttore di ordine zero: risposta impulsiva.

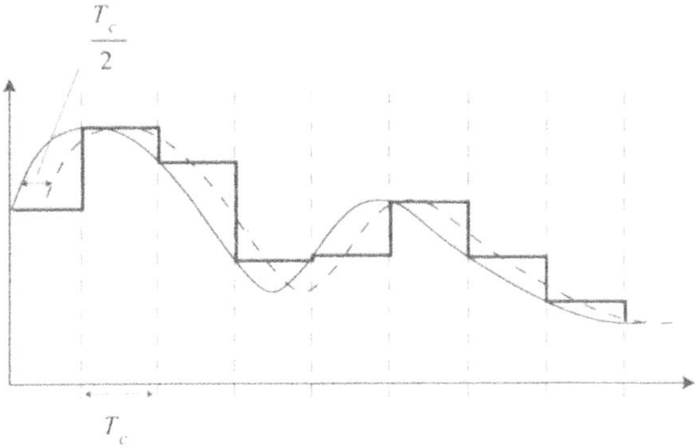

Figura 4.14 Il ricostruttore di ordine zero introduce un ritardo pari a $T_c/2$.

2. il ricostruttore di ordine zero introduce nel loop di controllo un ritardo pari a $T_c/2$ che tende (all'aumentare di T_c) a destabilizzare il sistema[3].

In Figura 4.14 si può notare come l'uscita del ricostruttore di ordine zero (il segnale a gradini) possa essere qualitativamente approssimato dal segnale originale ritardato di $T_c/2$ (curva tratteggiata).

Concludiamo questo paragrafo con alcune considerazioni sulla scelta del periodo di campionamento T_c che, come abbiamo appena visto, influenzerà pesantemente le prestazioni del sistema di controllo. Al crescere di T_c aumenta ovviamente la perdita di informazioni dovuta al campionamento (le componenti spettrali si avvicinano) e aumenta la destabilizzazione del loop (aumenta il ritardo introdotto nel loop dal ricostruttore ZOH); ovviamente, al descrescere del periodo di campionamento, aumenta il costo computazionale dell'algoritmo di controllo richiedendo risorse di calcolo sempre maggiori. La scelta di T_c sarà pertanto un compromesso tra prestazioni e costi: una formula particolarmente utilizzata nella pratica è la seguente

$$\alpha\omega_{\mathrm{M}} \leq \omega_c \leq 10\alpha\omega_{\mathrm{M}}$$

[3]Il ricostruttore introduce nel loop di controllo un ritardo di fase ad ogni frequenza pari a $\omega T_c/2$ limitando di fatto la massima banda passante ammissibile.

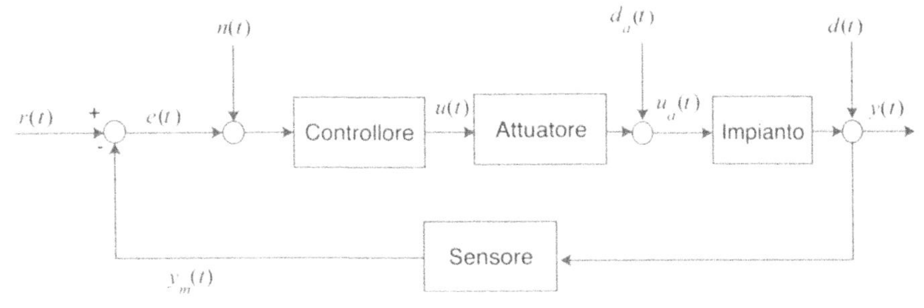

Figura 4.15 Sistema di controllo in retroazione.

ovvero, esplicitando il tempo di campionamento:

$$\frac{\pi}{5\alpha\omega_{\mathrm{M}}} \leq T_c \leq \frac{2\pi}{\alpha\omega_{\mathrm{M}}}$$

dove $\alpha \in [5\,;\,10]$ è un parametro di progetto.

4.2 Specifiche di controllo

I requisiti richiesti a un sistema di controllo riguardano la prontezza di risposta a sollecitazioni, la precisione statica e dinamica e la capacità di reazione a disturbi e rumori. Per semplificare la discussione, in seguito si farà riferimento a sistemi di controllo in retroazione del tipo in Figura 4.15 in cui impianto, controllore, attuatore e sensore possono essere considerati come sistemi lineari e stazionari con un solo ingresso e una sola uscita (single input/single output). Si noti come, grazie all'ipotesi di linearità, tutti i disturbi e i rumori agenti nel sistema possano essere considerati di tipo additivo.

Il primo requisito che occorre soddisfare è la **stabilità asintotica** dell'intero sistema chiuso in retroazione: ovvero si richiede che il sistema risponda con variazioni limitate (rispetto allo stato di quiete) a fronte di sollecitazioni limitate. Se non assicurassimo tale proprietà, la variabile controllata potrebbe divergere a fronte di alcuni segnali di riferimento o disturbi anche di ampiezza limitata o per alcune condizioni iniziali particolari. Tale proprietà deve ovviamente essere garantita sia in condizioni nominali che in condizioni di incertezza, tenendo cioè conto delle incertezze sul processo.

Una volta garantita la stabilità del sistema, occorre soddisfare prestazioni statiche e dinamiche a seguito di sollecitazioni dovute a segnali di riferimento e disturbi. Il comportamento di un sistema dinamico stabile, a partire da certe condizioni iniziali (tipicamente di quiete), in risposta a sollecitazioni esterne può essere distinto in una fase di evoluzione transitoria, di durata limitata, e una fase a regime che viene raggiunta per tempi sufficientemente elevati. Generalmente si tendono

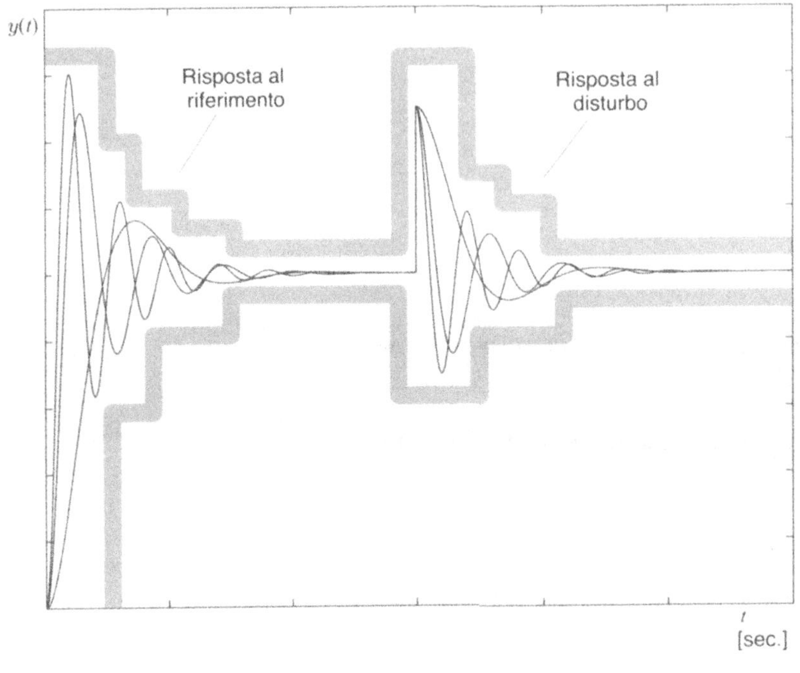

Figura 4.16 Specifiche statiche e dinamiche sulla risposta al gradino del sistema chiuso in retroazione in presenza di disturbi.

a distinguere i requisiti richiesti durante il transitorio iniziale dai requisiti a transitorio esaurito; nel primo caso si parla di **specifiche dinamiche**, nel secondo caso di **specifiche statiche**. Sia le specifiche statiche che quelle dinamiche vengono fornite in termini di risposte a sollecitazioni esterne canoniche (tipicamente gradini, rampe, parabole e segnali sinusoidali). Fornire delle specifiche di controllo significa in definitiva definire una zona ammissibile per la risposta del sistema a riferimenti e disturbi standard (Figura 4.16).

Generalmente con specifiche statiche si intende lo scostamento della variabile controllata dal segnale di riferimento per $t \to \infty$; ovvero le specifiche statiche sono relative al valore desiderato per l'errore di controllo, per $t \to \infty$, in presenza di segnali di riferimento e/o disturbi di tipo canonico. In altre parole, definendo l'errore di controllo $e(t)$:

$$e(t) = r(t) - y_m(t) ,$$

si richiede che l'**errore a regime** e_∞, in seguito a particolari andamenti canonici del riferimento $r(t)$, dei disturbi $d(t)$ e $d_a(t)$ e del rumore di misura $n(t)$, sia minore di un determinato valore $e_{\max}$:

$$e_\infty = \lim_{t \to \infty} e(t) = \lim_{t \to \infty} (r(t) - y_m(t)) \leq e_{\max} .$$

Ovviamente il vincolo sull'errore a regime deve essere soddisfatto sia in condizioni nominali che in condizioni di incertezza.

Solitamente le specifiche che il sistema in retroazione deve garantire in transitorio sono riferite alla sua risposta a un riferimento a gradino di ampiezza unitaria; le caratteristiche di tale risposta possono essere riassunte nelle seguenti grandezze:

- **tempo di salita** T_s, ovvero il tempo impiegato dall'uscita $y(t)$ per passare dal 10% al 90% del valore finale y_∞;
- **tempo di assestamento** T_a, ovvero il tempo oltre il quale l'uscita $y(t)$ si discosta meno del 5% rispetto al valore finale y_∞;
- **massima sovraelongazione** S, ovvero il valore del massimo scostamento dell'uscita $y(t)$ rispetto al valore di regime y_∞:

$$S = \frac{y(T_m) - y_\infty}{y_\infty} ;$$

- **istante di massima sovraelongazione** T_m, ovvero l'istante di tempo in cui si ha la massima sovraelongazione.

In Figura 4.17 le grandezze appena introdotte sono identificate sul diagramma temporale della risposta al gradino di un generico sistema.[4] Fornire delle specifiche di controllo dinamiche significa fornire dei limiti, tipicamente superiori, a sovraelongazione, tempo di assestamento e tempo di salita, che devono essere garantiti nel caso peggiore.

Nella definizione di un sistema di controllo si deve anche tenere presente che la variabile di controllo è fisicamente limitata ed è inutile e dannoso per l'attuatore progettare controllori che richiedano sforzi di controllo non attuabili. Esistono casi in cui, oltre al valore di picco dell'azione di controllo, interessano considerazioni di tipo energetico (legate al consumo o al surriscaldamento di componenti). In tali casi si dovranno porre dei limiti anche al valore efficace $\int u^2(t)dt$ dello sforzo di controllo, proporzionale all'energia spesa dall'attuatore.

È infine interessante sottolineare il fatto che, nel caso di sistemi di controllo lineari e stazionari single input/single output, tutte le specifiche appena elencate possono essere riformulate in termini di caratteristiche della funzione di risposta armonica dell'impianto e del controllore stesso; tale argomento esula tuttavia dalla presente trattazione e si rimanda pertanto il lettore interessato alla bibliografia al termine del capitolo per una serie di riferimenti che trattano esaustivamente il problema.

Nel prossimo paragrafo verrà introdotta una classe di regolatori di utilizzo comune in ambito industriale, evidenziando come la loro struttura, assieme a semplici regole di tuning, permettano di rispettare le specifiche di controllo appena illustrate.

---

[4] In questo caso si tratta di un sistema del secondo ordine, ovvero un sistema in cui l'ingresso influenza algebricamente la derivata seconda dell'uscita.

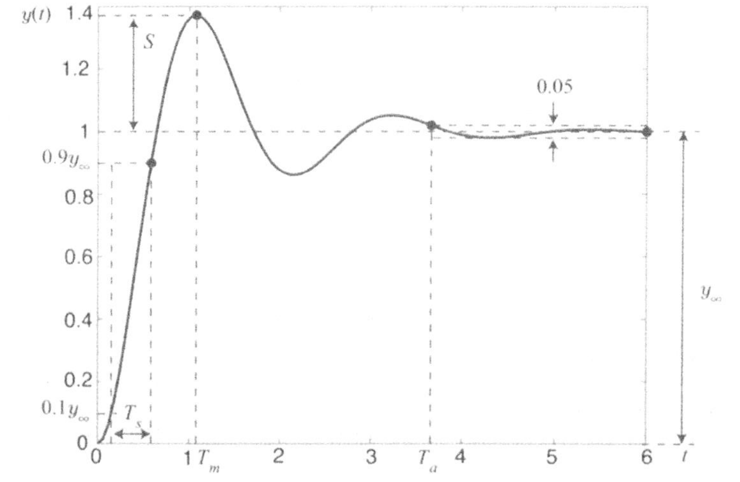

Figura 4.17 Grandezze caratteristiche della risposta al gradino.

4.3 Controllori industriali: il regolatore Proporzionale Integrale Derivativo

Nella pratica industriale si utilizzano molto spesso regolatori a struttura fissa in cui sia possibile modificare il valore di alcuni parametri per ottenere le prestazioni desiderate. È questo il caso del regolatore **Proporzionale, Integrale e Derivativo** (PID): semplicità di uso ed efficacia nella gran parte delle applicazioni di controllo di variabili analogiche lo hanno reso di gran lunga il controllore più utilizzato in ambito industriale.

Il controllore PID è un controllore dinamico che, elaborando l'errore di controllo $e(t)$, fornisce un'azione di controllo proporzionale all'errore, al suo integrale e alla sua derivata:

$$u(t) = \underbrace{K_p e(t)}_{\text{(a)}} + \underbrace{\frac{K_p}{T_i}\int_0^t e(\tau)d\tau}_{\text{(b)}} + \underbrace{K_p T_d \frac{de(t)}{dt}}_{\text{(c)}} \; ;$$

il termine (a) è detto **azione proporzionale**, il termine (b) è detto **azione integrale** e il termine (c) è detto **azione derivativa**. I parametri K_p, T_i e T_d sono detti rispettivamente **guadagno proporzionale**, **costante di tempo integrale** e **costante di tempo derivativa**. Di seguito vedremo qualitativamente[5] come, variando i tre

[5] È importante sottolineare che tale analisi può essere condotta in maniera più rigorosa sfruttando le cosiddette funzioni di sensitività.

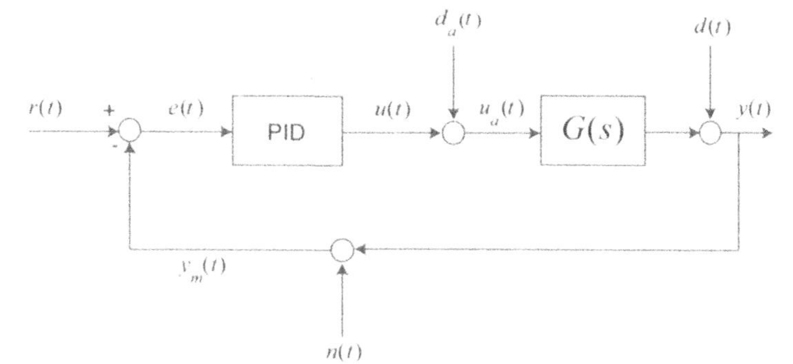

Figura 4.18 Schema di controllo in retroazione mediante PID.

parametri appena introdotti, sia possibile modificare le prestazioni del sistema di controllo; per fare ciò faremo riferimento a uno schema di controllo semplificato come quello di Figura 4.18 in cui sia attuatore che sensore sono considerati ideali (la loro presenza non influenza la dinamica del sistema) e in cui l'impianto è descritto da un modello a funzione di trasferimento $G(s)$.

Supponiamo inizialmente di utilizzare il solo termine proporzionale ($1/T_i = T_d = 0$) cosicché $u(t) = K_p e(t)$ e consideriamo un rumore di misura $n(t)$ nullo; l'errore di controllo, dal punto di vista delle trasformate di Laplace, è dunque dato da:

$$E(s) = \frac{1}{1 + K_p G(s)} (R(s) - D(s)) - \frac{G(s)}{1 + K_p G(s)} D_a(s) .$$

Studiamo inizialmente come il valore di K_p influenzi il valore dell'errore a regime considerando sia il riferimento $r(t)$ che i disturbi $d(t)$ e $d_a(t)$ con andamento a gradino di ampiezza r_0, d_0 e d_{a0} rispettivamente. Utilizzando il teorema del valore finale si ha

$$\begin{aligned} e_\infty &= \lim_{s=0} s \left[\frac{1}{1 + K_p G(s)} (r_0 - d_0) - \frac{G(s)}{1 + K_p G(s)} d_{a0} \right] \frac{1}{s} = \\ &= \frac{1}{1 + K_p \lim\limits_{s=0} G(s)} (r_0 - d_0) - \frac{\lim\limits_{s=0} G(s)}{1 + K_p \lim\limits_{s=0} G(s)} d_{a0} . \end{aligned}$$

Supponendo che l'impianto non abbia un comportamento integrale (ovvero che $G(0) \neq \infty$), al fine di avere un errore a regime basso, il guadagno proporzionale K_p deve essere elevato. È importante notare che l'unico modo per avere errore a regime nullo è che $K_p = \infty$; tale condizione è necessaria anche nel caso in cui $G(0) = \infty$ a causa della presenza del disturbo $d_a(t)$. Ovviamente un guadagno proporzionale infinito ($K_p = \infty$) non è fisicamente implementabile; in seguito sarà chiaro che tale condizione può essere ottenuta solamente affiancando all'azione proporzionale anche l'azione integrale.

Per quanto riguarda le prestazioni del sistema in transitorio, possiamo fare riferimento alla trasformata di Laplace della variabile controllata $y(t)$; in questo caso consideriamo solamente l'influenza del riferimento $r(t)$ e del rumore di misura $n(t)$:

$$Y(s) = \frac{K_p G(s)}{1 + K_p G(s)} (R(s) - N(s)) \ .$$

Il termine proporzionale fornisce un aumento della banda del sistema retroazionato, causando al tempo stesso un aumento della rapidità della risposta e la diminuzione del margine di fase, portando il sistema verso la destabilizzazione. Il valore limite del guadagno proporzionale oltre il quale il sistema diventa instabile è dato dal margine di ampiezza di $G(s)$.

Si noti come riferimento e rumore di misura agiscano sulla variabile controllata allo stesso modo; pertanto il sistema è portato a inseguire un riferimento corrotto dal rumore di misura. Nel caso in cui il valore di K_p imponga una banda passante limitata, il rumore di misura risulta filtrato; al contrario, valori elevati di K_p riducono tale benefico effetto filtrante.

Supponiamo ora di affiancare all'azione proporzionale anche l'azione integrale:

$$u(t) = K_p e(t) + \frac{K_p}{T_i} \int_0^t e(\tau) d\tau \ ;$$

dal punto di vista delle performance statiche, l'introduzione dell'azione integrale può essere vista come l'introduzione di un guadagno proporzionale infinito, garantendo un errore a regime nullo a fronte di riferimento e disturbi a gradino. Infatti, utilizzando nuovamente il teorema del valore finale, il valore a regime dell'errore può essere scritto come

$$e_\infty = \lim_{s=0} s \left[\frac{1}{1 + \left(K_p + \frac{K_p}{T_i s}\right) G(s)} (r_0 - d_0) - \frac{G(s)}{1 + \left(K_p + \frac{K_p}{T_i s}\right) G(s)} d_{a0} \right] \frac{1}{s} \ .$$

Se $G(0) \neq 0$ (condizione tipicamente verificata per un sistema fisico passa-basso), l'introduzione dell'azione integrale permette di ottenere $e_\infty = 0$. In altre parole l'integrazione di un errore costante nel tempo provoca un aumento dell'azione di controllo finché l'errore non si annulla; anche in questo caso l'azione di controllo continua a essere diversa da zero (pari al valore dell'integrale calcolato fino ad allora): tale proprietà è ovviamente impossibile da ottenere con una semplice azione proporzionale.

Per quanto riguarda le prestazioni dinamiche, il termine integrale, introducendo un ritardo di fase nel sistema in retroazione pari a $\pi/2$, tende a destabilizzare il sistema. Tale fenomeno aumenta all'aumentare del termine $1/T_i$, ovvero al diminuire della costante di tempo integrale T_i.

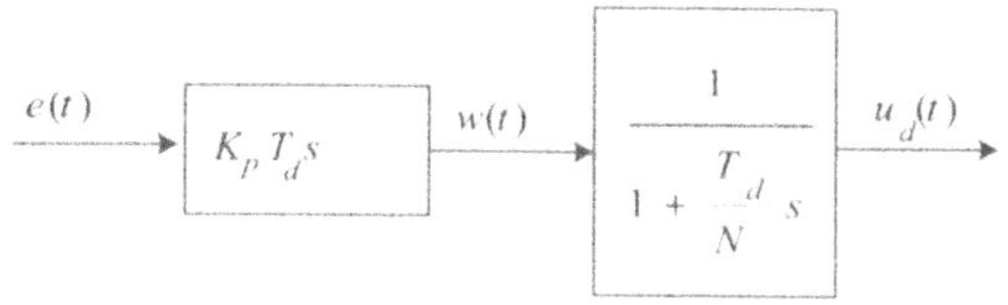

Figura 4.19 Realizzazione causale del termine derivativo.

Si consideri, infine, il solo termine derivativo

$$u(t) = K_p T_d \frac{de(t)}{dt} ;$$

tale azione fornisce un aumento di fase al sistema in retroazione pari a $\pi/2$ e, pertanto, migliora la stabilità del sistema; fisicamente la conoscenza della derivata dell'errore di controllo permette di fornire un'azione anticipativa che tende a frenare il sistema prima che si allontani dal segnale di riferimento.

Il termine derivativo tende tuttavia ad amplificare i segnali ad alta frequenza e, con questi, i disturbi di misura rendendo l'azione di controllo molto nervosa; inoltre, nel caso di riferimenti discontinui (come per esempio il gradino), l'azione derivativa fornisce un contributo teoricamente infinito al segnale di controllo con potenziale danneggiamento dell'attuatore o dell'impianto. È infine importante sottolineare che una derivata pura non è fisicamente realizzabile in quanto rappresenta la conoscenza del segnale nel futuro; per implementare causalmente tale azione si filtra, mediante un filtro passa-basso, il contributo derivativo. La costante di tempo di tale filtro è solitamente definita come T_d/N con $5 \leq N \leq 20$; indicando con $u_d(t)$ il termine derivativo dell'azione di controllo, questo può essere calcolato come

$$U_d(s) = K_p T_d s \frac{1}{1 + \frac{T_d}{N} s} E(s)$$

ovvero (Figura 4.19):

$$\begin{cases} w(t) = K_p T_d \dfrac{de(t)}{dt} \\ \dfrac{T_d}{N} \dfrac{du_d(t)}{dt} + u_d(t) = w(t) \end{cases} \Rightarrow \quad \frac{T_d}{N} \frac{du_d(t)}{dt} + u_d(t) = K_p T_d \frac{de(t)}{dt} .$$

Pertanto l'azione di controllo fornita dal controllore PID, in termini di trasformata di Laplace, è pari a

$$U(s) = \left(K_p + \frac{K_p}{T_i s} + \frac{K_p T_d s}{1 + \frac{T_d}{N} s} \right) E(s) .$$

Tabella 4.1 Relazioni tra i parametri caratteristici di un controllore PID e le specifiche dell'anello di controllo in retroazione.

	Stabilità	e_∞	T_a	S
$K_p \uparrow$	diminuisce	diminuisce	diminuisce	aumenta
$T_i \downarrow$	diminuisce	nullo se $T_i \neq \infty$	diminuisce	aumenta
$T_d \uparrow$	migliora se $Td \neq 0$	non influente	non influente	diminuisce

In Tabella 4.1 sono riassunte le relazioni esistenti tra i parametri caratteristici del controllore PID e le specifiche introdotte nel Paragrafo 4.2.

4.3.1 Implementazione digitale del controllore PID

Dato che i regolatori sono implementati tramite sistemi digitali, occorre trovare un'opportuna formulazione tempo discreta del regolatore PID che non riceverà in ingresso il segnale errore $e(t)$, ma una sequenza di campioni e_n restituendo di conseguenza una sequenza di valori per l'azione di controllo. Ovviamente il termine proporzionale rimane identico al caso analogico; al contrario il termine integrale (che rappresenta l'area sottesa alla curva $e(t)$) viene approssimato al passo n con la somma dei rettangoli aventi base pari al periodo di campionamento T_c e altezza pari al valore $e(kT_c)$ con $0 \leq k \leq n$ (Figura 4.20a). Infine, il termine derivativo può essere approssimato al passo n dal rapporto incrementale tra i campioni $e[(n-1)T_c]$ e $e(nT_c)$ (Figura 4.20b); si noti come l'azione derivativa dovrebbe in realtà essere approssimata dal rapporto incrementale tra i campioni $e(nT_c)$ e $e[(n+1)T_c]$ (il campione futuro) dando origine a un termine non causale.

Operando in questo modo si ottiene la seguente formulazione tempo discreta del controllore PID (di seguito, per compattezza, si indicherà l'n-esimo campione di un segnale $x(nT_c)$ con la notazione x_n):

$$u_n = K_p e_n + \frac{K_p T_c}{T_i} \sum_{k=0}^{n} e_k + \frac{K_p T_d}{T_c} \left(e_n - e_{n-1}\right) \;;$$

si noti come l'equazione appena formulata, nota come **forma di posizione** del controllore PID, sia computazionalmente dispendiosa a causa della sommatoria usata per approssimare l'integrale che necessita la memorizzazione di tutti i campioni passati. Per limitare tale peso computazionale e la quantità di informazioni da memorizzare è possibile riformulare l'equazione del controllore PID in termini di funzione ricorsiva. Per fare ciò occorre definire lo scostamento tra l'azione di controllo al passo n e quella al passo $n-1$:

$$\Delta u_n = u_n - u_{n-1} = K_p \left(e_n - e_{n-1}\right) + \frac{K_p T_c}{T_i} e_n + \frac{K_p T_d}{T_c} \left(e_n - 2e_{n-1} + e_{n-2}\right)$$

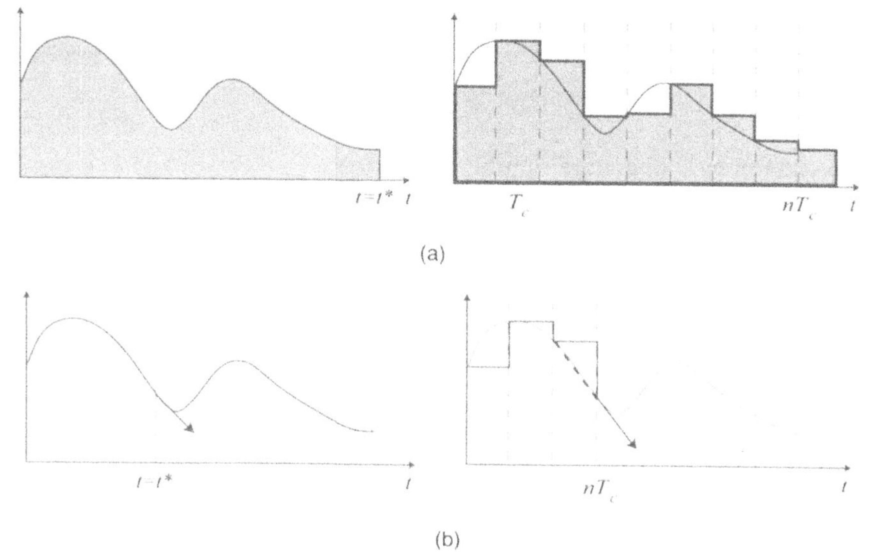

Figura 4.20 Approssimazione tempo discreta dell'azione integrale e derivativa di un controllore PID.

e calcolare l'azione di controllo ricorsivamente come

$$u_n = u_{n-1} + \Delta u_n \ ;$$

in questo caso si parla di **forma di velocità** del controllore PID.

Consideriamo nuovamente la forma di posizione del controllore PID; è possibile utilizzare la forma di velocità per il solo termine integrale: indicando con $u_{i,n}$ il valore del termine integrale al passo n questo può essere riscritto come

$$u_{i,n} = \frac{K_p T_c}{T_i}\left[e_0 + e_1 + e_2 + \ldots + e_{n-1} + e_n\right] = u_{i,(n-1)} + \frac{K_p T_c}{T_i} e_n \ .$$

Introducendo l'operatore lineare **ritardo di un periodo di campionamento**[6] z^{-1} possiamo scrivere in forma compatta

$$u_{i,n} = z^{-1} u_{i,n} + \frac{K_p T_c}{T_i} e_n \ ,$$

da cui

$$u_{i,n} = \frac{K_p T_c}{T_i} \frac{1}{1 - z^{-1}} e_n \ .$$

[6] L'operatore ritardo z^{-1} è legato alla variabile complessa z che definisce il dominio della cosiddetta trasformata $\mathcal{Z}$; questa rappresenta il corrispettivo della trasformata di Laplace per i segnali campionati.

Allo stesso modo il valore del termine derivativo al passo n è

$$u_{d,n} = \frac{K_p T_d}{T_c} (e_n - e_{n-1})$$

ovvero, in termini di operatore ritardo

$$u_{d,n} = \frac{K_p T_d}{T_c} \left(1 - z^{-1}\right) e_n \,.$$

In definitiva, possiamo scrivere l'equazione del controllore PID in maniera molto compatta come

$$u_n = K_p e_n + u_{i,n} + u_{d,n} = \left[K_p + \frac{K_p T_c}{T_i} \frac{1}{1 - z^{-1}} + \frac{K_p T_d}{T_c} \left(1 - z^{-1}\right)\right] e_n \,.$$

Nel caso in cui considerassimo il termine derivativo ottenuto mediante filtraggio della derivata

$$\frac{T_d}{N} \frac{du_d(t)}{dt} + u_d(t) = K_p T_d \frac{de(t)}{dt} \,,$$

in termini di sequenze otterremmo

$$\frac{T_d}{NT_c} \left(u_{d,n} - u_{d,(n-1)}\right) + u_{d,n} = \frac{K_p T_d}{T_c} (e_n - e_{n-1}) \,,$$

ovvero

$$u_{d,n} = \frac{1}{\dfrac{T_d}{NT_c} + 1} \left[\frac{T_d}{NT_c} u_{d,(n-1)} + \frac{K_p T_d}{T_c} e_n - \frac{T_d}{T_c} e_{n-1}\right] .$$

Introducendo l'operatore ritardo unitario z^{-1}, si avrebbe

$$u_{d,n} = \frac{\dfrac{K_p T_d}{T_c} (1 - z^{-1})}{1 + \dfrac{T_d}{NT_c} - \dfrac{T_d}{NT_c} z^{-1}} e_n \,.$$

Pertanto la forma di posizione diverrebbe

$$\begin{cases} u_{i,n} &= u_{i,(n-1)} + \dfrac{K_p T_c}{T_i} e_n \\ u_{d,n} &= \dfrac{1}{\dfrac{T_d}{NT_c} + 1} \left[\dfrac{T_d}{NT_c} u_{d,(n-1)} + \dfrac{K_p T_d}{T_c} e_n - \dfrac{K_p T_d}{T_c} e_{n-1}\right] \\ u_n &= K_p e_n + u_{i,n} + u_{d,n} \end{cases}$$

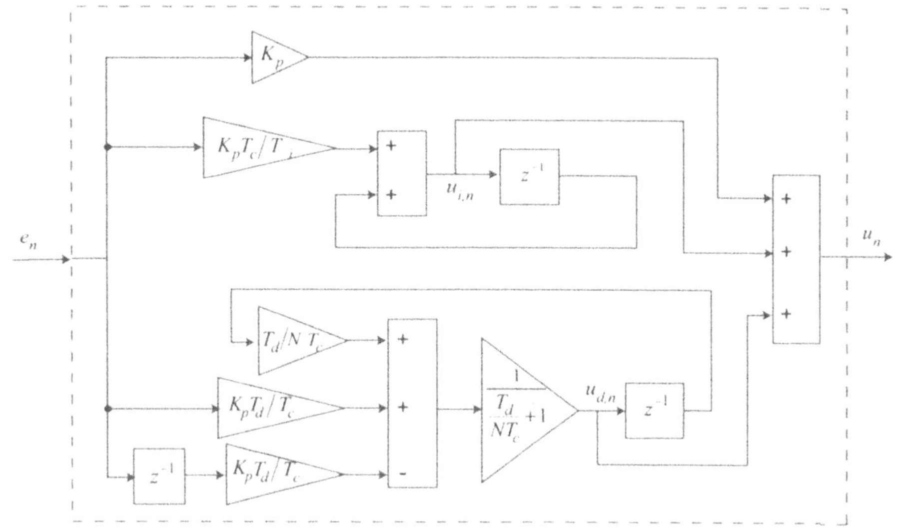

Figura 4.21 Schema a blocchi del controllore PID digitale con derivata filtrata.

o in termini di operatore ritardo z^{-1}

$$u_n = \left[K_p + \frac{K_pT_c}{T_i}\frac{1}{1-z^{-1}} + \frac{\frac{K_pT_d}{T_c}(1-z^{-1})}{1+\frac{T_d}{NT_c}-\frac{T_d}{NT_c}z^{-1}} \right] e_n \, .$$

In Figura 4.21 è mostrato lo schema a blocchi del controllore PID digitale con derivata filtrata appena introdotto. Nei prossimi paragrafi discuteremo alcuni aspetti realizzativi e, in seguito, illustreremo alcuni metodi di taratura del controllore PID basati sull'ottimizzazione dell'andamento della variabile controllata $y(t)$.

4.3.2 Strutture realizzative del regolatore PID

Finora si è considerato uno schema di controllo con regolatore PID come quello di Figura 4.22a dove, cioè, i tre termini proporzionale, integrale e derivativo elaborano direttamente l'errore di controllo; in realtà tale schema presenta dei problemi dovuti alle caratteristiche intrinseche del segnale errore. Visto che il sistema di controllo è progettato al fine di ottenere valori molto piccoli del segnale errore, il rapporto segnale/rumore tende a essere molto svantaggioso; inoltre, dipendendo direttamente dal riferimento ($e(t) = r(t) - y(t)$), l'errore può avere delle discontinuità corrispondenti agli istanti temporali in cui $r(t)$ varia (si pensi a segnali di riferimento a gradino).

Calcolare l'azione derivativa direttamente sul segnale errore porta pertanto a vari inconvenienti quali un segnale di controllo molto rumoroso (dovuto all'am-

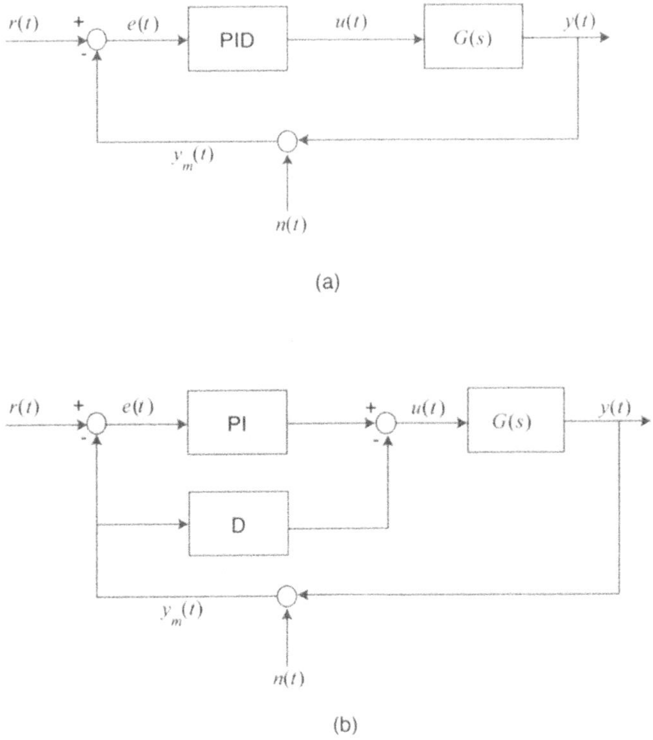

Figura 4.22 Diverse strutture realizzative del regolatore PID.

plificazione del rumore di misura) e con picchi impulsivi (spike) dovuti agli istanti di discontinuità. Se tuttavia consideriamo problemi di regolazione (in cui $r(t)$ è costante a parte un transitorio iniziale) a regime la derivata del segnale di riferimento è nulla e la derivata dell'errore di controllo coincide, a meno del segno, con quella dell'uscita misurata:

$$r(t) = \text{const.} \Rightarrow \frac{de(t)}{dt} = \frac{dr(t)}{dt} - \frac{dy(t)}{dt} = -\frac{dy(t)}{dt} .$$

Risulta quindi conveniente calcolare l'azione derivativa sulla sola misura dell'uscita come rappresentato in Figura 4.22b; si parla, in questo caso, di **realizzazione PI-D**. In questo modo si ottiene un migliore rapporto segnale/rumore (la varianza del rumore di misura tende a essere trascurabile sui valori assunti dall'uscita) e si evitano gli spike dovuti alle discontinuità del riferimento che danneggerebbero l'attuatore (il segnale $y(t)$, essendo generato da un sistema fisico, quindi di tipo passa-basso, non presenta discontinuità); viceversa, a regime, nel caso di riferimenti costanti, il comportamento del sistema è identico al caso di azione derivativa calcolata sull'errore.

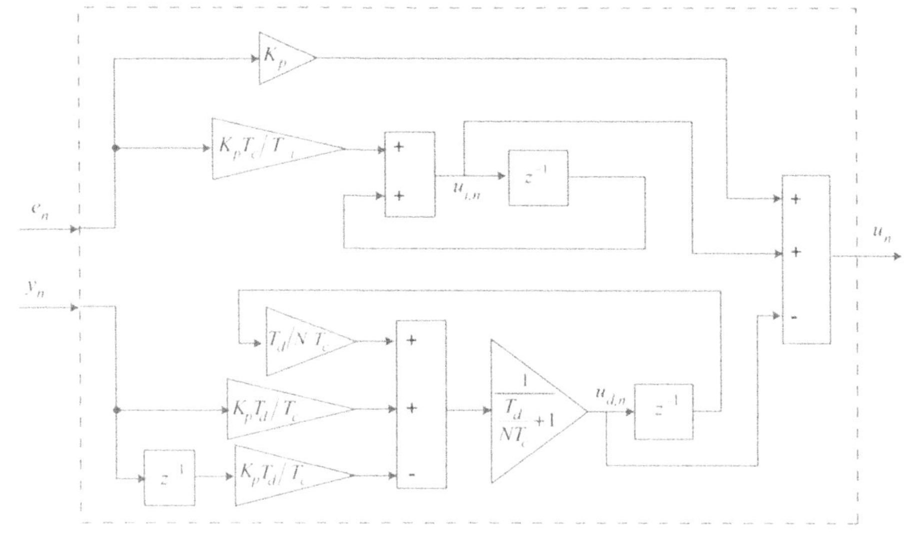

Figura 4.23 Schema a blocchi del controllore PID digitale con derivata filtrata calcolata sull'uscita.

L'equazione realizzativa del controllore PID digitale con derivata filtrata calcolata sull'uscita risulta pertanto pari a:

$$\begin{cases} u_{i,n} = u_{i,(n-1)} + \dfrac{K_pT_c}{T_i}e_n \\ u_{d,n} = \dfrac{1}{\dfrac{T_d}{NT_c}+1}\left[\dfrac{T_d}{NT_c}u_{d,(n-1)} + \dfrac{K_pT_d}{T_c}y_n - \dfrac{K_pT_d}{T_c}y_{n-1}\right] \\ u_n = K_pe_n + u_{i,n} + u_{d,n} \end{cases}$$

In Figura 4.23 è mostrato lo schema a blocchi di tale controllore PID.

È importante sottolineare che, in alcune applicazioni, al fine di evitare ampie discontinuità sull'azione di controllo a seguito di brusche variazioni del segnale di riferimento, questo può essere filtrato; il filtraggio può avvenire fuori dall'anello di retroazione, suddividendo la variazione del riferimento in un certo numero di periodi di campionamento.

4.3.3 Tecniche di desaturazione dell'azione integrale

I dispositivi di attuazione presentano delle limitazioni fisiche a causa delle quali non sono in grado di fornire un'azione di controllo superiore o inferiore a determinati limiti: per esempio nel Capitolo 5 evidenzieremo che i motori elettrici, visti come attuatori di coppia, possono erogarne solo una quantità limitata. Per

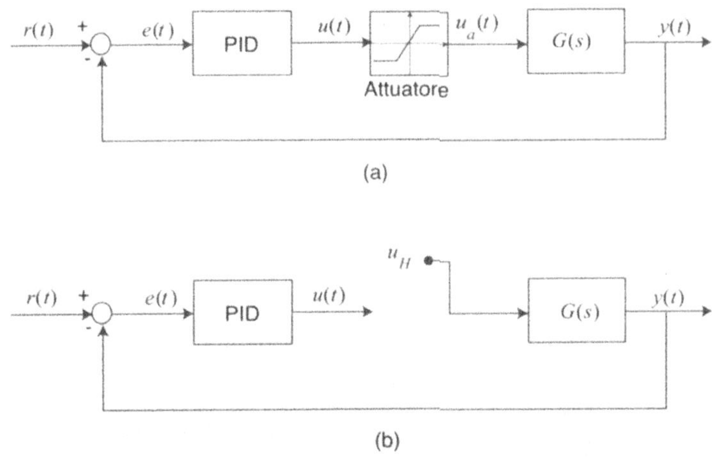

Figura 4.24 Saturazione dell'azione di controllo.

questo motivo solitamente gli attuatori vengono modellati mediante una funzione **saturazione** (Figura 4.24a) del tipo

$$u_a(t) = \text{sat}\,(u(t)) = \begin{cases} u_L & u(t) \le u_L \\ u(t) & u_L \le u(t) \le u_H \\ u_H & u(t) \ge u_H \end{cases}$$

dove u_L e u_H sono, rispettivamente, il limite inferiore e superiore dell'attuatore. Esiste dunque una regione di lavoro lineare dell'attuatore ($u_L \le u(t) \le u_H$) in cui questi trasferisce esattamente la variabile di controllo dal controllore all'impianto; nel caso in cui si esca da tale regione ($u(t) \ge u_H$ o $u(t) \le u_L$), l'attuatore fornisce un'azione di controllo pari ai suoi limiti indipendentemente dall'ingresso (ovvero indipendentemente dall'azione di controllo calcolata dal controllore). Nel momento in cui il controllore calcola un'azione di controllo superiore a u_H (o inferiore a u_L), la situazione è quella rappresentata in Figura 4.24b: a causa della saturazione l'attuatore fornisce un'azione di controllo pari a u_H (o u_L) e il sistema viene a trovarsi in catena aperta. Una prima osservazione è quindi banale e riguarda il fatto che occorre assolutamente evitare che l'attuatore saturi nel caso in cui l'impianto sia instabile; inoltre, anche nel caso in cui sia stabile, durante tutto il tempo in cui l'attuatore è in saturazione, il processo viene a trovarsi in catena aperta e pertanto evolve con le proprie dinamiche (tipicamente rallentando).

La presenza di un'azione integrale nel controllore, assieme alla saturazione dell'attuatore, provoca un ulteriore problema noto come **windup dell'azione integrale**: se l'errore di controllo $e(t)$ si mantiene dello stesso segno per un certo periodo, l'integratore presente nel controllore continua a caricarsi, ovvero il suo stato (e quindi il valore dell'azione integrale) continua a crescere. Questo avviene

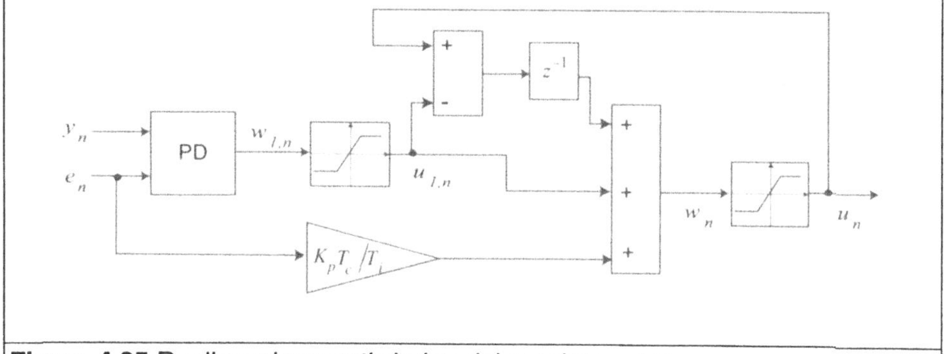

Figura 4.25 Realizzazione antiwindup del regolatore PID.

anche nel caso in cui l'attuatore non sia fisicamente in grado di fornire l'azione di controllo calcolata, ovvero nel caso in cui l'attuatore sia in saturazione: l'ingresso di controllo $u_a(t)$ rimane costante al valore u_H, mentre $u(t)$ continua a salire. Quando finalmente l'errore $e(t)$ diventa nullo, l'integratore inizia a scaricarsi, ma, prima che l'attuatore ritorni in zona lineare e inizi nuovamente a fornire un'azione di controllo modulata dal controllore, occorre attendere tutta la scarica dell'integrale che è tanto più lunga quanto più è elevato il valore raggiunto durante la carica. Come conseguenza, il controllore non è in grado di frenare la variabile controllata per mantenerla sufficientemente vicina al riferimento (condizione per cui $e(t)$ è nullo) e si hanno delle elevate sovraelongazioni prolungando il periodo in cui l'attuatore permane in saturazione.

Per evitare questo fenomeno che tende a deteriorare le prestazioni del sistema di controllo, occorre strutturare il controllore PID in modo che, quando l'attuatore entra in saturazione, l'integrazione dell'errore di controllo si blocchi e il valore dell'azione calcolata sia $u(t) \approx u_H$ (o $u(t) \approx u_L$); in questo modo, non appena $e(t)$ si annulla, il tempo occorrente affinché l'attuatore rientri in zona lineare risulta il più piccolo possibile. Tali realizzazioni sono dette **realizzazioni antiwindup**.

Una possibile soluzione è quella illustrata in Figura 4.25: tale metodo si basa sull'ipotesi di conoscere un modello dei limiti fisici dell'attuatore. Questa ipotesi deriva dal fatto che lo schema antiwindup richiede la misura dell'azione di controllo realmente fornita dall'attuatore; dato che questa è un'informazione generalmente non accessibile, nello schema si utilizza l'uscita di un modello matematico della saturazione.

Nello schema di Figura 4.25 il termine $w_{1,n}$ rappresenta l'azione di controllo dovuta al termine proporzionale e derivativo; per esempio, nel caso di derivata filtrata calcolata sull'uscita controllata si ha

$$\begin{cases} u_{d,n} = \dfrac{1}{\dfrac{T_d}{NT_c}+1}\left[\dfrac{T_d}{NT_c}u_{d,(n-1)} + \dfrac{K_pT_d}{T_c}y_n - \dfrac{K_pT_d}{T_c}y_{n-1}\right] \\ w_{1,n} = K_pe_n + u_{d,n} \end{cases} .$$

Nel caso in cui l'attuatore sia in regione lineare si ha

$$\begin{aligned} u_n &= u_{1,n} + \frac{K_p T_c}{T_i} e_n + u_{n-1} - u_{1,(n-1)} = \\ &= u_{1,n}(1 - z^{-1}) + \frac{K_p T_c}{T_i} e_n + z^{-1} u_n \end{aligned}$$

da cui

$$u_n = u_{1,n} + \frac{K_p T_c}{T_i} \frac{1}{1 - z^{-1}} e_n$$

che rappresenta l'equazione del controllore PID come abbiamo visto finora. Supponiamo ora che l'attuatore sia in saturazione da almeno un periodo di campionamento, ovvero che $u_n = u_{n-1} = u_H$; in questo caso l'azione di controllo w_n calcolata dal regolatore è

$$\begin{aligned} u_n &= u_H + \frac{K_p T_c}{T_i} e_n + u_H - u_H = \\ &= u_H + \frac{K_p T_c}{T_i} e_n \, . \end{aligned}$$

Si noti come, non appena l'attuatore entra in saturazione, cessa l'integrazione dell'errore di controllo che viene sostituita dal massimo (minimo) valore attuabile; inoltre, nel caso in cui e_n sia nullo, risulta $u_n = u_H$ mentre, nel caso in cui $e_n < 0$, si ha $u_n < u_H$ permettendo un rientro immediato dalla saturazione in zona lineare.

È importante sottolineare come la tecnica di antiwindup appena illustrata non sia un rimedio per i problemi dovuti alla saturazione dell'attuatore in presenza di azione integrale (per esempio il rallentamento della risposta), ma sia semplicemente un metodo per ridurre al minimo il tempo in cui l'attuatore rimane in saturazione. In Figura 4.26 sono presentate delle simulazioni di un controllo in retroazione di tipo PID in presenza di saturazione dell'attuatore. In Figura 4.26a è rappresentata la risposta $y(t)$ del sistema a un gradino unitario mentre in Figura 4.26c sono presentate l'azione di controllo calcolata $u(t)$ e attuata $u_a(t)$; si noti come il sistema permanga in saturazione per circa 0.5 secondi provocando sovraelongazioni nonostante l'errore $e(t) = r(t) - y(t)$ si annulli all'incirca dopo 0.75 secondi (esattamente dove $u(t)$ inizia a calare). Al contrario, in Figura 4.26b e 4.26d sono riportate la risposta $y(t)$ del sistema al gradino unitario e l'azione di controllo calcolata $u(t)$ e attuata $u_a(t)$ nel caso di realizzazione antiwindup; si noti ora come durante il periodo in cui l'attuatore è in saturazione si ha $u(t) \approx u_a(t) = u_H$ mentre, appena l'errore si annulla, l'attuatore rientra in zona lineare ovvero $u(t) = u_a(t)$.

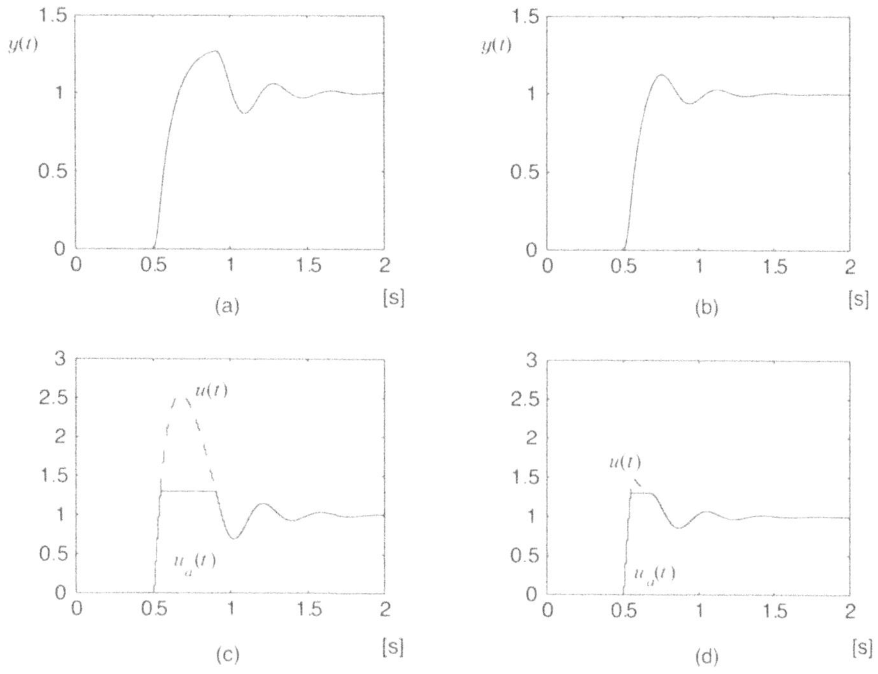

Figura 4.26 Simulazione di un controllo in retroazione di tipo PID in presenza di saturazione dell'attuatore: realizzazione standard (a) e (c), realizzazione antiwindup (b) e (d).

In definitiva l'algoritmo di controllo PID con realizzazione antiwindup PI-D risulta essere:

$$
\begin{cases}
u_{d,n} & = & \dfrac{1}{\dfrac{T_d}{NT_c}+1}\left[\dfrac{T_d}{NT_c}u_{d,(n-1)} + \dfrac{K_pT_d}{T_c}y_n - \dfrac{K_pT_d}{T_c}y_{n-1}\right] \\
w_{1,n} & = & K_pe_n + u_{d,n} \\
u_{1,n} & = & \text{sat}\left(w_{1,n}\right) \\
u_{i,n} & = & \dfrac{K_pT_c}{T_i}e_n + \left(u_{n-1} - u_{1,(n-1)}\right) \\
w_n & = & u_{1,n} + u_{i,n} \\
u_n & = & \text{sat}\left(w_n\right)
\end{cases}
.
$$

4.3.4 Tuning del regolatore PID

Nella tabella 4.1 sono state descritte delle semplici regole per tarare i parametri di un regolatore PID sulla base delle specifiche di controllo desiderate; in verità tali regole sono difficili da utilizzare senza conoscere dei valori iniziali da assegnare a tali parametri, mentre risultano utili per piccoli aggiustamenti. Per questo motivo il procedimento di taratura di un regolatore PID è solitamente effettuato in due passi: durante la prima fase i parametri del regolatore vengono calcolati sulla base di semplici modelli del processo e di opportuni criteri di ottimizzazione della risposta; durante la seconda fase i parametri vengono aggiustati sul campo seguendo le regole illustrate in Tabella 4.1.

I criteri di ottimizzazione che permettono di determinare i valori di K_p, T_i e T_d si differenziano in due categorie:

1. criteri che utilizzano la risposta $y(t)$ del sistema non controllato a un ingresso a gradino per imporre l'andamento in transitorio desiderato;
2. criteri che utilizzano come indice di costo funzioni integrali della variabile errore $e(t)$.

In questo paragrafo andremo a illustrare alcuni criteri in uso in ambito industriale, fornendo dunque delle linee guida per il primo passo della taratura del controllore PID. È importante sottolineare che, per semplicità, saranno forniti criteri basati su modelli molto semplificati dell'impianto da controllare.

Tutti i criteri che andremo a introdurre si basano sull'ipotesi che l'impianto da controllare sia asintoticamente stabile, abbia dinamiche non oscillatorie e sia descrivibile mediante un modello semplificato del tipo

$$G(s) = K\frac{e^{-\theta s}}{1+\tau s}$$

ovvero un modello del primo ordine con costante di tempo τ, guadagno statico K e caratterizzato da un ritardo temporale pari a θ. Un modello di questo tipo può essere dedotto per via grafica partendo dalla risposta del sistema non controllato a un ingresso a gradino. Come illustrato in Figura 4.27, una volta tracciata la tangente alla risposta nel punto in cui questa ha la massima pendenza (o nel punto di flesso se esiste) si ha che:

- il ritardo θ è dato dall'intersezione della tangente con l'asse del tempo;
- la costante di tempo τ può essere calcolata dalla relazione approssimata $t_1 = \theta + \tau$, dove t_1 è l'istante di tempo in cui la tangente interseca la retta corrispondente al valore di regime;
- il guadagno statico K è il rapporto tra la variazione a regime dell'uscita Δy e l'ampiezza del gradino di ingresso Δu.

Una volta che si dispone di un modello come quello appena introdotto, prima di passare alla taratura del controllore, occorre considerare il fatto che l'implementazione di questi sarà di tipo digitale. Una volta scelto il periodo di campionamento

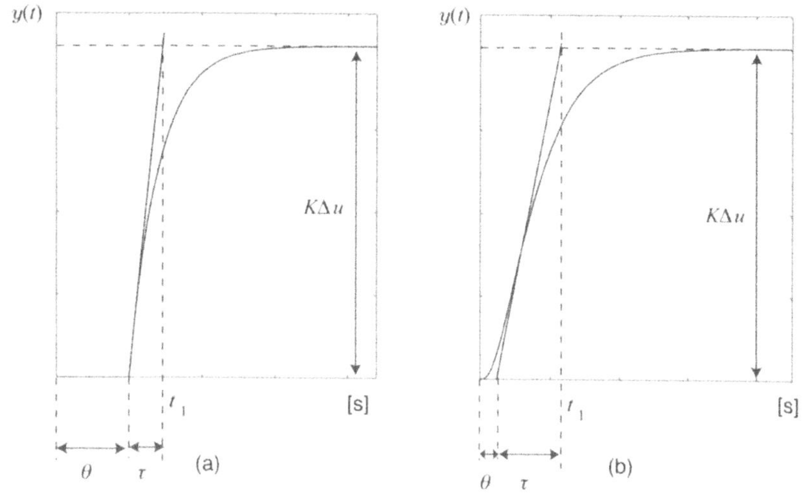

Figura 4.27 Deduzione per via grafica di un modello del primo ordine con ritardo: sistema del primo ordine (a) e sistema di ordine superiore (b).

T_c, si approssima la presenza del campionatore e del ricostruttore di ordine zero con un ritardo pari a $T_c/2$, considerando pertanto un ritardo di modello pari a $\theta' = \theta + T_c/2$.

Noti i parametri del modello K, τ e θ', esistono in letteratura delle tabelle che forniscono i valori dei parametri del regolatore PID.

In Tabella 4.2 sono indicate le regole di taratura secondo criteri che impongono particolari caratteristiche alla risposta al gradino del sistema in ciclo chiuso; in particolare si impone che il rapporto di smorzamento tra due picchi successivi dell'uscita sia pari a 0.25. Tali criteri, noti con il nome di **criterio di Ziegler-Nichols**, **criterio di Cohen-Coon** e **criterio 3C**, partendo dai valori K, τ e θ' e dal tipo di controllore che si sta tarando (P, PI o PID) forniscono direttamente i valori dei parametri K_p, T_i e T_d da utilizzare nel regolatore.

Per quanto riguarda la taratura con criteri integrali sull'errore $e(t)$, indici di particolare interesse sono:

$$\int_0^\infty [e(t)]^2\,dt \quad \textbf{Integral Square Error (ISE)};$$

$$\int_0^\infty |e(t)|\,dt \quad \textbf{Integral Absolute Error (IAE)};$$

$$\int_0^\infty t\,|e(t)|\,dt \quad \textbf{Integral Time Absolute Error (ITAE)}.$$

Tabella 4.2 Coefficienti di un regolatore PID calcolati mediante criteri di Ziegler-Nichols, Cohen-Coon e 3C corrispondenti a un rapporto di smorzamento tra due picchi successivi dell'uscita del sistema in ciclo chiuso pari a 0.25.

	Ziegler-Nichols	Cohen-Coon	3C
P	$K K_p = (\frac{\theta'}{\tau})^{-1}$	$K K_p = (\frac{\theta'}{\tau})^{-1} + 0.333$	$K K_p = 1.208(\frac{\theta'}{\tau})^{-0.956}$
PI	$K K_p = 0.9(\frac{\theta'}{\tau})^{-1}$	$K K_p = 0.9(\frac{\theta'}{\tau})^{-1} + 0.082$	$K K_p = 0.928(\frac{\theta'}{\tau})^{-0.946}$
	$T_i/\tau = 3.33(\frac{\theta'}{\tau})$	$T_i/\tau = \frac{3.33(\frac{\theta'}{\tau})[1+(\frac{\theta'}{\tau})/11]}{1+2.2(\frac{\theta'}{\tau})}$	$T_i/\tau = 0.928(\frac{\theta'}{\tau})^{0.583}$
PID	$K K_p = 1.2(\frac{\theta'}{\tau})^{-1}$	$K K_p = 1.35(\frac{\theta'}{\tau})^{-1} + 0.27$	$K K_p = 1.37(\frac{\theta'}{\tau})^{-0.95}$
	$T_i/\tau = 2(\frac{\theta'}{\tau})$	$T_i/\tau = \frac{2.5(\frac{\theta'}{\tau})[1+(\frac{\theta'}{\tau})/5]}{1+0.6(\frac{\theta'}{\tau})}$	$T_i/\tau = 0.74(\frac{\theta'}{\tau})^{0.738}$
	$T_d/\tau = 0.5(\frac{\theta'}{\tau})$	$T_d/\tau = \frac{0.37(\frac{\theta'}{\tau})}{1+0.2(\frac{\theta'}{\tau})}$	$T_d/\tau = 0.365(\frac{\theta'}{\tau})^{0.95}$

Scelto il criterio integrale (ISE, IAE O ITAE), il tipo di controllore (P, PI O PID) e il temine di controllo (P, I O D), in Tabella 4.3 si individuano due parametri A e B che sostituiti nella relazione

$$Y = A\left(\frac{\theta'}{\tau}\right)^B$$

oppure, nei casi indicati con un asterisco nella Tabella 4.3, nella relazione

$$Y = A + B\left(\frac{\theta'}{\tau}\right)$$

forniscono un valore Y che deve essere interpretato come $Y = KK_p$ nel caso di azione proporzionale, $Y = \tau/T_i$ nel caso di azione integrale o $Y = T_d/\tau$ nel caso di azione derivativa. Si noti come la tabella 4.3 sia divisa in due parti: la parte superiore è relativa a un progetto per variazioni di riferimento mentre la parte inferiore è relativa al progetto per variazioni di carico (ovvero per minimizzare l'influenza del disturbo $d_a(t)$ o $d(t)$ sull'uscita).

Tabella 4.3 Coefficienti di un regolatore PID calcolati mediante criteri integrali ISE, IAE e ITAE.

Variazione di set point				
Criterio	*Controllore*	*Azione*	A	B
IAE	*PI*	*P*	0.758	−0.861
		*I**	1.020	−0.323
ITAE	*PI*	*P*	0.586	−0.916
		*I**	1.030	−0.165
IAE	*PID*	*P*	1.086	−0.869
		*I**	0.740	−0.130
		D	0.348	+0.914
ITAE	*PID*	*P*	0.965	−0.855
		*I**	0.796	−0.147
		D	0.308	+0.929

*In questo caso si deve utilizzare $Y = A + B(\theta'/\tau)$

Variazione di carico				
Criterio	*Controllore*	*Azione*	A	B
IAE	*P*	*P*	0.902	−0.985
ISE	*P*	*P*	1.141	−0.917
ITAE	*P*	*P*	0.490	−1.084
IAE	*PI*	*P*	0.984	−0.986
		I	0.608	−0.707
ISE	*PI*	*P*	1.305	−0.959
		I	0.492	−0.739
ITAE	*PI*	*P*	0.859	−0.977
		I	0.674	−0.680
IAE	*PID*	*P*	1.435	−0.921
		I	0.878	−0.749
		D	0.482	+1.137
ISE	*PID*	*P*	1.495	−0.945
		I	1.101	−0.771
		D	0.560	+1.006
ITAE	*PID*	*P*	1.357	−0.947
		I	0.842	−0.738
		D	0.381	+0.995

4.4 Problemi implementativi di un controllore digitale

In questo paragrafo illustreremo e discuteremo alcune problematiche che sorgono quando il controllore digitale deve essere implementato su un calcolatore; parleremo pertanto di come il rumore di quantizzazione (dovuto alla precisione finita del calcolatore nella gestione delle grandezze) si propaghi attraverso le diverse strutture realizzative dell'algoritmo di controllo. Inoltre richiameremo brevemente i concetti alla base dell'aritmetica fixed-point e floating-point, indicando come le due diverse tipologie di gestione delle elaborazioni matematiche influenzino l'algoritmo di controllo e come questo debba essere adattato.

4.4.1 Realizzazioni dell'algoritmo di controllo

Abbiamo visto in precedenza che un controllore digitale è un **filtro digitale ricorsivo**, ovvero rappresentabile da un'equazione alle differenze del tipo

$$u_n = \sum_{i=1}^{n} \alpha_i u_{n-i} + \sum_{j=0}^{m} \beta_j e_{n-j} \, .$$

Scrivendo l'algoritmo di controllo in termini di operatore ritardo unitario z^{-1} otteniamo

$$u_n(1 - \sum_{i=1}^{n} \alpha_i z^{-i}) = \sum_{j=0}^{m} \beta_j z^{-j} e_n$$

ovvero

$$u_n = \frac{\sum_{j=0}^{m} \beta_j z^{-j}}{1 - \sum_{i=1}^{n} \alpha_i z^{-i}} e_n = D(z) e_n \, .$$

La funzione razionale fratta $D(z)$ che si ottiene considerando z una variabile complessa, è detta **funzione di trasferimento discreta** del controllore. Si può dimostrare (si rimanda a tal proposito a un testo di sistemi di controllo digitale tra quelli proposti nella bibliografia al termine del presente capitolo) che la legge di controllo si può scrivere come

$$u_n = \sum_{k=0}^{n} d_k e_{n-k}$$

dove d_k è detta **sequenza ponderatrice del controllore**; inoltre vale la seguente relazione

$$D(z) = \sum_{m=0}^{\infty} d_k z^{-k} \, .$$

In un anello di controllo digitale possono presentarsi particolari problemi derivanti dalle limitazioni nella risoluzione dei convertitori A/D e D/A e dalla precisione di elaborazione del processore su cui viene eseguito il codice del controllore. In entrambi i casi gli effetti di tali problemi sono descrivibili mediante rumori additivi:

- il **rumore di quantizzazione** (o di conversione) ε_q, dovuto alla rappresentazione delle grandezze con un numero finito di cifre e caratterizzato da valor medio $\bar{\varepsilon}_q$ e varianza σ_q^2;

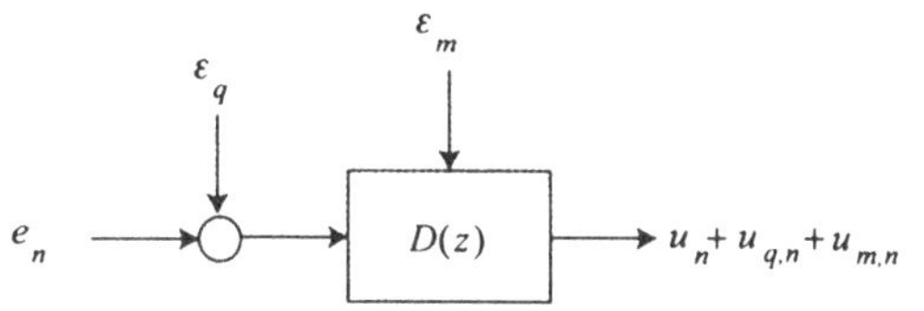

Figura 4.28 Effetto dei rumori di quantizzazione sull'algoritmo di controllo.

- il **rumore di moltiplicazione** ε_m, dovuto alla precisione finita dell'unità di elaborazione nella moltiplicazione tra parametri e valori di una variabile, caratterizzato da valor medio $\bar{\varepsilon}_m$ e varianza σ_m^2.

Una volta che il processo di sintesi ha portato alla definizione matematica di un algoritmo di controllo, è importante strutturare la sua realizzazione software al fine di ridurre il ritardo dovuto all'elaborazione e di minimizzare gli effetti dovuti alla propagazione degli errori di quantizzazione. Come mostrato in Figura 4.28, il controllore riceve l'errore di controllo e_n sommato ai campioni del rumore di quantizzazione $\varepsilon_{q,n}$; dato che il rumore di moltiplicazione è dovuto alla moltiplicazione di un coefficiente costante con un segnale, ogni qualvolta nella realizzazione dell'algoritmo di controllo si effettui tale operazione, si introduce un termine additivo ε_m^i $(\alpha_i u_{n-i} \rightarrow \alpha_i u_{n-i} + \varepsilon_m^i)$. Per la linearità dell'algoritmo di controllo, l'uscita del controllore sarà data dalla somma di tre termini $(u_n + u_{q,n} + u_{m,n})$ in cui $u_{q,n}$ è dovuto al solo rumore di quantizzazione e $u_{m,n}$ è dovuto ai rumori di moltiplicazione.

È possibile applicare un'analisi lineare alla propagazione del valor medio e della varianza degli errori di quantizzazione e moltiplicazione attraverso la struttura del controllore. Per effettuare tale analisi consideriamo un controllore del secondo ordine descritto dalla funzione di trasferimento discreta

$$D(z) = \frac{a_0 + a_1 z^{-1}}{1 + b_1 z^{-1} + b_2 z^{-2}} = D_1(z) + D_2(z) = \frac{\beta_1}{1 - \alpha_1 z^{-1}} + \frac{\beta_2}{1 - \alpha_2 z^{-1}}$$

dove $a_0 = \beta_1 + \beta_2$, $a_1 = -(\beta_1 \alpha_2 + \beta_2 \alpha_1)$, $b_1 = -(\alpha_1 + \alpha_2)$ e $b_2 = \alpha_1 \alpha_2$. Il software di controllo relativo alla funzione di trasferimento appena introdotta può essere realizzato in diversi modi. Si parla di **realizzazione parallela** se la $D(z)$ è implementata lasciando separate le funzioni di trasferimento discrete $D_1(z)$ e $D_2(z)$. In quest'ultimo caso è possibile realizzare l'algoritmo con pre-moltiplicazione (Figura 4.29):

$$u_n = \xi_n^1 + \xi_n^2$$

$$\xi_n^1 - \alpha_1 \xi_{(n-1)}^1 = \beta_1 e_n$$

$$\xi_n^2 - \alpha_1 \xi_{(n-1)}^2 = \beta_1 e_n$$

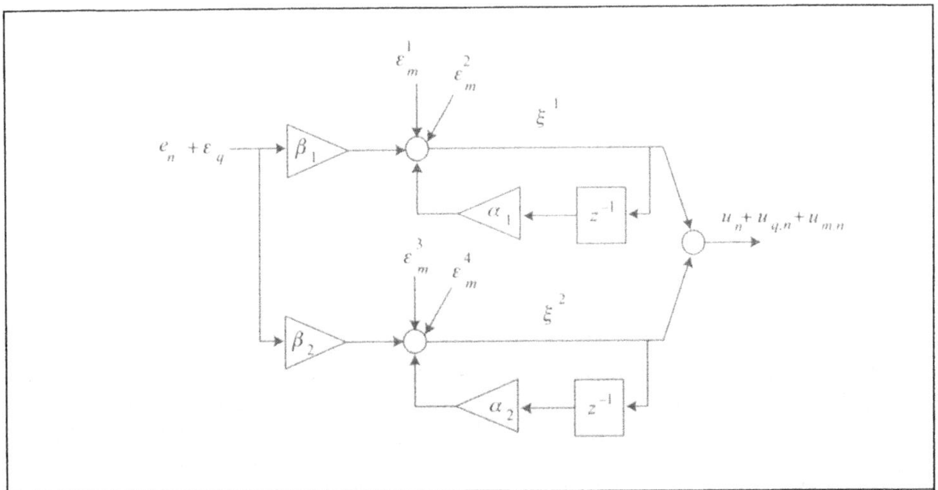

Figura 4.29 Realizzazione parallela del controllore con pre-moltiplicazione.

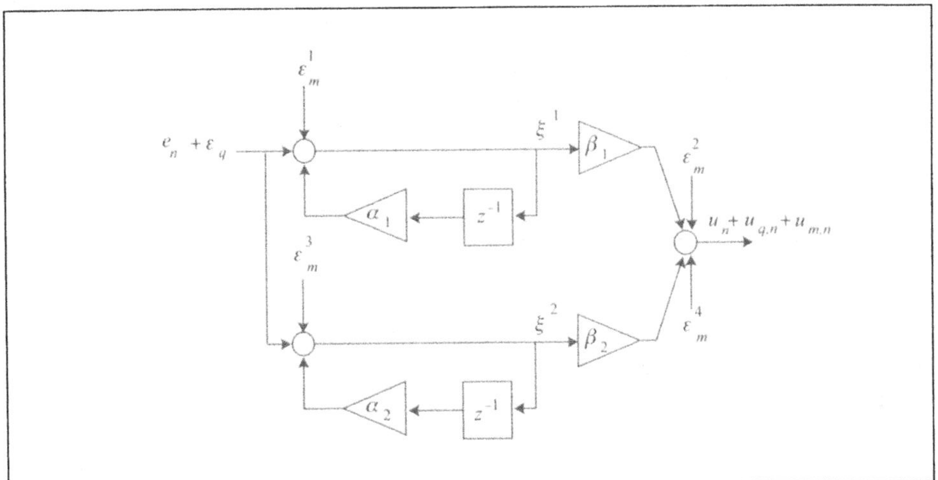

Figura 4.30 Realizzazione parallela del controllore con post-moltiplicazione.

o con post-moltiplicazione (Figura 4.30):

$$u_n = \beta_1 \xi_n^1 + \beta_2 \xi_n^2$$

$$\xi_n^1 - \alpha_1 \xi_{(n-1)}^1 = e_n$$

$$\xi_n^2 - \alpha_1 \xi_{(n-1)}^2 = e_n \, .$$

Viceversa, se il regolatore viene implementato con un'unica funzione di trasferimento $D(z)$, si parla di **realizzazione diretta** (Figura 4.31):

$$u_n = -b_1 u_{n-1} - b_2 u_{n-2} + a_0 e_n + a_1 e_{n-1} \, .$$

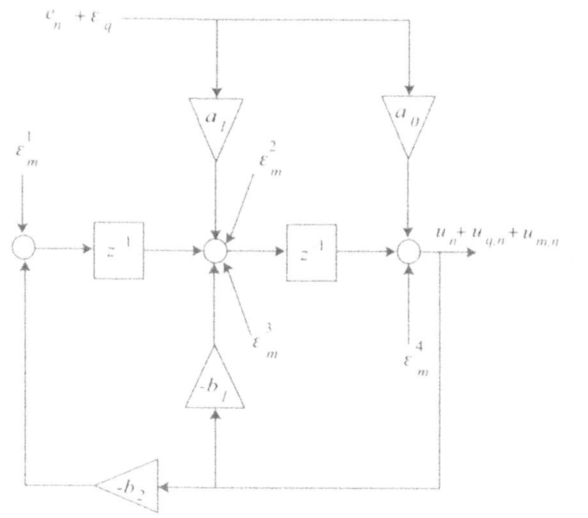

Figura 4.31 Realizzazione diretta del controllore.

Esaminiamo per prima cosa la propagazione del rumore di conversione ε_q; dalle definizioni di sequenza ponderatrice e di funzione di trasferimento discreta del controllore è possibile calcolare il valor medio $\bar{u}_q$ del rumore sovrapposto all'azione di controllo mentre, utilizzando il teorema di Parseval e l'integrale di inversione, è possibile ricavare il valore della varianza $\sigma^2_{u_q}$ di tale rumore. Sia per la realizzazione parallela che per la realizzazione diretta del controllore si ha:

$$\begin{aligned}
\bar{u}_q &= \bar{\varepsilon}_q \sum_{k=0}^{\infty} d_k = \bar{\varepsilon}_q \lim_{z \to 1} D(z) \\
\sigma^2_{u_q} &= \sigma^2_q \frac{1}{2\pi j} \sum_{k=0}^{\infty} d_k^2 = \sigma^2_q \oint_{|z|=1} D(z)D(z^{-1})z^{-1}dz = \\
&= \sigma^2_q \sum_{i=1}^{m} \lim_{z \to z_i} \left[(z - z_i)D(z)D(z^{-1})z^{-1}\right] ,
\end{aligned}$$

dove z_i è l'i-esima radice del denominatore di $D(z)$; si noti come l'influenza del rumore di conversione sull'azione di controllo dipenda dal controllore, ovvero da $D(z)$, ma non dalla sua realizzazione.

Esaminiamo ora gli effetti dei rumori di moltiplicazione ε^i_m (caratterizzati tutti dagli stessi valor medio $\bar{\varepsilon}_m$ e varianza σ^2_m) sulla variabile di controllo. Per la realizzazione diretta della $D(z)$ si può dimostrare che vale

$$\bar{u}_m = \bar{\varepsilon}_m \frac{4}{(1-\alpha_1)(1-\alpha_2)}$$

$$\sigma^2_{u_m} = 4\sigma^2_m \frac{1+\alpha_1\alpha_2}{(1-\alpha_1\alpha_2)(1-\alpha_1^2)(1-\alpha_2^2)} .$$

Per il caso di realizzazione parallela con pre-moltiplicazione si può ricavare invece:

$$\bar{u}_m = 2\bar{\varepsilon}_m \left[\frac{1}{1-\alpha_1} + \frac{1}{1-\alpha_2} + 2\right]$$

$$\sigma^2_{u_m} = 2\sigma^2_m \left[\frac{1}{1-\alpha_1^2} + \frac{1}{1-\alpha_2^2} + 2\right]$$

e per quello con post-moltiplicazione:

$$\bar{u}_m = \bar{\varepsilon}_m \left[\frac{\beta_1}{1-\alpha_1} + \frac{\beta_2}{1-\alpha_2} + 2\right]$$

$$\sigma^2_{u_m} = \sigma^2_m \left[\frac{\beta_1^2}{1-\alpha_1^2} + \frac{\beta_2^2}{1-\alpha_2^2} + 2\right] .$$

Pertanto la generazione e la propagazione del rumore di moltiplicazione dipende dalla particolare struttura realizzativa di $D(z)$. In generale risulta che strutture realizzative di tipo parallelo sono preferibili per quanto riguarda la propagazione degli errori di moltiplicazione.

4.4.2 Implementazione su Digital Signal Processor ad aritmetica fixed-point e floating-point

Il codice relativo all'algoritmo di controllo viene solitamente interpretato ed eseguito da un processore progettato in maniera specifica (sia dal punto di vista architetturale che funzionale) per l'elaborazione, in formato digitale, di segnali: tali sistemi di elaborazione sono detti **Digital Signal Processor** (DSP). Obiettivo dei DSP è massimizzare l'efficienza nel compiere operazioni su segnali digitali in tempo reale; essi costituiscono un punto di unione tra i microprocessori ASIC (Circuiti Integrati per Applicazioni Specifiche) e i microprocessori general purpose, combinando la velocità dei circuiti specializzati ASIC con la convenienza dei processori riprogrammabili general purpose.

Le principali applicazioni che tali dispositivi devono eseguire sono il filtraggio e la convoluzione di segnali digitali; in entrambi i casi le operazioni si riducono all'esecuzione, a ogni istante di campionamento, di somme e moltiplicazioni di numeri reali. Per ottimizzare l'esecuzione di tali operazioni, i DSP vengono progettati arricchendo l'unità di elaborazione matematica (**Arithmetic Logic Unit** o ALU) di **moltiplicatori hardware** in modo da poter eseguire parallelamente una moltiplicazione e una somma. La classica sequenza di operazioni

$$w = x \cdot y + z$$

può pertanto essere eseguita in un unico ciclo macchina mediante una particolare istruzione detta **multiply/accumulate** (MAC).

I processori DSP possono essere classificati a seconda del metodo utilizzato per rappresentare in aritmetica binaria i numeri reali:

- DSP con aritmetica in virgola fissa (**fixed-point**);
- DSP con aritmetica in virgola mobile (**floating-point**).

In generale un numero reale z può essere rappresentato con una notazione **mantissa/esponente** del tipo

$$z = x \cdot 2^y$$

dove x e y sono numeri interi detti rispettivamente mantissa ed esponente. In questo modo un qualsiasi numero reale può essere descritto mediante numeri interi (rappresentanti mantissa ed esponente) codificabili semplicemente in matematica binaria.

Si può rappresentare il numero reale attraverso la sola mantissa assumendo fisso il valore dell'esponente (definendolo una volta per tutte in fase di progettazione del software). Tale metodo di rappresentazione viene detto **fixed point** dato che il valore dell'esponente indica la posizione della virgola che separa la parte intera del numero reale da quella frazionaria. L'utilizzo di un'aritmetica fixed point permette di gestire numeri reali e operazioni tra questi mediante un processore ad aritmetica intera che è tipicamente molto più economico di un processore che gestisca numeri reali. Solitamente la rappresentazione di un numero fixed point viene indicata come **rappresentazione Q-N** dove N indica la posizione della virgola rispetto al bit meno significativo: per esempio in aritmetica Q-3 il numero $(11011011)_{Q-3}$ indica il valore

$$(11011.011)_2 = \left(2^4 + 2^3 + 2 + 1 + 2^{-2} + 2^{-3}\right)_{10} = (27.375)_{10} \,.$$

Occorre sottolineare che la rappresentazione fixed point richiede molta attenzione in fase di programmazione dato che è compito del programmatore scalare le grandezze in modo che risultino rappresentabili dal processore ad aritmetica intera; inoltre alcune operazioni aritmetiche hanno senso solo se gli operandi sono compatibili (per esempio addizioni e sottrazioni possono essere effettuate solo se gli operandi sono nello stesso formato Q-N). Per questi motivo è solitamente necessaria una messa in scala degli operandi prima di effettuare le operazioni.

Diversamente è possibile rappresentare il numero reale mediante una parola binaria in cui un certo numero di bit rappresentano la mantissa e i restanti l'esponente; in questo caso si può variare la posizione della virgola che separa la parte intera del numero da quella frazionaria semplicemente variando il valore dell'esponente. Tale metodo di rappresentazione viene detto **floating point**.

La rappresentazione floating point permette, a parità di bit utilizzati, di ottenere un range di valori rappresentati e una risoluzione molto maggiore rispetto al caso fixed point: si pensi a una parola di 8 bit in rappresentazione Q-4 in cui il minimo valore non nullo rappresentabile (a parte il segno) è $2^{-4} = 0.0625$ e il massimo valore è 16.9375; al contrario in una rappresentazione floating point in cui, degli stessi 8 bit, 4 rappresentano la mantissa e 4 rappresentano l'esponente, il minimo valore non nullo rappresentabile è $2^{-16} \approx 0.000015$ e il massimo valore rappresentabile è $16 \times 2^{16} = 1048576$. Un range così elevato permette di ridurre i problemi dovuti all'overflow[7]. Sebbene tale metodo sia molto più potente di quello fixed point, la complessità delle istruzioni aritmetiche e dell'hardware necessario per eseguirle è molto maggiore; questo comporta un aumento notevole del costo del DSP stesso.

Riassumendo, possiamo concludere che DSP in virgola fissa rappresentano numeri in un intervallo fissato con precisione finita; il principale vantaggio offerto da questi processori è il costo di produzione relativamente basso che li rende molto utilizzati in applicazioni industriali. I DSP in virgola mobile esprimono i numeri impiegando una mantissa combinata con un esponente. Questo metodo di rappresentazione comporta una serie di vantaggi quali un intervallo di rappresentazione dinamico e una bassa probabilità che occorra overflow. D'altro canto, questi processori sono più lenti e costosi rispetto alla controparte in virgola fissa.

4.4.3 Messa in scala dell'algoritmo di controllo

Dalla discussione precedente emerge che, in fase di implementazione software dell'algoritmo di controllo, occorre tenere conto del DSP che eseguirà effettivamente tale algoritmo. In generale quando si progetta un algoritmo di controllo lo si fa considerando l'impianto da un punto di vista fisico: si considera cioè sia l'errore di controllo che l'azione di controllo espressi nelle grandezze fisiche (e quindi nelle unità di misura) proprie dell'impianto. In realtà, l'implementazione su DSP impone che l'algoritmo di controllo sia riferito a delle grandezze adimensionali derivanti dalla conversione in digitale delle grandezze fisiche. Il procedimento con cui si adatta l'algoritmo di controllo alla particolare implementazione è detto **messa in scala**.

Lo schema di implementazione di un sistema di controllo in retroazione è rappresentato in Figura 4.32; l'insieme dei sistemi fisici che trasformano la variabile di controllo nell'azione di controllo (elettronica di interfaccia e condizionamento del segnale, convertitore D/A e attuatore) è detto **catena tecnologica di attuazione** mentre i sottosistemi che trasformano l'uscita dell'impianto e il riferimento nell'ingresso del controllore (elettronica di interfaccia, convertitore A/D e sensore) sono detti **catena tecnologica di acquisizione**.

[7] Si parla di overflow quando il risultato di un'operazione supera il massimo numero rappresentabile.

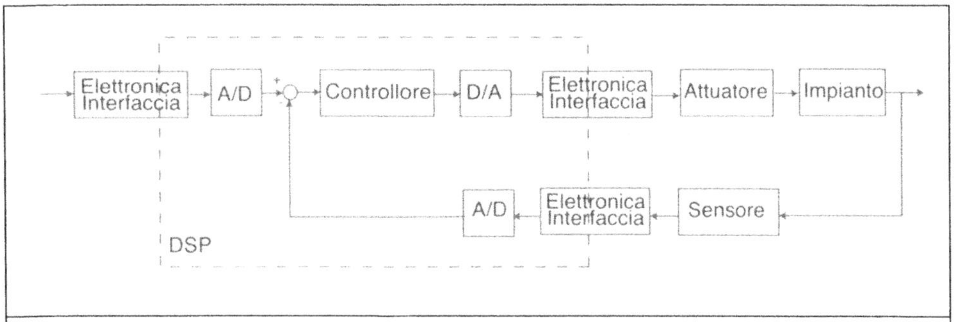

Figura 4.32 Schema a blocchi implementativo di un sistema di controllo in retroazione.

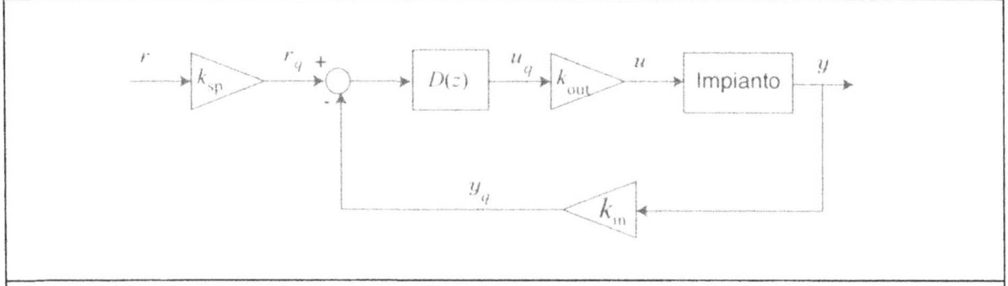

Figura 4.33 Schema a blocchi utilizzato per la messa in scala dell'algoritmo di controllo.

Per effettuare la messa in scala dell'algoritmo di controllo, si considerano blocchi implementativi con caratteristiche statiche e lineari, ovvero si suppone che convertitori A/D e D/A, sensori, attuatori ed elettronica di interfaccia siano approssimabili con i seguenti guadagni:

- k_{ad} per il convertitore A/D;
- k_{da} per il convertitore D/A;
- k_a per l'attuatore;
- k_s per l'sensore;
- k_c per l'elettronica di interfacciamento.

Tale ipotesi non è riduttiva in quanto i blocchi di misura, attuazione, condizionamento e conversione sono progettati per non influenzare la dinamica del sistema alle frequenze di lavoro. In questo modo lo schema a blocchi implementativo su cui occorre basare il procedimento di messa in scala è quello in Figura 4.33: in tale figura il pedice q indica variabili rappresentabili dal DSP (quindi campionate e quantizzate) dette **immagini di processo**. Le costanti $k_{sp} = k_c k_{ad}$, $k_{in} = k_s k_c k_{ad}$ e $k_{out} = k_{da} k_c k_a$ sono note una volta progettato lo schema tecnologico. Le variabili con il pedice q sono diverse per valore e unità di misura dalle corrispondenti variabili fisiche (prive del pedice q); per esempio una misura di pressione tra 0 e 50 bar può essere convertita in un numero intero a 12 bit compreso tra 0 e 4096 e, in questo caso, $k_{ad} = 4096/50 \approx 92$. Le relazioni tra le grandezze fisiche (u, y e r) e le loro immagini di processo quantizzate (u_q, y_q e r_q), all'istante di campionamento n, sono le seguenti:

$$\begin{aligned} r_{q,n} &= k_{sp} r_n \\ y_{q,n} &= k_{in} y_n \\ u_{q,n} &= \frac{1}{k_{out}} u_n \, . \end{aligned}$$

L'implementazione diretta dell'algoritmo di controllo, utilizzando le variabili con il pedice q al posto di quelle vere, darebbe luogo a risultati errati in quanto l'algoritmo è stato progettato trascurando la presenza dei guadagni dei blocchi implementativi; occorre pertanto compensare gli effetti della catena tecnologica. Scalare l'algoritmo di controllo significa adattarlo a operare in condizioni diverse da quelle nelle quali è stato progettato. Esistono due possibili soluzioni a questo problema:

1. utilizzare l'algoritmo di controllo progettato e adattare le variabili in gioco (**messa in scala tecnologica delle variabili**);
2. utilizzare le variabili acquisite e adattare l'algoritmo di controllo (**messa in scala tecnologica dell'algoritmo**).

Per illustrare i due metodi supponiamo che l'algoritmo di controllo sia

$$u_n = \sum_{i=1}^{n} a_i u_{n-i} + \sum_{j=0}^{m} b_j e_{n-j} \, .$$

Effettuare una messa in scala delle variabili significa adattare le variabili acquisite; i passi da implementare sono descritti di seguito.

Messa in scala tecnologica delle variabili

1. Si mettono in scala le variabili di ingresso calcolando i valori veri di tali grandezze:

$$\begin{aligned} r_n &= \frac{1}{k_{sp}} r_{q,n} \\ y_n &= \frac{1}{k_{in}} y_{q,n} \, . \end{aligned}$$

2. Si esegue l'algoritmo con i parametri originali:

$$e_n = r_n - y_n$$

$$u_n = \sum_{i=1}^{n} a_i u_{n-i} + \sum_{j=0}^{m} b_j e_{n-j} \, .$$

Si noti che il valore dell'azione di controllo appena calcolato è quello che dovrebbe essere applicato direttamente all'impianto pertanto, prima di inviarlo alla catena di acquisizione, va scalato.

3. Si scala l'uscita del controllore:

$$u_{q,n} = \frac{1}{k_{out}} u_n \; ;$$

tale segnale sarà poi scalato nuovamente del guadagno k_{out} mediante l'hardware dalla catena di attuazione.

Si noti come il procedimento di messa in scala delle variabili richieda la scalatura dei segnali acquisiti a ogni istante di campionamento e sia pertanto una metodologia da effettuare online e computazionalmente gravosa.

Nel caso in cui si voglia adattare l'algoritmo di controllo alle variabili disponibili occorre seguire i seguenti passi.

Messa in scala tecnologica delle equazioni

1. Se $k_{in} \neq k_{sp}$ si mettono in scala relativa le due variabili di ingresso:

$$k_{in} = k' k_{sp} \Rightarrow e_n = r_n - y_n = \frac{1}{k_{in}} \left(k' r_{q,n} - y_{q,n} \right) \; ;$$

da cui

$$e_{q,n} = k' r_{q,n} - y_{q,n} \; .$$

Ovviamente se $k_{in} = k_{sp}$ si ha $k' = 1$ e quindi

$$e_{q,n} = r_{q,n} - y_{q,n} \; .$$

2. Occorre ora adattare l'algoritmo alle variabili disponibili; dato che

$$\begin{aligned} e_n &= \frac{1}{k_{in}} e_{q,n} \\ u_n &= k_{out} u_{q,n} \end{aligned}$$

l'equazione del controllore diviene

$$k_{out} u_{q,n} = \sum_{i=1}^{n} a_i k_{out} u_{q,(n-i)} + \sum_{j=0}^{m} b_j \frac{1}{k_{in}} e_{q,(n-j)}$$

ovvero

$$u_{q,n} = \sum_{i=1}^{n} a_i u_{q,(n-i)} + \sum_{j=0}^{m} b_j \frac{1}{k_{in} k_{out}} e_{q,(n-j)} \; .$$

Si noti come i coefficienti a_i, già adimensionali, restino invariati mentre i coefficienti b_j, dimensionali, vengano scalati; l'uscita di controllo risulta così scalata e pronta per essere inviata alla catena tecnologica di attuazione.

Dato che la messa in scala tecnologica delle equazioni è un procedimento che può essere effettuato in fase di progettazione, non rappresenta un appesantimento del carico computazionale del DSP, ed è pertanto la soluzione preferibile nel caso si lavori con DSP fixed point.

Abbiamo visto nel Paragrafo 4.4.2 che la maggior parte dei DSP utilizzati per i sistemi di controllo lavorano in aritmetica a virgola fissa, ovvero in aritmetica intera; pertanto le immagini di processo sono grandezze intere al contrario dei parametri dell'algoritmo di controllo che sono in generale numeri reali. Occorre pertanto scalare l'algoritmo di controllo in modo che le immagini di processo e i parametri dell'algoritmo siano rappresentabili dal DSP; tale procedimento è noto come **messa in scala aritmetica**.

Per capire quali siano i passi fondamentali per la messa in scala aritmetica di un algoritmo di controllo facciamo un semplice esempio supponendo di voler rappresentare il regolatore

$$u_{q,n} = 0.93 u_{q,(n-1)} + 0.132 e_{q,n}$$

mediante un'aritmetica intera decimale a 4 digit più segno (ovvero un'aritmetica che ci permetta di rappresentare numeri interi da -9999 a +9999). L'idea è quella di scalare l'algoritmo di controllo premoltiplicando per la massima potenza di 10 che rende ancora rappresentabile nell'aritmetica usata il più grande coefficiente:

$$u^{s}_{q,n} = 10^4 \left[0.93 u_{q,(n-1)} + 0.132 e_{q,n}\right] = 9300 u_{q,(n-1)} + 1320 e_{q,n} \ .$$

Il valore dell'azione di controllo così ricavato va riscalato in modo da ottenere il valore corretto:

$$u_{q,n} = 10^{-4} u^{s}_{q,n} \ .$$

Nel caso di aritmetica binaria intera a m bit (solitamente 16 o 32 bit nei DSP a virgola fissa), l'algoritmo di scalatura aritmetica si combina con quello di scalatura tecnologica delle equazioni nella metodologia di seguito descritta.

Messa in scala tecnologica e aritmetica delle equazioni

1. Si effettua la messa in scala tecnologica delle equazioni ottenendo l'algoritmo di controllo

$$u_{q,n} = \sum_{i=1}^{n} a_i u_{q,(n-i)} + \sum_{j=0}^{m} b'_j e_{q,(n-j)} \qquad b'_j = b_j \frac{1}{k_{in} k_{out}} \ .$$

2. Si determina la massima potenza di 2 (per esempio 2^p) che rende ancora rappresentabile, con i bit disponibili, il coefficiente più grande tra a_i e b'_j (facendo attenzione alla rappresentazione del segno).

3. Si scala nuovamente l'algoritmo di controllo come

$$u^{s}_{q,n} = \sum_{i=1}^{n} 2^p a_i u_{q,(n-i)} + \sum_{j=0}^{m} 2^p b'_j e_{q,(n-j)} \ .$$

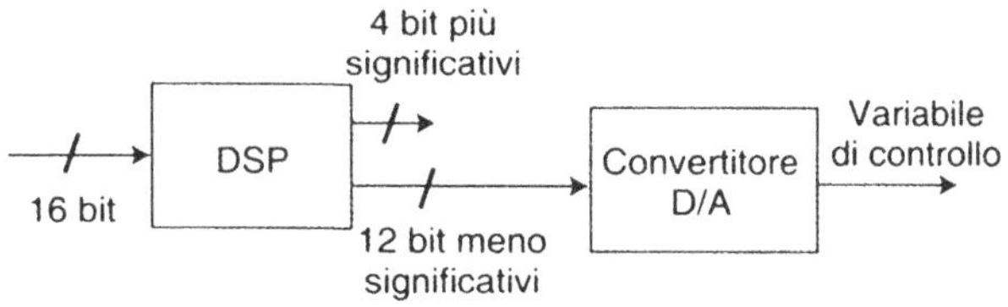

Figura 4.34 Interconnessione del DSP con il convertitore D/A.

4. il valore dell'azione di controllo calcolato al passo precedente viene riscalato

$$u_{q,n} = 2^{-p} u^{s}_{q,n} \, .$$

Si noti che tale operazione non appesantisce il carico computazionale del DSP essendo realizzata mediante un'operazione di shifting del numero binario.

5. Dato che in generale, come mostrato in Figura 4.34, DSP e convertitore D/A lavorano con un numero diverso di bit (tipicamente per motivi di costo il numero di bit usati dal D/A è minore di quello del DSP), durante l'esecuzione di ogni ciclo di controllo si limita il valore dell'azione di controllo calcolato al massimo valore rappresentabile con il numero di bit disponibili sul convertitore D/A. Questo passo è molto importante perché cercare di convertire in analogico un numero maggiore di quello massimo rappresentabile comporta l'attuazione di un valore completamente sbagliato. Per esempio può accadere che il convertitore D/A usi 12 bit senza segno (ovvero il massimo valore rappresentabile sia 4096) mentre il DSP lavori a 16 bit; in questo caso, se il controllore fornisce un risultato pari a 4142 (0001 0000 0010 1110 in binario), il convertitore D/A (che utilizza i 12 bit meno significativi 0000 0010 1110) lo interpreta come 46.

Nel caso in cui occorra mettere in scala aritmetica più equazioni, il procedimento appena descritto deve essere effettuato per ogni equazione, riscalando opportunamente il risultato dopo ogni equazione.

Il procedimento descritto in precedenza può avere dei problemi nel caso in cui l'algoritmo di controllo presenti coefficienti di valore numerico molto disperso; in questo caso potrebbe accadere che i coefficienti di valore più piccolo risultino non rappresentabili con una messa in scala aritmetica effettuata con un unico coefficiente di scalatura. Per chiarire l'idea ricorriamo a un esempio in aritmetica decimale con 3 digit più segno supponendo che l'algoritmo da scalare sia

$$y = 0.972x_1 - 0.0432x_2 + 0.00322x_3 - 0.000531x_4 \, .$$

Utilizzando un unico coefficiente di scalatura pari a 10^3 otterremmo

$$y = 972x_1 - 43x_2 + 3x_3 - 0x_4$$

e l'ultimo coefficiente dell'equazione non sarebbe comunque rappresentabile. Occorre pertanto scalare separatamente i singoli termini in maniera differenziale, ovvero l'uno rispetto all'altro: tale procedura è detta **messa in scala aritmetica differenziale**. Nel nostro caso l'algoritmo da implementare richiede prima una fase di scalatura dei singoli termini:

$$\begin{aligned} h_1^s &= 10^3(0.972)x_1 = 972x_1 \\ h_2^s &= 10^4(-0.0432)x_2 = -432x_2 \\ h_3^s &= 10^5(0.00322)x_3 = 322x_3 \\ h_4^s &= 10^6(-0.000531)x_4 = -531x_4 \end{aligned}$$

e, in seguito, una riscalatura differenziale per ricostruire l'azione di controllo

$$\begin{aligned} w_3 &= h_3^s + 10^{-1}h_4^s \\ w_2 &= h_2^s + 10^{-1}w_3 \\ w_1 &= h_1^s + 10^{-1}w_2 \\ y &= 10^{-3}w_1 \,. \end{aligned}$$

Un'implementazione di questo tipo è indispensabile soprattutto nel caso di algoritmi ricorsivi (come il regolatore PID) nei quali la perdita di informazione a ogni passo si accumulerebbe nel tempo.

4.5 Implementazione software dell'algoritmo di controllo

In questo paragrafo concludiamo la discussione sui sistemi di controllo in retroazione presentando l'implementazione software di un algoritmo di controllo PID con realizzazione antiwindup e derivata filtrata sull'uscita. Il codice C presentato fa riferimento a un algoritmo di controllo implementato in ambiente RTAI Linux versione 3.2 (kernel 2.6.9), sfruttando i driver Comedi della scheda d'acquisizione e attuazione Sensoray 626 e le librerie C++ xrtailib di interfaccia con l'ambiente grafico xrtailab. Il ciclo viene eseguito su un processore ad aritmetica floating point, quindi è prevista la sola messa in scala tecnologica delle variabili.

La prima parte del codice riguarda il caricamento delle librerie standard Linux, delle librerie per la gestione delle primitive real time e delle primitive di interfacciamento con la scheda di acquisizione e attuazione e con l'interfaccia uomo macchina.

```
/* Standard header files */
#include <stdio.h>
#include <unistd.h>
#include <stdlib.h>
#include <sys/mman.h>
```

```
#include <fcntl.h>
#include <pthread.h>
#include <signal.h>

/* RTAI header files */
#include <rtai.h>
#include <rtai_malloc.h>
#include <rtai_math.h>
#include <rtai_sched.h>
#include <rtai_lxrt.h>
#include <rtai_mbx.h>
#include <rtai_fifos.h>
#include <rtai_msg.h>
#include <rtai_netrpc.h>
#include <rtai_sem.h>

/* comedi header files */
#include <comedilib.h>

/* header files for graphic interface */
#include "xrtailib.h"
#include "xrtailab.h"
```

Dopo questa fase vengono inizializzate le strutture di controllo real time

```
/* controller thread structure */
pthread_t   ctrlthread;

/* debug file and buffer, see xrtailib.cpp */
extern int  fd_debug;
extern char debugbuf[ 130];

/* global termination flag, see xrtailib.cpp */
extern int GLOBALSTOP;

/* global running flag, see xrtailib.cpp */
extern int isRunning;

/* Real time task pointer */
RT_TASK     *maintask;
RT_TASK     *taskControl;

/* synchronization barrier */
static SEM* barrier;
```

e di interfaccia con la scheda di acquisizione.

```
/* comedi variables definition */
comedi_t *cf;
```

```
49 lsampl_t ai_data;
50 int ai_maxdata;
51 comedi_range* ai_rangetype;
52 double ai_volts;
53 int ai_subdev = 0;
54 int ai_chan = 0;
55 int ai_range = 0;
56 int ai_aref = AREF_GROUND;
57 lsampl_t ao_data;
58 int ao_maxdata;
59 comedi_range* ao_rangetype;
60 double ao_volts;
61 int ao_subdev = 1;
62 int ao_chan = 0;
63 int ao_range = 0;
64 int ao_aref = AREF_GROUND;
```

Queste definizioni servono per le istruzioni di scheduling del task real time di controllo e per la gestione delle immagini di processo. A questo punto è possibile definire la struttura del controllore; alla linea 66 viene fissato il periodo di campionamento a 10^6 ns, ovvero 1 ms. Inoltre, alle linee 74 e 75, si definiscono e inizializzano gli ingressi del controllore (l'errore di controllo e_n e l'uscita dell'impianto y_n), l'uscita del PID (l'azione di controllo u_n) e gli stati intermedi ($u_{d,n}$, $w_{1,n}$, $u_{1,n}$, $u_{i,n}$ e w_n). Si noti come, laddove serva la memorizzazione del valore del segnale al passo precedente, si usi un array a due elementi in cui il primo elemento memorizza il valore all'istante corrente mentre il secondo elemento memorizza il valore all'istante precedente. Tutte queste variabili vengono inizializzate a zero. Vengono anche definiti i parametri del controllore PID (K_p, T_i, T_d ed N) e delle loro opportune combinazioni al fine di rendere poi più leggibile il codice (linee 80-89):

$$k = \frac{1}{\dfrac{T_d}{NT_c} + 1}, \qquad a = \frac{T_d}{NT_c}, \qquad b = \frac{K_p T_d}{T_c}, \qquad c = \frac{K_p T_c}{T_i}.$$

Infine si inizializza la lettura del sensore (linea 92) e si definisce la funzione saturazione che verrà usata nel calcolo dell'azione di controllo (linee 98-102).

```
65 /* Controller sample time in nanoseconds */
66 #define CTRL_SAMPLE_TIME 1000000;
67
68 /* MMI definition and initialization*/
69 static double interface_input[1]={0.0};
70 static double interface_output[2]={0.0,0.0};
71
72 /* Controller input, output and state definition */
73 /* x[0]=time k, x[1]=time k-1*/
74 static double u[2]={0.0,0.0};
```

```
75 static double e[2]={0.0,0.0};ym[2]={0.0,0.0}
76 static double ud[2]={0.0,0.0};w1[1]={0.0};
77 static double u1[2]={0.0,0.0};ui[1]={0.0};w[1]={0.0}
78
79 /* Controller parameters*/
80 #define KP 3
81 #define TI 2
82 #define TD 4
83 #define N 50
84 #define Tc 0.001
85 #define umax 5
86 #define k=1/(Td/(N*Tc)+1)
87 #define a=Td/(N*Tc)
88 #define b=(Kp*Td)/Tc
89 #define c=(Kp*Tc)/Ti
90
91 /* Sensor readings initialization*/
92 static double yk=0
93
94 /* Just a counter*/
95 int i,j,counter=0;
96
97 /* Saturation function definition*/
98 static double saturation(double value){
99 if (value>umax)return umax;
100    else if(value < -umax) return -umax;
101        else return value;
102 }
```

A questo punto viene definito il task che dovrà essere reso hard real time dalle primitive del sistema operativo; si aprono i canali di comunicazione con la scheda (linee 108-117), si definisce il tipo di scheduling (in questo caso FIFO) con cui le operazioni presenti nel task real time devono essere eseguite (linee 120-133) e si definisce la periodicità del task (linee 135-138).

```
103 /* Real Time Loop*/
104 static void *ctrl_mainloop(void *t)
105 {
106   RTIME now,period;
107
108   /* open comedi device */
109   cf=comedi_open("/dev/comedi0");
110
111   /* get comedi data for the channels in use */
112   ai_maxdata=comedi_get_maxdata(cf,ai_subdev,ai_chan);
113   ai_rangetype=\
114     comedi_get_range(cf,ai_subdev,ai_chan,ai_range);
115   ao_maxdata=comedi_get_maxdata(cf,ao_subdev,ao_chan);
116   ao_rangetype=\
```

```
117     comedi_get_range(cf,ao_subdev,ao_chan,ao_range);
118
119   /* RT_TASK initialization */
120   if( !(taskControl =\
121     rt_task_init_schmod( nam2num( "CTRL"), 1, 0, 0,\
122     SCHED_FIFO, 1))){
123             printf( "Error initializing CTRL\n");
124             exit( -1);
125   }
126   DEBUG( "Created task CTRL\n");
127
128   mlockall( MCL_CURRENT | MCL_FUTURE);
129   rt_make_hard_real_time();
130
131   /* synchronization with maintask to avoid deadlock */
132   rt_sem_wait_barrier( barrier);
133   DEBUG( "mainloop passed barrier\n");
134
135   /* make the control task periodic */
136   period=nano2count(CTRL_SAMPLE_TIME);
137   rt_task_make_periodic(taskControl,rt_get_time()+\
138     period,period);
```

Dalla linea 139 inizia il codice di controllo vero e proprio; si noti come questa parte sia contenuta in un ciclo infinito `while(1)` (linea 139) e venga eseguito ogni volta che il sistema operativo lo risveglia mediante la variabile `isRunning` (linea 142). In questo caso viene valutato il valore del segnale di riferimento r_n letto dall'interfaccia con l'operatore (linea 145), viene letto il valore dell'uscita controllata y_n dall'ingresso di acquisizione (linea 148-149), si effettua la messa in scala tecnologica delle variabili (linea 152) e si calcola il valore attuale dell'errore di controllo (linea 156).

```
139 while(!GLOBALSTOP){
140     rt_task_wait_period();
141     now=count2nano(rt_get_time());
142     if(isRunning){
143
144       /* read reference rk */
145       rk=interface_input[0]
146
147       /* read yk */
148       comedi_data_read(cf,ai_subdev,ai_chan,ai_range,\
149             ai_aref,&ai_data);
150
151       /* Scaling yk */
152       yk=comedi_to_phys(ai_data,ai_rangetype,ai_maxdata);
153
154       /* Control Error Definition */
```

```
155         ym[0]=yk
156         e[0]=rk-yk;
```

A questo punto, dalla linea 158 alla linea 164, viene calcolata l'azione di controllo al passo attuale utilizzando l'algoritmo classico del PID con antiwindup e derivata filtrata calcolata sull'uscita controllata, che riportiamo per comodità:

$$\begin{cases} u_{d,n} &= \dfrac{1}{\dfrac{T_d}{NT_c}+1}\left[\dfrac{T_d}{NT_c}u_{d,(n-1)}+\dfrac{K_pT_d}{T_c}y_n-\dfrac{K_pT_d}{T_c}y_{n-1}\right] \\ &= k\left[au_{d,(n-1)}+by_n-by_{n-1}\right] \\ w_{1,n} &= K_pe_n+u_{d,n} \\ u_{1,n} &= \mathrm{sat}\left(w_{1,n}\right) \\ u_{i,n} &= ce_n+\left(u_{n-1}-u_{1,n-1}\right) \\ w_n &= u_{1,n}+u_{i,n} \\ u_n &= \mathrm{sat}\left(w_n\right) \end{cases} .$$

Ancora una volta si noti l'utilizzo degli array per gestire il valore delle variabili al passo attuale e al passo precedente. Il valore dell'azione di controllo viene infine salvato nella variabile di sistema ao_volts (linea 164).

```
157 /* Control Action Definition */
158         ud[0]=k*(a*ud[1]+b*ym[0]-b*ym[1]);
159         w1[0]=Kp*e[0]+ud[0];
160         u1[0]saturation(w1[0]);
161         ui[0]=c*e[0]+u[1]-u1[1];
162         w[0]=u1[0]+ui[0];
163         u[0]=saturation(w[0]);
164         ao_volts=u[0];
```

L'azione di controllo così calcolata viene poi riscalata in modo da ottenere una immagine di processo (linea 166-167) e trasferita alla catena di attuazione (linea 168-169).

```
165  /* applied control action */
166         ao_data=comedi_from_phys(ao_volts,ao_rangetype,/
167                 ao_maxdata);
168         comedi_data_write(cf,ao_subdev,ao_chan,ao_range,/
169                 ao_aref,ao_data);
```

Terminata l'attuazione dell'azione di controllo occorre aggiornare lo stato del sistema, ovvero quelle che erano le variabili al passo attuale (primo elemento del vettore) diventano variabili al passo precedente (secondo elemento del vettore); questo viene fatto alle linee 171-177.

```
170 /* Updating the state*/
171     for(j=1;j>0;j--){
172         u[j]=u[j-1];
173         ym[j]=u[j-1];
174         e[j]=u[j-1];
175         ud[j]=u[j-1];
176         u1[j]=u[j-1];
177     }
```

Infine si visualizzano all'operatore il valore dell'azione di controllo e dell'uscita del plant trasferendo tali informazioni all'interfaccia grafica (linee 179-180).

```
178 /* Plotting variables*/
179       interface_output[0] = yk;
180       interface_output[1] = ao_volts;
```

A questo punto il ciclo real time viene chiuso (linee 182-195). Si noti la presenza di un watchdog atto a rilevare possibili deadlines mancate (linee 182-189).

```
181 /* deadline test */
182     if(count2nano(rt_get_time())-now>CTRL_SAMPLE_TIME/2){
183       counter++;
184       if(counter>100) {
185     DEBUG("Watchdog activated!!!\n");
186     break;
187       } else if(counter>0) counter--;
188     }
189   }
190
191 /* close task */
192   rt_make_soft_real_time();
193   rt_task_delete( taskControl);
194   return 0;
195 }
```

L'interruzione dell'esecuzione del ciclo real time viene gestita a interrupt mediante la funzione descritta dalle linee 196-201 che pone al valore true la variabile GLOBALSTOP.

```
196 void INThandler( int sig)
197 {
198    printf( "Stopping requested ...");
199    GLOBALSTOP = 1;
200    printf( "ok!\n");
201 }
```

L'ultima parte del programma di controllo è il main program che gestisce l'inizializzazione del task real time (linee 208-228) e la sincronizzazione con gli altri task (linee 231-232).

```
202 /* MAIN */
203 int main( void)
204 {
205    /* SIGINT signal handler */
206    signal( SIGINT, INThandler);
207
208    /* initialization of main() RT_TASK */
209    mlockall( MCL_CURRENT | MCL_FUTURE);
210    rt_allow_nonroot_hrt();
211
212    if(!(maintask = rt_task_init_schmod(\
213     nam2num("MAINTASK"), 90, 0, 0, SCHED_FIFO, 1)))
214    {
215       printf( "CANNOT INIT MAINTASK\n");
216       exit( -1);
217    }
218
219    /* synchronization barrier initialization */
220    barrier = rt_sem_init(nam2num("MYSEM"),2);
221
222    /* main control loop */
223    pthread_create( &ctrlthread, NULL,ctrl_mainloop, NULL);
224    DEBUG( "Main - Threads Created\n");
225
226    /* set the timer */
227    rt_set_oneshot_mode();
228    start_rt_timer(0);
229
230    /* synchronization with ctrltask to avoid deadlock */
231    rt_sem_wait_barrier(barrier);
232    DEBUG( "Main after barrier\n");
```

Terminate queste operazioni il main program si mette in attesa cedendo il controllo alle primitive real time fino a che `GLOBALSTOP` è false (linee 234-236).

```
233 /* wait loop */
234     while(!GLOBALSTOP){
235       rt_sleep(nano2count( 1000*MSEC));
236     }
```

Infine lo stesso main program provvede alla chiusura del task real time quando `GLOBALSTOP` è true (linee 238-254).

```
237 /* stop all running threads */
238    isRunning = 0;
```

```
    GLOBALSTOP = 1;
    DEBUG( "Main loop passed\n");

    /* wait for main control loop termination */
    pthread_join(ctrlthread, NULL);
    DEBUG( "All threads ended\n");

    /* stop the timer */
    stop_rt_timer();
    rt_sem_delete(barrier);

    /* delete main task */
    rt_task_delete(maintask);

    return 0;
}
```

Domande

D4.1 Definire cosa si intende con “problema di controllo”.

D4.2 Illustrare mediante confronto lo schema di controllo in catena aperta e quello in retroazione.

D4.3 Illustrare lo schema tecnologico di un sistema di controllo digitale in retroazione.

D4.4 Classificare e definire le varie tipologie di segnali coesistenti in un sistema di controllo digitale.

D4.5 Definire il modello matematico della quantizzazione di un segnale.

D4.6 Descrivere il problema del campionamento impulsivo introducendo il fenomeno dell’aliasing.

D4.7 Definire il ricostruttore di ordine zero indicando quali modifiche apporta allo schema di controllo.

D4.8 Definire le specifiche statiche e dinamiche di un sistema di controllo.

D4.9 Descrivere il controllore PID individuando le relazioni esistenti tra i suoi parametri caratteristici e le specifiche di controllo.

D4.10 Illustrare le principali differenze tra la realizzazione in forma di posizione e la realizzazione in forma di velocità di un PID digitale.

D4.11 Descrivere le differenti strutture realizzative di un regolatore digitale PID.

D4.12 Introdurre il fenomeno del windup dell'azione integrale e descrivere un possibile accorgimento realizzativo per minimizzarne gli effetti.

D4.13 Descrivere come l'influenza del rumore di conversione e di moltiplicazione dipenda dalla realizzazione software del regolatore PID.

D4.14 Descrivere le differenze tra aritmetica in virgola fissa e aritmetica in virgola mobile.

D4.15 Illustrare la metodologia di messa in scala tecnologica delle variabili e delle equazioni.

D4.16 Illustrare la metodologia di messa in scala aritmetica delle equazioni.

Bibliografia ragionata

Una dettagliata trattazione degli elementi di base della teoria del controllo è fornita in [1] e [2]. In [3] e [4] è ampiamente trattato il problema dell'analisi e del progetto dei regolatori digitali con un'ampia discussione sui problemi realizzativi e implementativi.

Per quanto riguarda i controllori PID, testi di riferimento sono [5] e [6]; inoltre interessanti discussioni relativamente ai regolatori industriali di tipo PID possono essere trovate in [7] e [8]. In [9] il regolatore PID è visto nell'ottica dei sistemi di controllo del moto e vengono fornite delle tecniche di taratura sul campo di tipo empirico. Un tema particolarmente importante è quello riguardante le tecniche di desaturazione dell'azione integrale; a tal proposito si veda tra gli altri [10].

Per quanto riguarda il problema della realizzazione degli algoritmi di controllo digitale si rimanda il lettore a un testo di elaborazione numerica dei segnali quale [11]. Per avere ulteriori informazioni sul software di controllo PID presentato nel Paragrafo 4.5, si faccia riferimento a [12], [13], [14], [15] e [16].

Il lettore interessato alla verifica simulativa degli argomenti esposti può far riferimento a [17] e [18].

Infine è opportuno concludere ricordando che in questo capitolo si è data enfasi solamente alla tecnica di controllo mediante regolatori standard PID; tuttavia le tecniche di controllo utilizzate in ambito industriale sono ben più numerose; tra queste citiamo tecniche di controllo ottimo e discontinuo ([19]), tecniche di controllo robusto multi-input e multi-output ([20] e [21]), algoritmi di controllo adattativo ([22]) e di controllo predittivo ([23] e [24]).

[1] P. Bolzern, R. Scattolini, N. Schiavoni, *Fondamenti di controlli automatici*, 3^a edzione, ISBN 9788838664342, McGraw-Hill Italia, Milano, 2008.

[2] G. Marro, *Controlli automatici*, ISBN 880808839-1, Zanichelli, Bologna, 2004.

[3] C. Bonivento, C. Melchiorri, R. Zanasi, *Sistemi di controllo digitale*, ISBN 888504096-9, Progetto Leonardo, Bologna, 1995.

[4] K.J. Astrom, B. Wittenmark, *Computer-controlled systems: theory and design*, ISBN 013314899-8, Prentice Hall, Englewood, 1996.

[5] K.J. Astrom, T. Hagglund, *PID controllers: theory, design and tuning*, ISBN 155617516-7, International Society for Measurement and Control, Resarch Triangle Park, 1995.

[6] A. O'Dwyer, *Handbook of PI and PID controller tuning rules*, ISBN 186094342, Imperial College Press, London, 2003.

[7] G. Magnani, G. Ferretti, P. Rocco, *Tecnologie dei sistemi di controllo*, 2^a edizione, ISBN 9788838663215, McGraw Hill Italia, Milano, 2007.

[8] J. Di Blasio, "Ziegler e Nichols: al lavoro con i regolatori", *Automazione e Strumentazione*, 58 (3), Milano, 2010.

[9] G. Canini, C. Fantuzzi, *Controllo del moto per macchine automatiche*, ISBN 883711374-9, Pitagora editrice, Bologna, 2003.

[10] M. Kothare, P.J. Campo, M. Morari, C.N. Nett, "A unified framework for the study of anti-windup designs", *Automatica*, 30(12), Amsterdam, 1994.

[11] S.K. Mitra, *Digital signal processing: a computer-based approach*, ISBN 007124467-0, McGraw-Hill, New york, 2006.

[12] G. Racciu, P.Mantegazza, "RTAI 3.3 User Manual rev 0.1", Milano, 2006.

[13] `http://www.rtai.org`

[14] `http://www.comedi.org`

[15] `http://www.sensoray.com/html/626data.htm`

[16] `http://www-lar.deis.unibo.it`

[17] C. Greco, M. Rulla, L. Spagnolo, *Laboratorio sperimentale di automatica*, ISBN 883866090-5, McGraw-Hill, Milano, 2003.

[18] M. Tibaldi, *Note introduttive a Matlab e Control System Toolbox*, Progetto Leonardo, Bologna, 1993.

[19] M. Tibaldi, *Progetto di sistemi di controllo*, ISBN 883710762-5, Pitagora Editrice, Bologna, 1995.

[20] C.L. Smith, "Process Engineers: Take Control", *Chemical Engineering Progress*, 96(8), New York, 2000.

[21] M. Morari, E. Zafiriou, *Robust process control*, ISBN 013782153-0, Prentice Hall, Englewood, 1997.

[22] K.J. Astrom, B. Wittenmark, *Adaptive control*, ISBN 020155866-1, Prentice Hall, Englewood, 1995.

[23] E.F. Camacho, C. Bordons, *Model predictive control*, ISBN 185233694-3, Springer-Verlag, London, 2004.

[24] S.J. Qin, T.A. Badgwell, "A survey of industrial model predictive control technology", *Control Engineering Practice*, 11(7), Amsterdam, 2003.

5

Sistemi di attuazione e controllo del moto

Argomento di questo capitolo sono i sistemi di movimentazione automatizzati; viene introdotto il concetto di azionamento elettrico e i principi base di funzionamento degli attuatori elettromeccanici. Si esamina a fondo il motore a corrente continua a eccitazione separata dal momento che ogni modello di macchina elettrica può essere ricondotto, mediante opportune trasformazioni matematiche, al modello di tale motore; ne viene inoltre presentato lo schema classico di controllo. In seguito si considera una possibile soluzione al problema della sincronizzazione del moto e si caratterizzano le leggi di moto più utilizzate per gli azionamenti elettrici. La parte conclusiva del capitolo tratta alcune linee guida per la scelta della tipologia di azionamento e per il suo dimensionamento sulla base del task di controllo desiderato.

5.1 Introduzione agli azionamenti elettrici

Con il termine **trasduttore** si intende un dispositivo in grado di convertire un tipo di energia in un altro (per esempio energia elettrica in meccanica e viceversa). I trasduttori possono essere sia sensori sia attuatori: nel primo caso misurano una grandezza fisica e la convertono in un'altra grandezza appartenente al dominio fisico proprio dell'unità che deve elaborarne il contenuto informativo (generalmente elettrico, pneumatico o idraulico); al contrario, un attuatore trasforma un'informazione di comando (appartenente al dominio fisico dell'unità che genera il comando) in potenza appartenente al dominio del sistema su cui si agisce.

Una classe di trasduttori particolarmente importante è quella dei **trasduttori elettromeccanici**, ovvero quei sistemi in grado di convertire energia meccanica in energia elettrica e viceversa. In un trasduttore elettromeccanico, un sistema elettrico e un sistema meccanico sono accoppiati da un campo elettromagnetico; l'immagazzinamento di energia elettrica e magnetica permette la conversione della potenza. In altre parole un trasduttore elettromeccanico sfrutta il fatto che, immergendo in un campo magnetico un conduttore percorso da corrente, il campo magnetico esercita sul conduttore una forza meccanica; per lo stesso principio, se un conduttore viene spostato all'interno di un campo magnetico, su di esso si induce una tensione elettrica. Nel caso in cui la trasformazione sia dal dominio meccanico a quello elettrico si parla di **generatore** mentre, nel caso in cui la con-

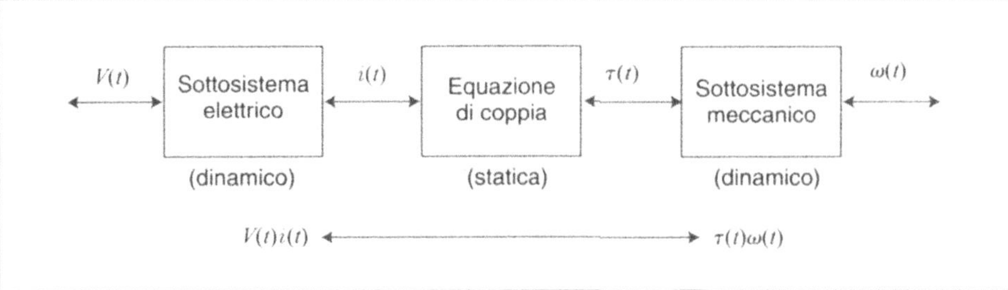

Figura 5.1 Schema a blocchi di un trasduttore elettromeccanico.

versione avvenga dal dominio elettrico a quello meccanico, si parla di **motore**. In entrambi i casi lo schema più generale di un trasduttore elettromeccanico è quello in Figura 5.1; si può notare come questo sia composto da due sottosistemi interconnessi da un'equazione statica:

- **sottosistema elettrico**, costituito da un circuito elettrico dinamico che immagazzina una potenza pari a $V(t)i(t)$ dove $V(t)$ è la tensione istantanea ai morsetti e $i(t)$ è la corrente istantanea che circola nel circuito;
- **sottosistema meccanico**, un sistema dinamico di dominio meccanico, solitamente rotativo, che immagazzina una potenza meccanica pari a $\tau(t)\omega(t)$ dove $\tau(t)$ è la coppia cui è sottoposto il sistema e $\omega(t)$ è la velocità di rotazione;
- **equazione di coppia**, un'equazione statica che lega, grazie al fenomeno di accoppiamento elettromagnetico, la corrente $i(t)$ circolante nel sottosistema elettrico alla coppia $\tau(t)$ cui è sottoposto il sottosistema meccanico.

Il sistema realizza intrinsecamente un'equivalenza delle potenze; pertanto, avendo già notato che esiste una relazione tra $i(t)$ e $\tau(t)$, dovrà esistere una relazione anche tra la tensione elettrica $V(t)$ e la velocità di rotazione $\omega(t)$: se l'ingresso al sistema è una velocità di rotazione del sottosistema meccanico, il risultato è una tensione ai capi del sottosistema elettrico (generatore); viceversa, se l'ingresso è la tensione elettrica, in uscita si otterrà una velocità di rotazione del sottosistema meccanico (motore).

Il sottosistema elettrico e l'equazione di generazione di coppia dipendono dalle caratteristiche realizzative del motore stesso, mentre il sottosistema meccanico del trasduttore è indipendente dalla sua tipologia e dipende essenzialmente dal carico meccanico a esso collegato.

5.1.1 Modello fisico di un trasduttore elettromeccanico

In questo paragrafo descriveremo le leggi fisiche che regolano il comportamento di un generico trasduttore elettromeccanico. Come caso più generale consideriamo quello in Figura 5.2 in cui due circuiti elettromagnetici mobili, realizzati con bobine avvolte attorno a del materiale ferromagnetico (**avvolgimenti**), interagiscono.

Supponiamo che i circuiti siano magneticamente lineari e che il circuito 2 sia fisso mentre il circuito 1 sia fulcrato al centro e libero di ruotare; indicheremo con

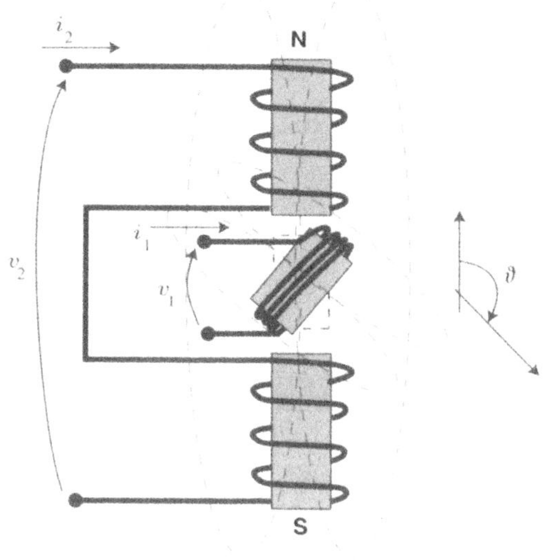

Figura 5.2 Due circuiti elettromagnetici interagiscono per generare coppia.

ϑ la posizione relativa degli assi magnetici dei due avvolgimenti. L'equazione elettrica della bobina 1 è

$$v_1(t) = R_1 i_1(t) + \frac{d\phi_{c1}(t)}{dt} ,$$

dove R_1 è la resistenza caratteristica dell'avvolgimento 1 e ϕ_{c1} è il flusso concatenato con il circuito 1. Il flusso concatenato con l'avvolgimento 1 è funzione della corrente i_1 che circola nel circuito 1 (fenomeno di **auto induzione**), della corrente i_2 che circola nel circuito 2 (fenomeno di **mutua induzione**) e della posizione relativa ϑ tra i due circuiti:

$$\phi_{c1}(t) = f\left(i_1(t), i_2(t), \vartheta(t)\right) .$$

Ovviamente l'equazione del circuito 2 è analoga. Se ora esprimiamo il valore del differenziale del flusso ϕ_{c1} otteniamo

$$d\phi_{c1} = \frac{\partial\phi_{c_1}}{\partial i_1} di_1 + \frac{\partial\phi_{c_1}}{\partial i_2} di_2 + \frac{\partial\phi_{c_1}}{\partial\vartheta} d\vartheta$$

da cui, grazie all'ipotesi di linearità magnetica, si ottiene il valore della derivata del flusso

$$\frac{d\phi_{c1}}{dt} = L_1 \frac{di_1}{dt} + M_{12} \frac{di_2}{dt} + \frac{\partial\phi_{c_1}}{\partial\vartheta} \frac{d\vartheta}{dt}$$

dove L_1 e M_{12} sono i coefficienti di auto e mutua induzione definiti come

$$L_1 = \frac{\partial \phi_{c1}}{\partial i_1} , \qquad M_{12} = \frac{\partial \phi_{c1}}{\partial i_2} .$$

Quindi, in generale, l'equazione elettrica del circuito 1 vale

$$v_1(t) = R_1 i_1(t) + L_1 \frac{di_1(t)}{dt} + M_{12} \frac{di_2(t)}{dt} + \frac{\partial \phi_{c_1}(t)}{\partial \vartheta} \omega(t)$$

dove ω è la velocità angolare del circuito 1. Si noti come la velocità relativa tra i due circuiti genera nell'avvolgimento una tensione detta **forza contro elettromotrice** pari a

$$v_1^{\text{fcem}} = \frac{\partial \phi_{c_1}(t)}{\partial \vartheta} \omega(t) ;$$

il termine $\partial \phi_{c_1}(t)/\partial \vartheta$ è detto coefficiente di forza contro elettromotrice.

Nel caso ancora più generale di n circuiti distribuiti su due equipaggi in moto relativo tra loro, per ogni circuito j ($j = 1, \ldots, n$) vale

$$v_j(t) = R_j i_j(t) + \sum_{\ell=1}^{n} L_{j\ell} \frac{di_\ell(t)}{dt} + \frac{\partial \phi_{c_j}(t)}{\partial \vartheta} \omega(t)$$

dove $L_{j\ell}$ ($\ell = 1, \ldots, n$, $\ell \neq j$) sono i coefficienti di mutua induzione e L_{jj} è il coefficiente di auto induzione. La potenza elettrica totale del trasduttore in questo caso sarà dunque

$$P_{\text{el}} = \sum_{j=1}^{n} v_j(t) i_j(t)$$

ovvero

$$P_{\text{el}} = \sum_{j=1}^{n} R_j i_j^2(t) + \sum_{j=1}^{n} \sum_{\ell=1}^{n} L_{j\ell} i_j(t) \frac{di_\ell(t)}{dt} + \sum_{j=1}^{n} \left[\frac{\partial \phi_{c_j}(t)}{\partial \vartheta} i_j(t) \right] \omega(t) .$$

Osservando la formula ricavata per la potenza elettrica totale notiamo come questa sia composta da tre termini:

- **potenza dissipata**

$$P_{\text{diss}} = \sum_{j=1}^{n} R_j i_j^2(t) ;$$

- **potenza immagazzinata**

$$P_{\text{imm}} = \sum_{j=1}^{n} \sum_{\ell=1}^{n} L_{j\ell} i_j(t) \frac{di_\ell(t)}{dt} ;$$

- **potenza meccanica**

$$P_{\text{mecc}} = \sum_{j=1}^{n} \left[\frac{\partial \phi_{c_j}(t)}{\partial \vartheta} i_j(t) \right] \omega(t) \, .$$

Dato che la potenza meccanica è pari a $\tau(t)\omega(t)$, è immediato osservare che vale:

$$\tau(t) = \sum_{j=1}^{n} \left[\frac{\partial \phi_{c_j}(t)}{\partial \vartheta} i_j(t) \right] \, .$$

È importante notare come i singoli circuiti contribuiscano alla coppia attraverso un termine $\partial\phi_{c_j}(t)/\partial\vartheta$, detto **coefficiente di coppia**, che è pari al coefficiente di forza contro elettromotrice.

Per quanto riguarda il sottosistema meccanico del trasduttore, possiamo schematizzarlo come un'inerzia J soggetta alla coppia $\tau(t)$, a una coppia di attrito $-b\omega(t)$ (con b coefficiente di attrito) e a una coppia resistente $\tau_{\text{r}}(t)$. In questo modo l'equazione dinamica che regola il sottosistema meccanico è

$$\begin{aligned} J\frac{d\omega(t)}{dt} &= \tau(t) - \tau_{\text{r}}(t) - b\omega(t) \\ \frac{d\vartheta(t)}{dt} &= \omega \, ; \end{aligned}$$

si noti che, come accennato in precedenza, il sottosistema meccanico non dipende dal tipo di trasduttore.

Ricapitolando, un generico trasduttore elettromeccanico può essere modellato considerando le seguenti equazioni che descrivono matematicamente le tre parti fondamentali di Figura 5.1.

- **sottosistema elettrico**

$$v_j(t) - R_j i_j(t) + \sum_{\ell=1}^{n} L_{j\ell} \frac{di_\ell(t)}{dt} - \frac{\partial \phi_{c_j}(t)}{\partial \vartheta} \omega(t) = 0 \, , \quad (j = 1, \ldots, n) \, ;$$

- **equazione di coppia**

$$\tau(t) - \sum_{j=1}^{n} \left[\frac{\partial \phi_{c_j}(t)}{\partial \vartheta} i_j(t) \right] = 0 \, ;$$

- **sottosistema meccanico**

$$\begin{aligned} J\frac{d\omega(t)}{dt} &= \tau(t) - \tau_{\text{r}}(t) - \beta\omega(t) \\ \frac{d\vartheta(t)}{dt} &= \omega(t) \, . \end{aligned}$$

Dalle equazioni precedenti si può notare come, applicando una coppia esterna al sottosistema meccanico, si generi una tensione negli avvolgimenti (funzionamento da generatore); viceversa, se si alimentano gli avvolgimenti e il flusso concatenato varia con la posizione angolare relativa tra questi, si genera coppia (funzionamento da motore).

Abbiamo visto come un trasduttore elettromeccanico che funzioni da motore possa generare coppia mediante l'interazione di due sistemi magnetici: uno fisso (generalmente detto **statore**) e uno mobile (generalmente detto **rotore**). Tale generazione di coppia avviene se il flusso concatenato tra i circuiti (ϕ_{c_j}) varia con la posizione angolare relativa tra le due parti (ϑ); infatti in questo caso si ha:

$$\frac{\partial \phi_{c_j}(t)}{\partial \vartheta} \neq 0 \, .$$

In generale, il flusso concatenato ϕ_{c_j} risulta uguale a

$$\phi_{c_j} = \phi_{ca_j}(i_j, \vartheta) + \phi_{cm_j}(i_1, \ldots, i_{j-1}, i_{j+1}, \ldots, i_n, \vartheta)$$

dove ϕ_{ca_j} è il flusso di autoinduzione e ϕ_{cm_j} è il flusso di mutua induzione per il j-esimo circuito.

Esistono pertanto due diverse modalità per la generazione di coppia:

1. se $\partial \phi_{ca_j} / \partial \vartheta \neq 0$ il motore è detto a **riluttanza variabile** ed è possibile generare coppia anche con un solo circuito elettrico;
2. se $\partial \phi_{ca_j} / \partial \vartheta = 0$ la coppia viene generata solo dall'interazione di più circuiti in cui il flusso di mutua induzione dipende dalla posizione ϑ; in questo caso si parla di **motori a riluttanza costante**.

Nei motori a riluttanza variabile il circuito di statore genera il flusso magnetico e il rotore (un elemento a geometria magnetica variabile con la posizione) tende a portarsi nella posizione di minima riluttanza. Al contrario, nei motori a riluttanza costante, occorrono almeno due circuiti magnetici: uno genera il flusso magnetico e l'altro, percorso da corrente, interagisce con il flusso del primo.

5.1.2 Gli azionamenti elettrici

Un'esigenza classica nei sistemi di automazione è quella di controllare il moto di alcune parti dell'impianto; per questo motivo i motori elettrici sono componenti fondamentali e, di seguito, ci occuperemo esclusivamente di questa classe di trasduttori elettromeccanici.

Un sistema capace di produrre e controllare il moto di un carico meccanico è detto **azionamento elettrico**; lo schema di principio di un azionamento elettrico è rappresentato in Figura 5.3. Un azionamento elettrico è composto da tre parti fondamentali:

- **motore elettrico** che trasforma energia elettrica in energia meccanica;

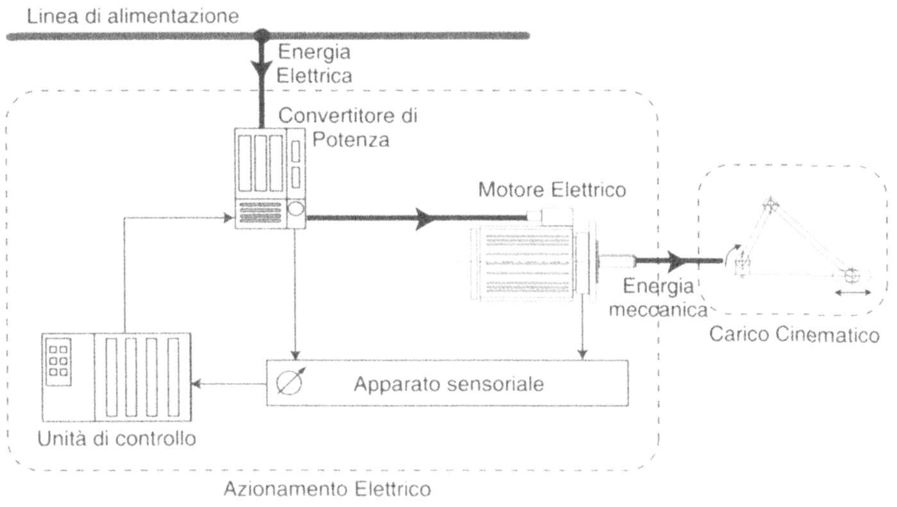

Figura 5.3 Schema di principio di un azionamento elettrico.

- **unità di controllo** che regola il motore in modo da garantire un determinato comportamento dinamico;
- **convertitore di potenza** che modula la potenza elettrica derivante dalla linea di alimentazione sulla base dell'informazione di controllo, in modo da fornire la potenza elettrica opportuna al motore.

Si noti come l'unità di controllo, tipicamente digitale, realizzi un controllo in retroazione basando il proprio comando sulle informazioni derivanti dall'apparato sensoriale che è interconnesso con il motore e il convertitore; le misure disponibili sono solitamente la velocità e la posizione del motore e le correnti elettriche circolanti negli avvolgimenti. Generalmente il moto del motore elettrico viene trasferito a un carico cinematico, ovvero a una serie di organi meccanici che trasformano opportunamente il movimento per effettuare delle operazioni di interesse. Le caratteristiche del carico cinematico da movimentare influenzano la scelta della tipologia di motore, della taglia di potenza e del task di controllo da effettuare. L'azionamento elettrico può essere quindi visto sia come sistema di controllo a sè stante sia come attuatore di moto per il carico cinematico.

Vale la pena spendere alcune parole sul **convertitore di potenza**: questo è un sistema elettronico di potenza che, scambiando energia con la rete elettrica, permette di attuare la tensione richiesta dall'unità di controllo. Per piccole potenze (sotto poche decine di Watt) si possono utilizzare amplificatori di tipo lineare[1]; al contrario, per potenze superiori, si ricorre in genere ad amplificatori realizzati con

[1]Sono amplificatori analogici realizzati con componenti di potenza che per lavorare in regione lineare richiedono anche a riposo un consumo di potenza non nullo.

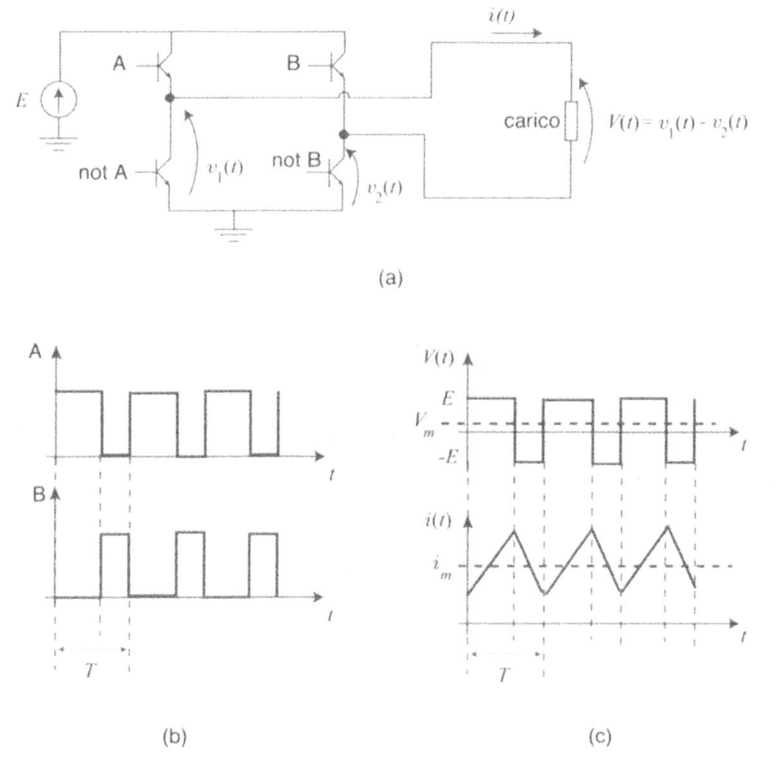

Figura 5.4 Modello di amplificatore switching pilotato con tecnica di modulazione a larghezza di impulso (PWM).

componenti elettronici di tipo switching comandati con tecniche di modulazione. Il motivo dell'utilizzo di convertitori switching è essenzialmente di tipo energetico: infatti, per potenze superiori alle poche decine di Watt, il rendimento degli amplificatori switching è nettamente migliore di quello degli amplificatori lineari che richiedono potenza anche quando sono a riposo.

In Figura 5.4a è rappresentato un semplice convertitore di potenza switching: il carico (motore elettrico) è connesso alla tensione elettrica costante E mediante quattro interruttori ideali (switch) pilotati da due segnali logici A e B. Tramite l'apertura/chiusura degli interruttori (modulazione), è possibile fornire al carico una tensione media pari a una frazione desiderata di E. Un metodo di modulazione ampiamente diffuso è il cosiddetto metodo di **modulazione a larghezza di impulso** (PWM), ovvero una tecnica di modulazione a frequenza fissa che utilizza la larghezza di ogni impulso per variare il valor medio della tensione ai capi del carico. In questo caso i segnali A e B sono onde quadre di periodo T tra loro in controfase come illustrato in Figura 5.4b: quando A=1 e B=0 la tensione ai capi del carico è pari a E; viceversa, se A=0 e B=1, la tensione ai capi del carico è pari a $-E$ (Figura 5.4c). La tensione media V_m ai capi del carico è pari a kE dove $k \in [-1; +1]$ può essere variato mediante il rapporto tra il periodo di tempo in cui il segnale A è pari a 1 e T (**duty cycle**). La corrente $i(t)$ che circola attraverso il carico, come mostrato in Figura 5.4c, è caratterizzata da ripple attorno al suo valor medio i_m a causa della commutazione della tensione $V(t)$; generalmente il comportamento filtrante del carico (come nel caso dei motori elettrici in cui il carico ha una componente induttiva) attenua questo inconveniente.

È importante infine evidenziare che tutti gli azionamenti elettrici hanno dei limiti fisici in termini di massima tensione di alimentazione (dovuta a problemi di isolamento del motore e ai limiti dell'amplificatore di potenza) e massima corrente erogabile (per problemi termici); visto il modello generale appena introdotto, è semplice intuire che tali limiti si traducono in limiti sulla massima velocità di rotazione raggiungibile dal motore e sulla massima coppia erogabile.

5.2 Il motore a corrente continua

Il principio di funzionamento di tutti i motori elettrici è sempre quello descritto nel Paragrafo 5.1; differenti tipologie di motori sono caratterizzati da diversi schemi realizzativi. Ogni tipologia di macchina elettrica sarà caratterizzata dal proprio modello matematico che, purtroppo, risulta tanto più complesso quanto più è semplice lo schema realizzativo; tuttavia, con opportune trasformazioni matematiche, tutti questi modelli possono essere ricondotti al modello di un motore a corrente continua con eccitazione separata (motore a collettore). Per questo motivo illustreremo i principi fisici che regolano il comportamento di questo motore e il modello matematico che ne deriva.

Consideriamo un conduttore rettilineo percorso da una corrente **i** disposto normalmente rispetto alle linee di forza di un campo magnetico uniforme **B** come in Figura 5.5. Sul conduttore viene esercitata una forza magnetoelettrica **F** che tende a spostare il conduttore in direzione normale alla direzione della corrente e a quella del campo:

$$\mathbf{F} = \mathbf{i} \wedge \mathbf{B} \,.$$

Se vincoliamo il conduttore in modo che possa solo ruotare attorno a un asse perpendicolare alle linee di forza del campo magnetico e lo alimentiamo mediante dei contatti mobili che permettano di mantenere la direzione della corrente **i** sempre perpendicolare a **B**, riusciamo a generare delle forze magnetoelettriche di modulo massimo che danno origine a una coppia che tende a far ruotare il conduttore; il verso di rotazione dipende ovviamente dal verso della corrente **i** e quindi della tensione di alimentazione V_a. Questo principio, noto come **legge di Lorentz**, è la base per i motori elettrici alimentati in corrente continua (**motori DC**). In Figura 5.6 è raffigurata una rappresentazione schematica di un motore a corrente continua; lo **statore**, realizzato mediante materiale ferromagnetico (**magnete permanente**), è l'**induttore** della macchina e genera il campo magnetico principale caratterizzato da flusso magnetico ϕ_e detto **flusso di eccitazione**. Il **rotore**, un cilindro alloggiato all'interno dello statore, rappresenta l'**indotto** del motore;

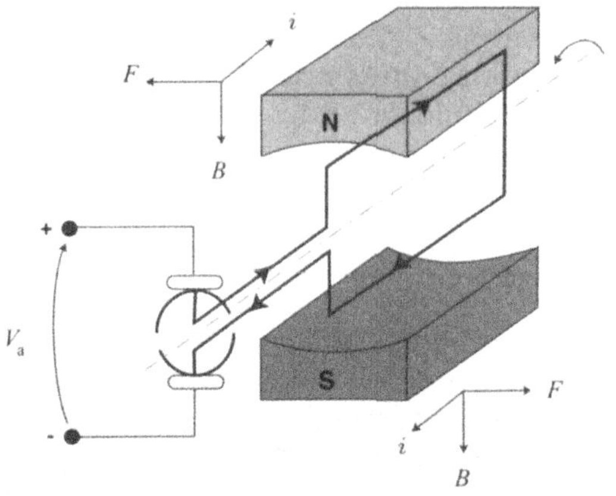

Figura 5.5 Schema di principio di un motore a collettore.

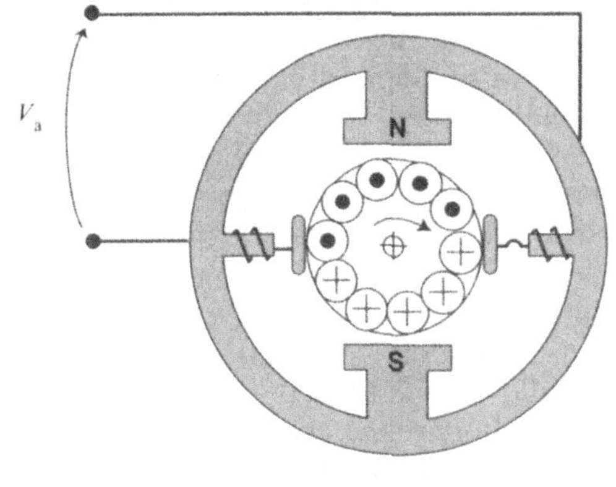

Figura 5.6 Schema realizzativo di un motore a collettore con statore a magneti permanenti.

l'avvolgimento di rotore (detto **circuito di armatura**) è costituito da una serie di bobine collocate dentro opportuni canali ricavati lungo le generatrici del cilindro. Tale circuito di armatura è alimentato mediante una **corrente di armatura** i_a trasferita grazie a dei contatti fissi (**spazzole**) striscianti su lamelle solidali con il rotore (**collettore**); in questo modo è possibile mantenere la direzione della corrente di armatura i_a sempre perpendicolare alla direzione del flusso di eccitazione ϕ_e. Occorre precisare che, per convenzione, la direzione della corrente (normale al foglio) è entrante nei conduttori rappresentati graficamente da una croce e uscente in quelli rappresentati da un punto.

In generale, il flusso di eccitazione può essere generato anche mediante un secondo circuito elettromagnetico detto **circuito di eccitazione**: lo statore, come

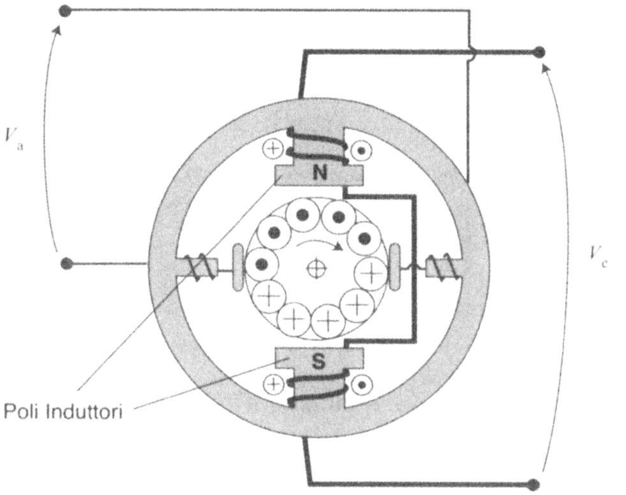

Figura 5.7 Schema realizzativo di un motore a collettore con circuito di eccitazione.

mostrato in Figura 5.7, presenta dei poli (detti **poli induttori**) su cui sono avvolte delle bobine alimentate mediante una tensione V_e detta tensione di eccitazione. In questo caso, per pilotare il motore, è possibile agire sia sulla tensione di armatura (variando i_a) sia sulla tensione di eccitazione (variando ϕ_e).

In entrambe le versioni realizzative, l'equazione elettrica del circuito di armatura è del tipo

$$V_a(t) = R_a i_a(t) + L_a \frac{di_a(t)}{dt} + M_{ae} \frac{di_e(t)}{dt} + \frac{\partial \phi_{ca}}{\partial \vartheta} \omega(t) ,$$

dove R_a ed L_a sono rispettivamente resistenza e coefficiente di auto induzione del circuito di armatura, M_{ae} è il coefficiente di mutua induzione tra armatura ed eccitazione, ϑ è l'orientamento relativo tra i due circuiti e $\omega(t)$ è la velocità di rotazione del rotore. Per costruzione il coefficiente di mutua induzione M_{ae} è nullo grazie all'ortogonalità dei due circuiti magnetici e il coefficiente di forza contro elettromotrice $\partial \phi_{ca} / \partial \vartheta$ è pari a $\phi_e(t)$: in questo modo l'equazione del sottosistema elettrico del motore DC diviene

$$V_a(t) = R_a i_a(t) + L_a \frac{di_a(t)}{dt} + \phi_e(t) \omega(t) .$$

Il circuito di eccitazione, dato che per costruzione e grazie a opportuni accorgimenti tecnologici ϕ_{ce} è nullo, può viceversa essere modellato come

$$\begin{aligned} V_e(t) &= R_e i_e(t) + L_e \frac{i_e(t)}{dt} \\ \phi_e(t) &= L_e i_e(t) \end{aligned}$$

dove R_e e L_e sono la resistenza e il coefficiente di autoinduzione del circuito di eccitazione. Inoltre, ricordando la formulazione generale dell'equazione di coppia e del sottosistema meccanico, otteniamo che la coppia generata per induzione magnetica è pari a

$$\tau(t) = \phi_e(t) i_a(t)$$

e, tale coppia, genera un moto rotativo del rotore regolato dall'equazione differenziale

$$J\frac{d\omega(t)}{dt} = \tau(t) - \tau_r(t) - b\omega(t)$$

dove J è il momento di inerzia del motore e del carico meccanico eventualmente collegato a esso, $\tau_r(t)$ è un'eventuale coppia resistente e b è il coefficiente di attrito del motore.

Se la tensione di eccitazione e dunque il flusso di eccitazione sono tenuti costanti, o il motore è realizzato con statore a magneti permanenti, il modello si semplifica in quanto $\partial\phi_{ca}/\partial\vartheta$ è costante e pari a k_m; l'equazione del sottosistema elettrico del motore diviene

$$V_a(t) = R_a i_a(t) + L_a\frac{di_a(t)}{dt} + k_m\omega(t)$$

e l'equazione di coppia si semplifica come segue:

$$\tau(t) = k_m i_a(t)\ .$$

Dal modello ottenuto si nota immediatamente che la tensione di armatura $V_a(t)$ serve per compensare le perdite dovute alla resistenza del circuito di armatura, per contrastare la forza contro elettromotrice e per variare l'energia accumulata nel campo magnetico, generando in questo modo la coppia necessaria per movimentare il rotore. È importante notare come i limiti fisici sulla tensione di armatura del motore corrispondano a limiti sulla massima velocità angolare raggiungibile, mentre i limiti sulla corrente di armatura corrispondano a limiti sulla coppia erogabile.

Nei motori con circuito di eccitazione è possibile utilizzare la tensione di eccitazione $V_e(t)$ per controllare il flusso di eccitazione $\phi_e(t)$; essendo la tensione di armatura dipendente dal termine $\phi_e(t)\omega(t)$, è possibile diminuire il flusso di eccitazione cosicché, a parità di tensione di armatura, la velocità raggiunta sia superiore a quella raggiungibile quando $\phi_e(t)$ è costante (**extra velocità**). Ovviamente, dato che anche la coppia erogata è proporzionale a $\phi_e(t)i_a(t)$, la massima coppia erogabile diminuirà. Questa tecnica è nota come **deflussaggio** del motore.

Il motore a corrente continua a flusso di eccitazione costante presenta dunque un modello lineare molto semplice e, come vedremo a breve, versatile per lo studio di algoritmi di controllo; per questo motivo tale motore è stato il più utilizzato per i sistemi di automazione fino a poco tempo fa. Le caratteristiche realizzative che permettono di ottenere un modello così semplice comportano però degli svantaggi: per esempio il meccanismo di alimentazione del circuito di armatura

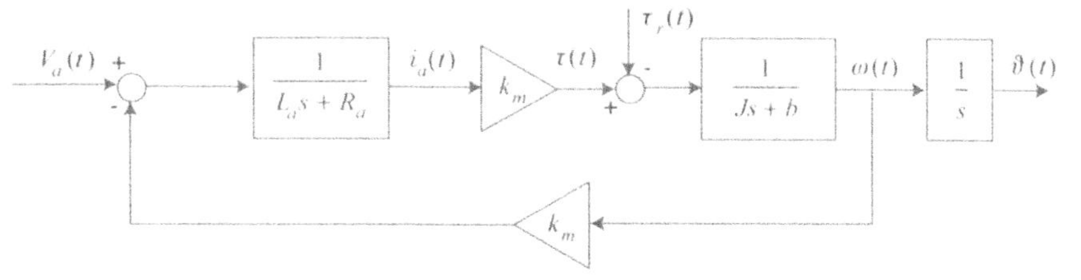

Figura 5.8 Schema a blocchi di un motore a collettore con magneti permanenti.

a spazzole striscianti sul collettore comporta una resistenza rotorica elevata con conseguente problema di surriscaldamento e problemi di usura e scintillamento.

Passando dalle equazioni differenziali lineari alle funzioni di trasferimento, possiamo ricavare lo schema a blocchi di Figura 5.8 in cui il sottosistema elettrico del motore è rappresentato dalla funzione di trasferimento

$$G_{\mathrm{el}}(s) = \frac{1}{L_a s + R_a}$$

che ha come ingresso la differenza tra la tensione di armatura $V_a(t)$ e la forza contro elettromotrice e come uscita la corrente di armatura $i_a(t)$; l'equazione di coppia è statica $\tau(t) = k_m i_a(t)$ e il sottosistema meccanico è rappresentato dalla funzione di trasferimento

$$G_{\mathrm{m}}(s) = \frac{1}{Js + b}$$

che ha come ingresso la differenza tra la coppia generata $\tau(t)$ e la coppia resistente $\tau_{\mathrm{r}}(t)$ e come uscita la velocità angolare del rotore $\omega(t)$. Si noti come la posizione del rotore $\vartheta(t)$ sia ottenibile dalla velocità angolare mediante una semplice integrazione. Il sottosistema elettrico del motore è dunque caratterizzato da una dinamica del primo ordine con un polo reale pari a $p_{\mathrm{el}} = -R_a/L_a$ (**polo elettrico**); il sottosistema meccanico ha anche esso una dinamica del primo ordine caratterizzata dal polo $p_{\mathrm{m}} = -b/J$ (**polo meccanico**). In generale, il polo elettrico è molto più veloce di quello meccanico essendo caratterizzato da una costante di tempo τ_{el} dell'ordine del millisecondo, al contrario della costante di tempo τ_{m} del polo meccanico pari solitamente a qualche secondo.

La funzione di trasferimento totale che lega la velocità del motore $\omega(t)$ alla tensione di armatura $V_a(t)$ è

$$G_{\mathrm{tot}} = \frac{k_m}{(L_a s + R_a)(Js + b) + k_m^2}$$

pertanto la dinamica presenta due poli e nessuno zero. È semplice intuire, mediante un'analisi sul luogo delle radici al variare di k_m (Figura 5.9), che i poli del sistema sono sempre stabili; per valori di k_m bassi i poli sono reali, mentre,

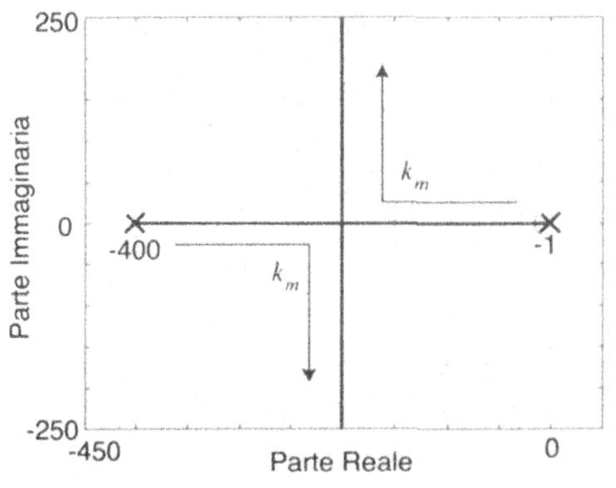

Figura 5.9 Andamento dei poli di un motore DC al variare di k_m. I parametri del motore considerato sono $R_a = 1\,\Omega$, $L_a = 2.5$ mH, $J = 0.01$ kgm^2 e $b = 0.01$ Nm/rad/s.

all'aumentare di k_m, i poli diventano complessi e coniugati. Ovviamente, se k_m fosse nullo, ovvero se non ci fosse l'effetto della forza contro elettromotrice, i poli sarebbero uguali a p_{el} e p_{m}.

5.2.1 Progetto del sistema di controllo per motori DC

Controllare un motore a corrente continua significa applicare un'opportuna tensione $V_a(t)$ in modo che il motore:

- insegua, soddisfacendo determinate specifiche, un riferimento desiderato di posizione $\vartheta^\star(t)$;
- reietti la coppia di disturbo non nota $\tau_r(t)$;
- rimanga stabile.

Questi obiettivi devono essere perseguiti considerando possibili incertezze sui parametri del motore. Un problema di questo tipo, nonostante il modello del sistema sia semplice, risulta comunque complesso se affrontato in maniera centralizzata, ovvero, come mostrato in Figura 5.10, con un unico controllore in retroazione progettato per soddisfare tutte le specifiche. Tuttavia, se fosse possibile non considerare l'effetto della forza contro elettromotrice, il sistema avrebbe un modello formato dalla cascata di tre funzioni di trasferimento con uscite misurabili e sarebbe possibile affrontare il problema del controllo con uno schema in cascata, dividendo le varie specifiche tra i vari anelli.

La strategia adottata per il controllo del motore consiste proprio nel compensare la forza contro elettromotrice e dividere il controllo in tre anelli:

1. **controllo di corrente**, ovvero controllo della dinamica elettrica con retroazione della corrente di armatura;

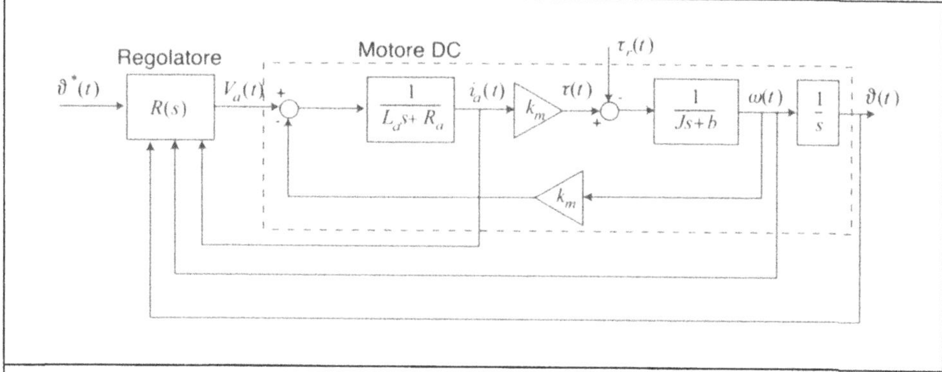

Figura 5.10 Schema di controllo centralizzato di un motore DC.

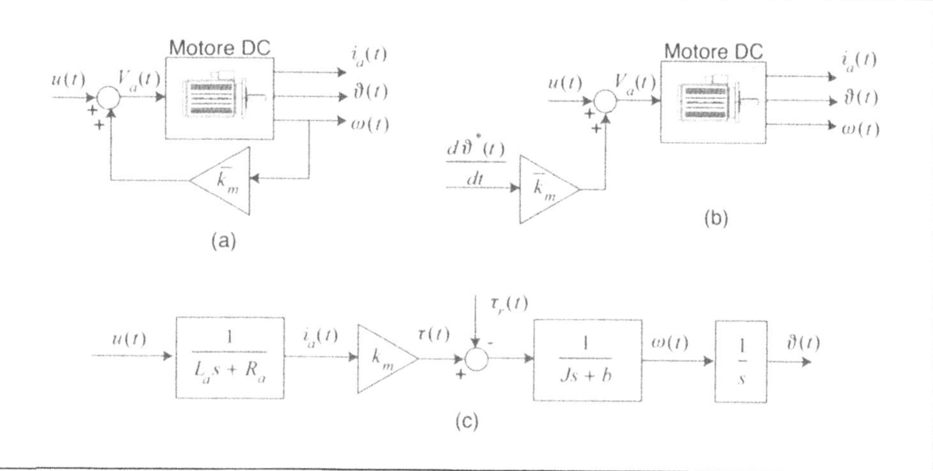

Figura 5.11 Compensazione della forza contro elettromotrice in un motore DC.

2. **controllo di velocità**, ovvero controllo della dinamica meccanica con retroazione della velocità angolare del motore;
3. **controllo di posizione**, ovvero controllo della dinamica integrale con retroazione della posizione angolare del motore.

In questo modo è possibile dividere il problema di controllo in tre sottoproblemi molto semplici; l'unico vincolo è la separazione frequenziale richiesta ai tre anelli di controllo in modo che sia possibile progettare separatamente i tre controllori senza pericoli di interferenza.

Il primo passo è dunque quello della compensazione della forza contro elettromotrice $-k_m\omega(t)$; dato che la velocità angolare del motore è misurata, è sempre possibile utilizzare un opportuno feedback positivo per eliminare la retroazione intrinseca del motore. In questo modo, come illustrato in Figura 5.11a, la tensione di armatura $V_a(t)$ imposta è pari a:

$$V_a(t) = u(t) + \overline{k_m}\omega(t)$$

dove $\overline{k_m}$ è il coefficiente k_m a meno dell'incertezza e $u(t)$ diviene ora l'ingresso di controllo del motore. Se il parametro k_m fosse perfettamente noto ($\overline{k_m} = k_m$), la compensazione sarebbe perfetta e il modello da controllare sarebbe quello in Figura 5.11c. Uno schema di questo tipo ha però un problema: l'incertezza parametrica sul parametro k_m potrebbe portare, nel caso in cui $\overline{k_m} > k_m$, a un termine residuo non compensato che realizza una retroazione positiva della velocità portando il sistema verso l'instabilità. Questo fenomeno è assolutamente da evitare; per esempio, se il parametro k_m è noto all'interno di un certo range di variazione ($k_m^1 \leq k_m \leq k_m^2$), è opportuno scegliere come parametro di compensazione $\overline{k_m}$ il lower bound k_m^1, in modo che anche nel caso peggiore il termine residuo $\overline{k_m} - k_m$ sia negativo. Un'ulteriore soluzione è quella presentata in Figura 5.11b in cui il termine di compensazione viene calcolato mediante un'azione in avanti e non con una retroazione:

$$V_a(t) = u(t) + \overline{k_m}\frac{d\theta^\star(t)}{dt} = u(t) + \overline{k_m}\omega^\star(t)$$

dove $\omega^\star(t)$ è la velocità di riferimento che il motore dovrà inseguire. In questo modo, se $\omega(t) \equiv \omega^\star(t)$ (specifica di controllo) e $\overline{k_m} = k_m$, la compensazione della forza contro elettromotrice risulta perfetta; inoltre, anche nel caso di incertezza su k_m, la non perfetta compensazione non degenererà in una retroazione positiva.

Compensata la forza contro elettromotrice, è possibile dedicarsi al progetto dei regolatori per i tre anelli di controllo. Per prima cosa occorre fissare la banda passante per i tre anelli; solitamente si fissa la massima banda ω_{c1} per l'anello di corrente sulla base dei limiti fisici raggiungibili dal convertitore di potenza (che dovrà attuare fisicamente la tensione di controllo) e si definiscono i limiti per la banda dell'anello di velocità (ω_{c2}) e di posizione (ω_{c3}) tramite le seguenti relazioni:

$$\omega_{c2} = \frac{\omega_{c1}}{k_1} \qquad \omega_{c3} = \frac{\omega_{c2}}{k_2}$$

con $k_i \in [3, 10]$ ($i = 1, 2$). In questo modo si cerca di garantire la separazione frequenziale tra i tre anelli cosicché, secondo il paradigma di controllo in cascata, i tre regolatori possano essere progettati indipendentemente l'uno dall'altro.

Se il disaccoppiamento delle tre dinamiche è garantito, si può partire progettando l'**anello di posizione** considerando gli anelli interni come **attuatori ideali** e il plant da controllare come un semplice integratore. In altre parole, come mostrato in Figura 5.12, il regolatore di posizione progettato genererà una velocità di riferimento ω_{ref} che sarà (grazie al concetto di attuatore ideale dei loop interni) l'ingresso dell'integratore. Il regolatore di posizione sarà progettato in modo da garantire stabilità asintotica, errori a regime nullo su errori iniziali di posizione (equivalenti a gradini sull'ingresso) e banda passante desiderata ω_{c3}. Grazie al fatto che il plant da controllare è un integratore, tale regolatore può essere semplicemente un **regolatore proporzionale**; come illustrato in Figura 5.12, all'azione in feedback sarà affiancata un'azione in catena aperta (ω_{ff}) che definiremo in seguito e che permetterà di garantire performance di inseguimento ottime; è inoltre

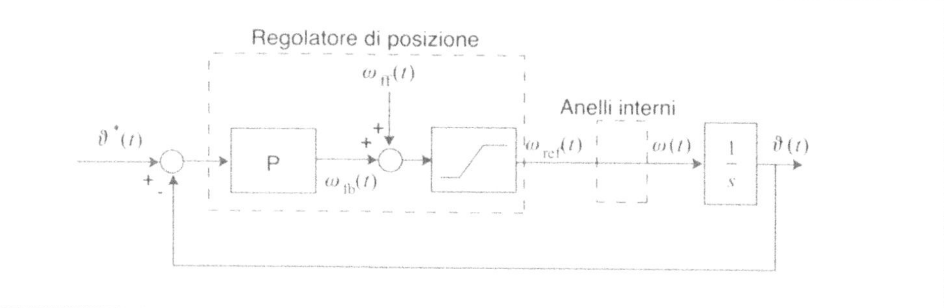

Figura 5.12 Anello di posizione per il controllo di un motore DC.

opportuno inserire nel regolatore di posizione una saturazione che limiti il comando di velocità ai limiti fisici imposti dal motore in seguito alla saturazione fisica dell'ingresso di controllo in tensione $V_a(t)$.

Terminato il progetto dell'anello di posizione, consideriamo l'**anello di velocità**: anche in questo caso, grazie al disaccoppiamento delle dinamiche, si può considerare l'anello interno (anello di corrente) come un attuatore virtuale e progettare il **regolatore di velocità** sul plant semplificato costituito dalla dinamica meccanica $k_m G_{\mathrm{m}}(s)$. Come illustrato in Figura 5.13 il regolatore di velocità riceve come setpoint il riferimento di velocità generato dal regolatore di posizione e fornisce in uscita un setpoint di corrente $i_{\mathrm{ref}}(t)$ che, ancora grazie alla separazione frequenziale, genererà direttamente l'ingresso di coppia della dinamica meccanica. Come in precedenza, il regolatore di velocità sarà composto da un regolatore in retroazione e un regolatore in catena aperta; il regolatore in catena aperta (che definiremo in seguito) servirà per garantire tracking perfetto del riferimento di velocità, mentre il regolatore in feedback deve essere progettato per garantire stabilità asintotica, banda passante $\omega_{\mathrm{c}2}$, margine di fase desiderato per l'anello di velocità e, soprattutto, reiezione del disturbo di coppia $\tau_r(t)$, garantendo in ogni caso robustezza rispetto alle incertezze sui parametri meccanici J e b. Soluzione tipica per il regolatore in retroazione è un regolatore proporzionale e integrale che garantisce errore a regime nullo per riferimenti e disturbi costanti. Anche per l'anello di velocità conviene inserire nel regolatore una saturazione fittizia del comando di corrente che la limiti secondo le limitazioni fisiche del sistema; ovviamente, dato che il regolatore in feedback contiene un'azione integrale, la saturazione dovrà essere gestita opportunamente mediante schemi di anti-windup come visto nel Capitolo 4.

Non rimane che progettare l'anello di controllo più interno ovvero l'**anello di corrente**: come si vede in Figura 5.14, il **regolatore di corrente** può essere progettato sul plant semplificato costituito dalla sola dinamica elettrica $G_{\mathrm{el}}(s)$ e sarà costituito dall'azione di compensazione della forza contro elettromotrice già vista in precedenza e da un regolatore in retroazione sul setpoint di corrente generato dal loop di velocità. Generalmente non è prevista la presenza di un'azione in catena aperta dato che il tracking viene garantito dalla banda passante $\omega_{\mathrm{c}1}$ che è la massima possibile in base ai limiti fisici del sistema. Il regolatore in retroazione è

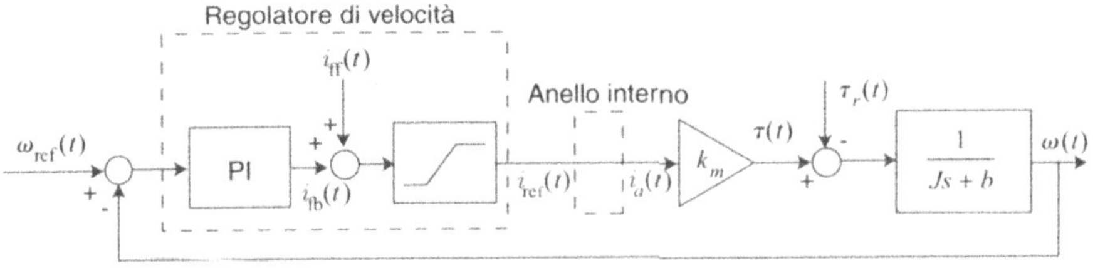

Figura 5.13 Anello di velocità per il controllo di un motore DC.

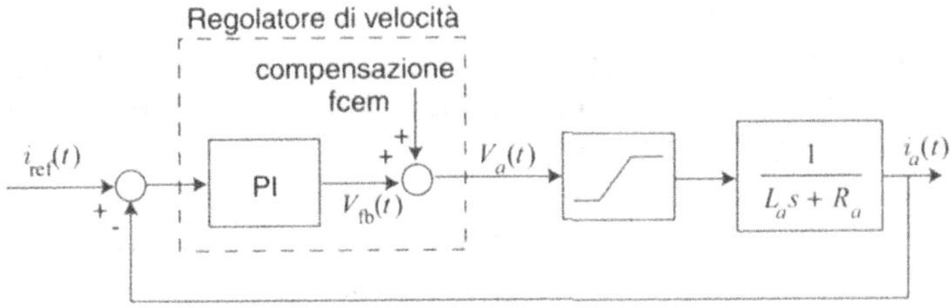

Figura 5.14 Anello di corrente per il controllo di un motore DC.

generalmente un regolatore proporzionale e integrale progettato per fissare banda passante e margine di fase desiderati e garantire robustezza rispetto ai parametri elettrici R_a e L_a; occorrerà gestire la saturazione fisica del comando di tensione $V_a(t)$ mediante un opportuno schema di anti-windup.

Come ultimo passo non resta che progettare le azioni di controllo in catena aperta per l'anello di posizione e velocità che garantiscano tracking ottimale dei rispettivi riferimenti di posizione e velocità. Queste azioni vengono progettate per inversione del modello del plant; in altre parole, come illustrato in Figura 5.15, se la traiettoria $y^\star(t)$ è accessibile e si dispone di un modello del plant $G(s)$, l'azione di controllo in avanti può essere calcolata come $u_{\text{ff}}(t) = G(s)^{-1}y^\star(t)$. Si garantisce in questo modo il tracking perfetto se il plant è completamente noto, non ci sono disturbi e lo stato iniziale del sistema è coerente con la traiettoria: $y(t) \equiv y^\star(t)$ $(\forall t \geq 0)$. Ovviamente tale tipo di azioni di controllo devono sempre

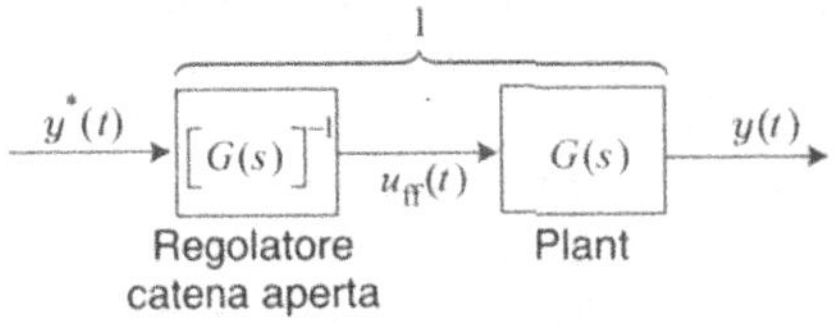

Figura 5.15 Progetto di azioni in avanti per inversione del plant.

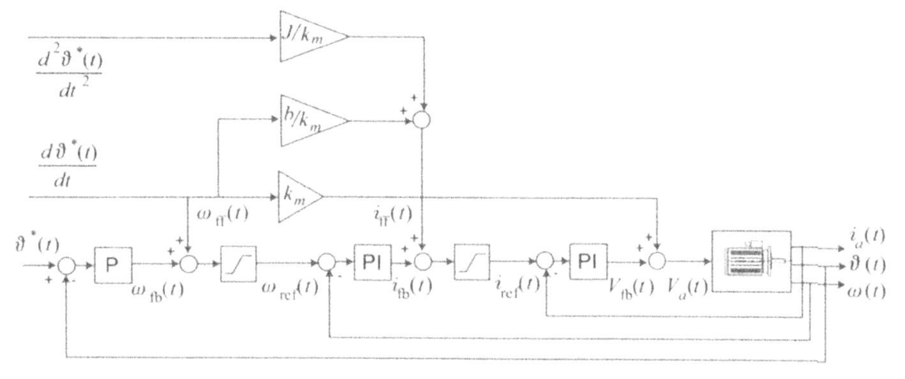

Figura 5.16 Schema di controllo complessivo del motore DC.

essere affiancate a regolatori in retroazione che garantiscano robustezza rispetto a incertezze sul modello, disturbi e stati iniziali errati.

È immediato costruire le azioni in avanti di posizione e velocità rispettivamente come:

$$\begin{aligned}\omega_{\text{ff}}(t) &= \left(\frac{1}{s}\right)^{-1} \vartheta^\star(t) = s\vartheta^\star(t) = \frac{d\vartheta^\star(t)}{dt}\\ i_{\text{ff}}(t) &= \left(\frac{1}{Js+b}\right)^{-1} \omega^\star(t) = (Js+b)\,\frac{d\vartheta^\star(t)}{dt} = J\frac{d^2\vartheta^\star(t)}{dt^2} + b\frac{d\vartheta^\star(t)}{dt}\,.\end{aligned}$$

Ovviamente, affinché tali azioni di controllo siano realizzabili, la traiettoria di riferimento $\vartheta^\star(t)$ dovrà essere continua, limitata, con derivata prima continua e limitata e derivata seconda limitata; se queste condizioni sono soddisfatte la traiettoria si dice **traiettoria inseguibile**.

In Figura 5.16 è rappresentato lo schema di controllo complessivo del motore DC che abbiamo appena progettato.

5.3 Confronto tra le varie tipologie di azionamenti elettrici

Nel paragrafo precedente abbiamo introdotto il principio di funzionamento del motore a corrente continua, ne abbiamo ricavato il modello e abbiamo studiato un possibile schema di controllo. Ovviamente esistono molte altre tipologie di motori elettrici cui corrispondono altrettante architetture per azionamenti elettrici; è importante sottolineare che la tipologia dell'azionamento lo caratterizza dal punto di vista delle prestazioni massime raggiungibili in termini di potenza meccanica erogabile (taglia), dei parametri elettro-meccanici, del costo realizzativo e del costo del controllo. Motori caratterizzati da realizzazioni più semplici sono descritti da modelli complicati e, pertanto, richiedono algoritmi ed hardware di controllo più sofisticati e costosi. La scelta dell'azionamento e della sua taglia viene dettata dal task di movimentazione automatizzata da realizzare: il tipo di movimento e i parametri cinematici definiscono la tipologia e la taglia dell'azionamento; le specifiche di inseguimento di tale movimento definiscono il task di controllo da progettare sull'azionamento.

Nel passato non esistevano risorse computazionali e hardware di controllo a basso costo, quindi, per evitare che il costo del controllo influenzasse pesantemente quello del progetto, tutti i problemi di movimentazione automatica venivano risolti con motori a corrente continua, costosi dal punto di vista realizzativo, ma dal modello (e quindi dal controllo) semplice. Attualmente, grazie alle innovazioni tecnologiche nell'ambito di elettronica, informatica e controllistica, il costo del controllo influenza quello totale solo su applicazioni di piccola taglia in cui il costo realizzativo dell'azionamento è ridotto: in questi casi la scelta cade su motori realizzativamente più complessi, ma controllabili con hardware meno sofisticato. Nel caso di applicazioni di taglia medio/grande, il costo del controllo, anche se sofisticato, non incide su quello totale e può convenire pertanto scegliere motori realizzativamente semplici. Infine è importante sottolineare che, in alcune applicazioni, non sono necessarie prestazioni elevate; in questo caso, si può puntare su motori realizzativamente semplici equipaggiati con hardware di controllo meno potente: pur non sfruttando a pieno le potenzialità della macchina elettrica, potrebbe essere possibile soddisfare le specifiche richieste ottimizzando il rapporto costo/prestazioni.

Queste considerazioni possono essere riassunte nella seguente conclusione: il problema di controllo del moto, e in particolare la tipologia di movimento richiesta all'azionamento, guidano la scelta della tipologia dell'azionamento stesso. Ovviamente nella scelta della tipologia di azionamento vanno valutati in anticipo lo spazio necessario per allocare fisicamente il motore, la necessità di raffreddamento e l'influenza che l'azionamento ha sulla meccanica del sistema (massa, momento di inerzia, attrito, sistema di trasmissione).

In questo paragrafo illustreremo brevemente le caratteristiche di alcune tipologie di motori utilizzati nell'ambito dell'automazione industriale e confronteremo le loro caratteristiche in base a diversi parametri:

- **regolazione**, performance di controllo per riferimenti costanti nel tempo;
- **inseguimento**, performance di controllo per riferimenti variabili nel tempo;
- **risposta dinamica**, performance di controllo in transitorio;
- **extra coppia**, capacità di erogare coppie oltre quella nominale;
- **extra velocità**, capacità di raggiungere velocità oltre quella nominale;
- **taglie**, potenza meccanica erogabile;
- **diffusione**, utilizzo in ambito automazione industriale;
- **costo**, costo realizzativo e costo del controllo.

Nel seguito, dopo aver introdotto le varie tipologie di azionamenti, descriveremo i possibili task di movimentazione (Paragrafo 5.4) e forniremo delle linee guida per la scelta della tipologia e della taglia dell'azionamento stesso (Paragrafo 5.5).

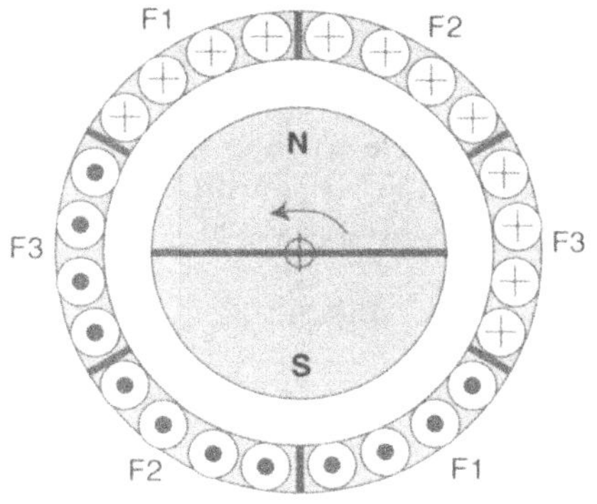

Figura 5.17 Macchina elettrica sincrona brushless.

5.3.1 Azionamenti in corrente continua con motore a magneti permanenti

Nel Paragrafo 5.2 abbiamo introdotto questa tipologia di azionamenti; ci limiteremo qui a riassumerne le principali caratteristiche:

- **regolazione** ottima;
- **inseguimento** ottimo;
- **risposta dinamica** eccellente;
- **extra coppia** fino a 6-8 volte con motori speciali;
- **extra velocità** no;
- **taglie** fino a qualche MWatt (non con magneti permanenti);
- **diffusione** ampia in calo, non per nuovi sistemi;
- **costo** contenuto per basse potenze.

5.3.2 Azionamenti a motore sincrono

I motori sincroni sono motori **brushless** ovvero sprovvisti del sistema spazzole/collettore. Come mostrato in Figura 5.17, tale motore è costituito da uno statore in cui alloggiano degli avvolgimenti separati detti **fasi** (F1, F2 e F3); il rotore è invece realizzato da un magnete permanente. Questi motori sono equipaggiati da un commutatore elettronico e da una logica di commutazione che, rilevando istante per istante la posizione del rotore, attiva la fase dello statore che in quel momento può generare un campo magnetico ortogonale a quello del rotore: i campi magnetici di rotore e statore sono sempre mantenuti sincroni e sfasati tra loro per creare una coppia motrice.

Il problema più importante in questo tipo di motori è generare una coppia motrice il più possibile costante anche utilizzando un numero basso di fasi su cui commutare (tipicamente da due a sei) ed evitare l'ondulazione della coppia al variare della posizione soprattutto a basse velocità (fenomeno del **cogging**); per fare ciò esistono le due strategie descritte di seguito.

È possibile rendere la coppia generata da ciascun avvolgimento (alimentato a corrente costante) trapezoidale rispetto alla posizione del rotore; in questo modo, alimentando ogni fase solo in corrispondenza di alcuni settori angolari, si riesce a ottenere una coppia pressoché costante su un giro completo del rotore. Si parla in questo caso di **azionamenti brushless a campo trapezoidale**; le caratteristiche di questo tipo di azionamento sono riportate nel seguente elenco:

- **regolazione** ottima, buona ad alta velocità;
- **inseguimento** buono;
- **risposta dinamica** buona;
- **extra coppia** fino a 2-4 volte;
- **extra velocità** no, solo per soluzioni particolari con pseudo-deflussaggio;
- **taglie** minori di 5 kWatt;
- **diffusione** ampia in calo;
- **costo** contenuto.

Una strategia differente è quella di rendere la coppia generata da ogni fase sinusoidale rispetto alla posizione del rotore, alimentando gli avvolgimenti con correnti sinusoidali opportunamente sfasati (**azionamenti brushless a campo sinusoidale**). In questo caso il costo del controllo sarà molto più elevato a causa della complessità dell'algoritmo. Le caratteristiche di questo tipo di azionamento sono riportate di seguito:

- **regolazione** ottima, cogging a bassissima velocità;
- **inseguimento** eccellente;
- **risposta dinamica** massima;
- **extra coppia** fino a 4-6 volte;
- **extra velocità** no, solo per soluzioni particolari con pseudo-deflussaggio;
- **taglie** minori di 10 kWatt;
- **diffusione** standard industriale;
- **costo** elevato in calo.

5.3.3 Azionamenti a motore asincrono

Il **motore asincrono** è una macchina elettrica che si basa sul concetto di campo magnetico rotante; questo campo è generato dalla terna di correnti trifase che circolano negli avvolgimenti di statore: tre bobine fisse uguali (**fasi**) aventi gli assi disposti a 120° l'uno rispetto all'altro. In altre parole, se si iniettano sulle tre fasi tre correnti sinusoidali di pulsazione ω sfasate di 120° si genera, come mostrato in Figura 5.18, un campo magnetico complessivo di ampiezza costante che ruota con la stessa pulsazione ω; tale campo è detto **campo rotante**.

Anche il rotore è sede di tre avvolgimenti simmetrici e cortocircuitati (solitamente realizzato mediante barre conduttrici collegate tra loro da anelli di materiale conduttore e per questo detto a **barra di scoiattolo**); in Figura 5.19 è illustrato uno schema di massima di un motore asincrono.

Il motore asincrono è anche detto a **induzione** perché il rotore, sottoposto all'azione del campo magnetico rotante, diviene sede di correnti indotte che lo

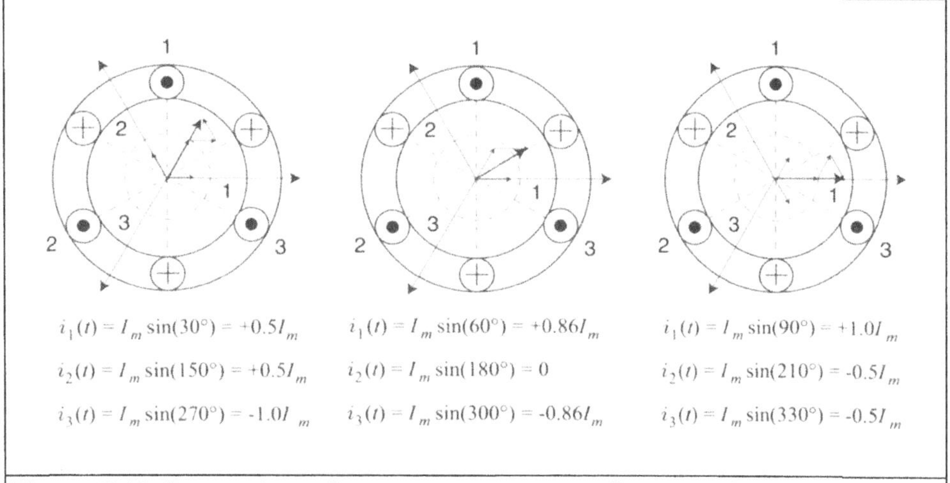

Figura 5.18 Generazione di un campo rotante mediante un sistema trifase.

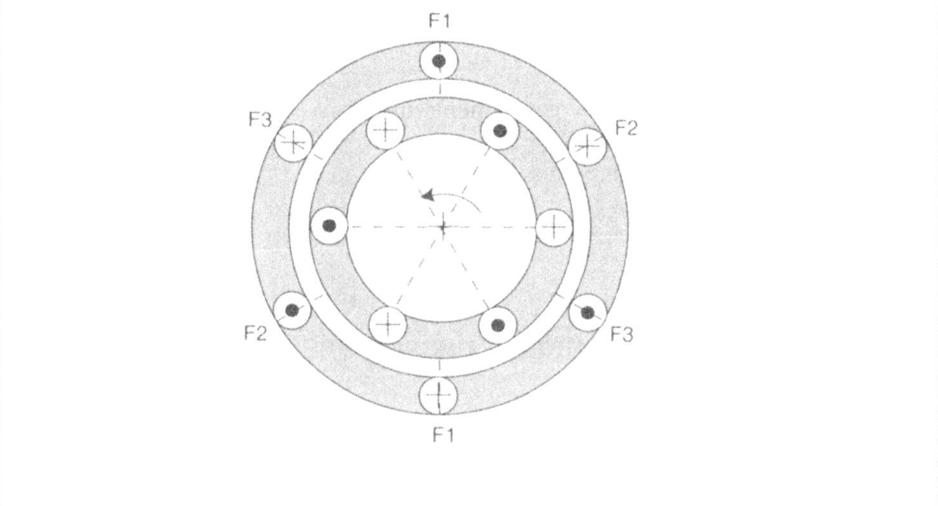

Figura 5.19 Motore elettrico asincrono.

mettono in movimento. Se il rotore raggiungesse la velocità del campo rotante, non esistendo più un moto relativo con lo statore, le correnti indotte diverrebbero nulle e il rotore non potrebbe muoversi; per questo motivo il rotore può solo seguire la velocità del campo rotante mantenendo un moto relativo detto **scorrimento** che permette la generazione delle correnti indotte.

Per controllare in catena aperta la velocità di tali motori è possibile alimentarli mediante particolari sistemi elettronici a commutazione (detti **inverter**) che possono modularne la velocità variando in modo coordinato la frequenza e la tensione di alimentazione (**controllo V/f**). Le caratteristiche degli **azionamenti a motore asincrono con inverter** sono di seguito riassunte:

- **regolazione** scadente in quanto in catena aperta;
- **inseguimento** scadente;
- **risposta dinamica** discreta;
- **extra coppia** fino a 2-4 volte;
- **extra velocità** si con deflussaggio;
- **taglie** tra 0.5 e 1 kWatt;
- **diffusione** molto ampia, è uno standard industriale;
- **costo** minimo per kWatt.

Una seconda possibilità di controllo, questa volta in catena chiusa, è il cosiddetto **controllo a orientamento di campo** o **vettoriale**: questo metodo di controllo si basa su un'opportuna scelta degli assi di riferimento utilizzati dal regolatore in modo che una componente della corrente di statore agisca esclusivamente sul flusso di induzione, l'altra sulla coppia. In questo modo il motore asincrono viene controllato come una macchina in corrente continua in cui si agisce separatamente sulla corrente di eccitazione e su quella di armatura. Le caratteristiche degli **azionamenti a motore asincrono vettoriale** sono di seguito riassunte:

- **regolazione** eccellente;
- **inseguimento** eccellente;
- **risposta dinamica** eccellente, leggermente inferiore al motore sincrono;
- **extra coppia** fino a 4-6 volte;
- **extra velocità** si con deflussaggio;
- **taglie** minori di 500 kWatt;
- **diffusione** modesta, in grande crescita;
- **costo** elevato, in calo.

5.3.4 Azionamenti con motori passo-passo a riluttanza variabile

I motori passo-passo (detti anche **motori stepper**) sono macchine elettriche a riluttanza variabile appositamente realizzate per il controllo di posizione: il nome deriva dal fatto che sono pilotati da segnali elettronici che, a ogni commutazione, ruotano di un angolo fisso detto **passo**.

Come mostrato in Figura 5.20, lo statore è sede di più avvolgimenti che possono essere eccitati in maniera separata (**fasi unipolari**); il rotore è realizzato in materiale ferromagnetico e presenta una serie di **espansioni polari** in numero inferiore ai **denti** dello statore. Il principio di funzionamento è quello della **minima riluttanza**: quando la corrente di eccitazione percorre uno degli avvolgimenti statorici, il rotore si dispone in modo da offrire la minima riluttanza magnetica e quindi il massimo flusso; cambiando l'avvolgimento eccitato anche la posizione di minima riluttanza cambierà causando lo spostamento del rotore di un passo fisso che dipende dal numero di denti dello statore e del rotore. In Figura 5.20 la configurazione è consistente con la fase F3 attivata; per muovere il motore in senso orario si dovranno attivare nell'ordine le fasi F2, F1, F4 e, nuovamente, F3. All'attivazione di F2, il dente "a", più vicino alla fase attiva, si allinea al polo di

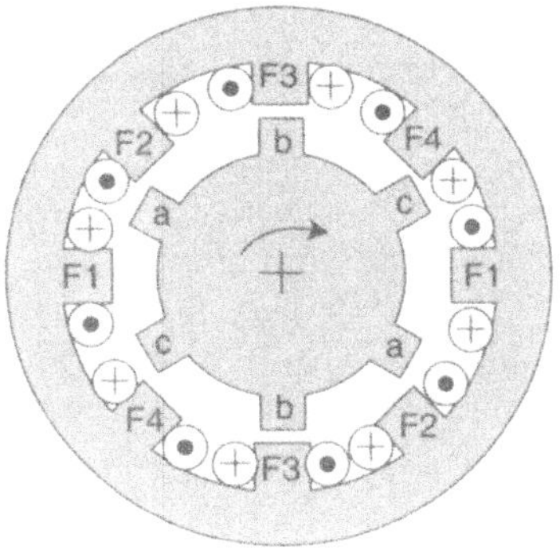

Figura 5.20 Motore passo-passo con 6 espansioni polari rotoriche e 8 denti statorici.

F2 ruotando di un angolo di 15° (passo). Le caratteristiche degli **azionamenti con motore passo-passo a riluttanza variabile** sono di seguito riassunte:

- **regolazione** buona;
- **inseguimento** buono;
- **risposta dinamica** discreta;
- **extra coppia** no;
- **extra velocità** no, problemi alle alte velocità;
- **taglie** minori di 5 kWatt;
- **diffusione** ampia per piccole potenze;
- **costo** contenuto.

5.4 Il problema della sincronizzazione del moto

In questo paragrafo ci occuperemo delle problematiche che insorgono quando più azionamenti elettrici devono essere sincronizzati in modo che degli organi meccanici possano compiere delle azioni coordinate volte alla trasformazione di materie prime in prodotti; queste problematiche sono all'ordine del giorno nell'ambito della progettazione delle macchine automatiche. Di seguito tratteremo il problema della sincronizzazione del moto di più assi elettrici e studieremo come progettare opportunamente i movimenti che ciascuno di questi assi deve compiere.

5.4.1 Dalle macchine mono attuatore a quelle pluri attuatore

Le prime macchine automatiche demandavano il problema della sincronizzazione delle movimentazioni alla struttura meccanica del sistema; in altre parole nella macchina esisteva un'unica sorgente di moto a velocità costante e tale moto veniva distribuito alle varie parti operative della macchina mediante una serie di

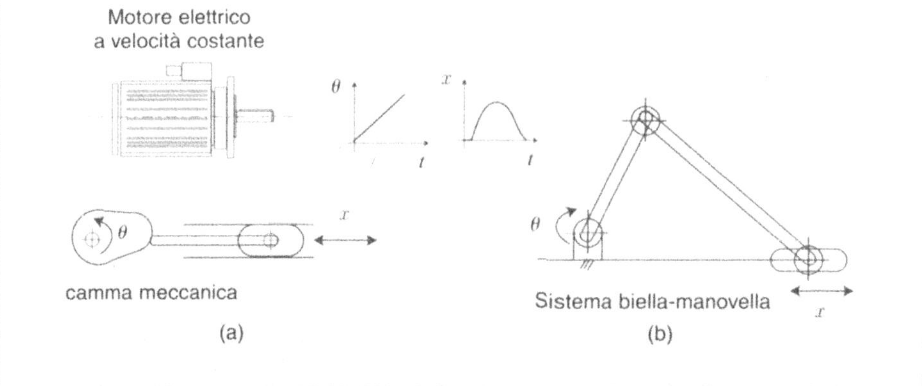

Figura 5.21 Trasformazione del moto mediante organi meccanici.

organi meccanici (**catena cinematica**) opportunamente progettati in modo da trasformare il moto. Per esempio, in Figura 5.21a, è illustrato come il moto rotativo a velocità costante di un motore elettrico possa essere trasformato in un moto lineare alternato mediante una camma meccanica; altro esempio significativo di catena cinematica che trasforma un moto rotativo in lineare è il sistema **biella-manovella** di Figura 5.21b.

Le macchine automatiche progettate con questo tipo di approccio sono dette **mono attuatore**; si consideri, per esempio, un sistema di taglio composto da un nastro trasportatore e da una taglierina: il nastro trasporta dei prodotti su cui è stesa una pellicola che dovrà poi avvolgerli e la taglierina dovrà scendere periodicamente per tagliare tale pellicola nello spazio tra due prodotti. È ovvio che il moto del nastro e della taglierina dovranno essere coordinati in modo che i tagli siano effettuati precisamente a metà tra due confezioni qualunque sia la velocità del nastro; usando un approccio di tipo mono attuatore, si ottiene un sistema come quello raffigurato in Figura 5.22 in cui il moto è generato da un motore pilotato a velocità costante che aziona, mediante un sistema di pulegge, il nastro. Il moto della taglierina è ottenuto da quello del nastro mediante una serie di organi meccanici (riduttori, alberi e camme) che trasmettono il moto a velocità costante e lo trasformano da rotativo a lineare alternato; chiaramente, in questo modo, a una variazione della velocità del motore principale corrisponde una variazione di velocità coordinata della taglierina. Anche nel caso di stop del sistema, il nastro e la taglierina si fermano in posizioni consistenti con il moto desiderato.

Questo tipo di approccio è sicuramente robusto e affidabile, ma manca di flessibilità: una semplice modifica nel processo produttivo (per esempio un cambiamento nella dimensione del prodotto per l'esempio precedente) richiede una nuova progettazione della catena cinematica (riprogettazione della forma della camma). Questo costituisce un elemento di forte rigidità per le macchine progettate: un cambio di formato (esigenza all'ordine del giorno nei sistemi di produzione automatizzata) richiede lo stop della macchina per il cambiamento delle parti meccaniche.

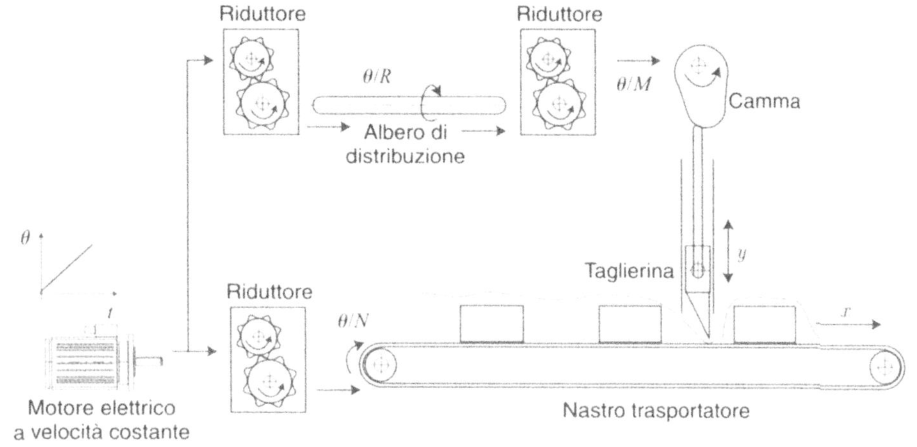

Figura 5.22 Particolare di macchina automatica mono attuatore.

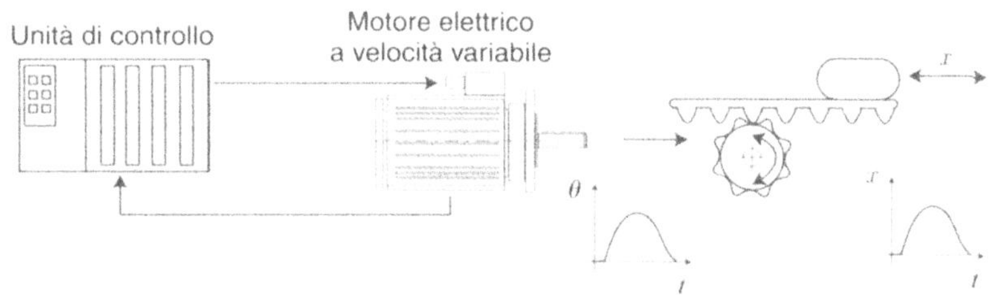

Figura 5.23 Azionamento che realizza una camma elettrica.

Alla fine degli anni '80, lo sviluppo dell'elettronica e dell'informatica, l'utilizzo di queste scienze nell'ambito dell'automazione industriale e la diminuzione dell'impatto economico di tali sistemi sul prezzo totale del progetto, hanno portato a una nuova filosofia di progettazione: non più un solo asse elettrico a velocità costante, ma più assi elettrici controllati per inseguire profili di moto a velocità variabile e sincronizzati tra loro mediante il software di controllo; non più macchine automatiche mono attuatore ma macchine automatiche **pluri attuatore**. La trasformazione del moto non è più effettuata da organi meccanici, ma da sistemi software noti come **camme elettriche**; per esempio, in Figura 5.23, è mostrato come si possa generare un moto lineare alternato mediante una camma elettrica.

Il sistema di sincronizzazione mediante camme elettriche è detto **master-slave**: come illustrato in Figura 5.24, nel sistema esiste un **asse master** (generalmente azionato a velocità costante) la cui posizione $\theta(t)$ serve come variabile di sincronizzazione per tutti gli altri assi del sistema (detti **assi slave**). Ogni asse slave è controllato in modo che insegua un profilo di moto $q(\theta(t))$ parametrizzato

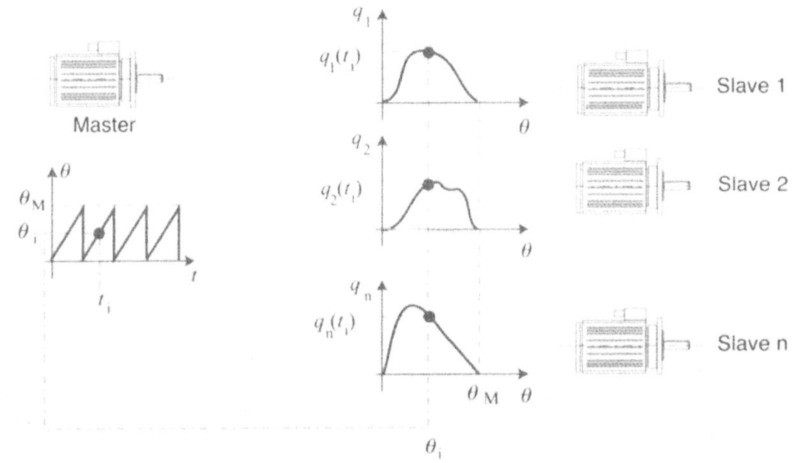

Figura 5.24 Sincronizzazione di assi elettrici mediante approccio master-slave.

in funzione della posizione dell'asse master; in questo modo, istante per istante, la posizione degli assi slave è sempre sincronizzata con la posizione del master esattamente come se tra di loro vi fossero degli organi meccanici. Ovviamente questo tipo di sincronizzazione è estremamente flessibile dato che un cambio di moto relativo tra slave e master può essere realizzato via software mediante un cambio del profilo di moto inseguito dall'asse slave.

Ritornando all'esempio del sistema nastro/taglierina introdotto precedentemente, in Figura 5.25 viene mostrato come sia possibile realizzare il moto mediante un sistema multi attuatore in cui il motore che aziona il nastro è il master e quello che aziona la taglierina è lo slave: lo slave viene controllato per inseguire un riferimento di posizione alternato $q(\theta)$ coordinato a quello del master. Il moto rotativo alternato dell'asse slave viene infine trasformato nel moto lineare alternato della taglierina mediante una cremagliera.

È ovvio che in un sistema di sincronizzazione come quello master-slave appena illustrato, le traiettorie di riferimento che i vari assi devono inseguire assumono una grande importanza. Nei prossimi paragrafi vedremo come questi profili di moto possono essere progettati.

5.4.2 Leggi di moto

Una legge di moto è una funzione matematica $q = f(\theta)$ che descrive la posizione $q(t)$ di un asse elettrico slave in funzione della posizione angolare del master $\theta(t)$. La funzione $f(\cdot)$ deve soddisfare un insieme di vincoli sulla posizione e sulla velocità affinché i movimenti degli assi siano sincronizzati; inoltre esisteranno vincoli sull'accelerazione e sulla velocità massima dovuti ai limiti imposti dai carichi meccanici.

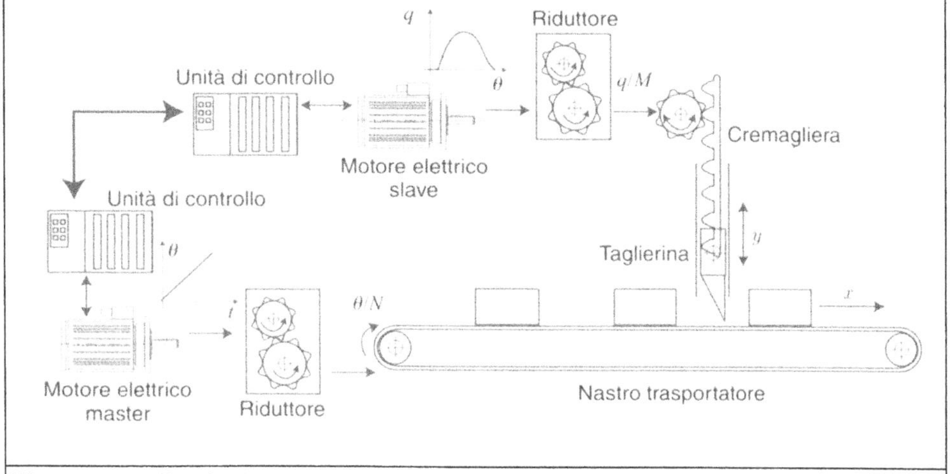

Figura 5.25 Particolare di macchina automatica pluri attuatore.

Traiettorie polinomiali

Una **legge di moto polinomiale** lega la posizione dell'asse q alla posizione del master θ mediante una funzione di tipo polinomiale:

$$q = f(\theta) = a_0 + a_1\theta + a_2\theta^2 + \ldots + a_n\theta^n \ .$$

I parametri del polinomio (a_0, a_1, ..., a_n) possono essere ricavati imponendo le cosiddette **condizioni al contorno**, ovvero il valore della funzione e delle sue derivate agli estremi del range di variazione di $\theta \in [\theta_i, \theta_f]$:

$$\begin{aligned}
q_i &= f(\theta_i) &= a_0 + a_1\theta_i + a_2\theta_i^2 + \ldots + a_n\theta_i^n \\
q_f &= f(\theta_f) &= a_0 + a_1\theta_f + a_2\theta_f^2 + \ldots + a_n\theta_f^n \\
q_i' &= \dot{f}(\theta_i) &= a_1 + 2a_2\theta_i + \ldots + na_n\theta_i^{n-1} \\
q_f' &= \dot{f}(\theta_f) &= a_1 + 2a_2\theta_f + \ldots + na_n\theta_f^{n-1} \\
&\vdots &\vdots
\end{aligned}$$

Il numero di condizioni al contorno di cui si dispone definisce il grado n del polinomio. Se le condizioni al contorno disponibili riguardano la posizione e la velocità iniziale e finale (quattro condizioni), la legge di moto che permette il rispetto di tali vincoli è una legge polinomiale di grado tre (**traiettorie cubiche**):

$$q(\theta) = a_0 + a_1\theta + a_2\theta^2 + a_3\theta^3 \ .$$

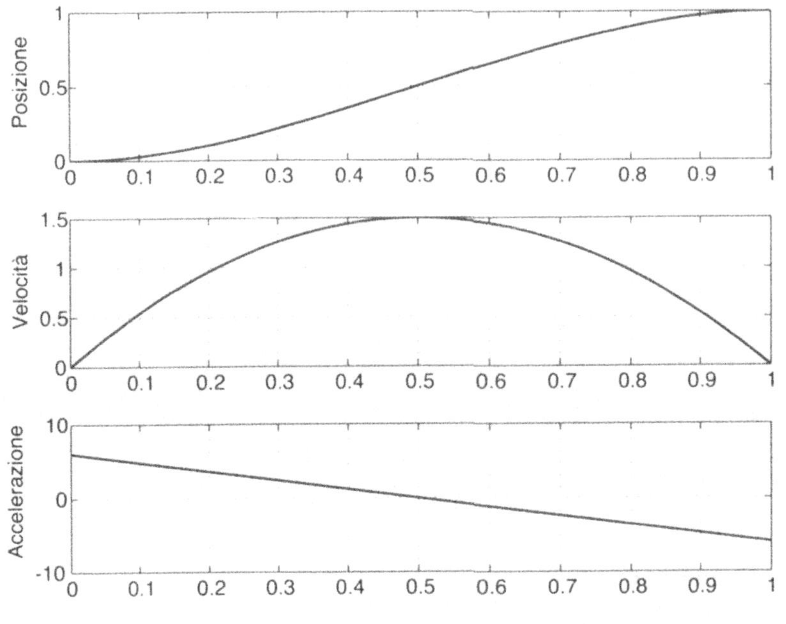

Figura 5.26 Traiettoria polinomiale del terzo ordine.

È semplice intuire che il sistema di equazioni da cui possono essere ricavati i parametri incogniti e a_0, a_1, a_2 e a_3 è il seguente:

$$\begin{aligned} q_i &= a_0 + a_1\theta_i + a_2\theta_i^2 + a_3\theta_i^3 \\ q_f &= a_0 + a_1\theta_f + a_2\theta_f^2 + a_3\theta_f^3 \\ q'_i &= a_1 + 2a_2\theta_i + 3a_3\theta_i^2 \\ q'_f &= a_1 + 2a_2\theta_f + 3a_3\theta_f^2 \, . \end{aligned}$$

In Figura 5.26 sono raffigurati gli andamenti in termini di posizione, velocità e accelerazione di una traiettoria polinomiale cubica con condizioni al contorno ($\theta_i = 0$, $\theta_f = 1$) $q_i = f(0) = 0$, $q_f = f(1) = 1$, $q'_i = \dot{f}(0) = 0$, $q'_f = \dot{f}(1) = 0$. Si noti come posizione e velocità siano smooth mentre l'accelerazione presenti delle discontinuità all'inizio e alla fine della traiettoria; a tali punti corrisponderà una derivata dell'accelerazione (**jerk**) infinita.

Se le condizioni al contorno disponibili riguardano posizione, velocità e accelerazione iniziale e finale (sei condizioni), la legge di moto che permette il rispetto di tali vincoli è una legge polinomiale di grado cinque:

$$q(\theta) = a_0 + a_1\theta + a_2\theta^2 + a_3\theta^3 + a_4\theta^4 + a_5\theta^5 \, .$$

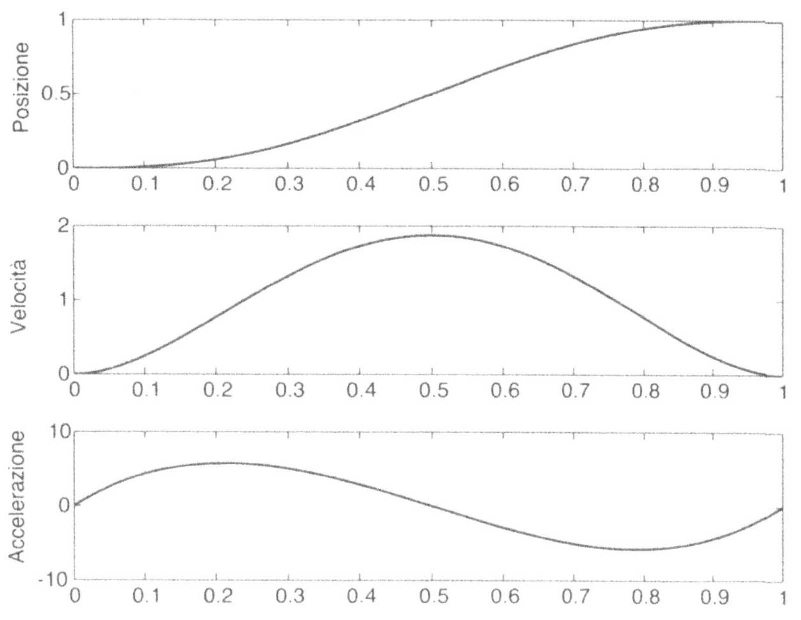

Figura 5.27 Traiettoria polinomiale di grado cinque.

Anche in questo caso i sei parametri incogniti (a_i, $i = 0, \ldots, 5$) possono essere ricavati imponendo il sistema di equazioni sulle condizioni al contorno:

$$
\begin{aligned}
q_i &= a_0 + a_1\theta_i + a_2\theta_i^2 + a_3\theta_i^3 + a_4\theta_i^4 + a_5\theta_i^5 \\
q_f &= a_0 + a_1\theta_f + a_2\theta_f^2 + a_3\theta_f^3 + a_4\theta_f^4 + a_5\theta_f^5 \\
q_i' &= a_1 + 2a_2\theta_i + 3a_3\theta_i^2 + 4a_4\theta_i^3 + 5a_5\theta_i^4 \\
q_f' &= a_1 + 2a_2\theta_f + 3a_3\theta_f^2 + 4a_4\theta_f^3 + 5a_5\theta_f^4 \\
q_i'' &= 2a_2 + 6a_3\theta_i + 12a_4\theta_i^2 + 20a_5\theta_i^3 \\
q_f'' &= 2a_2 + 6a_3\theta_f + 12a_4\theta_f^2 + 20a_5\theta_f^3 \,.
\end{aligned}
$$

In Figura 5.27 è rappresentata una traiettoria polinomiale del quinto ordine con condizioni al contorno ($\theta_i = 0$, $\theta_f = 1$) $q_i = f(0) = 0$, $q_f = f(1) = 1$, $q_i' = \dot{f}(0) = 0$, $q_f' = \dot{f}(1) = 0$, $q_i'' = \ddot{f}(0) = 0$, $q_f'' = \ddot{f}(1) = 0$. In questo caso posizione, velocità e accelerazione sono continue e il jerk sarà discontinuo ma limitato.

Traiettorie trapezoidali

Un metodo molto utilizzato per la generazione di traiettorie è quello di combinare opportunamente delle leggi di moto elementari. Un classico esempio è la cosiddetta **traiettoria trapezoidale**, ovvero una traiettoria composta da tratti in cui la posizione varia linearmente (tratti a velocità costante) e raccordi parabolici (tratti in cui la velocità ha un andamento lineare). Il profilo di velocità che ne deriva è di tipo trapezoidale; la traiettoria è divisa in tre parti: una prima fase ad accelerazione costante, una fase intermedia in cui l'accelerazione è nulla e la velocità è costante e una terza fase a decelerazione costante. Tipicamente il tratto di accelerazione e decelerazione sono simmetrici; il range di variazione di θ viene suddiviso in tre intervalli:

- **tratto di accelerazione** $\theta \in [\theta_i; \theta_a]$;
- **tratto a velocità costante** $\theta \in [\theta_a; \theta_f - \theta_a]$;
- **tratto di decelerazione** $\theta \in [\theta_f - \theta_a; \theta_f]$.

Nella fase di accelerazione la legge che lega la posizione dello slave a quella del master, considerando $\theta_i = 0$, è:

$$\begin{aligned} q(\theta) &= a_0 + a_1\theta + a_2\theta^2 \\ \dot{q}(\theta) &= a_1 + 2a_2\theta \\ \ddot{q}(\theta) &= 2a_2 \end{aligned}$$

da cui, imponendo come condizioni al contorno la posizione e la velocità iniziale (q_i e q_i') e la velocità costante che si vuole raggiungere q_m', si ricavano i parametri incogniti a_0, a_1 e a_2. Per velocità iniziale nulla si ottiene

$$a_0 = q_i\,, \qquad a_1 = 0\,, \qquad a_2 = \frac{q_m'}{2\theta_a}\,.$$

Nella fase a velocità costante la legge di moto è:

$$\begin{aligned} q(\theta) &= b_0 + b_1\theta \\ \dot{q}(\theta) &= b_1 \\ \ddot{q}(\theta) &= 0\,. \end{aligned}$$

I parametri incogniti b_0 e b_1 vengono calcolati imponendo la continuità della velocità e della posizione per $\theta = \theta_a$, da cui:

$$b_1 = q_m'\,, \qquad q(\theta_a) = b_0 + q_m'\theta_a = q_i + \frac{q_m'}{2}\theta_a \Rightarrow b_0 = q_i - \frac{q_m'}{2}\theta_a\,.$$

La fase di decelerazione, simmetrica a quella di accelerazione, è definita dalle seguenti equazioni:

$$\begin{aligned} q(\theta) &= c_0 + c_1\theta + c_2\theta^2 \\ \dot{q}(\theta) &= c_1 + 2c_2\theta \\ \ddot{q}(\theta) &= 2c_2 \end{aligned}$$

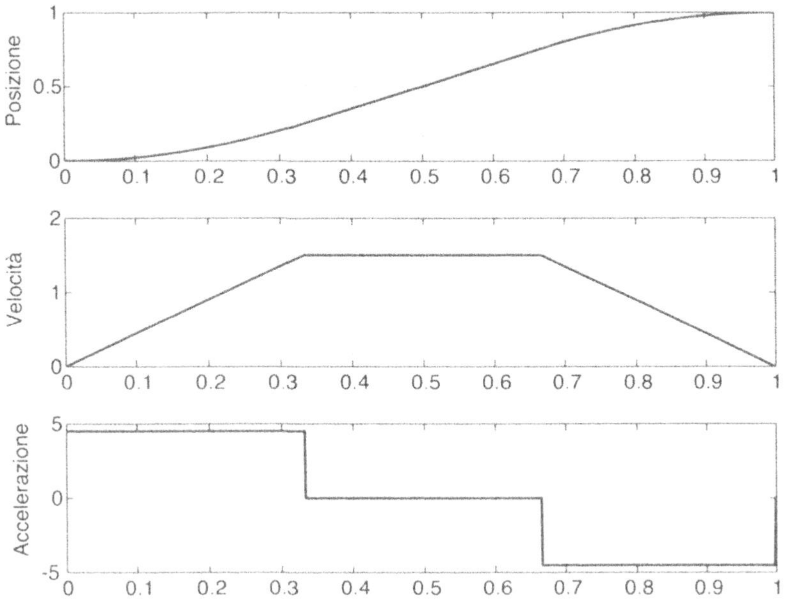

Figura 5.28 Traiettoria trapezoidale.

da cui, imponendo le condizioni al contorno relative a posizione e velocità finale (q_f e q'_f) e imponendo continuità delle velocità per $\theta = \theta_f - \theta_a$, si ricavano i valori dei coefficienti c_0, c_1 e c_2. Se la velocità finale è nulla si ottiene

$$c_0 = q_f - \frac{q'_m \theta_f^2}{2\theta_a}, \qquad c_1 = \frac{q'_m \theta_f}{\theta_a}, \qquad c_2 = -\frac{q'_m}{2\theta_a}.$$

In Figura 5.28 è rappresentata una traiettoria trapezoidale con condizioni al contorno ($\theta_i = 0$, $\theta_f = 1$) $q_i = f(0) = 0$, $q_f = f(1) = 1$, $q'_i = \dot{f}(0) = 0$, $q'_f = \dot{f}(1) = 0$, $q'_m = 1.5$, $\theta_a = 0.33$.

Nei casi pratici, l'imposizione di un vincolo sull'accelerazione massima (q''_m) ammissibile per il carico meccanico, vincola l'ampiezza del tratto di accelerazione e decelerazione (θ_a).

Come si può notare dalla Figura 5.28, l'accelerazione ha un andamento discontinuo (cui corrisponde un jerk infinito) che può portare a eccessive solleci tazioni del carico meccanico. Per evitare tali sollecitazioni, si può generare un profilo più smussato imponendo un andamento trapezoidale all'accelerazione; in questo modo la velocità è costituita da tratti lineari raccordati con tratti parabolici ed ha un andamento **a doppia esse** che dà il nome anche alla traiettoria. In Figura 5.29 è rappresentata una traiettoria a doppia esse con condizioni al contorno ($\theta_i = 0$, $\theta_f = 1$) $q_i = f(0) = 0$, $q_f = f(1) = 1$, $q'_i = \dot{f}(0) = 0$, $q'_f = \dot{f}(1) = 0$,

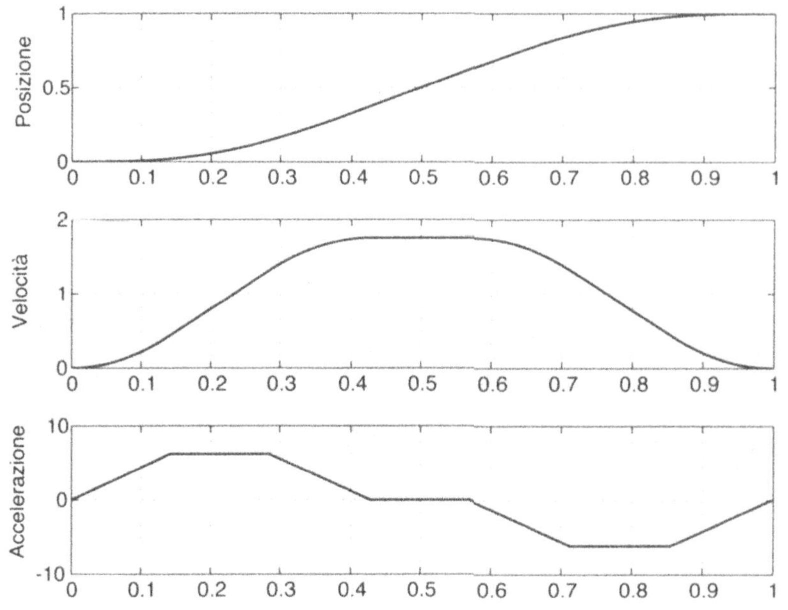

Figura 5.29 Traiettoria a doppia esse.

$q'_m = 1.8$; si noti come l'accelerazione ora sia di tipo trapezoidale dando origine a un jerk discontinuo ma limitato.

Traiettorie spline cubiche

Un caso di grande importanza pratica è quello in cui si richiede che la traiettoria interpoli una serie di punti q_j $(j = 1 \ldots n)$; per risolvere tale problema si usano $n-1$ polinomi cubici che garantiscano continuità di posizione, velocità e accelerazione nei punti di passaggio q_j; tali traiettorie sono note come **spline cubiche**. In altre parole, la corsa del motore master è suddivisa in $n-1$ tratti $\Theta_j = [\theta_j; \theta_{j+1}]$ $(j = 1, \ldots, n-1)$ e su ognuno di questi intervalli è definito un polinomio cubico interpolante

$$f_j(\theta) = a_0^j + a_1^j\theta + a_2^j\theta^2 + a_3^j\theta^3 \; (j = 1, \ldots, n-1) \qquad \theta \in \Theta_j \; .$$

L'insieme degli $n-1$ polinomi interpolanti è caratterizzato da $4(n-1)$ parametri incogniti da determinare utilizzando le condizioni al contorno per i polinomi; $2(n-1)$ condizioni al contorno derivano dai vincoli di continuità di posizione in quanto i polinomi devono interpolare i punti di passaggio:

$$f_j(\theta_j) = q_j \, , \qquad f_j(\theta_{j+1}) = q_{j+1} \quad (j = 1, \ldots, n-1) \; ;$$

altre $2(n-2)$ condizioni al contorno derivano dalle condizioni di continuità della velocità e dell'accelerazione nei punti di passaggio:

$$\dot{f}_j(\theta_{j+1}) = \dot{f}_{j+1}(\theta_{j+1}) \, , \qquad \ddot{f}_j(\theta_{j+1}) = \ddot{f}_{j+1}(\theta_{j+1}) \quad (j = 1, \ldots, n-1) \; .$$

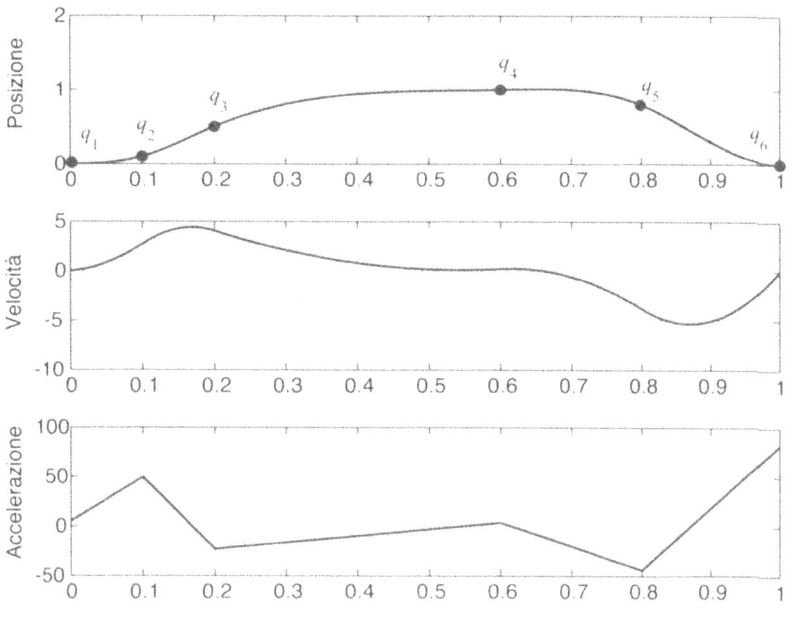

Figura 5.30 Traiettoria spline cubica.

Le due restanti condizioni al contorno necessarie per ricavare tutti i parametri dei polinomi interpolanti sono ottenute imponendo velocità iniziale e finale oppure accelerazione iniziale e finale. In Figura 5.30 è rappresentata una traiettoria spline cubica che interpola i punti $q_1 = 0$ per $\theta_1 = 0$, $q_2 = 0.1$ per $\theta_2 = 0.1$, $q_3 = 0.5$ per $\theta_3 = 0.2$, $q_4 = 1$ per $\theta_4 = 0.6$, $q_5 = 0.8$ per $\theta_5 = 0.8$ e $q_6 = 0$ per $\theta_6 = 1$.

Analisi in frequenza delle traiettorie

Il profilo di accelerazione di una traiettoria rappresenta la coppia richiesta al motore che movimenta il carico meccanico e, quindi, rappresenta il profilo che la corrente di armatura del motore deve inseguire. Dato che il sistema motore più carico meccanico si comporta frequenzialmente come un filtro passa-basso, è bene che il profilo di accelerazione non abbia componenti spettrali a frequenze troppo elevate; infatti tali componenti non potrebbero essere inseguite dal motore e comporterebbero errori di inseguimento elevati. Inoltre, componenti spettrali dell'accelerazione a frequenze elevate porterebbero a sollecitazioni del carico meccanico che potrebbero riflettersi in vibrazioni con conseguente danneggiamento strutturale. In Figura 5.31 è mostrato l'andamento dello spettro delle accelerazioni delle leggi di moto riportate finora. Si noti come, da questo punto di vista, siano ovviamente da preferire traiettorie con accelerazione continua quali la polinomiale del quinto ordine e la traiettoria a doppia esse.

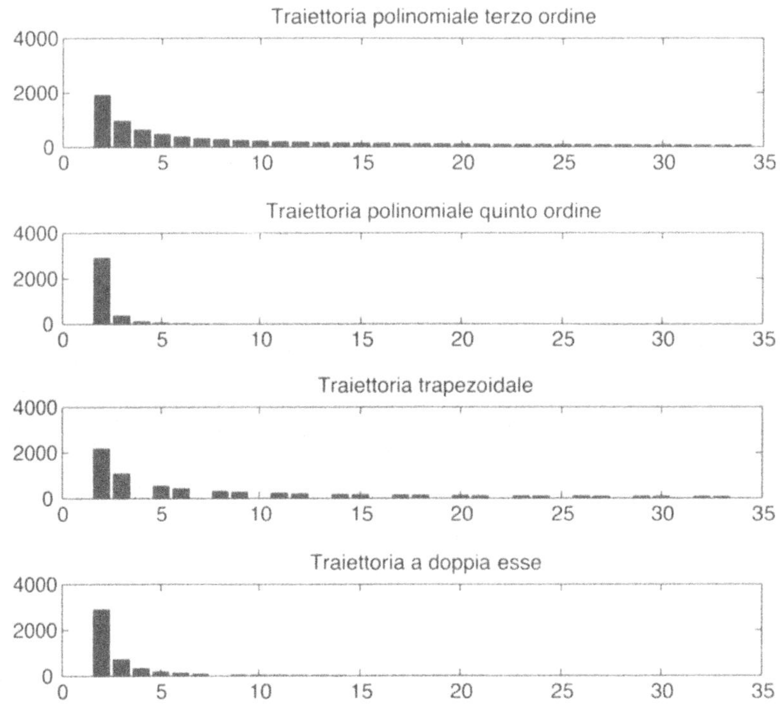

Figura 5.31 Dispersione spettrale del profilo di accelerazione per le traiettorie di Figura 5.26, 5.27, 5.28 e 5.29.

5.5 Scelta e dimensionamento dell'azionamento

In questo paragrafo saranno fornite alcune linee guida per la scelta della tipologia di azionamento sulla base dell'applicazione che si sta progettando. Si mostrerà come dimensionare la taglia dell'azionamento così da garantire l'esecuzione del task richiesto, ottimizzandone la scelta dal punto di vista dei costi. A questo proposito si vedrà come scegliere la taglia di potenza del motore elettrico e del convertitore di potenza sulla base delle caratteristiche cinematiche e dinamiche del movimento richiesto al carico meccanico.

5.5.1 Scelta della tipologia dell'azionamento

Come abbiamo introdotto nei paragrafi precedenti, la scelta della tipologia di azionamento è strettamente legata al tipo di applicazione che si deve realizzare e alla potenza necessaria. In Tabella 5.1 riportiamo alcune linee guida per effettuare tale scelta, mentre in Tabella 5.2 è illustrato il tipo di azionamento da scegliere sulla base della potenza richiesta dall'applicazione.

Tabella 5.1 Linee guida per la scelta della tipologia di azionamento sulla base dell'applicazione.

Applicazione	Ambito	Azionamento
Variazione di velocità (senza retroazione)	Nastri, ventole, pompe, mulini, trazione...	asincrono con inverter, corrente continua per piccole potenze, passo-passo per piccole potenze
Regolazione di velocità (con retroazione)	mandrini, macchine automatiche mono-attuatore...	sincrono sia trapezoidale che sinusoidale, asincrono con inverter o vettoriale, corrente continua per piccole potenze
Regolazione di posizione ad asse singolo	stampanti, pick and place, manipolatori semplici...	sincrono trapezoidale e sinusoidale, asincrono a controllo vettoriale, passo-passo per piccole potenze
Inseguimento di posizione ad asse singolo	posizionatori	sincrono e asincrono a controllo vettoriale, passo-passo per piccole potenze
Inseguimento di posizione multiasse coordinato	robot, macchine utensili...	sincrono sinusoidale, asincrono vettoriale, passo-passo per piccole potenze

Tabella 5.2 Linee guida per la scelta della tipologia di azionamento sulla base della potenza richiesta.

Potenza	$<$ 0.25 kW	0.25 / 1 kW	1 / 10 kW	$>$10kW
Azionamento	passo-passo, corrente continua	passo-passo, sincrono, asincrono	sincrono, asincrono	asincrono, corrente continua

5.5.2 Dimensionamento dell'azionamento

Lo schema di massima di un sistema di movimentazione automatizzato è quello di Figura 5.32, in cui un azionamento elettrico è collegato a un carico cinematico che è progettato per compiere un'operazione. L'operazione che il carico cinematico deve compiere è specificata mediante un profilo di moto $x(t)$, $\dot{x}(t)$, $\ddot{x}(t)$ che il cinematismo deve inseguire. È semplice intuire che, dal punto di vista dell'azionamento, il carico cinematico può essere visto come un'inerzia equivalente J_{eq} da movimentare e che il profilo di moto $x(t)$ (lineare nell'esempio di Figura 5.32) può essere visto come un profilo di moto angolare $q(t)$, $\dot{q}(t)$, $\ddot{q}(t)$ (detto **task meccanico**) che l'inerzia equivalente deve inseguire. Come si nota dalla Figura 5.32, il carico cinematico (e quindi l'inerzia equivalente) è interconnesso al mo-

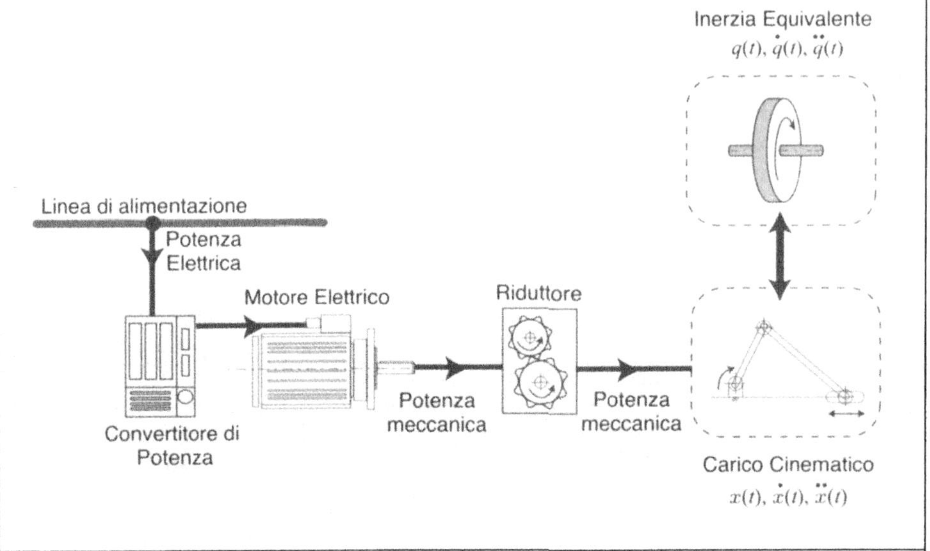

Figura 5.32 Sistema di movimentazione automatizzata.

tore elettrico attraverso un ulteriore elemento denominato **riduttore** il cui ruolo sarà chiaro a breve.

Come accennato in precedenza, un motore elettrico è disponibile in varie taglie di potenza; a ogni taglia corrisponderà un limite di coppia erogabile e di velocità raggiungibile. Dimensionare un azionamento significa, dato il carico cinematico che si andrà a movimentare e il task meccanico che tale carico deve compiere, scegliere opportunamente la taglia necessaria al compimento di tale task; in questo paragrafo verrà illustrato come sia possibile effettuare tale scelta sia per il motore elettrico che per il convertitore di potenza e verrà mostrato un possible criterio di scelta per il dimensionamento del riduttore.

È opportuno a questo punto caratterizzare in maniera più precisa il task meccanico e il motore elettrico al fine di introdurre la metodologia di dimensionamento. Un task meccanico $(q(t), \dot{q}(t), \ddot{q}(t))$ può essere caratterizzato in termini di velocità puntuale richiesta $(\dot{q}(t))$ e coppia puntuale richiesta $(\tau^{\text{load}}(t) = J_{\text{eq}}\ddot{q}(t))$. In generale, i task meccanici sono ciclici (soprattutto nelle macchine automatiche in cui le operazioni da effettuare sono periodiche) ed è possibile rappresentarli in un diagramma velocità/coppia con delle curve chiuse come mostrato in Figura 5.33[2]; su tale curva è possibile individuare la massima coppia richiesta e la massima velocità richiesta dal task:

$$\tau^{\text{load}}_{\max} = \max \left|\tau^{\text{load}}(t)\right| , \qquad \dot{q}_{\max} = \max |\dot{q}(t)| \ .$$

[2]La parte a velocità positiva del ciclo rappresenta la fase di andata del ciclo di lavoro e quella a velocità negativa la fase di ritorno.

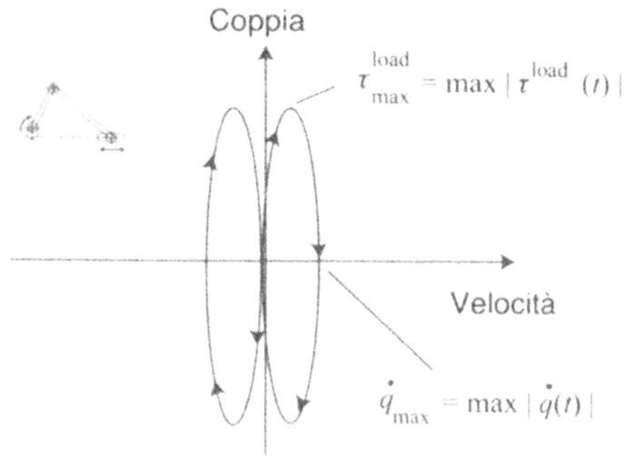

Figura 5.33 Caratterizzazione del task meccanico.

Per quanto riguarda il motore, questi è caratterizzato da una sua inerzia J_m, da una massima velocità raggiungibile ω_{max} e da una coppia massima erogabile puntualmente τ_{max} che identificano, nel diagramma velocità/coppia, una **regione di funzionamento** di tipo rettangolare come quella di Figura 5.34a. In realtà, per motivi termici, il motore non può erogare in maniera continuativa una coppia pari a τ_{max}: per questo motivo un parametro caratterizzante è la coppia nominale τ_{nom} che indica la massima coppia erogabile con continuità dal motore ed è indicata in Figura 5.34a dalle linee orizzontali tratteggiate. Vedremo in seguito che un ulteriore parametro di caratterizzazione del motore è la potenza nominale P_{nom} definita come

$$P_{nom} = \tau_{nom}\omega_{max} \, .$$

In realtà abbiamo accennato in precedenza che, mediante deflussaggio, è possibile raggiungere velocità maggiori di ω_{max} a discapito della coppia massima raggiungibile; in altre parole, la reale regione di funzionamento del motore elettrico è quella di Figura 5.34b in cui la regione rettangolare è opportunamente estesa. Per semplificare il ragionamento nel seguito non considereremo la possibilità di deflussare il motore, riferendoci così alla caratterizzazione di Figura 5.34a.

È immediato intuire che, supponendo il motore direttamente interconnesso al carico cinematico, i vincoli da rispettare affinché il motore riesca a compiere il task meccanico sono vincoli di tipo puntuale che richiedono che la coppia massima erogabile puntualmente dal motore e la velocità massima raggiungibile siano maggiori della coppia massima e della velocità massima richieste dal task meccanico:

$$[D1] \quad \omega_{max} > \dot{q}_{max} \, ;$$

$$[D2] \quad \tau_{max} > \tau_{max}^{load} \, .$$

Definiamo **bounding box** di un task meccanico la regione di funzionamento minima che contenga il diagramma velocità/coppia del task meccanico (Figura 5.35). Ogni motore la cui regione di funzionamento contenga il bounding box del task è ammissibile per eseguire il task in considerazione.

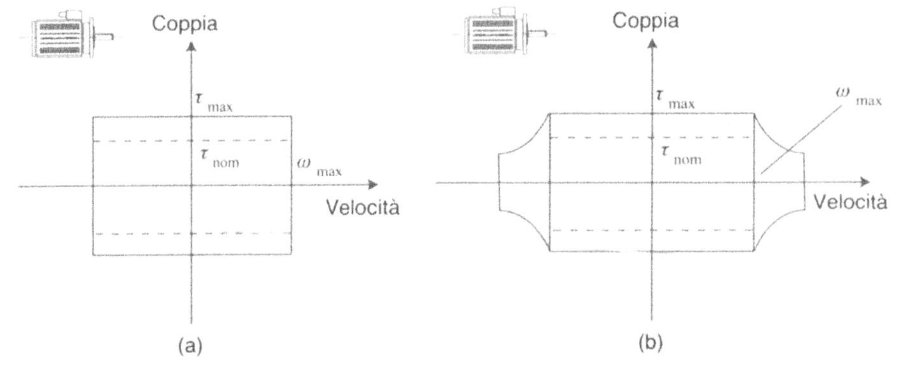

Figura 5.34 Caratterizzazione del motore elettrico.

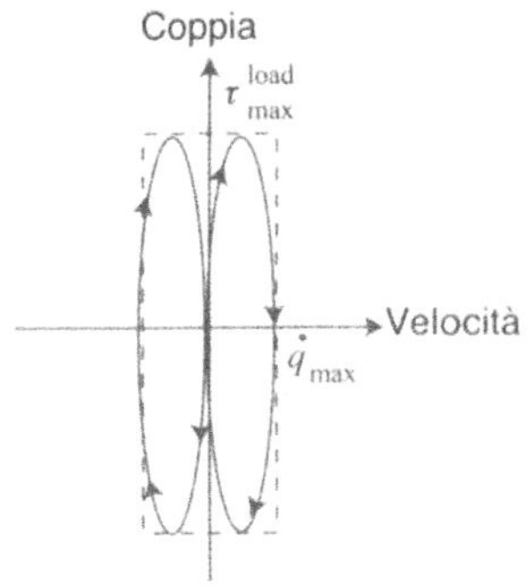

Figura 5.35 Bounding box di un task meccanico.

In generale, come mostrato in Figura 5.35, i task meccanici sono caratterizzati da basse velocità e alte coppie; i motori elettrici hanno un rapporto prestazioni/costo svantaggioso in tali condizioni e sono progettati in modo da lavorare ad alte velocità e basse coppie. Se pertanto procedessimo al dimensionamento come in Figura 5.36, avremmo le due situazioni illustrate: impiego di un motore ideale (realizzato ad hoc[3]) che lavori a basse velocità e alte coppie (Figura 5.36a), oppure impiego di un motore sovradimensionato dal punto di vista della velocità raggiungibile (Figura 5.36b); ovviamente entrambe le soluzioni sono svantaggiose dal punto di vista dei costi.

Per evitare situazioni come quelle appena illustrate, il motore elettrico viene interconnesso al carico cinematico (e quindi all'inerzia equivalente) mediante un **riduttore** (Figura 5.37), ovvero un elemento meccanico che lega coppia e velocità

[3] Sono i cosiddetti motori lenti o gearless che possono essere collegati direttamente al carico.

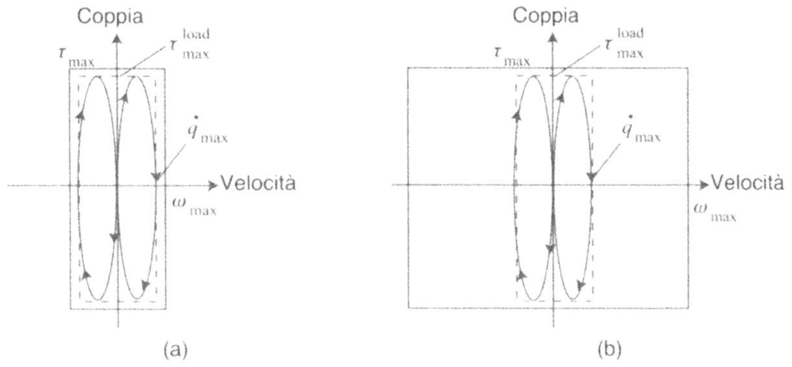

Figura 5.36 Dimensionamento di un motore elettrico nel diagramma velocità/coppia: scelta di un motore ad hoc (a) e scelta di un motore sovradimensionato (b).

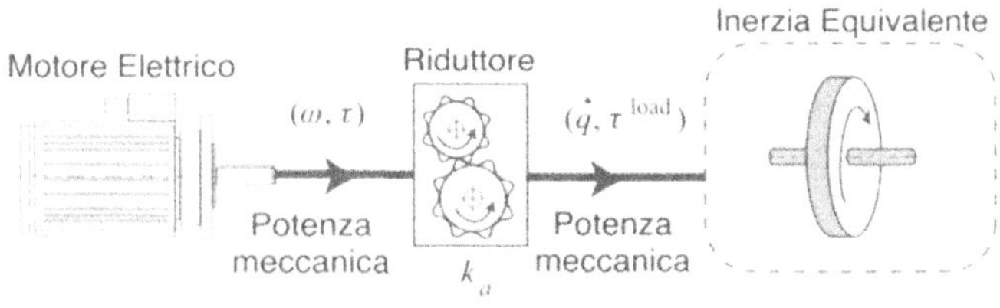

Figura 5.37 Interconnessione del motore elettrico al carico cinematico mediante un riduttore.

al suo ingresso a quelle in uscita come segue:

$$\begin{cases} \dot{q}(t) & = & \dfrac{\omega(t)}{k_a} \\ \tau^{\text{load}}(t) & = & k_a \tau(t) \end{cases}$$

dove k_a è detto **fattore di accoppiamento**. Si noti che il riduttore mantiene inalterata la potenza in ingresso ($P(t)$) e uscita ($P^{\text{load}}(t)$), infatti:

$$P^{\text{load}}(t) = \dot{q}(t)\tau^{\text{load}}(t) = \omega(t)\tau(t) = P(t).$$

Il compito del riduttore è quello di deformare il diagramma coppia/velocità del task e il suo bounding box come illustrato in Figura 5.38a: al variare di k_a il bounding box visto dal motore si deforma mantenendo invariata la potenza mas-

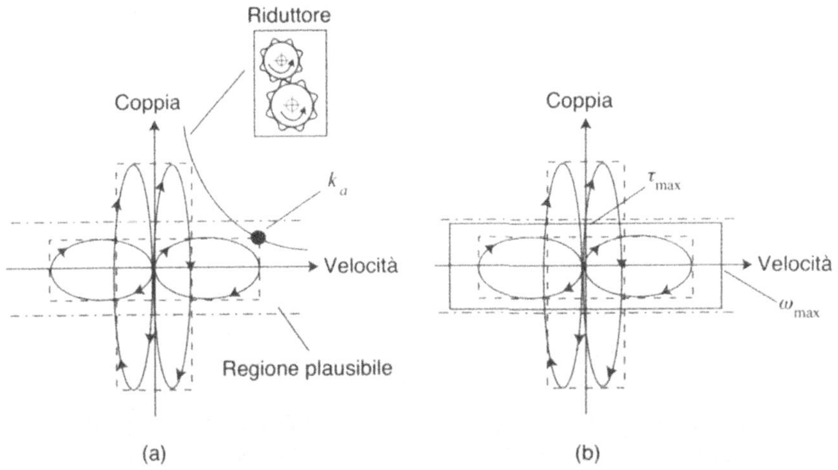

Figura 5.38 Dimensionamento nel diagramma velocità/coppia con interconnessione del motore elettrico al carico cinematico mediante un riduttore: scelta a priori del riduttore.

sima[4] richiesta dal task $P_{\max}^{\text{load}} = \dot{q}_{\max}\tau_{\max}^{\text{load}}$ (i vertici del box si muovono sull'iperbole $P_{\max}^{\text{load}} = \text{costante}$), in modo da portarsi in una regione plausibile per il funzionamento dei motori elettrici (caratterizzata quindi da alte velocità e basse coppie).

Come illustrato in Figura 5.38, la scelta preliminare di un riduttore (e quindi del suo fattore di accoppiamento k_a) definisce univocamente il bounding box (e il task meccanico) lato motore; il dimensionamento può pertanto essere fatto come illustrato in Figura 5.38b, scegliendo da catalogo un motore la cui regione di funzionamento contenga il nuovo bounding box.

Occorre sottolineare tuttavia che, a causa della scarsa granularità[5] dei motori elettrici soprattutto per quanto riguarda la velocità, si rischia di avere una differenza rilevante tra il bounding box lato motore e la regione di funzionamento del più piccolo motore disponibile che lo contiene. Viceversa esiste un'elevata granularità per quanto riguarda la scelta del riduttore dato che il valore di k_a dipende essenzialmente dal numero di denti delle ruote dentate che lo compongono; pertanto per ottimizzare il dimensionamento conviene scegliere prima il motore e poi il riduttore. Per questo motivo è conveniente effettuare il dimensionamento su una grandezza che non dipende dal tipo di riduttore interposto tra carico e motore: tale grandezza è ovviamente la potenza. Si osservi a tal proposito la Figura 5.39a:

[4]La potenza massima richiesta dal task è una potenza convenzionale e non reale essendo calcolata sul caso peggiore di coppia e velocità.

[5]Con granularità si intende lo scostamento massimo tra due taglie adiacenti a catalogo; essa indica pertanto la varietà di articoli disponibili a catalogo.

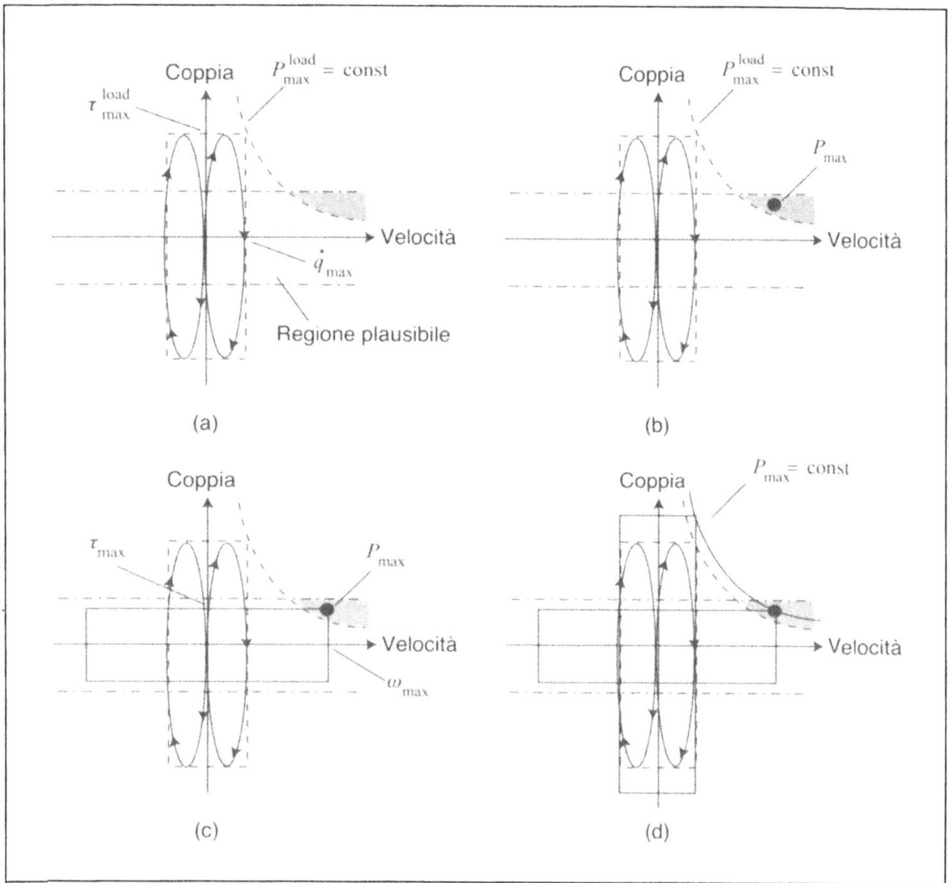

Figura 5.39 Dimensionamento nel diagramma velocità/coppia con interconnessione del motore elettrico al carico cinematico mediante un riduttore: scelta a priori del motore.

definendo la potenza massima erogabile di un motore come $P_{\max} = \tau_{\max}\omega_{\max}$, tutti i motori caratterizzati da

$$[\text{D}] \quad P_{\max} \geq P^{\text{load}}_{\max} \ ,$$

ovvero tutti i motori la cui regione di funzionamento ha il vertice identificativo di $P_{\max}$ al di sopra dell'iperbole $P^{\text{load}}_{\max}$ = costante (Figura 5.39b e Figura 5.39c), sono ammissibili per il task. È importante evidenziare che i motori elettrici sono dotati di buona granularità per quanto riguarda la taglia di potenza; pertanto questo meccanismo di dimensionamento permette di trovare motori per cui $P_{\max} \approx P^{\text{load}}_{\max}$.

Scelto il motore, la scelta del riduttore è immediata ed è effettuata in modo che alla massima velocità del task meccanico corrisponda la massima velocità del

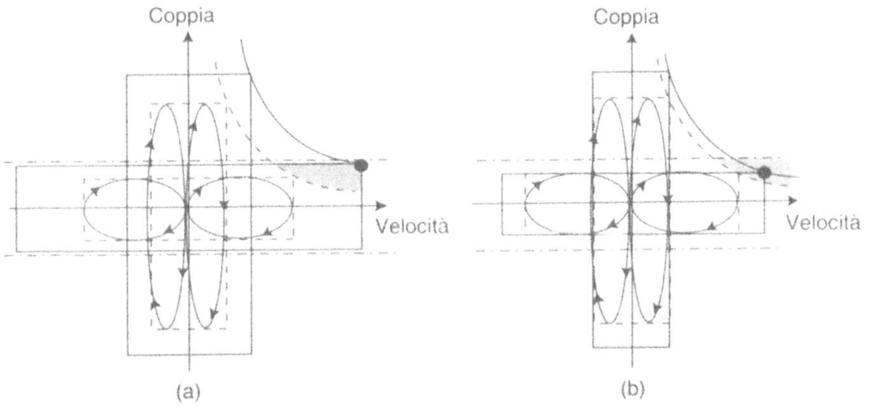

Figura 5.40 Regione di funzionamento del motore riportata al carico nel caso di dimensionamento con scelta a priori del riduttore (a) e nel caso di dimensionamento basato sulla potenza del motore (b).

motore scelto, ovvero:

$$k_a = \frac{\omega_{\max}}{\dot{q}_{\max}} ;$$

tale scelta del riduttore fa in modo che la regione di funzionamento del motore riportata al carico (ovvero trovata deformando mediante k_a la regione di funzionamento reale del motore lungo l'iperbole $P_{\max} = \text{costante}$) sia quella mostrata in Figura 5.39d.

In Figura 5.40 si può notare che la scelta del motore come primo passo permette di ottenere un dimensionamento della regione di funzionamento del motore al carico migliore rispetto al caso di scelta a priori del riduttore.

Il vincolo [D] si basa su una forte approssimazione: la potenza richiesta per movimentare il carico è calcolata considerando la movimentazione della sola inerzia equivalente J_{eq}; in realtà si dovrà movimentare anche il rotore del motore elettrico stesso. Si dovrà quindi tenere in considerazione una potenza aggiuntiva che dipende dall'inerzia del motore stesso (J_m); tale inerzia non è però nota non avendo ancora scelto il motore. Per questo motivo la potenza del motore viene scelta mediante il vincolo

$$[\text{D}'] \quad P_{\max} \geq \alpha P_{\max}^{\text{load}} ,$$

dove $1 \leq \alpha \leq 2$ è un coefficiente correttivo che tiene conto dell'esigenza di movimentazione del motore stesso; ovviamente, una volta terminata la procedura di dimensionamento (e quindi noto J_m), occorrerà verificare che il motore scelto sia in grado di compiere il task meccanico.

Finora il motore è stato dimensionato tenendo conto del carico dinamico e del movimento richiesto facendo riferimento al caso peggiore ($\tau_{\max}$ e $\omega_{\max}$). Come abbiamo accennato, il motore è caratterizzato anche da grandezze nominali

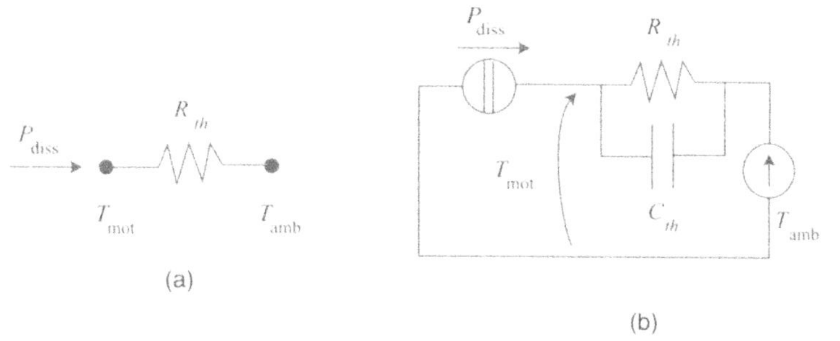

Figura 5.41 Modello termico statico (a) e dinamico (b) di un motore elettrico.

(τ_{nom} e P_{nom}) intese come la massima coppia e la massima potenza erogabili con continuità: queste grandezze devono essere considerate per far fronte a problemi termici. La scelta del motore dovrà quindi soddisfare anche degli ulteriori vincoli imposti da tali problematiche.

Abbiamo visto in precedenza che la coppia $\tau(t)$ erogata dal motore è proporzionale alla corrente $i(t)$ che circola negli avvolgimenti elettrici; una parte di potenza viene dissipata per effetto Joule sulla resistenza R che caratterizza tali avvolgimenti:

$$P_{\text{diss}}(t) = Ri(t)^2 \; .$$

Questo fenomeno comporta da un lato una perdita di rendimento a causa della perdita di potenza e dall'altro un incremento della temperatura del motore T_{mot}; dato che esiste una temperatura limite T_{max} oltre la quale il motore può subire danneggiamenti, questi è dotato di un sistema di dissipazione del calore (alette di dissipazione e sistema di ventilazione) calibrato considerando un funzionamento a coppia costante pari a τ_{nom}. In Figura 5.41a viene rappresentato un modello termico statico del motore elettrico. Da tale modello la temperatura del motore T_{mot} può essere ricavata come

$$T_{\text{mot}} = P_{\text{diss}} R_{\text{th}} + T_{\text{amb}} \; ,$$

dove R_{th} è il coefficiente di resistenza termica del motore, T_{amb} è la temperatura dell'ambiente in cui lavora il motore e P_{diss} è la potenza dissipata durante il funzionamento; in particolare, considerando un funzionamento a coppia costante pari a τ_{nom} ed essendo questa proporzionale al quadrato della corrente, si ha che:

$$P_{\text{diss}}\left(\tau_{\text{nom}}\right) = \frac{R}{k_m^2} \tau_{\text{nom}}^2 \; .$$

Il sistema di raffreddamento è pertanto progettato per avere una resistenza termica R_{th} tale che, nel caso di funzionamento a coppia costante pari a τ_{nom}, la temperatura del motore sia $T_{\text{mot}} \leq T_{\text{max}}$; in generale, per evitare sovradimensionamento del sistema di dissipazione, si ha che $T_{\text{mot}} \approx T_{\text{max}}$. In questo modo si garantisce che, in funzionamento a coppia costante con $\tau \leq \tau_{\text{nom}}$, la temperatura raggiunta dal motore è sempre inferiore a T_{max}.

In realtà, il funzionamento a coppia costante è raro per un asse elettrico, mentre assai più probabile è un funzionamento a coppia $\tau(t)$ variabile; in questo caso anche la potenza dissipata è variabile nel tempo e il modello termico del motore è quello di Figura 5.41b: il modello è dinamico essendo il motore caratterizzato anche da una capacità termica C_{th}. Tale modello ha un comportamento di tipo passa-basso con guadagno statico R_{th} e costante di tempo dell'ordine dei minuti.

Come abbiamo visto in precedenza, il task meccanico è ciclico e quindi $\tau(t)$ è periodico; a questo funzionamento corrisponde una potenza dissipata $P_{\text{diss}}(t)$ periodica e sempre positiva. Generalmente il periodo T del task meccanico, e quindi della potenza dissipata, è dell'ordine dei secondi; pertanto la componente oscillatoria della potenza dissipata viene filtrata dal modello termico. Per questi motivi, il modello termico può essere considerato statico (Figura 5.41a), ma alimentato dal valor medio della potenza dissipata sul ciclo di lavoro caratterizzato da una coppia erogata $\tau(t)$:

$$\overline{P}_{\text{diss}} = \frac{1}{T}\int_0^T P_{\text{diss}}(z)dz = \frac{R}{k_m^2}\frac{1}{T}\int_0^T \tau^2(z)dz \ .$$

Affinché il dimensionamento del sistema di dissipazione sia ancora valido occorre garantire che

$$P_{\text{diss}}(\tau_{\text{nom}}) > \overline{P}_{\text{diss}}$$

ovvero che

$$P_{\text{diss}}(\tau_{\text{nom}}) = \frac{R}{k_m^2}\tau_{\text{nom}}^2 > \frac{R}{k_m^2}\frac{1}{T}\int_0^T \tau^2(z)dz \ .$$

Definendo il valore efficace della coppia sul task meccanico come

$$\tau_{\text{rms}} = \sqrt{\frac{1}{T}\int_0^T \tau^2(z)dz} \ ,$$

il vincolo di dimensionamento termico diviene

$$\tau_{\text{nom}} > \tau_{\text{rms}} \ .$$

Riportando, il vincolo al carico cinematico mediante il riduttore si ha dunque

$$\tau_{\text{nom}} > \frac{1}{k_a}\tau_{\text{rms}}^{\text{load}} \ ,$$

dove

$$\tau_{\text{rms}}^{\text{load}} = \sqrt{\frac{1}{T}\int_0^T {\tau^{\text{load}}}^2(z)dz}$$

è il valore della coppia efficace al carico sul task meccanico. Moltiplicando ambo i membri dell'equazione precedente per $\omega_{\max}$ è possibile riportare il vincolo in potenza rendendolo indipendente dalla scelta del riduttore; infatti ponendo

$$P_{\mathrm{nom}} = \tau_{\mathrm{nom}}\omega_{\max}\,, \qquad P_{\mathrm{rms}} = \frac{\omega_{max}}{k_a}\tau_{\mathrm{rms}}^{\mathrm{load}} = \dot{q}_{\max}\tau_{\mathrm{rms}}^{\mathrm{load}}\,,$$

il vincolo termico diventa:

$$[\mathrm{D_{th}}] \quad P_{\mathrm{nom}} > P_{\mathrm{rms}}\,.$$

È importante sottolineare che P_{rms} non è la potenza media da erogare al carico, ma solo una potenza convenzionale calcolata come $\dot{q}_{\max}\tau_{\mathrm{rms}}^{\mathrm{load}}$. Come fatto in precedenza, dato che il vincolo $[\mathrm{D_{th}}]$ non tiene conto dell'inerzia del motore, si introduce un coefficiente correttivo $1 < \alpha' < 2$ e si considera il vincolo

$$[\mathrm{D'_{th}}] \quad P_{\mathrm{nom}} > \alpha' P_{\mathrm{rms}}\,.$$

Nel caso di task meccanici periodici, il valore efficace della coppia al carico può essere calcolato partendo dalla coppia massima richiesta $\tau_{\max}^{\mathrm{load}}$ come

$$\tau_{\mathrm{rms}}^{\mathrm{load}} = \sqrt{\delta}\,\tau_{\max}^{\mathrm{load}}$$

dove δ è un **fattore di servizio** che dipende dal task stesso. Per esempio, per una traiettoria trapezoidale alternata (movimento di andata e movimento di ritorno), tale parametro può essere calcolato mediante la seguente formula:

$$\delta = \frac{\sum_{i=1}^{4}\left(\dfrac{|a_i|}{|a_{\max}|}\right)^2 t_i}{t_{\mathrm{tot}}}\,,$$

in cui a_i e t_i $(i = 1, 2, 3, 4)$ sono i valori e i tempi di accelerazione e decelerazione, $a_{\max}$ è il valore massimo di accelerazione o decelerazione e t_{tot} è il tempo totale di traiettoria.

Inoltre, dato che sia la temperatura ambiente che l'altitudine influenzano le capacità di dissipazione del motore, il valore efficace della coppia al carico viene scalato con dei coefficienti correttivi K_{H} e K_{T}:

$$\tau_{\mathrm{rms}}^{\mathrm{load}} = \sqrt{\delta}\,\frac{\tau_{\max}^{\mathrm{load}}}{K_{\mathrm{H}}K_{\mathrm{T}}}\,,$$

dove

$$K_{\mathrm{H}} = \begin{cases} 1 & \text{se } H < 1\text{km} \\ \left(1 - \dfrac{H-1000}{10000}\right) & \text{se } H > 1\text{km} \end{cases}$$

$$K_{\mathrm{T}} = \begin{cases} 1 & \text{se } T < 40°\text{C} \\ \left(1 - \dfrac{T-40}{100}\right) & \text{se } T > 40°\text{C} \end{cases} \,.$$

Ricapitolando, il motore elettrico viene dimensionato scegliendo da catalogo un motore per cui valgano

$$[\mathrm{D_{th}}] \quad P_{\mathrm{max}} \quad > \quad \alpha \tau_{\mathrm{max}}^{\mathrm{load}} \dot{q}_{\mathrm{max}}$$

$$[\mathrm{D'_{th}}] \quad P_{\mathrm{nom}} \quad > \quad \alpha' \sqrt{\delta} \frac{\dot{q}_{\mathrm{max}} \tau_{\mathrm{max}}^{\mathrm{load}}}{K_{\mathrm{H}} K_{\mathrm{T}}}$$

con $1 \leq \alpha \leq 2$ e $1 \leq \alpha' \leq 2$. Una volta scelto il motore abbiamo a disposizione i valori del momento di inerzia J_m, della massima velocità raggiungibile ω_{max} e della massima coppia erogabile τ_{max}, da cui possiamo scegliere il riduttore da catalogo imponendo

$$k_a \leq \frac{\omega_{\mathrm{max}}}{\dot{q}_{\mathrm{max}}} .$$

A questo punto occorre verificare che la scelta di motore e riduttore sia corretta controllando che

$$\omega_{\mathrm{max}} \quad \geq \quad \max |k_a \dot{q}(t)|$$

$$\tau_{\mathrm{max}} \quad \geq \quad \frac{\max |\tau^{\mathrm{load}}(t)|}{k_a}$$

$$\tau_{\mathrm{nom}} \quad \geq \quad \sqrt{\delta} \frac{\max |\tau^{\mathrm{load}}(t)|}{k_a K_{\mathrm{H}} K_{\mathrm{T}}} .$$

Se una delle condizioni sopra non è verificata occorre scegliere un motore di taglia maggiore o un riduttore con un maggior rapporto di riduzione.

Per concludere occorre spendere alcune parole sul dimensionamento del convertitore di potenza; questi è caratterizzato da una tensione massima istantanea v_{max}, da una corrente massima erogabile con continuità i_{nom} e da una corrente massima istantanea i_{max}. La corrente i_{max} può essere erogata solo per periodi limitati e viene indicata solitamente con un coefficiente moltiplicativo della corrente i_{nom}

$$i_{\mathrm{max}} = k_{\mathrm{extra}} i_{\mathrm{nom}}$$

o, in maniera più precisa, con un termine (detto $\mathbf{i^2 t}$) che indica anche implicitamente il periodo di tempo per cui la sovracorrente può essere sopportata. Di seguito, per semplicità, faremo riferimento a correnti massime istantanee indicate mediante il coefficiente k_{extra} ($1.5 \leq k_{\mathrm{extra}} \leq 3$).

Si deve assicurare che la taglia di tensione del convertitore sia sufficiente su tutto il ciclo di lavoro, ovvero che

$$v_{\mathrm{max}} > \max_{t \in [0;T]} |V(t)|$$

dove $V(t)$ è la tensione in ingresso al motore. Occorre inoltre determinare la taglia di corrente per tenere in considerazione eventuali problemi termici. Ancora una volta la corrente è periodica con periodo dell'ordine di grandezza del secondo; il modello termico del convertitore ha una costante di tempo dello stesso ordine di grandezza, quindi non possiamo lavorare sul valor medio come abbiamo visto per il motore. Una prima idea potrebbe essere quella di supporre di lavorare a corrente costante pari alla massima corrente sul ciclo di lavoro e richiedere pertanto che

$$i_{\text{nom}} > \max_{t \in [0;T]} |i(t)| \ ;$$

ovviamente, così facendo, si sovradimensiona il convertitore. La soluzione più diffusa è quella di utilizzare la sovracorrente e quindi richiedere che la corrente nominale sia maggiore del valore efficace della corrente sul ciclo di lavoro e che k_{extra} sia tale garantire i picchi di corrente richiesti sul ciclo di lavoro:

$$\begin{aligned} i_{\text{nom}} &\geq \sqrt{\frac{1}{T}\int_0^T i^2(z)dz} \\ k_{\text{extra}} i_{\text{nom}} &\geq \max_{t \in [0;T]} |i(t)| \ . \end{aligned}$$

A questo punto è possibile legare la scelta del convertitore al motore elettrico, ricordando che la coppia erogata è proporzionale alla corrente e, a regime, una tensione costante $\overline{V}$ è proporzionale alla velocità del motore $\overline{\omega}$ con la stessa costante k_m:

$$\tau(t) = k_m i(t) \,, \qquad \overline{V} = k_m \overline{\omega} \ .$$

Considerando queste relazioni, la taglia di tensione del convertitore risulta immediatamente definita come

$$V_{\text{max}} > k_m \omega_{\text{max}} \ ;$$

per quanto riguarda la taglia di corrente è possibile determinarla basandosi sul motore:

$$i_{\text{nom}} \geq \frac{\tau_{\text{nom}}}{k_m} \,, \qquad k_{\text{extra}} i_{\text{nom}} \geq \frac{\tau_{\text{max}}}{k_m} \,,$$

o basandosi sul task meccanico:

$$i_{\text{nom}} \geq \frac{\tau_{\text{rms}}^{\text{load}}}{k_a k_m} \,, \qquad k_{\text{extra}} i_{\text{nom}} \geq \frac{\tau_{\text{max}}^{\text{load}}}{k_a k_m} \ .$$

Di solito si dimensiona il convertitore sul task perché questo permette la scelta di convertitori più piccoli con conseguente risparmio economico (si ricordi che il motore è scelto affinché $\tau_{\text{max}} \geq \tau_{\text{max}}^{\text{load}}/k_a$), anche se questa è la soluzione meno flessibile perché tarata sull'attuale compito che il motore deve svolgere (compito che ovviamente potrebbe cambiare nel tempo).

Per concludere la discussione sul dimensionamento degli azionamenti elettrici, presentiamo un esempio significativo.

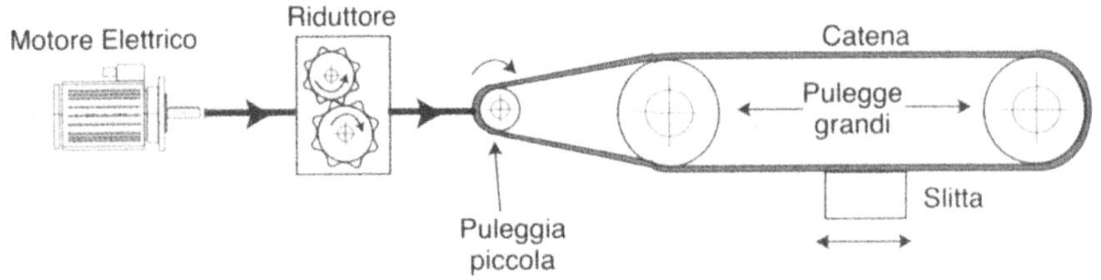

Figura 5.42 Sistema di movimentazione catena-pulegge-motore.

Tabella 5.3 Catalogo motori per l'Esempio 5.1.

P_{nom} [kW]	ω_{max} [rad/s]	τ_{nom} [Nm]	τ_{max} [Nm]	J_m [kgm^2]	k_m [Nm/A]
0.4	520	0.77	3.5	0.0003	0.9
0.8	520	1.54	6.5	0.00045	0.9
1	520	1.9	7.5	0.00069	0.9
1.5	416	3.1	10	0.00108	1.2
3	380	7.9	32	0.0023	1.25
4	312	12.8	50	0.00315	1.5
6	312	19.2	75	0.0042	1.6
8	312	25.6	85	0.0051	1.55

Esempio 5.1 Si deve muovere con buona precisione, mediante un sistema catena-pulegge-motore, una slitta meccanica la cui massa è $m_s = 66$ kg (Figura 5.42). Il sistema deve eseguire un ciclo di movimentazione alternato descritto dal task meccanico di Figura 5.43. Occorre trovare la taglia del motore adatto per la movimentazione del sistema, scegliendolo tra quelli indicati in Tabella 5.3 e verificare che il convertitore di potenza sia adatto al task meccanico. Oltre alla traiettoria sono disponibili i seguenti dati:

- inerzia del riduttore e della puleggia piccola trascurabili;
- rapporto di accoppiamento del riduttore tra motore e puleggia piccola $k_{a1} = 20$;
- raggio delle pulegge grandi $R_{pg} = 0.15$ m;
- momento di inerzia delle pulegge grandi $J_p = 0.22$ kgm^2;
- fattore di rendimento meccanico $\eta = 0.85$;
- temperatura ambiente minore di 40°C;
- altitudine minore di 1000 m;
- corrente nominale del convertitore $i_{nom} = 2$ A;
- fattore di sovracorrente del convertitore $k_{extra} = 2$.

Visto che il rapporto di accoppiamento tra il carico (slitta) e il motore è definito dal riduttore e dal rapporto tra puleggia grande e piccola, occorre scegliere il raggio della puleggia piccola in modo da ottenere il rapporto di riduzione complessivo

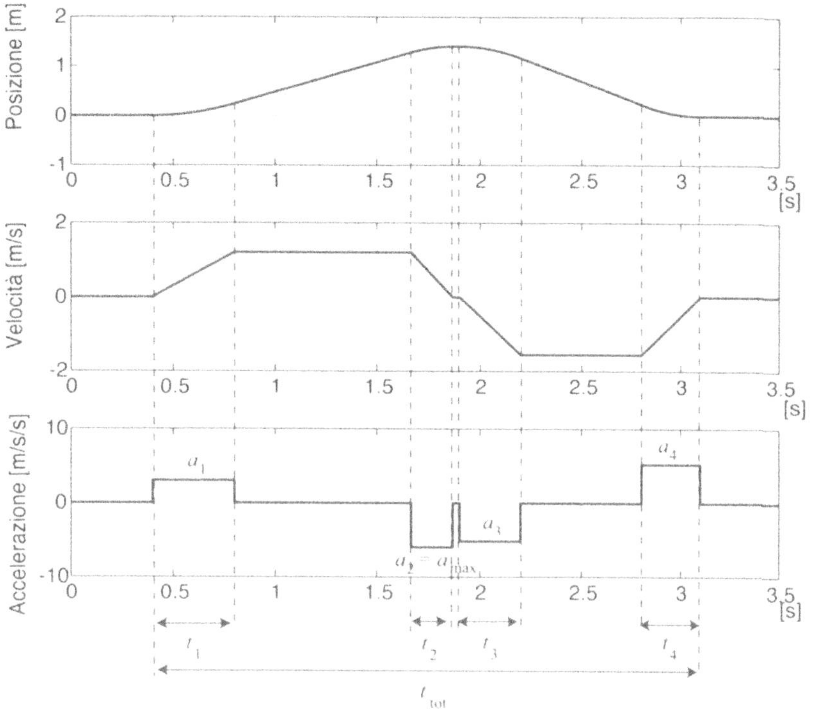

Figura 5.43 Task meccanico per il sistema di Figura 5.42. I valori caratteristici sono $a_1 = 3$ m/s^2, $t_1 = 0.4$ s, $a_2 = a_{\max} = -6$ m/s^2, $t_2 = 0.2$ s, $a_3 = -5.19$ m/s^2, $t_3 = 0.3$ s, $a_4 = 5.19$ m/s^2, $t_4 = 0.3$ s, tempo a velocità costante in andata pari a 0.876 s, tempo di sosta pari a 0.033 s, tempo a velocità costante in ritorno pari a 0.6 s, tempo totale di task $t_{\text{tot}} = 2.8$ s.

desiderato. Data la traiettoria in Figura 5.43, è possibile calcolarsi il fattore di servizio del task mediante la formula:

$$\delta = \frac{\sum_{i=1}^{4} \left(\frac{|a_i|}{|a_{\max}|} \right)^2 t_i}{t_{\text{tot}}} = 0.267 \, .$$

La potenza massima richiesta dal task può essere calcolata, nel caso di movimento rotativo e considerando il fattore di rendimento meccanico η, come

$$P^{\star} = \frac{\alpha \tau_{\max} \omega_{\max}}{\eta} \, ;$$

si noti come un rendimento meccanico minore di uno implichi la generazione di una potenza maggiore di quella necessaria. Dato che il movimento da considerare nell'esempio è di tipo lineare, è possibile ricavare la potenza massima dalla formula

$$P^\star = \frac{\alpha F_{\max}|v_{\max}|}{\eta} = \frac{\alpha M_{eq}|a_{\max}||v_{\max}|}{\eta}$$

dove $v_{\max}$ è la massima velocità raggiunta nel task e M_{eq} è una massa equivalente dovuta alla movimentazione delle pulegge e della slitta. La velocità massima raggiunta durante il task è data da

$$v_{\max} = a_3 t_3 = -1.56 \text{ m/s} .$$

La massa equivalente si ricava effettuando un bilancio dell'energia cinetica dovuta alla slitta che trasla con velocità $v(t)$ e alle due pulegge grandi che ruotano con velocità angolare $\omega_p(t)$:

$$\frac{1}{2}m_s v(t)^2 + J_p\omega_p(t)^2 = \frac{1}{2}M_{eq}v(t)^2 ,$$

da cui, considerando che $v(t) = R_{pg}\omega_p(t)$ si ottiene

$$M_{eq} = m_s + 2\frac{J_p}{R_{pg}^2} = 85.5 \text{ kg}.$$

Scegliendo $\alpha = 1$, la potenza massima richiesta dal task risulta essere $P^\star = 1.4$ kW, da cui possiamo calcolare il valore efficace come

$$P_{rms} = \sqrt{\delta}P^\star = 0.7 \text{ kW}.$$

Selezioniamo pertanto, come valore di tentativo, il secondo motore di Tabella 5.3 caratterizzato da $P_{nom} = 0.8$ kW e da $P_{\max} = \omega_{\max}\tau_{\max} = 3.38$ kW; si noti come risulta essere

$$P_{nom} \geq P_{rms} , \qquad P_{\max} \geq P^\star .$$

Dalla scelta del motore possiamo ricavare il coefficiente totale di riduzione:

$$k_a = \frac{\omega_{\max}}{\omega_{p,\max}} = \frac{\omega_{\max}R_{pg}}{v_{\max}} = 50 ;$$

il rapporto di riduzione è ottenuto dal riduttore che collega il motore alla puleggia piccola e scegliendo il raggio r della puleggia piccola in modo che:

$$k_a = 50 = k_{a1}\frac{R_{pg}}{r} = 20\frac{0.15}{r}$$

da cui si ricava che il raggio della puleggia piccola deve essere $r = 0.06$ m. Non resta ora che verificare che il motore scelto sia adatto al compimento del task meccanico; per fare ciò andiamo a valutare la coppia massima e la coppia efficace del task. La coppia massima del task meccanico può essere ricavata come

$$\tau^\star = \frac{J_{\text{eq}}|a_{\max}|k_a}{R_{\text{pg}}},$$

dove J_{eq} è l'inerzia equivalente totale che viene movimentata e che tiene conto della slitta, delle pulegge e del motore stesso. Tale inerzia equivalente può essere calcolata ancora una volta bilanciando le energie cinetiche:

$$\frac{1}{2}J_{\text{eq}}\omega^2 = \frac{1}{2}J_{\text{m}}\omega^2 + \frac{J_{\text{p}}}{\eta}\left(\frac{\omega}{k_a}\right)^2 + \frac{1}{2}\frac{m_{\text{s}}}{\eta}\left(\frac{\omega R_{\text{pg}}}{k_a}\right)^2$$

da cui, considerando che $J_{\text{m}} = 0.00045\ \text{kgm}^2$, si ha

$$J_{\text{eq}} = J_{\text{m}} + 2\frac{J_{\text{p}}}{\eta k_a^2} + \frac{m_{\text{s}}R_{\text{pg}}^2}{\eta k_a^2} = 0.00136\ \text{kgm}^2 .$$

La coppia massima richiesta dal task risulta essere $\tau^\star = 2.71$ Nm, da cui possiamo calcolare il valore efficace come $\tau_{\text{rms}} = \sqrt{\delta}\tau^\star = 1.4$ Nm; il motore scelto è conforme a questi dati in quanto

$$\tau_{\text{nom}} = 1.56\ \text{Nm} \geq \tau_{\text{rms}}, \qquad \tau_{\max} = 6.5\ \text{Nm} \geq \tau^\star .$$

Non è necessario verificare che la velocità massima del motore sia maggiore della massima velocità del task in quanto la scelta del raggio della puleggia assicura un rapporto di riduzione totale $k_a = 50$ che garantisce

$$\omega_{\max} = \frac{|v_{\max}|k_a}{R_{\text{pg}}} .$$

Verifichiamo che il convertitore di potenza a disposizione sia ben dimensionato. Sapendo che la costante di coppia del motore è $k_m = 0.9$ Nm/A, controlliamo che la corrente nominale sia maggiore di quella necessaria a fornire la coppia efficace richiesta dal task e che il coefficiente di sovracorrente sia sufficiente a fornire la coppia massima richiesta dal task

$$i_{\text{nom}} = 2\text{A} \geq \frac{\tau_{\text{rms}}}{k_m} = 1.64\ \text{A}, \qquad k_{\text{extra}} = 2 \geq \frac{\tau^\star}{k_m i_{\text{nom}}} = 1.5 ;$$

dato che anche questi vincoli sono verificati il sistema è ora ben dimensionato.

Domande

D5.1 Illustrare il modello generico di un trasduttore elettromeccanico.

D5.2 Definire il concetto di azionamento elettrico indicando lo schema di funzionamento.

D5.3 Descrivere il modello del motore DC a magneti permanenti.

D5.4 Illustrare la metodologia di controllo in cascata per un motore DC a magneti permanenti.

D5.5 Descrivere il concetto di azione in avanti facendo riferimento al controllo di un motore DC a magneti permanenti.

D5.6 Definire il concetto di macchina automatica mono attuatore e pluri attuatore.

D5.7 Illustrare il concetto di camma elettrica.

D5.8 Illustrare la metodologia di sincronizzazione master-slave per assi elettrici.

D5.9 Definire le equazioni di una traiettoria polinomiale indicando la metodologia di taratura.

D5.10 Definire il concetto di traiettoria spline cubica.

D5.11 Illustrare la caratterizzazione di un motore elettrico nel diagramma velocità/coppia.

Esercizi

E5.1 Si deve muovere con buona precisione, mediante un sistema motore/vite a ricircolazione di sfere, una slitta meccanica la cui massa totale è $m_s = 60$ kg, per eseguire un ciclo di movimentazione alternativo con punti iniziale e finale coincidenti. I parametri del moto sono di seguito descritti.

- Spostamento totale: $1.40 + 1.40$ m.
- Durata complessiva del ciclo (comprese le soste): $1.3 + 0.9$ s.
- Andata costituita da due fasi (*fase1* e *fase2*) intervallate da una sosta di durata pari a 0.05 s; entrambe le fasi sono caratterizzate da profili di velocità trapezoidali.
- Ritorno costituito da un'unica fase (*faser*).

- Dati relativi all'andata:
  accelerazione $a_{1,fase1} = 10$ m/s^2 per un tempo $t_{a1,fase1}$ da determinare;
  velocità a regime $v_{fase1} = 2$ m/s per un tempo $t_{v,fase1} = 0.1$ s;
  accelerazione $a_{2,fase1} = -10$ m/s^2 per un tempo $t_{a2,fase1}$ da determinare.
  tempo di accelerazione $t_{a1,fase2} = 0.1$ s;
  tempo a velocità costante $t_{v,fase2} = 0.35$ s;
  tempo di decelerazione $t_{a2,fase2} = 0.2$ s.
- Dati relativi al ritorno:
  velocità a regime $v_{faser} = -5$ m/s per un tempo $t_{v,faser} = 0.1$ s;
  tempo di decelerazione $t_{a1,faser} = 0.2$ s.
- Momenti di inerzia della vite e del riduttore ed attriti trascurabili.
- Rendimento meccanico complessivo $\eta = 0.9$.
- Temperatura ambiente minore di 40°C.
- Altitudine minore di 1000 m.

Tabella 1 Catalogo motori AC sincroni sinusoidali per l'Esercizio **E5.1**.

P_{nom} [kW]	ω_{max} [rad/s]	τ_{nom} [Nm]	τ_{max} [Nm]	J_m [kgm^2]	k_m [Nm/A]
1	520	1.9	7.5	0.00069	0.9
1.5	416	3.1	10	0.00108	1.2
3	380	7.9	32	0.0025	1.25
4	312	12.8	50	0.00315	1.5
6	312	19.2	75	0.0042	1.6
8	312	25.6	85	0.0051	1.55
10	156	64.1	180	0.0105	1.65

Si richiede di:

- disegnare schematicamente i profili di moto al carico e determinare il fattore di servizio δ;
- scegliere il motore tra quelli indicati nella Tabella 1;
- indicare il valore nominale della corrente del convertitore di potenza da utilizzare supponendo un fattore di sovracorrente $k_{extra} = 2$.

E5.2 Si deve muovere con buona precisione, mediante un sistema motore/vite a ricircolazione di sfere, una slitta meccanica la cui massa totale è di 60 kg, per eseguire un ciclo di movimentazione alternativo con punti iniziale e finale coincidenti. I parametri del moto sono di seguito descritti.

- Spostamento totale: $1.50 + 1.50$ m.
- Durata complessiva del ciclo (comprese le soste): $1.25 + 0.75$ s.
- Andata e ritorno caratterizzate da profili di velocità trapezoidali.
- Dati relativi all'andata:
  accelerazione $a_1 = 10$ m/s^2 per un tempo $t_1 = 0.25$ s;
  accelerazione $a_2 = -5$ m/s^2 per un tempo t_2 da determinare;
- Dati relativi al ritorno:
  accelerazione $a_3 = -25$ m/s^2 per un tempo $t_3 = 0.2$ s;
  accelerazione $a_4 = 25$ m/s^2 per un tempo t_4 da determinare;

- Momenti di inerzia della vite e del riduttore ed attriti trascurabili.
- Rendimento meccanico complessivo $\eta = 0.8$.
- Temperatura ambiente minore di 40°C.
- Altitudine minore di 1000 m.

Tabella 2 Catalogo motori DC, trapezoidali, AC sincroni sinusoidali, AC asincroni ad induzione per l'Esercizio **E5.2**.

P_{nom} [kW]	ω_{max} [rad/s]	τ_{nom} [Nm]	τ_{max} [Nm]	J_m [kgm^2]	k_m [Nm/A]
1	520	1.9	7.5	0.00069	0.9
1.5	416	3.1	10	0.00108	1.2
3	380	7.9	32	0.0025	1.25
4	312	12.8	50	0.00315	1.5

Tabella 3 Catalogo motori DC, AC sincroni sinusoidali, AC asincroni ad induzione per l'Esercizio **E5.2**.

P_{nom} [kW]	ω_{max} [rad/s]	τ_{nom} [Nm]	τ_{max} [Nm]	J_m [kgm^2]	k_m [Nm/A]
6	312	19.2	75	0.0042	1.6
8	312	25.6	85	0.0051	1.55
10	312	32.1	95	0.0095	1.65

Tabella 4 Catalogo motori DC, AC asincroni ad induzione per l'Esercizio **E5.2**.

P_{nom} [kW]	ω_{max} [rad/s]	τ_{nom} [Nm]	τ_{max} [Nm]	J_m [kgm^2]	k_m [Nm/A]
10	148	67.6	180	0.0102	1.65
15	98	154	430	0.02	1.66
20	98	204	500	0.028	1.5

Si richiede di:

- disegnare schematicamente i profili di moto al carico e determinare il fattore di servizio δ;
- scegliere con motivazioni la tipologia di azionamento più idonea;
- scegliere il motore tra quelli indicati nelle Tabelle 2, 3 e 4;
- indicare il valore nominale della corrente del convertitore di potenza da utilizzare supponendo un fattore di sovracorrente $k_{extra} = 1.6$.

Soluzioni e ulteriori esercizi sul sito www.ateneonline.it/bonivento

Bibliografia ragionata

Una trattazione esaustiva in merito ad azionamenti e macchine elettriche è fornita da [1], mentre in [2] vengono trattate le principali problematiche relative ai convertitori di potenza switching. Oltre a [1], in [3] vengono presentati in maniera approfondita i modelli matematici per le varie tipologie di azionamenti e vengono illustrate le tecniche di controllo per le diverse classi di macchine elettriche. Il materiale didattico [4] rappresenta inoltre un'ottima base di partenza per lo studio degli azionamenti elettrici da punto di vista dell'automazione industriale.

Per quanto riguarda il problema della sincronizzazione degli assi elettrici e della trasformazione del moto nei sistemi di movimentazione, [5] e [6] forniscono un'ampia panoramica nell'ottica delle macchine automatiche; inoltre in [6] vengono presentate le tecniche di dimensionamento ottimo delle macchine elettriche e degli organi di trasmissione del moto.

Il problema della generazione delle leggi di moto per gli azionamenti è approfondito in [7] dove vengono presentate in maniera critica le leggi di moto più utilizzate in ambito industriale.

Una visione degli argomenti trattati in questo capitolo orientata alla robotica industriale viene proposta in [8].

Infine, preziose informazioni, cataloghi e manuali di azionamenti possono essere reperite nei siti web dei principali costruttori di azionamenti elettrici quali Rockwell ([9]), Siemens ([10]), Elau ([11]), Yaskawa ([12]), Control Techniques ([13]), B&R ([14]).

[1] A.E. Fitzgerald, C. Kingsley Jr., A. Kusko, *Macchine elettriche*, ISBN 882042215-8, FrancoAngeli, Milano, 2006.

[2] N. Mohan, T.M. Undeland, W.P. Robbins, *Elettronica di potenza: convertitori e applicazioni*, ISBN 882033428-3, Hoepli, Milano, 2005.

[3] M.E. Penati, G. Bertoni, *I sistemi di controllo*, ISBN 880812028-7, Zanichelli, Bologna, 1993.

[4] A. Tonielli, A. Tilli, C. Rossi, *Lucidi del corso di tecnologie dei sistemi di controllo*, `http://www-lar.deis.unibo.it/people/atilli`, 2005.

[5] R.L. Norton, *Design of machinery*, ISBN 0072470461, McGraw-Hill, New York, 2004.

[6] G. Canini, C. Fantuzzi, *Controllo del moto per macchine automatiche*, ISBN 883711374-9, Pitagora editrice, Bologna, 2003.

[7] L. Biagiotti, C. Melchiorri, *Trajectory Planning for Automatic Machines and Robots*, ISBN 978-3-540-85628-3, Springer-Verlag, Berlin Heidelberg, 2008.

[8] B. Siciliano, L. Sciavicco, L. Villani, G. Oriolo , *Robotica - Modellistica, pianificazione e controllo*, 3^a edizione, ISBN 9788838663222, McGraw-Hill Italia, Milano, 2008.

[9] `http://www.rockwellautomation.com`

[10] `http://www.automation.siemens.com`

[11] `http://www.elau.de`

[12] http://www.yaskawa.com
[13] http://www.controltechniques.com
[14] http://www.br-automation.com

6

Il controllore logico programmabile

Argomento di questo capitolo è il dispositivo industriale che si è imposto come standard per il controllo logico di sequenze, ossia il controllore logico programmabile. Dopo aver inizialmente ricordato lo sviluppo storico che ha portato questo controllore ad assumere un'importanza fondamentale come componente di un moderno impianto di automazione industriale, si passa a descriverne la struttura hardware e software facendo riferimento a quanto stabilito dalla normativa internazionale IEC 61131. I linguaggi di programmazione che sono stati definiti per questo controllore sono brevemente richiamati mettendo in evidenza come, pur in presenza di uno standard internazionale accettato, in realtà i differenti produttori di controllori logici programmabili abbiano nel tempo adottato strumenti di progettazione proprietari. Ci soffermeremo infine sull'importanza del software nel processo di progettazione di un impianto industriale, sottolineando che questo componente deve essere considerato alla stregua di un comune prodotto industriale e che, pertanto, la sua progettazione rappresenta un processo di grande rilevanza. In particolare, ne vengono sottolineate le proprietà fondamentali di strutturazione e standardizzazione.

6.1 Introduzione e cenni storici

Nel Capitolo 1 abbiamo illustrato l'architettura dei sistemi di controllo industriale, distinguendo gli obiettivi che sono propri del controllo di variabili analogiche da quelli del controllo di sequenze di variabili logiche; abbiamo inoltre evidenziato le principali tipologie di controllori industriali evidenziando le differenze tra i controllori embedded e i controllori a bus. In questo capitolo tratteremo in maniera approfondita il dispositivo industriale general purpose a bus con funzionalità specifiche per il controllo logico/sequenziale che si è imposto negli anni come standard di fatto: il **Programmable Logic Controller** (Controllore Logico Programmabile o semplicemente PLC). Negli anni il PLC si è infatti imposto come un componente fondamentale per l'automazione industriale grazie alle sue caratteristiche di affidabilità, espandibilità, semplicità di programmazione e flessibilità.

Prima di evidenziare l'evoluzione che ha portato alla nascita e al successo del controllore logico programmabile, è bene introdurre alcuni concetti fondamentali riguardanti il controllo logico, che sono importanti per comprendere al meglio il quadro generale dell'argomento che stiamo trattando.

In generale un **controllore logico** può essere definito come un dispositivo che mette in relazione delle variabili (logiche) di ingresso con variabili di uscita mediante un insieme di algoritmi combinatori e/o sequenziali. Il controllore logico è detto **statico** se le equazioni che legano ingressi e uscite sono di tipo statico (le uscite del sistema dipendono dai valori degli ingressi nello stesso istante), mentre è detto **dinamico** se tali equazioni sono di tipo sequenziale (le uscite del sistema dipendono anche dai valori passati degli ingressi). Dal punto di vista implementativo è bene ricordare che un qualsiasi algoritmo logico/sequenziale può essere realizzato mediante un'opportuna combinazione di porte logiche fondamentali come *AND*, *OR*, *NOT* ed elementi di ritardo per ottenere la voluta sequenzialità.

In generale un controllore logico può essere realizzato in due differenti modi: mediante un insieme di dispositivi fisici che realizzano porte logiche e la loro interconnessione che definisce l'algoritmo logico/sequenziale (in questo caso si parla di **controllore logico cablato**) oppure mediante un sistema elettronico programmabile e un opportuno programma di controllo memorizzato (in questo caso si parla di **controllore logico programmabile**).

La necessità di automatizzare i processi di produzione è da sempre uno degli obiettivi che viene perseguito in ambito industriale mediante innovazioni tecniche e tecnologiche. Prima dell'introduzione dell'elettricità i semplici automatismi che potevano essere realizzati erano basati su dispositivi meccanici, idraulici o pneumatici; il diffondersi dell'utilizzo dell'elettricità portò alla nascita di sistemi di controllo basati su dispositivi elettromeccanici (come relè, temporizzatori, contatori o sequenziatori a cilindro) che permettevano l'implementazione di logiche sequenziali per sistemi di automazione industriale anche di una certa complessità: per esempio le porte logiche erano definite mediante dei relè, implementando in questo modo i due stati logici (relè eccitato e non eccitato). Il cablaggio in serie/parallelo di questi componenti permetteva inoltre di realizzare una qualsiasi rete logico/sequenziale. Venivano quindi utilizzati dei quadri a relè che, pur avendo il vantaggio di essere costituiti da componenti di potenza e dunque immediatamente interfacciabili con il campo, erano caratterizzati da numerosi svantaggi: il relè e i quadri cablati necessari per realizzare algoritmi logico/sequenziali complessi sono caratterizzati da un ingombro considerevole, da una scarsa affidabilità nel tempo e da una conseguente difficile manutenzione; la velocità di elaborazione è inoltre piuttosto limitata. Lo svantaggio maggiore risiedeva però nella scarsa flessibilità di questa soluzione: una modifica dell'algoritmo di controllo comportava inevitabilmente una completa revisione del cablaggio e un adeguamento dei relè utilizzati.

Alla fine degli anni '60 la grande evoluzione dell'elettronica digitale portò i grandi utilizzatori di automazione industriale a richiedere lo sviluppo di controllori logico/sequenziali di tipo programmabile. La richiesta di controllori programmabili nell'ambito dell'automazione industriale fu spinta dal fatto che i controllori logico/sequenziali cablati, e quindi dedicati alla specifica applicazione, sono caratterizzati da bassi costi di produzione ma da elevati costi di progettazione. Solo se questi ultimi possono essere ripartiti tra un elevato numero di realizzazioni la soluzione cablata può essere conveniente. Tale evenienza è però piuttosto rara nel campo dell'automazione industriale: la produzione e la progettazione di impianti di automazione simili tra loro non consente di utilizzare lo stesso controllore dedicato in quanto, sebbene le problematiche di controllo possano essere molto vicine, il "layout" dell'impianto e i componenti utilizzati (come sensori e attuatori) possono variare. Questo comporta la necessità di riprogettare il controllo logico/sequenziale necessario per gli impianti rendendo poco conveniente l'utilizzo di controllori cablati. La diffusione di componenti elettronici a basso costo permise la realizzazione di sistemi programmabili a microprocessore in grado di realizzare ed eseguire algoritmi logico/sequenziali caratterizzati da un costo competitivo.

La spinta decisiva verso la definizione di un controllore logico/sequenziale di tipo programmabile "standard" fu data alla fine degli anni '60 dalla General Motors: tale azienda era infatti la maggiore utilizzatrice di impianti di automazione al mondo e, dopo aver automatizzato completamente le proprie linee di produzione, si trovò nella situazione di far lavorare e interagire tra loro diverse macchine automatiche ognuna caratterizzata da un proprio controllore, realizzato con tecniche e tecnologie spesso diverse tra loro. I dirigenti aziendali si resero conto che l'interazione tra i diversi macchinari, ma soprattutto la supervisione e la manutenzione di questi, avrebbe ben presto assunto un'importanza in termini di costi molto elevata, dovuta all'eccessivo livello di complessità raggiunto. Venne quindi deciso di elencare una serie di specifiche che, dal 1968, divennero vincolanti per tutti i fornitori di automazione: venivano cioè specificate le caratteristiche desiderate per una nuova generazione di controllori per i propri impianti automatizzati di produzione. Il controllore logico/sequenziale doveva:

- essere facilmente programmabile e riprogrammabile anche sul luogo di funzionamento con tempi di interruzione minimi;
- essere robusto e dunque realizzato con componenti e materiali adeguati al funzionamento in un ambiente industriale;
- essere caratterizzato da una modularità tale da rendere semplici le azioni di manutenzione e riparazione;
- essere caratterizzato da una configurazione facilmente espandibile;
- avere dimensioni e consumi energetici contenuti;
- essere in grado di interfacciarsi in maniera semplice e immediata con i sensori e gli attuatori standard;
- essere in grado di interfacciarsi con sistemi centralizzati per la registrazione e la raccolta di dati;
- essere competitivo in termini di costi;
- avere una memoria interna espandibile per programmi e dati.

Queste specifiche seguivano l'idea di sostituire i sistemi basati su logiche cablate a relè (rigidi, poco flessibili e di realizzazione costosa) con sistemi più flessibili e adattabili alle diverse esigenze (quindi programmabili e riutilizzabili al variare delle applicazioni). Si noti che, in ogni caso, il controllore doveva comunque rispettare delle caratteristiche di tipo industriale: facilità di programmazione, di manutenzione e riparazione e robustezza per un'utilizzazione in ambiente ostile come quello industriale.

Tali specifiche si sono nel tempo rivelate lungimiranti ed hanno "costretto" i produttori di automazione alla definizione di controllori programmabili sempre più flessibili e standardizzati sino alla definizione del PLC e alla sua imposizione come standard industriale di fatto. Tale successo è stato possibile soprattutto grazie al modo in cui il PLC è stato pensato: un componente programmabile che si interfacciasse in maniera semplice e intuitiva sia con il mondo esterno (sensori/attuatori standard ecc.) sia con l'utente. Il PLC è infatti dotato di un sistema operativo e di diverse modalità di programmazione orientate all'utente: per permettere una migrazione indolore dalla progettazione di logiche cablate e armadi a relè a una logica programmata, il PLC è stato dotato anche di un linguaggio di programmazione grafico che ricalca in maniera piuttosto fedele gli schemi elettrici a relè. In questo modo il passaggio dalla programmazione di logiche cablate alla programmazione di software per PLC è stato semplice e indolore per i tecnici specializzati e per le aziende utilizzatrici di automazione che non hanno avuto bisogno di acquisire un nuovo know-how relativo a nuovi linguaggi di programmazione più sofisticati.

Dalla nascita del PLC a oggi la sua evoluzione dal punto di vista tecnologico e di funzionalità disponibili è stata enorme, ma la struttura e alcuni concetti di base sono rimasti inalterati in modo da garantire la continuità delle soluzioni e la preservazione degli investimenti industriali fatti in termini di risorse e progettazione.

Nel seguito descriveremo in maniera più dettagliata l'evoluzione e l'attuale architettura hardware e software che caratterizza un PLC, evidenziando tutte le caratteristiche che hanno permesso a questo componente di diventare uno standard industriale: il comitato elettrotecnico internazionale (IEC) ha infatti emanato nel 1993 una normativa che standardizza la struttura hardware e software di questo componente. Tale norma è caratterizzata dalla sigla **IEC 61131**; in particolare il documento IEC 61131-1 si occupa di introdurre e definire il PLC, il documento IEC 61131-2 la sua struttura hardware mentre il documento IEC 61131-3 si occupa di definire i linguaggi di programmazione per il PLC. Questo standard è stato recepito in Italia dal Comitato Elettrotecnico Italiano nel 1996.

Evidenziamo subito che, nonostante la presenza di tale normativa internazionale, non è ancora possibile parlare del PLC come di un componente realmente standardizzato: sebbene la struttura hardware sia essenzialmente la stessa per tutti i PLC prodotti da aziende differenti, si è ancora ben lontani dall'avere una perfetta interscambiabilità. Anche dal punto di vista software la presenza di uno standard internazionale non ha ancora portato a una reale standardizzazione dei linguaggi di programmazione per PLC. Nel seguito evidenzieremo i benefici che una perfetta standardizzazione potrebbe portare e descriveremo brevemente la situazione attuale soprattutto nell'ambito dei linguaggi di programmazione per PLC.

Lo standard IEC 61131-1 definisce in maniera sommaria il PLC come "un sistema elettronico a funzionamento digitale, destinato all'uso in ambito industriale, che utilizza una memoria programmabile per l'archiviazione interna di istruzioni orientate all'utilizzatore per l'implementazione di funzioni specifiche, come quelle logiche, di sequenziamento, di temporizzazione, di conteggio e di calcolo aritmetico, e per controllare, mediante ingressi e uscite sia digitali sia analogiche,

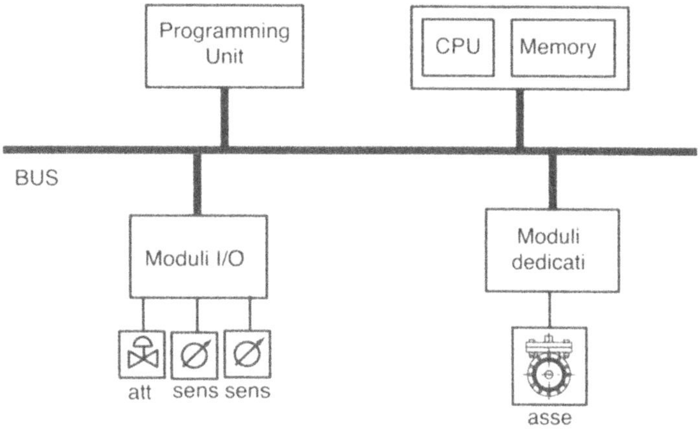

Figura 6.1 Architettura hardware a bus di un PLC.

vari tipi di macchine e processi". Tale definizione illustra tutte le caratteristiche del PLC: l'utilizzo in ambiente industriale, la programmabilità orientata all'utilizzatore, le funzionalità specifiche per il controllo logico/sequenziale e il suo orientamento all'utilizzo in sistemi di controllo di macchine e processi automatici. In definitiva il PLC è un elaboratore digitale di tipo industriale concepito per risolvere problemi di controllo e automazione. Viene inoltre definito un sistema basato su PLC come "una configurazione realizzata dall'utilizzatore, formata da un controllore logico programmabile e dalle periferiche associate, necessaria al sistema automatizzato previsto".

Nel seguito analizzeremo l'architettura hardware di un PLC secondo la norma IEC 61131-2, evidenziando le caratteristiche comuni a tutti i PLC attualmente in commercio e in seguito l'architettura software di un PLC descrivendone il sistema operativo e i differenti linguaggi di programmazione standardizzati dalla norma IEC 61131-3.

6.2 Architettura hardware

Il PLC è un controllore programmabile a bus la cui architettura base (Figura 6.1) non differisce in maniera sostanziale da quella di un generico calcolatore elettronico. È bene notare immediatamente che la struttura a bus permette quella modularità che è stata una delle caratteristiche vincenti dei PLC: in Figura 6.1 viene mostrata l'architettura di un PLC in configurazione minima in cui sono presenti una unità di calcolo centrale (CPU), solitamente provvista di un quantitativo di memoria dedicata, collegata tramite bus a moduli di interfaccia di input/output, connessi a loro volta con i sensori e gli attuatori del livello di campo. È inoltre presente un'interconnessione tramite bus con dei moduli dedicati a svolgere

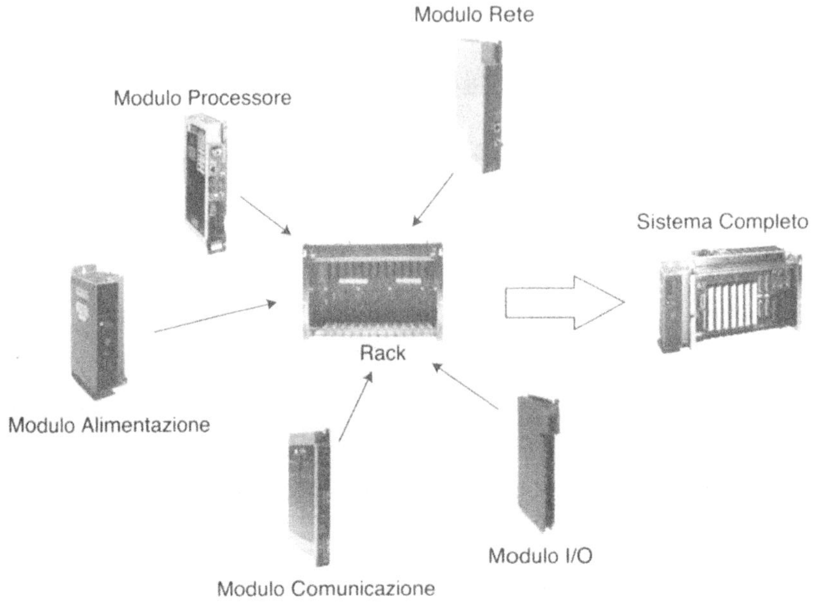

Figura 6.2 Architettura modulare di un PLC.

specifiche funzionalità e con una unità di programmazione: oggi questa è tipicamente un normale personal computer che viene connesso al PLC e utilizzato per la progettazione e la programmazione del software.

Il bus del PLC è un insieme di linee elettriche che permettono la comunicazione tra i diversi moduli: le linee elettriche che costituiscono il bus sono differenziate e raggruppate per funzioni (linee per i dati, linee per gli indirizzi, linee per l'alimentazione). Generalmente i bus di un PLC sono di tipo proprietario e differiscono quindi in termini di connessioni elettriche e protocolli associati rispetto ai bus generici che sono stati adottati all'interno dei personal computer (bus PCI, bus ISA, bus PC104 per PC industriali o il più recente bus PCI-express); i diversi produttori di PLC hanno dunque progettato e sviluppato bus proprietari per i loro PLC che non permettono l'utilizzo di moduli di differenti produttori.

Dal punto di vista prettamente realizzativo, la necessaria caratteristica di modularità ha portato nel tempo alla costruzione di PLC come quelli in Figura 6.2 in cui sono evidenziati i diversi moduli che lo costituiscono e il rack che li contiene. In particolare, la Figura 6.2 mostra un PLC in configurazione tipica dove sono presenti all'interno del rack, che ne assicura la connessione meccanica ed elettrica, il **modulo processore**, il **modulo di alimentazione**, i **moduli di interfaccia input/output**, che permettono il collegamento tra PLC e il mondo esterno eseguendo il condizionamento e l'isolamento dei segnali di ingresso e uscita, i **moduli di comunicazione** e di **interfaccia di rete**.

Nel seguito descriveremo in maniera dettagliata tutti i componenti di un moderno PLC partendo dall'involucro fisico che li contiene e ne permette il collegamento (il rack) per arrivare ai differenti moduli (necessari e di espansione) che costituiscono il cuore hardware del PLC.

6.2.1 Rack

Il rack è il componente fisico essenziale che contiene tutti i differenti moduli e ne permette l'interconnessione meccanica ed elettrica. Come è già stato accennato, l'architettura del PLC prevede la presenza di un bus che permette la comunicazione tra i differenti moduli: il rack ospita pertanto fisicamente il bus a cui vanno agganciati meccanicamente ed elettricamente i moduli. Il rack deve quindi offrire un'adeguata schermatura elettromagnetica ai moduli inseriti al proprio interno, deve possedere delle caratteristiche di robustezza adeguate al funzionamento in un ambiente industriale e prevedere semplici azioni per l'inserimento e la manutenzione dei differenti moduli. Le caratteristiche che differenziano tra loro diversi rack sono: possibilità di espansione e quindi numero di slot presenti, ingombro e dimensioni fisiche, modalità di ancoraggio all'impianto di automazione. Per applicazioni molto semplici esistono in realtà PLC monolitici in cui rack e moduli sono indivisibili e le capacità di espansione sono molto limitate.

6.2.2 Modulo processore

Come abbiamo già accennato, l'architettura hardware di un moderno PLC non si discosta molto da quella di un personal computer: i PLC moderni utilizzano dei microprocessori come unità di calcolo centrale per l'esecuzione del sistema operativo e dei programmi utente che sono conservati in moduli di memoria connessi tramite bus. La tipologia dei microprocessori utilizzati all'interno dei PLC è variata notevolmente nel tempo. Inizialmente i primi PLC avevano bisogno, per implementare un qualsiasi algoritmo logico/sequenziale, di eseguire esclusivamente semplici azioni logiche (*AND*, *OR*, *NOT*) e sequenziali (ritardi) su variabili booleane: venivano quindi utilizzati dei microprocessori progettati ad hoc (custom) per l'esecuzione di un ristretto set di istruzioni (in particolare si utilizzavano microprocessori con architettura ad 1 bit). Questi microprocessori permettevano elevate prestazioni grazie alla grande efficienza nell'esecuzione di operazioni logiche ma anche scarsa flessibilità.

Nel tempo, le necessità dell'automazione industriale hanno richiesto al PLC anche delle capacità di conteggio e di calcolo aritmetico che hanno imposto l'utilizzo di microprocessori "standard" (detti anche general purpose), come quelli prodotti da aziende come Motorola, IBM o Intel, caratterizzati da un set di istruzioni più ampio: questo ha permesso anche l'utilizzo di personal computer come terminali di programmazione e una notevole evoluzione dei linguaggi di programmazione di cui parleremo in maniera più approfondita nel Paragrafo 6.5. Attualmente, grazie all'evoluzione delle tecnologie costruttive dei microprocessori e al notevole abbassamento dei prezzi di tali componenti, molti PLC adottano un'architettura multiprocessore incorporando differenti microprocessori dedicati: un microprocessore per le operazioni logiche sui singoli bit, un microprocessore standard per le azioni aritmetico/logiche e la gestione del sistema operativo e un microprocessore dedicato esclusivamente alla comunicazione con i moduli di I/O e con i dispositivi esterni (schede ethernet, bus di campo ecc.). In questo modo è possibile utilizzare microprocessori dedicati per le operazioni logiche che permettono prestazioni particolarmente spinte in termini di velocità di esecuzione.

In un sistema programmabile come il PLC, le funzioni e gli algoritmi di controllo sono eseguiti dall'unità centrale di elaborazione; i programmi e i dati da elaborare sono registrati in ben precise aree all'interno dei moduli di memoria.

La memoria complessiva è tipicamente suddivisa in due sezioni differenti: la memoria di sistema (system memory) e la memoria di applicazione (application memory).

System Memory

La memoria di sistema contiene il Sistema Operativo del PLC e i suoi dati di lavoro. Dal punto di vista fisico, tale memoria è realizzata su due aree distinte, una non volatile e a sola lettura che contiene il Sistema Operativo (tipicamente una ROM o una PROM), e una volatile (RAM) per i suoi dati di lavoro (tale zona di memoria non è comunque accessibile all'utente).

Application Memory

La memoria dedicata alle applicazioni contiene i dati memorizzati dagli ingressi e dalle uscite, i programmi progettati dall'utente e i dati di lavoro di tali programmi. L'area di memoria dedicata ai dati provenienti dalle periferiche di input/output è solitamente divisa in due parti per evitare il sovrapporsi dei dati in ingresso con quelli in uscita ed è fisicamente realizzata tramite memorie volatili (RAM) che possono essere scritte e lette esclusivamente dal sistema operativo (si veda il Paragrafo 6.3.3 per una descrizione approfondita dell'utilizzo di tale zona di memoria). La realizzazione fisica dell'area di application memory dedicata ai programmi definiti dall'utente può variare in relazione al tipo di PLC e alla ditta che lo produce. Tale area di memoria sarà certamente di tipo modificabile per permettere la scrittura da parte del progettista dei propri programmi software da far eseguire al PLC, ma deve avere caratteristiche non volatili al fine di evitare che il programma venga perso in caso di mancanza di alimentazione. Le tecnologie realizzative per tale parte di memoria si sono evolute notevolmente nel tempo: RAM statiche realizzate con tecnologia CMOS e batteria tampone, EPROM nel caso in cui i programmi debbano essere modificati raramente e, in questi ultimi anni, EEPROM. Il sistema deve prevedere per questa area di memoria uno speciale controllo per quanto riguarda la scrittura: tale operazione deve infatti essere abilitata solo durante l'effettiva fase di programmazione e deve essere disabilitata durante il funzionamento nominale del PLC. L'area di memoria che contiene i dati di lavoro dei programmi utente è infine realizzata tipicamente tramite memorie volatili di tipo RAM ed è accessibile all'utente e ai suoi programmi.

Il modulo processore integra al suo interno i moduli di memoria indispensabili al funzionamento del PLC: i moduli processore sono caratterizzati dalla tecnologia tramite cui sono stati realizzati (microprocessori custom o general purpose, strutture multiprocessore ecc.), dalla quantità e tipologia di memoria che mettono a disposizione e dalla capacità di espansione che possiedono (numero di moduli I/O che è possibile gestire direttamente, presenza di un microprocessore dedicato a tale compito). Come abbiamo già evidenziato, sono disponibili moduli processori caratterizzati da architetture mono o multiprocessore, da microprocessori ad alte prestazioni dedicati alle operazioni logiche sui bit, capaci di effettuare operazioni multitasking in hardware così come di gestire particolari routine di interruzione (interrupt). I moduli processore sono poi caratterizzati dal numero di porte di comunicazione supportato: porte seriali, parallele, usb, ethernet. Altra caratteristica è la possibilità di espandere la memoria tramite moduli ad hoc oppure tramite schede standard come Compact Flash o Secure Digital.

6.2.3 Moduli I/O

Una delle specifiche emesse dalla General Motors che portarono alla nascita del PLC richiedeva esplicitamente la possibilità di interconnettere in maniera semplice e immediata il controllore con i sensori e gli attuatori più comuni: in base a questa caratteristica e alla richiesta di elevata modularità, è possibile dotare il PLC di una gran varietà di moduli e schede di I/O che permettono la comunicazione tra questi e il processo fisico, rilevando dati dai sensori e comandando azioni tramite gli attuatori.

Tali schede rappresentano dunque l'interfaccia tra la logica interna del PLC e i segnali esterni; esse devono realizzare, da un punto di vista elettrico, l'adattamento e il condizionamento tra i livelli di tensione e corrente propri del PLC e le tensioni e le correnti usate per la trasmissione dei segnali; infatti il PLC opera al suo interno secondo una logica elettronica in bassa potenza (cosa comune ai moderni sistemi a microprocessore) e deve essere collegato con segnali in ingresso e in uscita caratterizzati da livelli di tensione e corrente decisamente più elevati. Questa fondamentale proprietà dei moduli di I/O permette la semplice e diretta interconnessione tra il PLC e i più comuni dispositivi presenti sul campo, evitando ulteriori problematiche dovute al condizionamento e alla messa in scala dei segnali.

I moduli di I/O contengono al loro interno anche uno stadio di isolamento galvanico, realizzato tramite fotoaccoppiatori e trasformatori, tra il campo, il bus e i circuiti interni del PLC, in modo da proteggerli da eventuali sovratensioni dovute a collegamenti sbagliati, a cortocircuiti nell'impianto o guasti.

Il PLC prevede la possibilità di ospitare un certo numero di moduli di I/O all'interno del rack in posizioni ben precise: la posizione di un modulo all'interno del rack ne determina infatti anche l'indirizzamento a livello software, permettendo al programmatore di conoscere l'indirizzo di memoria dove sono presenti i dati provenienti da un determinato sensore.

Esistono moduli differenti in relazione al numero di ingressi/uscite che possono gestire, alla tipologia dei segnali che possono ricevere (analogici, digitali ecc.) e anche in relazione al particolare tipo di sensore/attuatore a cui devono essere connessi.

I moduli di ingresso digitali sono caratterizzati dai livelli di tensioni e correnti che possono essere gestiti e dal ritardo di segnale che viene introdotto dai circuiti di filtraggio utilizzati contro il rumore e le possibili interferenze. Inoltre sono solitamente provvisti di un indicatore (tipicamente un LED) per visualizzare lo stato del corrispettivo segnale.

I moduli di input/output analogici sono invece dotati rispettivamente di circuiti per la conversione A/D e D/A in modo da interfacciare i segnali analogici esterni e quelli digitali interni al PLC: solitamente sono anche presenti dei circuiti di multiplexer e demultiplexer in modo da utilizzare un unico convertitore per un numero più elevato di segnali. Questi moduli sono caratterizzati dai valori di tensione e corrente e dalla tipologia di segnali (single ended o differenziali) che è possibile gestire, dalla risoluzione e dalla velocità di conversione e dalla rappresentazione dei dati fornita. I moduli di output analogici sono infine caratterizzati da stadi finali realizzati con dispositivi di potenza per poter comandare dispositivi che lo richiedono: la conoscenza della potenza necessaria al carico deve essere utilizzata per scegliere in maniera opportuna il modulo e la connessione adeguata. Tali moduli di potenza sono anche dotati di protezioni contro i cortocircuiti.

Sono inoltre disponibili speciali moduli di input che possono essere direttamente interfacciati con sensori particolari, generalmente di uso comune, come termocoppie, termoresistenze, celle di carico ed estensimetri che altrimenti prevederebbero la presenza di circuiti elettronici dedicati per la rilevazione delle informazioni.

Infine, è bene evidenziare che l'utilizzo di controllori logici programmabili all'interno di sistemi di automazione delocalizzati spazialmente comporta delle problematiche di interconnessione con sensori e attuatori in posizioni "irraggiungibili": sono stati quindi progettati moduli di comunicazione remota (detti anche moduli di I/O remoti) che permettono di collegare sensori e attuatori in modo remoto e di gestire le comunicazioni. In particolare si tratta di moduli che gestiscono dei bus seriali ad alta velocità che permettono l'interconnessione di un dispositivo PLC master con un PLC slave: le schede di I/O montate sul PLC slave trasferiscono tramite questo bus proprietario le informazioni al PLC master.

6.2.4 Modulo di alimentazione

Il modulo di alimentazione deve fornire l'alimentazione necessaria al funzionamento di tutti gli altri moduli, cercando di erogare una tensione stabilizzata e priva di interferenze e fluttuazioni. Tale modulo deve garantire un'adeguata protezione rispetto a sovratensioni e cortocircuiti; deve inoltre fornire adeguati segnali al PLC per attivare le necessarie procedure di spegnimento in caso di alimentazione insufficiente oltre ovviamente a erogare alimentazione di emergenza nei casi di power-failure. Esistono anche dei moduli di alimentazione che è possibile utilizzare in parallelo in modo da ottenere una maggiore erogazione di potenza e un'utile ridondanza in caso di guasti. Vista l'elevata modularità e la presenza di differenti moduli di input/output caratterizzati da assorbimenti di potenza anche molto diversi, il dimensionamento del modulo di alimentazione deve essere realizzato opportunamente, tenendo conto delle necessità di potenza di tutti i moduli del PLC.

6.2.5 Terminale di programmazione

La notevole evoluzione informatica avvenuta negli ultimi anni ha modificato in maniera marcata il modo di programmare un PLC: i controllori programmabili di vecchia concezione possono essere programmati tramite un modulo chiamato terminale di programmazione o programming unit. Questo modulo permette la connessione di una semplice tastiera e di un piccolo display per il controllo visivo del programma, rendendo possibile la programmazione direttamente nella memoria fisica del PLC.

I moderni PLC sono dotati di sistemi di sviluppo per il software che possono essere eseguiti su comuni personal computer. La programmazione del controllo logico/sequenziale avviene dunque offline su normali PC tramite software di sviluppo dedicati che rendono disponibili funzionalità avanzate come il debugging offline e la possibilità di simulazione del funzionamento del software appena programmato. La connessione al PLC e il trasferimento dei programmi sviluppati verso la sua memoria avviene tramite una porta di collegamento dedicata (tipicamente seriale, parallela, proprietaria o usb). Tale connessione permette non solo il trasferimento del programma, ma anche funzionalità di monitoraggio durante l'esecuzione dei programmi appena introdotti nel PLC al fine di permettere il debug ed eventuali modifiche anche durante il normale funzionamento del controllore.

Si vuole inoltre evidenziare come i moderni PLC possano prevedere anche l'utilizzo di moduli speciali come schede di rete ethernet o modem per la connessione del dispositivo a una rete informatica, permettendo in questo modo la programmazione remota. Quest'ultima particolarità sta ricoprendo un ruolo sempre più importante nell'ambito dell'automazione industriale in quanto permette di ridurre i costi di programmazione, debug e riprogrammazione derivanti dagli spostamenti che il progettista era obbligato a effettuare: al giorno d'oggi il progettista può sviluppare il programma logico/sequenziale comodamente nel proprio ufficio simulando il risultato finale tramite il software di sviluppo che ha a disposizione per poi "caricare" il proprio programma da remoto nella memoria del PLC utilizzando internet o altre reti informatiche.

6.2.6 Moduli dedicati

Vista la notevole varietà dei compiti che devono essere svolti da un impianto di automazione, nel corso degli anni la modularità del PLC è stata ampiamente sfruttata introducendo un gran numero di moduli "dedicati" in modo da permettere o facilitare l'esecuzione di compiti differenti o particolari.

Abbiamo già parlato dei moduli che permettono al PLC di connettersi a reti informatiche: questi moduli gestiscono i protocolli di comunicazione di reti proprietarie, bus di campo o reti ethernet. Abbiamo già illustrato un potenziale vantaggio dovuto all'utilizzo di tali moduli (programmazione del PLC da remoto), ma l'interconnessione del PLC a reti informatiche era anche una delle specifiche richieste dalla General Motors che hanno portato alla nascita stessa del PLC: questi moduli sono adatti a interconnettere il PLC con altri sistemi informativi presenti nell'azienda stessa, permettendo per esempio la registrazione e la raccolta dei dati di esecuzione nei sistemi centralizzati. In questo modo il PLC diventa un nodo dell'infrastruttura di comunicazione dell'impianto di automazione.

Per applicazioni specifiche che richiedono gradi di sicurezza particolarmente elevati (per esempio l'automazione di presse o l'automazione di processi che coinvolgono materiali pericolosi) sono stati progettati dei moduli speciali che permettono l'assemblaggio di PLC detti di sicurezza: questi moduli hanno caratteristiche di ridondanza e di robustezza tali da garantirne il funzionamento anche in presenza di eventuali guasti o malfunzionamenti. Per esempio esistono dei moduli processore che integrano al loro interno diverse unità centrali di calcolo identiche che lavorano in parallelo sugli stessi dati: il risultato delle loro elaborazioni viene preso in considerazione e utilizzato per il controllo dell'impianto solo in caso di perfetta coerenza tra tutti i processori; in caso contrario, è probabile che una delle unità di calcolo sia malfunzionante e dunque deve essere attivata un'adeguata procedura di emergenza. Altri moduli speciali sono quelli di backup che forniscono delle funzionalità di elaborazione aggiuntive specifiche per applicazioni che richiedono alta sicurezza di funzionamento; queste possono essere utilizzate subentrando all'unità centrale in caso di un guasto secondo una politica di ridondanza hardware.

Un impianto di automazione industriale deve tipicamente prevedere la possibilità di ricevere input dall'utilizzatore umano durante il suo funzionamento, per esempio per modificare il proprio ciclo di lavoro oppure per effettuare semplici tarature o modifiche a parametri. Altra funzionalità che è tipicamente richiesta a un impianto di automazione è quella di permettere all'utilizzatore la visualizzazione del proprio stato di funzionamento. Queste interazioni possono essere gestite direttamente dal PLC tramite dei moduli di interfaccia con l'operatore detti **Man Machine Interface** (MMI). Tale interfaccia può essere realizzata tramite pulsanti, tastiere ad hoc e display alfanumerici; anche in questo campo lo sviluppo e l'evoluzione informatica ha permesso il passaggio da semplici interfacce poco evolute e di difficile comprensione (dovuta per esempio alla mancanza di risoluzione dei display alfanumerici) all'utilizzo di schermi LCD con funzionalità di tipo touch-screen e interfacce sempre più evolute. Analogamente a quanto detto per il terminale di programmazione, infatti, la MMI può essere realizzata utilizzando personal computer tradizionali in modo da sfruttarne la capacità elaborativa e sgravare il processore del PLC da tali compiti permettendo inoltre di realizzare anche interfacce utente di tipo remoto.

Infine è bene evidenziare come l'evoluzione informatica e tecnologica abbia portato a una possibile integrazione tra il controllo di variabili analogiche e il controllo logico/sequenziale. Abbiamo finora specificato come il PLC sia nato e sia stato sviluppato in maniera specifica per eseguire compiti logico/sequenziali; la disponibilità di unità di elaborazione sempre più performanti a costi sempre più accessibili ha portato alla produzione di moduli speciali con capacità di calcolo avanzate utilizzabili per realizzare semplici controlli di variabili analogiche. Tra questi possiamo citare i moduli coprocessore che forniscono al PLC capacità avanzate di calcolo e l'interpretazione di software programmato mediante linguaggi non specifici per il controllo logico/sequenziale come il C/C++ o i moduli PID o di controllo assi, che mettono a disposizione processori specifici per la realizzazione di anelli di controllo PID o l'asservimento di assi elettrici.

6.3 Architettura software

Abbiamo finora descritto la struttura hardware di un PLC; in questo paragrafo illustreremo dettagliatamente la sua architettura software introducendo il sistema operativo e le principali modalità operative. In particolare ci soffermeremo a descrivere il ciclo di funzionamento real time del PLC.

6.3.1 Sistema operativo

Il sistema operativo di un PLC è un insieme di programmi che permettono il corretto funzionamento del sistema, supervisionandone l'evoluzione; tali programmi sono memorizzati in maniera permanente all'interno della system memory e sono eseguiti non appena il PLC viene alimentato e avviato.

In particolare il sistema operativo deve controllare le attività del sistema complessivo, eseguire i programmi definiti dall'utente e gestire a livello di protocolli e software tutte le comunicazioni con i moduli inseriti nel PLC. Al sistema operativo sono inoltre demandate tutte le funzionalità di diagnostica interna ed esterna, cioè tutte le procedure volte al monitoraggio del sistema complessivo e all'individuazione di eventuali malfunzionamenti nei diversi componenti al fine di eseguire le opportune azioni di emergenza. Il sistema operativo, per esempio, effettua controlli di parità sulle memorie per assicurare la correttezza dei dati e l'assenza di eventuali guasti in tali componenti, controlla e gestisce lo stato di carica di eventuali batterie tampone per l'alimentazione permanente delle memorie non volatili e controlla la tensione di alimentazione per attivare le opportune procedure di emergenza in caso di power failure.

Il sistema operativo gestisce infine dal punto di vista software l'interfaccia con l'operatore sia in condizioni nominali, sia attivando opportuni indicatori di stato in caso di eventi particolari.

6.3.2 Modalità operative

Il sistema operativo del PLC si occupa della gestione delle diverse modalità operative che possono essere attivate, regolando in maniera opportuna anche il passaggio dalle une alle altre. In particolare possiamo raggruppare queste modalità in tre gruppi: modalità di programmazione, modalità di convalida e debug e modalità di esecuzione.

La **modalità di programmazione** viene utilizzata per caricare in memoria i programmi utente che sono stati progettati. In presenza di un terminale di programmazione di vecchia concezione (tastiera e semplice display alfanumerico), durante tale modalità è possibile scrivere il software e memorizzarlo all'interno della memoria di applicazione del PLC. Nei PLC moderni tale modalità permette semplicemente il download del software utente dal personal computer in cui è stato progettato alla memoria di applicazione del PLC. In ogni caso, durante il funzionamento in tale modalità, il sistema operativo abilita esclusivamente la memorizzazione del codice utente nella memoria, impedendo ogni altro tipo di azione (come per esempio le comunicazioni con i sensori e gli attuatori dell'impianto).

La **modalità di convalida e debug** rappresenta il passo successivo alla modalità di programmazione: dopo aver caricato il programma utente all'interno della memoria del PLC, il sistema operativo permette l'esecuzione di tale codice disabilitando però le comunicazioni con le uscite e quindi con gli attuatori dell'impianto. Questo permette la verifica in sicurezza del codice che è stato progettato rendendo possibile un accurato debug dello stesso. È bene precisare che esistono anche altre modalità di debug che prevedono, per esempio, l'esecuzione passo passo del codice oppure l'utilizzo di particolari break point per l'individuazioni di eventuali bug all'interno dei programmi utente. Esistono infine modalità di debug durante le quali le uscite dell'impianto non sono disabilitate e possono essere eseguiti parti di codice predeterminate, simulando via software l'occorrenza di specifici input per controllare le risposte dell'impianto in particolari condizioni.

La **modalità di esecuzione** rappresenta, infine, la modalità di funzionamento nominale: in tale stato il PLC esegue i programmi utente permettendo l'effettiva comunicazione con i sensori e gli attuatori aggiornandone quindi gli ingressi e le uscite. Questa è quindi la modalità di funzionamento di produzione che viene eseguita quando le fasi di programmazione e debug sono state concluse ed è dunque possibile avviare il funzionamento dell'impianto secondo le specifiche che sono state implementate. Nel Capitolo 2 abbiamo evidenziato come il controllo nell'ambito dell'automazione industriale abbia la necessità di rispettare specifiche real time: il sistema operativo del PLC garantisce, nella modalità di esecuzione, un funzionamento real time del sistema. Nel Paragrafo 6.3.3 descriveremo in maniera maggiormente approfondita tale modalità di funzionamento evidenziandone e descrivendone la sua natura real time.

È bene precisare che, per ragioni di sicurezza, il passaggio da una modalità a un'altra è spesso attivabile esclusivamente mediante l'utilizzo di una chiave hardware per evitare commutazioni accidentali: per esempio, in molti PLC, non è possibile eseguire in maniera software il passaggio dalla modalità di programmazione alla modalità di esecuzione.

6.3.3 Il ciclo real time

Vista la necessità di rispettare specifiche real time nell'ambito dell'automazione industriale, il PLC adotti una modalità di funzionamento nominale ciclica (detta anche a copia massiva di ingressi e uscite) che garantisce il funzionamento real time. In particolare l'implementazione che è stata adottata nei PLC è di tipo time driven: nel Paragrafo 2.5 abbiamo introdotto questa tipologia di implementazione

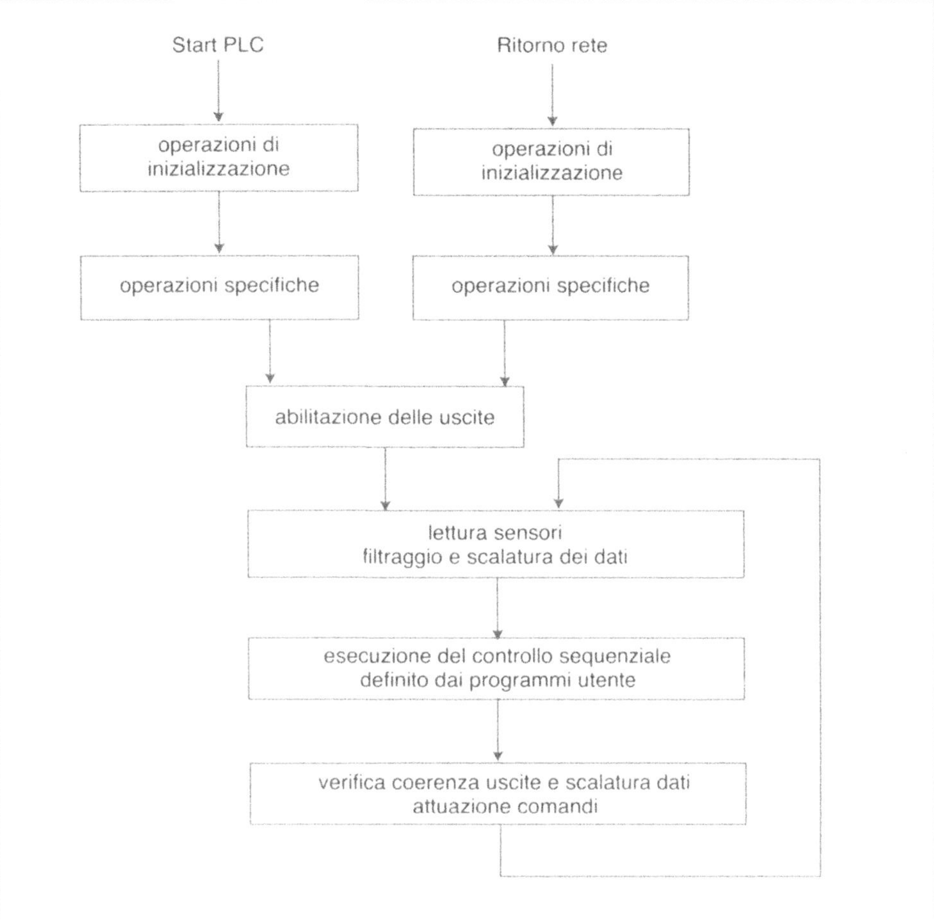

Figura 6.3 Modalità di esecuzione del PLC a copia massiva di ingressi e uscite.

rimarcandone le proprietà di semplicità e prevedibilità e i limiti intrinseci dovuti alla rilevazione periodica dei segnali di ingresso.

In sintesi il sistema operativo del PLC, durante il funzionamento a copia massiva di ingressi e uscite, legge i dati provenienti dagli ingressi (dunque dai sensori dell'impianto) all'inizio di ogni ciclo e li copia nell'apposita zona di memoria; questo permette di ottenere un'immagine dello stato complessivo del sistema all'inizio di ogni ciclo. Il sistema operativo, successivamente, esegue i programmi definiti dall'utente utilizzando, senza modificarla, l'immagine del sistema appena rilevata. In questo modo vengono definiti i valori delle azioni di controllo che il sistema operativo memorizza in un'apposita area di memoria; al termine del ciclo interviene per prelevare tali valori e comunicarli alle periferiche di output attuando fisicamente il controllo desiderato. A questo punto il ciclo può iniziare nuovamente con la lettura degli ingressi. In Figura 6.3 viene illustrata tale modalità di funzionamento, evidenziando come il sistema operativo esegua in realtà delle azioni di inizializzazione e azioni specifiche prima di abilitare le uscite del sistema e iniziare l'esecuzione real time ciclica. Tali procedure sono distinte nel caso in cui avvengano all'accensione del PLC oppure al ritorno dell'alimentazione dopo un'interruzione di rete.

Evidenziamo nuovamente come il sistema operativo del PLC gestisca in modo automatico e del tutto trasparente rispetto all'utente finale e al progettista del software logico/sequenziale la comunicazione con le periferiche di I/O.

Sottolineamo alcune delle motivazioni che hanno portato inizialmente alla scelta di un'implementazione real time di tipo time driven: i primi PLC, e dunque i primi elaboratori a microprocessore, erano progettati per elaborare un set molto ristretto di istruzioni, tutte caratterizzate da semplici bit come operatori; le operazioni logiche *AND*, *OR*, *NOT* e le operazioni di accesso alla memoria in e out, permettevano di implementare un qualsiasi algoritmo logico. Tali operazioni sono anche caratterizzate dalla proprietà di essere eseguite dal microprocessore in un unico ciclo di macchina, quindi in modo molto rapido ma, soprattutto, in un tempo assolutamente costante e noto. Questa proprietà permise quindi di definire un periodo di rilevazione e un ciclo di esecuzione che poteva assicurare il rispetto delle deadline temporali; si pensi, per esempio, a un microprocessore capace di eseguire 1000 operazioni in un millisecondo che deve eseguire un algoritmo logico caratterizzato da 700 istruzioni elementari: implementando tale algoritmo seguito da 300 istruzioni nulle che sfruttano un ciclo di macchina, si è sicuri che tale algoritmo sia eseguito nel tempo certo di un millisecondo. Eseguendo al termine di ogni ciclo l'azione di controllo calcolata secondo gli ingressi memorizzati all'inizio, si otteneva la sequenzialità desiderata per l'algoritmo di controllo logico: le azioni di controllo attuate al termine dell'n-esimo ciclo dipendevano dagli ingressi al termine del $(n-1)$-esimo ciclo. Questa impostazione garantiva la massima ottimizzazione possibile, sfruttando i microprocessori disponibili all'epoca e implementando un ciclo di esecuzione real time di tipo time driven. L'utilizzo di microprocessori custom comportava una programmazione con istruzioni dipendenti dal microprocessore stesso (programmi interpretati in cui ogni istruzione viene convertita istantaneamente in linguaggio macchina); il passaggio da tale architettura a quella basata su microprocessori general purpose associati all'utilizzo di comuni personal computer come terminali di programmazione, ha richiesto lo studio e la progettazione di sistemi operativi per PLC più sofisticati che assicurassero l'esecuzione real time anche di programmi utente scritti tramite linguaggi di più alto livello, rendendo di fatto necessaria una fase di compilazione prima dell'esecuzione.

Il periodo di scansione del ciclo real time risulta essere un parametro importante in un sistema PLC: ogni modulo processore è caratterizzato da un proprio periodo di scansione e la sua velocità di elaborazione viene definita dal numero di istruzioni che possono essere eseguite in tale periodo. Dato che la complessità dei programmi utente da eseguire, il numero di ingressi/uscite da gestire e il fatto che diverse istruzioni possono richiedere tempi di esecuzione diversi da parte dell'unità di calcolo centrale e quindi modificare il numero di istruzioni che è possibile eseguire in un ciclo, i produttori di PLC indicano un valor medio del tempo di scansione per programmi di media complessità: tale parametro viene indicato tipicamente in millisecondi per kiloword di programma (con word di 8 o 16 bit). Il tempo di risposta del PLC è, invece, il massimo intervallo di tempo che intercorre tra la rilevazione di un certo evento e l'esecuzione dell'azione di risposta per esso programmata; abbiamo visto nel Paragrafo 2.5 come tale tempo sia nel caso peggiore pari a due volte il periodo di scansione: tale valore, in realtà, deve essere sommato ai ritardi che sono inevitabilmente introdotti dai moduli di I/O.

Il sistema operativo del PLC garantisce la costanza del periodo di scansione tramite un timer di sistema detto **watchdog timer**: questo timer controlla costantemente l'elaborazione dei programmi utente, interrompendoli nel caso superino il tempo di scansione massimo desiderato; in questi casi viene immediatamente segnalata l'anomalia e viene avviata un'opportuna routine di emergenza.

Abbiamo finora illustrato il funzionamento ciclico real time del PLC: nel Paragrafo 6.5 esamineremo nello specifico i diversi linguaggi informatici che la norma IEC 61131-3 ha standardizzato per la progettazione del software logico/sequenziale. Occorre mettere in evidenza come la programmazione dovrà tenere conto della peculiarità del funzionamento time driven del PLC: tutti i task vengono infatti eseguiti ciclicamente e devono essere evitati loop di attesa di eventi o strutture software che non permettano la terminazione dell'esecuzione entro il ciclo di scansione.

È bene infine evidenziare che molti PLC mettono a disposizione del progettista delle funzionalità alternative alla modalità ciclica: nei casi in cui l'eventuale ritardo di esecuzione non sia tollerabile (si pensi per esempio a tutte le condizioni di emergenza), è possibile accedere direttamente alle aree di memoria di I/O, permettendo di fatto l'attuazione immediata di alcuni comandi. Alcuni sistemi operativi per PLC sono inoltre dotati di una gestione event driven di particolari interrupt: il sistema operativo può, in qualsiasi istante, interrompere la modalità di funzionamento ciclica per eseguire delle particolari procedure. L'utilizzo di queste funzionalità è comunque solitamente riservato alla gestione di procedure di emergenza.

6.4 Controllo logico/sequenziale su PC: il soft PLC

Abbiamo descritto la struttura hardware di un generico PLC sottolineando le similitudini rispetto ai comuni personal computer, ma anche le caratteristiche di modularità e robustezza che lo contraddistinguono. Dal punto di vista software abbiamo invece evidenziato la particolarità del suo sistema operativo e le diverse modalità di funzionamento, specificando la natura real time del suo ciclo di funzionamento nominale (necessaria per l'utilizzo nell'ambito dell'automazione industriale). In ogni caso abbiamo sempre evidenziato come l'evoluzione informatica abbia portato a modifiche strutturali nell'utilizzo dei controllori logici programmabili, avvicinando il mondo del PLC al mondo dell'informatica "di consumo" (si pensi per esempio alla fase di programmazione oppure alla MMI che sempre più spesso sono realizzate tramite comuni personal computer).

Una quindicina di anni fa si pensava addirittura che i PLC "custom" (realizzati cioè utilizzando microprocessori standard ma schede e bus proprietari) sarebbero presto scomparsi per far posto a PLC "standard" molto più simili ai personal computer. Questa trasformazione non è ancora avvenuta. Le motivazioni sono da ricercare in diversi fattori: si pensi per esempio all'economicità della produzione dei PLC che sfruttano architetture ben definite. Le aziende produttrici hanno ormai affinato i processi di produzione di questi componenti proprietari e riescono ad ampliare le funzionalità dei propri PLC grazie allo sviluppo di nuovi moduli dedicati: la modularità del PLC sta garantendo lunga vita a questi dispositivi permettendone un'evoluzione al passo con i tempi. Si pensi inoltre al fatto che all'interno delle industrie sono presenti un alto numero di PLC di "vecchia concezione": tali industrie non vedono vantaggi competitivi nel rivoluzionare dispositivi e tecnologie ormai ben consolidate e che possono in ogni caso aggiornare con facilità grazie all'utilizzo di nuovi moduli. Questo progressivo avvicinamento ha, in ogni caso, portato allo sviluppo di particolari PLC realizzati tramite architetture PC standard: tali dispositivi sono chiamati **soft PLC** in quanto possono essere visti come dei personal computer comuni che emulano via software il funzionamento del PLC "classico".

Occorre evidenziare che, vista la necessità di un utilizzo in ambiente industriale, tali apparati sono realizzati come i cosiddetti PC industriali: sono progettati e costruiti in modo da poter essere utilizzati in ambienti caratterizzati da alte temperature, forti interferenze elettromagnetiche, polvere e sporco.

Da un punto di vista hardware, la caratteristica più importante di un dispositivo PLC che si è cercato di replicare nei soft PLC è la presenza di numerosi moduli di Input/Output che permettano la semplice interconnessione con un elevato numero di sensori e attuatori e gestiscano le comunicazioni in modo del tutto trasparente. Per i soft PLC sono quindi state sviluppate delle schede di I/O ad hoc sfruttando i bus già presenti nei PC industriali come PCI, ISA, PC104.

L'utilizzo di un PC permette ovviamente la naturale integrazione della programming unit e della Man Machine Interface sulla stessa macchina e una semplice interconnessione con i sistemi informativi aziendali per la registrazione e la memorizzazione dei dati di funzionamento. In questo modo, inoltre, si ha la possibilità di eseguire sulla stessa macchina un gran numero di applicazioni software pur non necessarie per il controllo di un impianto automatico (si pensi ai software aziendali o di produttività personale come Word, Internet ecc.).

Il sistema operativo che viene utilizzato in questi dispositivi deve rispondere a precise esigenze e non può quindi essere "standard": la necessità di garantire un funzionamento real time durante la modalità di esecuzione ciclica non permette l'utilizzo di sistemi operativi non real time come Windows XP/Vista/7 oppure Linux. Solitamente i sistemi operativi utilizzati nei soft PLC si basano su un principio di funzionamento "misto": le funzionalità che sono richieste durante il funzionamento nominale da PLC sono eseguite in real time, mentre le funzionalità di interfaccia utente, di comunicazione con sistemi informativi e le applicazioni di produttività personale, che non hanno specifiche temporali real time, sono gestite come task aperiodici da eseguire nei momenti in cui l'elaboratore principale non è impegnato in compiti real time. Questo tipo di funzionamento è lo stesso che abbiamo descritto nel Paragrafo 2.6 per il sistema operativo RTAI Linux: tale sistema operativo è infatti utilizzato in alcune realizzazioni di Soft PLC.

6.5 Linguaggi di programmazione per PLC: la norma IEC 61131-3

Nei Paragrafi 6.2 e 6.3 abbiamo descritto l'architettura hardware e software di un generico PLC evidenziando le evoluzioni che hanno portato dai primi controllori logici programmabili, che sostituirono i controllori a logica cablata basati su circuiti a relè, ai moderni PLC la cui struttura si è sempre più avvicinata a quella di un comune personal computer. In questo paragrafo descriveremo i linguaggi di programmazione per il controllo logico/sequenziale che sono stati ratificati nella norma IEC 61131-3, evidenziando anche in questo caso come questi linguaggi si siano evoluti nel tempo.

Quando i controllori logici programmabile furono introdotti, essi dovevano sostituire i controllori logici cablati realizzati tramite armadi a relè o tramite schemi logici implementati mediante primitive schede elettroniche: la necessità di non disperdere il know-how riguardante la progettazione e la realizzazione di controllori logico/sequenziali che era stata acquisita dalle aziende che sfruttavano gli impianti di automazione industriale, ha portato all'iniziale definizione di linguaggi di programmazione per PLC orientati specificamente al controllo logico/sequenziale. Il passaggio dalla progettazione di controllori logici a relè alla programmazione di PLC doveva essere il più naturale possibile per i tecnici dell'epoca e questa filosofia originaria ha portato all'introduzione di linguaggi di programmazione che fossero "naturali" per i tecnici esperti del problema in modo da evitare l'intermediazione di un esperto informatico. La specifica della General Motor riguardante la facilità di programmazione portò dunque alla definizione di linguaggi di programmazione poco "informatici" ma decisamente orientati alla specifica programmazione logico/sequenziale. Le soluzioni che vennero quindi adottate originariamente erano basate sulla riproduzione grafica degli schemi a relè e degli schemi logici. Nei paragrafi 6.5.2 e 6.5.3 descriveremo in maniera più approfondita questi linguaggi di programmazione: per ora ci interessa evidenziare come questi permettevano ai tecnici, abituati a progettare logiche cablate e con scarse o nulle conoscenze informatiche, di continuare a programmare graficamente i controllori logico/sequenziali come erano abituati a fare.

L'evoluzione che ha modificato la struttura hardware e software del PLC verso una sempre maggiore integrazione con il mondo dell'informatica, ha portato alla necessità di definire nuovi linguaggi di programmazione più "informatici" e orientati all'utilizzatore che permettessero una maggiore strutturazione del software. Questa importante proprietà sarà studiata in maniera approfondita nel Paragrafo 6.6, ma è possibile già adesso introdurla proponendo quello che la norma IEC 61131-3 dice al riguardo: "un software strutturato, e in particolare un software per il controllo logico/sequenziale strutturato, induce un aumento della qualità globale nel senso di una maggiore comprensibilità dello stesso, una maggiore riusabilità, verificabilità, manutenibilità e possibilità di isolamento degli errori e dei bug".

Il ruolo sempre crescente del software nella determinazione della qualità globale del sistema automatizzato ha portato alla necessità di utilizzare linguaggi di programmazione maggiormente flessibili per la progettazione del software in senso strutturato: la complessità sempre crescente che caratterizza il software logico/sequenziale per i moderni impianti automatici comporta un sempre maggior costo derivante dalla sua programmazione e, soprattutto, dalla sua correzione e manutenzione. Collaudo, installazione, manutenzione e miglioramento sono infatti azioni cruciali nella progettazione di software per il controllo logico e dalla loro buona riuscita dipende in gran parte il costo del software stesso. Lo sviluppo del software richiede, quindi, sempre più un lavoro di equipe in cui diversi progettisti lavorano insieme mettendo a disposizione diverse competenze e professionalità. Risulta dunque evidente come le caratteristiche che abbiamo appena enunciato riguardanti le proprietà di un software strutturato siano sempre più necessarie: migliorare la comprensibilità, la riusabilità, la verificabilità e la manutenibilità di un software per il controllo logico può comportare un deciso aumento della competitività in termini di aumento di qualità e diminuzione dei costi.

Queste motivazioni hanno portato, come detto, alla definizione di numerosi strumenti avanzati per la programmazione e alcuni di questi sono stati resi disponibili nello standard IEC 61131-3. Sono dunque stati ratificati anche dei linguaggi di programmazione più informatici come l'Instruction List o lo Structured Text che possono essere considerati come il corrispettivo, rivolto alla programmazione logico/sequenziale, dei linguaggi Assembler e Pascal. La norma introduce inoltre uno strumento per la progettazione di controlli sequenziali di più alto livello e rivolto proprio all'ottenimento di software strutturato: il Sequential Functional Chart (SFC) che, per la sua particolare utilità e importanza, descriveremo in maniera dettagliata nel Capitolo 7. Nel seguito introdurremo i linguaggi di programmazione che sono stati definiti dalla norma IEC 61131-3, cercando di evidenziarne le caratteristiche di base e le principali proprietà. Inizieremo introducendo il formalismo necessario per la definizione delle variabili che possono essere utilizzate per il progetto di un programma logico/sequenziale; nei paragrafi successivi descriveremo prima i due linguaggi grafici Ladder Diagram (LD) e Function Block Diagram (FBD), per poi illustrare i due linguaggi testuali Structured Text (ST) e Instruction List (IL). Infine, accenneremo al Sequential Functional Chart (SFC) che però verrà trattato in maniera molto più approfondita nel Capitolo 7.

Precisiamo che lo scopo di questa parte del testo non è quella di fornire una guida formale e informatica alla programmazione di software logico/sequenziale secondo la norma IEC 61131-3. Nonostante la presenza di uno standard accettato, la situazione reale riguardante la programmazione di software per PLC sia molto differente; allo stato attuale esistono infatti diversi linguaggi di programmazione per PLC e ognuno può essere visto come facente parte di un insieme di dialetti: tali linguaggi variano tra i diversi produttori di PLC e anche tra diverse macchine dello stesso produttore. Nel corso degli anni, infatti, i produttori di PLC hanno introdotto per le loro macchine dei differenti linguaggi di programmazione rendendo di fatto molto complessa la definizione di linguaggi "standard". Per questo motivo ci sembra utile proporre una panoramica semplicemente qualitativa dei linguaggi di programmazione introdotti dalla norma visto che, nella pratica, i linguaggi che dovranno essere utilizzati con differenti PLC saranno simili nella struttura a quelli standard ma diversi da essi dal punto di vista del formalismo.

6.5.1 Identificatori, tipi di dati, costanti e variabili

In questo paragrafo riassumeremo molto sinteticamente tutti gli elementi comuni ai linguaggi di programmazione che sono definiti nella norma IEC 61131-3: identificatori e commenti, costanti, tipi di dato e variabili.

Gli identificatori sono stringhe formate da caratteri, lettere o sottolineature (senza spaziatura interna) che possono essere utilizzati dall'utente per la definizione di costanti, variabili, funzioni ecc. Occorre specificare che esistono degli identificatori che non possono essere utilizzati dagli utenti in quanto sono elementi già definiti dai diversi linguaggi come, per esempio, elementi sintattici caratteristici (if, then, else, for ecc.) o costanti e variabili già predefinite. I commenti sono invece delle parti di codice delimitate dai caratteri "(*" e "*)" che non vengono eseguite e possono dunque essere utilizzate per commentare e rendere maggiormente leggibile il codice progettato in modo da produrre una sorta di autodocumentazione.

Lo standard IEC 61131-3 definisce in maniera dettagliata le diverse tipologie di dati (boolean, integer, long integer, real, time, date, string, word ecc. e loro derivati come array, intervalli, enumerati ecc.) che possono essere utilizzati, indicando anche il numero di bit che deve essere utilizzato per la loro rappresentazione e il valore iniziale che viene assegnato di default dal sistema.

È prevista la possibilità di definire diverse tipologie di costanti: reali, intere, stringhe di caratteri alfanumerici, booleane e temporali. Per quanto riguarda queste ultime nel seguito del testo utilizzeremo un formalismo del tipo

$$t\#1d12h20m51s34ms$$

per indicare un tempo pari a 1 giorno, 12 ore, 20 minuti, 51 secondi e 34 millisecondi; è bene evidenziare nuovamente che, nella pratica, ogni implementazione dello standard può utilizzare un formalismo leggermente diverso per la definizione di queste costanti (per esempio $time\#12h34s$ oppure $T\#12h34s$). Vengono infine definiti, riprendendo quelli stabiliti dalla normativa ISO 8601, diversi formalismi per la definizione di costanti temporali che indicano date e orari: per esempio può essere utilizzata l'espressione

$$DATE\_AND\_TIME\#2010-4-22-19:25:12$$

per indicare le 19:25 e 12 secondi del 22/4/2010.

Le variabili sono il mezzo con cui vengono identificati i dati il cui valore può cambiare durante l'esecuzione del programma; lo standard prevede tre differenti tipologie di variabili: di input, di output o interne. Le variabili di input sono tipicamente associate direttamente a sensori (read-only) oppure ai parametri di ingresso di funzioni o function block.[1] Le variabili di output sono associate direttamente

[1]Funzioni e function block sono procedure che possono essere definite e richiamate all'interno di un programma logico/sequenziale: le principali differenze definite dalla norma IEC 61131-3 riguardano la possibilità di fornire un output come risultato della propria esecuzione permesso solo a un function block e il fatto che, contrariamente alle funzioni, i function block mantengono i valori delle proprie variabili anche quando non vengono esplicitamente richiamati.

ad attuatori oppure ai parametri di ritorno di function block. Le variabili interne sono invece utilizzate per definire tutti i dati temporanei o di appoggio che devono essere utilizzati dal programma. La visibilità delle variabili all'interno di un programma dipende tipicamente dalla specifica implementazione dello standard: è sempre possibile, in ogni caso, definire variabili di tipo globale che possono essere utilizzate come variabili d'ambiente.

6.5.2 Ladder Diagram

Il Ladder Diagram o schema a contatti è la traduzione informatica degli schemi logici a relè che erano utilizzati nella definizione di controllori logico/sequenziali cablati. Abbiamo già accennato al fatto che questo linguaggio è nato proprio per permettere un passaggio indolore dalla progettazione cablata alla programmazione; vennero dunque utilizzati simboli di provenienza elettrica per permettere una semplice comprensione a tecnici dalle conoscenze informatiche scarse o nulle. Le istruzioni che furono definite rappresentano quindi i contatti normalmente aperti o chiusi di un relè e bobine di eccitazione per la memorizzazione delle variabili; anche la forma che il programma assunse derivava dagli armadi a relè che definivano la logica cablata. Questo linguaggio rimane tuttora il linguaggio di programmazione per PLC più utilizzato e, per questo motivo, sarà descritto in maniera più approfondita rispetto all'altro linguaggio grafico (FBD) e ai due linguaggi testuali (ST e IL).

In particolare il Ladder Diagram è una rappresentazione grafica di circuiti elettronici che realizzano espressioni logiche in cui gli operandi sono relè aperti o chiusi e il risultato è memorizzato all'interno di una bobina: due linee verticali rappresentano l'alimentazione e delimitano al proprio interno i circuiti elettrici e, dunque, le equazioni logico/sequenziali. Tali espressioni sono rappresentate mediante linee orizzontali che alimentano le bobine permettendo il flusso della corrente dalla linea di sinistra a quella di destra. I contatti possono permettere o meno il passaggio di corrente da sinistra a destra a seconda del loro stato, realizzando in questo modo il comportamento di una variabile booleana: tali elementi possono essere associati agli ingressi digitali provenienti direttamente dai sensori oppure, in generale, a variabili booleane interne. Le bobine a loro volta possono essere alimentate o meno, memorizzando in questo modo il valore vero o falso del circuito a esse collegato: si realizza così il comportamento di un assegnamento a una variabile booleana che può essere associata alle uscite digitali verso gli attuatori oppure a variabili interne. In Figura 6.4 viene mostrato un semplice esempio di LD in cui un contatto ($in1$) comanda una bobina ($out1$) realizzando così l'assegnamento $out1 := in1$.

Per la sua rappresentazione che può ricordare una scala a pioli (da cui il termine ladder cioè scala) in cui le due linee verticali sono i montanti e le linee orizzontali che alimentano la bobina sono i pioli, ogni linea orizzontale che definisce una singola istruzione booleana viene chiamata **rung** (piolo in lingua inglese).

Linee di connessione orizzontali e verticali possono essere facilmente utilizzate per creare circuiti elettrici che rappresentano logiche di tipo *AND* oppure *OR*

Figura 6.4 Un semplice esempio di diagramma a contatti.

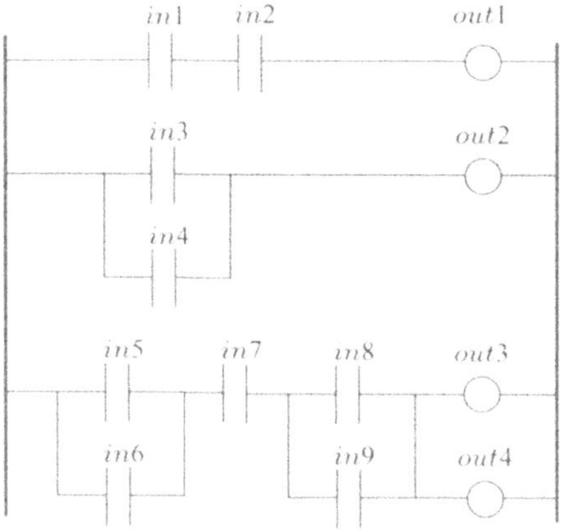

Figura 6.5 Semplici espressioni logiche realizzate mediante LD.

tra i vari contatti. In Figura 6.5 viene mostrato un diagramma LD che comprende tre istruzioni: un *AND* logico tra i contatti $in1$ e $in2$ per comandare la bobina $out1$, un *OR* logico tra i contatti $in3$ e $in4$ per comandare la bobina $out2$ e un circuito che realizza le espressioni

$$out3 := (in5 \textit{ OR } in6)\textit{AND}(in7)\textit{AND}(in8 \textit{ OR } in9)$$

$$out4 := (in5 \textit{ OR } in6)\textit{AND}(in7)\textit{AND}(in8 \textit{ OR } in9) \; .$$

È bene precisare che il funzionamento di una rete LD segue sempre due principi fondamentali: il flusso di energia avviene da sinistra a destra e l'esecuzione di istruzioni avviene sempre dall'alto verso il basso. In Figura 6.6 viene mostrata una rete LD composta da 3 diverse istruzioni: la prima prevede l'assegnamento alla variabile interna $A1$ del valore logico derivante dall'espressione ($in1$ *AND* $in2$), la seconda l'assegnamento alla variabile interna $A2$ del valore logico derivante dall'espressione ($in3$ *OR* $A1$)*AND*($in1$), mentre la terza prevede l'assegnamento alla bobina associata a una uscita digitale $O1$ del risultato dell'espressione ($A1$ *AND* $A2$). In definitiva, visto che le espressioni devono essere valutate dall'alto verso il basso, il valore booleano associato alla bobina $O3$ è dato dall'espressione

$$O1 := (in1 \textit{ AND } in2)\textit{AND}(in3 \textit{ OR}(in1 \textit{ AND } in2))\textit{AND}(in1) \; .$$

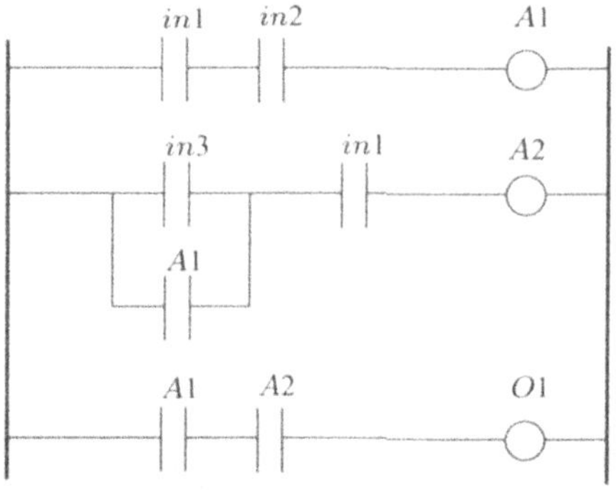

Figura 6.6 Semplici espressioni logiche realizzate mediante LD.

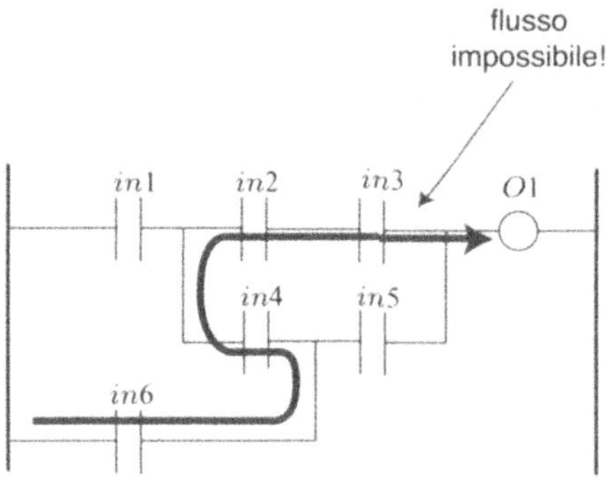

Figura 6.7 Il flusso di corrente deve fluire sempre da sinistra verso destra e non può dunque seguire la freccia indicata.

Occorre notare che l'imposizione del flusso di corrente da sinistra verso destra elimina possibili ambiguità: in Figura 6.7 il flusso di corrente indicato dalla freccia è vietato e la funzione binaria che viene realizzata è, senza possibilità di ambiguità, la seguente

$$O1 := (in1\ \mathit{AND}\ ((in2\ \mathit{AND}\ in3)\mathit{OR}(in4\ \mathit{AND}\ in5)))\mathit{OR}(in6\ \mathit{AND}\ in5)\ .$$

Per realizzare anche l'operazione di negazione e, in generale, facilitare la scrittura di un algoritmo logico/sequenziale complesso, la norma introduce diverse varianti di contatti e bobine. In Figura 6.8 viene mostrato il simbolo che realizza un contatto normalmente negato (un contatto che lascia fluire la corrente se non viene alimentato mentre la inibisce se alimentato): in questo modo può essere assegnato alla bobina $out1$ il valore negato della variabile $in1$ ($out1 := \mathit{NOT}(in1)$). Sempre in Figura 6.8 viene anche mostrata una bobina invertita che assegna alla varia-

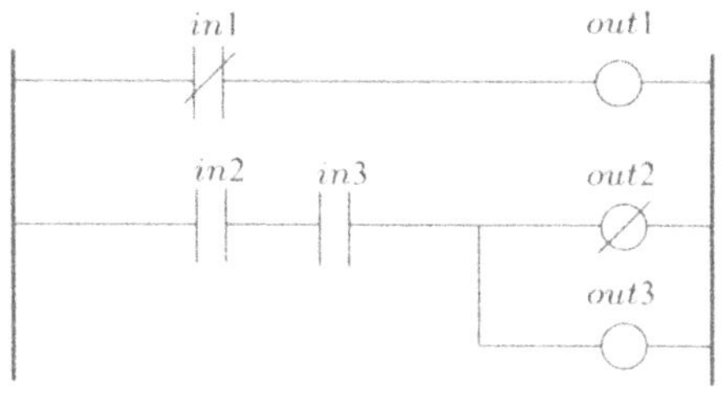

Figura 6.8 Semplici espressioni logiche realizzate mediante LD con contatti e bobine negati.

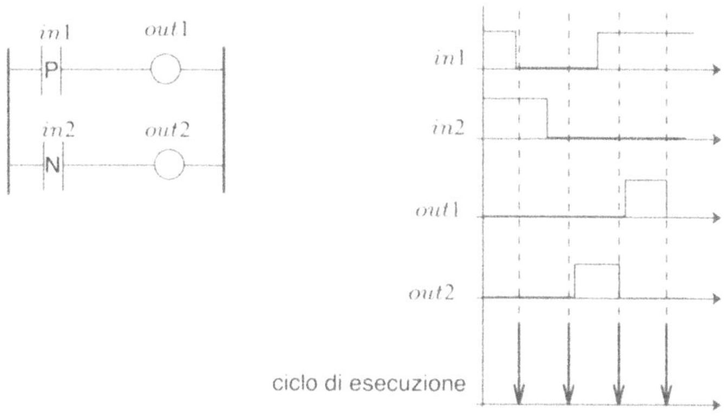

Figura 6.9 Contatti a fronte di salita e a fronte di discesa.

bile a essa associata il valore negato dell'espressione logica associata: $out2 :=$ $NOT(in2\ AND\ in3)$, $out3 :=(in2\ AND\ i3)$.

La norma definisce inoltre contatti che lasciano fluire la corrente solo in presenza di un fronte di salita della variabile a essi associata: ricordando il funzionamento ciclico che abbiamo introdotto nel Paragrafo 6.3.3, la corrente viene fatta fluire attraverso uno di questi contatti solo se la variabile associata assume il valore vero dopo che, nel ciclo precedente, era caratterizzata dal valore falso. Questi contatti sono caratterizzati graficamente dalla lettera P; esistono inoltre dei contatti che hanno un comportamento duale a quelli appena introdotti: lasciano fluire la corrente in presenza di un fronte di discesa della variabile a essi associata (passaggio dal valore vero al valore falso) e sono indicati graficamente mediante la lettera N. In Figura 6.9 viene raffigurato un semplice programma LD con il diagramma temporale che ne descrive il funzionamento. Si noti come le variabili di output vengano scritte durante il ciclo immediatamente successivo al campionamento dell'evento scatenante; tali valori saranno riversati fisicamente verso gli attuatori al termine del medesimo ciclo.

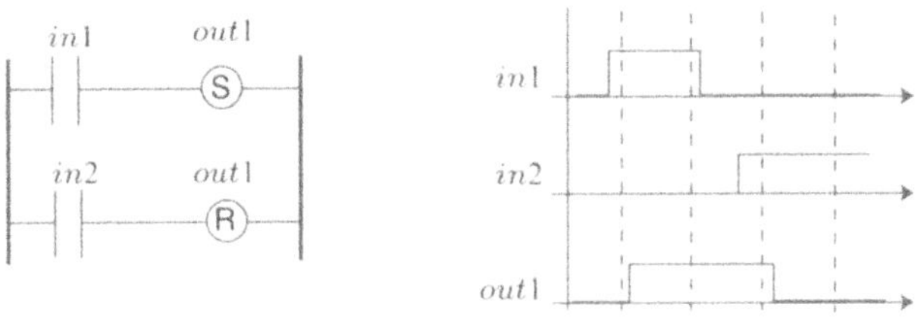

Figura 6.10 Bobine ad attivazione e disattivazione permanente.

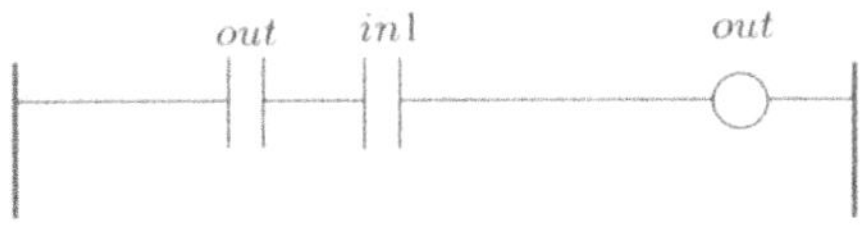

Figura 6.11 Rung con feedback: il valore della bobina *out* dipende dal valore della stessa variabile al ciclo precedente.

Precisiamo che esistono anche bobine che presentano un comportamento simile a quello appena descritto per i contatti: una bobina a fronte di salita (caratterizzata graficamente dalla lettera P), nel caso in cui la corrente vi fluisca, memorizza il valore vero nella variabile associata solo se, durante il ciclo precedente, la corrente non vi fluiva. Un comportamento duale può essere definito relativamente alle bobine a fronte di discesa (caratterizzate graficamente dalla lettera N).

La norma definisce anche delle bobine ad attivazione/disattivazione permanente: il valore assegnato alla variabile associata a una bobina ad attivazione può essere modificato solo da una bobina a disattivazione e viceversa; tali bobine sono caratterizzate graficamente dalle lettere S ed R rispettivamente. In Figura 6.10 viene illustrato il funzionamento di queste bobine mediante un semplice esempio: si noti come il valore della variabile $out1$ venga settato al valore true mediante una bobina ad attivazione e venga resettato al valore false utilizzando una bobina a disattivazione.

Il funzionamento ciclico che caratterizza l'esecuzione di un programma in un PLC permette di eseguire degli assegnamenti sequenziali come feedback senza ambiguità: in Figura 6.11 il valore della variabile out dipende da un contatto comandato dalla stessa variabile. Ricordando però che la corrente può fluire attraverso la bobina solo dopo aver eventualmente superato tutti i contatti a monte, il funzionamento del diagramma in figura è privo di ambiguità: out al k-esimo ciclo dipenderà infatti anche dal proprio valore al ciclo precedente. L'istruzione in Figura 6.11 equivale a

$$out(k) := in1(k)\ \mathit{AND}\ out(k-1)\ .$$

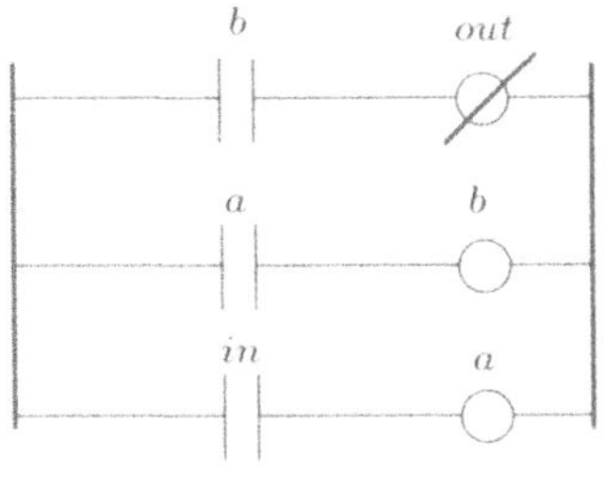

Figura 6.12 Diagramma LD con istruzioni di tipo sequenziale per l'Esempio 6.1.

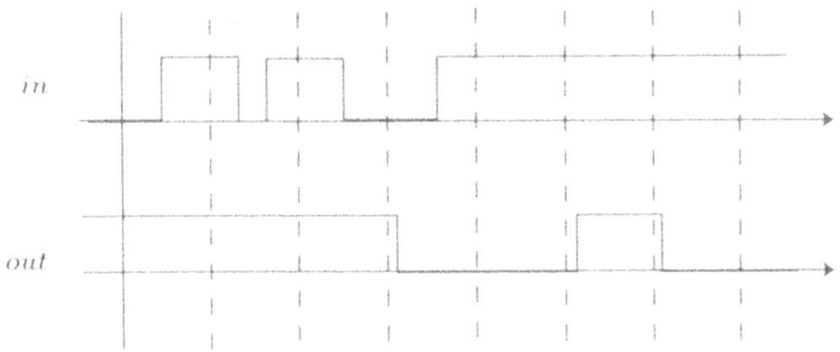

Figura 6.13 Forme d'onda dei segnali di input e output per il diagramma LD di Figura 6.12.

Esempio 6.1 Si consideri il diagramma ladder in Figura 6.12 in cui in è una variabile d'ingresso, a e b sono variabili interne e out è una variabile di output. Le equazioni logiche che vengono implementate dai tre rung sono

$$\begin{aligned} NOT(out(k)) &:= b(k-1) \\ b(k) &:= a(k-1) \\ a(k) &:= in(k) \end{aligned}$$

ovvero, sostituendo opportunamente,

$$out(k) := NOT(in(k-2))\,.$$

Ipotizzando che all'avvio del processo tutti i segnali abbiano valore *false*, in Figura 6.13 è raffigurata una forma d'onda del segnale in e la conseguente forma d'onda di out.

Per permettere un controllo più flessibile del flusso di istruzioni in un diagrmma LD, che solitamente avviene dall'alto verso il basso, la norma introduce la possi-

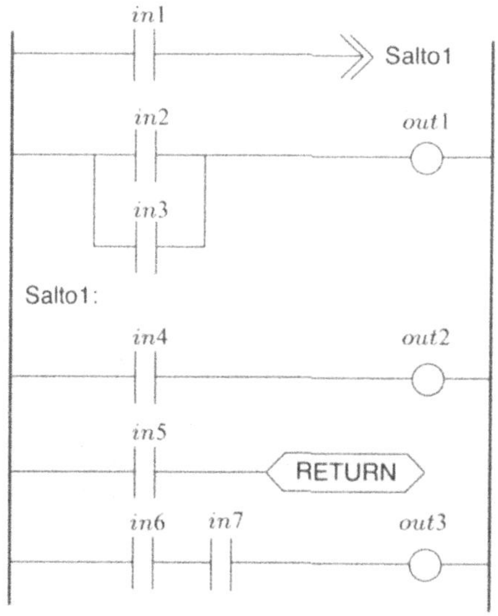

Figura 6.14 Diagramma LD con istruzioni di jump e return.

bilità di effettuare salti (istruzioni di jump) e di terminare il flusso (istruzione di RETURN). In Figura 6.14 sono utilizzati questi due costrutti: se il contatto $in1$ è attivo, l'istruzione di jump caratterizzata dall'identificatore Salto1 diventa attiva e l'istruzione successiva che il sistema esegue è quella che segue l'identificatore stesso (quindi l'istruzione $out2 := in4$ saltando tutte le istruzioni intermedie). Se il contatto $In5$ è attivo, l'istruzione di return diviene attiva e il programma viene terminato senza eseguire le istruzioni successive. È bene precisare che, in alcune specifiche implementazioni, possono essere definite delle istruzioni di jump a subroutine: il salto avviene nello stesso modo appena indicato ma si ha la possibilità, al termine della subroutine, di far ritornare il flusso delle istruzioni a quella immediatamente successiva all'istruzione che conteneva il jump.

Al fine di rendere più flessibile e al passo con i tempi il linguaggio LD, la norma IEC 61131-3 e, in maniera maggiore, le differenti implementazioni che sono state definite dai diversi produttori hanno arricchito il linguaggio di base con la definizione di funzioni e function block che permettono di eseguire particolari algoritmi in maniera più immediata (per esempio conteggi e temporizzazioni) oppure di trattare non solo variabili e segnali puramente logici ma anche interi e reali. In generale il formalismo grafico utilizzato è quello raffigurato in Figura 6.15: la funzione (o function block) *funzione1* viene eseguita quando l'ingresso di abilitazione *EN* è percorso da corrente e utilizza gli eventuali segnali booleani di ingresso (*input*) e le variabili non necessariamente booleane (*var-in*) fornendo in uscita un segnale booleano che indica l'avvenuta esecuzione (*ENO*) ed eventuali segnali booleani (*output*) o non booleani (*var-out*) di risultato. In definitiva i segnali che si propagano come correnti nello schema sono esclusivamente booleani,

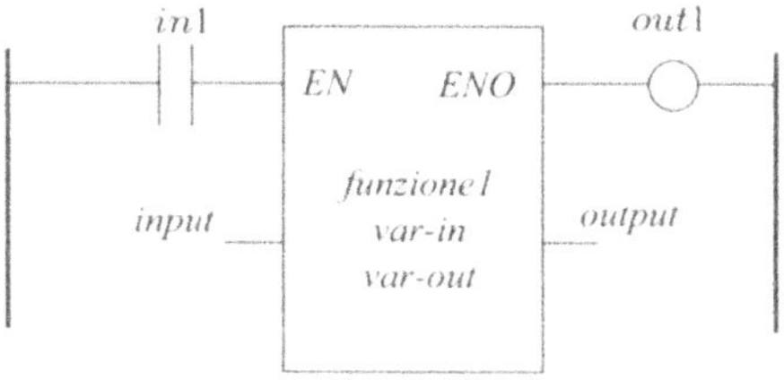

Figura 6.15 Schema LD con un generico blocco funzionale.

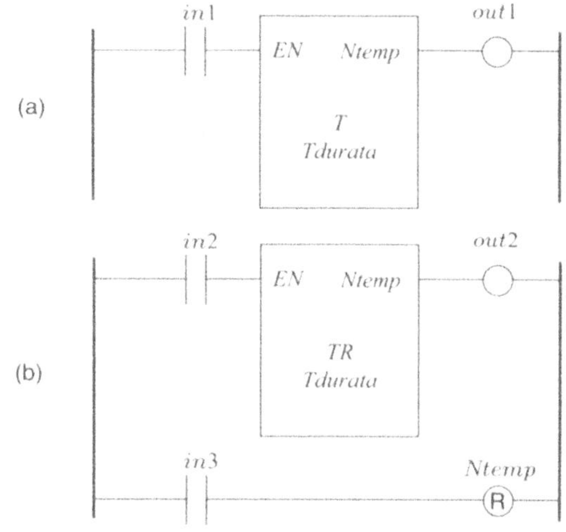

Figura 6.16 Schema LD con un temporizzatore (a) e con un temporizzatore a ritenuta (b).

mentre le variabili analogiche, sia di ingresso che di uscita, sono trattate come parametri delle funzioni. Come esempi di tali funzioni descriveremo nel seguito temporizzatori, contatori, funzioni aritmetiche, comparatori e funzioni per il trasferimento e l'assegnamento. In ogni caso è bene evidenziare che alcune moderne implementazioni del linguaggio LD permettono l'introduzione di blocchi funzionali definiti dall'utente e il cui comportamento procedurale deve essere definito, sotto forma di algoritmo, mediante un opportuno linguaggio formale.

Il blocco raffigurato in Figura 6.16a è un temporizzatore: *Tdurata* è un parametro che l'utente può impostare e che indica quanto tempo il temporizzatore deve contare. Quando il blocco è alimentato (*EN* vero), il temporizzatore conta e, quando il tempo trascorso supera quello impostato, la variabile booleana $Ntemp$ (posta di default al valore falso) viene portata al valore vero. Tale variabile viene lasciata a questo valore sino al reset del temporizzatore che avviene non appena il

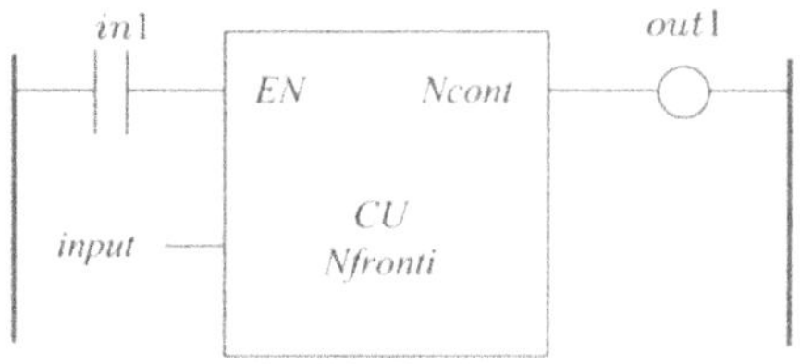

Figura 6.17 Schema LD con un contatore.

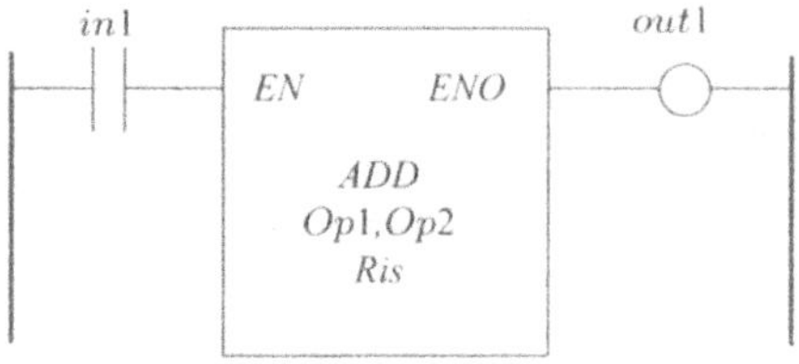

Figura 6.18 Schema LD con un sommatore.

blocco non viene più alimentato (*EN* falso). In ogni istante, il tempo contato dal temporizzatore viene tipicamente reso accessibile mediante una variabile definita dal sistema il cui nome dipende dalla particolare implementazione (per esempio $Ntemp.acc$). In Figura 6.16b viene mostrato un temporizzatore a ritenuta che ha un funzionamento analogo al temporizzatore normale ma che non si resetta in caso di mancanza di abilitazione mantenendo il valore temporale raggiunto sino a quel momento. Quando il comando *EN* tornerà nuovamente a essere vero, il conteggio del tempo ripartirà dal valore memorizzato. Il reset del dispositivo avviene attivando la particolare bobina di reset.

In Figura 6.17 è raffigurato un contatore; il suo funzionamento è simile a quello di un temporizzatore: vengono contati, se il comando *EN* è alimentato, i fronti di salita del segnale booleano in ingresso sino al numero *Nfronti* impostato dall'utente; a questo punto il segnale booleano di uscita *Ncont* diventa vero. In ogni istante il numero di fronti contato dal contatore viene normalmente reso accessibile mediante una variabile definita dal sistema, il cui nome dipende dalla particolare implementazione (per esempio *Ncont.acc*). Il contatore si resetta nel momento in cui la variabile di abilitazione *EN* viene disattivata. In maniera analoga ai temporizzatori, esistono dei contatori a ritenuta che non resettano il numero di fronti contati in mancanza del segnale di abilitazione e continuano a contare dal punto in cui sono stati bloccati. Esistono infine dei contatori per il conteggio dei fronti di discesa.

In Figura 6.18 è raffigurato un function block sommatore: quando il blocco è alimentato le variabili $Op1$ e $Op2$ vengono sommate e il risultato è memorizzato nella variabile Ris. Ovviamente il formalismo grafico di tale funzionalità, così

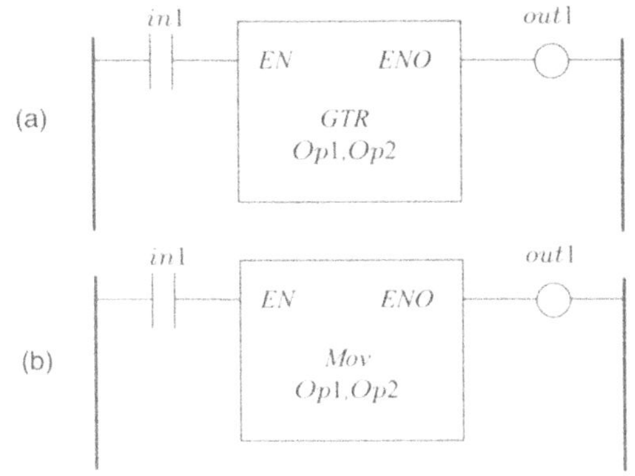

Figura 6.19 Schema LD con un comparatore (a) e con un blocco di trasferimento (b).

come per le tipologie di variabili che possono essere utilizzate, può variare anche notevolmente a seconda della specifica implementazione. Oltre al blocco addizione possono inoltre esistere blocchi dedicati alle altre operazioni algebriche (sottrazione, moltiplicazione, divisione) oppure alle operazioni algebriche specifiche per operandi binari (somma e moltiplicazione binaria bit a bit).

In Figura 6.19a è raffigurato un blocco comparatore: tale elemento si comporta come un contatto chiuso se la variabile $Op1$ è maggiore della variabile $Op2$ (sono ovviamente disponibili, in funzione della particolare implementazione, blocchi comparatori che svolgono differenti operazioni di comparazione: uguale, maggiore/uguale, minore/uguale ecc.).

In Figura 6.19b viene invece raffigurato un blocco per il trasferimento: quando è alimentato, il valore della variabile $Op1$ viene memorizzato nella variabile $Op2$. Precisiamo nuovamente che tali blocchi funzionali possono variare a seconda della specifica implementazione del linguaggio LD.

In alcune implementazioni moderne di questo linguaggio sono state inoltre introdotte delle specifiche istruzioni per la gestione di informazioni via rete: queste funzionalità, a causa della natura proprietaria di buona parte delle reti e dei protocolli a esse relativi, sono sicuramente tra le meno standardizzate.

6.5.3 Function Block Diagram

Il Function Block Diagram, o diagramma a blocchi funzionali, è il secondo linguaggio grafico che è stato introdotto dalla norma IEC 61131-3: tale linguaggio può essere visto come analogo ai diagrammi circuitali in cui le interconnessioni rappresentano i percorsi dei segnali tra i vari componenti (i blocchi funzionali). Tali blocchi funzionali sono rappresentati come delle scatole nere e sono caratterizzati dai dati in ingresso e in uscita e dall'algoritmo che viene processato al loro interno.

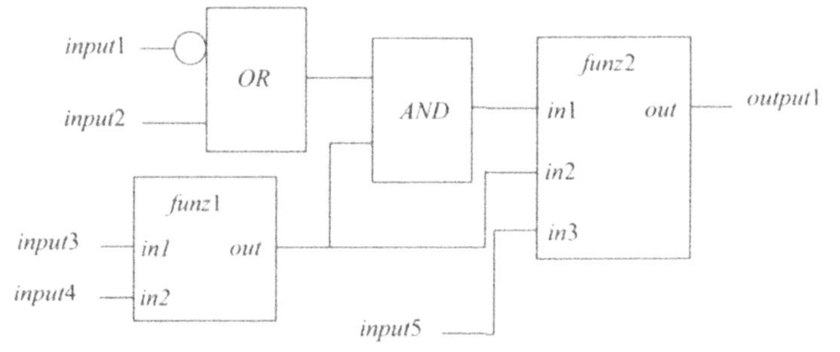

Figura 6.20 Semplice diagramma FBD.

In Figura 6.20 viene rappresentato un semplice diagramma a blocchi funzionali: i blocchi *AND* e *OR* eseguono le rispettive funzioni booleane mentre i blocchi *funz*1 e *funz*2 eseguono degli algoritmi definiti a parte che, elaborando i segnali in ingresso, producono i valori in uscita. La negazione di un segnale booleano è invece rappresentata graficamente da un pallino (in Figura 6.20 la variabile *input*1 viene negata prima del blocco di *OR*).

6.5.4 Structured Text

Lo Structured Text o testo strutturato è un linguaggio di programmazione testuale di alto livello, simile come formalismo al Pascal o ad alcune implementazioni del linguaggio Basic. Questo linguaggio è particolarmente adatto alla definizione di funzionalità e procedure particolarmente complesse che richiederebbero una scrittura molto lunga e complessa utilizzando i linguaggi grafici. Il codice scritto in ST è caratterizzato da una lista di istruzioni separate dal simbolo ";" che indica il termine di ogni istruzione. Nel seguito elencheremo brevemente le principali istruzioni che vengono definite nella norma IEC 61131-3 per quanto riguarda il linguaggio ST, rimandando alla norma stessa, a testi più specifici o alle particolari implementazioni che sono state realizzate dai diversi produttori di PLC, per una descrizione più accurata dei formalismi da utilizzare.

L'assegnamento di un valore a una variabile viene espresso mediante un'istruzione del tipo

$$var := expr;$$

in cui viene associato alla variabile var il risultato dell'espressione $expr$. Per rappresentare gli operatori *AND* e *OR* nelle espressioni logiche, possono anche essere utilizzati i simboli "*" e "+" rispettivamente: in Figura 6.21 viene mostrata una semplice istruzione logica descritta nel linguaggio LD e la sua traduzione in ST. Vengono definiti dei costrutti per eseguire una selezione (costrutti tipo *if-then-else* oppure *case*), per l'iterazione di istruzioni (costrutti tipo *for*, *while*, *repeat*) e per la gestione del flusso di istruzioni (costrutti tipo *exit* o *return*). Sono infine presenti costrutti per la definizione di procedure e funzioni.

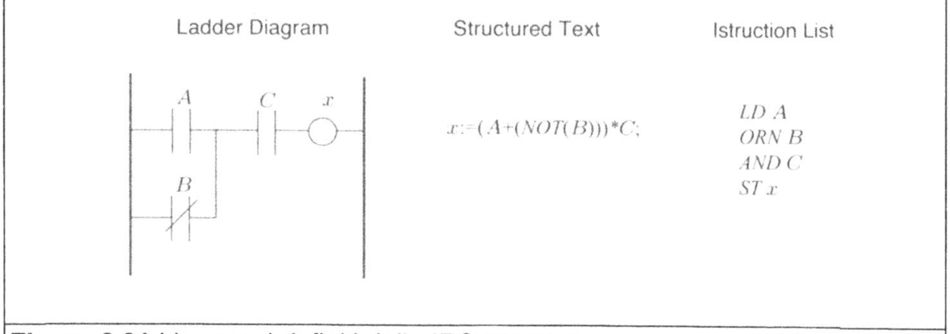

Figura 6.21 Linguaggi definiti dalla IEC 61131-3.

Il formalismo di base di questo linguaggio (principalmente assegnamenti e separazioni tra istruzioni) è già stato utilizzato in questo testo e verrà sfruttato per la definizione di istruzioni e condizioni nel capitolo dedicato al Sequential Functional Chart.

6.5.5 Instruction List

Il linguaggio Istruction List o lista di istruzioni è un linguaggio di programmazione testuale di basso livello, molto simile al linguaggio assembler; questo ha portato alla definizione di formalismi piuttosto differenti a seconda delle implementazioni realizzate dai vari produttori: in ogni caso alcune caratteristiche sono sicuramente comuni a tutte le implementazioni. Un programma scritto in IL è caratterizzato da una lista di istruzioni che sono solitamente costituite da un operatore e un solo operando e fanno riferimento a un registro di memoria che può contenere un altro operando oppure il valore restituito dall'operazione appena eseguita. L'operatore può inoltre essere corredato da un modificatore che caratterizza ulteriormente l'operazione da effettuare (negazione dell'operando, ritardo nell'operazione ecc.). In Figura 6.21 viene mostrata la traduzione in IL di una semplice istruzione descritta in LD: le istruzioni in successione eseguono il caricamento della variabile A in memoria, la confrontano mediante un *OR* con il negato della variabile B, eseguono un *AND* logico tra il risultato dell'ultima operazione e la variabile C e memorizzano il risultato complessivo in x.

6.5.6 Sequential Functional Chart

Il Sequential Functional Chart verrà descritto in maniera molto approfondita nel Capitolo 7; possiamo qui anticipare che il SFC può essere definito come un formalismo grafico per la descrizione di azioni logico/sequenziali e non può essere considerato un vero e proprio linguaggio in quanto, per la definizione di un programma di controllo sequenziale completo, occorre definire azioni e condizioni utilizzando formalismi propri di altri linguaggi (tipicamente ST o LD). Il SFC può invece essere considerato come uno strumento di alto livello per la descrizione strutturata di problemi logico/sequenziali anche complessi; il SFC permette di sfruttare un approccio di tipo top/down per la risoluzione delle problematiche di controllo logico/sequenziale. Il linguaggio SFC, come sarà chiaro al termine del capitolo a esso dedicato, è quindi quello più adatto a essere sfruttato durante le prime fasi di sviluppo di un software logico/sequenziale complesso (il ciclo di sviluppo del software verrà descritto nello specifico nel Paragrafo 6.6.1) nelle quali viene definita la struttura generica del programma da realizzare e vengono evidenziate le funzionalità da implementare.

6.6 Strumenti software strutturati e standardizzati

In questo paragrafo introdurremo le diverse fasi di sviluppo di un software per un impianto automatizzato, cercando poi di introdurre in maniera generale il concetto di software strutturato.

6.6.1 Fasi di sviluppo del software

Quando, alla fine degli anni '60, la progettazione del software si affiancò a quella dell'hardware nel campo dell'automazione industriale, il suo contributo alla definizione dei costi e della qualità del prodotto globale non veniva tenuta in considerazione; in seguito, la grossa evoluzione e la crescente importanza degli elementi informatici all'interno di impianti industriali ha rivalutato in maniera decisa il contributo del software all'interno di un moderno progetto di automazione industriale, rendendolo di fatto uno dei componenti più critici dal punto di vista dei costi e della qualità globale. Benché tuttora la maggior parte dei costi nel caso di applicazioni industriali sia dovuta e determinata da componenti meccanici, elettrici ed elettromeccanici, il software rappresenta comunque un componente cruciale per la gestione dell'impianto, soprattutto se si considerano i possibili danni economici che una progettazione software errata potrebbe comportare (si pensi per esempio a possibili danni all'impianto stesso o alla produzione). Il programmatore dovrebbe avere come scopo non solo il progetto del software in sè, ma anche di sviluppare e introdurre nuove metodologie di programmazione al fine di aumentare la produttività e la qualità del software finale e ottenere una riduzione dei costi imputabili a questa parte della produzione globale. La scienza che si occupa di queste problematiche è l'ingegneria del software, ovvero la scienza che si occupa di studiare e migliorare il processo di programmazione di un software per ottenere vantaggi competitivi in termini di qualità e costi.

Il software può quindi essere considerato alla stregua di un prodotto qualsiasi di cui si deve studiare e sviluppare la progettazione e la produzione. Si devono però mettere in evidenza le peculiarità di questo "prodotto" che rendono particolarmente critica la pianificazione delle diverse fasi di sviluppo: a differenza dei comuni prodotti industriali, il software è caratterizzato da un processo di sviluppo continuo che non termina con la definizione della prima release. Il processo di sviluppo di un software si evolve mediante un continuo arricchimento della prima versione con ulteriori fuzionalità; la prima release è solo il primo

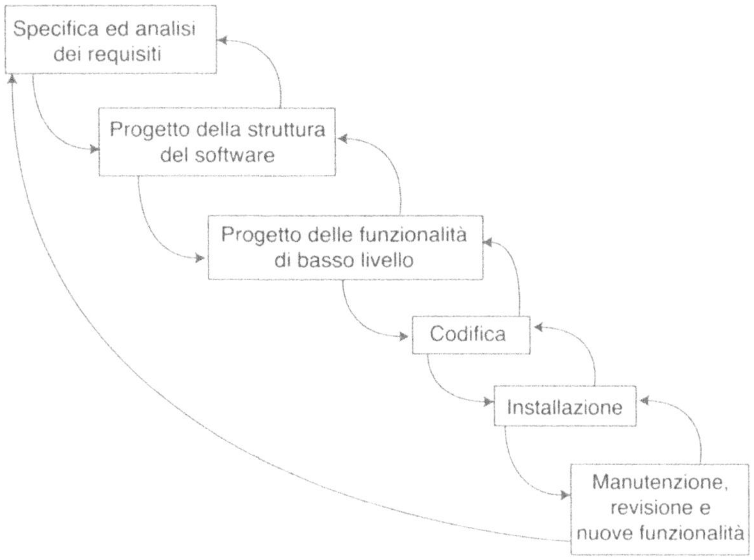

Figura 6.22 Modello a cascata di un ciclo di sviluppo software: progetto top/down.

prototipo commerciabile del software stesso che però dovrà essere sempre migliorato e revisionato per aggiungere nuove funzionalità e correggere eventuali problematiche.

In Figura 6.22 viene rappresentato il modello a cascata (waterfall model) di un ciclo di sviluppo del software: la fase di progettazione si svolge mediante una tipologia di progetto top/down, cioè partendo dal problema generale e suddividendolo in diversi sottoproblemi di più basso livello. Si noti come ogni fase sia caratterizzata dalle informazioni che le vengono fornite dalla fase precedente e che sono necessarie per il suo svolgimento e dalle informazioni che vengono fornite, sotto forma di risultati, alla fase successiva. Si noti inoltre come è presente in ogni fase una sorta di feedback per permettere la revisione delle fasi precedenti, necessaria per una corretta manutenzione e revisione dell'intero progetto.

Specifica e analisi dei requisiti

Durante questa fase vengono prese in considerazione sia le specifiche funzionali relative al comportamento desiderato del sistema, sia quelle relative alle prestazioni che il sistema deve garantire. Tale fase è una delle più importanti di tutto il ciclo di sviluppo perché da essa nascono tutte le direttive di progettazione e implementazione del software. Un'errata o ambigua definizione delle specifiche può portare alla progettazione di un software non solo errato nella particolare implementazione, ma errato come impostazione e struttura generale; questo potrebbe comportare la necessità di una revisione completa del programma con tutte le evidenti conseguenze per quanto riguarda i costi. Tale fase di specifica e analisi dei requisiti dell'impianto da progettare dovrebbe prevedere, proprio per la sua cruciale importanza, l'interazione di diverse figure all'interno dell'azienda: chi fornisce le specifiche dovrebbe interfacciarsi non solo con gli uffici commerciali, ma anche con gli uffici tecnici per permettere la corretta esecuzione di questa fase.[2] Le specifiche di funzionamento e di prestazioni dovrebbero, infatti, essere definite utilizzando delle metodologie quanto più formali, in modo da evitare incomprensioni e ambiguità e permettere lo svolgimento corretto di tutte le fasi successive. Abbiamo già accennato nel Paragrafo 6.5.6 e lo evidenzieremo maggiormente nel Capitolo 7, come il Sequential Functional Chart possa essere un valido aiuto alla definizione delle specifiche logico/sequenziali per un impianto di automazione industriale: tale formalismo permette infatti la descrizione del funzionamento del sistema in maniera formale e priva di ambiguità.

Bisogna infine notare come questa fase sia anche utile per la definizione dei test che, una volta terminata la progettazione globale, possano essere eseguiti al fine di certificare il corretto soddisfacimento dei requisiti.

Progetto della struttura del software

Questa fase riguarda la progettazione della struttura di alto livello del software: viene quindi definita la struttura globale del software che dovrà essere progettato, definendo le diverse sottofunzionalità e l'interazione tra di esse. Questa fase risulta cruciale in un approccio di tipo top/down alla risoluzione dei problemi: le funzionalità di livello più basso sono inizialmente definite come semplici scatole nere e verranno successivamente studiate e implementate.

Progetto delle funzionalità di basso livello

Questa fase conclude il progetto del software definendo completamente il funzionamento delle scatole nere che sono state definite al passo precedente. È bene precisare che durante le fasi di progetto della struttura e delle funzionalità di basso livello devono essere anche definite adeguate procedure di test per verificare, al termine della progettazione, la corretta implementazione di tutte le funzionalità e di tutte le interconnessioni tra di esse.

Codifica del software

In questa fase il programmatore scrive materialmente il codice necessario per ottenere le funzionalità che sono state descritte e progettate al passo precedente. È bene evidenziare che, se la fase di progetto delle funzionalità di basso livello è stata eseguita in modo accurato, il compito del programmatore in questa fase è particolarmente agevolato: si tratta semplicemente di tradurre nel linguaggio di programmazione che è stato scelto le specifiche fornite dal passo precedente. Questa caratteristica mette in evidenza come il ciclo di progettazione del software che stiamo descrivendo sia completamente indipendente dai linguaggi di programmazione e dalle implementazioni specifiche. Tali aspetti implementativi devono

[2] L'importanza dell'interazione tra questi figure nella fase di definizione delle specifiche è stata evidenziata anche nel Capitolo 1 in relazione al modello di progettazione di un impianto automatico completo.

essere presi in considerazione esclusivamente durante questa fase di "traduzione" delle specifiche di funzionalità in algoritmi e istruzioni. Ultimo compito che deve essere eseguito durante questa fase è quello di verificare il corretto funzionamento di quanto programmato, eseguendo i test che sono stati definiti al passo precedente per controllare che i risultati ottenuti siano quelli attesi.

Installazione del software
In questa fase il software viene installato sui dispositivi hardware prescelti e deve essere testato nella sua globalità riproducendo le verifiche che erano state definite durante la fase di progetto della struttura: in questa fase deve essere implementata e successivamente controllata la corretta interazione delle diverse sottofunzionalità che sono state progettate e codificate ai due passi precedenti.

Manutenzione e revisione del software
Questa fase è tipicamente successiva alla reale installazione del software e dell'impianto: può prevedere una fase iniziale di addestramento e formazione per il personale che dovrà utilizzare l'impianto (di tipo diretto o di tipo manualistico) e una fase di manutenzione e revisione vera e propria al fine di modificare e correggere eventuali errori, bug o comportamenti indesiderati, oppure aggiungere nuove funzionalità e miglioramenti. Tale fase dovrebbe sfruttare pesantemente la corretta progettazione complessiva del software e la sua strutturazione in modo da poter comprendere, modificare e riusare il codice esistente in maniera semplice e immediata invece di svilupparlo nuovamente dall'inizio.

Risulta evidente come, durante tutte queste fasi di sviluppo, la documentazione delle azioni e delle scelte progettuali effettuate sia di fondamentale importanza per permettere un'adeguata circolazione delle informazioni all'interno del ciclo globale di progetto.

6.6.2 Strutturazione del software

In questo paragrafo definiremo in maniera più precisa il concetto di strutturazione del software cercando di mettere in evidenza i benefici che questa potrebbe portare nella progettazione del software stesso.

Un software strutturato può essere definito come un software che è stato pensato e progettato tenendo conto delle proprietà di modularità, riusabilità e portabilità.

La **modularità** è una conseguenza diretta della progettazione di tipo top/down che porta a un'adeguata definizione di differenti sottofunzionalità (moduli) che, una volta interconnessi tra loro, costituiscono un programma che soddisfa tutte le specifiche.

La **riusabilità** è anche essa una proprietà che può essere considerata conseguenza diretta di una corretta progettazione di tipo top/down: la suddivisione di problemi in sottoproblemi porta alla definizione (evidenziata nella fase di progetto della struttura del software nel ciclo di sviluppo definito nel Paragrafo 6.6.1) di funzionalità di base per la risoluzione di problemi di base: la successiva definizione di tali funzionalità di base (evidenziata nella fase di progetto delle funzionalità di basso livello nel ciclo di sviluppo definito nel Paragrafo 6.6.1) porta ad avere disponibili parti del progetto che possono essere tranquillamente riusate per la risoluzione delle stesse problematiche di base in progetti completamente differenti. Abbiamo infatti evidenziato come la funzionalità definita non dipenda dalla specifica implementazione (che può differenziarsi in quanto dipendente per esempio dal particolare linguaggio utilizzato). La proprietà di riusabilità è anche collegata alla definizione e alla progettazione di funzionalità (e di codice) di semplice comprensione e adeguatamente documentato: la possibilità reale che un altro progettista, oltre a colui che ha direttamente definito una specifica parte del programma, possa utilizzarla, modificarla con semplicità e adattarla alle proprie esigenze, contribuisce ad aumentare in maniera notevole la riusabilità di un software. La definizione inoltre di linguaggi di programmazione standardizzati permette anche il riutilizzo non solo della funzionalità definita come algoritmo, ma della sua implementazione e del codice già realizzato. Si pensi per esempio alla definizione di un algoritmo per l'ordinamento di n numeri reali: una volta definita tale funzionalità, essa può essere utilizzata per risolvere tutti i problemi di ordinamento in qualsiasi progetto. Se il linguaggio di programmazione utilizzato nei diversi progetti è il medesimo, allora tutto il codice può essere direttamente riutilizzato; questa proprietà è nota come **portabilità**.

Il concetto di programmazione strutturata è legato alla definizione di linguaggi di programmazione standardizzati; linguaggi di programmazione, cioè, che sono definiti a livello formale e che sono "universalmente" conosciuti e utilizzati. Questo porterebbe a una notevole riduzione delle risorse umane da utilizzare nella progettazione del software per una serie di motivi di facile comprensione: lo sviluppo e l'aggiornamento del software sarebbero caratterizzati da tempistiche sempre più ridotte grazie alla focalizzazione sulla riusabilità del software e alla semplicità con cui può essere modificato e adattato alle nuove esigenze. Il training di nuovi tecnici sarebbe facilitato in quanto i linguaggi di programmazione da utilizzare sarebbero numericamente ridotti e formalmente ben definiti: un programmatore già formato non avrebbe problemi a inserirsi in una nuova realtà che utilizza strumenti software standard. Il debugging e la manutenzione, così come la successiva consulenza per la revisione e il miglioramento del software, sarebbero notevolmente facilitate dalla modularità e dalla riusabilità oltre che dall'utilizzo di codice standard e quindi semplice da comprendere. La riusabilità e la portabilità permettono la definizione di librerie di funzionalità e di blocchi software che possono essere riutilizzati in maniera opportuna: questo porta alla riduzione evidente degli errori di programmazione in quanto una funzionalità già scritta, testata e assodata può facilmente essere considerata sicura e priva di malfunzionamenti rispetto a una riscritta da capo (si pensi sempre alla funzione che permette di ordinare un insieme di numeri interi: una volta scritta e testata in maniera opportuna, tale funzione può essere inserita all'interno di una libreria di funzioni riutilizzabili, senza dover ogni volta procedere a test di valutazione sulla sua corretta funzionalità). La presenza di linguaggi di programmazione standard permette di aumentare la connettività verso l'interno dell'azienda e verso l'esterno della stessa: questo è dovuto alla possibilità di utilizzare e integrare con semplicità all'interno dei propri progetti componenti, funzionalità e parti di codice sviluppati da gruppi diversi all'interno della stessa azienda ma anche da fornitori, consulenti o altre aziende. Tale possibilità permette di definire progetti di condivisione degli investimenti con ovvi vantaggi dal punto dei vista dei costi di sviluppo. Da un punto di vista più progettuale, le proprietà di strutturazione e standardizzazione che abbiamo descritto permettono una gestione e una definizione del processo di produzione e progettazione del software più efficace. Abbiamo già evidenziato come la strutturazione del software sia una conseguenza diretta di un approccio di tipo top/down alla risoluzione dei problemi e alla progettazione più in generale. Questa tipologia di approccio è dunque fortemente consigliata in quanto permette una migliore vista d'insieme delle problematiche da affrontare e la definizione di sottoproblemi che possono essere risolti singolarmente, permettendo una più semplice suddivisione dei compiti all'interno del team di sviluppo. In questo modo la comprensione dei dettagli non offusca la visione generale del problema. L'utilizzo, inoltre, di strumenti standardizzati permette una più semplice e proficua comunicazione all'interno e tra differenti team di sviluppo che utilizzano formalismi comuni per i loro lavori. Infine, come abbiamo già evidenziato, lo sviluppo di software strutturato permette una sorta di autodocumentazione in quanto il formalismo utilizzato è sempre lo stesso e tutte le fasi di sviluppo sono sempre debitamente documentate.

In definitiva la progettazione di software strutturati tramite linguaggi standardizzati permette di aumentare la qualità, l'affidabilità e la riusabilità del software, permettendo la riduzione sia dei tempi che dei costi di sviluppo dello stesso così come degli investimenti necessari.

6.6.3 Software strutturato per il controllo logico/sequenziale

Allo stato attuale, nonostante la presenza di uno standard internazionale accettato come IEC 61131-3, esistono diversi linguaggi di programmazione per PLC e ognuno può essere visto come facente parte di un insieme di dialetti: tali linguaggi variano tra i diversi produttori di PLC e anche tra diverse macchine dello stesso produttore. Nel corso degli anni, infatti, i diversi produttori di PLC hanno introdotto per le loro macchine differenti linguaggi di programmazione, rendendo di fatto molto complessa la definizione di linguaggi "standard". All'interno degli stabilimenti che utilizzano impianti di automazione convivono spesso diverse generazioni di PLC, ognuna delle quali presenta delle caratteristiche differenti dal punto di vista hardware, software e di funzionalità: la presenza di un'enorme base installata di PLC di vecchia concezione ma perfettamente funzionanti che possono essere programmati solo utilizzando alcuni linguaggi (tipicamente LD), contrasta con la diffusione dello standard e dei linguaggi di programmazioni moderni che permettono una maggiore strutturazione. Sia i produttori di PLC, sia soprattutto gli utilizzatori e le industrie che fanno grosso uso di impianti di automazione, e dunque di PLC, hanno nel tempo acquisito un grosso know-how interno relativo alla progettazione di software logico/sequenziale mediante i linguaggi che per primi furono introdotti sul mercato: il LD risulta quindi il linguaggio tuttora più utilizzato. La necessità di far convivere e programmare nello stesso stabilimento un gran numero di macchine diverse ha portato alla volontà di mantenere la possibilità di programmare tramite LD anche PLC più moderni.

Come abbiamo già visto, i linguaggi di basso livello come il LD o IL sono, per definizione, debolmente strutturati e non permettono con semplicità un approccio alla progettazione di tipo top/down. Inoltre sono strutturalmente di difficile comprensione: il codice che viene prodotto è poco leggibile e risulta difficoltosa anche la scrittura della documentazione che deve accompagnarli; questo comporta che la manutenzione, la riscrittura e, più in generale, il riutilizzo di codice scritto tramite questi linguaggi sia decisamente arduo. Da un punto di vista maggiormente informatico è evidente come, sebbene negli anni siano state aggiunte funzionalità specifiche a questi tipi di linguaggi, la natura "elettrica" del linguaggio LD renda per esempio difficoltosa la definizione e l'esecuzione di semplici funzioni matematiche. Tali linguaggi, inoltre, mancano completamente di tutte le caratteristiche che hanno decretato il successo dei più moderni linguaggi di programmazione informatici come la possibilità di definire strutture dati più complesse, la mancanza di data-encapsulation[3] (i primi linguaggi per PLC sono infatti caratterizzati dalla pericolosa possibilità di accedere direttamente e liberamente ai dati in memoria) e la difficoltà nella definizione di sub-routine e sub-funzioni necessarie per l'ottenimento di un software strutturato. Inoltre la mancanza di uno standard di fatto rende necessaria l'istruzione dei tecnici su un gran numero di linguaggi differenti a seconda dei PLC e dei produttori: questo aumenta notevolmente i costi di formazione e diminuisce la possibilità di integrazione di lavori provenienti da differenti gruppi e differenti consulenti, con la conseguente impossibilità di operare investimenti comuni. In definitiva la mancanza di uno standard per i linguaggi di programmazione per PLC non permette (o al limite rende difficoltoso) l'utilizzo delle strategie di sviluppo che abbiamo presentato nei paragrafi precedenti e rende difficile la riusabilità, la modularità e la portabilità del software progettato.

I benefici derivanti dall'utilizzo di software strutturato e linguaggi standardizzati sono, quindi, ancora ben poco sfruttati nell'ambito del controllo logico/sequenziale e degli impianti automatici che utilizzano PLC. Lo standard è infatti stato accettato ma, essendo in ogni caso frutto di interessi commerciali, risulta purtroppo pieno di ambiguità e incongruenze che permettono ai diversi produttori di continuare sulla propria via, avendo la possibilità di dichiarare che i propri prodotti seguono lo standard IEC 61131-3. Tuttavia si deve considerare che lo standard è ancora relativamente recente ed è comunque un passo nella giusta direzione che è quella di sfruttare i benefici che l'ingegneria del software è riuscita a dimostrare essere derivanti dall'utilizzo di software e strumenti standardizzati e strutturati. I principali obiettivi che lo standard deve perseguire nei prossimi anni riguardano la stimolazione di una normalizzazione della sintassi dei linguaggi di programmazione per l'automazione, cercando di armonizzare il modo in cui differenti progettisti approcciano il problema del controllo logico/sequenziale e aumentare il numero di persone in grado di comprendere un programma PLC.

[3]Incapsulamento è il processo di riunire in un unico pacchetto i dati di un oggetto assieme ai suoi metodi, con il vantaggio di nascondere i dettagli dell'implementazione agli altri oggetti.

Domande

D6.1 Descrivere le principali caratteristiche di un PLC che ne hanno decretato il successo commerciale.

D6.2 Definire l'architettura hardware di un PLC.

D6.3 Descrivere le caratteristiche del sistema operativo di un PLC indicando i compiti che questo svolge.

D6.4 Illustrare le modalità operative di un PLC.

D6.5 Descrivere il ciclo di esecuzione real time di un PLC.

D6.6 Illustrare i linguaggi di programmazione definiti dalla norma IEC 61131-3.

D6.7 Illustrare i possibili vantaggi derivanti da una progettazione software strutturata.

Esercizi

E6.1 Scrivere la funzione logico/sequenziale implementata dal diagramma LD di Figura 1.

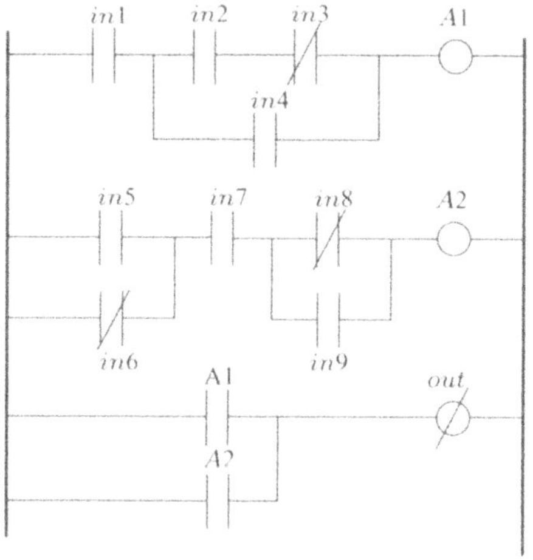

Figura 1 Diagramma LD per l'Esercizio E6.3.

E6.2 Disegnare il diagramma LD che realizza la seguente funzione sequenziale.

$$\begin{aligned} O1(k) &:= I1(k) + (I3(k-1) + NOT(I2(k-1))) \\ O2(k) &:= I3(k) + NOT(I2(k)) \\ O3(k) &:= ((I1(k) + (I3(k-1) + NOT(I2(k-1))))* \\ &\quad *(I3(k) + NOT(I2(k)))) * NOT(I4(k)) \end{aligned}$$

E6.3 Un controllore logico sequenziale deve generare un segnale booleano out che cambia il proprio valore ad ogni ciclo di scansione solo se è attivo il segnale di ingresso in. In Figura 2 è illustrato un esempio del comportamento desiderato. Si progetti il diagramma LD che implementa questa funzionalità.

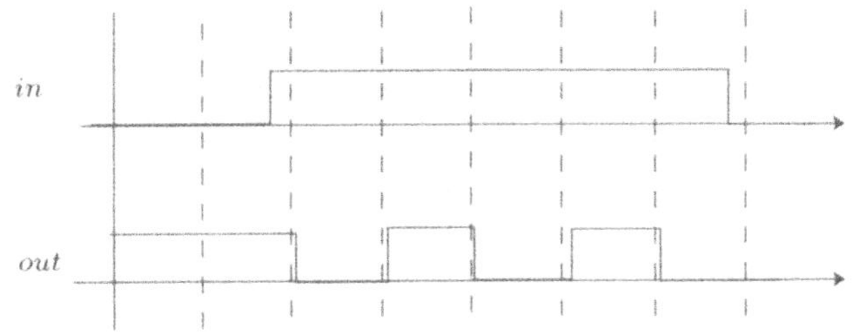

Figura 2 Forma d'onda desiderata del segnale out in relazione al segnale in per l'Esercizio E6.1.

E6.4 Disegnare il diagramma LD che realizza la seguente funzione sequenziale.

$$out(k) := in(k-3)$$

Data la forma d'onda del segnale in in Figura 3, disegnare la forma d'onda del segnale out.

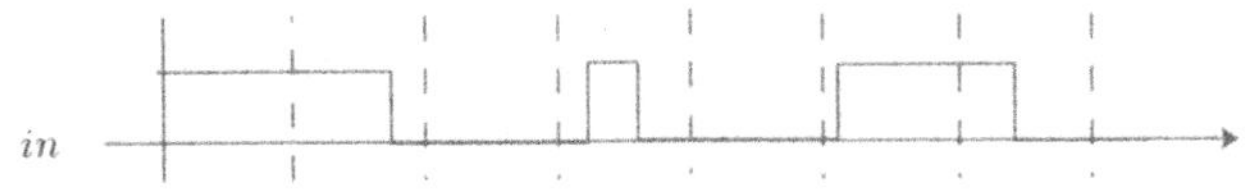

Figura 3 Forma d'onda del segnale in per l'Esercizio E6.4.

Soluzioni e ulteriori esercizi sul sito www.ateneonline.it/bonivento

Bibliografia ragionata

Testi didattici che trattano il PLC da un punto di vista maggiormente informatico e rivolto alla programmazione degli stessi sono [1], [2], [3], [4]; in particolare in [1] viene trattato in maniera più approfondita il funzionamento elettronico dell'hardware del PLC, mentre in [3] vengono trattate in maniera esplicita ed esauriente anche tutte le problematiche riguardanti il software inteso come prodotto (fattori di qualità, modularità, ciclo di sviluppo).

Per quanto riguarda la norma IEC 61131-3, è indispensabile citare [5] che illustra i fondamenti di tale standard. È inoltre possibile consultare gli standard veri e propri [6], [7], [8].

Possono infine essere consultati i siti dei principali produttori di PLC e soft PLC per ottenere informazioni e data sheet riguardanti i diversi modelli in commercio: in particolare ricordiamo Siemens ([9]), Omron ([10]), Rockwell Automation ([11]), Toshiba ([12]), Mitsubishi ([13]), Schneider Electric ([14]), B&R ([15]), Beckhoff ([16]), 3S-Software ([17]), ICS Triplex ([18]), KW-Software ([19]).

[1] R. Morici, A. Tonielli, *Tecnologie dei Sistemi di Controllo*, Esculapio, Bologna, 1993.

[2] F. Bonfatti, P. D. Monari, U. Sampieri, *IEC 1131-3 Programming Methodology*, ISBN 295115850-5, CJ International, Seyssins, 1997.

[3] F. Bonfatti, G. Gadda, P. D. Monari, *Programmazione di software PLC secondo lo standard IEC 61131-3*, ISBN 883711458-3, Pitagora Editrice, Bologna, 2004.

[4] P. Chiacchio, F. Basile, *Tecnologie informatiche per l'automazione, seconda edizione*, ISBN 883866147-2, McGraw-Hill, Milano, 2004.

[5] R.W. Lewis, *Programming Industrial Control Systems Using IEC 1131-3*, ISBN 085296950-3, IEE Control Engineering Series, London, 1998.

[6] Standard IEC 61131-1, *Programmable controllers - Part 1: General information*, IEC, Ginevra, 2003.

[7] Standard IEC 61131-2, *Programmable controllers - Part 2: Equipment requirements and tests*, IEC, Ginevra, 2003.

[8] Standard IEC 61131-3, *Programmable controllers - Part 3: Programming languages*, IEC, Ginevra, 2003.

[9] `http://www.siemens.com`

[10] `http://www.omron.com`

[11] `http://www.rockwellautomation.com`

[12] `http://www.toshiba.com`

[13] `http://www.mitsubishi-automation.com`

[14] `http://www.schneider-electric.com`

[15] `http://www.br-automation.com`

[16] `http://www.beckhoff.com`

[17] `http://www.3s-software.com`

[18] http://www.icstriplex.com
[19] http://www.kw-software.com

7

Sequential Functional Chart

In questo capitolo si illustra il linguaggio di programmazione Sequential Functional Chart per il controllo logico/sequenziale, introducendone le principali caratteristiche ed evidenziando le proprità fondamentali che lo rendono particolarmente appropriato per una progettazione strutturata del software. Si propongono a corredo alcuni esempi progettuali che, pur nella loro semplicità e valenza didattica, permettono di evidenziare le notevoli possibilità espressive del linguaggio. Si introduce poi il formalismo grafico GEMMA che permette la descrizione delle situazioni operative di un sistema di automazione, mostrando in particolare come la gestione delle condizioni di anomalia venga agevolata dall'uso di tale strumento.

7.1 Introduzione al linguaggio SFC

Come abbiamo già introdotto nel Capitolo 6, la necessità di descrivere sistemi complessi di automazione industriale in maniera formale, ma allo stesso tempo orientata al controllo, è cresciuta in maniera notevole nel corso degli anni. Nel 1975 in Francia fu istituita una commissione con lo scopo di formalizzare uno strumento di progettazione di tipo descrittivo orientato al controllo sequenziale di sistemi di automazione complessi. Tali sistemi, per loro natura, possono essere descritti dall'evoluzione temporale del loro funzionamento e cioè dalla successione di situazioni operative sequenziali che evolvono in base all'occorrenza di eventi particolari. Fino ad allora la descrizione di tali sistemi era affidata all'utilizzo di tecniche matematiche piuttosto complesse (per esempio equazioni descrittive per automi a stati finiti) o era effettuata mediante rappresentazioni circuitali o descrizioni testuali. Venivano anche utilizzati grafi di evoluzione dello stato, ma non era ancora stato definito un formalismo preciso. Le descrizioni dei sistemi automatici complessi erano pertanto di difficile comprensione per i non addetti ai lavori. Infine, la natura fondamentalmente testuale di tali descrizioni rendeva difficile e ambigua la rappresentazione delle azioni parallele e contemporanee (situazioni evidentemente molto comuni negli impianti automatici). Il risultato della commissione francese fu un formalismo grafico per la descrizione del funzionamento e del controllo di sistemi automatici sequenziali chiamato **GRAFCET** (GRAPHe de Coordination Etapes-Transitions). Tale formalismo fu recepito dal

Figura 7.1 Diagramma SFC che descrive il comportamento logico/sequenziale di una taglierina automatizzata.

Comitato Elettrotecnico Internazionale nel 1988 con il nome di **Sequential Functional Chart** (SFC) nello standard IEC 848 e, successivamente, nei primi anni 90, fu inserito nello standard IEC 61131-3 come linguaggio di programmazione per PLC.

Il linguaggio SFC fornisce un potente strumento grafico per descrivere il comportamento logico/sequenziale di un sistema di automazione industriale. Per comprendere a fondo l'utilizzo di tale strumento deve essere chiaro che programmare un sistema di automazione industriale coincide essenzialmente con il descriverne il comportamento desiderato: in altri termini descrivere le specifiche desiderate e il comportamento del sistema equivale sostanzialmente a definirne un programma di controllo. L'implementazione di tale programma sarà poi eseguita mediante sintassi specifiche, ma il comportamento sequenziale del sistema deve essere descritto in maniera formale e non ambigua. Il Sequential Functional Chart assolve proprio tale scopo: non può essere considerato un linguaggio di programmazione a tutti gli effetti perché necessita dell'utilizzo di altri linguaggi di programmazione specifici per l'implementazione vera e propria, ma permette la descrizione priva di ambiguità del funzionamento logico/sequenziale desiderato del sistema in esame. L'utilizzo di questo formalismo durante la progettazione del funzionamento di un impianto automatico permette anche di evidenziare le specifiche che non possono essere definite chiaramente mediante semplici descrizioni testuali.

Un semplice esempio di diagramma SFC qualitativo permette la comprensione del ruolo che tale formalismo deve svolgere nella progettazione del controllo sequenziale di una macchina automatica; in Figura 7.1 è rappresentato lo schema SFC che realizza il controllo logico/sequenziale di una taglierina automatizzata per il taglio di un nastro continuo: tale taglierina deve essere azionata non appena viene rilevata la presenza di una linea divisoria che definisce dove il nastro deve essere tagliato (tale esempio verrà trattato in maniera più dettagliata nel Paragrafo 7.2). Si noti come il linguaggio SFC sia assimilabile a un diagramma degli stati e risulti quindi completamente indipendente dalla tecnologia che sarà poi utilizzata per l'implementazione effettiva: il SFC è dunque un formalismo astratto gerarchicamente superiore agli altri linguaggi per la descrizione/progettazione di controllo logico/sequenziale.

Nei paragrafi che seguono, dopo aver introdotto gli elementi e i concetti di base del linguaggio SFC, ne evidenzieremo le proprietà che lo rendono utile alla progettazione e alla programmazione di tipo strutturato. Evidenzieremo cioè le proprietà che consentono a tale linguaggio di essere particolarmente adatto alla scomposizione dei problemi in sottoproblemi più semplici da affrontare e dunque alla progettazione di tipo top/down.

Data la sua struttura simile a un diagramma degli stati, il linguaggio SFC risulta anche molto utile in fase di debugging: la descrizione a stati del funzionamento sequenziale di una macchina automatica permette, in presenza di un malfunzionamento o errore, di risalire immediatamente allo stato "incriminato" e isolare immediatamente le possibili cause.

Prima di entrare nel vivo della discussione è bene precisare che l'enfasi dell'intero capitolo è posta sullo strumento SFC come ausilio alla progettazione e non come linguaggio di programmazione. Questo approccio ha portato a due necessarie consegue. In primo luogo è stato necessario razionalizzare e rilassare i vincoli sintattici che la norma IEC 61131-3 prevede al fine di mettere a disposizione del lettore uno strumento il più flessibile possibile con cui approcciare il problema della progettazione del controllo di sequenze. D'altronde le limitazioni introdotte dalla norma sono meramente sintattiche e possono essere rispettate al momento dell'implementazione vera e propria del codice di controllo. In secondo luogo è stato necessario adottare una sintassi chiara e precisa al fine di poter descrivere in maniera univoca e completa lo strumento di progettazione. A tal fine si è deciso di utilizzare sintassi derivanti da varie implementazioni reali proposte da produttori di PLC e CAD per sistemi di controllo (in particolare derivanti dall'ambiente di programmazione ISaGRAF[1]). Una semplice traduzione sintattica sarebbe sufficiente per poter tradurre la particolare sintassi utilizzata nel testo in quella adottata da un qualunque produttore.

Questo approccio ha permesso in definitiva di ovviare all'astrazione introdotta dalla norma (astrazione necessaria in modo che il linguaggio di programmazione SFC potesse essere recepito dai vari produttori ed adattato alle proprie necessità) fornendo al lettore uno strumento differenziato sulla base delle proprie esigenze didattiche. In ogni caso, come accennato in precedenza, sono sufficienti piccole modifiche per poter implementare il controllo di sequenze descritto dal diagramma SFC nello specifico linguaggio legato all'architettura di controllo scelta per la specifica applicazione.

7.2 SFC: elementi di base e regole di evoluzione

In questo paragrafo introdurremo brevemente gli elementi fondamentali del linguaggio SFC, cercando di fornire una visione d'insieme che possa facilitare gli

[1] ISaGRAF è un prodotto ICS Triplex ISaGRAF.

approfondimenti che saranno presentati nei prossimi paragrafi. Tali elementi sono gli stati, le azioni, le transizioni e gli archi che collegano tra loro stati e transizioni in modo orientato. Successivamente verranno descritte le principali regole di evoluzione definite dalla norma IEC 61131-3 e la sintassi utilizzata nel seguito.

7.2.1 Stati, azioni, transizioni e archi di collegamento

L'evoluzione temporale del funzionamento di un impianto complesso è rappresentabile mediante una successione di situazioni operative più semplici: tali situazioni operative possono essere considerate stati del sistema e il passaggio da uno stato a un altro rappresenta l'evoluzione dinamica del sistema stesso. Lo **stato** è una condizione invariante del sistema in esame, cioè una situazione del sistema che può modificarsi o essere modificata solo all'occorrenza di un determinato evento. Lo stato, che nel linguaggio SFC può essere anche chiamato fase, tappa, passo o step, è una precisa condizione operativa del sistema a cui corrispondono determinate azioni da svolgere; l'evoluzione del sistema da uno stato a un altro è determinata dall'occorrenza di particolari eventi. Durante l'evoluzione dinamica di un sistema, uno stato può essere attivo, cioè il sistema si trova nella situazione descritta da questo stato, oppure inattivo.

A ogni stato sono associate alcune **azioni**, cioè istruzioni di controllo che sono eseguite quando lo stato è attivo; le operazioni compiute da un sistema in una precisa condizione operativa sono descritte tramite le azioni associate allo stato attivo in quella condizione operativa.

Le **transizioni** rappresentano la possibilità di evoluzione da uno stato a un altro; a ogni transizione deve essere associata una condizione che deve essere verificata affinché tale evoluzione possa avvenire. Le **condizioni associate alle transizioni**, solitamente espresse tramite funzioni booleane, descrivono quindi gli eventi che possono modificare la condizione operativa del sistema.

Gli **archi orientati di collegamento** uniscono due stati indicandone in questo modo la sequenza evolutiva: l'evoluzione da uno stato a un altro è univocamente determinata dall'arco orientato che li unisce e dalla transizione (assieme alla relativa condizione) che determina la possibilità di evoluzione.

In Figura 7.2 viene rappresentato un semplicissimo diagramma al fine di illustrare in maniera sommaria quali sono le rappresentazioni grafiche degli elementi di base appena introdotti.

Gli stati sono rappresentati mediante dei rettangoli all'interno dei quali è inserito il nome rappresentativo dello stato stesso. È bene precisare che, per evitare possibili ambiguità, i nomi associati agli stati in un diagramma SFC devono essere univoci: in un programma SFC non devono esistere due stati caratterizzati dallo stesso nome. Associare a ogni stato un nome significativo potrebbe essere un ottimo metodo per ottenere un programma maggiormente leggibile e strutturato, assicurando un'immediata comprensione dell'effettivo stato del sistema; per motivi di spazio, nel seguito tale indicazione non sarà seguita e per il nome degli stati sarà sempre utilizzato un semplice elemento numerico.

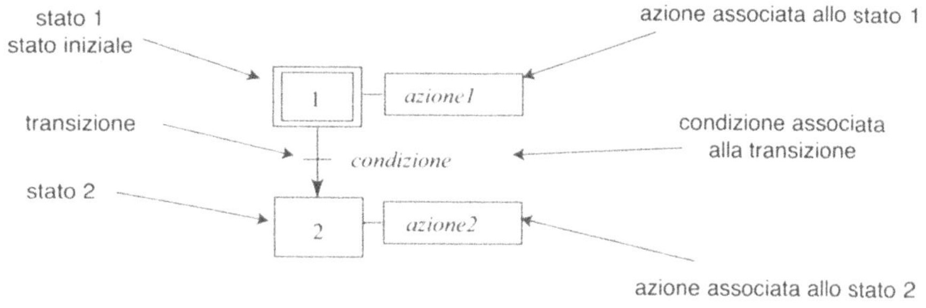

Figura 7.2 Diagramma SFC: stati, azioni, transizioni, condizioni e archi di collegamento.

Le azioni associate a ogni stato vengono solitamente rappresentate mediante un rettangolo, collegato alla relativa fase, al cui interno sono descritte le azioni stesse.

Due diversi stati sono collegati mediante un arco: normalmente tali archi sono diretti verso il basso (cioè il diagramma SFC si sviluppa dall'alto verso il basso) e dunque tale direzione è omessa per semplicità; nei casi in cui l'arco che connette due stati abbia una direzione diversa da quella usuale, deve essere usata una freccia direzionale per evidenziarne il verso. Laddove un arco orientato è seguito non da uno stato ma dal semplice nome identificativo, si intende un collegamento verso lo stato indicato (istruzione "jump to").

Le transizioni vengono rappresentate graficamente tramite una linea orizzontale che taglia l'arco che unisce due stati; al fianco di una transizione è solitamente rappresentata la funzione booleana che descrive la condizione associata.

Occorre precisare che due stati non possono essere connessi direttamente ma, tra loro, deve essere sempre presente una transizione che ne definisce, tramite la condizione a essa associata, la possibilità di evolvere da uno stato all'altro. A loro volta non è possibile collegare due transizioni tra loro ma deve esserci sempre uno stato. La successione stato-transizione-stato deve essere sempre rispettata.

7.2.2 Regole di evoluzione

Introdotti brevemente gli elementi fondamentali che caratterizzano un programma SFC e la loro rappresentazione grafica, è possibile descrivere le principali regole di evoluzione per poter così presentare un primo semplice esempio di macchinario automatico.

Il primo passo è la definizione del comportamento del sistema nella sua fase iniziale; si deve cioè definire quali siano gli stati attivi inizialmente: graficamente tali stati sono caratterizzati da un doppio rettangolo (come è possibile notare in Figura 7.2). In un generico schema SFC possono coesistere diversi stati iniziali che saranno, all'avvio del sistema, attivati tutti contemporaneamente: nel seguito vedremo le motivazioni che rendono utile e necessaria la definizione di più fasi iniziali. Occorre infine evidenziare che lo stato iniziale non deve essere, grafi-

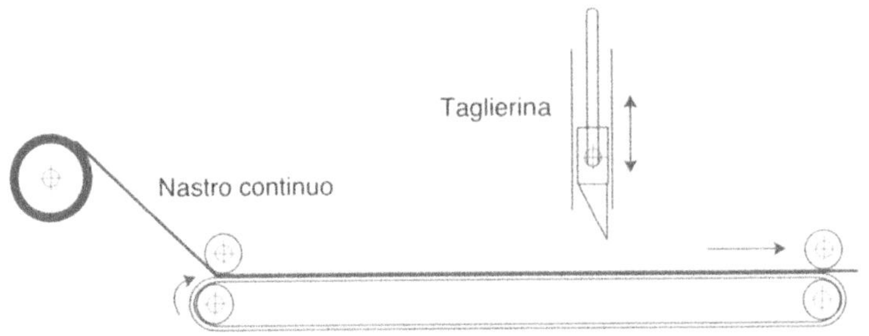

Figura 7.3 Taglierina automatizzata.

camente, il primo stato di un diagramma SFC: sebbene lo svolgimento dall'alto verso il basso di un diagramma possa portare a un'immediata rappresentazione con lo stato iniziale in alto e tutti gli stati successivi che lo seguono verso il basso, non esiste nessuna regola a imporre questa scelta e, nel seguito, vedremo delle strutture particolari che richiedono la definizione di stati iniziali all'interno di un diagramma SFC.

L'evoluzione dinamica del sistema è descritta nel diagramma SFC tramite il passaggio da uno stato a un altro (disattivazione del primo e attivazione del secondo); tale evoluzione è determinata dall'occorrenza di particolari eventi che rendono verificata la condizione di transizione tra i due stati considerati. Da un punto di vista maggiormente formale una transizione è detta **abilitata** se tutti gli stati a monte di questa sono attivi. Se la condizione associata a una transizione abilitata è verificata, allora la transizione diviene **attiva** (o **superabile**). Una transizione attiva determina il cambio di stato: tutti gli stati a monte di una transizione attiva vengono disattivati (le azioni associate a tali fasi vengono dunque fermate) mentre vengono attivati tutti gli stati a valle (le azioni associate a tali fasi vengono quindi attivate). Descriviamo utilizzando il linguaggio SFC un semplice meccanismo automatico.

Esempio 7.1 Una taglierina automatizzata deve tagliare un nastro continuo che scorre al di sotto di essa (Figura 7.3). Un sensore viene utilizzato per rilevare la presenza sul nastro di una linea più scura che definisce dove il nastro deve essere tagliato: per effettuare il taglio, il nastro deve essere fermato e deve essere azionata la taglierina. Due sensori di fine corsa (in posizione di riposo e di taglio) possono essere utilizzati per il corretto movimento della taglierina; quando questa è in posizione di taglio il nastro può essere considerato già tagliato. Le azioni sequenziali da svolgere sono dunque le seguenti: fare scorrere il nastro sino a quando il sensore non individua la linea da tagliare, fermare il nastro e attivare il movimento della taglierina; quando il taglio è stato effettuato il nastro può essere fatto ripartire. Questa semplice sequenza di azioni deve essere svolta in maniera ciclica. In Figura 7.4 è rappresentato il diagramma SFC che realizza il controllo di questo semplice sistema. Occorre precisare che, non avendo introdotto in ma-

Figura 7.4 Diagramma SFC per taglierina automatizzata.

niera precisa il formalismo da utilizzare per la definizione di azioni e condizioni associate alle transizioni, la Figura 7.4 rappresenta volutamente un diagramma "descrittivo" che mostra in maniera poco formale le idee alla base di uno schema SFC. Si noti come a ogni stato introdotto nello schema corrisponda effettivamente una situazione invariante del sistema e il passaggio da uno stato all'altro sia caratterizzato da transizioni associate a particolari eventi.

È immediato notare come il controllo sequenziale tramite un diagramma SFC coincida effettivamente con la descrizione del funzionamento desiderato per il sistema stesso: questa importante proprietà è già stata evidenziata ma, grazie al semplice esempio appena proposto, la possibilità di descrivere in maniera semplice e univoca le specifiche di funzionamento sequenziale di un sistema automatico mediante un diagramma SFC viene ulteriormente messa in risalto.

7.2.3 Esecuzione ciclica e possibili ambiguità

Abbiamo introdotto nel Capitolo 6 la modalità operativa a copia massiva di ingressi e uscite del PLC come la sua modalità di funzionamento nominale: un diagramma SFC viene dunque interpretato ed eseguito da un PLC durante il suo funzionamento ciclico.

Per facilitare la nostra discussione riportiamo in Figura 7.5 lo schema del funzionamento ciclico del PLC, simile a quello già utilizzato nel Capitolo 6. Nell'esecuzione di un diagramma SFC le tre basilari azioni cicliche sono la lettura degli input e la decisione da parte del sistema dei nuovi stati attivi, l'esecuzione delle azioni associate agli stati attivi e la successiva attuazione dei comandi risultanti.

In particolare, nella prima fase del ciclo il sistema va a leggere i valori attuali di tutti i sensori e, dopo aver effettuato le adeguate manipolazioni quali il filtraggio e la scalatura di questi dati, deve interpretare il diagramma SFC per definire i nuovi

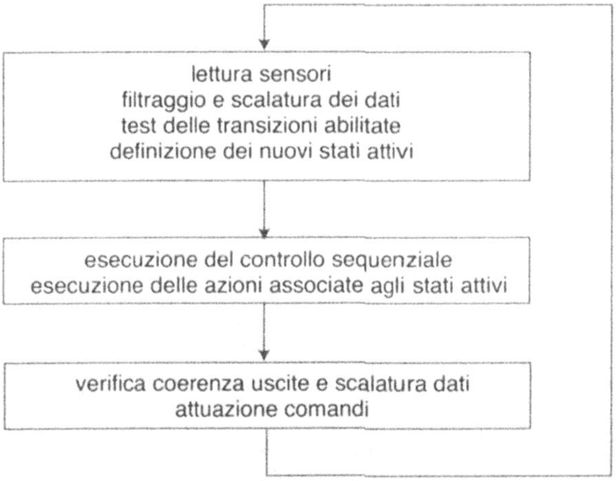

Figura 7.5 Schema di funzionamento ciclico del PLC.

stati attivi. Il sistema operativo, in base alla conoscenza degli stati attualmente attivi e ai valori attuali delle variabili logiche definite nel sistema, determina quali transizioni possano essere superabili e impone la disattivazione degli stati passati, con la conseguente attivazione dei nuovi stati. La seconda serie di azioni che il sistema operativo di un PLC esegue, durante il suo funzionamento ciclico, riguarda il controllo sequenziale vero e proprio: una volta definiti gli stati attivi, vengono eseguite tutte le azioni che sono associate a tali stati. Terminata l'esecuzione di tutte le azioni, i comandi effettivi vengono inviati agli attuatori dopo una serie di azioni di verifica di coerenza e di scalatura.

Al fine di ottimizzare la procedura di inizio ciclo che deve definire i nuovi stati attivi, il sistema, noti i valori delle variabili di input, testa le condizioni associate alle sole transizioni abilitate; le condizioni associate alle transizioni non abilitate non vengono testate dal sistema. Questa caratteristica, se da un lato permette una notevole ottimizzazione della procedura, dall'altro introduce una possibile ambiguità che deve essere opportunamente risolta: cosa succede se la condizione associata alla transizione di uscita di uno stato è già vera al momento dell'attivazione di questo stato? Per comprendere meglio questa particolare situazione si consideri come esempio il diagramma SFC in Figura 7.6a; si faccia inoltre riferimento all'evoluzione delle variabili logiche di Figura 7.6b. Si immagini una situazione in cui lo stato attualmente attivo sia lo stato 1: all'inizio del primo ciclo di scansione evidenziato, il sistema operativo acquisisce i valori delle variabili *condizione1, 2, 3* e testa il solo valore della variabile *condizione1*, essendo questa associata all'unica transizione abilitata. Si noti che la seconda transizione è caratterizzata da una condizione verificata, ma non essendo abilitata non viene considerata. Il sistema operativo definisce quindi come "nuovo" stato attivo lo stato 1 e ne esegue le azioni associate (*azione1*). All'inizio del successivo ciclo di funzionamento (istante evidenziato nella Figura 7.6b) il sistema acquisisce nuo-

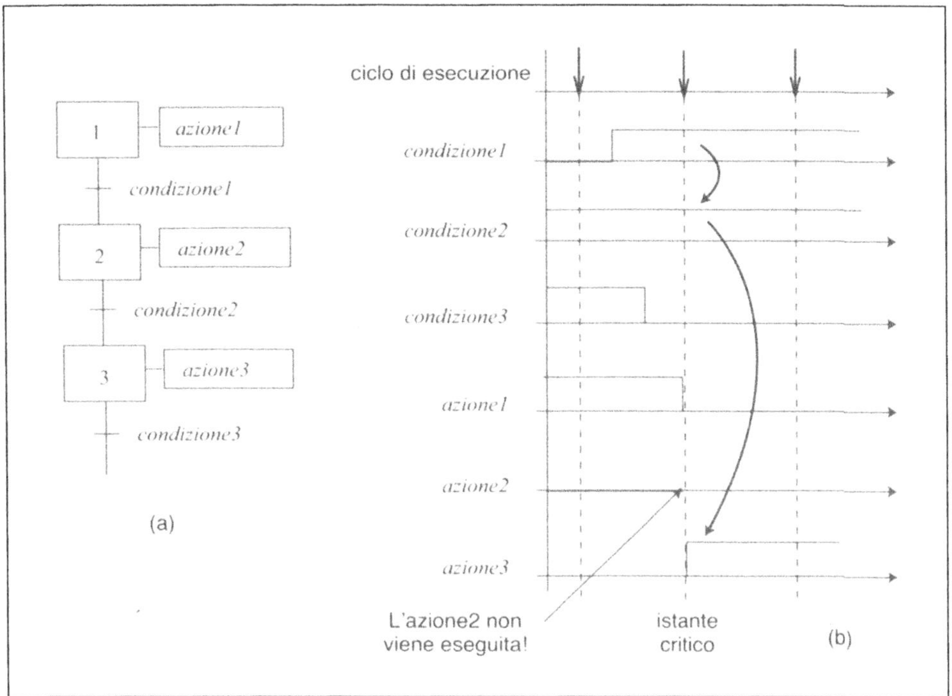

Figura 7.6 Situazione di possibile ambiguità: la condizione di uscita dallo stato 2 è già verificata non appena tale stato diventa attivo; il nuovo stato attivo sarebbe lo stato 3 e l'azione relativa allo stato 2 non verrebbe eseguita contrariamente alle attese.

vamente i valori delle variabili *condizione1, 2, 3* e testa nuovamente il solo valore della variabile *condizione1*, essendo questa associata all'unica transizione abilitata; ora *condizione1* è vera e dunque la transizione 1 diventa superabile: il sistema operativo disabilita lo stato 1 e definisce lo stato 2 come nuovo stato attivo: le azioni da eseguire sarebbero quindi quelle definite dallo stato 2. In questo istante nasce però un'indesiderabile ambiguità: la condizione associata alla transizione di uscita del nuovo stato attivo (*condizione2*) risulta già verificata. Nell'istante stesso in cui il sistema operativo attiva lo stato 2, tale transizione diventa abilitata ed essendo la condizione verificata, secondo le regole di evoluzione che abbiamo definito, tale transizione dovrebbe essere superata, definendo come nuovo stato attivo non lo stato 2 ma lo stato 3; le azioni da eseguire diventerebbero quelle associate allo stato 3. Nell'istante evidenziato in Figura 7.6b il sistema si trova in una situazione di ambiguità "critica".

La soluzione a tale ambiguità può essere trovata definendo una nuova regola di evoluzione in modo da imporre un funzionamento univoco: uno stato di un diagramma SFC deve rimanere attivo per almeno un periodo del funzionamento ciclico. Le azioni associate a uno stato la cui transizione di uscita è caratterizzata da una condizione già verificata nel momento dell'attivazione, vengono quindi eseguite per almeno un ciclo di funzionamento.

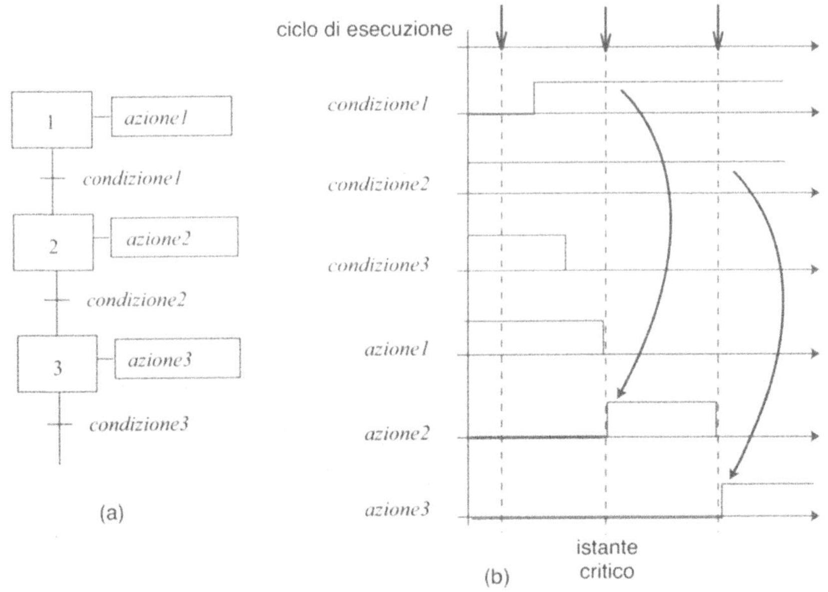

Figura 7.7 Situazione di possibile ambiguità: imponendo che uno stato deve rimanere attivo per almeno un periodo di funzionamento, l'azione associata allo stato 2 viene eseguita.

Nell'esempio appena introdotto tale regola definisce un'evoluzione univoca e senza ambiguità: l'evoluzione dinamica imposta dal sistema operativo del PLC nell'istante critico è dunque quella evidenziata in Figura 7.7b; il sistema definisce come nuovo stato attivo lo stato 2 che rimane attivo per un solo ciclo di funzionamento. Nel ciclo di funzionamento immediatamente successivo il sistema operativo definisce come nuovo stato attivo lo stato 3.

Infine è bene evidenziare che, essendo un diagramma SFC interpretato ed eseguito da un PLC, esistono, come visto nel Capitolo 6, possibili alternative alla modalità di funzionamento ciclica: risulta quindi possibile gestire anche task non ciclici con approccio a interrupt.

7.2.4 Sintassi standard del linguaggio SFC

Abbiamo già illustrato a livello descrittivo quelle che sono le caratteristiche di base del linguaggio SFC e abbiamo mostrato semplici diagrammi al fine di comprendere meglio tali nozioni di base; definiamo ora in maniera formale la sintassi che utilizzeremo per la definizione di un diagramma SFC.

Stati e variabili a esso associate

Abbiamo già evidenziato come il nome associato a uno stato di un diagramma SFC debba essere univoco. Il sistema operativo definisce due differenti variabi-

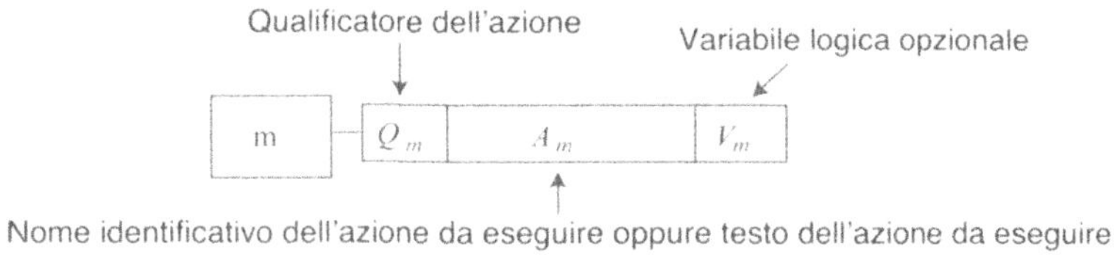

Figura 7.8 Sintassi grafica: stato m e azioni a esso associate.

li per ogni stato definito in un diagramma SFC: una variabile logica segnalatrice (**marker**) e una variabile temporale (**timer**). Nello specifico, definito il nome univoco di uno stato come *Nome-Stato*, la variabile segnalatrice è definita da *Nome-Stato.X*. Tale variabile booleana indica se lo stato *Nome-Stato* è attivo: il sistema operativo le assegna il valore vero per tutto il tempo di permanenza nello stato. Tale variabile viene inizializzata al valore vero per tutti gli stati iniziali, mentre è inizialmente falsa per tutti gli altri stati. La variabile timer associata allo stato *Nome-Stato* è definita come *Nome-Stato.T*: questa variabile indica il tempo di attivazione dello stato. Tale variabile timer viene inizializzata a zero dal sistema operativo non appena lo stato *Nome-Stato* viene attivato e contiene l'indicazione del tempo trascorso dall'attivazione dello stato *Nome-Stato*; quando *Nome-Stato* viene disattivato, la variabile *Nome-Stato.T* mantiene il suo valore e indica dunque l'intervallo di tempo durante il quale lo stato è rimasto attivo.

La sintassi specifica di queste due variabili associate agli stati può variare a seconda della specifica implementazione dello standard.

Transizioni e condizioni associate
Lo standard IEC 61131-3 prevede diverse possibilità riguardanti la sintassi relativa alle espressioni booleane che definiscono le condizioni associate alle transizioni: possono infatti essere utilizzate espressioni scritte mediante ST, diagrammi espressi mediante LD o FBD. Nel seguito del testo utilizzeremo prevalentemente condizioni espresse tramite ST.

Azioni associate agli stati
Lo standard IEC 61131-3 prevede un formalismo grafico preciso per le azioni associati agli stati: in Figura 7.8 è raffigurata la sintassi grafica che permette di definire una generica azione A_m associata allo stato m, caratterizzata dal qualificatore Q_m e dalla variabile opzionale V_m (tale variabile è utilizzata esclusivamente per indicare l'avvenuta esecuzione dell'azione e solitamente è omessa). L'azione A_m può essere scritta direttamente all'interno del rettangolo accanto allo stato, come abbiamo già visto negli esempi di diagrammi SFC che abbiamo presentato nel Paragrafo 7.2.2, oppure descritta a parte utilizzando A_m come semplice identificativo univoco. Lo standard IEC 61131-3 permette di scrivere le azioni tramite uno qualsiasi degli altri linguaggi disponibili: LD, FBD, IL, ST. Nel seguito del testo verrà utilizzato il linguaggio ST per la definizione delle azioni. Il qualificatore associato all'azione Q_m definisce a quale tra le diverse tipologie di azioni

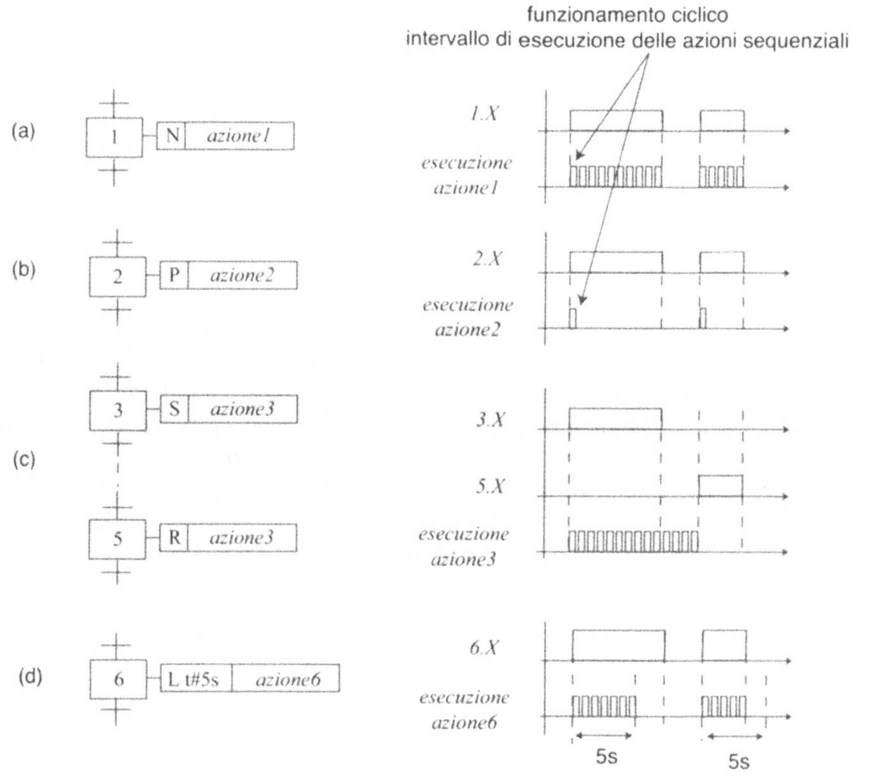

Figura 7.9 Azioni e qualificatori: (a) azione non stored, (b) azione pulse, (c) azioni set e reset, (d) azione time limited.

permesse dallo standard IEC 61131-3 appartiene A_m; di seguito vengono elencati e descritti i possibili qualificatori da associare alle azioni.

- Azione **N** (**normal, non stored**): l'azione viene eseguita finché lo stato a cui è associata rimane attivo. È l'azione standard per cui il qualificatore N può essere omesso nella definizione di azioni non stored. In Figura 7.9a viene rappresentata una generica azione $azione1$ caratterizzata dal qualificatore N: si noti come tale azione venga eseguita durante tutti i cicli di esecuzione, finché lo stato a cui è associata (stato 1) è attivo (e dunque finché la variabile $1.X$ è vera).
- Azione **P** (**pulse**): l'azione viene eseguita una sola volta quando lo stato a cui è associata è attivato. Un'azione pulse viene quindi eseguita solo nel primo ciclo di esecuzione, non appena lo stato a cui è associata diviene attivo; durante i successivi cicli di esecuzione, a differenza dell'azione non stored, un'azione pulse non è eseguita. In Figura 7.9b è rappresentata un'azione di questo tipo.
- Azione **S** (**set**): l'azione viene attuata sino a quando non viene eseguita la stessa azione con il qualificatore R; un'azione set è quindi un'azione memorizzata che viene eseguita sino al relativo reset.

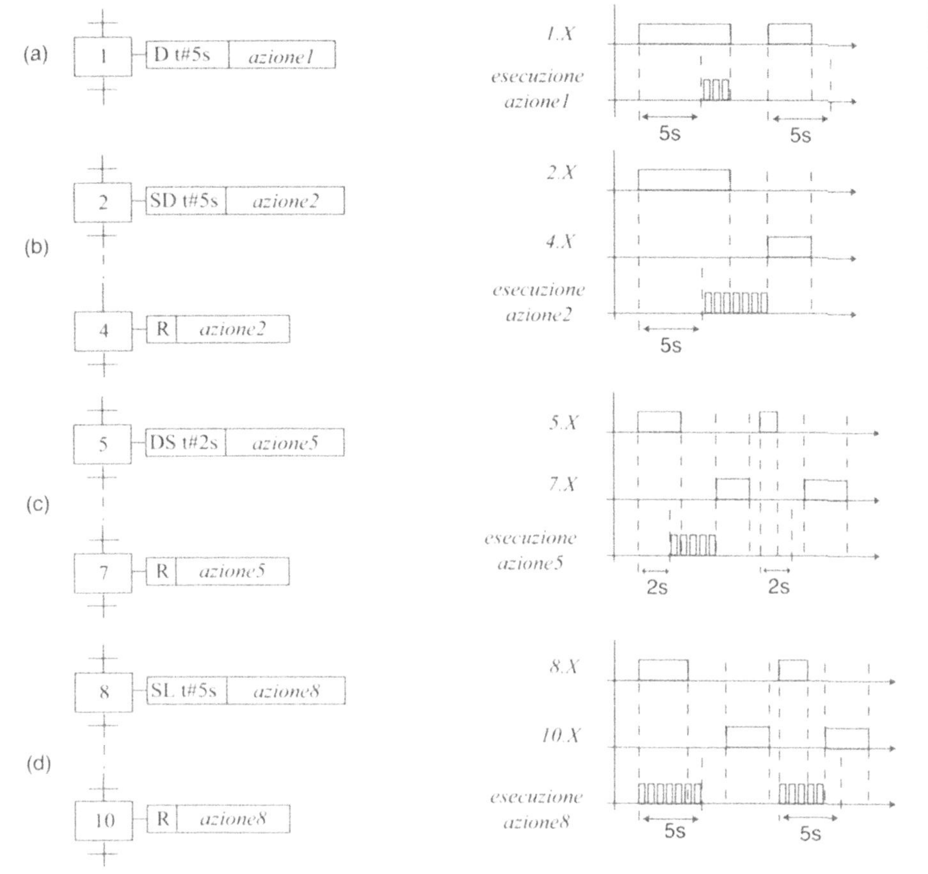

Figura 7.10 Azioni e qualificatori: (a) azione time delayed, (b) azione stored/delayed, (c) azione delayed/stored, (d) azione stored/time limited.

- Azione **R** (**reset**): termina l'esecuzione di un'azione precedentemente memorizzata tramite il qualificatore S. Le azioni S e R sono raffigurate in Figura 7.9c.
- Azione **L - time** (**time limited**): l'esecuzione dell'azione inizia all'attivazione dello stato e termina dopo un intervallo di tempo pari a time; nel caso in cui si esca dallo stato prima di time, l'azione viene interrotta. Si veda per esempio la Figura 7.9d.
- Azione **D - time** (**time delayed**): l'azione viene eseguita dopo un intervallo di tempo pari a time dall'attivazione dello stato a cui è associata e termina all'uscita dallo stato stesso; nel caso in cui si esca dallo stato prima di time, l'azione non viene intrapresa. Si veda per esempio la Figura 7.10a.

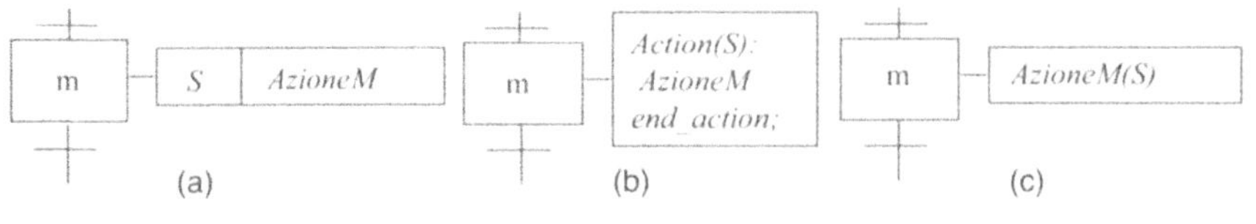

Figura 7.11 Differenti formalismi grafici equivalenti per rappresentare le azioni associate agli stati.

- Azione **SD - time (stored/delayed)**: l'azione viene eseguita come azione set dopo un intervallo di tempo pari a time dall'attivazione dello stato a cui è associata; si veda per esempio la Figura 7.10b.
- Azione **DS - time (delayed/stored)**: l'azione viene eseguita come azione set se lo stato a cui è associata rimane attivo per un intervallo di tempo maggiore di time; si veda per esempio la Figura 7.10c.
- Azione **SL - time (stored/time limited)**: l'azione viene eseguita come azione set; l'azione viene terminata dopo un tempo pari a time oppure tramite un'azione reset. Si veda come esempio la Figura 7.10d.

In realtà anche il formalismo grafico che definisce le azioni associate agli stati può variare a seconda della specifica implementazione dello standard: in Figura 7.11 sono mostrate alcune possibili rappresentazioni formali della stessa azione.

7.3 SFC: strutture classiche di programmazione

Nel paragrafo precedente abbiamo introdotto le principali nozioni di base che caratterizzano il linguaggio SFC. In questo paragrafo introdurremo alcune strutture di programmazione e il loro utilizzo mediante alcuni semplici esempi.

7.3.1 Strutture di collegamento

La norma IEC 61131-3 prevede la possibilità di definire particolari strutture di collegamento al fine di descrivere in maniera semplice e accurata diverse situazioni di controllo come la definizione di sequenze alternative o parallele.

La prima struttura di collegamento che introduciamo è la **scelta** o **divergenza**: questa struttura permette di definire le condizioni che consentono l'attivazione di sequenze di azioni tra loro mutuamente esclusive a partire da un unico stato. La sintassi grafica che definisce tale struttura è indicata in Figura 7.12. Considerando attivo lo stato 5, tutte le transizioni a valle di questo sono abilitate; il nuovo stato attivo tra gli stati 6, 7, 8 e 9 (e dunque la sequenza di azioni che viene attivata) dipende da quale tra le condizioni associate alle transizioni 6, 7, 8 e 9 diventa vera.

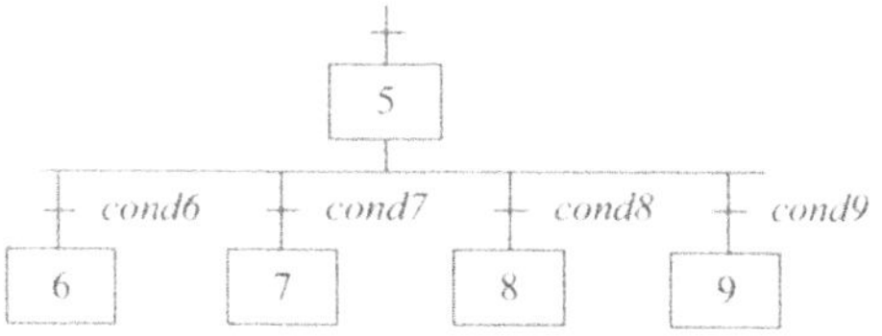

Figura 7.12 Scelta tra differenti sequenze.

Figura 7.13 Diagramma SFC che descrive l'automatismo dell'Esempio 7.2.

Esempio 7.2 Per comprendere al meglio il significato e l'utilizzo di tale struttura è possibile utilizzare un semplice esempio: si consideri una macchina automatica che deve lavorare due diverse tipologie di prodotti (*tipoA* e *tipoB*) che vengono fatti scorrere su un nastro trasportatore; un sensore rileva la presenza di un prodotto nella zona di lavorazione. Le azioni sequenziali da effettuare per la lavorazione sono differenti a seconda del pezzo che effettivamente si trova sul nastro di trasporto nella zona di lavorazione e un sensore di misurazione ci permette di distinguere tra le due tipologie. Per definire il controllo SFC di tale macchinario è possibile utilizzare una scelta in cui le transizioni sono condizionate dalla misura effettuata da tale sensore: in questo modo, a seconda della tipologia di pezzo da lavorare, viene avviata la sequenza di azioni adeguata. In Figura 7.13 è schematizzato un diagramma SFC qualitativo che descrive questo automatismo.

L'esempio appena proposto mette in evidenza che, necessariamente, le sequenze a valle di una scelta devono essere mutuamente esclusive; non deve cioè accadere che tali azioni vengano attivate contemporaneamente. Facendo riferimento al diagramma SFC di Figura 7.12, si consideri la situazione in cui lo stato attivo sia lo stato 5: le transizioni 6, 7, 8 e 9 sono tutte abilitate e, se nello stesso istante diventassero vere la condizione *cond7* e la condizione *cond9*, secondo le regole di evoluzione enunciate nel Paragrafo 7.2.2, lo stato 5 sarebbe disabilitato e diverrebbero attivi gli stati 7 e 9, disattendendo la proprietà di mutua esclusione che deve esistere tra le sequenze a valle di una scelta. Dato che esiste la possibilità che

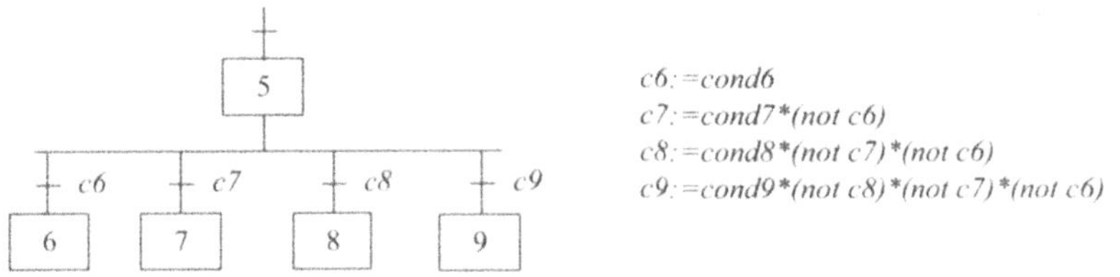

Figura 7.14 Scelta tra differenti sequenze con condizioni mutuamente esclusive.

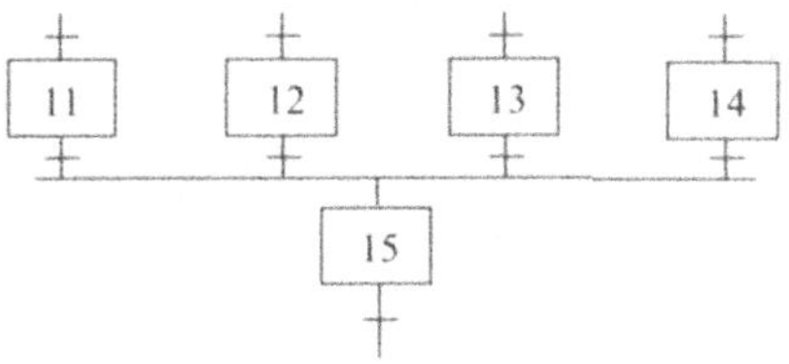

Figura 7.15 Convergenza tra sequenze differenti.

ci siano più transizioni superabili in una scelta, lo standard IEC 61131-3 impone che solo uno stato venga attivato in seguito all'attivazione di diverse transizioni in scelta: lo stato che verrebbe attivato nel caso appena enunciato, dipenderebbe non da una scelta del progettista ma dalla specifica implementazione del diagramma SFC (tipicamente sarebbe attivato lo stato più a sinistra nel diagramma SFC). Una struttura di scelta ben progettata dovrebbe essere caratterizzata da condizioni con espressioni booleane tra loro mutuamente esclusive: una possibile soluzione è quella di condizionare le varie espressioni tra di loro in modo da renderle sicuramente mutuamente esclusive come mostrato in Figura 7.14.

Quando più sequenze (solitamente mutuamente esclusive tra loro) terminano in un medesimo stato attraverso diverse transizioni, deve essere utilizzata una struttura chiamata **convergenza**. Questa struttura è la logica terminazione di una scelta: da un medesimo stato vengono attivate tramite una scelta diverse sequenze mutuamente esclusive che, quando terminano, tornano al medesimo flusso sequenziale tramite una convergenza (Figura 7.15).

Esempio 7.3 Riprendiamo l'Esempio 7.2: dopo aver lavorato in maniera differente i due possibili prodotti, essi devono essere testati per assicurare che la lavorazione sia stata effettuata in maniera ottimale ed espulsi dalla linea di produzione; a questo punto il procedimento di lavorazione può riprendere dall'inizio. Questa sequenza di azioni, successiva alla lavorazione, è la stessa per entrambi i prodotti. Il diagramma SFC prevede dunque una scelta per permettere la lavorazione diversa e una successiva convergenza per effettuare le azioni di misurazione ed espulsione. Si veda il diagramma di Figura 7.16.

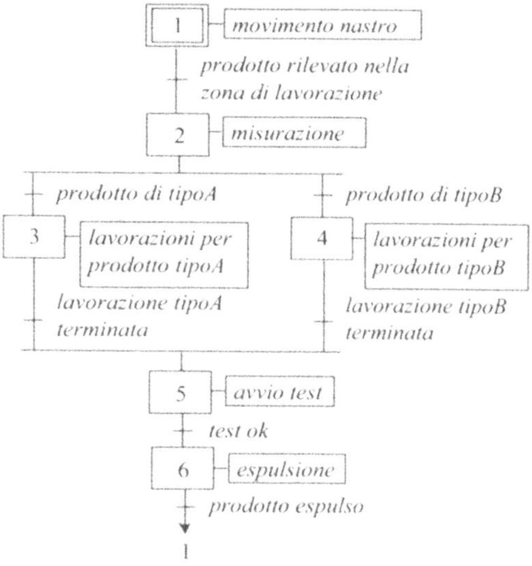

Figura 7.16 Diagramma SFC che descrive l'automatismo dell'Esempio 7.3.

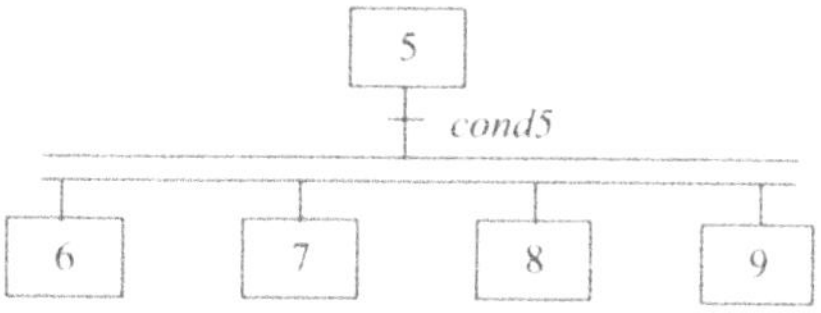

Figura 7.17 Parallelismo di sequenze indipendenti.

Una struttura di collegamento che permette la definizione di sequenze parallele che evolvono in maniera indipendente è il **parallelismo**. In Figura 7.17 viene mostrata questa struttura in cui una sola transizione è seguita da diversi stati: quando questa transizione viene superata, tutti gli stati a valle vengono attivati e dunque le diverse sequenze evolveranno indipendentemente le une dalle altre. La doppia linea rende possibile l'identificazione immediata di questa struttura rispetto alla scelta.

Esempio 7.4 Si consideri nuovamente l'Esempio 7.2: le azioni di lavorazione da compiere in presenza di un pezzo di tipoA sono un riscaldamento dello stesso e, contemporaneamente a tale riscaldamento, una foratura; le azioni da compiere in presenza di un pezzo di tipoB sono invece un riscaldamento e, contemporaneamente, una foratura seguita da una saldatura supplementare. In Figura 7.18 è mostrato il diagramma che descrive queste azioni: si noti come, tramite l'utilizzo di un parallelismo, sia possibile definire sequenze di azioni da eseguire in contem-

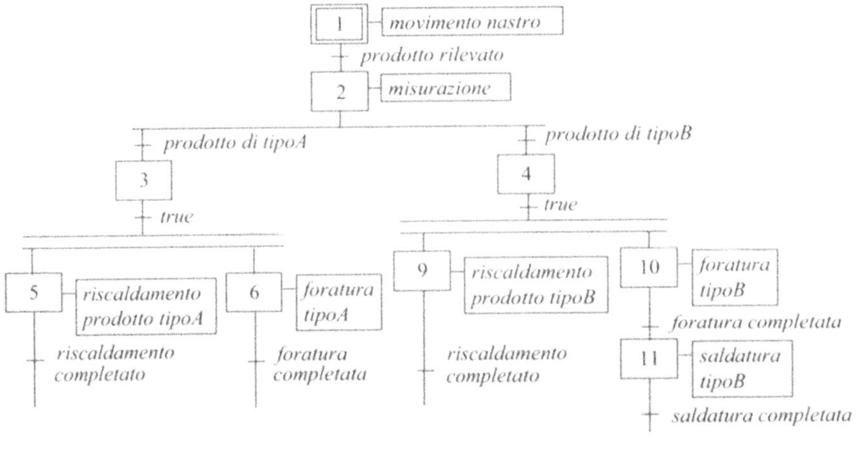

Figura 7.18 Diagramma SFC che descrive l'automatismo dell'Esempio 7.4.

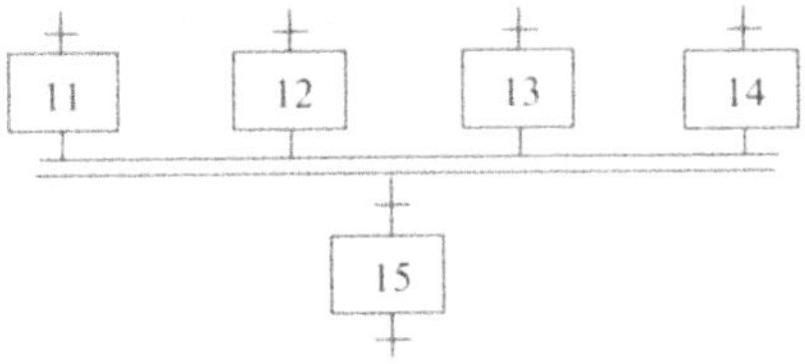

Figura 7.19 Sincronizzazione tra sequenze parallele.

poranea. È bene notare che gli stati 3 e 4 in Figura 7.18 sono stati "dummy", cioè stati la cui utilità è solo quella di mantenere il corretto formalismo dello schema SFC (per esempio per mantenere la giusta successione di stati e transizioni); in particolare i due stati sono stati introdotti per permettere una migliore leggibilità dello schema, evidenziando le due sequenze mutuamente esclusive e i parallelismi che vengono definiti per ognuna. Le transizioni di uscita da questi stati "dummy" sono caratterizzate da una condizione sempre vera (*true*) e, dunque, all'attivazione dello stato 3 o dello stato 4 succede, nel seguente ciclo di funzionamento, l'attivazione degli stati 5 e 6 o 9 e 10 rispettivamente.

Una struttura duale rispetto al parallelismo è la **sincronizzazione**: tale struttura viene utilizzata per sincronizzare diverse sequenze parallele. In Figura 7.19 è mostrata la sua sintassi: una transizione caratterizzata dalla presenza a monte di diversi stati. Affinché tale transizione risulti abilitata devono essere attivi tutti gli stati a monte: se tali stati rappresentano gli stati finali di diverse sequenze parallele, la situazione necessaria affinché la transizione sia abilitata, è che tutte le diverse sequenze siano arrivate all'ultimo dei loro stati, ottenendo in questo modo

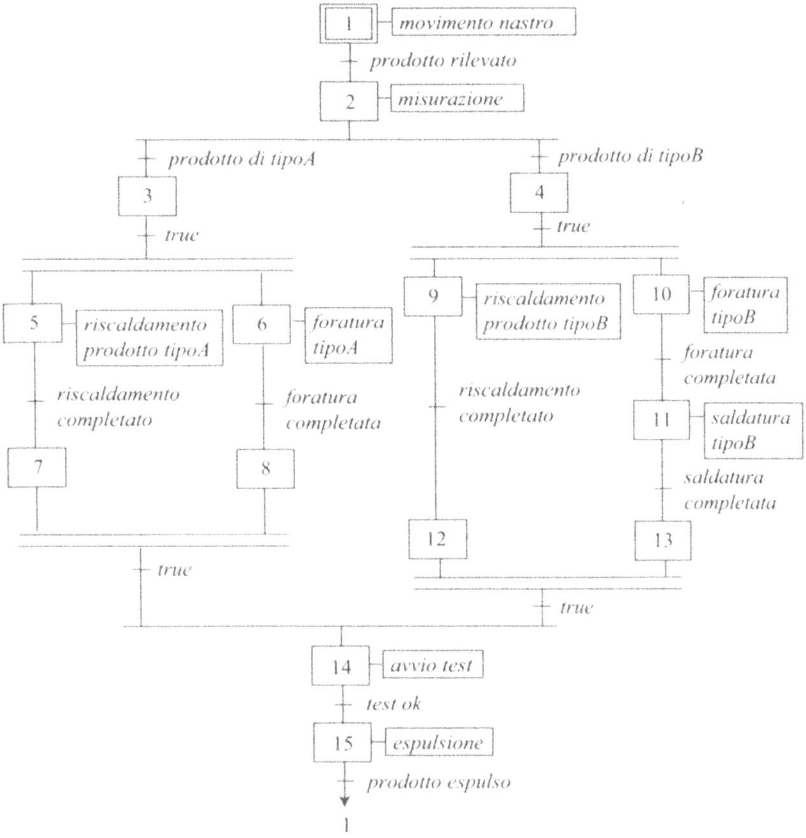

Figura 7.20 Diagramma SFC che descrive l'automatismo dell'Esempio 7.5.

una sincronizzazione di tutte le sequenze nel nuovo stato a valle della transizione. Nuovamente, l'utilizzo di una doppia linea rende immediatamente distinguibile tale struttura rispetto a una convergenza. La sincronizzazione, per come è stata definita, è la logica conclusione di un parallelismo: diverse sequenze parallele vengono attivate tramite un parallelismo ed evolvono indipendentemente le une dalle altre; quando tutte sono terminate una sincronizzazione permette di tornare all'unica sequenza principale.

Esempio 7.5 Completiamo l'Esempio 7.4 definendo il diagramma SFC complessivo: una sincronizzazione deve essere utilizzata al termine delle azioni da effettuare in parallelo. Si veda a tal proposito la Figura 7.20; nello schema sono stati ancora utilizzati degli stati "dummy"; in questo caso però il significato di questi stati è particolarmente importante e non è dovuto a semplici considerazioni riguardanti la leggibilità: gli stati 7, 8, 12 e 13 sono infatti stati di attesa. Si faccia riferi-

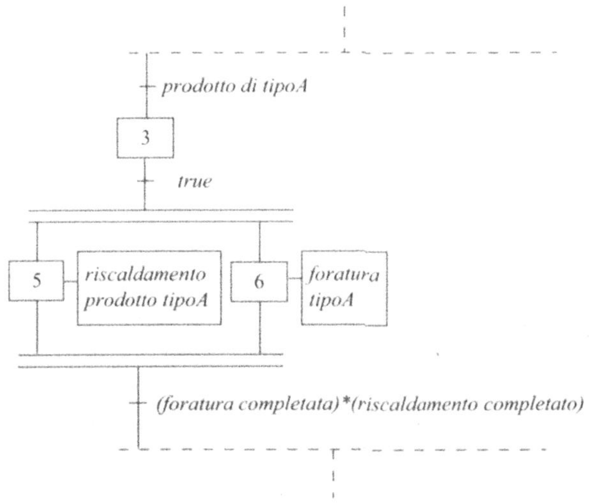

Figura 7.21 Le azioni di riscaldamento e foratura sono obbligate a essere attive sino al completamento di entrambe. Gli stati "dummy", utilizzati in Figura 7.20, permettono invece alle azioni di cessare indipendentemente dalla terminazione dell'altra azione parallela.

mento alla parte di diagramma relativa alla lavorazione di un prodotto di tipoA: le azioni parallele di riscaldamento e foratura devono essere entrambe completate prima di poter considerare terminata l'intera lavorazione. Tali azioni non hanno però vincoli per quanto riguarda la loro durata e, dunque, una delle due azioni potrebbe finire prima dell'altra. L'utilità degli stati di attesa 7 e 8 è quindi quella di permettere la terminazione di una delle sequenze parallele senza essere condizionata dalla terminazione delle altre. La lavorazione si può considerare terminata quando gli stati 7 e 8 sono attivi, cioè quando sia il riscaldamento sia la foratura sono sicuramente terminate; per questo motivo come condizione associata alla transizione di sincronizzazione viene utilizzata un'espressione sempre verificata (*true*) per permettere l'attivazione dello stato successivo non appena entrambe le lavorazioni sono finite e i due stati di attesa diventano attivi. L'assenza di tali stati avrebbe portato a uno schema SFC errato come quello in Figura 7.21 in cui le azioni di riscaldamento e foratura devono essere portate avanti sino alla terminazione della più lenta delle due (gli stati 5 e 6 rimangono attivi fino a quando la transizione di sincronizzazione non diventa vera cioè sino a quando entrambe le azioni vengono terminate). Queste considerazioni valgono ovviamente anche per gli stati 12 e 13.

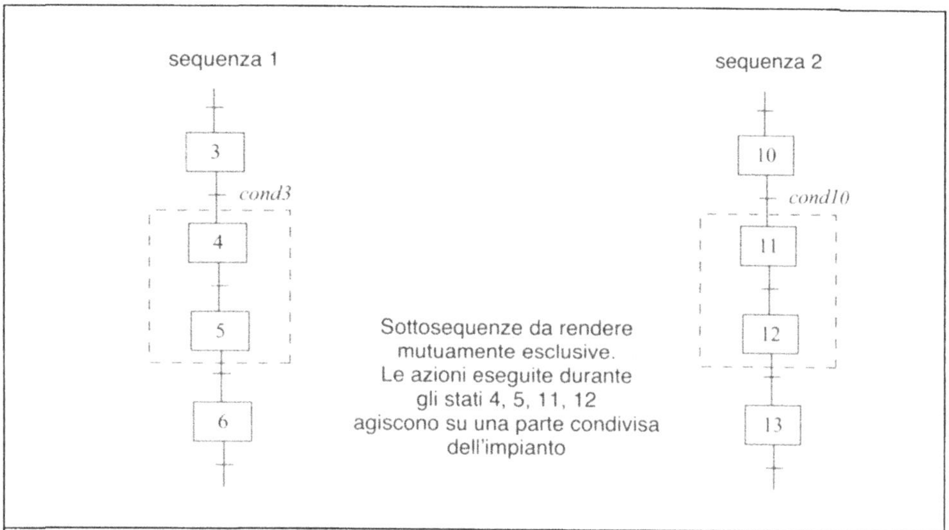

Figura 7.22 Sequenze parallele e sottosequenze da rendere mutuamente esclusive.

7.3.2 Mutua esclusione e sincronizzazione di sequenze

In questo paragrafo introdurremo due diverse strutture di programmazione che permettono l'interazione tra differenti sequenze che evolvono indipendentemente. Il primo caso che trattiamo riguarda la necessità di imporre un meccanismo di mutua esclusione tra due sequenze tra loro indipendenti che, in una sottosequenza, interagiscono su una parte comune del sistema a cui può però accedere una sola sequenza alla volta. Si considerino come esempio due robot industriali che condividono una parte del proprio spazio operativo: se uno dei due manipolatori si trova nella zona condivisa deve essere impedito l'accesso all'altro robot per evitare possibili scontri. Un ulteriore esempio di stampo maggiormente informatico sulla gestione di una risorsa condivisa che deve essere resa mutuamente esclusiva riguarda l'accesso a una stampante condivisa da parte di due diversi calcolatori: quando la stampante è occupata e sta lavorando per un calcolatore, deve essere impedito agli altri calcolatori di accedervi per permettere una sequenza corretta dei documenti stampati.

Consideriamo le due sequenze di azioni in Figura 7.22: ipotizziamo che tali sequenze siano attive contemporaneamente. Le sottosequenze di azioni descritte dagli stati 4, 5 e dagli stati 11, 12 agiscono sulla stessa parte dell'impianto e devono quindi essere rese mutuamente esclusive: quando gli stati 4 e, di seguito, 5 sono attivi non deve essere possibile attivare gli stati 11 o 12 e viceversa. Le condizioni associate alle transizioni di ingresso a queste sequenze che devono essere rese mutuamente esclusive sono *cond3* e *cond10* rispettivamente.

Una soluzione basata sulla semplice manipolazione di tali condizioni non è sufficiente: modificare queste condizioni come raffigurato in Figura 7.23 non risolve il problema di mutua esclusione. Ipotizziamo, infatti, una situazione di

Figura 7.23 Sequenze parallele e sottosequenze da rendere mutuamente esclusive: la semplice manipolazione delle condizioni di ingresso non è sufficiente.

questo tipo: gli stati attivi sono lo stato 3 e lo stato 10; i segnali *cond3* e *cond10* diventano veri nello stesso istante. Avendo condizionato le due transizioni, lo stato che diventa attivo è lo stato 4, mentre la transizione tra gli stati 10 ed 11 non viene superata. Il valore del segnale *cond3* può tuttavia non dipendere dalle azioni che vengono effettuate durante la permanenza nello stato 4 e, quindi, può in un certo istante divenire falso; a questo punto la transizione tra gli stati 10 ed 11 diventa superabile (*cond10* è ancora vero) e lo stato 11 viene attivato, non rispettando la condizione di mutua esclusione che si voleva imporre.

Il problema della mutua esclusione tra due sequenze parallele deve quindi essere risolto in altra maniera; si può pensare di sfruttare, per esempio, la soluzione che è stata studiata per i problemi informatici di mutua esclusione: una variabile semaforo viene utilizzata per permettere a una sequenza di accedere alla risorsa condivisa ed evitare che una seconda sequenza acceda a tale risorsa se già occupata. Occorre quindi definire mediante il linguaggio grafico SFC una **struttura di tipo semaforico** per permettere un accesso controllato alle sequenze mutuamente esclusive.

In Figura 7.24 viene descritta la struttura semaforica che permette l'accesso mutuamente esclusivo alle sequenze 4, 5 e 11, 12. Il funzionamento di tale struttura è il seguente: lo stato semaforo S indica, se attivo, la possibilità di accedere da parte di una delle due sequenze alla risorsa condivisa. Il semaforo S attivo indica dunque che la risorsa condivisa è libera, mentre lo stato semaforo non attivo indica che la risorsa è occupata e non permette all'altra sequenza di accedervi: tale proprietà è garantita dal fatto che le transizioni Tr34 e Tr1011, per essere superate, devono essere abilitate; devono cioè essere attivi tutti gli stati a monte di tali transizioni. Affinché Tr34 sia abilitata devono essere attivi gli stati 3 ed S: a questo punto, se la condizione fosse verificata, gli stati 3 ed S sarebbero disabilitati per attivare lo stato 4. La risorsa è stata occupata (siamo entrati nella sequenza 4, 5

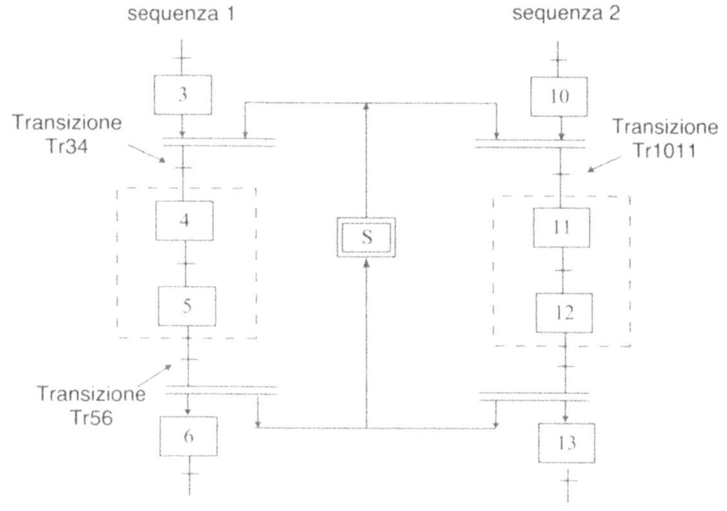

Figura 7.24 Struttura semaforica per la mutua esclusione tra sequenze parallele.

che deve essere resa mutuamente esclusiva), e la transizione Tr1011 non può più essere superata visto che non è abilitata (lo stato S a monte di essa non è attivo). Se lo stato 10 fosse attivo e la condizione relativa a Tr1011 verificata, lo stato 11 non sarebbe comunque attivato perché il semaforo non permette l'ingresso nella zona condivisa già occupata. Quando le azioni relative agli stati 4 e 5 sono terminate e diventa superabile la transizione Tr56, lo stato 5 viene disabilitato (liberando di fatto la risorsa condivisa) e vengono attivati lo stato 6, per continuare la sequenza, e lo stato semaforo S per comunicare la liberazione della risorsa e permettere l'accesso all'altra sequenza. In questo istante infatti, se lo stato 10 è attivo e la condizione associata alla transizione Tr1011 verificata, essendo tornato attivo lo stato semaforo, l'ingresso nella zona condivisa è possibile e gli stati 10 ed S vengono disabilitati, abilitando lo stato 11. Nuovamente il semaforo è stato disabilitato non permettendo l'abilitazione della transizione Tr34.

Se la risorsa è inizialmente libera, il semaforo definito dalla struttura per la mutua esclusione tra sequenze parallele deve essere uno stato iniziale del diagramma SFC per permettere così l'ingresso alla prima sequenza che lo richiede.

Occorre precisare che le condizioni associate alle transizioni di ingresso alla zona condivisa devono essere in ogni caso progettate in maniera opportuna. Utilizzare due semplici espressioni booleane tra loro indipendenti (*cond3* e *cond10* in Figura 7.25) può portare a malfunzionamenti indesiderati: se gli stati 3 e 10 sono entrambi attivi, la contemporanea verifica delle condizioni *cond3* e *cond10* potrebbe provocare l'ingresso contemporaneo delle sequenze nella zona condivisa con l'attivazione degli stati 4 e 11. La soluzione da preferire comporta l'utilizzo di condizioni mutuamente esclusive come mostrato in Figura 7.26; per una delle

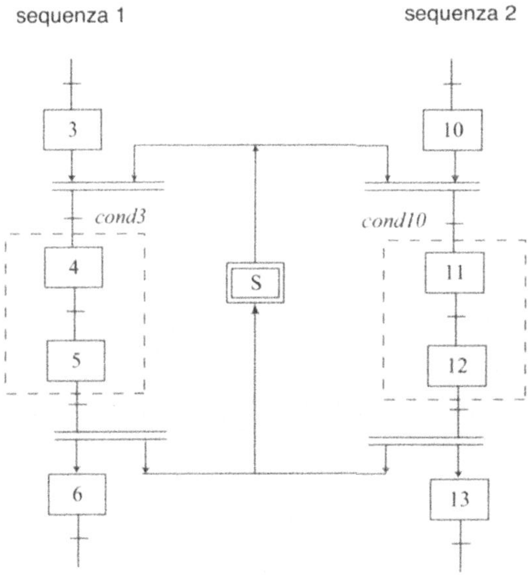

Figura 7.25 Struttura semaforica per la mutua esclusione tra sequenze parallele: condizioni di ingresso non mutuamente esclusive tra loro.

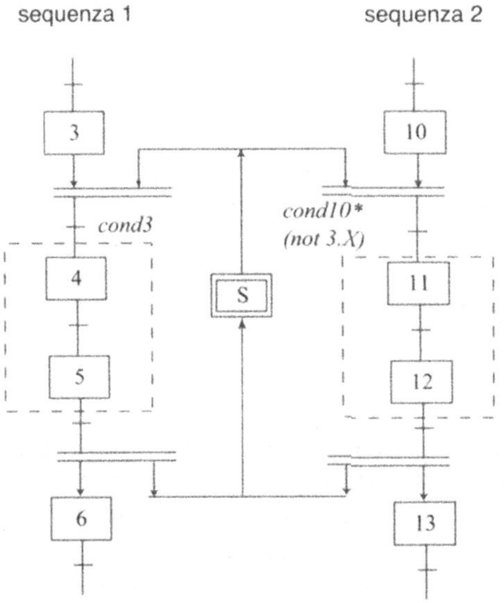

Figura 7.26 Struttura semaforica per la mutua esclusione tra sequenze parallele: condizioni di ingresso mutuamente esclusive.

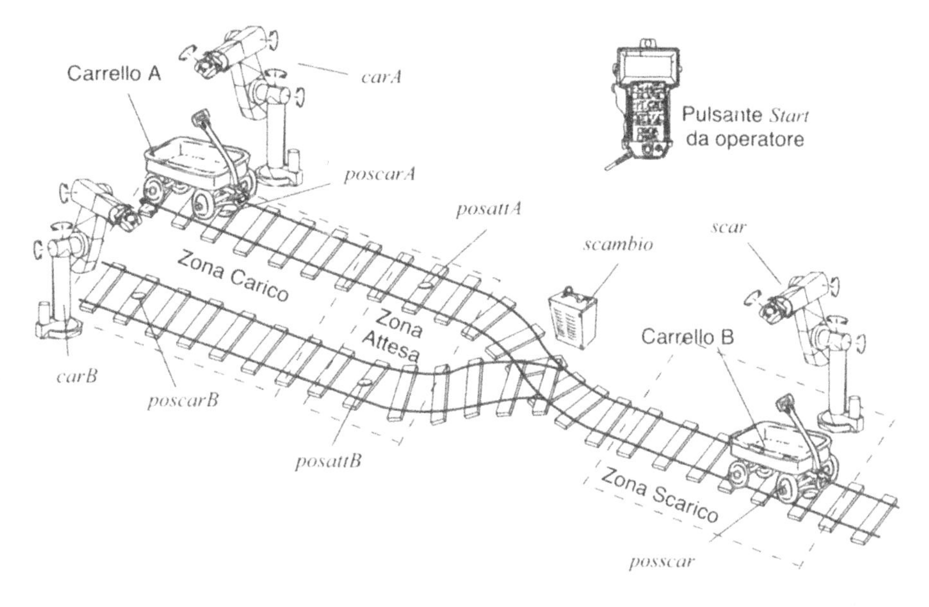

Figura 7.27 Sistema di carico e scarico di due carrelli con due zone di carico separate e zona di scarico comune.

due condizioni è stato infatti utilizzato il marker negato dello stato che precede l'ingresso dell'altra sequenza. In particolare, quando gli stati 3 e 10 sono attivi contemporaneamente e il semaforo è attivo, viene permesso l'ingresso nella zona comune alla sequenza 4, 5, essendo falsa la condizione *Not(GS3.X)*.

Esempio 7.6 Si vuole progettare il diagramma SFC per il controllo del ciclo di carico e scarico dei due carrelli disegnati in Figura 7.27; particolarità del sistema è la presenza di due zone di carico (una per carrello) e di una zona di scarico in comune: si deve progettare in maniera opportuna la logica di accesso alla risorsa condivisa (zona di scarico) per evitare situazioni di pericolo (scontro tra carrelli): se la zona di scarico è impegnata da un carrello, l'altro deve attendere nella zona di attesa e potrà procedere solo dopo che il primo è tornato indietro, lasciando libera la zona. Di seguito sono evidenziate le specifiche di funzionamento.

- Un interruttore *Start* deve far partire il processo che deve essere invece fermato quando tale interruttore è spento: in questo caso devono essere terminate le operazioni di carico e scarico in corso e i due carrelli devono tornare nella zona di carico. Si ipotizza che entrambi i carrelli siano inizialmente in posizione di carico.
- I sensori *poscarA*, *posattA* e *poscarB*, *posattB* indicano la presenza nella zona di carico e di attesa del carrello A e B rispettivamente; il sensore *posscar* indica che uno dei due carrelli occupa la posizione di scarico.

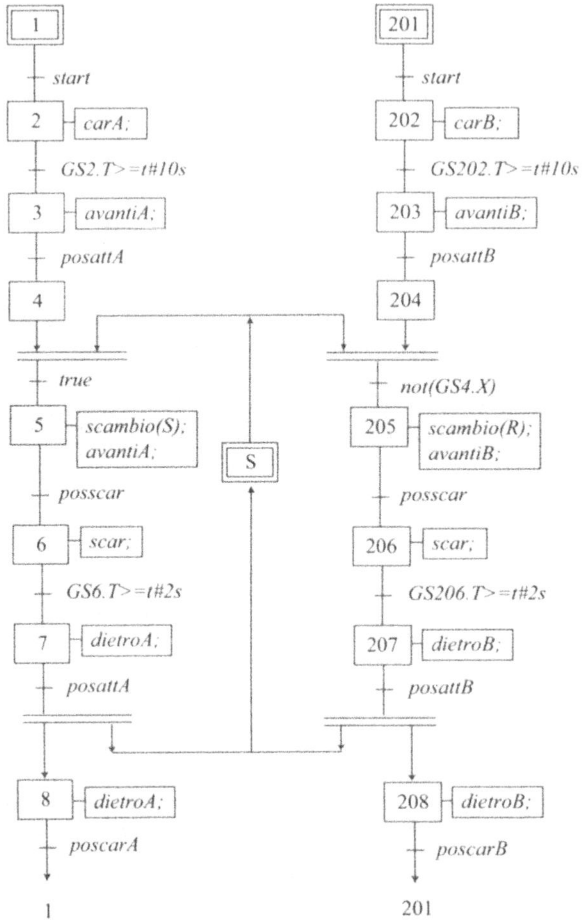

Figura 7.28 Diagramma SFC per il controllo del sistema dell'Esempio 7.6.

- Mediante gli attuatori *avantiA*, *dietroA* e *avantiB*, *dietroB* è possibile muovere verso la zona di scarico e verso la zona di carico i carrelli A e B.
- Gli attuatori *carA*, *carB* e *scar* permettono il carico e lo scarico dei due carrelli: un carrello può ritenersi carico dopo 10 secondi e scarico dopo 2 secondi dall'attivazione di tali segnali.
- Il segnale booleano *scambio*, che comanda l'attuatore dello scambio ferroviario, permette il passaggio del carrello A oppure del carrello B (vero se lo scambio è attivo per A, falso se è attivo per B).

Il diagramma SFC che risolve tale problema è illustrato in Figura 7.28: l'utilizzo di una struttura semaforica permette la gestione della zona comune di scarico in

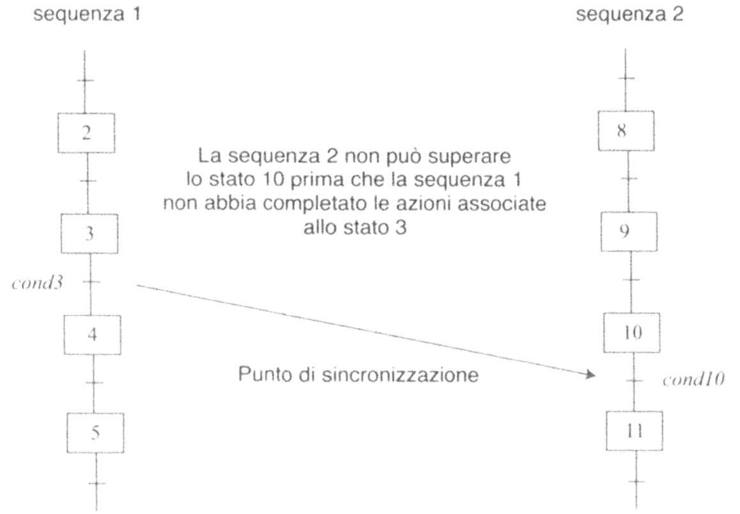

Figura 7.29 Sequenze parallele: la sequenza 2 deve essere sincronizzata con la sequenza 1.

maniera mutuamente esclusiva. L'accesso alla zona di scarico è regolata dal semaforo S: quando i carrelli transitano nella zona di attesa, attendono negli stati 4 e 204 di poter entrare nella zona condivisa. Le condizioni di ingresso alle sequenze 5, 6, 7 e 205, 206, 207 sono state rese mutuamente esclusive utilizzando per una delle due il marker negato dello stato che precede l'ingresso dell'altra sequenza. Condizionando in questo modo le transizioni che permettono l'ingresso nella zona condivisa, siamo sicuri di ottenere la mutua esclusione desiderata; la scelta di rendere prioritario il carrello 1 è del tutto arbitraria. Si noti inoltre l'utilizzo di azioni di tipo set/reset per la gestione dello scambio.

Una differente struttura per l'interazione tra diverse sequenze parallele e indipendenti è il **semaforo per la sincronizzazione**. Consideriamo due sequenze indipendenti come quelle descritte in Figura 7.29: la sequenza 2 non può andare oltre lo stato 10 finché la sequenza 1 non ha completato le azioni descritte dallo stato 3. Le due sequenze vanno dunque sincronizzate, ma non è del tutto corretto utilizzare una struttura di sincronizzazione come illustrato in Figura 7.30: in questo modo anche la sequenza 1 dovrebbe aspettare la terminazione di tutte le azioni previste dallo stato 10, cosa questa non richiesta; solo la sequenza 2 deve essere sincronizzata e condizionata allo svolgimento delle azioni previste dallo stato 3.

Una soluzione basata sull'utilizzo della condizione *Cond3* per modificare la condizione *Cond10*, come proposto in Figura 7.31, non è sufficiente: il valore di *Cond3* può essere indipendente dal completamento di tutte le azioni previste dallo stato 3. Si consideri una situazione in cui sono attivi gli stati 2 e 10: le condizioni

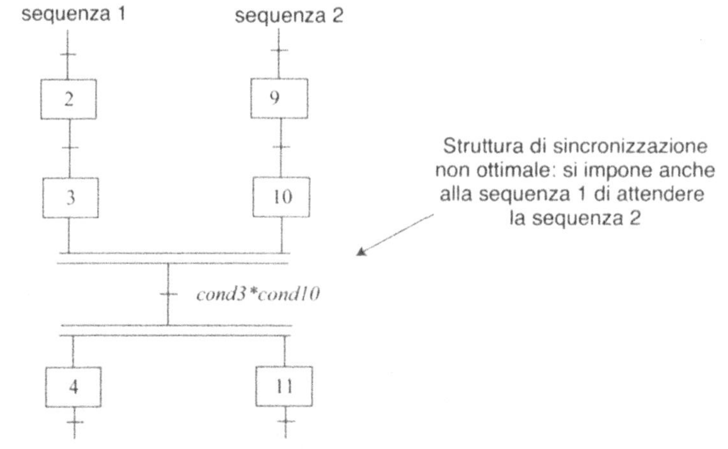

Figura 7.30 La sequenza 2 deve essere sincronizzata con la sequenza 1: l'utilizzo di una struttura di sincronizzazione risolve il problema ma impone anche alla sequenza 1 di attendere la sequenza 2.

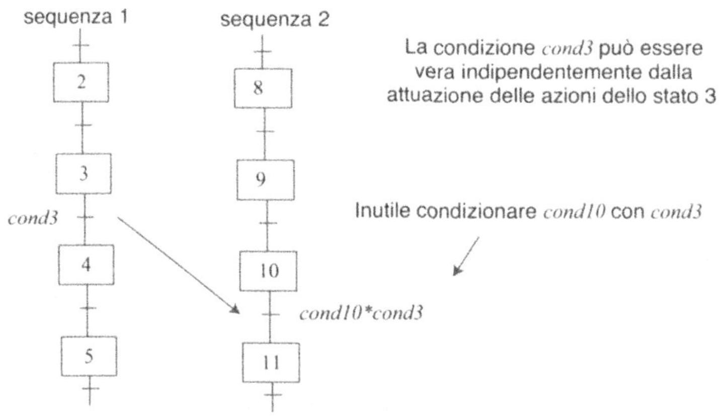

Figura 7.31 La sequenza 2 deve essere sincronizzata con la sequenza 1: non è sufficiente operare sulle condizioni di sincronizzazione.

Cond3 e *Cond10* diventano vere e i nuovi stati attivi diventano gli stati 2 ed 11; la sequenza 2 ha dunque oltrepassato lo stato 10 senza aver aspettato la conclusione delle azioni svolte durante la permanenza nello stato 3.

La soluzione adeguata è illustrata in Figura 7.32: l'utilizzo di uno stato semaforo S permette alla sequenza 2 di procedere allo stato 11 solo quando *Cond10* è abilitata e dunque sono attivi il semaforo e lo stato 10. Il semaforo S viene però attivato solo in seguito alla terminazione delle azioni relative allo stato 3: se la tran-

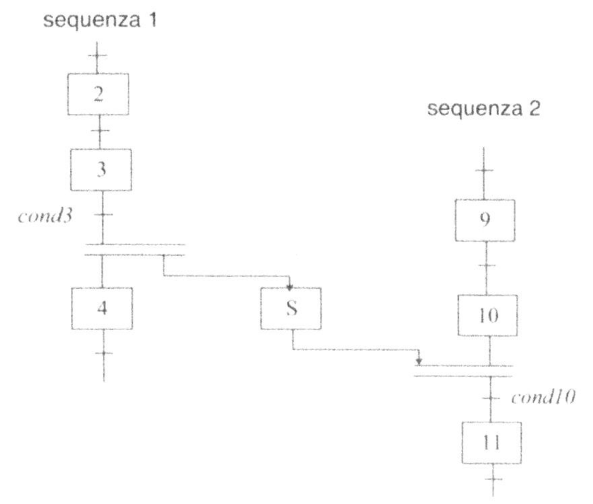

Figura 7.32 Struttura semaforica per la sincronizzazione di sequenze parallele: la sequenza 2 è sincronizzata alla sequenza 1.

sizione caratterizzata dalla condizione *Cond3* è superata, vengono attivati gli stati 4 ed S. È bene notare che questa soluzione permette un'effettiva sincronizzazione della sequenza 2 alla sequenza 1 senza però imporre anche una sincronizzazione opposta tra la sequenza 1 e la 2 come sarebbe risultato utilizzando la struttura di sincronizzazione semplice (Figura 7.30). Il semaforo per la sincronizzazione di sequenze parallele permette infatti a una delle sequenze (la sequenza 1 nel nostro caso) di continuare la sua evoluzione indipendentemente dall'altra.

Precisiamo che lo stato semaforo non deve essere uno stato iniziale per questa struttura di sincronizzazione.

Esempio 7.7 L'impianto da controllare consiste in una cisterna principale in cui devono essere miscelati tre liquidi differenti (Figura 7.33). Tre sensori (*por1*, *por2* e *por3*) misurano la quantità di liquido immessa nella cisterna: tali sensori si azzerano non appena le rispettive valvole di immissione sono chiuse (tali valvole sono comandate dagli attuatori *liq1*, *liq2* e *liq3*). Si deve progettare il controllo SFC per il funzionamento dell'impianto secondo le specifiche che seguono. Un pulsante *start* indica la possibilità di iniziare il procedimento di miscelazione; le operazioni da eseguire per ottenere il composto sono di seguito descritte.

- Introdurre il liquido 1 tramite l'attuatore *liq1* sino a che il relativo sensore (*por1*) non indica il valore 100; in seguito misurare l'alcalinità del composto (che non dipende dal liquido 2) attivando la misurazione (*misura*) per 10 secondi. Al termine della misurazione il sensore *acido* segnalerà se il composto è acido o meno; nel primo caso occorre introdurre di nuovo il liquido 1 fino a che il relativo sensore (*por1*) non indica il valore 50.

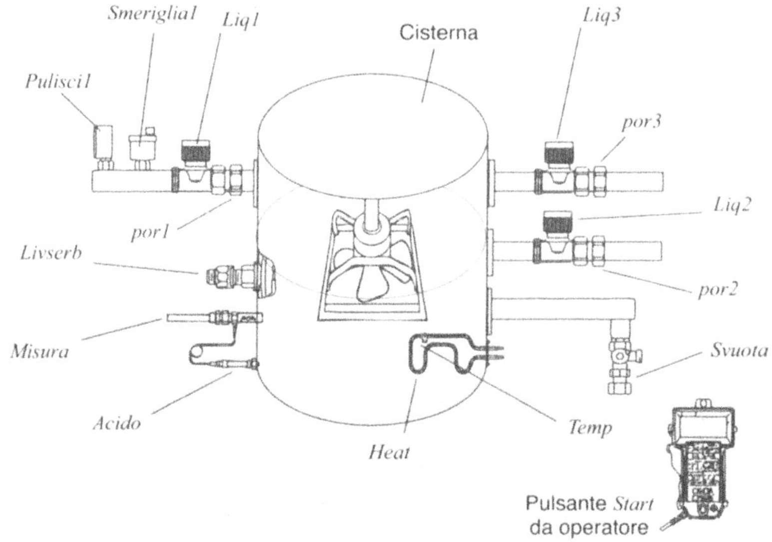

Figura 7.33 Sistema di miscelazione descritto nell'Esempio 7.7.

- Contemporaneamente alle azioni descritte al punto precedente, è possibile introdurre il liquido 2 tramite l'attuatore *liq2* sino a che il relativo sensore non misuri il valore 1000.
- Il liquido 3 deve essere immesso mediante l'attuatore *liq3* nella cisterna solo dopo che sono stati completamente immessi il liquido 1 e il liquido 2; il sensore *por3* relativo alla quantità di liquido 3 immesso deve arrivare al valore 200.
- Vista la nociva corrosività del liquido 1, non appena questo è stato introdotto, deve essere attivata la relativa macchina di pulizia (*pulisci1*) per 10 min e, di seguito, la macchina di smerigliatura (*smeriglia1*) per 5 min affinché la tubazione non sia danneggiata.
- Quando i liquidi 1, 2 e 3 sono stati completamente immessi nella cisterna e le operazioni di pulizia e smerigliatura sono terminate, si deve iniziare a riscaldare il composto tramite l'attivazione della resistenza *heat*; la temperatura (misurata dal sensore *temp*) deve arrivare a 300°C e, contemporaneamente, deve essere attivata una pala per la miscelazione mediante l'attuatore *pala*.
- Una volta ottenuto il composto e raggiunta la temperatura desiderata, si deve attendere 60 minuti (la pala deve comunque rimanere attiva) dopo di che deve essere interrotto il movimento della pala e attivato lo svuotamento della cisterna mediante l'attuatore *svuota*: quando il sensore *livserb* indica che il liquido non è più all'interno della cisterna, il processo di miscelazione deve essere avviato nuovamente se il pulsante *start* è vero.

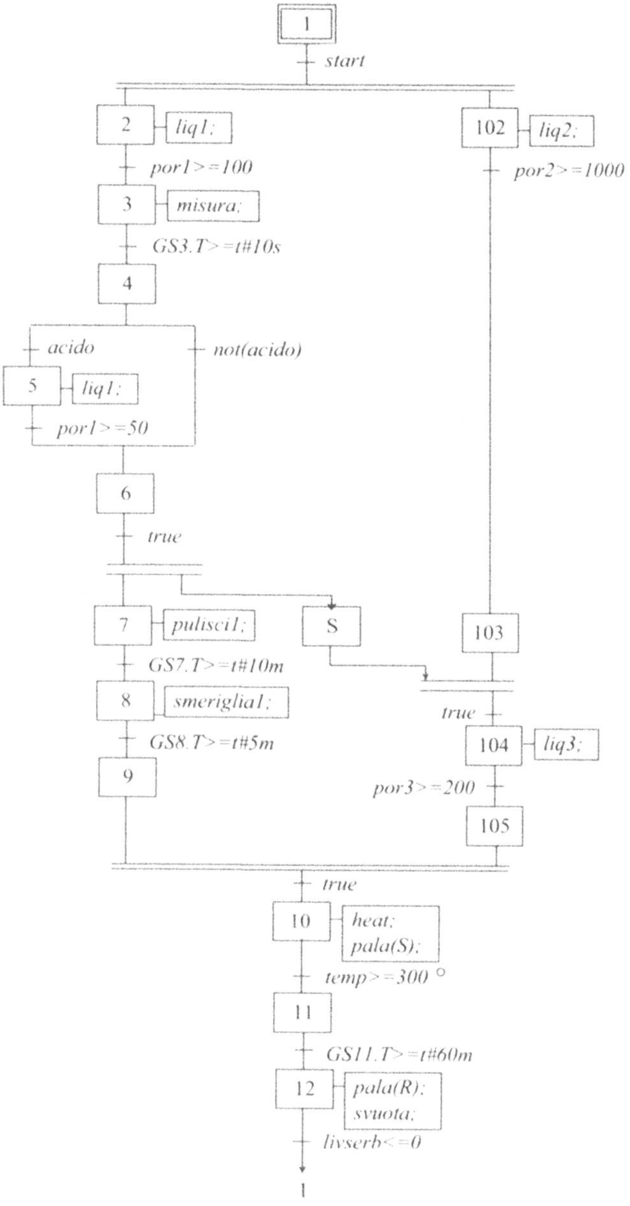

Figura 7.34 Diagramma SFC che controlla il sistema descritto nell'Esempio 7.7.

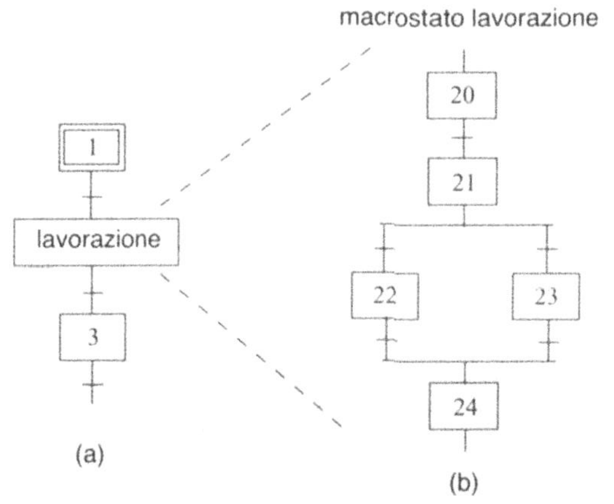

Figura 7.35 Diagramma con macrostato lavorazione (a) e sua "esplosione" (b).

Il diagramma SFC che descrive il processo di miscelazione è indicato in Figura 7.34: le azioni di introduzione del liquido 1 e 2 sono azioni parallele; l'immissione del liquido 3 è invece condizionata dall'avvenuta immissione dei liquidi 1 e 2. È quindi possibile utilizzare la struttura semaforica appena introdotta al fine di sincronizzare l'immissione del liquido 3 all'avvenuta immissione degli altri due, senza per questo limitare temporalmente le azioni di pulitura del condotto 1 che possono partire non appena il liquido 1 è stato introdotto. Si noti come condizioni le booleane di uguaglianza di segnali analogici (come per esempio la condizioni sulla quantità di liquido immesso $por1 = 100$) vengano descritte mediante disequazioni ($por1 \geq 100$): questo perché la quantizzazione della misura potrebbe portare al non riconoscimento dell'uguaglianza.

7.3.3 Strumenti per la strutturazione del software

In questo paragrafo verranno introdotte due differenti strutture che permettono di migliorare notevolmente il livello di comprensibilità e chiarezza del codice SFC (macrostati) e di ottenere un programma SFC gerarchicamente strutturato e riusabile (struttura padre/figlio). Per consentire una rappresentazione grafica maggiormente snella e sintetica, è possibile raggruppare parti di un diagramma SFC all'interno di un **macrostato**. Durante l'esecuzione del codice SFC il macrostato sarà esploso nei suoi componenti.

In Figura 7.35a viene presentato un semplice diagramma SFC in cui è definito il macrostato lavorazione; nella stessa Figura 7.35b il macrostato lavorazione viene definito dettagliatamente. Questo SFC risulta quindi perfettamente identico al diagramma SFC espanso in cui tutti gli stati sono raffigurati in successione: dopo lo stato 1 viene attivato lo stato 20 poi 21 e così via sino a passare dallo stato 24 allo stato 3. Sebbene un macrostato presenti uno stato di ingresso e uno di uscita, questi non andranno evidenziati graficamente: in particolare non si dovrà utilizzare il formalismo con i due rettangoli che indica lo stato iniziale per il diagramma SFC completo.

L'evidente utilità nella definizione di macrostati risiede principalmente nell'indirizzare il programmatore verso un approccio di tipo top/down alla risoluzione di problemi e alla progettazione di software per il controllo sequenziale: il programma generale può quindi essere strutturato partendo da una sua descrizione maggiormente astratta e definendo quelli che sono i macrostati fondamentali che descrivono il funzionamento dell'impianto nel suo insieme; solo in un secondo momento si dovranno affrontare le problematiche di più basso livello andando a definire la composizione dei diversi macrostati.

Altra struttura fondamentale per un approccio strutturato alla programmazione è la possibilità di definire una **gerarchia padre/figlio** tra diagrammi SFC. Si può assegnare a un diagramma SFC un nome identificativo ed è possibile utilizzare particolari comandi che permettono a un diagramma di generare uno o più diagrammi figli. In generale deve esistere un unico diagramma SFC principale (che chiameremo per convenzione *main*) che ha la possibilità di generare e controllare SFC figli: un diagramma figlio, una volta generato, evolve parallelamente e in maniera del tutto indipendente al padre. Il diagramma SFC padre può, oltre che avviare, anche terminare un SFC figlio così come metterlo in pausa e riattivarlo. I comandi che sono utilizzati per questi fini sono i seguenti:

- *Gstart(Nome-Figlio)* per avviare il diagramma SFC *Nome-figlio*;
- *Gkill(Nome-Figlio)* per terminare l'evoluzione del diagramma SFC *Nome-figlio*;
- *Gfreeze(Nome-Figlio)* per sospendere l'evoluzione del diagramma SFC *Nome-figlio*;
- *GRST(Nome-Figlio)* per riavviare l'evoluzione del diagramma SFC *Nome-Figlio* precedentemente sospeso.

Tali comandi devono essere utilizzati come azioni caratterizzate dal qualificatore P: devono cioè essere implementati come azioni pulse ed eseguite solo una volta nel momento in cui lo stato a cui sono associate diventa attivo.

In Figura 7.36 sono rappresentati un diagramma SFC padre (*main*) e un diagramma figlio (*child*) e vengono illustrati i diagrammi temporali di una possibile evoluzione dinamica di tale sistema. Il diagramma *main* genera, nello stato 2, il diagramma *child*. Una volta generato, *child* evolve parallelamente a *main*; non appena viene attivato lo stato 4 del padre il figlio viene sospeso tramite il comando *Gfreeze*, per poi essere riattivato nello stato 5. Si noti come, durante la sospensione, lo stato attivo di *child* rimanga lo stato 22 nonostante la condizione di uscita da tale stato diventi vera; non appena *child* viene riattivato, essendo la condizione *cond2220* ancora verificata, la transizione viene superata e il nuovo stato attivo è il 20. In realtà durante la sospensione, tutte le azioni non stored legate allo stato 22 vengono sospese. Il figlio *child* viene infine terminato dal padre nello stato 7. Si noti come, a livello formale, un SFC figlio sia un diagramma SFC completo e del tutto autonomo in cui vengono definiti uno o più stati iniziali: la sua evoluzione

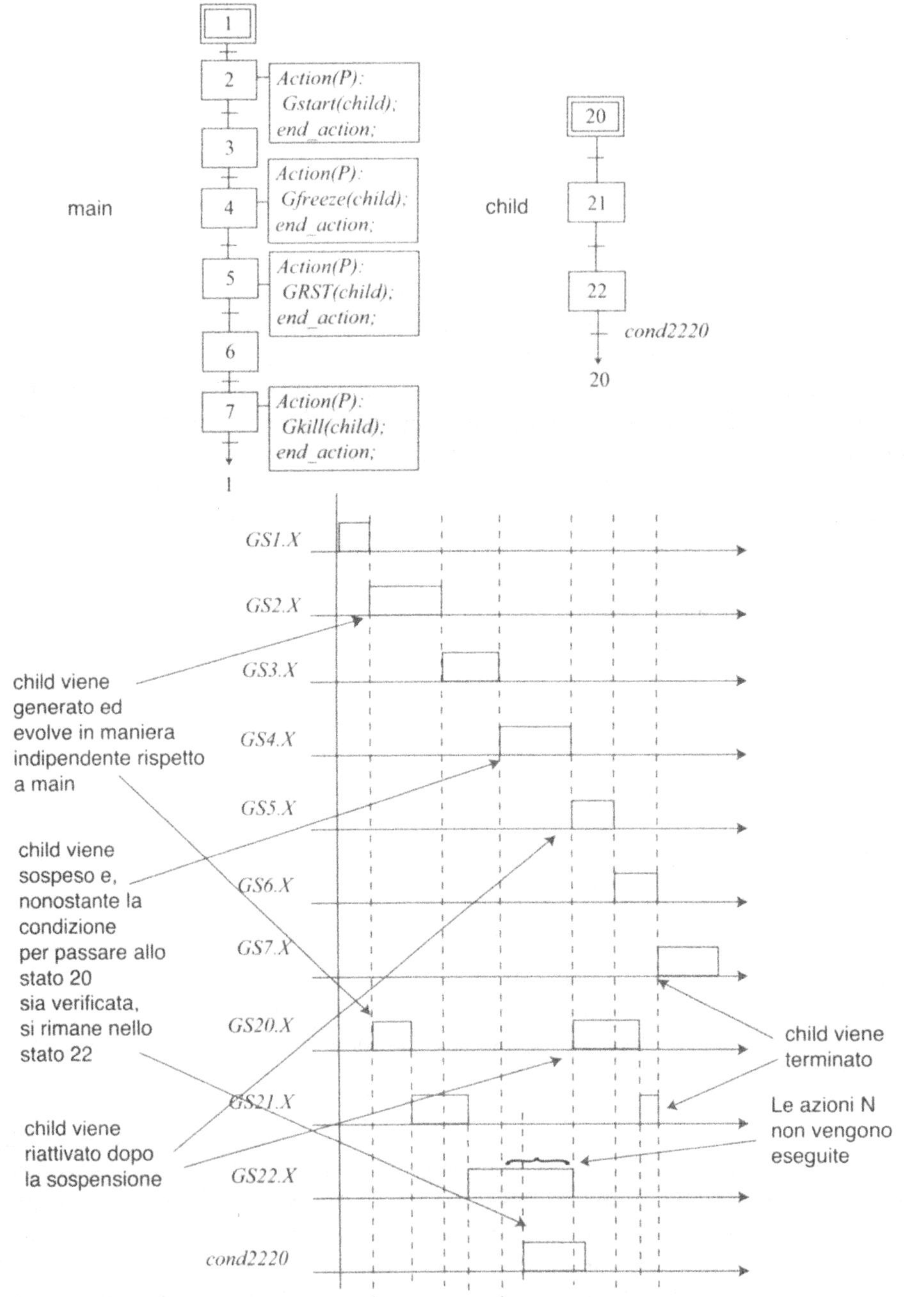

Figura 7.36 Diagramma SFC padre (*main*) e diagramma figlio (*child*) e diagramma temporale che ne descrive l'evoluzione.

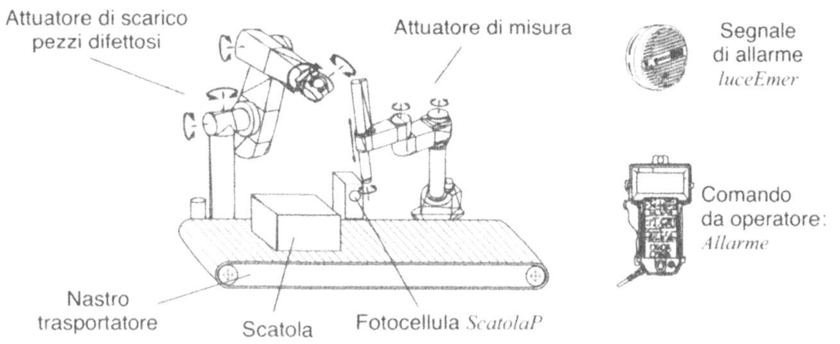

Figura 7.37 Sistema di movimentazione descritto nell'Esempio 7.8.

sarà però determinata dai comandi impartiti dal padre che lo genera. Il meccanismo gerarchico permette anche ai diagrammi SFC figli di generare altri figli: è bene precisare che la terminazione da parte di un SFC padre di un figlio che ha, a sua volta, già attivato altri SFC figli produce un effetto che dipende dalla specifica implementazione. La terminazione di un SFC potrebbe infatti portare alla terminazione contemporanea anche di tutti gli eventuali SFC da questo generati; potrebbe invece essere implementata una politica secondo la quale gli eventuali SFC "nipoti" rimarrebbero in vita e dovrebbero quindi essere terminati mediante comandi diretti.

La differenza fondamentale tra la struttura gerarchica padre/figlio e una struttura di parallelismo (che permette comunque di avviare sequenze parallele e indipendenti) è che il SFC padre può agire in qualsiasi istante sul SFC figlio terminandolo, sospendendolo o riavviandolo; al contrario due sequenze parallele attivate tramite un semplice parallelismo non sono assolutamente influenzabili: evolveranno infatti seguendo il loro diagramma SFC sino alla naturale conclusione del parallelismo (normalmente una sincronizzazione).

La struttura gerarchica padre/figio risulta particolarmente appropriata per rispondere ai problemi che presentano esigenze di gestione e supervisione: questa struttura di programmazione è proprio indirizzata alla risoluzione di tali problematiche in maniera correttamente strutturata. Il diagramma SFC padre può infatti essere utilizzato come controllore e supervisore del funzionamento dei diagrammi SFC figli: questi saranno programmati per svolgere le reali azioni sequenziali che caratterizzano il problema di controllo mentre il diagramma padre supervisionerà il corretto funzionamento coordinato dei diagrammi gerarchicamente inferiori. Una corretta strutturazione del software permette dunque la definizione di una struttura che rimane inalterata anche al variare delle reali azioni da svolgere: solo la struttura del figlio sarà modificata, mentre il suo rapporto con il padre e i compiti di supervisione di questo saranno preservati.

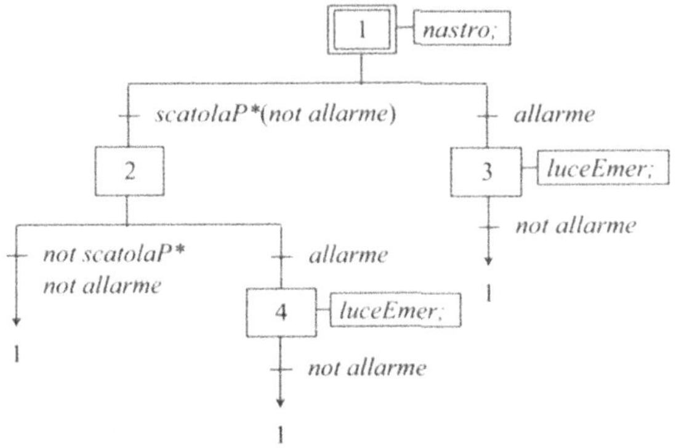

Figura 7.38 Diagramma SFC che descrive in maniera poco strutturata il sistema dell'Esempio 7.8.

Esempio 7.8 Per comprendere in pieno le potenzialità e il funzionamento di questa particolare struttura di programmazione, facciamo riferimento al semplicissimo impianto di Figura 7.37: inizialmente si deve controllare esclusivamente il movimento di un nastro su cui scorrono delle scatole. *Nastro* è il comando che aziona il movimento del nastro trasportatore mentre il segnale *ScatolaP* indica che sul nastro è presente una scatola nella zona di carico; in questo caso il movimento del nastro deve essere bloccato e deve essere riattivato solo quando il sensore *ScatolaP* torna al suo valore falso indicando che la scatola è stata caricata. Un pulsante di allarme (segnale *allarme*), se attivato, deve istantaneamente far cessare le attività del nastro e attivare la luce di emergenza tramite l'attuatore *luceEmer*; il processo può essere avviato da capo non appena il segnale di allarme viene disattivato. Le azioni sequenziali caratteristiche del sistema appena descritto sono piuttosto semplici e la soluzione più immediata prevede la definizione, per ogni stato, di una scelta in modo da prevedere la possibile attivazione del segnale di allarme: si veda la soluzione proposta in Figura 7.38. Tale soluzione, pur corretta, non rispetta quelle linee guida che dovrebbero indirizzare il progettista verso la definizione di un software riusabile e strutturato: una semplice modifica alle azioni sequenziali da effettuare provoca inevitabilmente la revisione completa del progetto. Si immagini infatti di dover considerare l'impianto completo che presenta un ulteriore sensore di misura (abilitato dal segnale *misura*) per testare la grandezza delle scatole che scorrono sul nastro (tale sensore fornisce il valore booleano *ok* se il prodotto è conforme agli standard) e di un attuatore per evacuare le scatole fuori misura (comando *elimina*). L'implementazione delle azioni sequenziali introdotte è sicuramente di semplice progettazione se il segnale di allarme non fosse considerato; purtroppo però modificare il software di Figura 7.38 rispettando la specifica riguardante l'allarme risulta più complicato: ogni nuovo

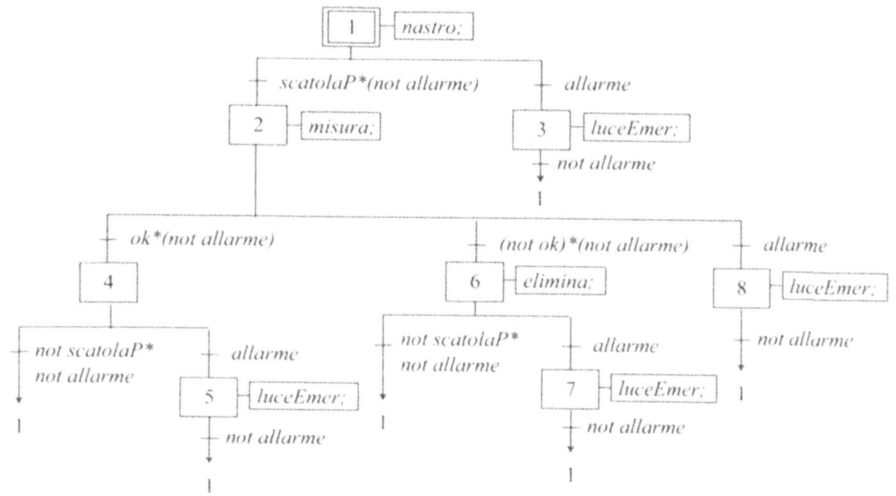

Figura 7.39 Una semplice richiesta di modifica alle azioni sequenziali porta a una difficile revisione del diagramma SFC di Figura 7.37: si dimostra così la poca strutturazione di tale soluzione.

stato deve prevedere una nuova scelta e le condizioni relative diventano sempre più complicate (Figura 7.39). Il problema appena esposto viene invece risolto in maniera immediata utilizzando il costrutto padre/figlio: è possibile definire un SFC padre (*main*) che avvia un SFC figlio (*MovNastro*) che gestisce il movimento del nastro; il padre rimane in attesa dell'attivazione del comando di allarme e, in questo caso, la terminazione del processo figlio permette di rispettare la specifica di emergenza. In Figura 7.40 sono indicati i due diagrammi SFC che risolvono il problema: si può notare che questa soluzione risulta notevolmente più strutturata rispetto a quella illustrata in Figura 7.38, in quanto una modifica alle azioni relative al movimento del nastro non incide minimamente sulla struttura globale del programma. La Figura 7.41 evidenzia il diagramma SFC con le modifiche al movimento del nastro introdotte precedentemente: la struttura del programma è rimasta immutata e le modifiche hanno riguardato esclusivamente il figlio *MovNastro* che si occupa delle azioni sequenziali vere e proprie. Si noti che nelle Figure 7.40 e 7.41 vengono utilizzate azioni set/reset per il controllo del nastro sebbene non siano indispensabili: questo è utile per evidenziare che le azioni di tipo set rimangono attive anche dopo la terminazione del figlio che ha eseguito il comando di set. Il padre deve quindi assicurarsi che, una volta terminato un figlio, tutte le variabili che potrebbero essere rimaste settate siano (se necessario) resettate. A tal fine, in Figura 7.40, *main* resetta il segnale *nastro* che potrebbe essere rimasto attivo in quanto la terminazione del figlio *MovNastro* potrebbe essere avvenuta subito dopo che questo lo aveva settato e prima di averlo resettato.

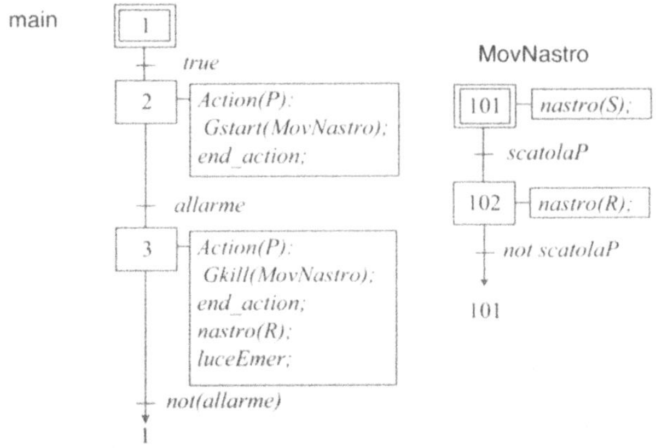

Figura 7.40 Diagramma SFC che descrive il sistema dell'Esempio 7.8: l'utilizzo della struttura padre/figlio permette di ottenere una soluzione più strutturata.

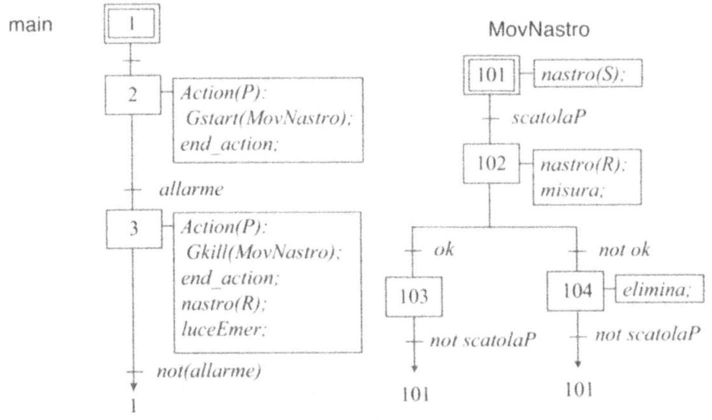

Figura 7.41 La modifica delle azioni sequenziali richiesta nell'Esempio 7.8 non stravolge la struttura della soluzione proposta in Figura 7.40, dimostrandone la buona strutturazione.

7.4 SFC: esempi di progetto

Nei paragrafi precedenti sono stati descritti tutti i concetti fondamentali che devono essere applicati al fine di progettare un software di controllo sequenziale tramite il linguaggio SFC; abbiamo altresì evidenziato come le peculiari caratteristiche di questo linguaggio aiutino il programmatore nella definizione di soluzioni strutturate. L'utilizzo di strutture come macrostati ed SFC gerarchici deve permettere la soluzione dei problemi con un approccio top/down in cui esistono diversi livelli di astrazione e quindi di comportamento sequenziale da studiare. Buona norma è quindi lo studio di diagrammi SFC focalizzati sul comportamento principale del livello che si sta considerando. Eventuali comportamenti secondari, o comunque più specialistici, verranno presi in considerazione sfruttando SFC di livello inferiore, usando quindi in maniera opportuna le strutture gerarchiche introdotte nel Paragrafo 7.3.3. Per ottenere diagrammi SFC di facile comprensione e permettere quindi una semplice revisione in momenti successivi, un'accortezza che dovrebbe essere sempre tenuta in considerazione è quella di utilizzare per la denominazione di stati, transizioni e diagrammi, nomi significativi che mettano in evidenza immediatamente il loro ruolo. Per comodità e compattezza in questo testo sono stati usati degli asettici nomi numerici: tale pratica non dovrebbe però essere mai abusata.

Le strutture di interazione specifiche come parallelismi, semafori e scelte, devono sempre essere usate con raziocinio, evitando in ogni modo complicazioni inutili e cercando di risolvere le problematiche affrontate nella maniera più semplice e lineare possibile. Sempre nell'ottica di permettere una leggibilità e una semplice revisione futura, è consigliabile utilizzare strutture semplificate e stati "dummy" ottenendo diagrammi più estesi ma ordinati, piuttosto che algoritmi e strutture complesse che riducono l'estensione del diagramma ma lo rendono di difficile comprensione. Si consiglia a tal fine di utilizzare le strutture nella loro versione "base", evitando per esempio di utilizzare parallelismi che non terminino con sincronizzazioni o scelte senza la successiva convergenza.

Si consiglia inoltre di utilizzare le strutture di interazione quali semafori per la mutua esclusione e per la sincronizzazione piuttosto che artifici informatici come l'utilizzo di variabili condivise: sebbene gli effetti e il funzionamento del sistema risulterebbero i medesimi, il formalismo grafico proprio di un diagramma SFC risulta sicuramente di più facile comprensione e dunque di più semplice revisione e riutilizzo.

Nel seguito verranno presentati alcuni esempi di progetto e verranno prese in esame delle problematiche comuni così da mettere in risalto le strutture software adeguate alla loro risoluzione; è bene evidenziare che gli impianti presi in esame sono di natura prettamente didattica. Infine è indispensabile precisare che le soluzioni, e dunque i diagrammi SFC che saranno descritti, rappresentano solo una delle possibili soluzioni ai problemi proposti. Quello che si vuole evidenziare è che non esiste una soluzione univoca alle problematiche di controllo sequenziale; in ogni caso lo sforzo sarà quello di illustrare una soluzione ricavata mediante dei ragionamenti di tipo top/down, cercando in ogni caso di ottenere programmi strutturati.

7.4.1 Controllo logico/sequenziale di una macchina a giostra

Si vuole progettare il software di controllo sequenziale per una macchina di foratura: si deve eseguire un foro in un pezzo meccanico e misurare che il foro sia stato eseguito correttamente. La macchina di foratura è composta da una giostra

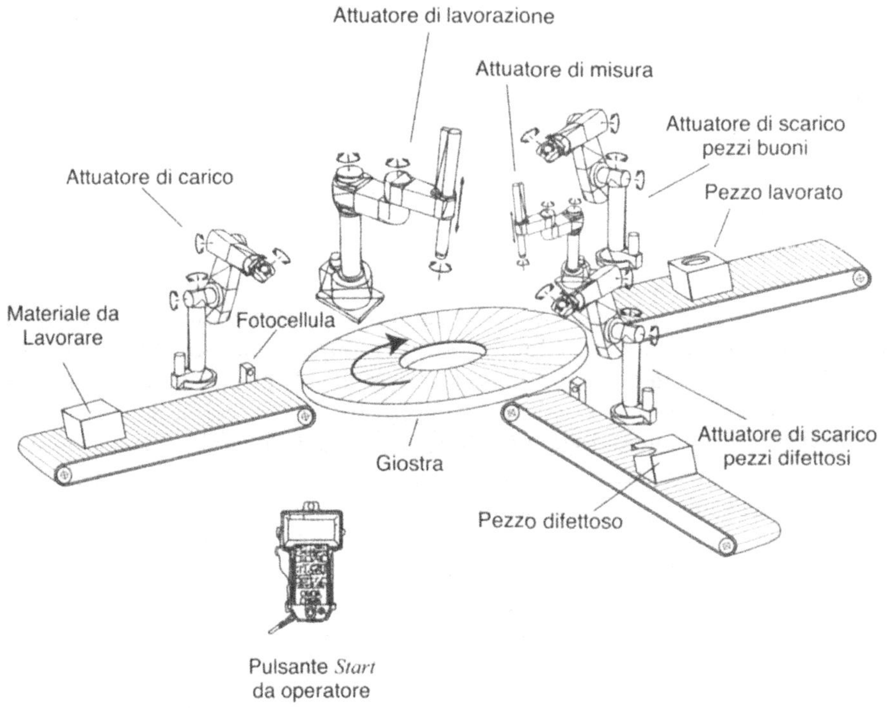

Figura 7.42 Sistema di foratura: giostra rotante con 4 posizioni di lavoro descritta nel Paragrafo 7.4.1.

rotante a quattro posizioni equidistanziate e da quattro stazioni di lavoro: stazione di carico pezzi, stazione di lavorazione, stazione di misura e scarico pezzi buoni e stazione di scarico pezzi difettosi. Si veda a tal proposito la Figura 7.42. Il processo di lavorazione viene attivato da un pulsante *start*. Il funzionamento della giostra permette di far lavorare contemporaneamente le quattro stazioni: quando tutte le stazioni hanno terminato i loro compiti è possibile far ruotare la giostra e iniziare una nuova lavorazione. I pezzi da lavorare arrivano con cadenza irregolare e si accumulano in un buffer di carico gestito separatamente. Si deve prestare attenzione al fatto che non è assicurata la presenza di un pezzo da lavorare in ogni stazione: può anche capitare che il buffer di carico sia vuoto. Nel seguito sono evidenziate le azioni da effettuare per ogni stazione di lavorazione.

- **Stazione di carico**
  A giostra ferma, se è presente un pezzo da caricare (il sensore *pezzoC* è vero), si deve attivare il pistone (attuatore *pistoC*) sino al fine corsa segnalato dal segnale *FCCA*. Il pistone, se non azionato, torna autonomamente nello stato iniziale tramite un meccanismo a molle; un pezzo si può considerare caricato sulla giostra

nel momento in cui il pistone raggiunge il fine corsa nella posizione di riposo (segnalato dal sensore *FCCD*).

- **Stazione di lavorazione**
  Le azioni sequenziali per la lavorazione sono le seguenti: a giostra ferma, se un pezzo è presente nella stazione (segnalato del sensore *pezzoF*), si deve azionare il riscaldamento tramite il comando *heat*. Un sensore di temperatura (segnale *temp*) permette di controllarne il riscaldamento: la temperatura deve rimanere circa costante durante tutto il processo di lavorazione intorno al valore 200°C; non appena la temperatura ha raggiunto il suo valore di regime, il processo di lavorazione può continuare. Devono essere effettuate le operazioni sequenziali per la foratura: si deve attivare la rotazione del trapano tramite il comando *ROT* e deve essere movimentato verso il basso fino al fine corsa di lavorazione (la movimentazione del trapano viene attuata dal comando *FORA*, mentre il fine corsa di lavorazione viene indicato dal segnale *FCTGIU*). Il trapano deve essere lasciato in tale posizione per almeno 2 secondi per ottenere una foratura adeguata. A questo punto può essere disattivato il comando di movimentazione *FORA* per permettere al trapano di tornare nella posizione di riposo (segnalata dal sensore di finecorsa *FCTSU*) e, di seguito, disabilitare il movimento di rotazione così come le operazioni di riscaldamento.
- **Stazione di misura e scarico pezzi buoni**
  Le operazioni di misura non possono avvenire se, nell'adiacente zona di lavorazione, è attivo il trapano per la foratura: le vibrazioni farebbero risultare la misura falsata. Tale misura può essere invece effettuata mentre nella stazione di lavorazione è in opera il riscaldamento del pezzo. A giostra ferma, in presenza di un pezzo nella zona di misura e scarico pezzi buoni (segnalata dal segnale *pezzoSB*), la misurazione può essere attivata tramite il comando *Mis* e deve rimanere attiva per 20 secondi. Dopo tale lasso di tempo, il segnale *Ris* segnala se è possibile evacuare il pezzo come buono, tramite il comando impulsivo *EVB* (il sensore *SCB* segnala l'avvenuta evacuazione del pezzo), oppure se il pezzo deve essere evacuato dalla successiva stazione di scarico pezzi difettosi.
- **Stazione di scarico pezzi difettosi**
  In presenza di un pezzo in tale stazione (indicata dal segnale *pezzoSD*) si deve attivare l'evacuazione tramite il comando impulsivo *EVD* (il sensore *SCD* segnala l'avvenuta evacuazione del pezzo).
- **Giostra**
  Quando tutte le stazioni hanno terminato i loro compiti si può ruotare la giostra tramite il comando *RotG* sino a quando il sensore *PosLav* diventa vero indicando che un quarto di giro è stato compiuto.

La struttura del software SFC che descrive le azioni sequenziali del processo in questione è illustrata in Figura 7.43: le azioni relative alle quattro zone di lavorazione possono essere ovviamente attivate contemporaneamente e, dunque, all'attivazione del pulsante *start*, un parallelismo attiverà contemporaneamente quattro sequenze parallele.

In Figura 7.43 sono evidenziati tre macrostati: *Carico* che contiene le azioni effettuate nella stazione di carico, *Scarico difettosi* che contiene le azioni per l'e-

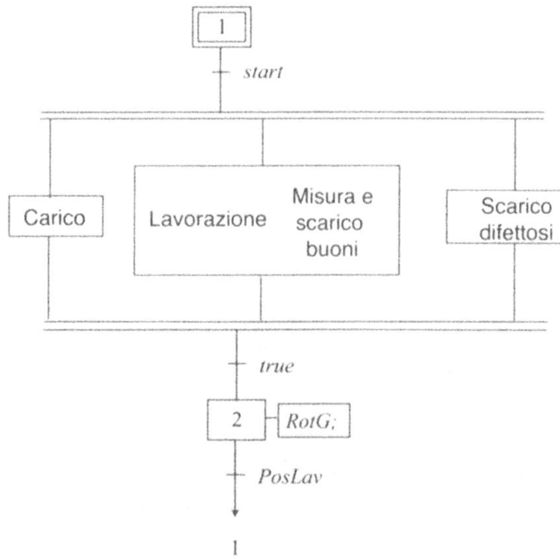

Figura 7.43 Diagramma SFC che controlla il sistema descritto nel Paragrafo 7.4.1.

spulsione dei pezzi misurati come difettosi e *Lavorazione, Misura e scarico buoni* che contiene le azioni da compiere nelle stazioni di lavorazione e di misurazione e scarico pezzi buoni. L'utilizzo di un unico macrostato per descrivere queste due sequenze di azioni è dovuto al fatto che l'attivazione del trapano per la foratura deve essere sincronizzata con la misurazione: le due sequenze saranno dunque indipendenti e attivate contemporaneamente dal parallelismo, ma dovranno poi interagire in maniera opportuna. Quando tutte le azioni relative alle quattro sequenze sono terminate, la sincronizzazione presente in Figura 7.43 permette di attivare lo stato 2 e dunque il movimento della giostra, per poi iniziare una nuova lavorazione nelle quattro stazioni di lavoro.

In Figura 7.44 viene espanso il macrostato *Lavorazione, Misura e scarico buoni*: le sequenze che iniziano con gli stati 201 e 301 vengono attivate parallelamente. Si noti come la sincronizzazione dell'attivazione del trapano al termine della misurazione sia effettuata mediante un semaforo per la sincronizzazione: in questo modo la sequenza di misurazione ed eventuale successivo scarico dei pezzi buoni può procedere senza interruzioni, mentre la sequenza di riscaldamento e lavorazione può effettuare il riscaldamento ma, al fine di iniziare il processo di trapanatura, deve attendere la fine della misurazione. Si noti inoltre come sia esplicitamente considerata l'assenza di pezzi da lavorare nelle quattro zone: per esempio la mancanza di un pezzo da misurare attiva immediatamente il semaforo permettendo alla zona di lavorazione di proseguire con la propria sequenza (l'assenza di un pezzo nella zona di misurazione non implica l'assenza di un pezzo anche nella zona di lavorazione).

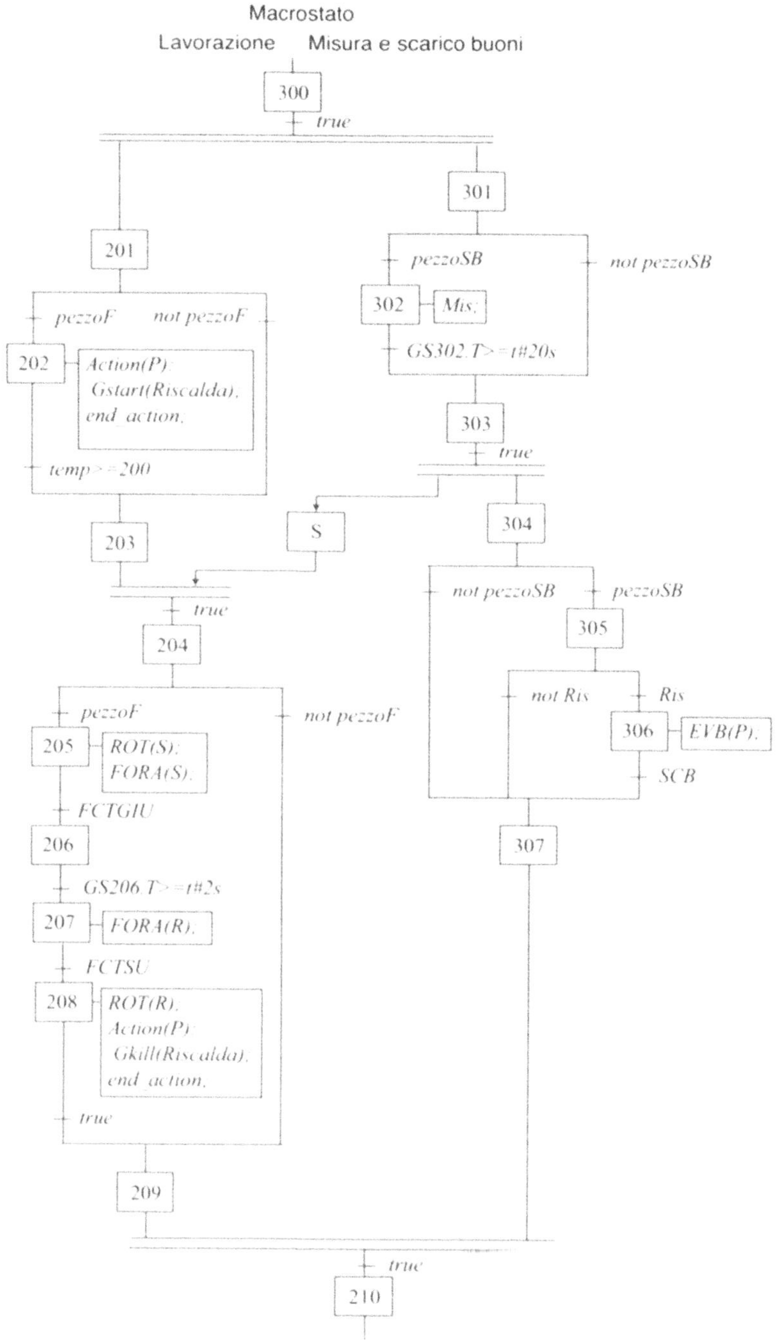

Figura 7.44 Macrostato *Lavorazione Misura e scarico buoni.*

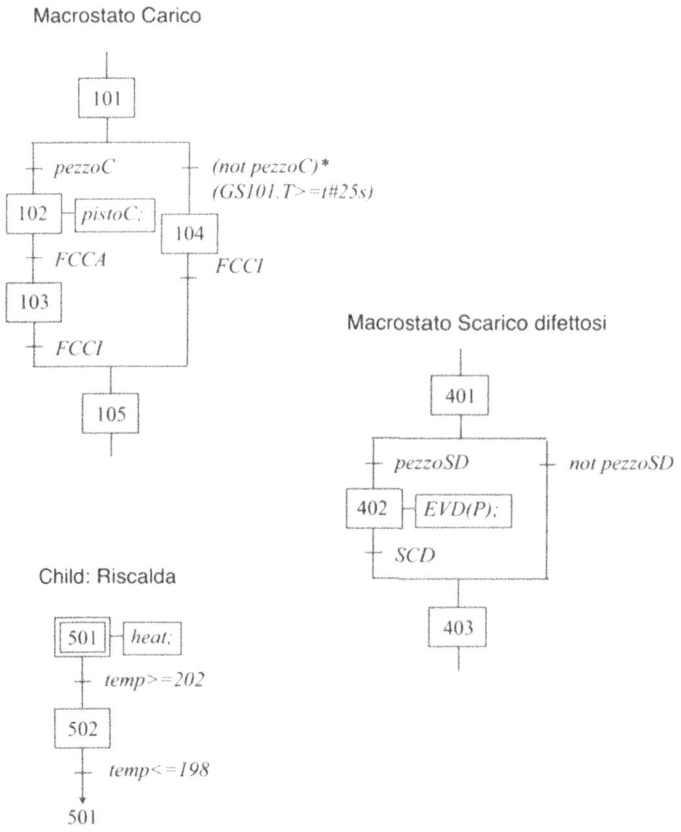

Figura 7.45 Macrostati *Carico* e *Scarico difettosi*, SFC figlio *Riscalda*.

Per quanto riguarda le operazioni di riscaldamento, dovendo tali azioni essere effettuate per tutto il periodo di tempo relativo alla lavorazione, è stato utilizzato un SFC figlio (*Riscalda* descritto nella Figura 7.45) che si occupa di riscaldare e controllare la relativa temperatura. Tale figlio viene creato in presenza di un pezzo da lavorare e viene terminato una volta finite tutte le azioni della sequenza di lavorazione. Si noti come il controllo di temperatura sia di tipo "on/off": per evitare inutili e frequenti commutazioni del comando di controllo che potrebbero danneggiare l'attuatore, si inserisce un'isteresi (la variabile di controllo non commuta all'interno di un intervallo di tolleranza di 4°C). In Figura 7.45 vengono espansi i macrostati *Carico* e *Scarico difettosi*. Per quanto riguarda il macrostato *Carico*, visto che i pezzi nella zona di carico provengono da un buffer esterno a istanti irregolari, il pezzo viene considerato assente dopo un tempo pari a 25 secondi, permettendo così il movimento della giostra se le altre stazioni hanno terminato le loro azioni.

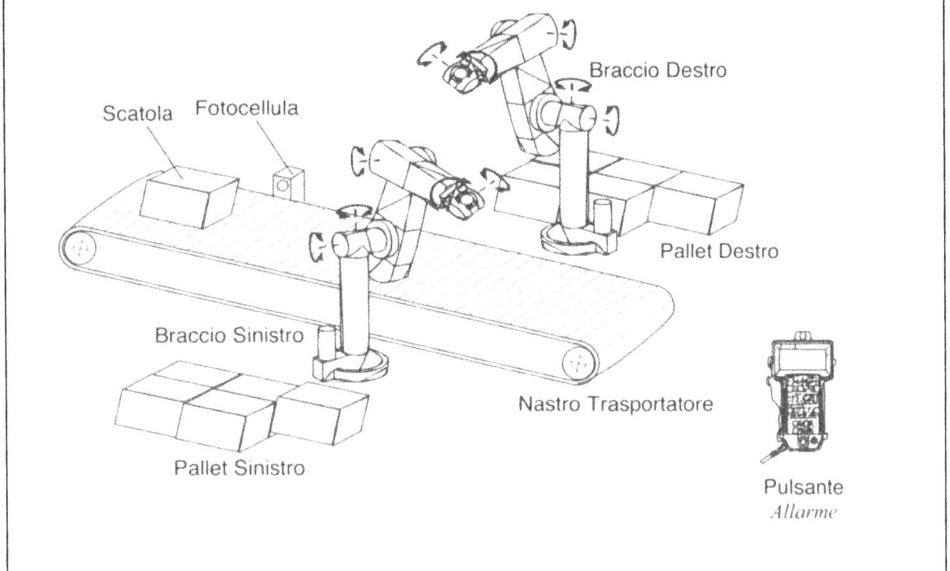

Figura 7.46 Sistema robotico descritto nel Paragrafo 7.4.2.

7.4.2 Controllo logico/sequenziale di un pallettizzatore robotico concorrente

Due bracci meccanici prelevano in competizione scatole dalla stessa posizione di un nastro trasportatore per depositarle su due pallet separati. La presenza contemporanea dei due bracci nella zona del nastro è assolutamente da evitare (Figura 7.46). Le operazioni da eseguire al fine di caricare una scatola su un braccio meccanico sono indicate nel seguito.

- Portare il braccio avanti sopra il nastro tramite l'attuatore *AvantiD* o *AvantiS* (per il braccio di destra o di sinistra rispettivamente) fino al raggiungimento del fine corsa evidenziato dal sensore *FCAD* o *FCAS* (per il braccio di destra o di sinistra rispettivamente).
- In presenza di una scatola sul nastro (segnalata dal sensore *ScatolaP*) attivare l'attuatore di carico (rispettivamente *CaricaD* e *CaricaS* per il braccio di destra e quello di sinistra) per almeno 3 secondi; dopo questo tempo la scatola può essere considerata caricata sul braccio meccanico.
- Portare indietro il braccio tramite l'attuatore *DietroD* o *DietroS* (per il braccio di destra o di sinistra rispettivamente) fino al raggiungimento del fine corsa evidenziato dal sensore *FCDD* o *FCDS* (per il braccio di destra o di sinistra rispettivamente) e scaricare la scatola attivando l'attuatore di scarico (rispettivamente *ScaricoD* e *ScaricoS*) per almeno 1 secondo; dopo questo tempo la scatola si può considerare scaricata e il braccio pronto a un nuovo ciclo di carico.

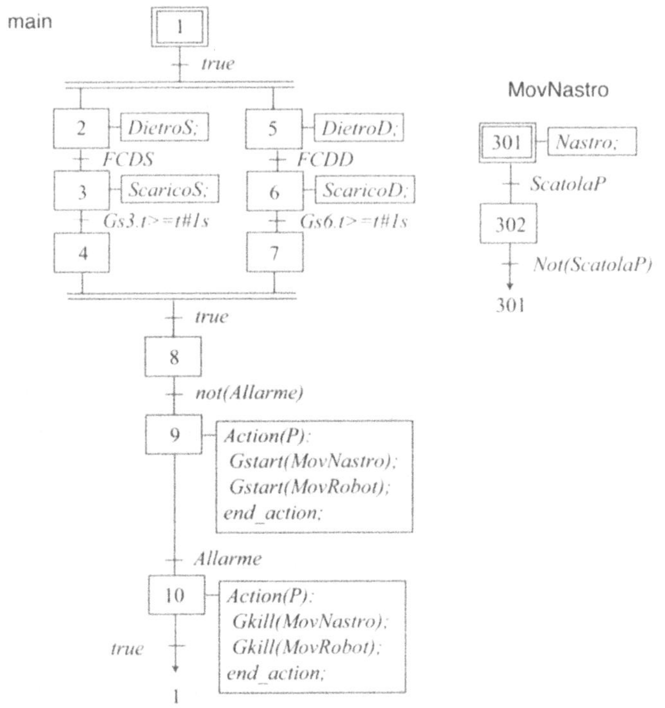

Figura 7.47 Diagramma SFC che controlla il sistema descritto nel Paragrafo 7.4.2: diagramma principale *main* e figlio *MovNastro*.

Il nastro può essere azionato indipendentemente dalla posizione dei bracci; il suo moto è comandato tramite l'attuatore *Nastro*. Il sensore *ScatolaP* indica la presenza di una scatola nella posizione di carico; in questi casi il nastro deve essere fermato e può essere riattivato non appena il sensore *ScatolaP* ritorna falso (un braccio ha quindi caricato la scatola).

All'avviamento i due bracci devono essere portati indietro e devono essere scaricate eventuali scatole, il nastro deve essere fermo.

Deve essere infine opportunamente gestita un'eventuale situazione di pericolo evidenziata mediante la pressione da parte di un operatore di un pulsante di allarme (attivazione del segnale *Allarme*): in questo caso il ciclo di produzione della macchina deve essere fermato e la macchina stessa deve essere riportata immediatamente nello stato iniziale (quindi con entrambi i bracci indietro, scaricati e il nastro fermo). Non appena il sensore *Allarme* diventa falso (evidentemente a seguito della risoluzione della problematica che ne aveva provocato l'attivazione) il sistema può tornare al funzionamento normale. Di seguito sono elencati i segnali utilizzati.

Il diagramma SFC che descrive il funzionamento richiesto dalle specifiche è illustrato nelle Figure 7.47 e 7.48: la necessità di gestire un segnale di allarme che

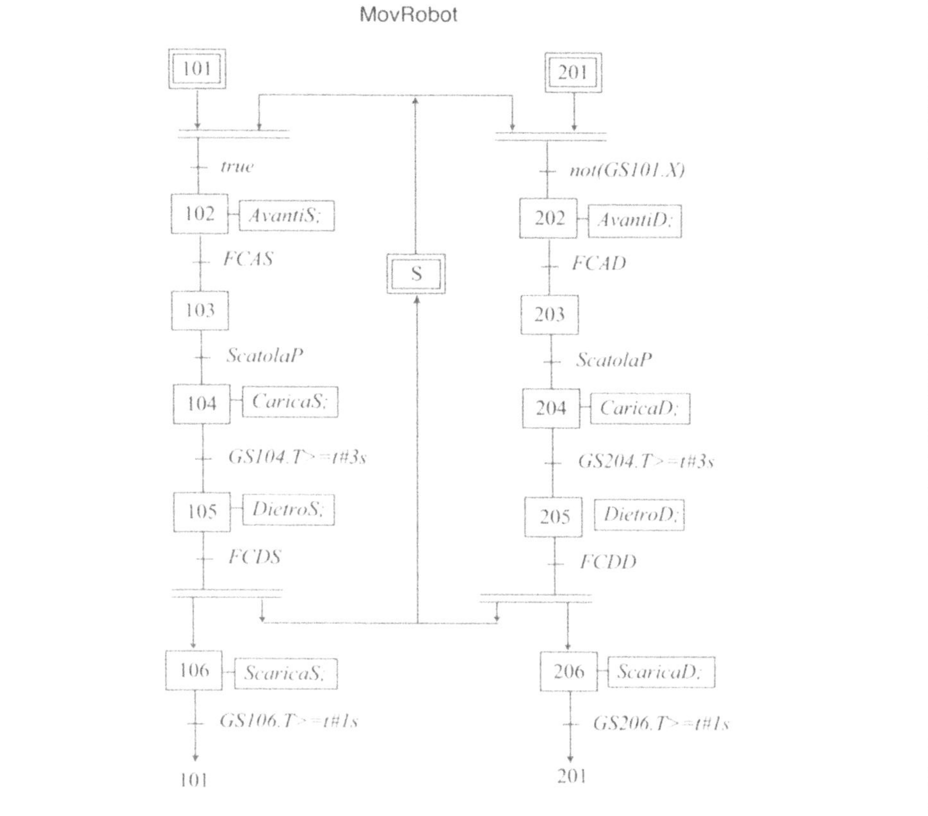

Figura 7.48 Diagramma SFC figlio *MovRobot.*

alla sua attivazione provochi la terminazione di tutte le azioni sequenziali nominali ci suggerisce l'utilizzo di una struttura padre/figlio.

Il diagramma SFC padre (chiamato *main*) esegue le operazioni di inizializzazione richieste e avvia i diagrammi figli rimanendo in attesa, nello stato 9, che il segnale di allarme si presenti per terminare i figli e avviare nuovamente le operazioni di inizializzazione come richiesto da specifica. Saranno i diagrammi figli a descrivere tutte le azioni sequenziali richieste per la gestione dei due bracci robotici e del nastro. In particolare, visto che le specifiche indicano che il nastro può essere comandato indipendentemente dalla posizione dei bracci robotici, il movimento di tale componente viene demandato a un SFC figlio (chiamato *MovNastro*) che viene attivato, e terminato, insieme al diagramma SFC figlio che movimenta le due pinze meccaniche (chiamato *MovRobot*).

Il movimento dei due bracci è descritto mediante una struttura di tipo semaforico per la gestione della risorsa condivisa: la presenza dei due bracci nella zona di carico è infatti esplicitamente vietata dalle specifiche e tale eventualità viene dunque evitata imponendo a un solo braccio alla volta la possibilità di movimen-

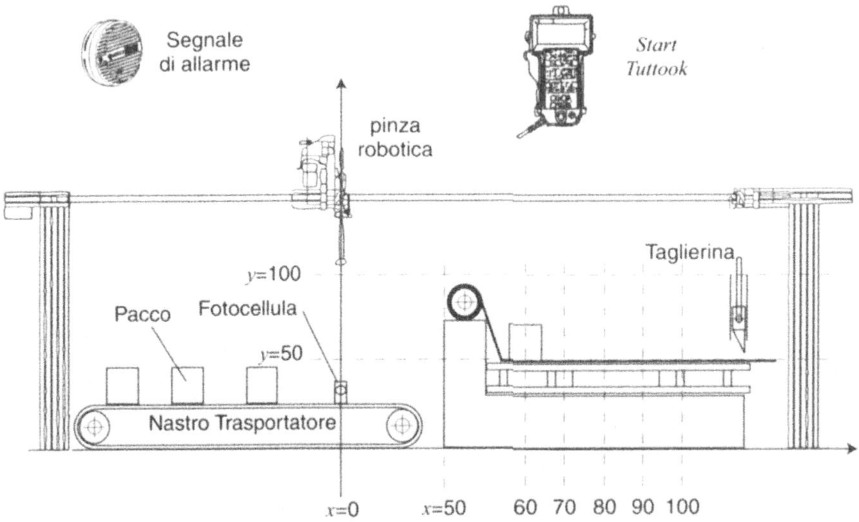

Figura 7.49 Sistema automatizzato a carroponte per l'impacchettamento descritto nel Paragrafo 7.4.3.

to in avanti. Il braccio che può iniziare il proprio movimento si porta sino al fine corsa relativo e attende la presenza di una scatola da caricare (negli stati 103 e 203 per il braccio di sinistra e di destra rispettivamente); dopo aver caricato la scatola torna verso la posizione di riposo e, appena viene raggiunto il fine corsa relativo, il semaforo viene sbloccato per permettere all'altro braccio di muoversi verso la zona di carico.

7.4.3 Controllo logico sequenziale di un sistema automatizzato a carroponte per l'impacchettamento

Si vuole controllare un impacchettatore automatico robotizzato: tale impianto è composto da un carroponte dotato di una pinza robotica, un nastro lungo cui scorrono i rotoli da impacchettare e una zona di impacchettamento (Figura 7.49). Il controllo sequenziale dell'impianto deve rispettare le seguenti specifiche.

- La pinza robotica può essere movimentata tramite gli attuatori S (sinistra), D (destra), A (alto), B (basso) e tramite l'attuatore *pinza* che permette di afferrare un oggetto; la posizione del manipolatore è identificata da due sensori che forniscono la posizione orizzontale (variabile intera x tra 0 e 100) e verticale (variabile intera y tra 0 e 100).
- Il sistema deve partire dopo l'attivazione di un pulsante *start*; inizialmente la pinza deve portarsi nella posizione $x = 0$, $y = 100$.
- Il nastro può scorrere indipendentemente dalla posizione del manipolatore (tramite il comando *nastro*); la presenza di un rotolo nella zona di carico (sensore

presente) deve fermare il movimento del nastro che può riprendere non appena la presenza non è più segnalata.
- La pinza può attendere un pezzo nella posizione $(0, 0)$; non appena un rotolo è presente si deve attivare la pinza: dopo 3 ms il rotolo può considerarsi afferrato. A questo punto, continuando ad attivare il comando di presa, si deve spostare il rotolo nella zona di impacchettamento facendo attenzione a evitare l'ostacolo posto nella posizione $x = 50$, $y = 90$ (il manipolatore deve aver raggiunto l'altezza $y = 100$ per oltrepassare l'ostacolo).
- La pinza deve lasciare i rotoli nelle posizioni $x = 60$, $x = 70$, $x = 80$, $x = 90$ e $x = 100$ (sempre con $y = 50$) in modo da formare un pacco da 5 rotoli (si deve portare prima un rotolo sino alla posizione $x = 60$, $y = 50$, disattivare la pinza, tornare indietro e portare il successivo nella posizione $x = 70$, $y = 50$ e così via).
- Non appena i rotoli posizionati sono 5 si deve attivare la procedura di impacchettamento mediante il comando *impacchetta* che deve rimanere attivo per 1 secondo e, successivamente, mediante il comando *espelli*, attivo per almeno 1 secondo. Il ciclo di trasporto rotoli deve quindi riprendere dall'inizio (rotolo in $x = 60$, $x = 70$ e così via). Al fine di semplificare il problema, si faccia l'ipotesi che la procedure di impacchettamento sia più veloce rispetto ai movimenti della pinza: è inutile quindi fermare il moto del carroponte durante l'impacchettamento ed espulsione.
- La pinza, dopo aver lasciato un rotolo, va riportata nella posizione di prelievo (0,0) sempre oltrepassando l'ostacolo presente in $x = 50$ (il manipolatore deve ancora raggiungere l'altezza $y = 100$ per oltrepassare l'ostacolo anche durante il viaggio di ritorno verso il prelievo).
- Si deve gestire opportunamente la possibile presenza di guasti nella movimentazione dei rotoli sul nastro: se il nastro rimane attivo per più di 10 secondi senza che il sensore di presenza abbia segnalato l'arrivo di un rotolo, è possibile diagnosticare un guasto (il movimento del nastro permette in condizioni nominali la rilevazione di un rotolo ogni 5 secondi). In questo caso il funzionamento del sistema deve essere semplicemente interrotto e posto in attesa; deve inoltre essere attivato il segnale di allarme *allarme*. Quando il guasto è stato risolto dal tecnico viene attivato il segnale *tuttook* e il processo di impacchettamento deve continuare dal punto in cui è stato interrotto.
- Il processo di produzione deve inoltre terminare dopo aver impacchettato 100 confezioni da 5 rotoli; a seguito di questo evento il processo dovrà iniziare da capo se il pulsante *start* è attivo.

Le azioni sequenziali da effettuare per eseguire l'impacchettamento devono essere terminate al raggiungimento di 100 pacchi, mentre devono essere sospese in presenza di un guasto e successivamente riavviate dopo la risoluzione dello stesso: la struttura del software deve quindi prevedere una gerarchia padre/figlio per la gestione di queste eventualità.

Il diagramma SFC principale (chiamato *main* e raffigurato in Figura 7.50) all'avvio del processo deve eseguire le azioni di inizializzazione e in seguito avviare i diagrammi SFC figli preposti all'esecuzione delle azioni di impacchettamento,

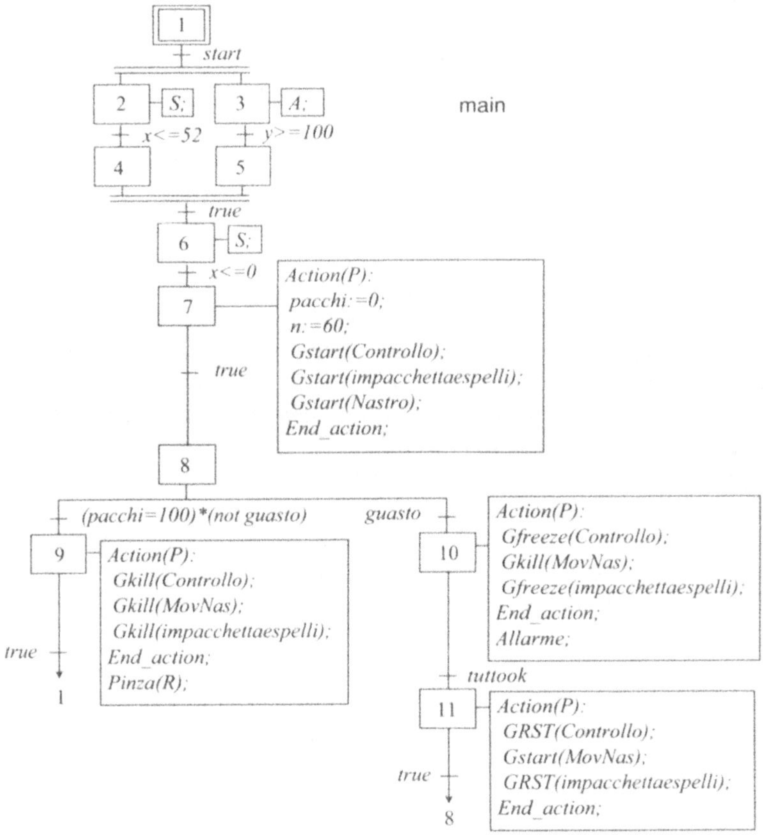

Figura 7.50 Diagramma SFC che controlla il sistema descritto nell'Esempio 7.4.3: diagramma principale *main*.

rimanendo in attesa nello stato 8 di un evento che può essere la fine delle lavorazioni dopo aver completato 100 pacchi o la presenza di un guasto. Il diagramma principale ha quindi un compito di supervisione e controllo del funzionamento globale del sistema mentre i diagrammi da lui generati si occuperanno dell'esecuzione effettiva delle azioni sequenziali. Contrariamente a quanto avveniva nel Paragrafo 7.4.2 in cui il segnale di allarme che veniva monitorato dal diagramma padre era espressamente disponibile in quanto proveniente da un pulsante attivato da un utente, in questo problema si devono controllare la presenza di un guasto e la fine delle operazioni di impacchettamento ma non esistono segnali disponibili che rilevino l'occorrenza di tali eventi. Deve quindi essere il progettista a generare in maniera opportuna due segnali che possano essere utilizzati all'interno del diagramma SFC. Per quanto riguarda il conteggio dei 100 pacchi lavorati, è possibile definire una variabile intera (chiamata *pacchi*) che viene inizializzata al valore 0 nel momento in cui vengono avviati i diagrammi SFC che eseguiranno

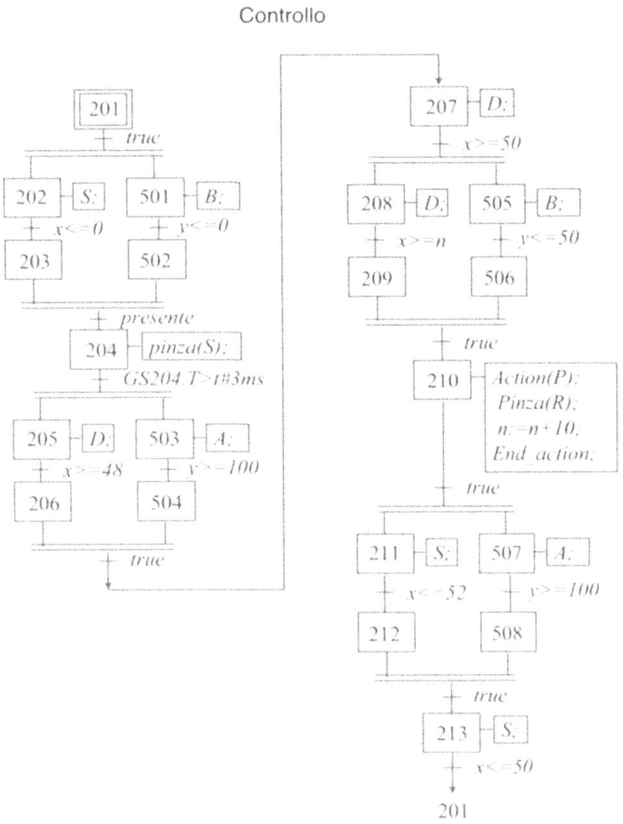

Figura 7.51 Diagramma figlio *controllo*.

effettivamente le azioni di impacchettamento (Figure 7.51 e 7.52). All'interno del diagramma SFC che esegue l'impacchettamento, al termine di ogni ciclo di 5 rotoli posizionati, la variabile *pacchi* viene aumentata di una unità. Il diagramma *main*, dopo aver generato i diagrammi SFC figli, controlla il valore di tale variabile e, non appena questa arriva al valore 100, può terminarli e tornare al proprio stato iniziale per riprendere da capo il processo. Si noti l'utilizzo di azioni di tipo pulse per l'inizializzazione e l'aggiornamento della variabile intera appena introdotta: l'utilizzo di un'azione standard (non stored) comporterebbe la ripetizione dell'assegnamento o dell'aggiornamento a ogni ciclo di esecuzione per tutto il periodo di tempo durante il quale il relativo stato è attivo. Si vuole invece che l'aggiornamento avvenga una sola volta all'ingresso nello stato in questione e dunque è necessario l'utilizzo di azioni pulse.

La generazione di un segnale che evidenzi la presenza di un guasto nella movimentazione dei rotoli sul nastro, viene invece affidata al diagramma SFC che si occupa effettivamente di tale movimentazione. Nel caso specifico, per effettuare

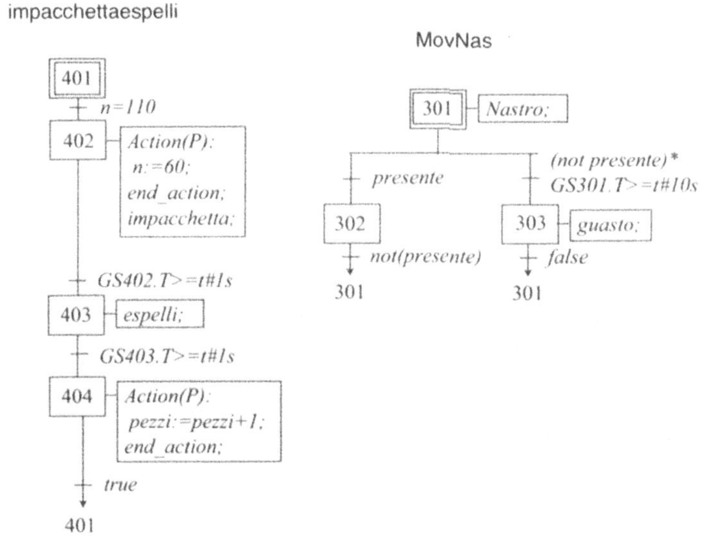

Figura 7.52 Diagrammi figlio *impacchettaespelli* e *MovNas*.

le azioni di movimento del nastro, è stato utilizzato un SFC figlio chiamato *MovNas*. Tale diagramma, una volta generato dal padre, attiva l'attuatore *nastro* e lo blocca se il sensore di presenza segnala un rotolo; tale funzionamento nominale viene interrotto se lo stato 301, in cui il movimento del nastro è azionato, rimane attivo per più di 10 secondi. In questo caso può essere diagnosticata la presenza di un guasto e viene attivata una variabile definita allo scopo (chiamata *guasto*). Il diagramma SFC padre utilizza quindi tale variabile per riconoscere una situazione di guasto e gestirla di conseguenza: i diagrammi SFC che gestiscono il movimento della pinza robotica e l'impacchettamento dei rotoli vengono messi in pausa tramite i comandi *Gfreeze*, mentre il figlio *MovNas* viene terminato; in questo modo, dopo la riparazione, le azioni sequenziali di posizionamento dei rotoli e di impacchettamento possono riprendere (tramite il comando *GRST*) dal punto in cui erano state messe in pausa; il diagramma che movimenta il nastro, che è stato evidentemente riparato, verrà riattivato tramite il comando *Gstart*. Il figlio *MovNas* è stato terminato e non messo in pausa perché, in questo modo, alla nuova attivazione tramite *Gstart*, il nastro viene reinizializzato e il funzionamento nominale può riprendere; al contrario, un utilizzo di *Gfreeze* e *GRST* avrebbe fatto riprendere il funzionamento del diagramma *MovNas* dallo stato 303, segnalando in questo modo un nuovo guasto inesistente. Si noti inoltre l'utilizzo di una transizione la cui condizione è sempre falsa a valle dello stato 303: l'individuazione di un guasto e la seguente segnalazione tramite l'attivazione del segnale *guasto* rimane attiva sino a che il *main* non sfrutta tale avviso per terminare il figlio (azione che tipicamente viene eseguita durante il ciclo di funzionamento immediatamente successivo a quello durante il quale *guasto* è stato attivato).

Le azioni sequenziali di posizionamento dei rotoli e di impacchettamento sono gestite tramite due diversi diagrammi SFC attivati contemporaneamente dal *main*. In particolare il diagramma SFC *Controllo* si occupa di prelevare un oggetto dal nastro e di posizionarlo nella posizione adeguata. Per gestire in maniera opportuna la posizione in cui il rotolo deve essere scaricato, è stata definita una variabile intera *n* che viene inizializzata al valore 60 nel diagramma SFC *main*. I rotoli saranno posizionati all'ascissa descritta dalla variabile *n* e, successivamente, tale variabile è aggiornata aggiungendo un valore di 10: in questo modo il primo rotolo viene posizionato nel punto $x = n = 60$, il secondo in $x = n = 70$ e così via. Il valore di *n* viene anche utilizzato dal diagramma SFC che si occupa dell'impacchettamento (chiamato *impacchettaespelli*): la variabile *n* viene aggiornata da *Controllo* e raggiunge il valore 110 quando è stato posizionato il quinto rotolo nella posizione $x = 100$ (l'aggiornamento della variabile avviene infatti dopo il posizionamento vero e proprio, ovvero nello stato 210). Non appena *impacchettaespelli* vede la variabile *n* al valore 110, le azioni di impacchettamento ed espulsione possono essere avviate. Come prima azione, però, la variabile *n* viene aggiornata al valore 60; in questo modo il diagramma *impacchettaespelli* posizionerà il rotolo successivo nella prima posizione libera e il ciclo di tale SFC potrà continuare senza problemi. Quando le azioni di impacchettamento ed espulsione sono terminate, è possibile aggiornare la variabile *pacchi* per conteggiare la lavorazione appena avvenuta.

Si noti infine come le azioni di movimento siano eseguite in modo da considerare la presenza dell'ostacolo: per esempio, quando un rotolo è stato raccolto, è possibile spostare la pinza contemporaneamente verso destra e verso l'alto; tale movimento diagonale è permesso sino a quando l'ascissa misurata arriva al valore di 48. Dopo che la pinza ha raggiunto l'ordinata 100 (lo stato 504 è diventato attivo), si può procedere e spostare la pinza ancora verso destra sorpassando in sicurezza l'ostacolo. Questo tipo di ragionamento è stato considerato anche per il movimento di ritorno dopo aver scaricato un rotolo e per quanto riguarda le azioni di posizionamento all'inizializzazione della macchina.

7.4.4 Controllo logico/sequenziale di un sistema di lavanderia industriale

Si deve gestire in maniera opportuna una macchina automatica per l'asciugatura, la stiratura e la piegatura di tovaglie e tovaglioli (Figura 7.53). La macchina deve iniziare il proprio funzionamento in seguito all'attivazione di un pulsante di *start*. Tre nastri (attivati tramite i segnali *nastro1*, *nastro2*, *nastro3*) trasportano tovaglie e tovaglioli verso la zona di controllo di qualità e smistamento. Tre fotocellule (*presatt1*, *presatt2*, *presatt3*) rilevano la presenza di un pezzo e devono essere utilizzate al fine di permettere l'ingresso nella zona di controllo e smistamento a un solo pezzo alla volta. Una fotocellula *presmid* segnala la presenza di un pezzo nella zona di smistamento; a questo punto si può attivare il nastro (*nastromid*) per trasportarlo nella zona di controllo. Contemporaneamente, è possibile permettere alla linea di trasporto da cui era arrivato il pezzo ora nella zona di smistamento, di tornare al proprio lavoro trasportando, eventualmente, un nuovo pezzo fino

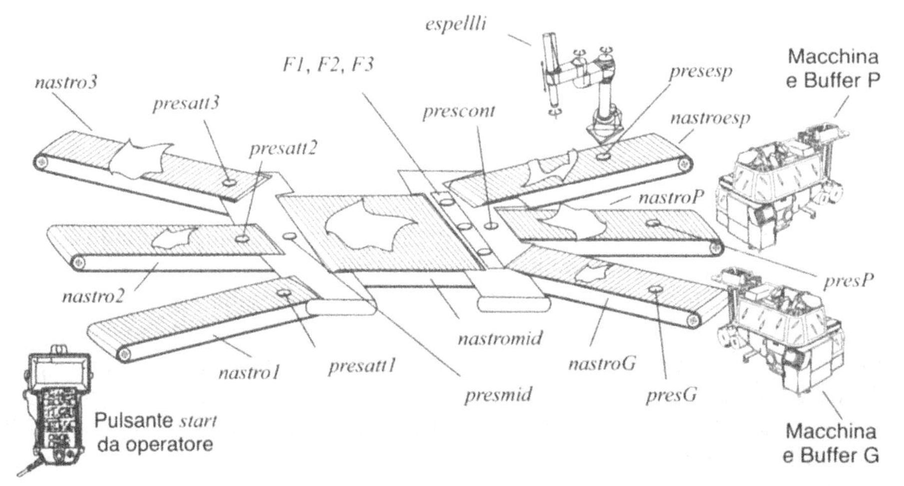

Figura 7.53 Sistema automatico di asciugatura, stiratura e piegatura descritto nel Paragrafo 7.4.4.

alla zona di attesa. Nella zona di controllo ci sono quattro fotocellule: *prescont* segnala la presenza di un pezzo nella zona di controllo, *F1*, *F2* e *F3* permettono di capire che tipo di pezzo si trova sopra la fotocellula *prescont* secondo la seguente logica:

- se vengono coperte tutte e tre le fotocellule siamo in presenza di una tovaglia;
- se vengono coperte solo due fotocellule contigue siamo in presenza di un tovagliolo;
- se viene coperta una sola delle tre fotocellule o due fotocellule non contigue, il pezzo è rovinato.

Una volta controllata la tipologia del pezzo in esame, questo deve essere opportunamente smistato. Se il pezzo è rovinato, deve essere espulso trasportandolo sul relativo nastro (attivato tramite il comando *nastroesp*) sino a che la fotocellula *presesp* non lo segnala nella zona di espulsione; a questo punto si può attivare *espelli* sino a che la fotocellula non si disattiva. Le stazioni che devono asciugare, stirare e piegare tovaglie e tovaglioli sono caratterizzate ognuna da un buffer che può contenere sino a 5 elementi. Quando viene rilevato un tovagliolo si deve attivare *nastroP* solo se il buffer relativo ai tovaglioli può contenerlo: in questo caso l'ingresso del tovagliolo nel buffer è segnalato dal sensore *presP*; in caso contrario (buffer pieno) si dovrà attendere che questi sia in grado di riceverlo. Allo stesso modo, in presenza di una tovaglia, si deve attivare *nastroG* solo se il buffer relativo alle tovaglie può contenerla; l'ingresso di una tovaglia nel buffer è segnalato dal sensore *presG*. Tutte le azioni descritte precedentemente devono essere svolte in maniera mutuamente esclusiva: solo quando il pezzo è stato controllato e smistato in maniera opportuna (espulso oppure posto in uno dei due buffer di lavorazione)

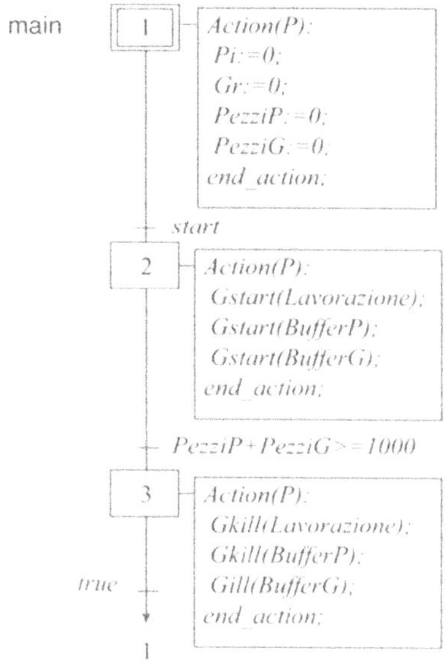

Figura 7.54 Diagramma SFC per il controllo del sistema descritto nel Paragrafo 7.4.4: diagramma principale *main*.

può essere permesso l'ingresso di un nuovo pezzo proveniente da una delle tre linee di trasporto nella zona di controllo e smistamento.

Le azioni da eseguire nelle stazioni di asciugatura, stiratura e piegatura sono le seguenti: si deve attivare l'asciugatura (*AsciugaP* per 10 sec nel caso di tovagliolo, *AsciugaG* per 100 sec nel caso di tovaglia), la stiratura (*StiraP* per 5 sec per tovagliolo, *StiraG* per 50 sec per tovaglia) e infine la piegatura (*PiegaP* per 10ms per tovagliolo, *PiegaG* per 100ms per tovaglia); a questo punto il pezzo può essere considerato lavorato. Le azioni delle due stazioni di asciugatura, stiratura e piegatura possono funzionare indipendentemente dalla presenza di un pezzo nella zona di controllo e smistamento: se è presente un pezzo nel relativo buffer si può attivare l'asciugatura, la stiratura e la piegatura; a questo punto il pezzo può essere considerato lavorato e quindi non più nel buffer. Quando il numero totale di tovaglie e tovaglioli lavorati raggiunge le 1000 unità, tutto il processo sopra descritto deve essere terminato (qualunque sia lo stato in cui si trova) e può partire da capo in caso di attivazione del pulsante *start*.

La necessità di terminare le azioni sequenziali del processo nel momento in cui sono stati lavorati 1000 unità, ci suggerisce nuovamente l'utilizzo di una struttura padre/figlio: il processo *main* (Figura 7.54), all'attivazione del comando *start*, avvia tutti i diagrammi SFC figli che gestiranno le azioni sequenziali rimanendo in attesa della terminazione di 1000 unità. Questo evento viene gestito mediante la definizione di due variabili intere (*PezziP* e *PezziG*) che sono utilizzate per contare rispettivamente i tovaglioli e le tovaglie lavorate.

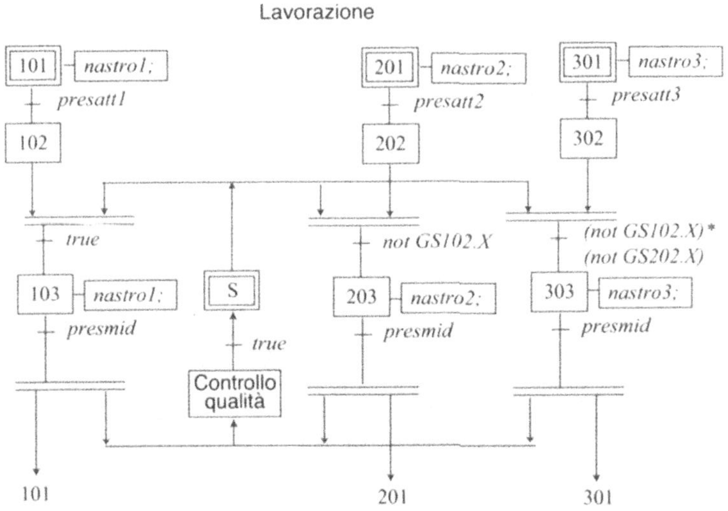

Figura 7.55 Diagramma figlio *lavorazione.*

Tutte le azioni sequenziali da descrivere possono essere suddivise in tre macroprocessi tra loro indipendenti (sebbene tra loro comunicanti): da una parte la gestione dei tre nastri e dell'unità comune di controllo di qualità e, dall'altra, la gestione dei due buffer relativi a tovaglie e tovaglioli con le relative azioni di asciugatura, stiratura e piegatura. L'idea è quindi quella di utilizzare tre SFC figli, generati contemporaneamente dal *main*, per la gestione separata di queste tre diverse parti del processo complessivo.

Il figlio *Lavorazione* (Figura 7.55) descrive le azioni sequenziali effettuate dai tre nastri di accesso e dalla zona condivisa di controllo di qualità. La gestione di questa risorsa condivisa tra le tre linee di nastri viene affidata a una struttura semaforica per la mutua esclusione: una volta che un pezzo da lavorare viene introdotto nella zona comune sorpassando la fotocellula posizionata nella zona di attesa (*presatt1*, *presatt2*, *presatt3*), il semaforo preclude l'ingresso ai pezzi provenienti dagli altri nastri. Si noti come, non appena il pezzo è arrivato nella posizione di controllo (*presmid* diventa attivo), viene riattivato il movimento del nastro che aveva portato il pezzo da lavorare ma il semaforo non viene sbloccato: prima di permettere a un'altra sequenza di accedere alla risorsa condivisa, occorre infatti che lo stato S sia riattivato e questo accade dopo che tutte le azioni comprese nel macrostato *Controllo qualità* (Figura 7.56) sono terminate. Questa modifica alla classica struttura del semaforo per mutua esclusione introdotta nel Paragrafo 7.3.3 permette, una volta all'interno della zona a mutua esclusione, di riattivare una sequenza esterna a tale zona, continuando nel frattempo a operare azioni sulla risorsa condivisa senza permettere ad altre sequenze di accedervi. Lo sblocco del semaforo sarà infatti attuato solo al termine di tutte le azioni sequenziali che

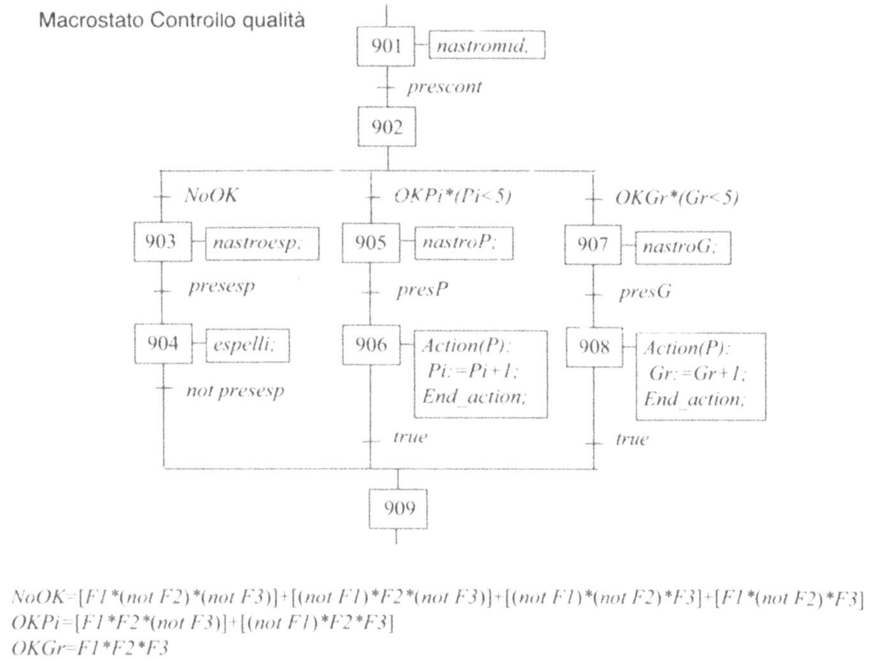

Figura 7.56 Macrostato *Controllo qualità.*

devono essere mutuamente esclusive. La presenza di tre sequenze parallele che accedono alla risorsa condivisa non comporta particolari problemi, ma una semplice revisione della struttura del semaforo di mutua esclusione come è illustrato nella Figura 7.55.

Le condizioni che caratterizzano la scelta tra le sequenze relative all'individuazione di un tovagliolo, di una tovaglia o di un pezzo rovinato, sono descritte in Figura 7.57: si noti come tali condizioni siano state opportunamente programmate in modo da renderle mutuamente esclusive tra loro.

La gestione dei buffer è affidata ai due figli *BufferP* e *BufferG* (Figura 7.56): vengono definite due variabili intere *Pi* e *Gr* (inizializzate a 0 dal *main*) per contare il numero di tovaglioli e tovaglie presenti nei rispettivi buffer. Un tovagliolo o una tovaglia, individuata dal figlio *Controllo*, viene movimentata verso i rispettivi buffer solo se il valore delle variabili lo consente: le condizioni tra lo stato 902 e gli stati 905 e 907 dipendono anche dal valore di *Pi* e *Gr* che deve essere minore di 5. In questo caso il pezzo viene portato nel buffer e la relativa variabile aumentata di un'unità.

La sequenza mutuamente esclusiva realizzata da *Controllo* termina quando i pezzi sono posizionati nei buffer oppure debitamente espulsi: l'ultimo stato del macrostato *Controllo qualità* viene disattivato (904, 906 o 908) e viene riattivato il semaforo permettendo l'ingresso di un nuovo pezzo eventualmente presente

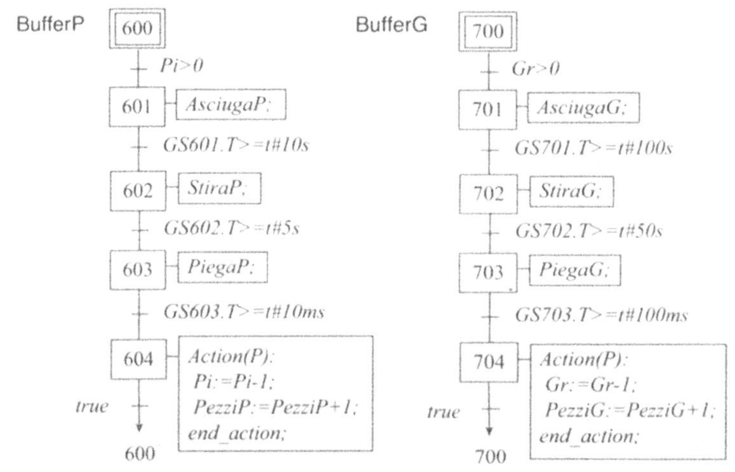

Figura 7.57 Diagrammi figlio *BufferP* e *BufferG*.

nella zona di attesa. Si noti come tutte le azioni descritte nella specifica siano state effettivamente descritte all'interno della struttura semaforica e dunque rese mutuamente esclusive come desiderato.

I due diagrammi relativi alla gestione dei buffer hanno un funzionamento piuttosto semplice: non appena la quantità di pezzi nei buffer è almeno pari a uno, vengono attivate le azioni specifiche di asciugatura, stiratura e piegatura e la variabile che conteggia i pezzi presenti nel buffer viene decrementata di una unità, incrementando al contempo la variabile che conta quanti pezzi sono stati lavorati.

7.4.5 Controllo logico/sequenziale di un sistema robotizzato per fast picking per l'industria alimentare

Si vuole controllare un sistema robotizzato di fast picking per l'industria alimentare (Figura 7.58) costituito da un sistema di visione per il riconoscimento di prodotti difettosi che scorrono su un nastro e da due manipolatori robotici che in concorrenza prelevano i prodotti fallati. I due manipolatori possono essere mossi tramite gli attuatori *movXavanti1*, *movXavanti2*, *movXdietro1*, *movXdietro2*, *movYavanti1*, *movYavanti2*, *movYdietro1* e *movYdietro2* lungo le direzione positive e negative dei rispettivi assi *x* ed *y*. La posizione dei manipolatori è definita dai sensori *x1*, *x2* (posizione lungo i rispettivi assi *x* tra 0 e 100) *y1*, *y2* (posizione lungo i rispettivi assi *y* tra 0 e 60). I manipolatori possono afferrare i prodotti fallati mediante gli attuatori *ventosa1* e *ventosa2*. Per azionare gli attuatori di presa, l'impianto è dotato di un sistema di pressurizzazione: il sensore *Pressure* ne misura la pressione; tale pressione può essere aumentata mediante l'attuatore *Pump*. Il nastro può essere movimentato tramite l'attuatore *nastro*. La telecamera

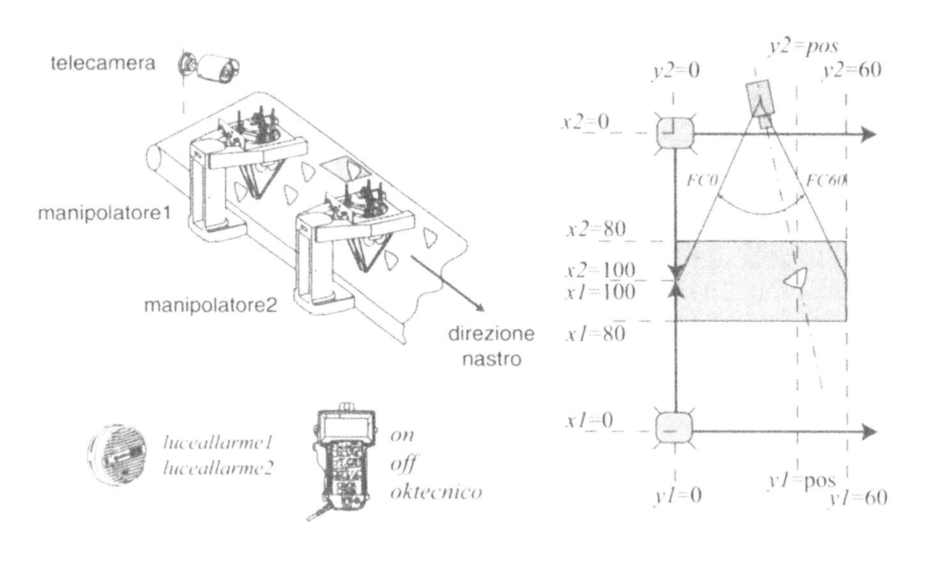

Figura 7.58 Sistema robotizzato per fast picking descritto nel Paragrafo 7.4.5.

del sistema di visione può ruotare tramite gli attuatori *Rotpos* tra 0 e 60 gradi, e *Rotneg* tra 60 e 0 gradi; queste posizioni sono segnalate dai sensori di finecorsa *FC0* e *FC60*. Il sensore *dect* segnala l'individuazione di un prodotto difettoso nell'inquadratura della telecamera mentre il sensore *pos* ne fornisce la posizione lungo y. Le specifiche di funzionamento sono di seguito elencate.

- Il comando da operatore *on* aziona l'intero sistema.
- Inizialmente si devono portare i due manipolatori nelle posizioni ($x1$=0, $y1$=0) e ($x2$=0, $y2$=0), il nastro deve essere fermo, la telecamera deve essere portata nella posizione di 0 gradi ed è necessario portare in pressione a 6 bar il sistema di pressurizzazione. La pressione dovrà poi rimanere costantemente intorno ai 6 bar durante tutto il funzionamento.
- Dopo questa fase di inizializzazione è possibile partire con la fase di lavorazione/controllo qualità: durante questa fase, il nastro deve scorrere ininterrottamente trasportando i prodotti.
- In maniera indipendente dal resto del sistema, la telecamera deve scansionare continuamente il proprio campo visivo muovendosi da 0 a 60 gradi e poi da 60 a 0. Nel momento in cui un prodotto fallato viene individuato (segnalato dal sensore *dect*) la telecamera va fermata e poi fatta ripartire quando *dect* si disattiva.
- I due robot devono prelevare i prodotti fallati da una zona condivisa (corrispondente ai valori di $x1>80$ e $x2>80$). La presenza di entrambi i manipolatori in tale zona è pertanto da evitare assolutamente. I due manipolatori devono quindi attendere il loro turno nella posizione (80,0). Quando il sensore *dect* segnala la presenza di un prodotto difettoso da prelevare, un manipolatore deve entrare

nella zona condivisa, dirigersi verso la posizione x=100 y=*pos*. A questo punto deve essere attivata la ventosa per 3ms e poi, tenendo attivo tale attuatore, occorre tornare nella posizione (0,0) per rilasciare il prodotto disattivando la ventosa per almeno 3ms. Il manipolatore è nuovamente pronto per afferrare un nuovo prodotto fallato.

- Gli attuatori *movYavanti1*, *movYavanti2*, *movYdietro1* e *movYdietro2* possono rompersi: normalmente ogni movimento progettato viene eseguito in meno di 50ms. In caso di rottura di un manipolatore, il controllo deve portare il manipolatore rotto fuori dalla zona condivisa (tramite gli attuatori *movXdietro1* o *movXdietro2*) permettendo in questo modo al manipolatore non guasto di continuare a lavorare. In presenza di guasto deve essere attivata la segnalazione di allarme corrispondente (*luceallarme1* o *luceallarme2*); il segnale da utente *oktecnico* segnala la risoluzione del guasto e deve permettere al manipolatore fermato di riprendere il proprio lavoro.
- Nel caso in cui entrambi i manipolatori siano guasti, occorre fermare immediatamente e completamente il processo, attivare le segnalazioni corrispondenti (*luceallarme1* e *luceallarme2*) ed attendere il segnale di *oktecnico*: in questo caso si dovrà poi ripartire con una inizializzione se il segnale *on* è attivo.
- Il processo deve essere completamente fermato nel caso in cui il comando da operatore *off* sia premuto oppure nel momento in cui siano stati rilevati ed espulsi 1000 pezzi difettosi; si dovrà poi ripartire con una inizializzione se il segnale *on* è attivo.

In Figura 7.59 è rappresentato il diagramma *main* che risponde alle specifiche appena descritte. Tale diagramma si occupa dell'inizializzazione del sistema (per semplicità durante la fase di inizializzazione si è supposto che non possa avvenire nessun guasto e che non si possa fermare il sistema) e, in seguito, dopo aver lanciato i diagrammi figli, supervisiona il sistema in attesa di un'anomalia, di un comando di spegnimento *off* o dell'avvenuta individuazione di 1000 pezzi difettosi. Per quest'ultimo fine si è utilizzata una variabile intera *pezzid* che viene incrementata nel diagramma che si occupa della lavorazione vera e propria. In tutte queste situazioni il diagramma *main* arresta i diagrammi figli. Si noti come il diagramma *main* si occupi della sola situazione di guasto di entrambi i bracci robotici (condizione *guasto1*guasto2*). Questa soluzione è dovuta al fatto che, in caso di guasto singolo, il sistema debba continuare il proprio lavoro (grazie alla ridondanza dei robot), e pertanto se ne demanda la gestione al diagramma figlio che si occuperà del controllo dei due robot.

I processi paralleli che compongono la lavorazione sono tre: il controllo del moto della telecamera, il controllo del sistema di pressurizzazione e il controllo dei due robot che lavorano in concorrenza; a tali processi corrispondono altrettanti diagrammi figli.

In Figura 7.59 è raffigurato il diagramma figlio *Occhio* che si occupa del controllo della telecamera; si noti il moto ciclico da 0 a 60 gradi e, in caso di rilevazione di un prodotto difettoso (il segnale *dect* si attiva), la fase di arresto della telecamera con attesa del prelevamento del prodotto da parte di uno dei robot (il segnale *dect* si disattiva); quando il prodotto fallato è stato prelevato, la teleca-

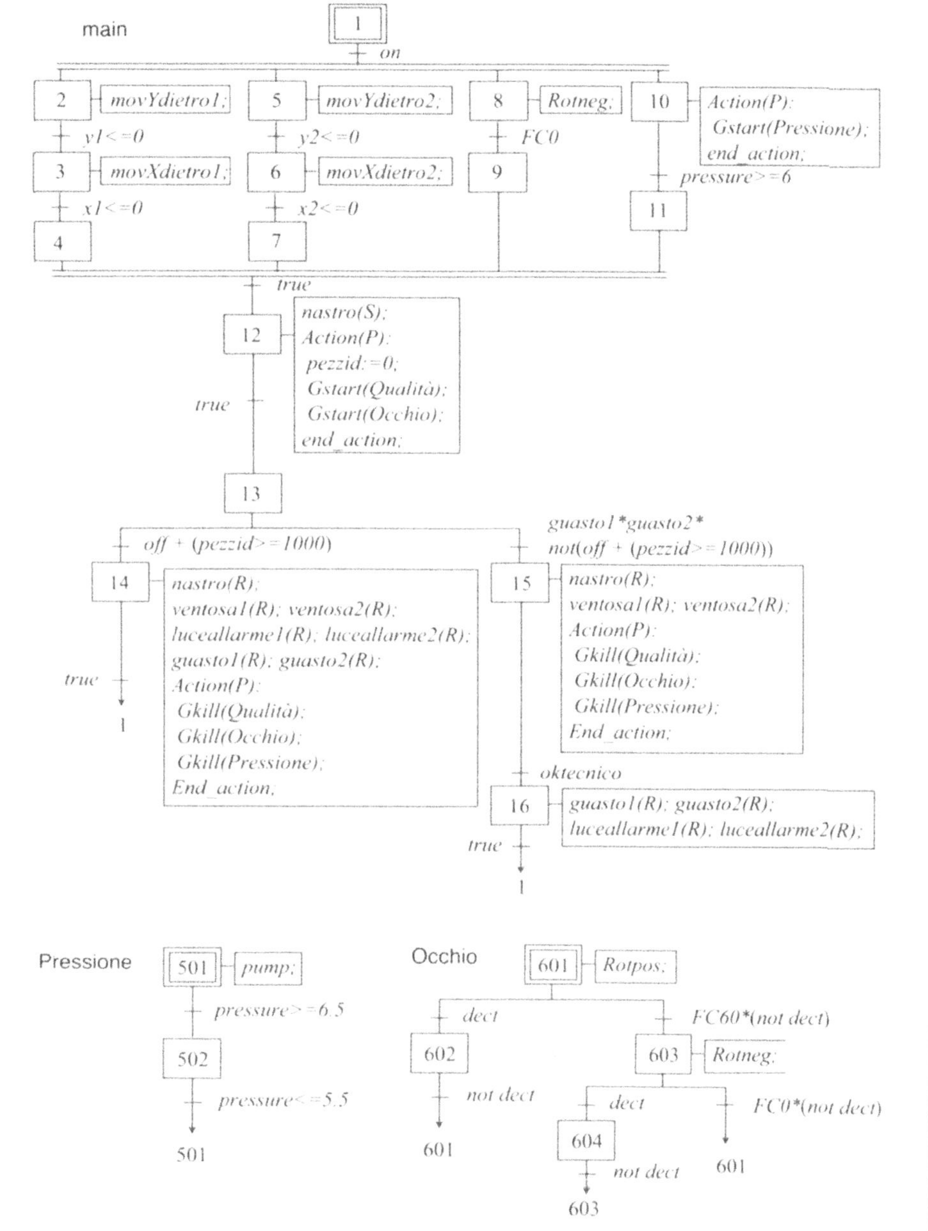

Figura 7.59 Diagramma SFC per il controllo del sistema descritto nel Paragrafo 7.4.5: diagramma principale *main* e figli *Pressione* e *Occhio*.

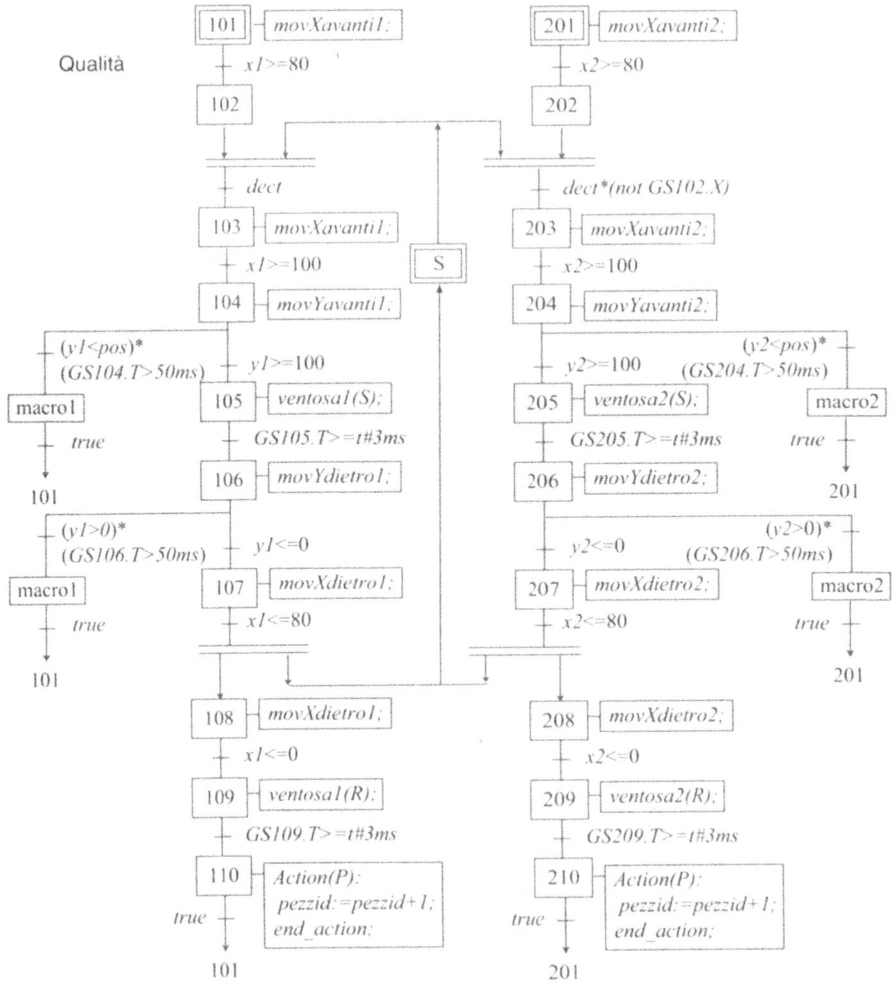

Figura 7.60 Diagramma figlio *Qualità*.

mera continua il proprio moto. Il diagramma figlio *Pressione*, che si occupa di mantenere il sistema di afferraggio dei robot in pressione, è rappresentato sempre in Figura 7.59; tale diagramma implementa un semplice controllo a isteresi che mantiene la pressione costante attorno ai 6 bar.

Infine il diagramma *Qualità* (Figura 7.60) è progettato per controllare i due robot che lavorano in concorrenza. Dato che questi condividono la medesima zona di afferraggio, si è implementata una struttura semaforica: i due robot attendono il proprio turno nella zona di attesa ($x1$=80 e $x2$=80) ed entrano nella zona di afferraggio condivisa solo alla rilevazione di un prodotto difettoso. Nel caso in cui un movimento lungo la direzione y di uno dei due robot impieghi più di 50ms

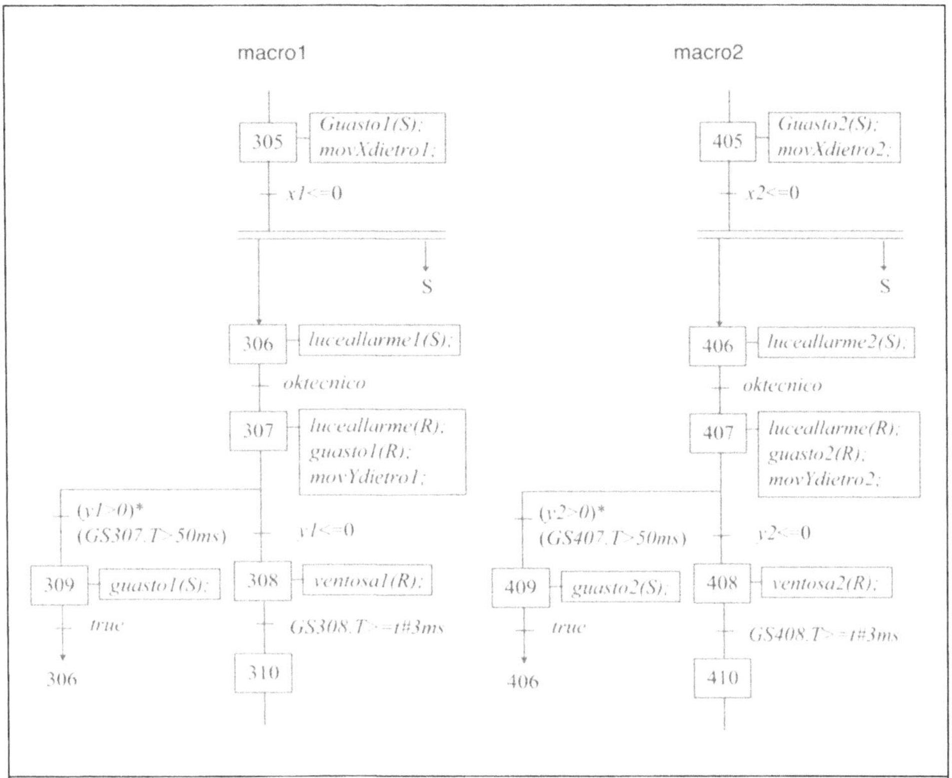

Figura 7.61 Macrostati *macro1* e *macro2*.

si rileva un guasto di uno degli attuatori *movYavanti1*, *movYavanti2*, *movYdietro1* o *movYdietro2*. In questo caso si gestisce il sistema in modo da portare il robot guasto in posizione di sicurezza (quindi in modo che $x1 \leq 0$ e $x2 \leq 0$) e, in seguito, sbloccare il semaforo cosicché il secondo robot possa continuare a lavorare normalmente (Figura 7.61). Il robot guasto resta in zona sicura fino a che non viene riparato (segnale *oktecnico* attivo), successivamente viene riportato in posizione (0,0) e può ripartire con il suo funzionamento nominale. Ovviamente gli attuatori *movYdietro1* e *movYdietro2* possono guastarsi anche durante questo movimento di reinizializzazione del robot; dato che in questo caso il robot si trova già fuori dalla zona condivisa, è sufficiente segnalare il guasto e attendere una nuova riparazione. Questa strategia permette di sgravare il *main* dal dover gestire anche la situazione di guasto singolo facilitando anche il controllo del robot sano; quest'ultimo infatti continua il proprio task come se l'altro robot non richieda mai l'occupazione del semaforo. Il figlio *Qualità* segnala la rottura di un braccio mediante i segnali *guasto1* e *guasto2*, mentre il diagramma *main* prende provvedimenti nel solo caso in cui entrambi questi segnali siano attivi.

7.5 Il GEMMA: un ausilio alla progettazione strutturata

La progettazione del controllo sequenziale di un complesso sistema di automazione industriale non può prescindere da un'attenta valutazione del grado di sicurezza che l'impianto offre nei confronti degli operatori, degli utenti e di sè stesso. Il progettista è infatti responsabile nei riguardi del fattore sicurezza: i comportamenti, anche casuali, a seguito di malfunzionamenti ricadono sotto la sua responsabilità.

La sicurezza deve essere progettata in maniera opportuna: guasti o anomalie di funzionamento devono essere valutati e previsti in fase di progettazione e il relativo comportamento dell'impianto può essere studiato e predeterminato in modo da rispettare adeguate condizioni di sicurezza.

Lo studio accurato delle condizioni di evoluzione tra le varie situazioni operative dell'impianto è uno dei mezzi per la "progettazione della sicurezza": devono essere prese in considerazione tutte le possibili situazioni operative e, per ognuna di queste, occorre studiare opportune strategie evidenziando tutte le eventuali evoluzioni. Il progettista deve dunque imporre un certo comportamento desiderato sia se il sistema è controllabile (dunque in condizioni nominali), sia se il sistema ha perso la possibilità di essere controllato a causa di un malfunzionamento. In questo ultimo caso occorre, in fase progettuale, imporre un comportamento che porti il sistema in condizioni di sicurezza.

Le situazioni da tenere in considerazione possono essere suddivise in due distinte classi evidenziando il ruolo della **Parte di Comando** (PC), cioè dell'unità di controllo, rispetto alla **Parte Operativa** (PO), ovvero la parte dell'impianto che esegue i compiti dettati dalla parte di comando. È possibile infatti considerare due diverse situazioni che riguardano la PC: questa potrebbe trovarsi nella sua condizione nominale oppure in una situazione di inefficienza dovuta a un proprio malfunzionamento.

La prima situazione si verifica quando l'unità di controllo funziona in condizioni nominali, cioè è attiva e perfettamente funzionante, mantenendo la capacità di imporre comandi per il controllo della sequenza evolutiva dell'impianto: la PC è dunque in **ordine di marcia**, cioè alimentata e correttamente funzionante, ed è possibile il pieno controllo della PO sia durante il suo funzionamento normale, sia quando questa è soggetta ad anomalie funzionali di qualunque tipo. In tale situazione dovranno dunque essere prese in considerazione tutte le sequenze evolutive che riguardano le procedure di funzionamento, così come tutte le procedure di arresto e le procedure da adottare in caso di guasto della PO.

Una seconda situazione da esaminare attentamente in fase di progettazione dell'impianto riguarda il caso in cui, per un malfunzionamento qualsiasi oppure per una temporanea mancanza di alimentazione, la PC non è attiva e perfettamente funzionante e non ha la capacità di imporre comandi per il controllo della sequenza evolutiva dell'impianto; non è dunque possibile il controllo della PO che quindi deve essere dotata in fase di progettazione di misure di sicurezza intrinseche. Questa situazione deve essere presa in considerazione in fase di progettazione meccanica ed elettronico/elettrica, magari predisponendo mezzi ad azionamento spontaneo in grado di portare la macchina in condizioni di sicurezza nel minor tempo possibile (per esempio gli organi meccanici possono essere dotati di sistemi di ritorno a riposo in condizioni di non alimentazione oppure di freni meccanici).

In questo capitolo verrà fornito uno strumento di aiuto al progettista nella definizione e nello studio di tutte le possibili situazioni operative in cui l'impianto può trovarsi nell'ipotesi che la PC sia sempre in ordine di marcia.

7.5.1 *Le Guide d'Étude des Modes de Marches et d'Arrêts*

Il GEMMA (acronimo del termine francese *Guide d'Étude des Modes de Marches et d'Arrêts*[2]) è uno strumento grafico che consente di rappresentare tutte le differenti situazioni operative della macchina (il funzionamento normale, le procedure di avviamento o di arresto, le procedure di messa a punto, le procedure di arresto su emergenza e le relative procedure di ripristino) e le modalità di passaggio da una situazione operativa all'altra; in questo modo il GEMMA permette una notevole organizzazione dei percorsi evolutivi dell'impianto stesso.

L'obiettivo del GEMMA è semplice: spingere il progettista alla considerazione metodica di tutte le possibili situazioni operative e delle modalità di governo dell'impianto in modo da gestire attivamente le possibili situazioni di emergenza; in un'ottica di progettazione di sicurezza, il GEMMA può quindi risultare utile in quanto rende disponibile al progettista un semplice strumento analitico, idoneo alla rappresentazione di ogni esigenza funzionale. Inoltre, grazie alla sua struttura grafica, il GEMMA permette una semplice trasposizione dello schema progettato in diagrammi SFC.

Il GEMMA rappresenta dunque uno strumento per la progettazione del controllo logico/sequenziale per sistemi di automazione industriale gerarchicamente superiore al diagramma SFC che abbiamo introdotto nei precedenti paragrafi. Tramite il diagramma GEMMA il progettista deve immaginare tutto il funzionamento nominale della macchina in modo da evidenziare le varie situazioni operative: il GEMMA metterà in evidenza tutti i possibili percorsi evolutivi dovuti a malfunzionamenti o arresti di emergenza che il progettista dovrà quindi tenere in considerazione. Una volta definita la struttura e le principali funzionalità che il software di controllo logico dovrà soddisfare, è possibile eseguire una progettazione delle varie sottofunzionalità o delle varie situazioni operative tramite lo studio di un adeguato diagramma SFC. Il GEMMA ottenuto sarà dunque tradotto in un programma SFC principale che gestisce il passaggio tra le varie situazioni operative (blocco *organizzativo*); le singole situazioni operative verranno tradotte in altrettanti programmi SFC, richiamati di volta in volta in maniera condizionata come sottoprogrammi del blocco organizzativo (per esempio tramite strutture padre/figlio). L'esecuzione di un blocco di programma corrisponde all'esecuzione di un'azione associata a una tappa del GEMMA. L'implementazione del completo programma SFC così ottenuto all'interno del PLC sarà, infine, l'ultimo passo da eseguire. In questo modo il progettista è chiaramente indirizzato verso una

[2]Guida per lo studio delle procedure di marcia e di arresto.

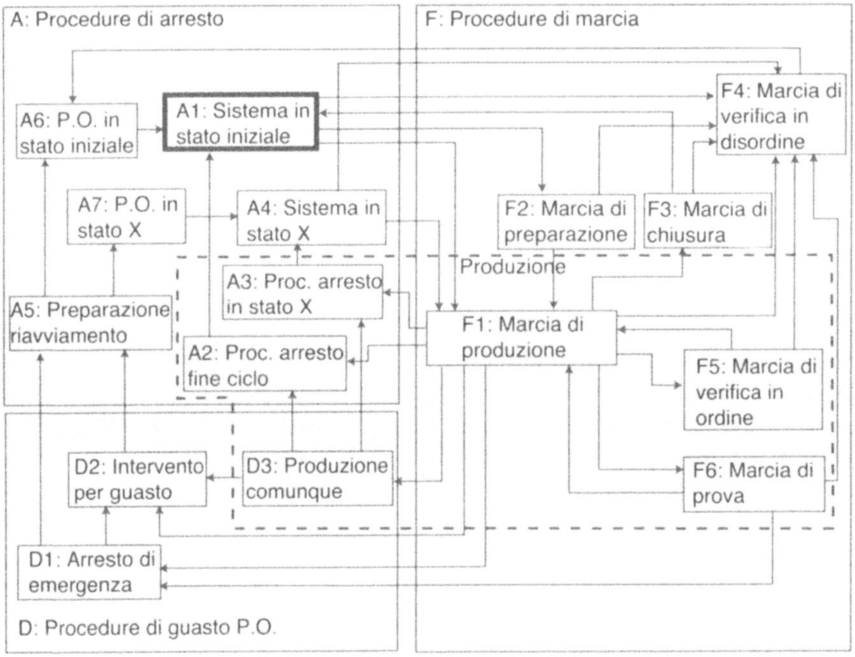

Figura 7.62 Diagramma GEMMA completo.

progettazione strutturata del software, visto che il GEMMA porta intrinsecamente verso un'analisi di tipo top/down delle problematiche di progettazione.

In Figura 7.62 è visualizzato un diagramma GEMMA completo di tutti le possibili situazioni operative e di tutte le possibili evoluzioni tra esse. Ogni "stato", rappresentato mediante un rettangolo, evidenzia una particolare situazione del sistema; le frecce che collegano i diversi stati rappresentano invece le possibili transizioni da una situazione operativa a un'altra. Si noti come tre diversi gruppi di situazioni operative siano stati evidenziati mediante una lettera identificativa: le **procedure di arresto** sono identificate mediante la letterera A, le **procedure di funzionamento** mediante la lettera F, mentre le **procedure di guasto della PO** sono identificate mediante la lettera D. In Figura 7.62 vengono anche evidenziati, all'interno dell'area tratteggiata, le situazioni operative che descrivono effettivamente le azioni sequenziali relative alla produzione. Nella pratica alcuni stati del GEMMA possono essere eliminati perché non di interesse nei casi in esame: si viene così a definire un diagramma "personalizzato".

Il progettista deve, utilizzando il diagramma GEMMA, evidenziare le procedure operative presenti nel processo automatico da studiare e tutte le possibili transizioni. Ogni "stato" del GEMMA potrà in un secondo momento essere "esploso" utilizzando uno schema SFC che ne descriva il comportamento, mentre dovranno essere opportunamente definite le condizioni che permettono le transizioni tra le

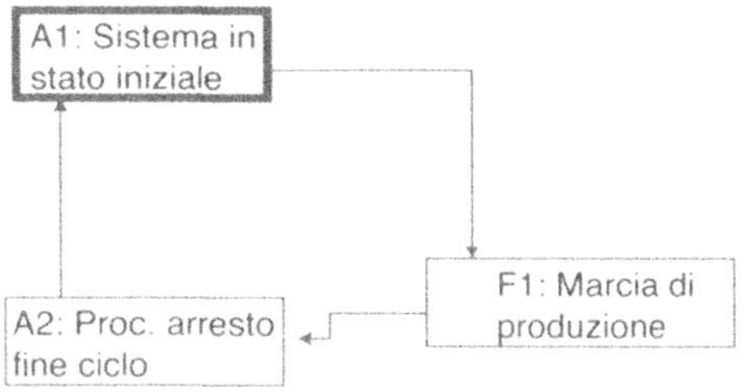

Figura 7.63 Diagramma GEMMA: ciclo di funzionamento con arresto per fine ciclo e ritorno in stato iniziale.

diverse situazioni operative: particolare importanza sarà ovviamente da prestare a tutte quelle transizioni che portano il sistema a una situazione di arresto, così come dovranno essere considerati con particolare attenzione anche tutti i comandi e le azioni da effettuare nei casi di arresto per emergenza o intervento per guasto.

Nel seguito descriveremo alcune parti del diagramma GEMMA e alcuni cicli evolutivi cercando in ogni caso di evidenziare quella che deve essere l'idea progettuale da seguire; alla fine del paragrafo proporremo un esempio completo di progettazione.

Procedure di funzionamento e arresto

In Figura 7.63 viene rappresentato un possibile ciclo di funzionamento e arresto di un sistema di automazione industriale. Si parte dallo stato A1 nel quale il sistema in considerazione (sia la PO che la PC) si trova in una configurazione di riferimento ben precisa. Il sistema può passare allo stato F1, che rappresenta la situazione di funzionamento nominale in cui il processo di produzione viene eseguito, grazie al verificarsi di una determinata condizione (si pensi per esempio all'attivazione di un pulsante di avvio quando la macchina è a riposo). Durante la marcia di produzione deve essere presa in considerazione la possibilità che un comando esplicito impartito alla macchina richieda di far cessare la produzione e riportare il sistema nella sua condizione iniziale: tale ciclo evolutivo prevede la transizione verso lo stato A2 (che quindi avviene su esplicito comando impartito alla macchina, si pensi per esempio all'attivazione di un pulsante di "termine ciclo" da parte di un utente). Si esegue quindi una procedura di arresto della produzione (stato A2) che completa il ciclo operativo e lascia la PO inizializzata; il completamento della fase di arresto svolta durante lo stato A2, abilita il passaggio in A1 dove avviene la reinizializzazione della PC. Si ritorna in questo modo nello stato iniziale in cui PO e PC si trovano in una condizione di riferimento ben precisa (per esempio nella condizione di riposo iniziale).

Un'evoluzione simile a quella appena descritta è invece evidenziata in Figura 7.64: tramite un comando esplicito impartito alla macchina, si vuole portare il sistema non nello stato iniziale, ma in una ben definita condizione (chiamata "stato X" dell'impianto) da cui, in seguito, riprendere la normale marcia di produzione. Il passaggio da F1 ad A3 avviene dunque grazie a un comando esplicito impartito

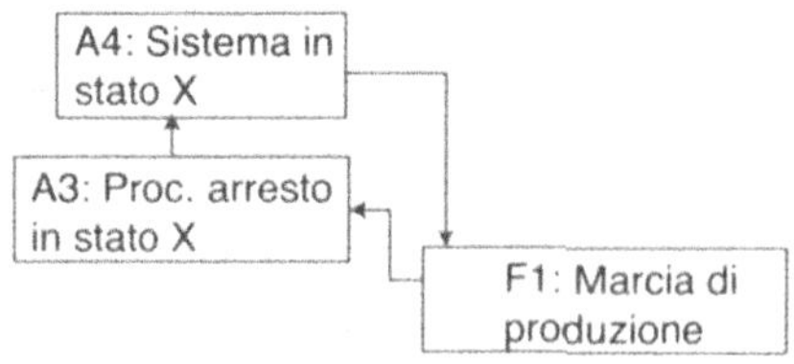

Figura 7.64 Diagramma GEMMA: ciclo di funzionamento con arresto in stato X.

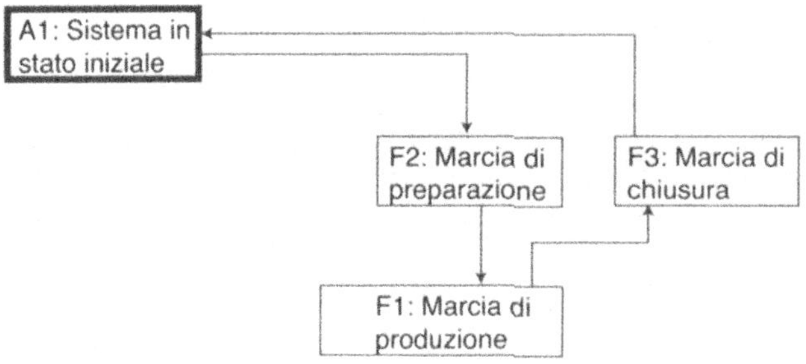

Figura 7.65 Diagramma GEMMA: ciclo di funzionamento con marcia di preparazione e marcia di chiusura.

alla macchina, mentre il completamento della procedura descritta in A3 consente di raggiungere una prefissata configurazione della macchina congruente con il ciclo di produzione (si pensi per esempio alla presenza di un tasto di pausa che deve portare la macchina in uno stato di attesa prima di poter iniziare nuovamente la produzione: lo stato di attesa può in generale essere diverso dallo stato iniziale di riposo).

Un diverso schema evolutivo è presentato in Figura 7.65: partendo dallo stato di riposo iniziale, alcuni processi hanno la necessità, prima di partire con la marcia di produzione vera e propria, di eseguire alcune azioni di preparazione. Lo stato F2 contiene al proprio interno tutte queste azioni preparatorie e consente la predisposizione della macchina alle operazioni di produzione eseguendo un certo numero di operazioni preliminari (per esempio si consideri la necessità di effettuare preriscaldamento di parti, messa a livello di serbatoi o altre azioni di questo tipo che precedono le azioni di produzione vere e proprie). La marcia di chiusura, rappresentata dallo stato F3, ha il compito di svolgere invece le operazioni connesse alla conclusione della fase produttiva (per esempio le azioni di svuotamento di sistemi di accumulo, raffreddamento di parti, liberazione di energia accumulata). Tali azioni saranno eseguite e porteranno nuovamente il sistema nel suo stato iniziale: la transizione da F1 a F3 sarà ovviamente condizionata dalla conclusione effettiva di tutte le azioni di produzione; il lavoro di produzione è cioè finito. Di seguito vengono illustrate particolari procedure di funzionamento che

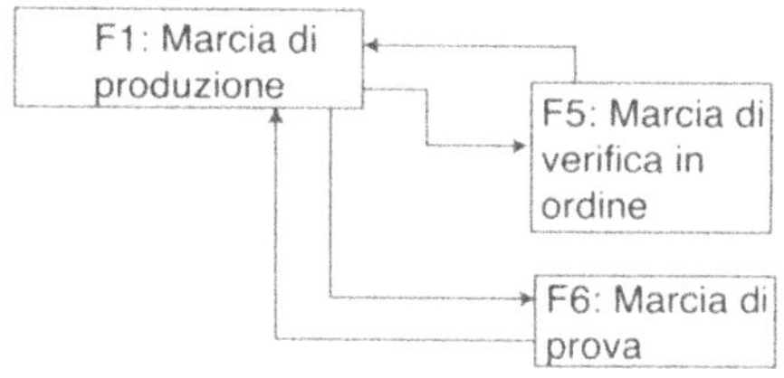

Figura 7.66 Diagramma GEMMA: ciclo di funzionamento con marcia di prova e di verifica.

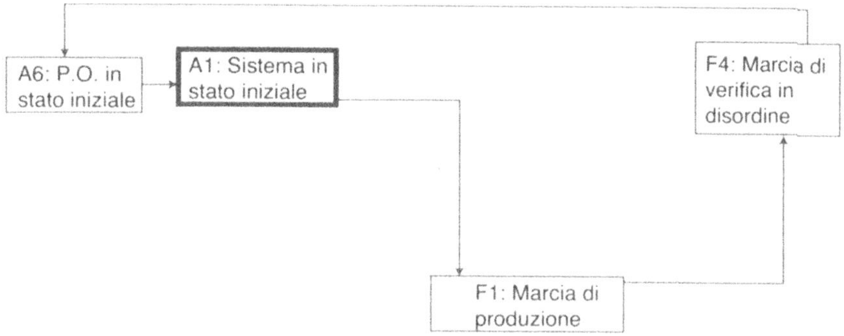

Figura 7.67 Diagramma GEMMA: ciclo di funzionamento con marcia di verifica in disordine.

nascono dalla necessità di verifica della funzionalità del sistema. In Figura 7.66 la marcia di verifica in ordine rappresenta una particolare modalità di esecuzione del normale ciclo operativo atta a consentire la verifica e la messa a punto del ciclo di produzione stesso, eseguendo tutte le operazioni previste nella sequenza prefissata, ma con regole evolutive diverse (per esempio procedendo mediante una marcia passo-passo oppure imponendo una marcia per gruppi di operazioni ecc.). La marcia di prova implica invece l'esecuzione di un ciclo operativo specifico per consentire il controllo e il test di alcune variabili di processo; pur non coincidendo con la normale sequenza delle operazioni di produzione, questa situazione operativa non implica il raggiungimento di configurazioni non congruenti con quelle del ciclo operativo: da tale situazione si può dunque ritornare immediatamente al ciclo di lavorazione nominale. Entrambe tali situazioni operative possono essere raggiunte sempre dietro emissione di specifici comandi da parte dell'operatore.

In Figura 7.67 viene illustrata un'evoluzione che prevede il passaggio dalla modalità di produzione alla marcia di verifica in disordine in cui vengono eseguiti interventi non coordinati sulla PO allo scopo di testare la funzionalità di alcuni organi o sottosistemi (si pensi per esempio a interventi manuali durante fasi di messa a punto): tale marcia sarà attivata tramite comando diretto impartito alla macchina

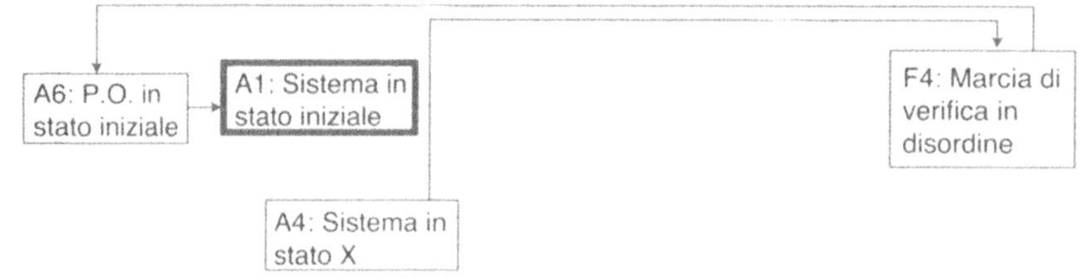

Figura 7.68 Diagramma GEMMA: marcia di verifica in disordine da stato X.

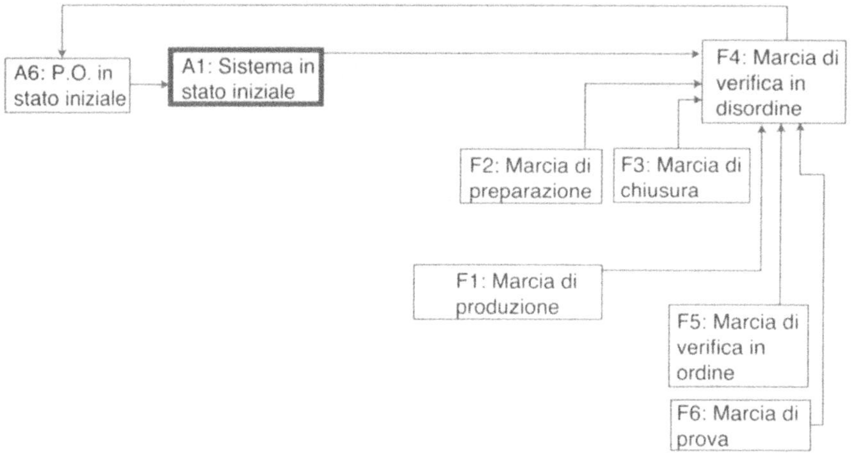

Figura 7.69 Diagramma GEMMA: transizioni verso la marcia di verifica in disordine.

ma, in questa situazione, è indispensabile prevedere una fase di reinizializzazione. Interventi non coordinati sulla PO non permettono infatti una ripresa in sicurezza della marcia di produzione: da F4 si deve passare allo stato A6 che prevede la messa della PO in una configurazione iniziale mediante interventi coordinati. La transizione che riporta il sistema nello stato iniziale è subordinata al controllo dello stato logico complessivo di tutte le variabili interne che ne rappresentano la configurazione. In Figura 7.68 viene illustrato come possa essere possibile eseguire la marcia di verifica in disordine anche dallo stato di arresto "stato X"; il ritorno attraverso A6 è comunque obbligato. In Figura 7.69 viene mostrato come, in realtà, sia possibile eseguire la marcia di verifica in disordine anche a partire dagli stati A1, F2, F3, F5 e F6, sempre con la condizione però di uscire da F4 attraverso le fasi di inizializzazione del sistema.

Procedure di emergenza

Abbiamo finora evidenziato alcune possibili evoluzioni considerando, in molti casi, l'occorrenza di un comando esterno direttamente imposto al sistema dall'operatore. Come abbiamo accennato introducendo il diagramma GEMMA, il principale vantaggio che può essere ottenuto dal suo utilizzo è una rappresentazione e uno studio sistematico di quelle condizioni di emergenza e di guasto che risultano fondamentali per la sicurezza del sistema. Prima di indicare alcuni possibili percorsi evolutivi mediante il diagramma GEMMA, occorre introdurre qualche concetto particolarmente importante nei riguardi della gestione di situazioni di emergenza.

In generale un segnale di emergenza può indicare la presenza di guasti o malfunzionamenti all'interno del sistema o, più in generale, una situazione differente da quella nominale che potrebbe portare a situazioni potenzialmente critiche per quanto riguarda il fattore sicurezza. Un segnale di allarme, indipendentemente dal suo significato, può essere generato manualmente (tramite per esempio la pressione di un pulsante di emergenza da parte di un utente o di un operatore) oppure automaticamente. Nel primo caso la presenza di un segnale esplicito rende semplice il riconoscimento di un allarme mentre, nel secondo caso, il segnale di emergenza può essere generato per esempio grazie all'utilizzo di speciali sensori dedicati alla sorveglianza di variabili critiche ai fini del riconoscimento di emergenze. Sensori speciali possono infatti essere utilizzati per l'individuazione di extracorrenti, extracoppie, o altri segnali potenzialmente "pericolosi" per la sicurezza degli utenti e della macchina stessa; da un punto di vista maggiormente meccanico, possono essere utilizzati speciali sensori di interferenza o intrusione che permettano un'immediata generazione di allarmi (si pensi per esempio all'utilizzo di fotocellule per il controllo degli accessi nella zona operativa di un robot industriale).

Una differente metodologia di generazione di segnali di allarme può essere eseguita tramite procedure diagnostiche automatizzate basate sull'elaborazione delle informazioni disponibili: esistono infatti diverse metodologie di diagnostica basate sull'elaborazione di informazioni di processo, su procedure di time-out sull'atteso cambiamento di stato di variabili logiche (watchdog), sul controllo di valori di combinazione di più variabili logiche o sul controllo di valori soglia di variabili di emergenza. Tali metodologie permettono la generazione di segnali di allarme e non richiedono l'utilizzo di sensori o attrezzature specifiche, ma si basano semplicemente su un'adeguata capacità di elaborazione. Il progettista, in base alle reali necessità, ha dunque la possibilità di scegliere tra un'adeguata progettazione del sistema con l'inserimento di speciali sistemi per la gestione delle emergenze o l'utilizzo di algoritmi di elaborazione maggiormente evoluti.

Indipendentemente da come venga generato, la risposta del sistema in seguito all'occorrenza di un segnale di allarme deve essere adeguatamente progettata e definita. In generale il criterio che deve portare a un arresto della macchina in seguito a un'emergenza è il seguente: la macchina deve essere portata in condizioni di massima sicurezza nel più breve tempo possibile, avendo come obiettivi la sicurezza degli operatori e degli utenti, la tutela dell'integrità della macchina e infine la tutela dell'integrità del prodotto.

Un complesso sistema di norme regola l'applicazione del criterio generale appena descritto: la gestione delle energie accumulate all'interno di un impianto automatico che deve essere portato in una situazione di sicurezza è infatti una

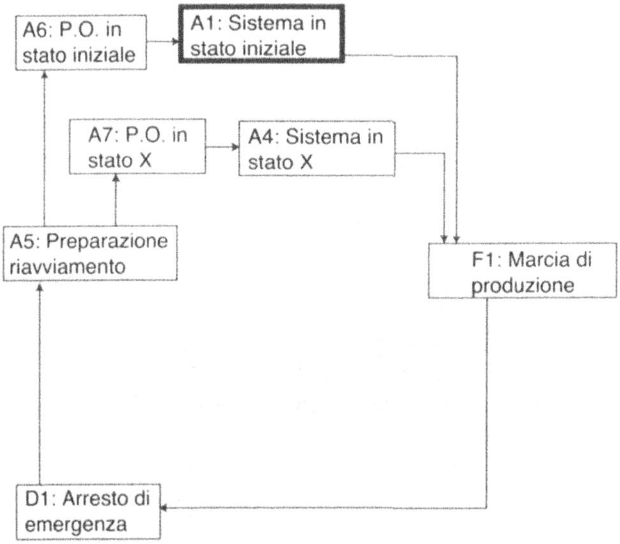

Figura 7.70 Diagramma GEMMA: ciclo con arresto di emergenza.

problematica difficile e vasta che esula dalla nostra trattazione; possiamo, in ogni caso, riassumere le idee principali evidenziando come debba essere interrotto in maniera opportuna il flusso energetico in ingresso al sistema e, di seguito, liberate o neutralizzate in maniera controllata le quantità di energia (elettrica, pneumatica, cinetica, potenziale, elastica) che sono state immagazzinate nella macchina prima dell'entrata in emergenza.

Dopo aver introdotto brevemente i concetti fondamentali riguardanti la generazione di allarmi e le successive azioni da intraprendere, possiamo evidenziare le possibilità di aiuto alla progettazione che il GEMMA mette a disposizione. In Figura 7.70 viene illustrato un ciclo evolutivo che prevede, durante la fase di produzione, il manifestarsi di una qualche anomalia funzionale grave riscontrata automaticamente o dall'operatore; a seguito della comparsa del segnale di emergenza, la macchina interrompe le attività produttive e avvia una specifica procedura di emergenza per arrestarsi in una condizione di sicurezza (stato D1). Questa procedura richiede la rimozione, manuale o automatizzata, delle cause di anomalia in modo da predisporre la macchina al successivo riavvio: se il motivo dell'allarme è stato risolto, è quindi possibile proseguire nello stato A5 dove viene conclusa le fase di ripristino funzionale; in ogni caso è obbligatorio verificare, nello stato A6, che la PO sia stata reinizializzata correttamente prima di tornare effettivamente nello stato iniziale di riposo. In alternativa a quanto appena esposto, la macchina può essere portata in uno stato determinato (stato X), sempre controllando che la PO sia reinizializzata in maniera corretta; la marcia di produzione può essere riavviata a partire da questa situazione.

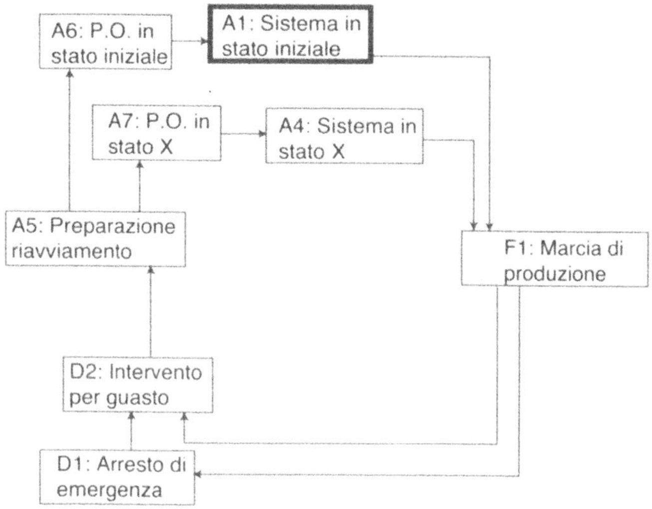

Figura 7.71 Diagramma GEMMA: ciclo con arresto di emergenza e intervento per guasto.

Nel caso in cui l'emergenza sia dovuta alla presenza di un guasto, occorre applicare una procedura di diagnostica e ripristino che può fare seguito all'arresto di emergenza oppure essere affrontata direttamente partendo dallo stato F1. Questa procedura consente il recupero delle funzionalità ed è caratterizzata da operazioni prevalentemente manuali eseguite da personale specializzato e da interventi che possono avvenire "in disordine", cioè portando la macchina fuori da configurazioni congruenti con i normali cicli operativi. In Figura 7.71 viene mostrato il tipico ciclo evolutivo che comprende l'arresto di emergenza, le operazioni di intervento per guasto, la preparazione al riavvio e la messa della PO nello stato iniziale. Allo stesso modo, sempre in Figura 7.71, viene mostrato che la procedura di ripristino da guasto può raggiungere una configurazione operativa (stato X) diversa dallo stato iniziale.

Un'ulteriore situazione operativa da considerare è la cosiddetta "produzione forzata": questa procedura viene adottata in quei casi in cui l'arresto del sistema in emergenza provocherebbe danni o situazioni di pericolo superiori a quelli conseguenti alla prosecuzione delle operazioni. Questa situazione può essere tipica di macchine in cui, per esempio, esistono quantitativi di energia immagazzinata molto rilevanti che non possono essere liberati in tempi brevi, ma solo mediante opportuni transitori; altro esempio è costituito da impianti in cui si eseguono processi la cui interruzione può avvenire solo dopo lo svolgimento di specifiche procedure di disimpegno (per esempio lo svuotamento di condotti contenenti materiale fuso ad alta temperatura). Infine questa situazione è da considerarsi in macchine caratterizzate da unità di prodotto in lavorazione che devono essere comunque allontanate per vari motivi (deperibilità, pericolosità ecc.). Nei casi ap-

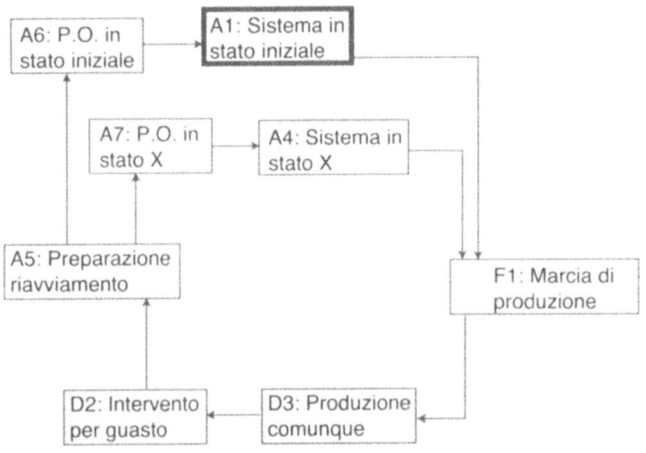

Figura 7.72 Diagramma GEMMA: produzione forzata e intervento per guasto.

pena esposti l'arresto della produzione deve avvenire in maniera particolarmente controllata, nei tempi dovuti, portando all'eventuale perdita di prodotto ma nel rispetto di normative di sicurezza e avendo come obiettivo la tutela della integrità di utenti e macchina.

La procedura di produzione forzata può anche essere adottata nei casi in cui l'anomalia funzionale che è stata diagnosticata è di entità non così grave da richiedere l'arresto di urgenza; si consente infatti la prosecuzione della produzione almeno per un certo periodo di tempo (sia pure con la generazione di prodotti lavorati di minor qualità o con un'incidenza maggiore di scarti). In tale caso è comunque necessaria, al termine della produzione forzata, una procedura di intervento per il ripristino del guasto, passando dallo stato D3 a D2, con successiva reinizializzazione o arresto in uno stato determinato (Figura 7.72).

Quando i problemi che hanno provocato la transizione alla situazione di lavorazione forzata sono dovuti a cause non imputabili alla macchina stessa (come per esempio anomalie di alimentazione), potrebbero non essere necessari interventi di diagnostica, ripristino e reinizializzazione della PO; in tal caso la macchina può essere arrestata a fine ciclo o in uno stato X e riprendere la produzione a seguito della rimozione delle anomalie esterne come illustrato in Figura 7.73 (per esempio quando le anomalie di alimentazione sono state risolte).

Abbiamo finora esaminato solo alcuni cicli evolutivi descritti dal diagramma GEMMA: risulta evidente come, nel progetto di un sistema di automazione complesso, il ricorso a questo formalismo grafico possa aiutare il progettista nella definizione accurata di tutte le procedure e le transizioni tra le varie situazioni operative. Nel paragrafo seguente un semplice esempio progettuale viene utilizzato per evidenziare come l'utilizzo del GEMMA nella fase di progettazione del software permetta un approccio strutturato alla stesura del programma di controllo sequenziale.

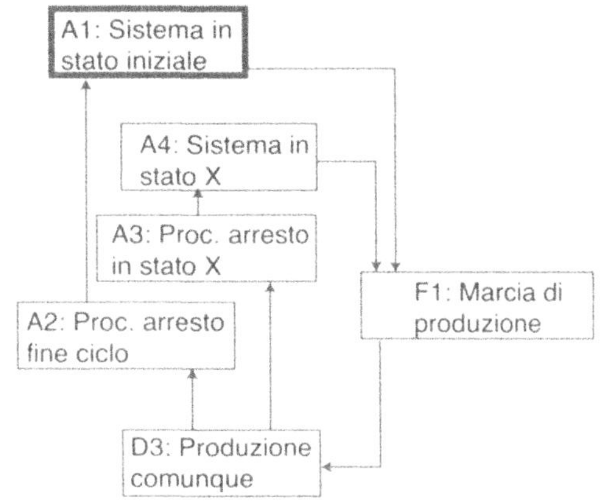

Figura 7.73 Diagramma GEMMA: produzione forzata e arresto del sistema.

7.5.2 GEMMA: esempio di progetto

Si deve gestire in maniera opportuna un sistema automatizzato per il processo di verniciatura e confezionamento di prodotti (Figura 7.74). Si vuole progettare, utilizzando il diagramma GEMMA per l'analisi delle modalità operative, un software SFC strutturato per il funzionamento dell'impianto secondo le seguenti specifiche.

- Un pulsante (*Start*) indica la possibilità di avviare il processo.
- Si devono riempire (tramite gli attuatori comandati da *RiempiA* e *RiempiB*) due cisterne sino a che i livelli (segnalati da *livA* e *livB*) arrivano ai valori di 50 e 30 litri rispettivamente. Successivamente si deve avviare il riscaldamento dei liquidi sino alla temperatura di 100°C (il sensore *Temp* permette la misurazione della temperatura mentre l'attuatore *ResOn* permette il riscaldamento dei liquidi nelle cisterne); tale temperatura deve rimanere il più possibile costante durante tutto il processo di produzione.
- Terminate queste azioni di preparazione, possono iniziare le azioni sequenziali per la verniciatura e il confezionamento: occorre azionare il nastro di trasporto (tramite l'attuatore *Nastro*) sino a che il sensore *ScatolaP* non indica la presenza di una scatola. A questo punto si può azionare l'attuatore *Vernicia* per 1 minuto e, di seguito, l'attuatore *Salda* per 3 secondi.
- Tali azioni di lavorazione dovranno essere ripetute sino a che non saranno stati prodotti 1000 pezzi: in questo caso la produzione può essere considerata terminata. Devono essere dunque svuotati i due serbatoi (utilizzando gli attuatori *SvuotaA* e *SvuotaB* rispettivamente) e, disattivando il controllo del riscaldamento, si deve attendere che la temperatura si abbassi sino ai 20°C circa (temperatura ambiente). A questo punto il sistema è tornato nello stato iniziale e il processo di produzione può iniziare nuovamente dall'inizio se il pulsante *Start* è attivo.

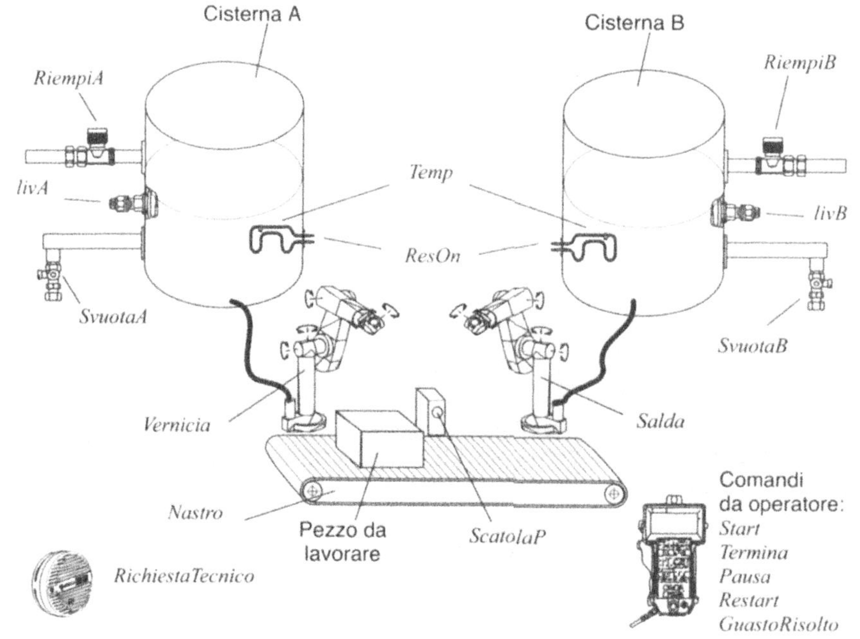

Figura 7.74 Sistema automatico per la verniciatura e il confezionamento descritto nel Paragrafo 7.5.2.

- Non appena viene attivato il pulsante *Termina*, il processo deve essere completamente fermato anche se le 1000 unità lavorate non sono state raggiunte; le due cisterne vanno svuotate e, non appena la temperatura torna ai 20°C, il sistema ritorna allo stato iniziale. Il processo può iniziare nuovamente dall'inizio (ripartendo da zero per quanto riguarda il conteggio dei pezzi) se il pulsante *Start* è attivo.
- Non appena viene attivato il pulsante *Pausa*, il processo deve essere messo in pausa e deve riprendere dal punto in cui era stato fermato non appena viene attivato il pulsante *Restart*.
- Il progettista deve inoltre tenere in considerazione la possibilità del verificarsi di un guasto nella funzionalità di riscaldamento: la resistenza per il riscaldamento (*ResOn*), in condizioni nominali, è in grado di far crescere la temperatura misurata di 10°C al minuto. In caso di malfunzionamento di tale resistenza, il processo deve continuare comunque sino a che non vengono prodotti almeno 500 pezzi; raggiunta tale quantità (o già superata se il malfunzionamento dovesse verificarsi quando i prodotti lavorati sono già più di 500) il processo di lavorazione deve essere completamente fermato. Devono essere svuotati i due serbatoi e si deve nuovamente attendere che la temperatura si abbassi sino ai 20°C. A questo punto deve essere attivato il comando per la richiesta di intervento tecnico a seguito di guasto (attuatore *RichiestaTecnico*) sino a che il

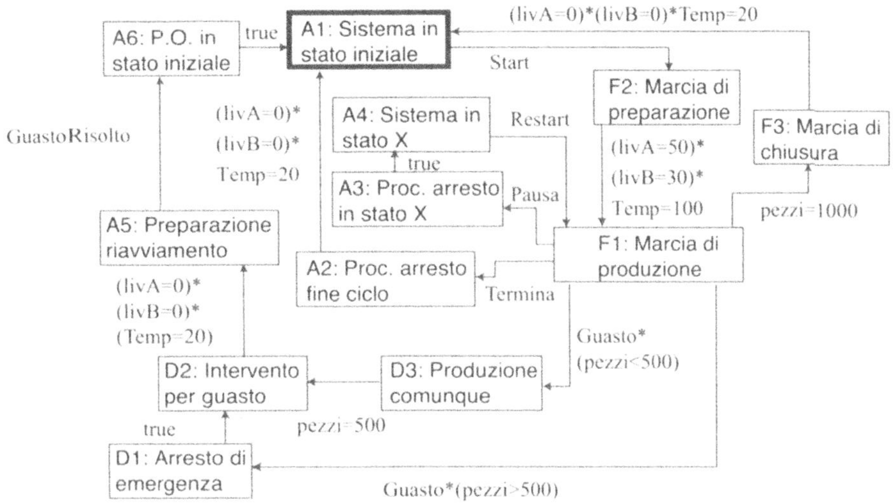

A1: Stato iniziale – nessuna azione
F2: Riempimento serbatoi e avvio controllo temperatura
F1: Movimento nastro, verniciatura e saldatura (ciclico)
F3: Termina processo, svuotamento serbatoi e termine controllo temperatura
A3: Pausa processo
A4: Nessuna azione
A2: Termina processo, svuotamento serbatoi e termine controllo temperatura
D3: Movimento nastro, verniciatura e saldatura (ciclico)
D1: Blocco processo
D2: Svuotamento serbatoi e termine controllo temperatura e Richiamo tecnico
A5: Nessuna azione
A6: Nessuna azione

Figura 7.75 Diagramma GEMMA relativo all'esempio proposto nel Paragrafo 7.5.2.

segnale *GuastoRisolto* non diventa attivo (tale segnale è attivato dal tecnico una volta risolto il malfunzionamento). A questo punto il sistema è tornato nello stato iniziale e il processo può iniziare nuovamente se il pulsante *Start* è attivo.

In Figura 7.75 è rappresentato il diagramma GEMMA che descrive il sistema come illustrato dalle specifiche; si noti come siano state considerate tutte le possibili situazioni evolutive e come siano state definite tutte le condizioni che permettono la transizione da uno stato del GEMMA verso un nuovo stato. A tal proposito è stato definito un segnale *Guasto*, che dovrà essere generato in maniera opportuna, per segnalare la presenza di un malfunzionamento nell'impianto. In Figura 7.75 sono anche descritte brevemente le azioni sequenziali che dovranno essere eseguite quando il sistema si trova nelle diverse condizioni operative definite dal GEMMA. Abbiamo quindi ottenuto uno schema generale che descrive il comportamento del sistema e possiamo sfruttarlo per progettare un diagramma SFC strutturato che ne segua l'impostazione.

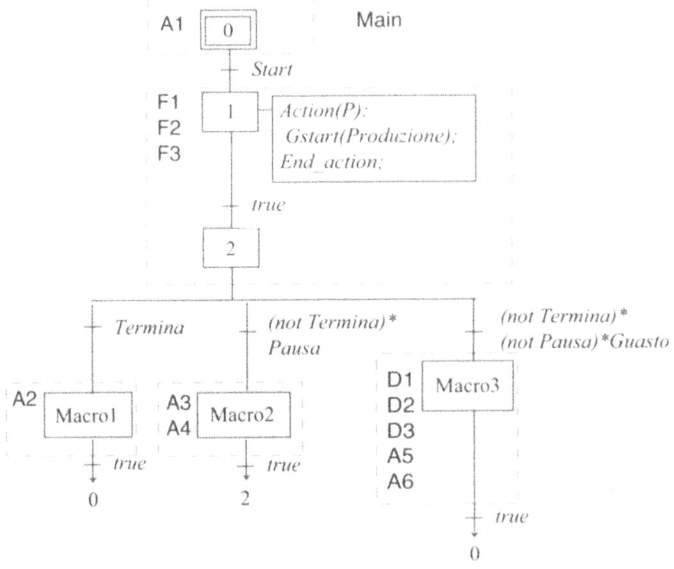

Figura 7.76 Diagramma SFC relativo all'esempio proposto nel Paragrafo 7.5.2: diagramma principale *main*.

La struttura del software SFC può quindi prevedere la presenza di un diagramma principale (chiamato *main*) rappresentato in Figura 7.76: lo stato 0 di questo diagramma descrive la permanenza del sistema nello stato di inzializzazione (stato A1 nel GEMMA), mentre, tramite l'attivazione di un SFC figlio (chiamato *Produzione*), vengono descritte le procedure di produzione F1, F2 e F3. La transizione superata in seguito all'attivazione del segnale *Termina* indica il passaggio del sistema alla situazione di procedura di arresto per fine ciclo (A2 nel diagramma GEMMA); questa fase è descritta dal macrostato *Macro1*. La transizione verso la procedura di arresto nello stato X viene attivata dal segnale *Pausa*: le situazioni operative A3, A4 sono descritte nel macrostato *Macro2*; la successiva evoluzione verso la marcia di produzione è descritta dal ritorno allo stato 2 nel diagramma *main*. L'avvenuta diagnosi di un malfunzionamento nel sistema e la conseguente attivazione del segnale *Guasto*, comporta una transizione nelle procedure D3 o D1 che sono descritte, insieme alle successive situazioni D2, A5, A6, nel macrostato *Macro3*. Tali macrostati sono "esplosi" in Figura 7.77. Si noti come in *Macro3* la situazione di produzione forzata venga gestita attraverso la mancata terminazione del diagramma figlio *Produzione*: tale SFC si occupa della produzione e, quando il *main* si trova nello stato 10, continua le sue azioni sequenziali (ci troviamo dunque in una situazione di produzione forzata); non appena vengono raggiunti i 500 pezzi lavorati, il diagramma *Produzione* viene terminato e le azioni previste dagli stati A5 e A6 del GEMMA vengono eseguite negli stati 12, 13, 14, 15, 16 del diagramma SFC *main*.

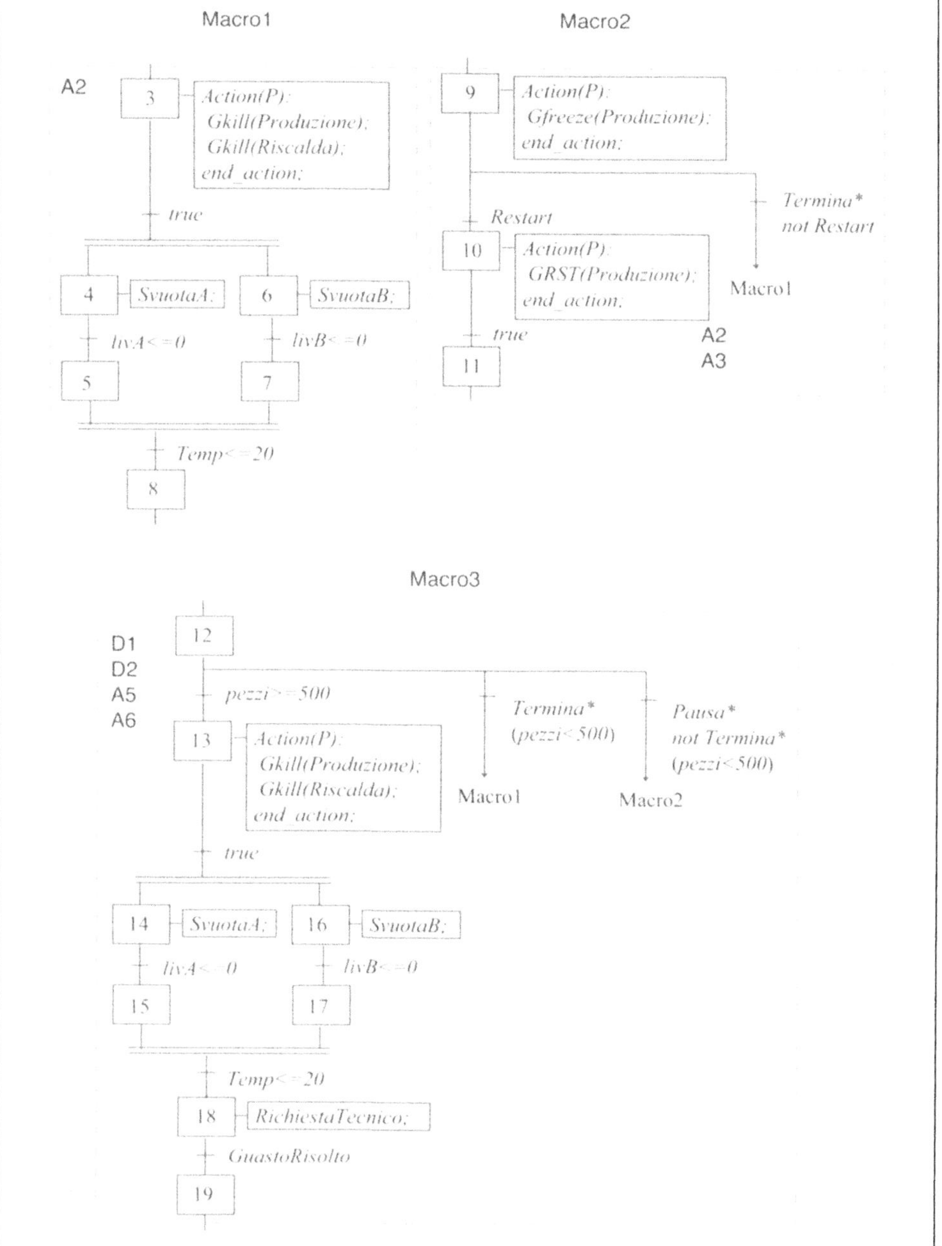

Figura 7.77 Macrostati *Macro1*, *Macro2* e *Macro3*.

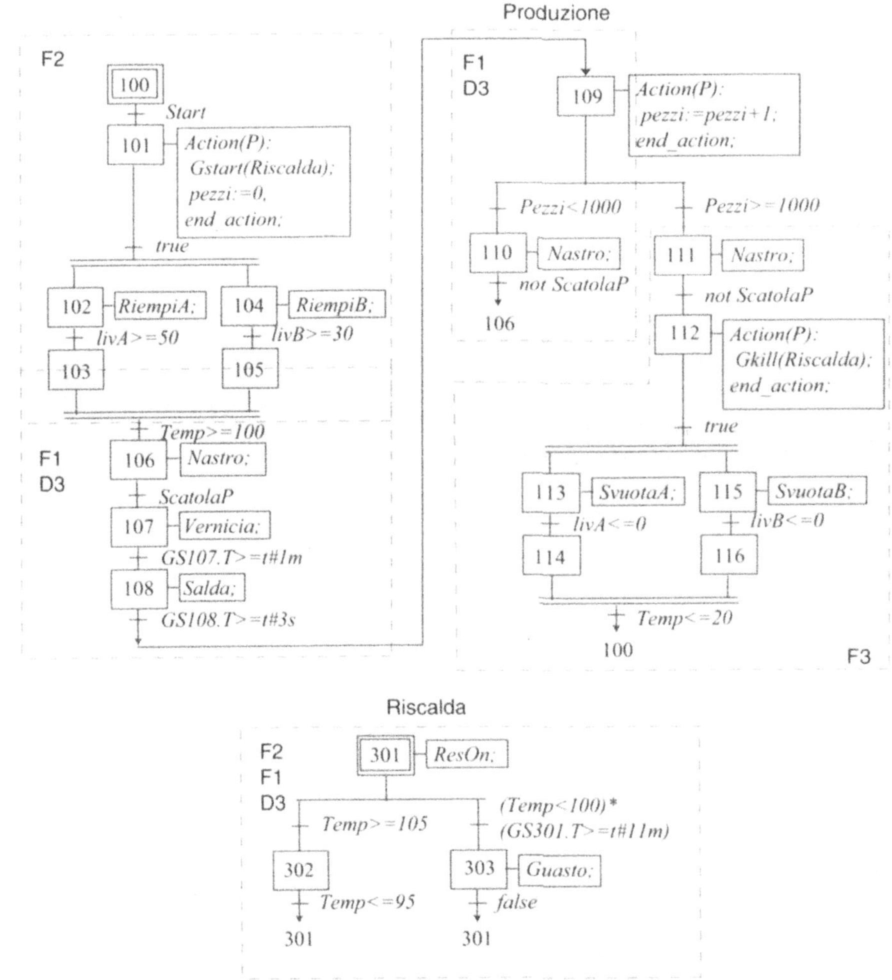

Figura 7.78 Diagrammi figli *Produzione* e *Riscalda.*

Il diagramma figlio *Produzione* è illustrato in Figura 7.78: si noti come vengano eseguite inizialmente le azioni previste dalla marcia di preparazione (stato F2 del GEMMA e stati 100 - 105 del diagramma *Produzione*). La gestione del riscaldamento, che deve essere avviata nello stato F2 e continuata durante la marcia di produzione, viene affidata a un ulteriore diagramma figlio *Riscalda.* In seguito il ciclo di operazioni descritte negli stati 106 - 110 rappresenta la marcia di produzione F1 e, nel caso di presenza di malfunzionamento con un numero di pezzi lavorati minore di 500, la marcia di produzione forzata. Si noti come lo stato 110 permetta al nastro di spostare la scatola appena realizzata: non appena il sensore segnala che la scatola realizzata non è più sul nastro, il ciclo di lavorazione può iniziare nuovamente dallo stato 106. La marcia di chiusura F3 è rappresentata dagli stati 111 - 115 e viene innescata dalla terminazione della produzione di 1000 pezzi (la gestione del riscaldamento viene disattivata terminando il figlio *Riscalda*).

Il segnale *Guasto* viene generato dal diagramma figlio *Riscalda* che gestisce il controllo di temperatura ed è attivo dall'inizio della marcia di preparazione e durante tutto il ciclo di marcia di produzione. La generazione di tale segnale avviene in maniera automatica utilizzando le informazioni a disposizione: sappiamo che, in condizioni nominali, la temperatura deve aumentare di 10°C al minuto se la resistenza per il riscaldamento è attivata. Se la temperatura non raggiunge i 100°C in 10 minuti dall'accensione della resistenza (questa situazione è identificata dalla permanenza nello stato 301, in cui la resistenza è attiva, per più di 11 minuti) si può sicuramente segnalare un malfunzionamento all'interno del sistema (attivando il segnale *Guasto*).

Esercizi

E7.1 Si vuole progettare il diagramma SFC per il controllo del ciclo di carico e scarico dei tre carrelli disegnati in Figura 1 in modo da evitare situazioni di pericolo (scontro tra carrelli); esistono infatti due incroci differenti: il primo condiviso dai carrelli A e B ed il secondo condiviso dai carrelli C e A oppure B. Di seguito sono elencate le specifiche di funzionamento.

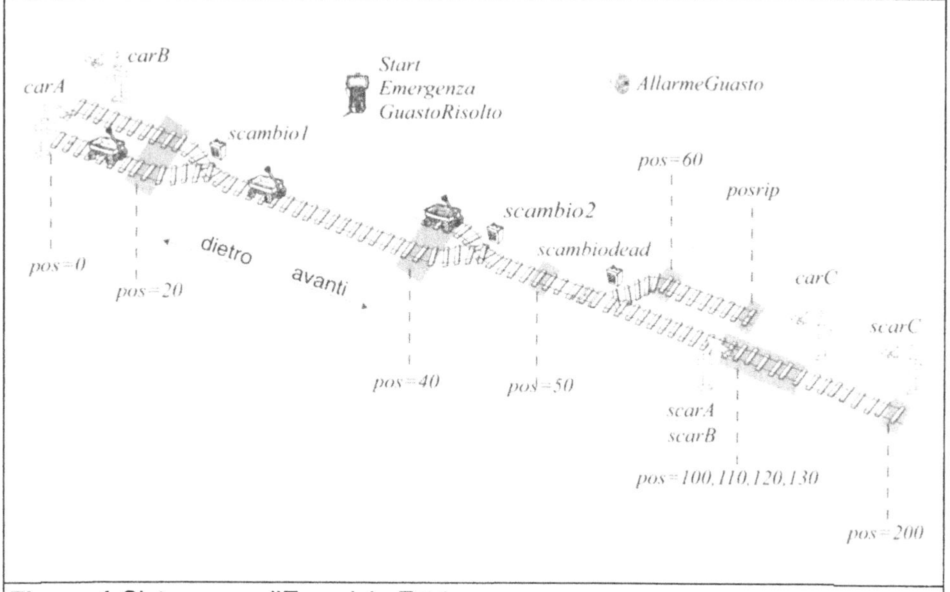

Figura 1 Sistema per l'Esercizio E7.1

- Un interruttore *Start* deve far partire il processo che deve essere fermato quando tale interruttore è spento: in questo caso devono essere portate a termine le operazioni di carico e scarico in corso e i carrelli devono tornare nella posizione iniziale.
- I sensori interi *posA*, *posB* e *posC* misurano la posizione dei carrelli. *posX=0* indica la zona di carico per i carrelli A e B; *posX=20* indica la zona di attesa per l'incrocio tra A e B. *posX=40* indica la posizione di attesa tra A o B e C; *posX=60* la zona di attesa per il binario dedicato alla manutenzione. Si ipotizzi che i carrelli A e B siano inizialmente in posizione *posA=0*, *posB=0*, mentre C sia in *posC=40*.
- I carrelli A e B devono essere caricati tramite gli attuatori *carA* e *carB*; i sensori *pienoA* e *pienoB* indicano che i carrelli sono pieni e possono partire verso la zona di scarico. Il prodotto trasportato deve essere scaricato in posizione *posX=100*, poi in *posX=110*, *posX=120* ed infine *posX=130*. Lo scarico avviene mediante gli attuatori *scarA* e *scarB*; i sensori *vuotoA* e *vuotoB* indicano che i carrelli sono vuoti e possono tornare indietro per essere nuovamente caricati.
- Dopo aver scaricato quattro prodotti (quindi dopo che A o B ha lasciato un prodotto in *posX=130*), deve entrare nella zona di scarico il carrello C che deve raccogliere i prodotti arrivando sino alla posizione *posC=140* ed attivando *carC* sino a che il sensore *pienoC* non si attiva. A questo punto il carrello C può andare sino alla posizione *posC=200* dove scaricare tutto attivando *scarC* sino all'attivazione del sensore *vuotoC*. Una volta scaricato, C può tornare indietro sino a *posC=40* permettendo ad A e B di iniziare a scaricare nuovamente prodotti.
- Gli attuatori *scambio1*, *scambio2* e *scambiodead* comandano gli scambi ferroviari nei diversi incroci. *scambio1* permette il passaggio del carrello A se vero oppure del carrello B se falso. *scambio2* permette il passaggio del carrello A o B se vero oppure del carrello C se falso. *scambiodead* permette il passaggio verso il binario dedicato alla manutenzione se vero, verso le zone di scarico/carico se falso.
- Deve essere opportunamente gestita una situazione di emergenza conseguente all'attivazione del comando *emergenza*: in questo caso il processo di carico e scarico deve essere immediatamente posto in pausa. Non appena il segnale di emergenza viene disattivato, il processo di carico e scarico può riprendere dal punto in cui era stato messo in pausa.
- I carrelli A e B possono guastarsi durante la fase di scarico: un guasto può essere diagnosticato se l'attuatore di scarico *scarX* rimane attivo per più di 2 minuti senza che il carrello sia vuoto. In tal caso il carrello guasto deve essere portato nel binario dedicato alla manutenzione per essere riparato mentre l'altro carrello deve continuare il suo lavoro: per fare questo occorre portare dietro il carrello guasto sino a *posX=50*, attivare il comando di scambio (attuatore *scambiodead*) e portare il carrello avanti sino alla zona di riparazione (sensore *posrip*). A questo punto gli altri carrelli sono liberi di accedere alla zona di scarico mentre deve essere attivata la spia di

allarme per guasto (segnale *AllarmeGuasto*). La riparazione del carrello guasto viene segnalata dall'attivazione da parte del tecnico del comando di guasto risolto *guastorisolto*. A questo punto la spia di allarme può essere disabilitata ed il carrello può tornare nella sua zona di carico per riprendere il proprio lavoro: si presti attenzione ad evitare i possibili scontri durante questa fase.

- Nel caso in cui si rompano entrambi i carrelli, il processo va immediatamente terminato e riavviato solo dopo l'attivazione del segnale di guasto risolto (si consideri in questo caso che tutti i carrelli siano stati riparati e riposizionati nelle rispettive zone di carico).

E7.2 Si vuole progettare il software di controllo sequenziale SFC per una linea di confezionamento di blister farmaceutici di Figura 2. La macchina è composta da un linea di montaggio a tre posizioni equidistanti e da tre stazioni di lavorazione: carico blister, posizionamento pillole nel blister, saldatura/scarico blister finiti. Di seguito sono elencate le specifiche di funzionamento.

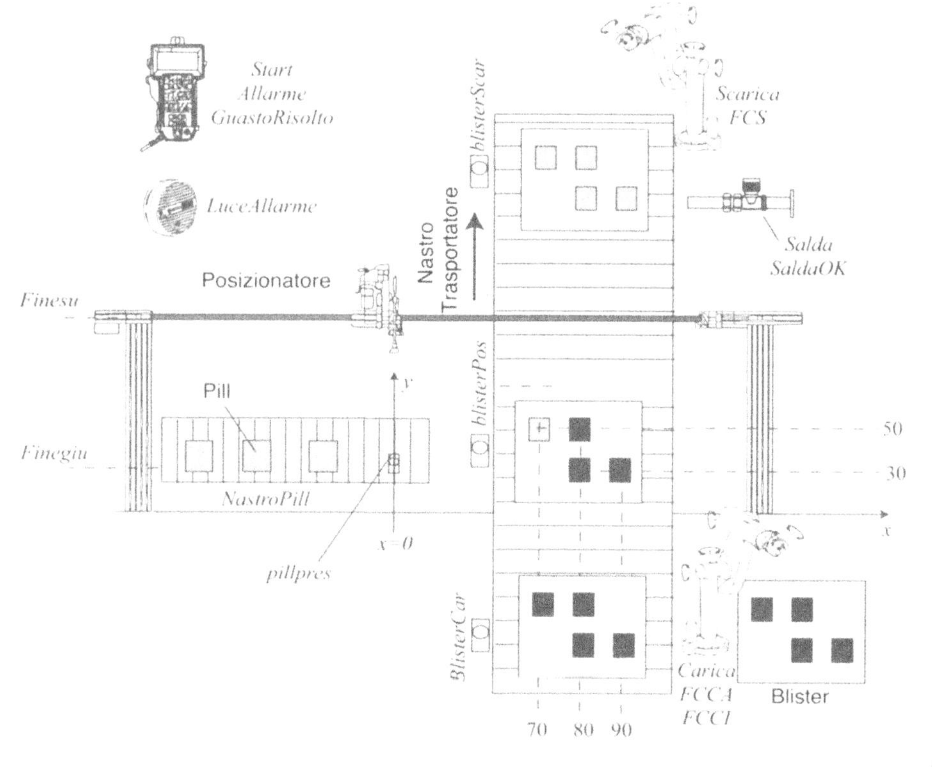

Figura 2 Sistema per l'Esercizio E7.2

- Il processo di lavorazione viene attivato da un pulsante *start*. Il funzionamento della linea permette di far lavorare contemporaneamente le tre stazioni: quando tutte le stazioni hanno terminato i loro compiti è possibile far traslare il nastro. I blister arrivano con cadenza irregolare e si deve prestare attenzione al fatto che non è assicurata la presenza di un blister da riempire o saldare in ogni stazione. Questa situazione non deve bloccare il funzionamento delle altre stazioni.
- **Stazione di carico blister**. A nastro fermo, se è presente un blister da caricare (sensore *blisterCar*), si deve attivare l'attuatore *carica* sino al fine corsa segnalato dal segnale *FCCA*. Tale attuatore, se non azionato, torna autonomamente nello stato iniziale tramite un meccanismo a molla; un blister si può considerare caricato sulla linea nel momento in cui l'attuatore ritorna al fine corsa nella posizione di riposo (sensore *FCCI*).
- **Stazione di posizionamento**. Tale stazione è composta da un manipolatore robotico per il pick and place delle pasticche e da un nastro lungo cui scorrono le pillole da posizionare. Se presente un blister nella stazione (sensore *blisterPos*), il manipolatore dovrà prelevare le pasticche dal nastro e posizionarle in maniera opportuna nel blister.
  - Il nastro che trasporta le pasticche (movimentato tramite il comando *nastroPill*) può scorrere indipendentemente dalla posizione del manipolatore; la presenza di una pasticca nella zona di carico (segnale *PillPres*) deve fermare il movimento del nastro che può riprendere non appena la presenza non è più segnalata (il manipolatore avrà preso la pasticca).
  - Il manipolatore robotico può essere movimentato tramite gli attuatori *A* (alto), *B* (basso), *avantiX* (avanti lungo x), *dietroX* (dietro lungo *x*), *avantiY* (avanti lungo *y*), *dietroY* (dietro lungo *y*) e tramite l'attuatore *pinza* che permette di afferrare la pillola; la posizione del manipolatore è da due sensori che forniscono le variabili intere *posX* (posizione lungo *x* tra 0 e 100) e *posY* (posizione lungo *y* tra 0 e 120) e da due sensori di finecorsa (*Finesu* e *Finegiu*) che segnalano gli estremi della posizione verticale. Inizialmente il manipolatore si trova in una posizione qualunque.
  - Il manipolatore può attendere una pasticca nella posizione *posX*=0, *posY*=0 e *Finegiu=true*; non appena questa è presente, si deve attivare l'attuatore *pinza* per 3 ms e movimentare la pinza verso l'alto (fino all'attivazione del sensore *Finesu*); ora, continuando ad attivare il comando di presa, si deve spostare la pillola verso il blister. Il manipolatore deve lasciare le pasticche (movimentando il blister verso il basso sino all'attivazione di *Finegiu* e disattivando l'attuatore *pinza*) nelle posizioni (*x*, *y*) pari a (70,50), (80,50), (80,30) e (90,30) in modo da riempire un blister con 4 pasticche (il manipolatore porterà una pasticca alla volta; l'ordine di posizionamento non è vincolante). Riempito il blister con le quattro pillole la stazione di posizionamento ha terminato la propria lavorazione.

- **Stazione di saldatura e scarico blister finiti**. In presenza di un blister in tale stazione (sensore *blisterScar*) si deve attivare la saldatura mediante il comando *salda* fino all'attivazione del sensore *saldaOK*. È ora possibile scaricare il blister finito mediante l'attuatore *scarica* (il sensore *FCS* segnala l'avvenuta evacuazione del blister).
- **Linea di trasporto blister**. Quando tutte le stazioni hanno terminato i loro compiti si può traslare la linea di trasporto (comando *Nastro*) sino a quando il sensore di allineamento *PosLav* diventa vero.
- Se il pulsante *start* viene disattivato occorre portare a termine le azioni di lavorazione in corso ed attendere una nuova riattivazione del pulsante per traslare la linea e riprendere la lavorazione.
- Un pulsante *Allarme* segnala una condizione di emergenza: il processo deve essere messo in pausa, deve essere attivato il comando *LuceAllarme* sino a quando *Allarme* non viene disattivato; il processo deve a questo punto riprendere dal punto in cui era stato messo in pausa.
- L'attuatore che provvede alla saldatura del blister può guastarsi: normalmente permette la saldatura in 8 secondi. In caso di guasto il processo deve continuare senza saldatura fino ad aver prodotto 10 blister non saldati. Dopo 10 blister non saldati il processo deve essere immediatamente fermato e deve essere attivato il comando *LuceAllarme*. Quando il guasto è stato risolto (il pulsante *GuastoRisolto* viene attivato dall'operatore) *LuceAllarme* deve essere disabilitato ed il processo può iniziare da capo se *start* è attivo.

E7.3 Si vuole controllare il sistema robotizzato per il packaging rappresentato in Figura 3. Il sistema è costituito da due nastri su cui scorrono i semilavorati, due manipolatori per trasferire i semilavorati dai nastri d'arrivo ad un nastro centrale condiviso, un ribaltatore a ventosa ed un macchinario/buffer per la stampa e l'espulsione del prodotto finito. Di seguito sono elencate le specifiche di funzionamento.

- I due manipolatori possono essere movimentati tramite gli attuatori *Avanti1* e *Avanti2*, *Dietro1* e *Dietro2* sino ai fine corsa avanti *FCA1*, *FCA2* (i manipolatori sono sopra il nastro centrale) e dietro *FCD1*, *FCD2* (i manipolatori sono sopra i nastri 1 e 2).
- I nastri 1 e 2 possono muoversi indipendentemente dalla posizione dei due manipolatori tramite gli attuatori *nastro1* e *nastro2*. La presenza di un semilavorato (sensori *pres1* e *pres2*) deve causare l'arresto del nastro per permetterne il trasferimento sul nastro centrale da parte di un manipolatore.
- I manipolatori aspettano un pezzo sopra il corrispondente nastro di arrivo 1 o 2; in presenza di un semilavorato possono afferrarlo tramite l'attuatore *afferra1* e *afferra2* e, dopo 3 ms, mantenendo l'attuatore attivato, trasportarlo sul nastro centrale. Disattivando l'attuatore *afferra1* o *afferra2*, il semilavorato può essere considerato scaricato dal manipolatore che può quindi tornare sopra il rispettivo nastro di arrivo. La presenza

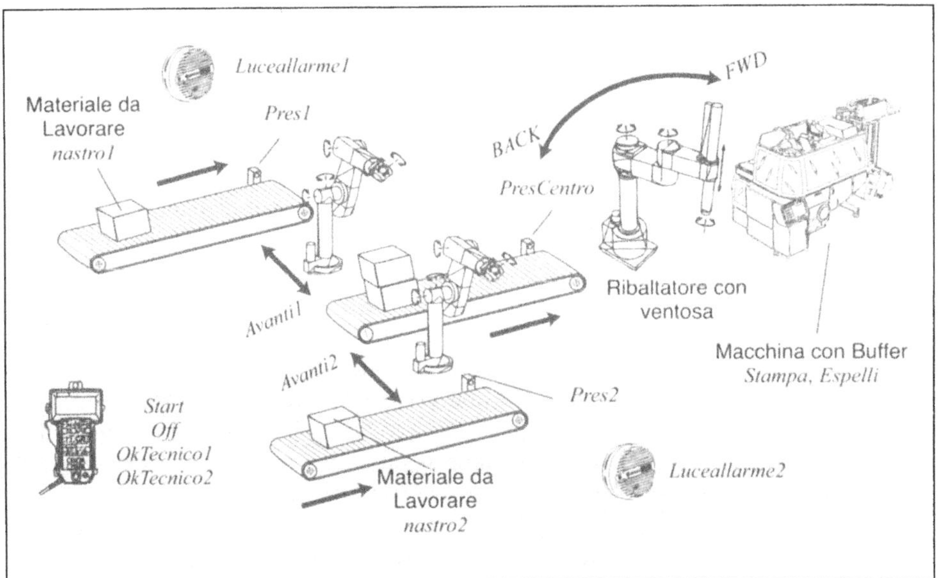

Figura 3 Sistema per l'Esercizio E7.3

contemporanea dei due manipolatori sopra il nastro centrare deve essere assolutamente evitata.

- I semilavorati che arrivano tramite i due nastri sono identici ed è necessario trasportare due semilavorati sul nastro centrale per formare un prodotto da confezionare: quando sul nastro centrale sono stati trasportati due semilavorati, occorre attivare il comando *salda* per 1s al fine di formare il prodotto confezionato. A questo punto è necessario trasportare il prodotto confezionato tramite il comando *nastroCentro* fino alla posizione rilevata dal sensore *PresCentro* dove verrà prelevato dal ribaltatore. Si noti che la presenza di un prodotto in *presCentro* permette ai manipolatori di lasciare nuovamente i semilavorati sul nastro centrale. Il confezionamento di un nuovo prodotto può tuttavia avvenire solo quando il precedente è stato preso dal ribaltatore (quindi solo se la fotocellula *presCentro* è disattiva).
- Il ribaltatore può funzionare indipendentemente dal resto del sistema: è possibile movimentarlo tramite gli attuatori *BACK* (verso il nastro centrale sino al fine corsa *FCBACK*) e *FWD* (verso il buffer/macchina per espulsione sino al fine corsa *FCFWD*). Il ribaltatore aspetta un pezzo confezionato nella posizione *FCFWD*: quando un prodotto è segnalato da *presCentro*, il ribaltatore si dirige verso *FCBACK*, afferra il prodotto tramite l'attuatore *ventosa* (3 ms per considerarlo afferrato) e, mantenendo attivo l'attuatore, lo trasporta all'ingresso della macchina per l'espulsione; se la macchina/buffer può accettare il prodotto, il ribaltatore disattiva la ventosa e può aspettare un nuovo prodotto da trasportare.

- La macchina per l'espulsione può lavorare indipendentemente dal resto del sistema. Può accettare nel suo buffer d'ingresso sino a cinque prodotti confezionati. In presenza di un prodotto nel buffer, la macchina deve attivare il comando *stampa* per 2m e successivamente il comando *espelli* per 1s. A questo punto il prodotto può essere considerato terminato e uscito dalla macchina.
- Il processo deve partire dopo l'attivazione del comando da operatore *start*. Inizialmente si devono portare i due manipolatori indietro, il ribaltatore all'ingresso della macchina di espulsione ed i nastri devono essere fermi.
- I nastri 1 e 2 possono guastarsi: normalmente un semilavorato viene trasportato in meno di un minuto. In caso di rottura di un nastro, il sistema deve continuare a lavorare utilizzando i semilavorati provenienti dall'altro nastro. In presenza di guasto deve essere attivata la segnalazione di allarme corrispondente (*luceallarme1* o *luceallarme2*). Il comando da utente *oktecnico1* o *oktecnico2* segnala la risoluzione del guasto e deve permettere al nastro fermato di riprendere il proprio lavoro. Nel caso in cui entrambi i nastri siano guasti, occorre fermare immediatamente e completamente il processo, attivare le segnalazioni corrispondenti ed attendere i segnali di *oktecnico1* e *oktecnico2*: in questo caso si dovrà poi ripartire con una inizializzazione se *start* è attivo.
- Il processo deve essere completamente fermato nel caso in cui il comando da operatore *off* sia premuto: si dovrà poi ripartire con una inizializzazione se *start* è attivo (non si consideri il comando *off* durante la fase di inizializzazione). Al fine di evitare problematiche di rimbalzo del pulsante *off*, tale comando deve essere accettato solo se rimane attivo per più di 2 secondi.

E7.4 Si vuole progettare il diagramma SFC per il controllo del lettore cd multiplo con sei dischi di Figura 4. Il carrello con la lente può spostarsi nelle diverse posizioni per eseguire i comandi dell'utente. Di seguito sono elencate le specifiche di funzionamento.

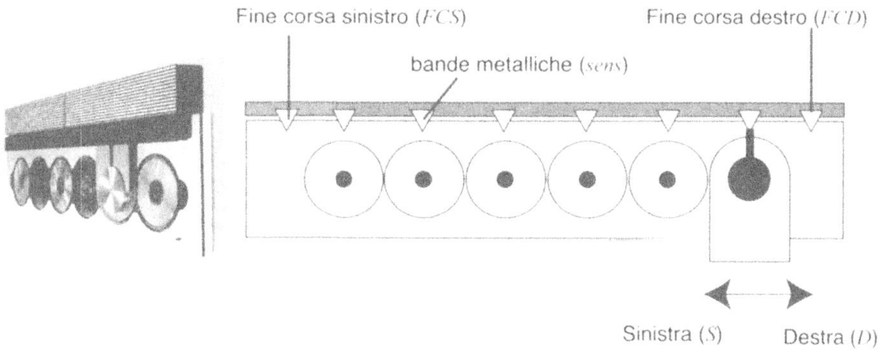

Figura 4 Sistema per l'Esercizio E7.4

- Il carrello può essere spostato a destra (attuatore *D*) e sinistra (attuatore *S*). Un sensore (*sens*) montato sul carrello permette di riconoscere il passaggio in corrispondenza delle sei posizioni di lettura. Due sensori *FCS* e *FCD* segnalano il il fine corsa sinistro e destro rispettivamente.
- Il funzionamento del lettore deve partire all'attivazione del comando *on*. Inizialmente il carrello si trova in una posizione casuale. Il funzionamento del lettore deve terminare all'attivazione del comando *off*. Prima di iniziare il funzionamento nominale del lettore cd deve essere effettuata la verifica di funzionalità delle sei barre magnetiche che permettono al sensore *sens* di funzionare. Se in questa fase viene rilevata la presenza di un malfunzionamento (mancato riconoscimento di una postazione di lettura) il funzionamento nominale non deve iniziare e deve essere accesa la luce di allarme (attuatore *LuceAllarme*) in attesa del comando di riparazione (segnale *oktecnico*).
- L'utente può scegliere il cd da ascoltare (e richiedere dunque il posizionamento del carrello) mediante la variabile di input intera *nuovo* che può assumere valori da 1 a 6. Se il valore di tale variabile richiede il riposizionamento del carrello, occorre muoverlo sino alla nuova posizione; una volta posizionato si deve attivare il comando di *spin* per 10ms in modo da avviare la rotazione del cd e, di seguito mantenendo il movimento di rotazione, attivare l'attuatore *lente* per iniziare la lettura. Il movimento del cd e la lettura vanno spenti quando l'utente richiede la lettura di un nuovo cd.
- Un pulsante di pausa (segnale *pausa*) permette all'utente di mettere in pausa il processo: la lente va disattivata e non devono essere accettati ulteriori comandi sino a che il pulsante *pausa* non viene disattivato; il processo può così continuare regolarmente.
- Occorre gestire dei possibili malfunzionamenti al motore del carrello: un guasto può essere rilevato se i comandi di movimento sono attivi per più di 5 secondi e nessun sensore viene incontrato. In questo caso il processo deve essere immediatamente terminato e deve essere accesa una luce di allarme (attuatore *LuceAllarme*). Il lettore verrà in questo modo portato in riparazione ed una volta riparato il guasto, l'attivazione del comando *oktecnico* deve far iniziare da capo il funzionamento.

E7.5 Si vuole controllare il sistema flessibile di produzione per l'industria chimica (Figura 5) in cui possono essere realizzate ed imbottigliate quattro possibili ricette dello stesso prodotto. Di seguito sono elencate le specifiche di funzionamento.

- L'operatore può decidere la ricetta utilizzando il segnale *Ricetta*={0, 1, 2, 3, 4}. Il valore 0 indica che non deve essere prodotto nulla, mentre un valore pari a 1, 2, 3 o 4 indica il numero della ricetta da produrre. La ricetta i-esima deve essere prodotta nel relativo reattore i-esimo utilizzando i composti base immagazzinati nelle cisterne A e B e l'additivo i-esimo. Si consiglia di utilizzare una variabile ausiliaria per memorizzare le richieste dell'operatore ed evitare di sovrascriverle a metà della produzione.

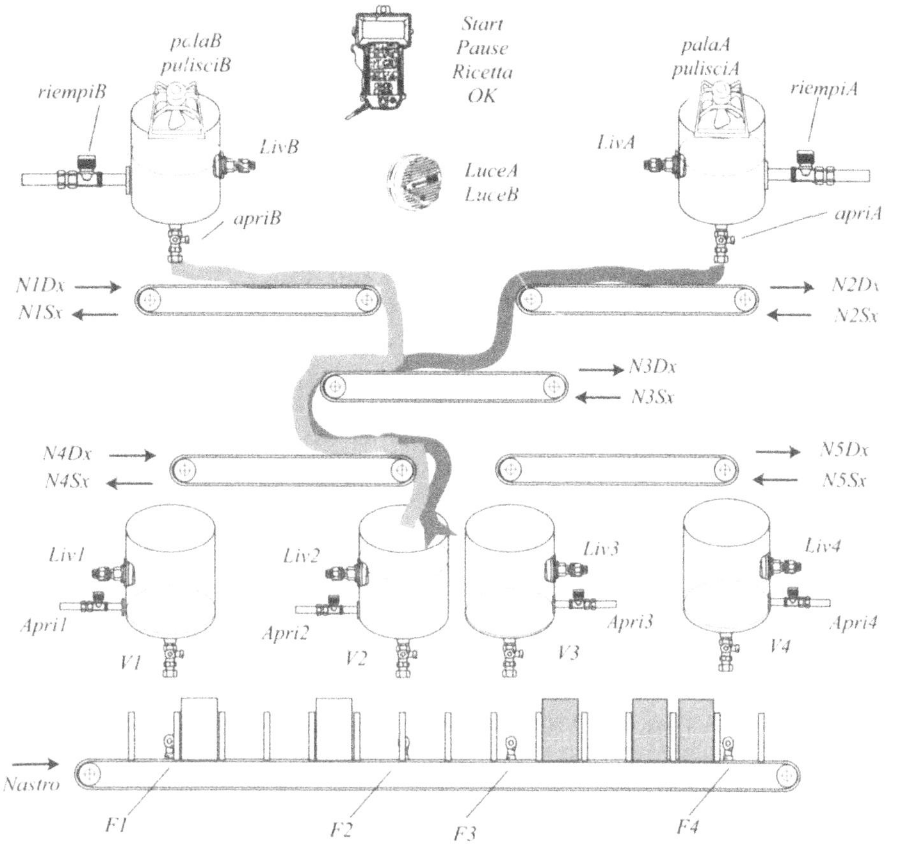

Figura 5 Sistema per l'Esercizio E7.5

- Le operazioni da eseguire per preparare il composto ed imbottigliarlo sono di seguito descritte.
  - Versare contemporaneamente i reagenti contenuti nelle cisterne *A* e *B* mediante gli attuatori *apriA* e *apriB* rispettivamente per 2m e 3m continuando a miscelare (attuatori *palaA* e *palaB*). Mentre vengono versati, i reagenti devono essere trasportati nel reattore giusto mediante cinque nastri trasportatori; tali nastri possono essere movimentati verso destra o sinistra mediante i comandi *N1Dx*, *N1Sx*, *N2Dx*, *N2Sx*, *N3Dx*, *N3Sx*, *N4Dx*, *N4Sx*, *N5Dx*, *N5Sx*. Se entrambi i comandi di un nastro sono resettati, il nastro è fermo; è proibito settare entrambi i comandi di un nastro. Una volta chiusa la valvola di una cisterna, occorrono ulteriori 30s per permettere al materiale depositato sui nastri di fluire completamente nel reattore. A questo punto occorre fermare tutti i nastri.

  - Appena uno dei due reagenti è stato completamente versato, occorre immediatamente pulire la cisterna (attuatori *pulisciA* o *pulisciB*) per 1m e, successivamente, riempire nuovamente la cisterna (attuatori *riempiA* o *riempiB*) fino a che il corrispettivo sensore (*LivA* o *LivB*) si attiva. Durante l'operazione di riempimento occorre miscelare il reagente (attuatori *palaA* o *palaB*).
  - Non appena i reagenti A e B sono stati completamente immessi nel reattore corretto (non si deve assolutamente attendere che siano finite le operazioni di pulitura e riempimento che possono continuare contemporaneamente alla fase finale di miscelatura ed imbottigliamento) si deve introdurre l'addittivo i-esimo a seconda della ricetta richiesta mediante il giusto attuatore *Apri1*, *Apri2*, *Apri3* o *Apri4*, fino a che il corrispettivo sensore *Liv1*, *Liv2*, *Liv3* o *Liv4* non segna il livello 100.
  - A questo punto è possibile iniziare le operazioni di imbottigliamento. Occorre attivare il nastro trasportatore *Nastro* fino a che la bottiglia è posizionata sotto il rubinetto corretto a seconda della ricetta (fotocellule *F1*, *F2*, *F3* o *F4*). Successivamente si deve fermare il nastro trasportatore e riempire la bottiglia (mediante l'elettrovalvola *V1*, *V2*, *V3* o *V4* per 10s).
  - Il nastro è dotato di paratie di separazione per evitare il ribaltamento delle bottiglie. Tali paratie vengono rilevate dalle fotocellule e devono essere distinte dalle bottiglie; è possibile che tra due paratie non sia presente una bottiglia. Il nastro, se attivo, si muove alla velocità costante di 1m/s e la distanza tra due paratie è di 30cm. Si supponga che inizialmente il nastro sia fermo con la fotocellula tra due paratie senza una bottiglia tra di esse.
  - Dopo aver miscelato e imbottigliato il composto, quando il livello del reattore i-esimo (sensori *Liv1*, *Liv2*, *Liv3* o *Liv4*) è minore di 5 e sono terminate le operazioni di pulizia e riempimento delle cisterne A e B, è possibile iniziare la preparazione di una nuova ricetta.
- Il pulsante *Start* indica la possibilità di iniziare il procedimento di preparazione ed imbottigliamento del composto; il processo di miscelazione deve essere invece fermato quando tale interruttore è spento: in questo caso devono essere portate a termine le operazioni che erano state intraprese e, solo in seguito, il processo deve essere fermato.
- All'accensione della macchina e ad ogni rientro dopo manutenzione occorre inizializzare il sistema riempiendo le cisterne A e B (attuatori *riempiA* e *riempiB* fino all'attivazione dei sensori *LivA* e *LivB*) sempre mantenendo le pale in movimento (attuatori *palaA* e *palaB*). Per semplicità si consideri che gli attuatori *riempiA* e *riempiB* non possano guastarsi durante la fase di inizializzazione.
- Gli attuatori *riempiA* e *riempiB* possono guastarsi durante il funzionamento e non immettere più liquido. In condizioni nominali il riempimento di una cisterna richiede 3m. In caso di guasto deve essere acceso il led di

allarme (*LuceA* o *LuceB*) e occorre continuare normalmente la produzione utilizzando un solo reagente. Solo in caso di un successivo guasto all'altro attuatore deve essere acceso anche il secondo led di allarme ed il processo va completamente bloccato. L'intervento del tecnico (possibile solo in caso di doppio guasto) viene segnalato tramite il comando *OK*.
- Il processo può essere messo in pausa mediante il comando *Pause* e deve essere riavviato da dove si è interrotto quando si disattiva tale comando.

Soluzioni e ulteriori esercizi sul sito www.ateneonline.it/bonivento

Bibliografia ragionata

Testi didattici che trattano il linguaggio SFC da un punto di vista prettamente informatico/progettistico sono [1], [2] e [3]. Per quanto riguarda la norma IEC 61131-3 è indispensabile citare [4] che illustra i fondamenti di tale standard. È inoltre possibile consultare lo standard vero e proprio [5].

Due testi piuttosto recenti, in lingua francese, che si occupano in maniera mirata di programmazione di controlli logico/sequenziali tramite GRAFCET e di progettazione strutturata mediante il formalismo GEMMA sono [6] e [7].

Concludiamo accennando che, in ambito scientifico, la tendenza attuale per quanto riguarda lo studio di formalismi per la descrizione dei processi produttivi industriali è rivolta all'esplorazione di strumenti mutuati dall'ingegneria del software quali UML ([8]) e la sua controparte, orientata alla descrizione dei sistemi, SysML ([9]).

[1] F. Bonfatti, P. D. Monari, U. Sampieri, *IEC 1131-3 Programming Methodology*, ISBN 295115850-5, CJ International, Seyssins, 1997.
[2] F. Bonfatti, G. Gadda, P. D. Monari, *Programmazione di software PLC secondo lo standard IEC 61131-3*, ISBN 883711458-3, Pitagora Editrice Bologna, Bologna, 2004.
[3] P. Chiacchio, F. Basile, *Tecnologie informatiche per l'automazione, seconda edizione*, ISBN 883866147-2, McGraw-Hill, Milano, 2004.
[4] R. W. Lewis, *Programming Industrial Control Systems Using IEC 1131-3*, ISBN 085296950-3, IEE Control Engineering Series, London, 1998.
[5] Standard IEC 61131-3, *Programmable controllers - Part 3: Programming languages*, IEC, Ginevra, 2003.
[6] S. Moreno, E. Peulot, *Le GRAFCET: Conception, Implantation dans les Automates Programmables Industriels, 2rd ed.*, ISBN 271351640-4, Editions Casteilla, Saint-Quentin Yvelines Cedex, 2002.
[7] S. Moreno, E. Peulot, *Le GEMMA: Modes de marches et d'arrêts, Grafcet de coordination des tâches, Conception des Systèmes Automatisés de Production sûrs, 3nd ed.*, ISBN 271351752-4, Editions Casteilla, Saint-Quentin Yvelines Cedex, 2002.

[8] J.T. Roff, *Fondamenti di UML*, ISBN 883864340-7, McGraw-Hill, Milano, 2003.

[9] SysML Merge Team, *Systems Modeling Language (SysML) specification*, `http://www.omg.org/cgi-bin/doc?ad/06-02-01`, 2006.

8

Modellistica, analisi e controllo mediante sistemi a eventi discreti

Questo capitolo introduce il lettore allo studio della classe dei sistemi a eventi discreti attraverso l'analisi dei principali modelli matematici che possono essere utilizzati per descriverli. Si parla in particolare di linguaggi e automi e, in maniera più approfondita, di reti di Petri. Per queste ultime strutture sono fornite le principali definizioni e alcune linee guide su come utilizzarle per modellare i sistemi fisici e in particolare i processi di produzione industriale. Si presentano poi proprietà e tecniche di analisi per le reti di Petri insieme ai concetti fondamentali per il loro controllo. Il capitolo si chiude con una breve discussione sul rapporto esistente tra reti di Petri e software per il controllo logico, proponendo alcune idee su come queste possano essere tradotte nei linguaggi introdotti dalla norma IEC 61131-3.

8.1 Sistemi pilotati dal tempo e sistemi a eventi discreti

La definizione di **sistema** fornita dal IEEE Standard Dictionary of Electrical and Electronic Terms è la seguente: "insieme di componenti che cooperano per realizzare una funzionalità impossibile da realizzare da ciascuna delle parti separatamente". Modellare un sistema fisico significa formalizzare il suo comportamento in modo da renderlo riproducibile.

Un sistema interagisce con l'ambiente che lo circonda mediante un insieme di variabili misurabili: alcune di queste possono essere manipolate e sono definite **variabili di ingresso**, altre non possono essere modificate e possono solo essere misurate per registrare l'effetto dell'ambiente sul sistema; definiamo queste ultime come **variabili di uscita**.

Matematicamente indichiamo l'insieme delle p variabili di ingresso con il vettore di funzioni temporali $\mathbf{u}(t)$

$$\mathbf{u}(t) = [\ u_1(t) \quad \dots \quad u_p(t)\ ]^{\mathrm{T}}$$

e l'insieme delle m variabili di uscita con il vettore $\mathbf{y}(t)$

$$\mathbf{y}(t) = [\ y_1(t) \quad \dots \quad y_m(t)\ ]^{\mathrm{T}} \ .$$

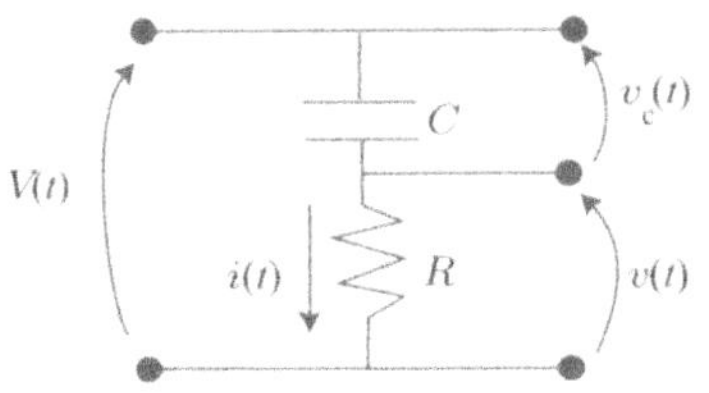

Figura 8.1 Un semplice circuito RC.

Modellare il sistema significa trovare delle relazioni tra $\mathbf{u}(t)$ e $\mathbf{y}(t)$ del tipo

$$\mathbf{y}(t) = [\ g_1(u_1, \ldots, u_p) \quad \ldots \quad g_m(u_1, \ldots, u_p)\ ]^{\mathrm{T}} = \mathbf{g}(\mathbf{u}(t))\ .$$

Se le funzioni g_i $(i = 1, \ldots, m)$ sono algebriche il sistema si dice **statico** e le uscite a un dato istante dipendono solo dal valore degli ingressi al medesimo istante. Solitamente, per sistemi fisici, questo non è vero e le relazioni ingresso-uscita sono di tipo differenziale. Un sistema **dinamico** è un sistema in cui le uscite dipendono dai valori passati e presenti degli ingressi. In questo caso conviene introdurre un ulteriore insieme di variabili dette **variabili di stato** che servono a descrivere la storia passata del sistema; l'insieme di tal variabili è definito con il vettore

$$\mathbf{x}(t) = [\ x_1(t) \quad \ldots \quad x_n(t)\ ]^{\mathrm{T}}\ .$$

Le variabili di stato di un sistema a un certo istante $\bar{t}$ racchiudono l'informazione necessaria al medesimo istante affinché l'uscita $\mathbf{y}(t)$ sia univocamente definita da $\mathbf{u}(t)$ per $t \geq \bar{t}$.

L'insieme di equazioni dinamiche che descrivono l'evoluzione delle variabili di stato $\mathbf{x}(t)$ per ogni $t \geq \bar{t}$, noto $\mathbf{x}(\bar{t})$ e $\mathbf{u}(t)$ $(t \geq \bar{t})$, sono dette **equazioni di stato** ed hanno la seguente forma

$$\frac{d\mathbf{x}(t)}{dt} = \dot{\mathbf{x}}(t) = \mathbf{f}(\mathbf{x}(t), \mathbf{u}(t), t) \qquad \mathbf{x}(\bar{t}) = \bar{\mathbf{x}}\ ,$$

dove $\mathbf{f}$ è un vettore di funzioni vettoriali opportunamente definite.

Le variabili di uscita possono essere legate algebricamente a stato e uscita mediante l'**equazione di uscita**

$$\mathbf{y}(t) = \mathbf{h}(\mathbf{x}(t), \mathbf{u}(t), t)\ ,$$

dove $\mathbf{h}$ è un vettore di funzioni vettoriali opportunamente definite.

Esempio 8.1 Un classico esempio di sistema dinamico è il circuito RC riportato in Figura 8.1, in cui si assume che l'ingresso sia la tensione $V(t)$ ai capi dei morsetti e l'uscita la tensione $v(t)$ ai capi della resistenza R. Il condensatore C introduce la componente dinamica del sistema; infatti, istante per istante, la corrente $i(t)$ che lo attraversa dipende dalla carica accumulata nel tempo in seguito alla variazione di tensione ai suoi capi $v_c(t)$, ovvero

$$i(t) = C\frac{dv_c(t)}{dt} .$$

Al contrario la resistenza è un componente statico in quanto la tensione ai suoi capi dipende istantaneamente dalla corrente che lo attraversa secondo la legge di Ohm

$$v(t) = Ri(t) .$$

Infine la tensione $v(t)$ ai capi della resistenza è data dalla differenza tra la tensione di ingresso V e la tensione ai capi del condensatore $v_c(t)$

$$v(t) = V(t) - v_c(t) .$$

Combinando le leggi fisiche appena descritte si ottiene che

$$\begin{aligned} C\frac{dv_c(t)}{dt} &= \frac{V(t) - v_c(t)}{R} \\ v(t) &= V(t) - v_c(t) ; \end{aligned}$$

la variabile di stato del sistema risulta essere la tensione ai capi del condensatore $x(t) = v_c(t)$, inoltre, $u(t) = V(t)$ e $y(t) = v(t)$. Il modello del sistema risulta essere

$$\begin{aligned} \dot{x}(t) &= -\frac{1}{RC}x(t) + \frac{1}{RC}u(t) \\ y(t) &= -x(t) + u(t) . \end{aligned}$$

Dato un sistema del tipo

$$\begin{aligned} \dot{\mathbf{x}}(t) &= \mathbf{f}(\mathbf{x}(t), \mathbf{u}(t), t) \qquad \mathbf{x}(0) = \mathbf{x}_0 \\ \mathbf{y}(t) &= \mathbf{g}(\mathbf{x}(t), \mathbf{u}(t), t) , \end{aligned}$$

selezionata una particolare funzione di ingresso $\mathbf{u}(t) = \overline{\mathbf{u}(t)}$, si ottiene una soluzione particolare dell'equazione di stato $\overline{\mathbf{x}(t)}$ detta **traiettoria di stato** e una soluzione dell'equazione di uscita $\overline{\mathbf{y}(t)}$ detta **traiettoria di uscita**.

Il modello del sistema racchiude tutte le possibili traiettorie di stato e uscita corrispondenti a tutte le condizioni iniziali e funzioni di ingresso ammissibili. In Figura 8.2 è mostrata una possibile traiettoria di stato e di uscita del sistema RC di Figura 8.1 per condizioni iniziali $v_c(0) = 1$ V e ingresso $V(t) = 0.2\sin(t)$ V.

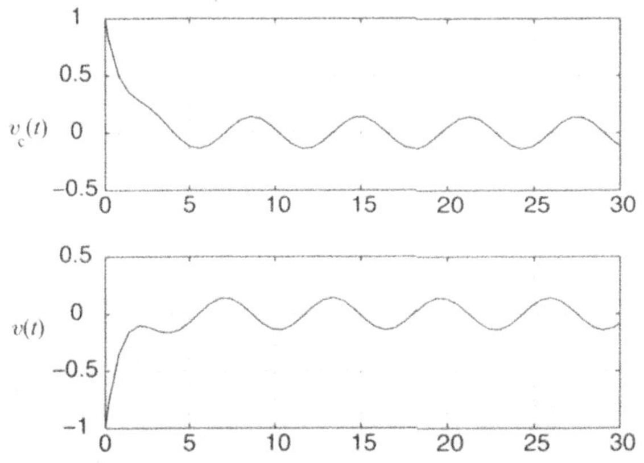

Figura 8.2 Possibile traiettoria di stato e di uscita del circuito RC di Figura 8.1.

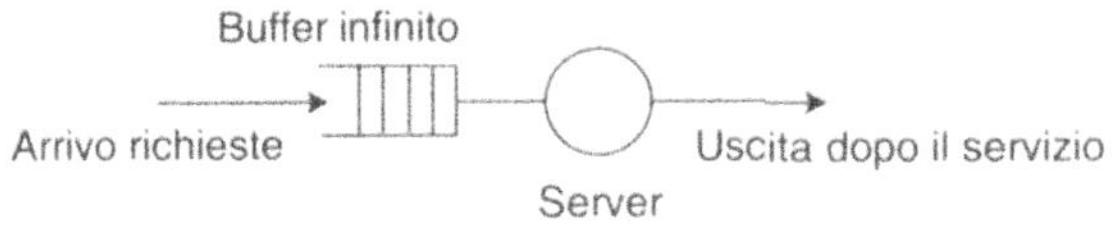

Figura 8.3 Sistema client-server con buffer infinito.

Come è semplice intuire le traiettorie di questo tipo di sistemi sono funzioni del tempo e variano in maniera continua nel tempo; per questo motivo si dice che le dinamiche sono **pilotate dal tempo.**[1]

Consideriamo ora un sistema client-server come quello raffigurato in Figura 8.3. I client richiedono servizi al server e le loro richieste vengono memorizzate in un buffer a capacità infinita. Il server fornisce un servizio alla volta gestendo in maniera first in-first out il buffer. Quando inizia un servizio il server da libero diventa occupato e la richiesta esaudita viene cancellata dalla coda; al termine del servizio il server torna libero.

Per descrivere tale sistema una rappresentazione matematica come quella fin qui illustrata è inadeguata. Lo stato di tale sistema può essere descritto da un numero naturale che rappresenta il numero di clienti in attesa di servizio nel buffer e dallo stato del server che può essere libero (simbolo I) se non sta svolgendo nessun servizio oppure occupato (simbolo B); pertanto lo stato globale può assumere solo valori contenuti in un insieme discreto

$$X = \{I; B\} \times \mathbb{N} .$$

[1]Nel caso di sistemi digitali le variabili di stato, ingresso e uscita possono variare solo a istanti discreti definiti da un clock; pertanto le traiettorie sono delle sequenze temporali. Tuttavia le dinamiche sono anche in questo caso pilotate dal tempo anche se non in maniera continua.

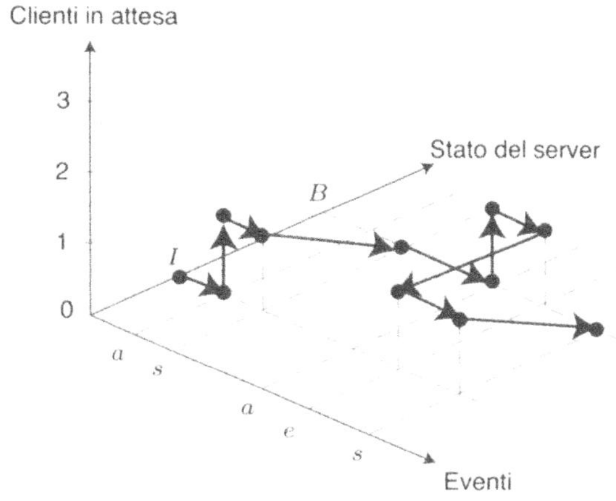

Figura 8.4 Possibile traiettoria di stato per il sistema client-server con buffer infinito.

Inoltre la variazione di stato si ha solo nei seguenti casi:

- arrivo di una richiesta di servizio e ingresso del client in coda (simbolo a);
- inizio di servizio e uscita del client dalla coda (simbolo s);
- termine del servizio (simbolo e).

Anche le entità che fanno cambiare stato al sistema appartengono pertanto a un insieme discreto

$$E = \{a; s; e\} \ ;$$

tali entità sono dette **eventi** e le dinamiche del sistema sono dette **pilotate da eventi**. In Figura 8.4 è rappresentata la traiettoria di stato del sistema di Figura 8.3 per condizioni iniziali "buffer vuoto e server libero" in seguito alla sequenza di eventi $asaes$ rappresentati su un asse ordinato secondo il tempo. Come si può notare l'arrivo di una richiesta (evento a) aumenta di un'unità la variabile di stato che rappresenta il numero di client in coda, l'inizio di un servizio (evento s) modifica la variabile di stato del server da libero a occupato e diminuisce di un'unità la variabile di stato che rappresenta il numero di client in coda mentre la fine del servizio (evento e) riporta la variabile di stato del server da occupato a libero. Si noti come l'informazione temporale, legata all'istante di occorrenza degli eventi, sia ora diventata puramente accessoria: la sola informazione necessaria è l'ordinamento temporale degli eventi. Sistemi di questo tipo sono detti **sistemi a eventi discreti**. I sistemi a eventi discreti sono caratterizzati dalle seguenti due proprietà fondamentali:

1. lo spazio degli stati è un insieme discreto;
2. le dinamiche di stato sono pilotate da eventi.

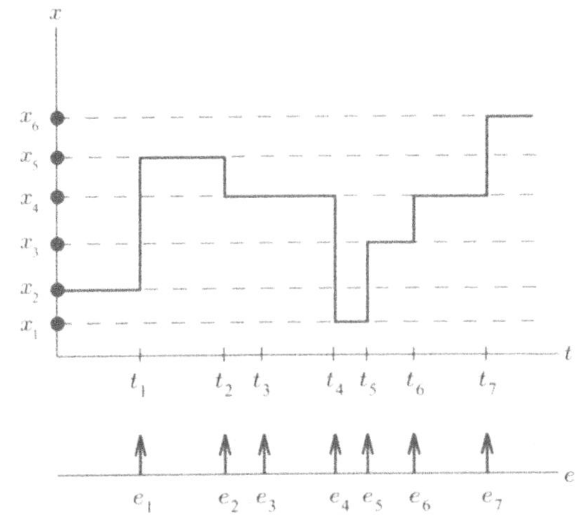

Figura 8.5 Possibile evoluzione di un sistema a eventi discreti.

Esattamente come una particolare evoluzione di un sistema pilotato dal tempo è completamente descritta da una traiettoria di uscita, un'evoluzione di un sistema a eventi discreti è descritta da una sequenza di eventi. Consideriamo per esempio l'evoluzione di Figura 8.5; se lo stato iniziale x_2 è noto e il sistema ha un comportamento noto e deterministico, la sequenza temporale di eventi

$$(e_1, t_1)(e_2, t_2)(e_3, t_3)(e_4, t_4)(e_5, t_5)(e_6, t_6)(e_7, t_7)$$

ha lo stesso contenuto informativo della traiettoria di stato disegnata. Se poi l'informazione temporale non è di interesse, la particolare evoluzione in esame è descritta completamente dalla sequenza di eventi

$$e_1 e_2 e_3 e_4 e_5 e_6 e_7 \ .$$

Se pensiamo all'insieme E, contenente tutti gli eventi che possono occorrere nel sistema, come a un insieme di simboli (**alfabeto**), la sequenza $e_1 e_2 e_3 e_4 e_5 e_6 e_7$ è una **stringa** e l'insieme di tutte le possibili evoluzioni del sistema è un **linguaggio**. Nel caso in cui l'informazione temporale non possa essere trascurata perché di interesse per l'analisi del comportamento del sistema (per esempio perché vogliamo studiare problematiche riguardo i tempi di permanenza in un certo stato, il rispetto di certe deadline temporali, ecc.) le stringhe del linguaggio sono sequenze temporali del tipo $s = (e_1, t_1)(e_2, t_2)(e_3, t_3)\ldots$ e il linguaggio è detto **linguaggio temporale**. Infine assumendo che gli istanti di occorrenza degli eventi non siano variabili deterministiche, ma variabili aleatorie con una distribuzione di probabilità definita su di esse, il linguaggio è detto **linguaggio temporale stocastico**. Pertanto i sistemi a eventi discreti possono essere descritti utilizzando tre livelli di astrazione:

1. **logico** se l'interesse è posto solo sull'ordine di occorrenza degli eventi;
2. **temporale** se l'interesse è sia sull'ordine degli eventi che sul loro istante di occorrenza;
3. **stocastico** se assumiamo che il sistema non si comporti in maniera deterministica e siamo interessati a studiarlo in termini probabilistici.

I linguaggi sono un formalismo e uno strumento logico-matematico molto potente, ma sono difficilmente manipolabili dato che possono essere descritti solo elencando in maniera esaustiva tutte le stringhe che ne fanno parte. Di seguito, dopo aver ricordato le principali definizioni e caratteristiche dei linguaggi, ci soffermeremo su formalismi che permettono, in maniera grafica e compatta, di rappresentare alcune classi di linguaggi definendo una particolare **grammatica** sull'alfabeto degli eventi.

8.2 Linguaggi e automi

Dato un insieme finito di eventi E detto **alfabeto**, un **linguaggio** definito su di esso è un insieme, in generale a cardinalità infinita, di **stringhe** composte da simboli dell'alfabeto. L'operazione attraverso la quale avviene la costruzione di stringhe è la **concatenazione** di eventi; per esempio dato l'alfabeto $E = \{e_1, e_2, e_3\}$ la stringa $s_1 = e_1e_2$ è ottenuta concatenando l'evento e_2 all'evento e_1, mentre la stringa $s_2 = e_1e_2e_3$ si ottiene concatenando l'evento e_3 con la stringa s_1. Data la stringa s_2, la stringa e_1e_2 è un prefisso, e_2e_3 è un suffisso e e_2 è una sottostringa. La lunghezza di una stringa s, indicata con $|s|$, è il numero di eventi che compongono la stringa contando anche le occorrenze multiple. L'elemento identità dell'operazione di concatenazione è la **stringa vuota** indicata con il simbolo ε ($s_1\varepsilon = \varepsilon s_1 = s_1$); per definizione $|\varepsilon| = 0$, inoltre ε è prefisso, suffisso e sottostringa di ogni stringa.

Dato un insieme finito di eventi $E = \{e_1, e_2, e_3\}$, la **chiusura di Kleene** di E (indicata con il simbolo $E^\star$) è l'insieme numerabile di cardinalità infinita contenente tutte le possibili stringhe di lunghezza arbitraria ottenute mediante concatenazione di elementi di E:

$$E^\star = \{\varepsilon, e_1, e_2, e_3, e_1e_1, e_1e_2, e_1e_3, e_2e_1, e_2e_2, e_2e_3, e_3e_1, e_3e_2, e_3e_3, \ldots\} \ .$$

Dato un linguaggio L definito su un alfabeto E, vale la proprietà

$$L \subseteq E^\star \ ;$$

un linguaggio su E potrebbe essere definito come

$$L = \{\varepsilon, e_1, e_2e_1\} \ ,$$

oppure

$$L = \{\text{tutte le stringhe che iniziano con l'evento } e_1\} \ .$$

Dato che i linguaggi sono insiemi, sono definite le usuali operazioni di insiemistica come unione, intersezione, differenza e complemento rispetto a $E^\star$. Sono inoltre definite altre operazioni specifiche per linguaggi quali concatenazione, chiusura ai prefissi e chiusura di Kleene. Il risultato dell'operazione di **concatenazione** di due linguaggi $L_a, L_b \subseteq E^\star$ è l'insieme

$$L_a L_b := \{s \in E^\star \text{ tale che } (s = s_a s_b) \text{ con } (s_a \in L_a) \text{ e } (s_b \in L_b)\} \ ,$$

ovvero il linguaggio in cui tutte le stringhe sono concatenazione di una stringa di L_a con una stringa di L_b. L'operazione di **chiusura rispetto ai prefissi** fornisce come risultato il linguaggio $\overline{L}$ contente tutti i prefissi di tutte le stringhe di L

$$\overline{L} := \{s \in E^\star : \exists t \in E^\star (st \in L)\} \supseteq L \ .$$

Se $L = \overline{L}$, si dice che il linguaggio L è chiuso rispetto ai prefissi. Infine si definisce **chiusura di Kleene di un linguaggio** L il linguaggio

$$L^\star := \{\epsilon\} \cup L \cup LL \cup LLL \cup \cdots \ ,$$

ovvero il linguaggio contenente stringhe formate dalla concatenazione di un numero arbitrariamente grande di stringhe di L.

Se per esempio abbiamo l'insieme degli eventi $E = \{e_1, e_2, e_3\}$ e i linguaggi $L_1 = \{\varepsilon, e_1 e_2\}$ e $L_2 = \{e_3\}$ si ha

$$\begin{aligned} L_1 L_2 &= \{e_3, e_1 e_2 e_3\} \ , \\ L_2 L_1 &= \{e_3, e_3 e_1 e_2\} \ , \\ \overline{L_1} &= \{\varepsilon, e_1, e_1 e_2\} \ , \\ \overline{L_2} &= \{\varepsilon, e_3\} \ , \\ L_1^\star &= \{\varepsilon, e_1 e_2, e_1 e_2 e_1 e_2, \ldots\} \ , \\ L_2^\star &= \{\varepsilon, e_3, e_3 e_3, e_3 e_3 e_3, \ldots\} \ . \end{aligned}$$

Un linguaggio è dunque un metodo formale per rappresentare il comportamento di un sistema a eventi discreti enumerando tutte le possibili stringhe di eventi che il sistema può generare. Occorre ora individuare, laddove possibile, un formalismo compatto e intuitivo che rappresenti un **generatore del linguaggio**, ovvero che sia in grado di rappresentare una certa **grammatica** sull'insieme degli eventi. Se pensiamo al solo server dell'esempio in Figura 8.3, l'insieme degli eventi è $E = \{s, e\}$, dove il simbolo s indica l'inizio del servizio e il simbolo e la fine del servizio; il suo linguaggio è l'insieme di stringhe di arbitraria lunghezza che prevedono alternanza tra gli eventi s, e con s che precede e:

$$L^{\text{srv}} = \{\varepsilon, s, se, ses, sese, seses, \ldots\} \ .$$

Se pensiamo alla condizione di riposo del server come condizione desiderata, il linguaggio che descrive ogni possibile evoluzione del sistema che termina in tale condizione è

$$L_m^{\text{srv}} = \{\varepsilon, se, sese, sesese, \ldots\} \ ,$$

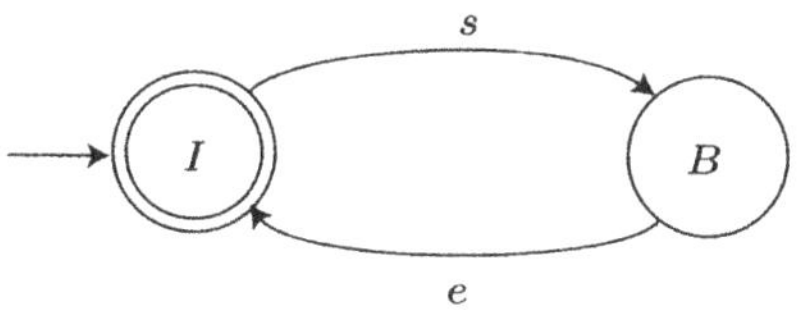

Figura 8.6 Grafo orientato che descrive il server del sistema di Figura 8.3.

ovvero l'insieme di stringhe di arbitraria lunghezza che prevedono alternanza tra l'evento s e l'evento e, con s che precede e e un numero uguale di eventi s e e: in altre parole, ogni servizio iniziato è anche terminato. Se a questo punto pensiamo allo stato in cui può trovarsi il server (libero I o occupato O), abbiamo che nello stato I può solo occorrere l'evento s che porta il sistema nello stato B, mentre nello stato B può solo occorrere l'evento e che riporta il sistema nello stato I. Lo stato iniziale è quello in cui il server è a riposo (I); tale stato è anche quello a cui si vuole giungere dopo una generica evoluzione. Questa situazione può essere rappresentata con un **grafo orientato** in cui i nodi (disegnati come cerchi) rappresentano gli stati, mentre gli archi orientati da nodo a nodo rappresentano le transizioni e pertanto sono etichettate con gli eventi. Inoltre lo stato iniziale è indicato con una freccia accanto al nodo che lo rappresenta e lo stato di interesse, è indicato con un doppio cerchio. In Figura 8.6 è rappresentato il grafo appena descritto. Un grafo di questo tipo è detto **automa** ed ha lo stesso potere espressivo dei linguaggi L ed L_m nel senso che li definisce in maniera compatta.

Un automa G è definito come la struttura

$$G = (X, E, f, \Gamma, x_0, X_m)$$

in cui:

- X è l'insieme degli stati;
- E è l'insieme degli eventi;
- $f : X \times E \rightarrow X$ è una funzione parziale detta funzione di transizione tale che $f(x, e) = y$ se esiste una transizione etichettata con l'evento e dallo stato x allo stato y;
- $\Gamma : X \rightarrow 2^E$ è la funzione di evento attivo per cui $\Gamma(x)$ definisce l'insieme di tutti gli eventi e per cui è definita $f(x, e)$;
- $x_0 \in X$ è lo stato iniziale;
- $X_m \subseteq X$ è l'insieme di stati di interesse detto insieme degli stati marcati.

Per l'esempio di Figura 8.6 si ha

$$X = \{I, B\}\ , \qquad E = \{s, e\}\ , \qquad f(I, s) = B\ , \qquad f(B, e) = I$$

$$\Gamma(I) = s\ , \qquad \Gamma(B) = e\ , \qquad x_0 = I\ , \qquad X_m = \{I\}$$

Se f è una funzione sul dominio $X \times E$, l'automa è detto deterministico; nel caso in cui f risulti essere una relazione sullo stesso dominio, ovvero nel caso in cui a

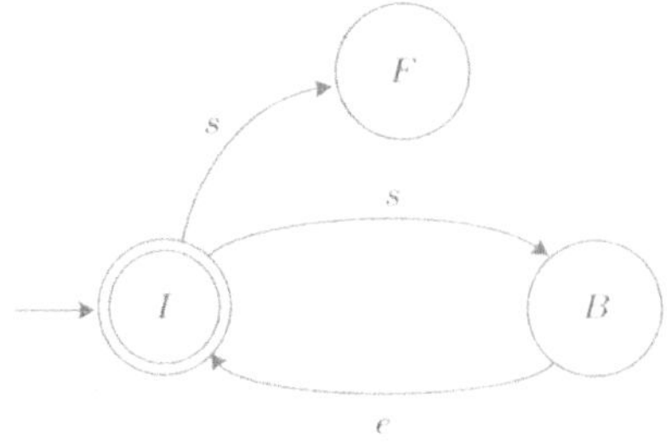

Figura 8.7 Automa non deterministico che descrive il server del sistema di Figura 8.3.

parità di stato di origine ed evento ci possa essere più di uno stato di destinazione, l'automa è detto non deterministco. Un esempio di automa non deterministico è quello in Figura 8.7 in cui è stato previsto che il server possa bloccarsi (stato F) in seguito a un inizio di servizio. In questo caso $f(I, s) = \{B, F\}$.

È possibile estendere la definizione della funzione di transizione f dal dominio $X \times E$ al dominio $X \times E^\star$, ovvero

$$\begin{aligned} f(x, \varepsilon) &:= x \\ f(x, ab) &:= f(f(x, a), b) \text{ con } a \in E^\star \text{ e } b \in E \ . \end{aligned}$$

Per esempio nell'automa di Figura 8.6 si ha, data la stringa $t = ses$, che $f(I, t) = B$. In questo modo è possibile definire il **linguaggio generato** da un automa come l'insieme

$$\mathcal{L}(G) := \{s \in E^\star : f(x_0, s) \text{ è definita}\} \ ,$$

ovvero come tutte le stringhe che definiscono nel grafo orientato un cammino ammissibile. È inoltre definito un ulteriore linguaggio, detto **linguaggio marcato da un automa** G, che contiene tutte le stringhe ammissibili che corrispondono nel grafo a un cammino che termina in uno stato marcato

$$\mathcal{L}_m(G) := \{s \in \mathcal{L}(G) : f(x_0, s) \in X_m\} \ .$$

Si noti come i linguaggi generati e marcati dall'automa in Figura 8.6 corrispondano ai linguaggi L^{srv} e L_m^{srv} descritti in precedenza.

È semplice dimostrare che per un generico automa G vale la seguente proprietà

$$\mathcal{L}_m(G) \subseteq \overline{\mathcal{L}(G)} \subseteq \mathcal{L}(G) \ ;$$

in altre parole, visto che se un cammino appartiene al grafo anche tutti i sottocammini appartengono allo stesso grafo, il linguaggio generato è chiuso rispetto ai prefissi. D'altronde solo alcuni di questi prefissi conducono in uno stato marcato.

Si definisce parte non accessibile di un automa G l'insieme degli stati che non sono raggiungibili dallo stato iniziale; per come sono definiti $\mathcal{L}(G)$ e $\mathcal{L}_m(G)$, la parte non accessibile può essere cancellata senza che questi ne risultino modificati. Questa operazione, indicata con $\mathrm{Ac}(G)$, e definita come

$$\begin{array}{lll} \mathrm{Ac}(G) & = & (X_{ac}, E, f_{ac}, x_0, X_{ac,m}) \\ X_{ac} & := & \{x \in X : \exists s \in E^\star(f(x_0, s) = x)\} \\ X_{ac,m} & := & X_m \cap X_{ac} \\ f_{ac} & := & f|_{X_{ac} \times E \to X_{ac}} , \end{array}$$

consiste nella cancellazione dal grafo dei nodi non connessi allo stato iniziale e di tutti gli archi entranti e uscenti da questi.

In generale, per modellare un processo fisico, si identificano i componenti base che lo costituiscono, se ne costruiscono i modelli e si compongono per ottenere un modello unico in grado di descrivere il comportamento del sistema. Cerchiamo di seguire questo approccio per modellare un sistema con un automa.

Supponiamo per esempio di voler modellare una trasmissione sequenziale di pacchetti da un nodo A a un nodo B in una rete informatica. Il canale può contenere un solo pacchetto che, in seguito a qualche problema, può non arrivare a destinazione. Per riconoscere tale situazione si utilizza un protocollo send-wait: il nodo A spedisce il pacchetto a B e fa partire un timer; quando il nodo B riceve il pacchetto spedisce indietro al nodo A un acknowledgment. Se il nodo A riceve la conferma da B, la trasmissione ha avuto successo e si può spedire un nuovo pacchetto; se la ricezione della conferma non avviene, dopo un time-out, il nodo A capisce che c'è stato un problema e rispedisce lo stesso dato. Visto che anche il pacchetto di acknowledgment può perdersi, il nodo B deve capire se il dato ricevuto è un nuovo dato o la ritrasmissione del dato precedente. Per fare ciò si usa un protocollo di alternanza: al dato viene aggiunto un bit di intestazione cosicché il dato possa essere etichettato come pacchetto-0 o pacchetto-1. Ogni volta che trasmette un nuovo dato, il nodo A cambia il valore del bit di intestazione: in questo modo il nodo B sa che dovrà ricevere in maniera alternata un pacchetto-0 e un pacchetto-1; se riceve lo stesso tipo di pacchetto consecutivamente sa che si tratta del dato già ricevuto.

I componenti fondamentali di questo sistema sono il nodo trasmettitore A, il nodo ricevitore B e il canale di trasmissione inteso come insieme di protocolli di comunicazione.

Il trasmettitore A è caratterizzato da due stati: lo stato $S0$ in cui si viene a trovare dopo aver spedito il pacchetto-0 (evento $send0$ se è la prima trasmissione o $resend0$ se è una ritrasmissione dovuta a un time-out) e lo stato $S1$ in cui si trova dopo che ha spedito il pacchetto-1 ($send1$ se è la prima trasmissione o $resend1$ se è una ritrasmissione dovuta a un time-out).

Il ricevitore è anche esso caratterizzato da due stati: lo stato $R0$ in cui ha ricevuto il pacchetto-0 e può spedire l'acknowledgment ($ack0$ se il pacchetto era nuovo $reack0$ se il pacchetto era già stato ricevuto) e lo stato $R1$ in cui ha ricevuto il pacchetto-1 e può spedire l'acknowledgment ($ack1$ se il pacchetto era nuovo $reack1$ se il pacchetto era già stato ricevuto).

Il canale è più complesso e può trovarsi in quattro stati:

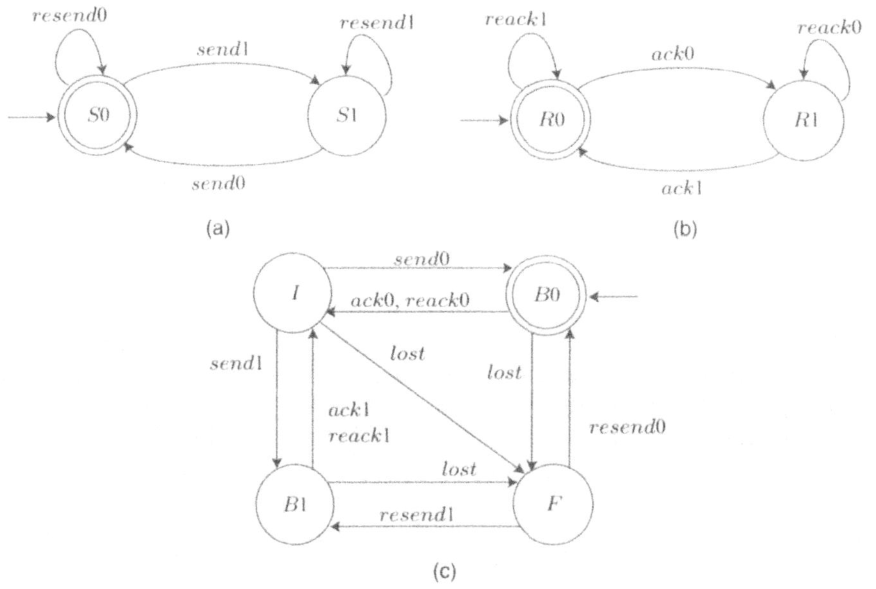

Figura 8.8 Modello ad automa del trasmettitore (a), ricevitore (b) e del canale (c).

1. stato I, il canale è a riposo, il processo di trasmissione è finito (il trasmettitore ha ricevuto l'acknowledgment) o non è neppure cominciato;
2. stato $B0$, sul canale c'è un pacchetto-0;
3. stato $B1$, sul canale c'è un pacchetto-1;
4. stato F, il pacchetto non può essere consegnato (evento $lost$).

In Figura 8.8 sono raffigurati gli automi base del sistema in una possibile configurazione iniziale.

Occorre ora comporre i modelli ottenuti. La composizione dei modelli deve rappresentare il fatto che i sistemi lavorano in concorrenza, ovvero che se due sistemi effettuano operazioni private (cioè quelle operazioni che implicano la partecipazione di un solo sistema) possono lavorare in maniera asincrona, mentre devono sincronizzarsi sulle operazioni comuni (cioè quelle operazioni che implicano la partecipazione di entrambi i sistemi). Questa operazione è detta **composizione parallela**; si considerino a tal proposito due automi

$$G_1 = (X_1, E_1, f_1, \Gamma_1, x_{01}, X_{m1}), \qquad G_2 = (X_2, E_2, f_2, \Gamma_2, x_{02}, X_{m2}),$$

la loro composizione parallela è definita come:

$$G_1 \parallel G_2 = Ac(X_1 \times X_2, E_1 \cup E_2, f, \Gamma_{1\parallel 2}, (x_{01}, x_{02}), X_{m1} \times X_{m2})$$

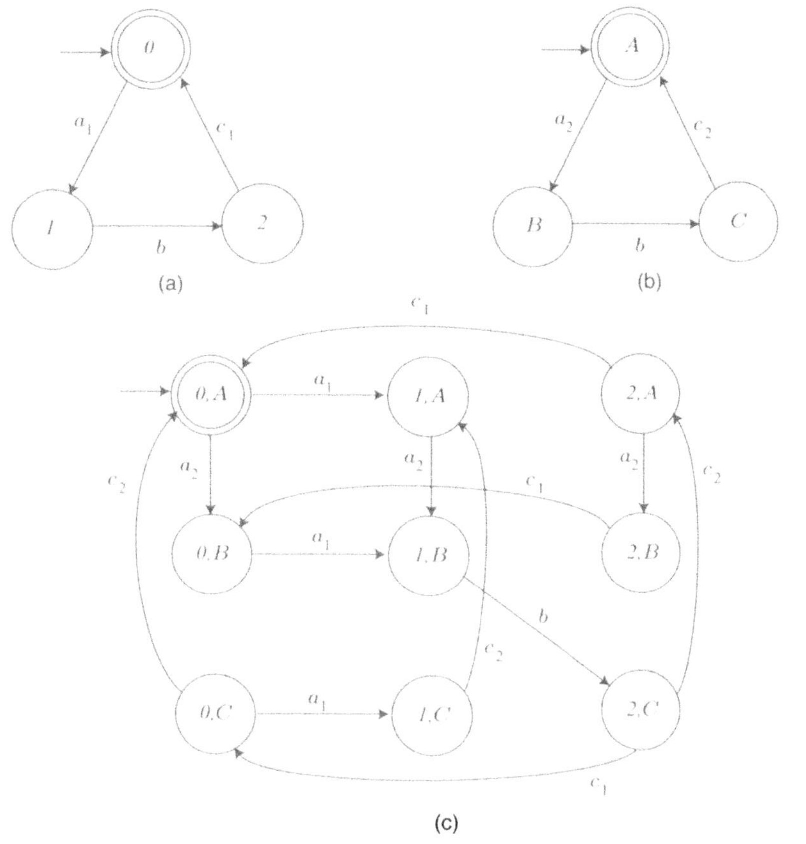

Figura 8.9 Esempio di composizione parallela: (a) automa G_1, (b) automa G_2, (c) automa $G_1 \parallel G_2$.

dove

$$f((x_1, x_2), e) = \begin{cases} (f_1(x_1, e), f_2(x_2, e)) & \text{se } e \in \Gamma_1(x_1) \cap \Gamma_2(x_2) \\ (f_1(x_1, e), x_2) & \text{se } e \in \Gamma_1(x_1) \setminus E_2 \\ (x_1, f_2(x_2, e)) & \text{se } e \in \Gamma_2(x_2) \setminus E_1 \\ \text{non definita} & \text{altrimenti} \end{cases}$$

e inoltre

$$\Gamma_{1\|2}(x_1, x_2) = [\Gamma_1(x_1) \cup \Gamma_2(x_2)] \cap [\Gamma_1(x_1) \setminus E_2] \cap [\Gamma_2(x_2) \setminus E_1] \ .$$

In pratica i due automi possono eseguire in maniera autonoma gli eventi privati mentre devono sincronizzarsi sugli eventi comuni $e \in E_1 \cap E_2$.

Prima di tornare al nostro sistema di trasmissione, in Figura 8.9 è mostrato un semplice esempio di composizione parallela tra due automi G_1 e G_2 con insieme

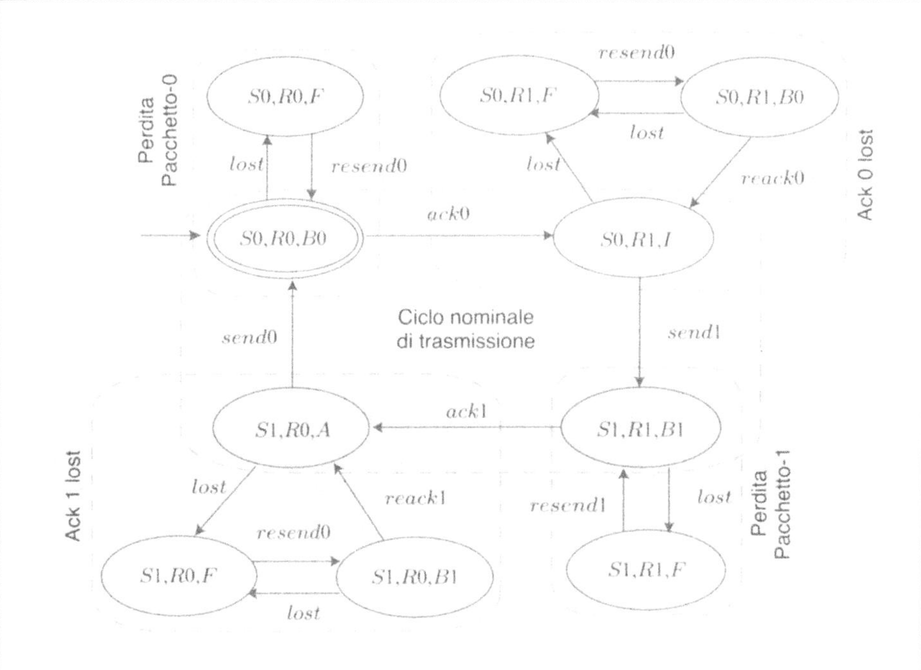

Figura 8.10 Modello complessivo per il sistema di Figura 8.8.

degli eventi rispettivamente pari a $E_1 = \{a_1, b, c_1\}$ e $E_2 = \{a_2, b, c_2\}$; si noti come i due automi si sincronizzino sull'evento comune b.

Tornando ora all'esempio di Figura 8.8, il modello complessivo è ottenibile componendo in maniera parallela gli automi base trovati precedentemente. In questo modo si ottiene l'automa di Figura 8.10 in cui si riconoscono il ciclo di trasmissione nominale e le quattro possibili situazioni di errore: pacchetto-0 perso, pacchetto-1 perso, acknowledgment di pacchetto-0 perso e acknowledgment di pacchetto-1 perso.

Consideriamo ora nuovamente l'esempio del sistema client-server di Figura 8.3; abbiamo già introdotto l'automa che modella il solo server, ma, se volessimo tenere in considerazione anche il buffer di dimensione infinita e costruire un modello che fosse in grado di indicare il numero di clienti in coda nel buffer, dovremmo utilizzare un automa in grado di contare il numero di volte che è occorso l'evento a (arrivo di un cliente) e il numero di occorrenze della sequenza se (rimozione di un cliente dalla coda, inizio e fine di un servizio e uscita del cliente servito dal sistema). È facile intuire che, essendo il numero di occorrenze dell'evento a ipoteticamente infinito, un automa in grado di modellare il processo marcando la condizione di server libero e buffer vuoto dovrebbe avere un numero infinito di stati. In Figura 8.11 è rappresentato un automa con spazio degli stati a cardinalità infinita che modella tale processo.

In generale, dato un alfabeto E, ogni linguaggio $L \subseteq E^\star$ può essere marcato da un automa con un numero infinito di stati, ma solo un sottoinsieme di questi

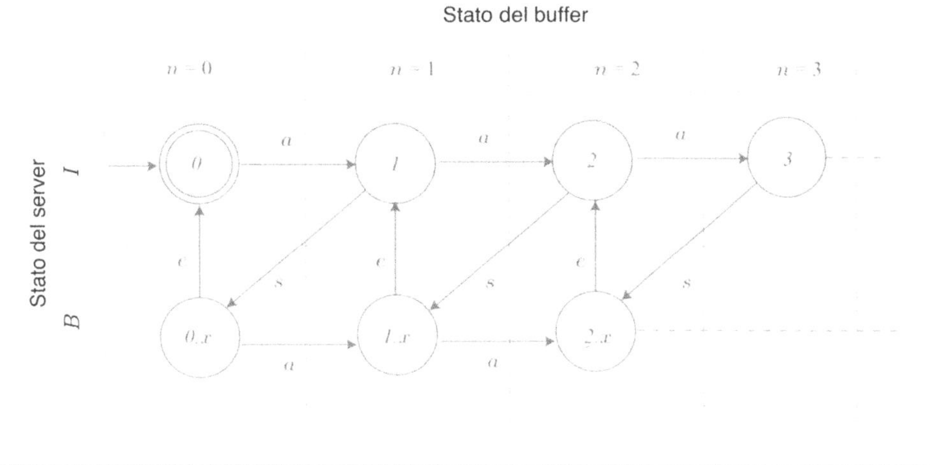

Figura 8.11 Modello complessivo per il sistema di Figura 8.3.

linguaggi può essere marcato da un automa a stati finiti. Questa classe di linguaggi è detta classe dei **linguaggi regolari** ed è indicata con $\mathcal{R}$. Ovviamente esistono linguaggi contenenti infinite stringhe che sono regolari: un esempio banale è il linguaggio $E^\star$ che può essere marcato da un automa con un solo stato $X = \{x\}$, tale che $\Gamma(x) = E$ e inoltre $f(x, e) = x \ \forall e \in E$, $X_m = X = \{x\}$ e $x_0 = x$.

Nel prossimo paragrafo introdurremo una classe di modelli a eventi discreti in grado di marcare con un numero finito di entità anche un linguaggio che richiede un numero infinito di stati.

8.3 Le reti di Petri

Una classe di modelli a eventi discreti molto importante e potente è quella delle **reti di Petri**; questi modelli furono sviluppati da Carl Adam Petri nella prima metà degli anni '60. Come gli automi, anche le reti di Petri evolvono a seguito di eventi, ma introducono condizioni esplicite di abilitazione o disabilitazione di tali eventi permettendo in questo modo una rappresentazione dei sistemi molto intuitiva e immediata.

Nelle reti di Petri gli eventi sono associati a **transizioni**, mentre l'informazione di stato è un concetto distribuito che verrà introdotto in relazione a delle entità denominate **posti**; affinché una transizione possa avvenire devono verificarsi un certo numero di condizioni le cui informazioni sono contenute in una **relazione di flusso** tra posti e transizioni.

Una rete di Petri è rappresentabile mediante un grafo bipartito pesato detto **grafo di Petri** descritto dalla struttura

$$N = (P, T, A, w)$$

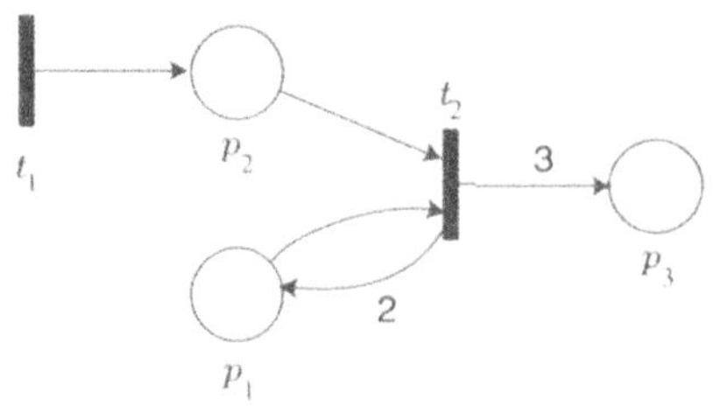

Figura 8.12 Grafo di Petri.

dove:

- $P = \{p_1, \ldots, p_{|P|}\}$ è l'insieme dei posti;
- $T = \{t_1, \ldots, t_{|T|}\}$ è l'insieme delle transizioni;
- $A \subseteq (P \times T) \cup (T \times P)$ è la relazione di flusso che descrive un insieme di archi orientati da posti a transizioni e da transizioni a posti definendo in questo modo l'ordinamento parziale dei nodi (posti e transizioni);
- $w : A \to \mathbb{N} \setminus \{0\}$ è una funzione di peso che associa agli archi un peso naturale non nullo.

Gli insiemi P e T sono finiti e tali che $P \cup T \neq \emptyset$ e $P \cap T = \emptyset$. Graficamente i posti sono rappresentati da cerchi e le transizioni da barre; ovviamente la relazione di flusso è rappresentata con una serie di archi orientati che collegano posti con transizioni e transizioni con posti.

Per come è definita la relazione di flusso A, è semplice intuire che non si possono avere archi da posti a posti o da transizioni a transizioni; pertanto è possibile definire, in relazione a una generica transizione t_j, l'insieme dei posti in ingresso $I(t_j)$ e dei posti in uscita $O(t_j)$:

$$\begin{aligned} I(t_j) &= \{p_i \in P \text{ tale che } (p_i; t_j) \in A\} \\ O(t_j) &= \{p_i \in P \text{ tale che } (t_j; p_i) \in A\} \ . \end{aligned}$$

La funzione di peso w è rappresentata mediante etichette accanto agli archi; se l'etichetta è omessa si intende per convenzione che il peso dell'arco è unitario. In Figura 8.12 è raffigurato un semplice grafo di Petri definito da

$$P = \{p_1, p_2, p_3\} \ , \qquad T = \{t_1; t_2\}$$

$$A = \{(t_1; p_2); (p_1; t_2); (p_2; t_2); (t_2; p1); (t_2; p_3)\}$$

$$w(p_1; t_2) = w(p_2; t_2) = w(t_1; p_2) = 1 \ , \qquad w(t_2; p_1) = 2 \ , \qquad w(t_2; p_3) = 3$$

$$I(t_1) = \emptyset \ , \qquad O(t_1) = \{p_2\}$$

$$I(t_2) = \{p_1; p_2\} \ , \qquad O(t_2) = \{p_1; p_3\} \ .$$

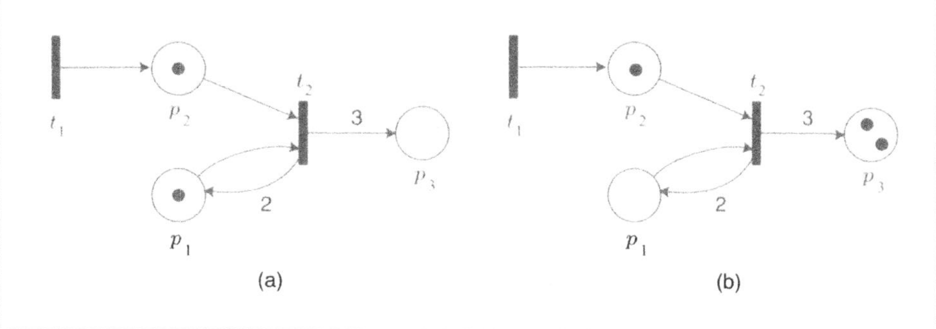

Figura 8.13 Due possibili marking per il grafo di Petri di Figura 8.12: x_1 caso (a) e x_2 caso (b).

Finora abbiamo solo descritto la topologia della rete di Petri, identificata dal grafo di Petri che la rappresenta; ora dobbiamo introdurre il concetto di stato e il meccanismo di evoluzione dinamica della rete.

Lo stato di una rete di Petri è definito mediante una **funzione di marcatura** (o marking) dei posti

$$x : P \to \mathbb{N}$$

che associa a ogni posto un numero naturale. Tale numero è rappresentato graficamente da pallini (**gettoni** o **token**) all'interno dei posti. Il risultato del marking è un vettore colonna

$$\mathrm{x} = \begin{bmatrix} x(p_1) \\ x(p_2) \\ \vdots \\ x(p_{|P|}) \end{bmatrix}$$

in cui l'i-esimo elemento $x(p_i)$ indica il numero di gettoni presenti nell'i-esimo posto. Un grafo di Petri a cui è associata una funzione di marcatura è detto **rete di Petri**:

$$N = (P, T, A, w, \mathrm{x}) \ .$$

In Figura 8.13 è rappresentato il grafo di Petri di Figura 8.12 nelle marcature

$$\mathrm{x}_1 = \begin{bmatrix} 1 \\ 1 \\ 0 \end{bmatrix} \qquad \mathrm{x}_2 = \begin{bmatrix} 0 \\ 1 \\ 2 \end{bmatrix} .$$

La marcatura x di una rete di Petri rappresenta lo **stato** attuale della rete che dunque è un concetto distribuito tra i posti della rete mediante il numero di gettoni in essi. Si noti che il numero di gettoni $x(p_i)$ in un generico posto i è un numero non necessariamente limitato; in altre parole lo spazio di stato di una rete di Petri è

$$\mathrm{X} \subseteq \mathbb{N}^{|P|}$$

ovvero un insieme a cardinalità potenzialmente infinita: una rete di Petri può potenzialmente rappresentare un insieme con infiniti stati usando un numero finito di posti e transizioni. Questa proprietà rende le reti di Petri modelli molto più potenti ed espressivi rispetto agli automi nel rappresentare un generico sistema fisico: il concetto di stato in una rete di Petri è un concetto distribuito tra i posti laddove in un automa è centralizzato in un'unica entità.

8.3.1 Evoluzione dinamica di una rete di Petri

Abbiamo visto che l'evoluzione dinamica di un sistema a eventi discreti è legata all'occorrenza di eventi; dato che in una rete di Petri gli eventi sono legati alle transizioni, per definirne il meccanismo di evoluzione occorre descrivere quando una transizione è abilitata e il corrispondente evento può occorrere.

Il concetto di **abilitazione di una transizione** è fortemente legato al concetto di marcatura: una transizione t_j è abilitata se il numero di gettoni contenuto in ogni posto in ingresso alla stessa è maggiore del peso dell'arco che collega il posto alla transizione, ovvero se

$$x(p_i) \geq w(p_i; t_j) \ \forall p_i \in I(t_j) \ .$$

Se una transizione è abilitata si dice che può essere **sparata**, ovvero l'evento a essa legato può occorrere.

In Figura 8.13a la transizione t_2 è abilitata, mentre, in Figura 8.13b, non è abilitata in quanto $x(p_1) = 0 < w(p_1; t_2) = 1$. Dato che $I(t_1) = \emptyset$ la transizione t_1 è sempre abilitata: i posti in ingresso a una transizione contengono informazioni relative alla condizione di abilitazione della transizione stessa, quindi, il fatto che una transizione non abbia in ingresso alcun posto (come accade a t_1 in Figura 8.12), significa che la transizione può avvenire incondizionatamente.

Lo scatto (o sparo) di una transizione in una rete di Petri equivale all'occorrenza di un evento, pertanto questo comporta un cambio di stato della rete secondo il paradigma delle dinamiche pilotate dagli eventi. Nel caso di una rete di Petri tale meccanismo è implementato definendo, a ogni scatto di una transizione abilitata, un movimento di gettoni tra i vari posti. Tale meccanismo prevede anche la scomparsa o comparsa di gettoni. Più dettagliatamente, in tutti i posti in ingresso alla transizione che scatta viene consumato un numero di gettoni pari al peso dell'arco che collega il posto alla transizione. Allo stesso tempo, lo scatto introduce in tutti i posti in uscita dalla transizione un numero di gettoni pari al peso dell'arco che collega la transizione al posto. È importante notare come la condizione di abilitazione di una transizione impedisca che, a seguito di uno scatto, un posto venga a trovarsi con un numero negativo di gettoni.

Per comodità estendiamo la definizione della funzione di peso degli archi $w : A \rightarrow \mathbb{N}$ cosicché alla mancanza di un arco tra un posto e una transizione (o tra una transizione e un posto) corrisponda un peso nullo:

$$\begin{aligned} w(p_i; t_j) &= 0 \quad \text{se} \quad p_i \notin I(t_j) \\ w(t_j; p_i) &= 0 \quad \text{se} \quad p_i \notin O(t_j) \ . \end{aligned}$$

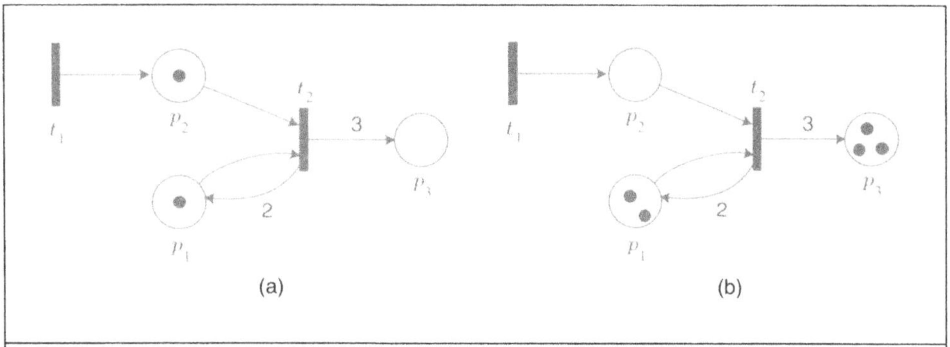

Figura 8.14 Evoluzione dinamica di una rete di Petri: scatto della transizione t_2.

In questo modo è possibile definire una funzione di transizione dello stato della rete di Petri $f : \mathbb{N}^{|P|} \times T \to \mathbb{N}^{|P|}$

$$\mathrm{x}' = f(\mathrm{x}, t_j) \text{ se e solo se } x(p_i) \geq w(p_i; t_j)\ \forall p_i \in I(t_j)$$

dove $\mathrm{x}' = \begin{bmatrix} x'(p_1) & x'(p_2) & \cdots & x'(p_{|P|}) \end{bmatrix}^{\mathrm{T}}$ e

$$x'(p_i) = x(p_i) - w(p_i; t_j) + w(t_j; p_i) \qquad i = 1, 2, \ldots, |P| \ ;$$

in altre parole lo scatto della transizione t_j dalla marcatura x porta la rete nella marcatura x$'$. Si noti come le condizioni di generazione e distruzione dei token, a seguito dello scatto della transizione t_j, siano rispettivamente

$$\begin{aligned} \textstyle\sum_{p_i \in P} w(t_j; p_i) \ &> \ \textstyle\sum_{p_i \in P} w(p_i; t_j) \\ \textstyle\sum_{p_i \in P} w(t_j; p_i) \ &< \ \textstyle\sum_{p_i \in P} w(p_i; t_j) \ ; \end{aligned}$$

infatti nel primo caso, dato che consumo meno gettoni di quelli che guadagno, x$'$ conterrà più gettoni di x, nel secondo caso ne conterrà meno.

In Figura 8.14 è mostrato l'effetto dello scatto della transizione t_2 abilitata nella marcatura $\mathrm{x} = [1 \quad 1 \quad 0]^{\mathrm{T}}$; lo scatto consuma un gettone da p_1 e un gettone da p_2 e introduce due gettoni in p_1 e tre gettoni in p_3 portando il sistema nella nuova marcatura $\mathrm{x}' = [2 \quad 0 \quad 3]^{\mathrm{T}}$. Si noti come il numero complessivo di gettoni sia aumentato.

Per rappresentare in maniera compatta l'evoluzione dinamica di una rete di Petri vengono introdotte due matrici di dimensioni $|P| \times |T|$ che riassumono la topologia della rete. La prima, detta **matrice di ingresso** (**I**), riporta i pesi degli archi che collegano i posti alle transizioni; la seconda, detta **matrice di uscita** (**O**), riporta i pesi degli archi che collegano le transizioni ai posti:

$$\mathbf{I} = \begin{pmatrix} w(p_1; t_1) & w(p_1; t_2) & \ldots & w(p_1; t_{|T|}) \\ w(p_2; t_1) & w(p_2; t_2) & \ldots & w(p_2; t_{|T|}) \\ \vdots & \vdots & \ddots & \vdots \\ w(p_{|P|}; t_1) & w(p_{|P|}; t_2) & \ldots & w(p_{|P|}; t_{|T|}) \end{pmatrix}$$

$$\mathbf{O} = \begin{pmatrix} w(t_1;p_1) & w(t_2;p_1) & \dots & w(t_{|T|};p_1) \\ w(t_1;p_2) & w(t_2;p_2) & \dots & w(t_{|T|};p_2) \\ \vdots & \vdots & \ddots & \vdots \\ w(t_1;p_{|P|}) & w(t_2;p_{|P|}) & \dots & w(t_{|T|};p_{|P|}) \end{pmatrix} .$$

È possibile riformulare il concetto di abilitazione della j-esima transizione in una generica marcatura x tenendo conto delle matrici appena definite; infatti la condizione

$$x(p_i) \geq w(p_i;t_j) \ \forall p_i \in I(t_j)$$

diventa

$$\mathrm{x} \geq I_j$$

dove I_j è la j-esima colonna della matrice **I**. Inoltre la marcatura x′ in cui si porta la rete a seguito dello scatto della j-esima transizione è

$$\mathrm{x}' = \mathrm{x} - I_j + O_j$$

dove O_j è la j-esima colonna della matrice di uscita **O**.

Definendo la **matrice di incidenza C** $= \mathbf{O} - \mathbf{I}$ e indicando con C_j la sua j-esima colonna l'equazione precedente diviene

$$\mathrm{x}' = \mathrm{x} + C_j \ .$$

È importante sottolineare il fatto che le matrici **I** e **O** definiscono completamente la topologia della rete di Petri. È dunque possibile risalire alla rete di Petri partendo dall'informazione contenuta nelle matrici di ingresso e uscita e dalla marcatura iniziale; questo non è vero per la matrice di incidenza **C** dato che in quest'ultima si perdono le informazioni relative al peso degli autoanelli, ovvero archi di ingresso e uscita tra lo stesso posto e la stessa transizione.

Esempio 8.2 Considerando la rete di Petri in Figura 8.15 le matrici **I** e **O** valgono

$$\mathbf{I} = \begin{pmatrix} 0 & 1 \\ 0 & 1 \\ 0 & 0 \end{pmatrix} \qquad \mathbf{O} = \begin{pmatrix} 0 & 2 \\ 1 & 0 \\ 0 & 3 \end{pmatrix} .$$

Essendo la marcatura $\mathrm{x} = [1 \quad 1 \quad 0]^{\mathrm{T}}$ la transizione t_2 è abilitata in quanto

$$\mathrm{x} = \begin{bmatrix} 1 \\ 1 \\ 0 \end{bmatrix} \geq I_2 = \begin{bmatrix} 1 \\ 1 \\ 0 \end{bmatrix} ;$$

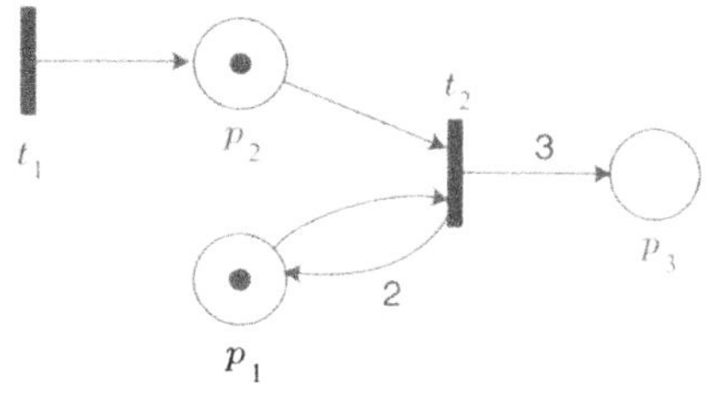

Figura 8.15 Rete di Petri per l'Esempio 8.2.

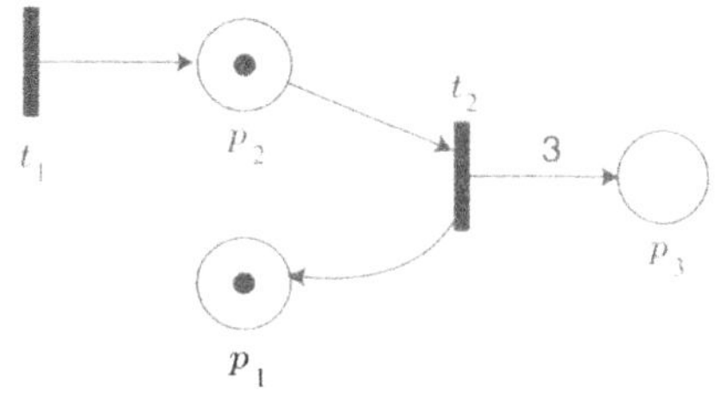

Figura 8.16 Rete di Petri ricostruita dalla matrice di incidenza **C** definita nell'Esempio 8.2.

inoltre, definendo la matrice di incidenza

$$\mathbf{C} = \mathbf{O} - \mathbf{I} = \begin{pmatrix} 0 & 1 \\ 1 & -1 \\ 0 & 3 \end{pmatrix}$$

lo scatto di t_2 origina la nuova marcatura

$$\mathrm{x}' = \mathrm{x} + C_2 = \begin{bmatrix} 1 \\ 1 \\ 0 \end{bmatrix} + \begin{bmatrix} 1 \\ -1 \\ 3 \end{bmatrix} = \begin{bmatrix} 2 \\ 0 \\ 3 \end{bmatrix}.$$

Si noti che anche la rete di Petri di Figura 8.16, topologicamente diversa dalla rete di Petri di Figura 8.15, è caratterizzata dalla medesima matrice di incidenza (si è persa l'informazione relativa all'autoanello tra il posto p_1 e la transizione t_2).

Si definisce **sequenza di scatti** S una sequenza di n transizioni t_j ($n \in \mathbb{N} \setminus \{0\}$) tale che la prima transizione della sequenza è abilitata nella marcatura corrente x e lo scatto di ognuna di queste transizioni porta in una marcatura in cui la successiva transizione è abilitata. A ogni sequenza di scatti può essere associato

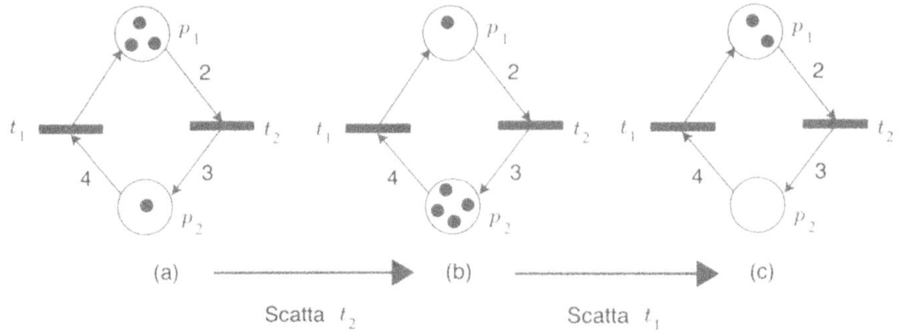

Figura 8.17 Evoluzione dinamica della rete di Petri dell'esempio 8.3.

un **vettore delle occorrenze** s, ovvero un vettore colonna di dimensione $|T|$ la cui k-esima componente s_k è pari al numero delle occorrenze della transizione t_k nella sequenza $\mathcal{S}$. Data una marcatura x e una sequenza di scatti $\mathcal{S}$ cui corrisponde il vettore delle occorrenze s, la marcatura x$'$ raggiunta a seguito dello scatto sequenziale delle transizioni di $\mathcal{S}$ è

$$\mathrm{x}' = \mathrm{x} + \mathbf{C} \cdot s\ .$$

Tale equazione rappresenta una descrizione algebrica lineare dell'evoluzione di una rete di Petri. È bene evidenziare che un generico vettore delle occorrenze definisce un set di sequenze di transizioni non necessariamente ammissibili per la rete; x$'$ è la marcatura raggiunta dalla rete solo se ad s corrisponde almeno una sequenza di scatti.

Esempio 8.3 Consideriamo la rete di Petri in Figura 8.17; la sequenza di scatti $\mathcal{S} = t_2 t_1$ è ammissibile in quanto t_2 è abilitata nella marcatura $\mathrm{x}_1 = [3 \quad 1]^{\mathrm{T}}$ e il suo scatto porta nella marcatura $\mathrm{x}_2 = [1 \quad 4]^{\mathrm{T}}$ in cui è abilitata la transizione t_1. Come mostrato in figura la marcatura raggiunta dopo lo scatto della transizione t_1 è $\mathrm{x}_3 = [2 \quad 0]^{\mathrm{T}}$; a tale risultato si poteva anche giungere considerando la matrice di incidenza $\mathbf{C}$

$$\mathbf{C} = \mathbf{O} - \mathbf{I} = \begin{pmatrix} 1 & 0 \\ 0 & 3 \end{pmatrix} - \begin{pmatrix} 0 & 2 \\ 4 & 0 \end{pmatrix} = \begin{pmatrix} 1 & -2 \\ -4 & 3 \end{pmatrix}$$

e il vettore delle occorrenze relativo a $\mathcal{S}$ ovvero $s = [1 \quad 1]^{\mathrm{T}}$:

$$\mathrm{x}_3 = \begin{bmatrix} 3 \\ 1 \end{bmatrix} + \begin{pmatrix} 1 & -2 \\ -4 & 3 \end{pmatrix} \cdot \begin{bmatrix} 1 \\ 1 \end{bmatrix} = \begin{bmatrix} 2 \\ 0 \end{bmatrix} .$$

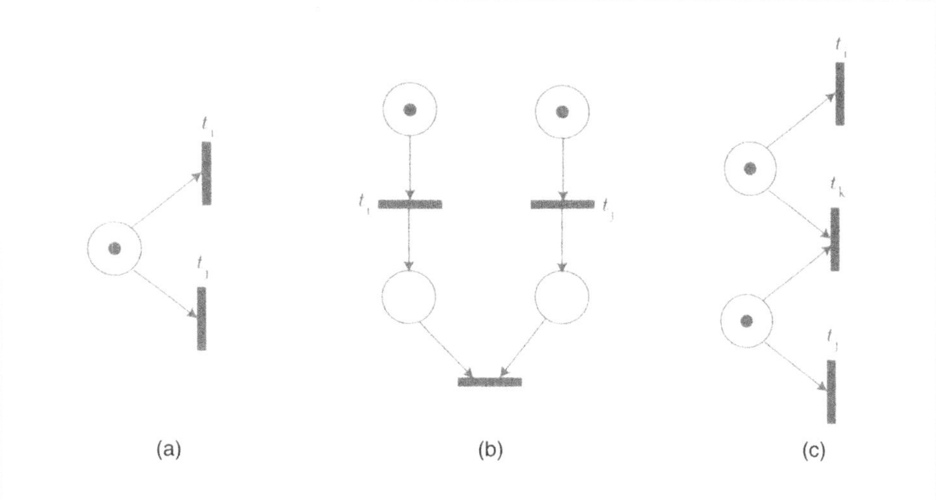

Figura 8.18 Strutture modellistiche fondamentali: transizioni in conflitto (a), transizioni in concorrenza (b), transizioni in confusione (c).

Si noti come nello stesso esempio il vettore delle occorrenze $s = [1 \quad 1]^T$ sia rappresentativo anche della sequenza di transizioni $t_1 t_2$ che tuttavia non è una sequenza di scatti dato che t_1 non è abilitata nella marcatura iniziale x_1; occorre pertanto porre molta attenzione quando si lavora con i vettori delle occorrenze potendo questi essere fuorvianti dal punto di vista della ammissibilità degli scatti.

8.3.2 Strutture fondamentali

È possibile individuare alcune strutture basilari legate alla particolare interconnessione di posti e transizioni. Due transizioni t_i e t_j danno origine a una **struttura di conflitto** se hanno in comune almeno un posto in ingresso che contiene un numero di gettoni non sufficienti a permettere lo scatto di entrambe le transizioni; in questo caso solo una delle due sarà sparata secondo un criterio non-deterministico.

Due transizioni t_i e t_j danno origine a una **struttura di concorrenza** se non hanno alcun posto di ingresso in comune, sono entrambe abilitate e sono seguite da una **transizione di sincronizzazione**. Se due marcature t_i e t_j sono in concorrenza ed entrambe sono in conflitto con una terza transizione t_k, la struttura è detta di **confusione**. In Figura 8.18 sono rappresentati degli esempi di tali strutture fondamentali.

Una rete di Petri che non ammette sincronizzazioni, ovvero una rete per cui ogni transizione ha un solo posto in ingresso e un solo posto in uscita, è detta **macchina a stati**; se la rete è tale per cui ogni posto ha un solo arco in ingresso e un solo arco in uscita, cioè la rete non ammette conflitti, questa si dice **grafo marcato**. Infine una rete che non ammette confusione è detta **rete a scelta libera**.

8.3.3 Linguaggi generati da reti di Petri

Abbiamo visto all'inizio del capitolo che il modo più generale per descrivere il comportamento di un sistema a eventi discreti è quello di utilizzare un linguaggio in cui le stringhe sono composte dalla concatenazione di eventi. Dobbiamo a questo punto descrivere come una rete di Petri generi un linguaggio. Supponiamo di voler descrivere con una rete di Petri un sistema a eventi discreti il cui insieme degli eventi è E; per prima cosa dobbiamo definire in che modo gli eventi sono legati alle transizioni mediante una funzione $\ell : T \rightarrow E$ (detta **funzione di etichetta delle transizioni**) che associa a ogni transizione un evento: in questo modo lo scatto di una transizione corrisponde fisicamente all'occorrenza di un evento. È bene evidenziare che lo stesso evento può essere associato a più transizioni. Graficamente gli eventi vengono rappresentati sulla rete di Petri etichettando le transizioni con il rispettivo simbolo. È inoltre conveniente definire un insieme di marcature obiettivo, ovvero di marcature che corrispondono a uno stato privilegiato della rete; tale insieme $\mathrm{X}_m \subsetneq \mathbb{N}^{|P|}$ è detto **insieme di stato marcato**. In questo modo definiamo un nuovo tipo di rete di Petri detta **rete di Petri etichettata**, ovvero:

$$N = (P, T, A, w, E, \ell, \mathrm{x}_0, \mathrm{X}_m)$$

dove P, T, A, w hanno il significato usuale, E è l'insieme degli eventi, ℓ è la funzione di etichetta delle transizioni appena descritta, x_0 è la marcatura iniziale, ovvero lo stato in cui si trova il sistema nella condizione iniziale, e infine X_m è l'insieme degli stati marcati, ovvero gli stati in cui si vuole fare evolvere la rete come obiettivo.

Esempio 8.4 Consideriamo lo stesso sistema client-server con buffer delle richieste di capacità infinita introdotto all'inizio del capitolo e rappresentato in Figura 8.3. Gli eventi che caratterizzano tale sistema sono:

- a, arrivo di una richiesta di servizio e ingresso del client in coda;
- s, inizio di servizio e uscita del client dalla coda;
- e, termine del servizio.

A tale insieme di eventi $E = \{a, s, e\}$ corrisponde un insieme di tre transizioni $T = \{t_1; t_2; t_3\}$ e la mappa ℓ semplicemente associa a ogni transizione un solo evento: $\ell(t_1) = a$, $\ell(t_2) = s$ e $\ell(t_3) = e$. Lo stato del sistema è descritto dal numero di richieste in coda nel buffer e dallo stato del server che può essere libero, se non sta svolgendo nessun servizio, oppure occupato. Per descrivere le possibili combinazioni di stato possiamo utilizzare tre posti $P = \{p_1; p_2; p_3\}$: p_1 rappresenta il buffer, p_2 la condizione di attesa del server e p_3 la condizione di lavoro del server. La transizione t_1 (arrivo di una richiesta) può avvenire incondizionatamente e ogni volta che scatta dovrà aggiungere un gettone in p_1 rappresentando in questo modo un nuovo cliente in attesa di servizio; pertanto $I(t_1) = \emptyset$, $O(t_1) = \{p_1\}$, $w(t_1; p_1) = 1$. La transizione t_2 (inizio di servizio)

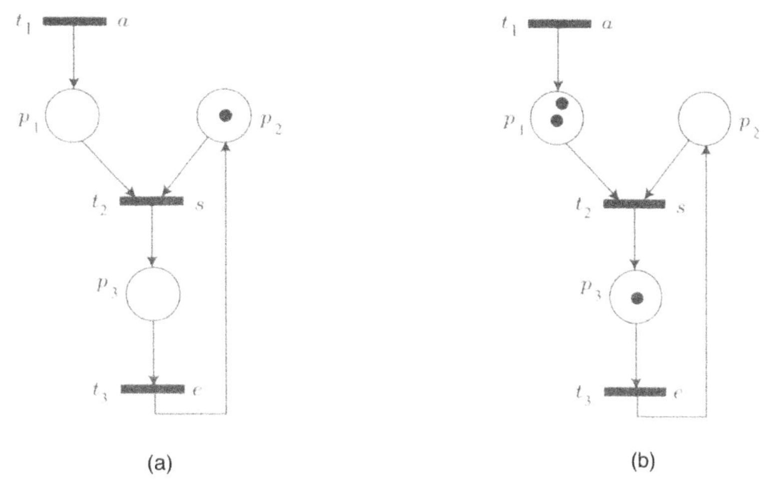

Figura 8.19 Rete di Petri etichettata per il sistema di Figura 8.3. Marcatura iniziale (a) e marcatura raggiunta dopo la sequenza di scatti $t_1t_1t_2t_1t_3t_2t_1$ (b).

può avvenire solo se c'è almeno un cliente in attesa e se il server è libero. Quando la transizione t_2 scatta consuma un gettone da p_1 (toglie un cliente dalla coda) e un gettone da p_2 mettendo un gettone in p_3 (il server da libero diventa occupato); pertanto $I(t_2) = \{p_1; p_2\}$, $O(t_2) = \{p_3\}$, $w(p_1; t_2) = w(p_2; t_2) = w(t_2; p_3) = 1$. Infine se il server è in servizio può avvenire la transizione t_3 (fine del servizio) che consuma il gettone in p_3 e lo mette in p_2 (il server torna a essere libero): $I(t_3) = \{p_3\}$, $O(t_3) = \{p_2\}$, $w(p_3; t_3) = w(t_3; p_2) = 1$. Inizialmente non ci sono clienti in coda e il server è libero quindi $x_0 = [0 \quad 1 \quad 0]^T$; questa è la situazione obiettivo in cui vogliamo riportare il nostro sistema, ovvero $X_m = \{x_0\}$. In Figura 8.19 è raffigurata la relativa rete di Petri etichettata con un esempio di evoluzione per la sequenza di scatti $t_1t_1t_2t_1t_3t_2t_1$, ovvero per la stringa $aasaesa$.

Esempio 8.5 Un ulteriore esempio di rete di Petri etichettata è quella che descrive il sistema dei **due filosofi cinesi**. Tale sistema, ben noto in ambito informatico, rappresenta il problema della condivisione delle risorse fisiche. Due filosofi cinesi (F_1 e F_2) siedono a un tavolo e meditano. Al centro del tavolo vi è un piatto di riso e, tra i due filosofi, vi sono due bacchette (B_1 e B_2). Quando un filosofo sente lo stimolo della fame, afferra prima una bacchetta, poi l'altra e, servendosi delle due bacchette, mangia. Terminato il pasto, ripone contemporaneamente le due bacchette e ritorna alle sue meditazioni. Gli eventi in gioco sono:

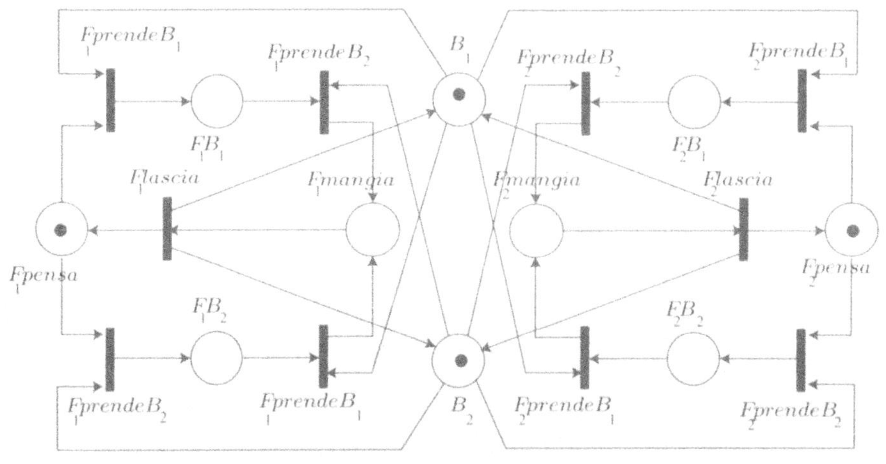

Figura 8.20 Rete di Petri etichettata per il sistema dei due filosofi cinesi (Esempio 8.5).

- $F_i prendeB_k$, il filosofo F_i ($i = 1, 2$) afferra la bacchetta B_k ($k = 1, 2$);
- $F_i lascia$, il filosofo F_i ($i = 1, 2$) appoggia le due bacchette sul tavolo.

Lo stato del filosofo F_i ($i = 1, 2$) può essere rappresentato mediante quattro posti:

- $F_i pensa$, il filosofo F_i pensa;
- $F_i B_k$, il filosofo F_i ha in mano la bacchetta B_k;
- $F_i mangia$, il filosofo F_i ha le due bacchette e mangia.

Ogni bacchetta B_k ($k = 1, 2$) può essere rappresentata mediante un posto B_k che indica se la bacchetta è sul tavolo o no. Inizialmente i due filosofi pensano e le bacchette sono sul tavolo. La rete etichettata che modella tale processo è raffigurata in Figura 8.20. Se i due filosofi decidono contemporaneamente di mangiare e prendono ognuno una bacchetta (es. $F_1 prendeB_1$, $F_2 prendeB_2$) il sistema si blocca in quanto entrambi attendono che l'altra bacchetta sia sul tavolo e nessuno dei due appoggia la propria bacchetta. Tale situazione è catturata dalla rete nella marcatura raffigurata in Figura 8.21.

Possiamo ora definire il **linguaggio generato** da una rete di Petri etichettata N come:

$$\mathcal{L}(N) = \{\ell(s) \in E^\star \text{ tale che } s \in T^\star \text{ e } f(\mathrm{x}_0, s) \text{ è definita}\} \ ;$$

inoltre si definisce **linguaggio marcato** da N l'insieme

$$\mathcal{L}_m(N) = \{\ell(s) \in \mathcal{L}(N) \text{ tale che } s \in T^\star \text{ e } f(\mathrm{x}_0, s) \in \mathrm{X}_m\} \ .$$

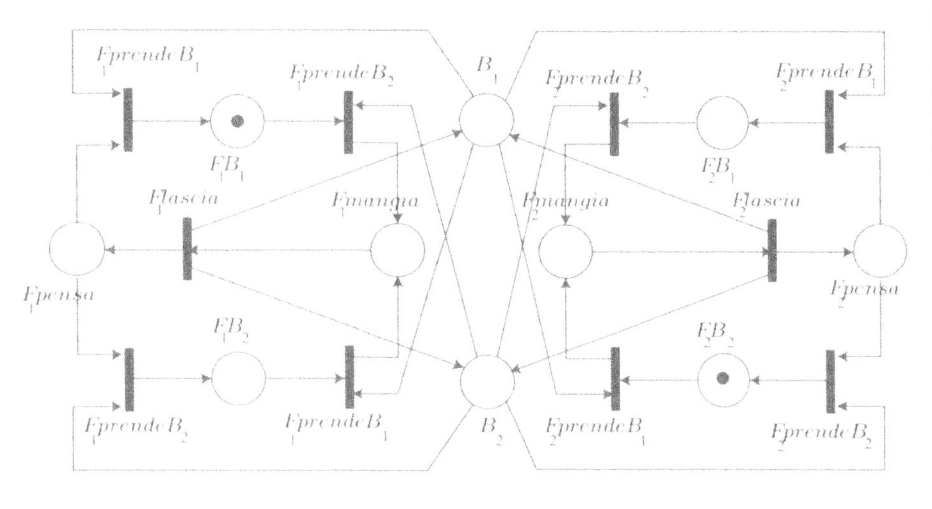

Figura 8.21 Rete di Petri etichettata per il sistema dei due filosofi cinesi (Esempio 8.5): situazione di bloccaggio.

Nelle definizioni appena fornite la funzione di etichetta delle transizioni ℓ è stata estesa alle chiusure di Kleene di dominio e co-dominio ($\ell : T^\star \to E^\star$) come segue:

$$\begin{aligned} \ell(\varepsilon) &= \varepsilon \\ \ell(st) &= \ell(s)\ell(t) \quad s \in T^\star,\ t \in T\ . \end{aligned}$$

L'insieme dei linguaggi che possono essere marcati da una rete di Petri è definita classe dei linguaggi $\mathcal{PNL}$:

$$\mathcal{PNL} = \{K \subseteq E^\star \text{ tale che } \exists N = (P, T, A, w, E, \ell, \mathrm{x}_0, \mathrm{X}_m) \text{ e } \mathcal{L}_m(N) = K\}\ .$$

La classe dei linguaggi $\mathcal{PNL}$ contiene in senso stretto la classe dei linguaggi regolari $\mathcal{R}$ marcabili da automi: $\mathcal{R} \subset \mathcal{PNL}$.

Esempio 8.6 Consideriamo la rete di Petri etichettata di Figura 8.22; lo stato iniziale e l'insieme degli stati marcati sono rispettivamente

$$\begin{aligned} \mathrm{x}_0 &= [\,1 \quad 0 \quad 0 \quad 0 \quad 0\,]^{\mathrm{T}} \\ \mathrm{X}_m &= \left\{[\,0 \quad 0 \quad 0 \quad 0 \quad 1\,]^{\mathrm{T}}\right\}. \end{aligned}$$

Vogliamo descrivere il linguaggio marcato da tale rete, cioè elencare tutte le stringhe che portano la rete dalla marcatura iniziale all'unica marcatura in X_m. Dalla marcatura iniziale x_0 possiamo solo far scattare la transizione t_1 (evento a) ritrovandoci nella marcatura $\mathrm{x}_1 = [0 \quad 1 \quad 0 \quad 0 \quad 0]^{\mathrm{T}}$. In tale marcatura sono abilitate le transizioni t_2 e t_3; lo scatto di t_3 porta la rete nella marcatura

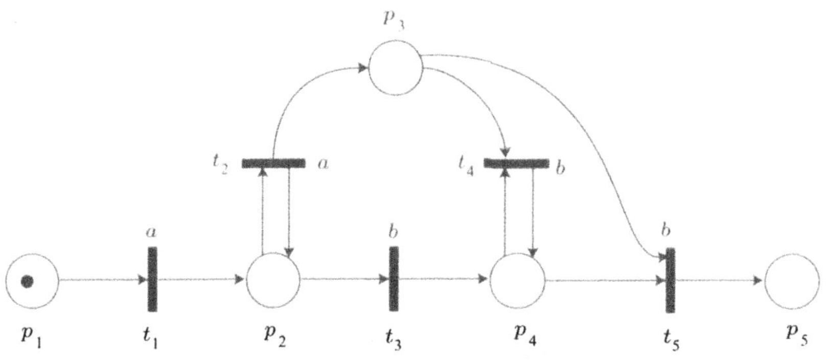

Figura 8.22 Rete di Petri etichettata per l'Esempio 8.6.

$x^\star = [0\ \ 0\ \ 1\ \ 0\ \ 0]^T$ da cui non è più possibile evolvere. Dato che $x^\star$ non è in X_m, questa situazione di blocco è da evitare. È ovvio che, dalla marcatura x_1, deve scattare la transizione t_2 (evento a) per portare il sistema in $x_2 = [0\ \ 1\ \ 1\ \ 0\ \ 0]^T$. Da tale marcatura è possibile far scattare altre n volte la transizione t_2 (n volte evento a) ottenendo la marcatura $x_n = [0\ \ 1\ \ n+1\ \ 0\ \ 0]^T$. Per raggiungere con lo scatto di una transizione l'unica marcatura in X_m, dobbiamo trovarci in una marcatura con un solo gettone in p_3, un solo gettone in p_4 e tutti gli altri posti vuoti: indichiamo tale marcatura con $x_h = [0\ \ 0\ \ 1\ \ 1\ \ 0]^T$. In x_h è infatti abilitata la transizione t_5 (evento b) che ci permette di raggiungere il nostro obiettivo. Per raggiungere la marcatura x_h devo aver sparato almeno una volta la transizione t_3 (evento b) da x_n raggiungendo la marcatura $x_k = [0\ \ 0\ \ n+1\ \ 1\ \ 0]^T$ e, da questa, n volte la transizione t_4 (n volte evento b) che svuota il posto p_3 lasciando sempre un gettone in p_4.

In definitiva, per passare dalla marcatura iniziale a quella desiderata, l'evento b deve occorrere tante volte quante volte è occorso l'evento a con un minimo di due volte per evitare il blocco della rete nella marcatura $x^\star$ in seguito alla sequenza di scatti $t_1 t_3$. È dunque possibile scrivere:

$$\mathcal{L}_m(N) = \{a^m b^m \text{ con } m \geq 2\} .$$

Un linguaggio di questo tipo non potrebbe essere rappresentato da un automa in quanto avremmo avuto bisogno di infiniti stati per poter contare il numero di volte di occorrenza dell'evento a.

8.3.4 Reti di Petri temporizzate

Consideriamo una rete di Petri $N = (P, T, A, w, \mathrm{x})$; al fine di introdurre l'informazione temporale nella dinamica della rete, associamo a una generica transizione $t_j \in T$ un insieme

$$\mathbf{v}_j = \{v_{j,1}, v_{j,2}, \ldots v_{j,k}, \ldots\}$$

il cui k-esimo elemento $v_{j,k} \in \mathbb{R} \setminus \{0\}$ ha il seguente significato: quando la transizione t_j è abilitata per la k-esima volta, essa viene sparata dopo $v_{j,k}$ unità di tempo. L'insieme $\mathbf{v}_j$ è detto **struttura di clock** della transizione t_j. L'insieme delle transizioni T di una rete di Petri è in generale partizionato come segue:

$$T = T_0 \cup T_D\,, \qquad T_0 \cap T_D = \emptyset\,,$$

essendo T_0 l'insieme delle transizioni non temporizzate e T_D l'insieme delle **transizioni temporizzate**, ovvero quelle transizioni che hanno un ritardo di scatto definito da un'opportuna struttura di clock. Graficamente le transizioni temporizzate sono rappresentate da rettangoli. Si definisce **struttura di clock di una rete di Petri** l'insieme

$$\mathbf{V} = \{\mathbf{v}_j \text{ tale che } t_j \in T_D\}\ .$$

Una volta introdotta la struttura di clock $\mathbf{V}$, una **rete di Petri temporizzata** è definita come

$$N = (P, T, A, w, \mathrm{x}, \mathbf{V})\ .$$

Esempio 8.7 Consideriamo il sistema client-server con buffer infinito definito nell'Esempio 8.4 e supponiamo che le transizioni t_1 e t_3 siano temporizzate ($T_D = \{t_1, t_3\}$): le richieste di servizio (evento a) arrivano distanziate da intervalli temporali noti, il servizio inizia non appena il server è libero (evento s) e i servizi durano intervalli di tempo noti (evento e). Possiamo pertanto associare alla rete la struttura di clock $\mathbf{V} = \{\mathbf{v}_1, \mathbf{v}_3\}$, con $\mathbf{v}_1 = \{v_{1,1}, v_{1,2}, \ldots\}$ e $\mathbf{v}_3 = \{v_{3,1}, v_{3,2}, \ldots\}$. La rete di Petri temporizzata che descrive il processo è raffigurata in Figura 8.23. Consideriamo ora le seguenti variabili di interesse:

- a_k, istante di arrivo della k-esima richiesta di servizio;
- s_k, istante di inizio del k-esimo servizio;
- e_k, istante in cui termina il k-esimo servizio e dunque istante di uscita dal sistema del k-esimo cliente;
- $\Pi_{1,k}$, istante in cui il posto p_1 riceve il k-esimo gettone;
- $\Pi_{2,k}$, istante in cui il posto p_2 riceve il k-esimo gettone;
- $\Pi_{3,k}$, istante in cui il posto p_3 riceve il k-esimo gettone.

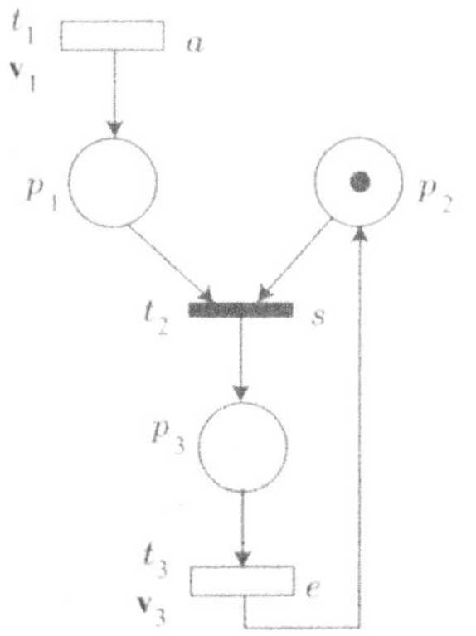

Figura 8.23 Rete di Petri temporizzata per il sistema client-server di Figura 8.3.

Supponendo la condizione iniziale $a_0 = 0$, $\Pi_{1,1} = 0$ e $\Pi_{2,1} = 0$ è immediato scrivere le seguenti equazioni:

$$
\begin{aligned}
a_k &= a_{k-1} + v_{1,k} & k &= 1, 2, \ldots \\
s_k &= \max\{\Pi_{1,k}; \Pi_{2,k}\} & k &= 1, 2, \ldots \\
e_k &= \Pi_{3,k} + v_{3,k} & k &= 1, 2, \ldots \\
\Pi_{1,k} &= a_k & k &= 1, 2, \ldots \\
\Pi_{2,k} &= e_{k-1} & k &= 2, 3, \ldots \\
\Pi_{3,k} &= s_k & k &= 1, 2, \ldots
\end{aligned}
$$

da cui, eliminando $\Pi_{1,k}$, $\Pi_{2,k}$ e $\Pi_{3,k}$ e ponendo $e_0 = 0$, si ottiene

$$
\begin{aligned}
s_k &= \max\{a_k; e_{k-1}\} & k &= 1, 2, \ldots \\
e_k &= s_k + v_{3,k} & k &= 1, 2, \ldots
\end{aligned}
$$

cioè

$$e_k = \max\{a_k; e_{k-1}\} + v_{3,k} \quad k = 1, 2, \ldots .$$

L'equazione appena trovata rappresenta un modello degli istanti di tempo di fine servizio del sistema. La k-esima uscita di un cliente dal sistema avviene $v_{3,k}$ istanti di tempo dopo la $(k-1)$-esima tranne nei casi in cui $a_k > e_{k-1}$, ovvero tranne quando la $(k-1)$-esima fine di servizio lascia la coda di attesa vuota; in tal caso il server attende l'istante a_k in cui arriva la nuova richiesta di servizio e dopo altri $v_{3,k}$ istanti termina il suo lavoro.

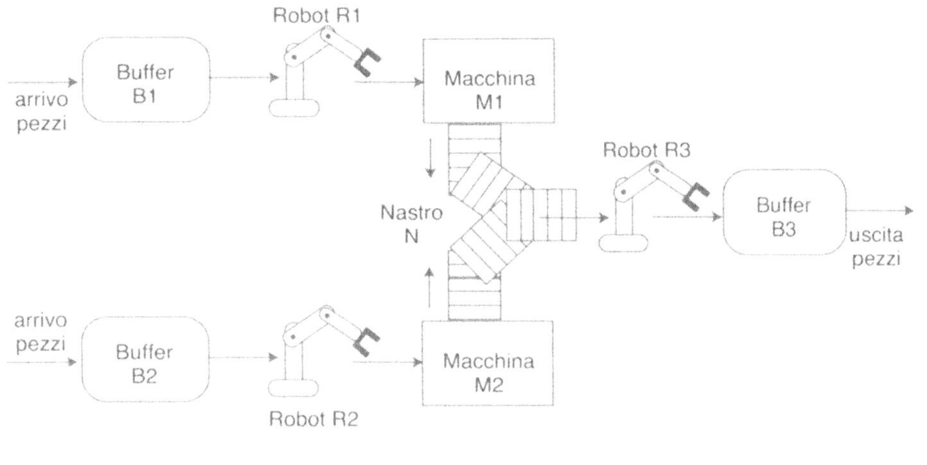

Figura 8.24 Un semplice sistema di produzione industriale.

8.4 Modellistica mediante reti di Petri

Il problema della modellazione di un sistema fisico mediante una rete di Petri può essere affrontato utilizzando due diversi approcci. Seguendo lo stesso approccio già esaminato per gli automi, è possibile dividere il sistema completo in sottosistemi elementari, modellarli con reti di Petri basilari e infine comporle per ottenere il modello complessivo; in questo caso si parla di **approccio fisico** alla modellazione. Si parla invece di **approccio funzionale** alla modellazione quando, per descrivere il sistema, si individuano le tappe logiche del funzionamento per allocarle poi sulle risorse fisiche che compongono il sistema. Seguendo un approccio fisico si pone l'attenzione sui componenti fisici del sistema, mentre nell'approccio funzionale si tende a mettere in evidenza le operazioni che tali componenti effettuano. Non è detto che queste due strade, applicate per modellare lo stesso sistema, portino alla stessa rete di Petri. Di seguito vedremo i due approcci applicati allo stesso esempio in modo da metterne in luce le differenze.

Si vuole modellare mediante una rete di Petri il processo produttivo dell'impianto manifatturiero di Figura 8.24, costituito da tre magazzini di capacità illimitata (B1 e B2 di ingresso, e B3 di uscita), tre robot per il trasporto pezzi (R1, R2 e R3), un nastro trasportatore (N) e due macchine utensili (M1 e M2). I robot e le macchine possono operare su un pezzo alla volta, mentre il nastro può trasportare fino a tre pezzi per volta. Il processo realizzato su tale impianto è caratterizzato nel seguente modo:

- R1 preleva un pezzo alla volta da B1 e lo trasferisce su M1;
- R2 preleva un pezzo alla volta da B2 e lo trasferisce su M2;
- a lavorazione ultimata, M1 deposita automaticamente il pezzo sul nastro N;
- a lavorazione ultimata, M2 deposita automaticamente il pezzo sul nastro N;
- R3 preleva un pezzo alla volta da N e lo deposita in B3.

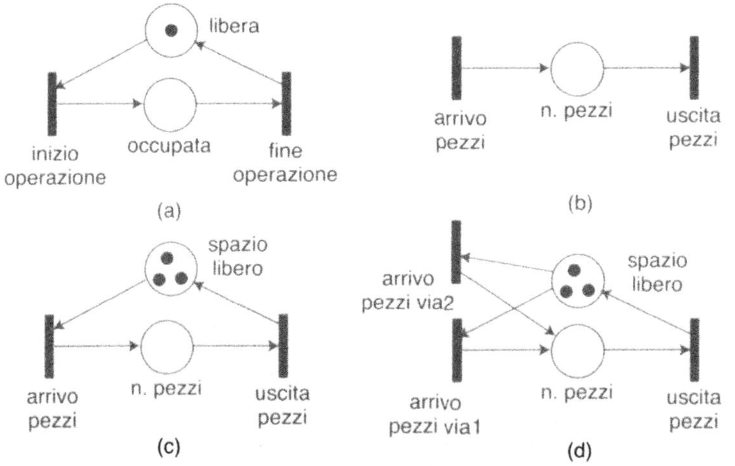

Figura 8.25 Modelli elementari di risorsa (a), buffer illimitato (b), buffer a capacità limitata pari a tre (c) e buffer a capacità limitata pari a tre con due vie di accesso (d).

Inizialmente i magazzini sono vuoti e i robot e le macchine sono in attesa di iniziare la lavorazione.

Cerchiamo di modellare il sistema seguendo un **approccio fisico**. In generale i componenti di un sistema possono essere classificati come:

- **risorse** se compiono una fase di lavorazione;
- **buffer** se il loro compito è esclusivamente contenere un sottoprodotto di una qualunque fase di lavorazione.

I buffer possono inoltre avere capacità finita se possono contenere solo un numero limitato di oggetti o capacità infinita se possono contenere infiniti oggetti. Per esempio nel nostro caso le macchine M1 e M2 e i robot R1, R2 e R3 sono risorse, i magazzini B1, B2 e B3 sono buffer a capacità infinita e il nastro N è un buffer a capacità limitata pari a tre.

Una risorsa può essere modellata, come mostrato in Figura 8.25a, mediante due posti che indicano se questa è libera o occupata, e due transizioni: la prima, di inizio attività, abilitata solo se la risorsa è libera e che la porta in uno stato in cui questa è occupata; la seconda, di fine attività, abilitata solo se la risorsa è occupata e che la porta in uno stato in cui questa è libera.

Un buffer illimitato è rappresentato, come mostrato in Figura 8.25b da un solo posto la cui marcatura indica il numero di oggetti contenuti al momento. Una transizione di arrivo pezzi introduce gettoni nel posto, mentre una transizione di uscita pezzi consuma tali gettoni. Nel caso di buffer a capacità limitata, mostrato in Figura 8.25c, la transizione di arrivo pezzi sarà condizionata da un posto in ingresso rappresentante lo spazio rimanente nel buffer: ogni volta che arriva un pezzo si consuma un posto libero e si genera un posto occupato.

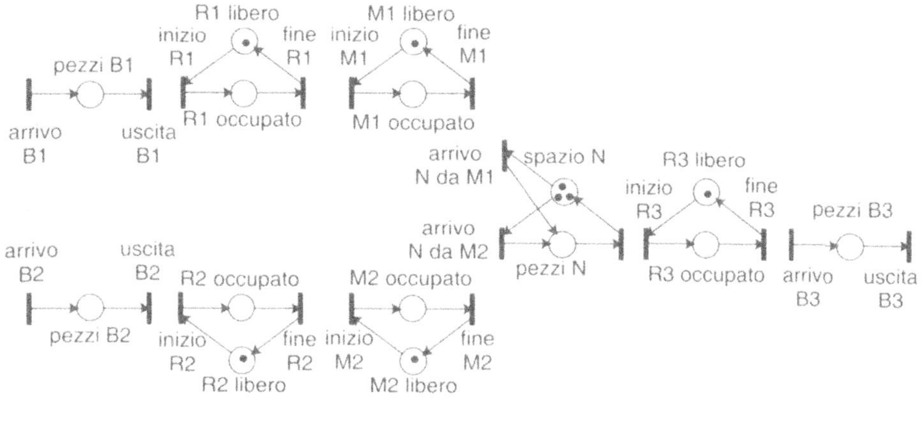

Figura 8.26 Modelli elementari per il sistema di Figura 8.24.

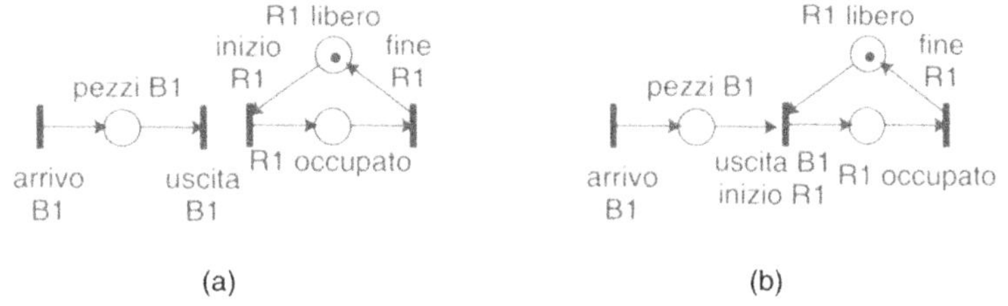

Figura 8.27 Composizione di reti di Petri basilari: le transizioni di uscita da buffer B1 e inizio lavorazione robot R1 (a) coincidono e pertanto vengono fuse (b).

Ovviamente questi modelli basilari possono essere modificati di volta in volta per far fronte a situazioni realistiche; per esempio se occorre modellare un buffer a capacità limitata con più di una via di accesso, la transizione di arrivo pezzi può essere replicata e interconnessa opportunamente ai due posti del modello (in Figura 8.25d è presentato un esempio di buffer limitato con due vie di accesso).

Applicando queste considerazioni all'esempio di Figura 8.24 si ottengono le reti di Petri che modellano i vari componenti come illustrato in Figura 8.26. Per comporre le reti di Petri ottenute basta ricordarsi che i componenti lavorano in concorrenza; quindi alcune transizioni sono private e possono essere eseguite dal singolo componente, altre sono comuni a più componenti e quindi devono essere eseguite in modo sincrono, ovvero con una condizione di abilitazione che è l'AND logico delle condizioni dovute ai singoli modelli. In altre parole le transizioni si fondono e i posti in ingresso formano strutture di sincronizzazione. Per esempio la transizione di uscita pezzi dal buffer B1 coincide con la transizione di inizio attività del robot R1 (Figura 8.27) e la transizione di fine attività di quest'ultimo

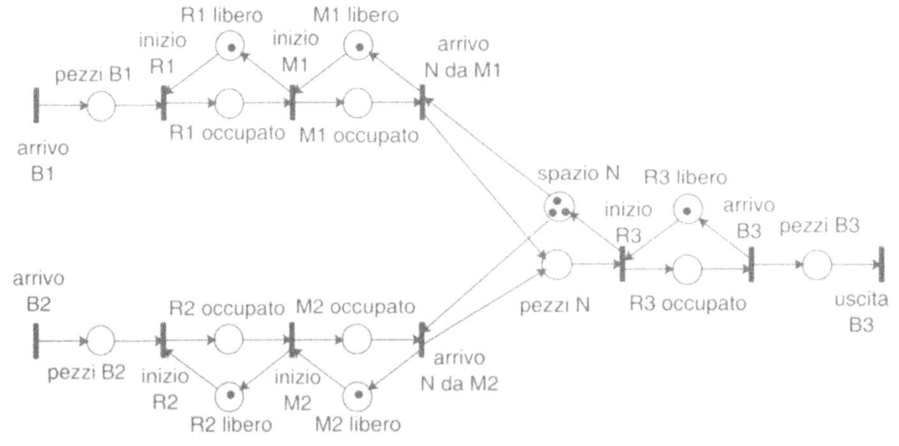

Figura 8.28 Modello a rete di Petri per il sistema di Figura 8.24.

coincide con la transizione di inizio attività della macchina M1. Ragionando in questo modo si ottiene il modello in Figura 8.28.

Cerchiamo ora di ottenere il modello del sistema di Figura 8.24 utilizzando un **approccio funzionale**. Per prima cosa dobbiamo modellare i passi logici del funzionamento del processo. Ogni passo ha una transizione di inizio e una di fine e un posto che indica la tappa di lavorazione. Un gettone in un posto ha ora un significato ben preciso in termini di funzionalità della macchina e indica a che punto della lavorazione è giunto il prodotto. Ovviamente la transizione di fine passo coincide con la transizione di inizio del passo successivo. Il modello ottenuto in questo modo è detto **ricetta**. Per il nostro esempio la ricetta è raffigurata in Figura 8.29; da tale ricetta si vede chiaramente che un prodotto arriva in un magazzino, viene trasportato a una lavorazione e, una volta terminata la lavorazione, viene nuovamente trasportato in un magazzino da cui poi lascia il sistema.

A questo punto occorre allocare le operazioni sulle risorse fisiche. In generale la risorsa fisica è modellabile con un posto in cui la presenza di un gettone indica la possibilità di compiere l'operazione, mentre l'assenza di gettoni indica l'impossibilità di iniziare la lavorazione. Nel nostro esempio le risorse non sono altro che i robot R1, R2 ed R3 su cui allocheremo le operazioni di trasporto dei pezzi, le macchine M1 e M2 che effettuano fisicamente le lavorazioni e il nastro N che riceve i pezzi lavorati dalle macchine. Dato che le macchine e i robot possono effettuare una sola lavorazione alla volta, il posto che li rappresenta conterrà al più un gettone; al contrario il nastro può ricevere fino a tre pezzi dalle macchine, pertanto il posto che lo modella potrà contenere fino a tre gettoni. La transizione di inizio operazione consuma un gettone dalla risorsa su cui l'operazione è allocata e la transizione di fine operazione restituisce il gettone alla risorsa. Le risorse corrispondenti ai magazzini B1, B2 e B3 dovrebbero essere modellate con posti contenenti infiniti gettoni; per questo motivo possono essere omesse.

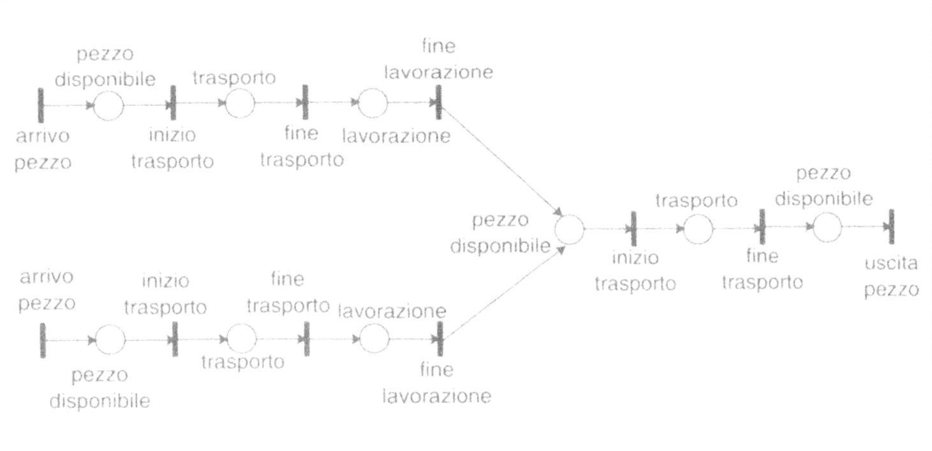

Figura 8.29 Modello di ricetta per il sistema di Figura 8.24.

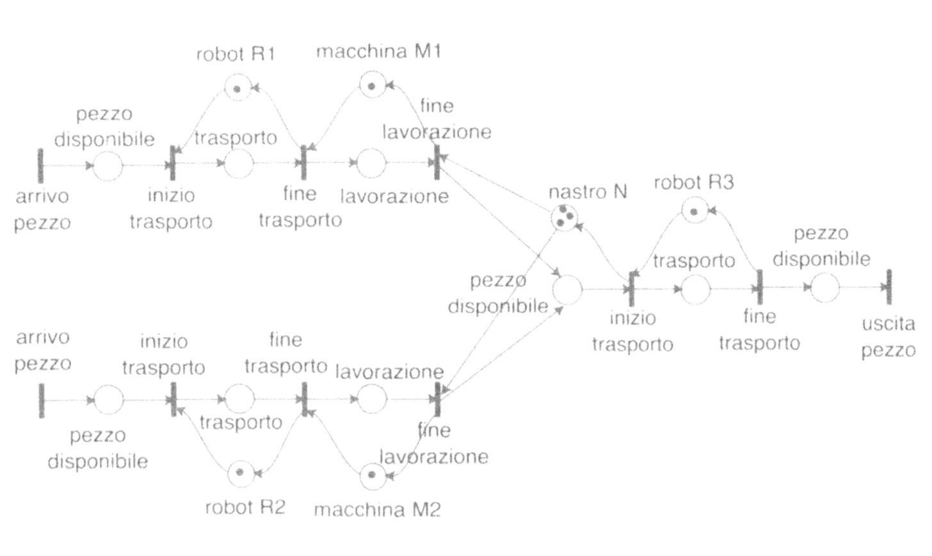

Figura 8.30 Modello a rete di Petri per il sistema di Figura 8.24.

È importante notare come, nel caso di operazioni singole, la struttura ottenuta allocando un'operazione su una risorsa coincida esattamente con il modello elementare di risorsa fisica descritto in precedenza e raffigurato in Figura 8.25a. Ragionando in questo modo è possibile arricchire la ricetta di Figura 8.29 con le informazioni derivanti dalle risorse ottenendo il modello in Figura 8.30 che coincide con quello ottenuto con approccio fisico e presentato in Figura 8.28.

L'approccio funzionale alla modellazione è particolarmente utile nel caso in cui il sistema preveda più tipi di lavorazioni con condivisione di risorse; questo tipo di sistemi è noto come **Flexible Manufacturing Systems** (FMS). In questo

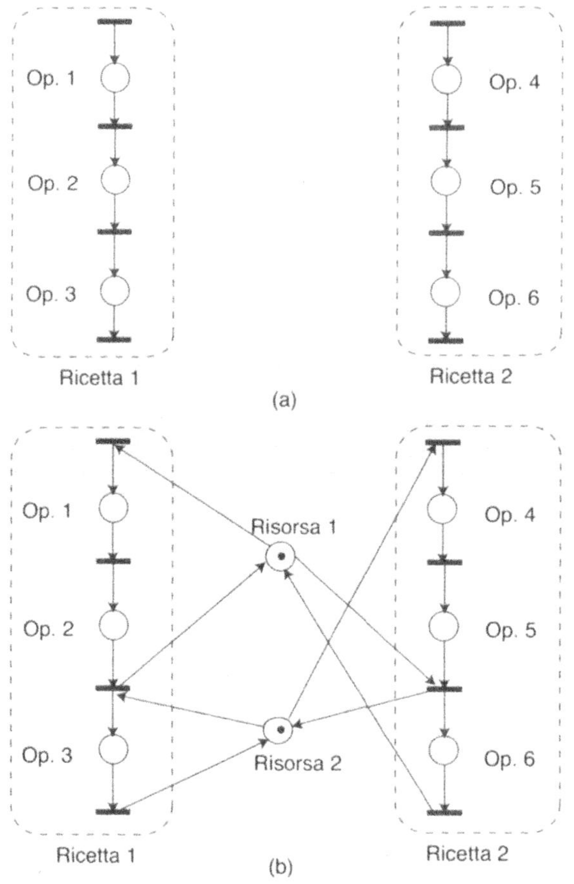

Figura 8.31 Sistema FMS per l'Esempio 8.8: modello delle ricette (a) e modello completo (b).

caso è conveniente modellare in prima battuta le varie ricette possibili e poi le risorse su cui sono allocati i singoli passi delle ricette mettendo in evidenza, in maniera automatica, la condivisione delle risorse e quindi la mutua esclusione di alcune fasi.

Esempio 8.8 Si consideri un FMS in cui sono possibili due ricette: la ricetta 1 composta dai passi sequenziali Op.1, Op.2 e Op.3 e la ricetta 2 composta dai passi sequenziali Op.4, Op.5 e Op.6; in Figura 8.31a è rappresentato il modello delle ricette del sistema. Per effettuare le lavorazioni delle due ricette il sistema ha a disposizione due risorse: i passi Op.1, Op.2 e Op.6 sono allocati sulla risorsa 1, mentre Op. 3, Op. 4 e Op.5 sono allocati sulla risorsa 2. In Figura 8.31b è rappresentato il modello complessivo del sistema. Si noti come questo modello

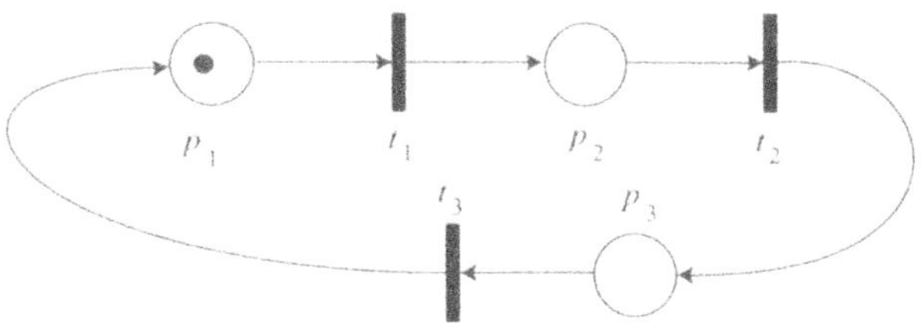

Figura 8.32 Rete di Petri N_1 per l'Esempio 8.9.

evidenzia chiaramente che le operazioni Op.1 e Op.2 della ricetta 1 sono mutuamente esclusive con l'operazione Op. 6 della ricetta 2 in quanto condividono la stessa risorsa 1, mentre l'operazione Op.3 della ricetta 1 è mutuamente esclusiva con le operazioni Op.4 e Op.5 della ricetta 2 condividendo la risorsa 2.

8.5 Analisi di reti di Petri

In questo paragrafo saranno illustrate le principali tecniche di analisi per reti di Petri. Inizieremo illustrando le proprietà fondamentali per poi proseguire introducendo i metodi, sia grafici che analitici, per lo studio di tali proprietà.

8.5.1 Proprietà fondamentali di una rete di Petri

Consideriamo una generica rete di Petri $N = (P, T, A, w, \mathrm{x}_0)$; una marcatura $\mathrm{x}_2 \in \mathbb{N}^{|P|}$ si dice **raggiungibile** da una marcatura $\mathrm{x}_1 \in \mathbb{N}^{|P|}$ se esiste una sequenza di scatti la cui esecuzione a partire dalla marcatura x_1 porta la rete nella marcatura x_2. Ogni marcatura è ovviamente raggiungibile da se stessa in quanto basta considerare la sequenza di scatti vuota. Questa proprietà, legata a una singola marcatura, può essere allargata alla rete di Petri N definendo l'**insieme delle marcature raggiungibili** dallo stato iniziale x_0:

$$R(N) = \left\{ \mathrm{x} \in \mathbb{N}^{|P|} \text{ tali che } \exists s \in T^\star \text{ per cui } f(\mathrm{x}_0, s) = \mathrm{x} \right\} \ ;$$

l'insieme $R(N)$ contiene tutte le marcature raggiungibili dalla marcatura iniziale x_0 ed è un'indicazione molto utile per sapere in quale stato il sistema descritto dalla rete N può venire a trovarsi durante una qualunque evoluzione ammissibile.

Esempio 8.9 Consideriamo la rete N_1 illustrata in Figura 8.32; la marcatura $\mathrm{x}_2 = [0 \quad 0 \quad 1]^\mathrm{T}$ è raggiungibile dalla marcatura $\mathrm{x}_1 = [1 \quad 0 \quad 0]^\mathrm{T}$ per esempio mediante la sequenza di scatti $S = t_1 t_2$. Al contrario la marcatura $\mathrm{x}_3 = [0 \quad 1 \quad 1]^\mathrm{T}$ non è raggiungibile da x_1 in quanto non esiste nessuna sequenza di scatti che permette

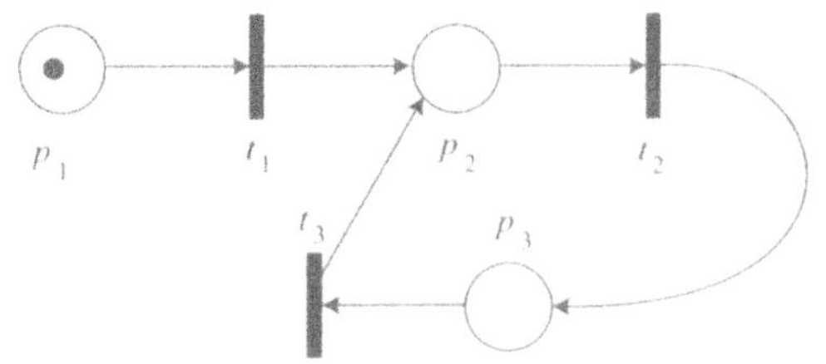

Figura 8.33 Rete di Petri N_2 per l'Esempio 8.10.

di portare la rete in una configurazione con più di un gettone; è quindi semplice intuire che l'insieme di raggiungibilità di N_1 è

$$R(N_1) = \left\{ \begin{bmatrix} 1 \\ 0 \\ 0 \end{bmatrix}, \begin{bmatrix} 0 \\ 1 \\ 0 \end{bmatrix}, \begin{bmatrix} 0 \\ 0 \\ 1 \end{bmatrix} \right\}.$$

Una questione molto importante, strettamente legata al concetto di insieme di raggiungibilità, è la capacità di un sistema fisico di riportarsi sistematicamente in una condizione particolare detta **marcatura base**. In altre parole una marcatura base è una marcatura $\bar{\mathrm{x}}$ raggiungibile da ogni marcatura $\mathrm{x} \in R(N)$. Se la marcatura iniziale x_0 è una marcatura base la rete si dice **reversibile**.

Esempio 8.10 Consideriamo la rete N_2 di Figura 8.33; è ancora semplice osservare che l'insieme di raggiungibilità è

$$R(N_2) = \left\{ \begin{bmatrix} 1 \\ 0 \\ 0 \end{bmatrix}, \begin{bmatrix} 0 \\ 1 \\ 0 \end{bmatrix}, \begin{bmatrix} 0 \\ 0 \\ 1 \end{bmatrix} \right\};$$

tuttavia la marcatura iniziale $\mathrm{x}_0 = [1 \ \ 0 \ \ 0]^{\mathrm{T}}$, una volta scattata la transizione t_1, non può essere più ripristinata: pertanto la rete non è reversibile. Viceversa le marcature $\mathrm{x}_1 = [0 \ \ 1 \ \ 0]^{\mathrm{T}}$ e $\mathrm{x}_2 = [0 \ \ 0 \ \ 1]^{\mathrm{T}}$ sono raggiungibili da ogni marcatura appartenente a $R(N_2)$, dunque sono marcature base.

Osserviamo ancora la rete di Figura 8.33 e in particolare la transizione t_1; tale transizione è abilitata solo nella marcatura x_0, pertanto può essere sparata solo una volta all'inizio dell'evoluzione della rete. Viceversa le transizioni t_2 e t_3 possono continuare a scattare all'infinito dato che sono abilitate rispettivamente nelle marcature x_1 e x_2 che sono raggiungibili da ogni elemento dell'insieme di raggiungibilità. La transizione t_1 è detta **transizione morta** mentre t_2 e t_3 sono dette **transizioni vive**. Formalmente una transizione t è viva se per ogni marcatura $\mathrm{x} \in R(N)$ esiste una marcatura $\mathrm{x}^\star$, raggiungibile da x, che abilita t. Se una transizione viva t, abilitata in $\mathrm{x}^\star$, scatta, la rete si porta in una marcatura raggiungibile

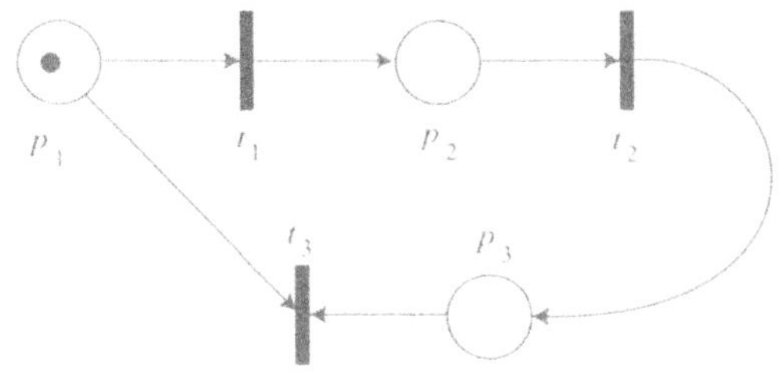

Figura 8.34 Rete di Petri N_3.

da cui, per definizione di transizione viva, si potrà nuovamente raggiungere una marcatura che abilita di nuovo t; pertanto una transizione viva può scattare infinite volte. Se tutte le transizioni di una rete N sono vive, N è detta **rete viva** e tutte le sue transizioni possono scattare infinite volte.

Non bisogna confondere il concetto di vivezza della rete con il concetto di bloccaggio, ovvero con la caratteristica di non non poter più compiere alcuna evoluzione. Una rete è detta **bloccante** se esiste nel suo insieme di raggiungibilità una marcatura in cui non è abilitata alcuna transizione; pertanto una rete bloccante è sicuramente non viva, mentre il viceversa in generale non è vero. Per esempio la rete N_2 in Figura 8.33 non è viva dato che t_1 è una transizione morta, ma non è bloccante; mentre la rete N_3 di Figura 8.34 è bloccante (nella marcatura raggiungibile $\mathrm{x} = [0 \quad 0 \quad 1]^{\mathrm{T}}$ non è abilitata alcuna transizione). Tutte le transizioni di una rete bloccante sono morte.

Parlando di evoluzione di una rete di Petri abbiamo evidenziato il fatto che, se per una generica transizione t_j vale la proprietà

$$\sum_{p_i \in P} w(t_j; p_i) > \sum_{p_i \in P} w(p_i; t_j) ,$$

allora lo scatto di tale transizione introduce nella rete nuovi gettoni. È quindi interessante studiare quanti gettoni possono accumularsi in determinati posti della rete durante la sua evoluzione. Infatti, dato che i posti possono rappresentare entità fisiche del sistema (buffer, risorse ecc.), è importante capire se durante l'evoluzione tali posti siano soggetti ad accumulo di gettoni o meno.

Un posto p_i di una rete N è detto **k-limitato** se ogni marcatura raggiungibile $\mathrm{x} \in R(N)$ è tale per cui $x(p_i) \leq k$ ($k \in \mathbb{N}$, $k < \infty$) ovvero se in ogni marcatura raggiungibile il numero di gettoni contenuti in p_i è minore o uguale a k. Se tutti i posti di una rete N sono k-limitati per un qualche k, N è detta **rete limitata**; se questa proprietà è soddisfatta per $k = 1$ si dice che la rete è **safe** o **binaria**. Per esempio la reti N_1, N_2 e N_3 di Figura 8.32, 8.33 e 8.34 sono safe, dunque limitate.

Consideriamo invece la rete N_4 di Figura 8.35; come per la rete N_1 di Figura 8.32, tutte le transizioni sono vive, pertanto possono scattare infinite volte. Ogni

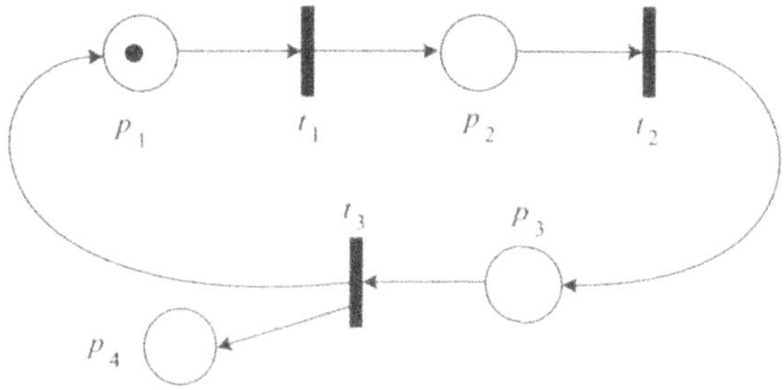

Figura 8.35 Rete di Petri N_4.

volta che scatta t_3 si aggiunge un gettone nel posto p_4; tali gettoni non sono poi consumati da nessuna transizione pertanto il posto p_4 può contenere un numero infinito di gettoni ed è detto **posto illimitato**. Se ammette un posto illimitato, la rete è detta **rete illimitata**.

Consideriamo sempre la rete N_4 di Figura 8.35; il suo insieme di raggiungibilità conterrà tutte le marcature in cui x_4 è un qualunque numero naturale, mentre nei restanti posti circolerà un solo gettone ovvero, in maniera compatta,

$$R(N_4) = \left\{ \begin{bmatrix} x(p_1) \\ x(p_2) \\ x(p_3) \\ x(p_4) \end{bmatrix} \in \mathbb{N}^4 \text{ , tale che } x(p_1) + x(p_2) + x(p_3) = 1 \right\} .$$

In generale, in una rete di Petri, possono esistere sottoinsiemi di posti in cui, durante qualunque evoluzione ammissibile, si mantiene costante una combinazione lineare del numero dei gettoni. Questi sottoinsiemi di posti sono detti **parti conservative** della rete. Se ogni posto della rete appartiene ad almeno una parte conservativa, la rete è detta **rete conservativa**. Nella rete di Figura 8.35 è semplice intuire che la parte conservativa è costituita dai posti p_1, p_2 e p_3 in cui troviamo un unico gettone in ogni marcatura raggiungibile. Per una rete N in cui esiste una parte conservativa vale dunque la seguente equazione

$$\Lambda \cdot \mathrm{x} = c \qquad \forall \mathrm{x} \in R(N) ,$$

con $c \in \mathbb{N}$ costante finita e $\Lambda = \begin{bmatrix} \lambda_1 & \dots & \lambda_{|P|} \end{bmatrix}$ vettore riga dei pesi in cui $\lambda_i \in \mathbb{N}$ e $\lambda_i < \infty$ $(i = 1, 2, \dots |P|)$. È chiaro che i pesi λ_j corrispondenti ai posti che non appartengono alla parte conservativa saranno nulli.

Per la rete di Figura 8.35 si ha $\Lambda = \begin{bmatrix} 1 & 1 & 1 & 0 \end{bmatrix}$. Considerata la definizione di rete conservativa appena fornita è semplice intuire che una rete conservativa è limitata. Le parti conservative di una rete indicano i limiti fisici del sistema (per esempio una risorsa che può effettuare una lavorazione alla volta e pertanto può trovarsi o in una marcatura che indica lo stato di attesa o in una marcatura che indica lo stato di lavoro).

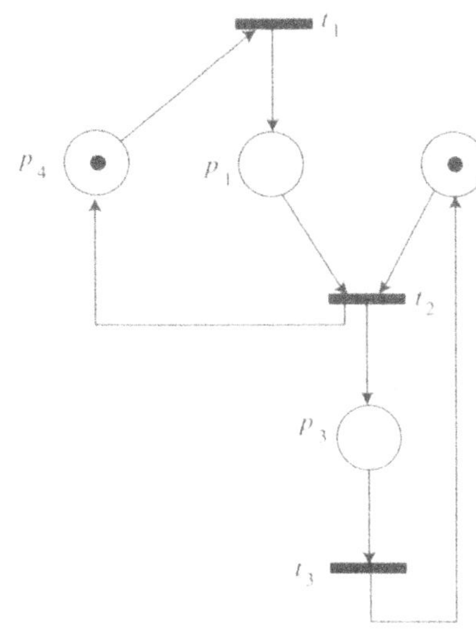

Figura 8.36 Rete di Petri che modella un sistema client-server con buffer delle richieste limitato a un posto.

8.5.2 Analisi grafica delle reti di Petri

Al fine di analizzare una rete di Petri per studiarne proprietà legate alla raggiungibilità, è utile introdurre uno strumento grafico in grado di rappresentare visivamente tutte le marcature raggiungibili e le sequenze di scatti che portano da una marcatura all'altra. Questo strumento è detto **albero di raggiungibilità** ed è un albero in cui il nodo radice rappresenta la marcatura iniziale della rete, mentre i nodi di un generico livello k rappresentano le marcature raggiungibili da quella iniziale in k passi.

Consideriamo per esempio la rete di Petri rappresentante un sistema client-server con buffer delle richieste limitato a un posto. La rete che rappresenta tale sistema è raffigurata in Figura 8.36. Per costruire l'albero di raggiungibilità si inizia disegnando il nodo radice etichettato con la marcatura iniziale $x_0 = [0 \quad 1 \quad 0 \quad 1]^T$ e tutte le transizione in essa abilitate, rappresentate da archi orientati uscenti etichettati con la transizione o l'evento che rappresentano. Per sviluppare l'albero si procede con una politica **depth-first** ovvero procedendo verso le foglie e generando i nuovi nodi che rappresentano le marcature raggiunte con lo scatto delle transizioni abilitate al nodo precedente. Un nodo è una foglia dell'albero se è una marcatura già esplorata in qualche passo precedente o se rappresenta una marcatura in cui non è abilitata nessuna transizione; pertanto la costruzione si ferma quando si sono raggiunte tutte le foglie.

In Figura 8.37 è illustrata la procedura di costruzione dell'albero di raggiungibilità per la rete in Figura 8.36. Per come è stato costruito l'albero, l'insieme dei nodi rappresenta, a meno di quelli già visitati, l'insieme di raggiungibilità del-

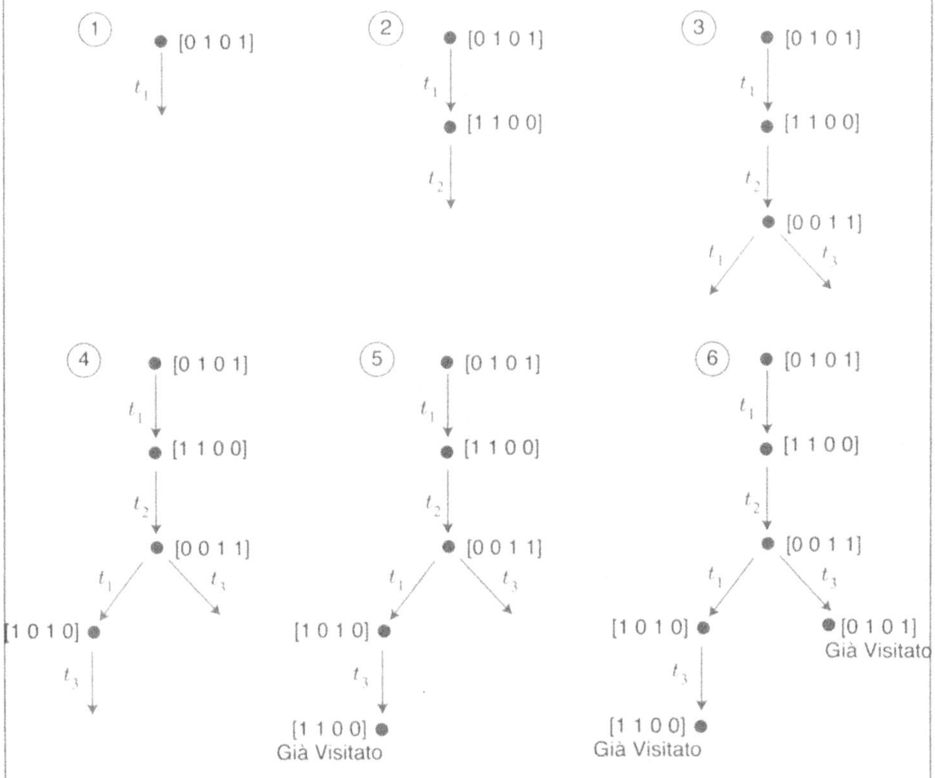

Figura 8.37 Procedura di costruzione dell'albero di raggiungibilità per la rete in Figura 8.36.

la rete; i cammini ammissibili sono le sequenze di scatti ammissibili della rete. Dall'albero di Figura 8.37 si evince che l'insieme di raggiungibilità è

$$R(N) = \left\{ \begin{bmatrix} 0 \\ 1 \\ 0 \\ 1 \end{bmatrix}, \begin{bmatrix} 1 \\ 1 \\ 0 \\ 0 \end{bmatrix}, \begin{bmatrix} 0 \\ 0 \\ 1 \\ 1 \end{bmatrix}, \begin{bmatrix} 1 \\ 0 \\ 1 \\ 0 \end{bmatrix} \right\};$$

pertanto la rete è limitata e safe.

La rete è inoltre reversibile dato che la marcatura iniziale è una foglia e le altre foglie sono marcature già visitate da cui si può raggiungere la marcatura iniziale; inoltre la rete è viva dato che da ogni marcatura nel grafo è possibile raggiungere una marcatura in cui una transizione tra t_1, t_2 o t_3 è abilitata.

Consideriamo ora la rete di Petri rappresentante il sistema client-server con buffer infinito riportata in Figura 8.38a e proviamo a costruire l'albero di raggiungibilità. Come è logico aspettarsi, il fatto che la transizione t_1 sia incondizionata rende il posto p_1 illimitato e l'insieme di raggiungibilità infinito:

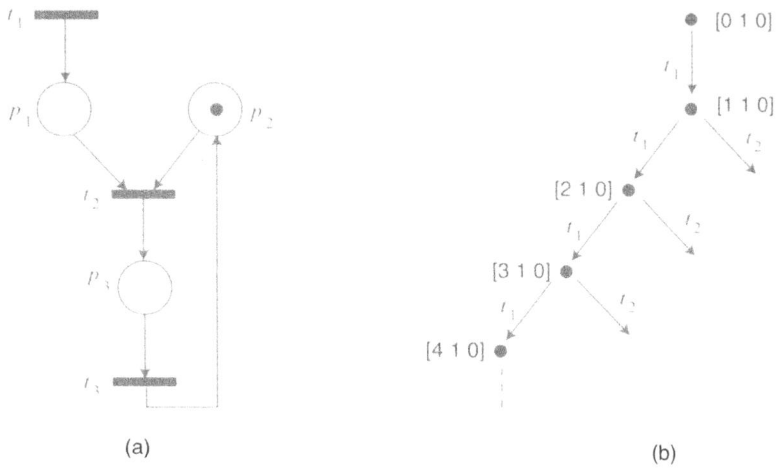

Figura 8.38 Rete di Petri rappresentante il sistema client-server con buffer infinito (a) e relativo albero di raggiungibilità (b).

$$R(N) = \left\{ \begin{bmatrix} x(p_1) \\ x(p_2) \\ x(p_3) \end{bmatrix} \in \mathbb{N}^3 \text{ , tale che } x(p_2) + x(p_3) = 1 \right\} .$$

L'albero di raggiungibilità (Figura 8.38b) avrebbe dunque infiniti nodi e la procedura di costruzione non avrebbe mai fine.

Dobbiamo pertanto introdurre un tipo diverso di rappresentazione per quelle reti che hanno dei posti illimitati e per le quali, dunque, l'insieme di raggiungibilità sarebbe di cardinalità infinita. Per fare ciò concentriamoci sul meccanismo di evoluzione della rete che dà origine a posti illimitati; supponiamo che una sequenza di scatti S porti la rete da una marcatura x_1 a una marcatura x_2 in cui ogni posto ha lo stesso numero di gettoni che ha nella marcatura x_1 con gettoni in più in qualche posto. Se la sequenza di scatti S era ammissibile a partire dalla marcatura x_1, a maggior ragione sarà ammissibile a partire dalla marcatura x_2; pertanto tale sequenza può generare nuovi gettoni all'infinito. È facile intuire che, in questo modo, i posti che a ogni ciclo definito da S guadagnano dei gettoni sono illimitati. Per rappresentare con un albero finito una rete illimitata occorre dunque individuare, durante la costruzione dell'albero, la situazione appena descritta e indicare con un simbolo particolare la marcatura dei posti che guadagnano gettoni evitando poi di considerare l'evoluzione di tali posti.

Siano x e y due nodi generati durante la costruzione dell'albero di raggiungibilità, si dice che x **ricopre** y se valgono le seguenti due condizioni:

1. $x(p_i) \geq y(p_i)$ per ogni $i = 1, 2, \ldots, |P|$,
2. $x(p_i) > y(p_i)$ per almeno un $i \in \{1, 2, \ldots, |P|\}$.

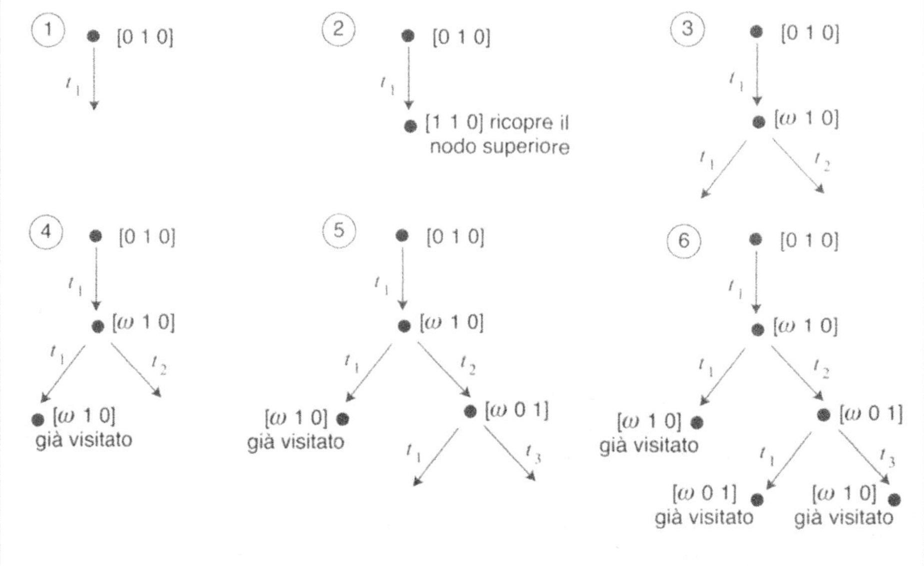

Figura 8.39 Procedura di costruzione dell'albero di copertura per la rete in Figura 8.38.

Se durante la costruzione dell'albero di raggiungibilità troviamo che un nodo x ricopre un nodo y precedentemente generato lungo il ramo che collega x a x_0, sostituiamo tutti gli elementi $x(p_i)$ per cui vale $x(p_i) > y(p_i)$ con il simbolo ω; tale simbolo indica un numero di gettoni teoricamente infinito per cui valgono le relazioni

$$\omega + k = \omega\,, \qquad \omega - k = \omega\,, \qquad k \in \mathbb{N}\,.$$

Una volta inserito il simbolo ω, la costruzione dell'albero continua come precedentemente descritto. Un albero che contiene il simbolo ω è detto **albero di copertura** e rappresenta una rete illimitata; i posti illimitati sono quelli per cui l'elemento corrispondente nella marcatura è pari a ω. Si può dimostrare che l'albero di copertura ha sempre un numero finito di nodi.

In Figura 8.39 è rappresentata la procedura di costruzione dell'albero di copertura per la rete in Figura 8.38. Come ci aspettavamo la rete è illimitata e il posto che può guadagnare infiniti gettoni è il posto p_1. È importante notare come l'analisi della rete si complichi se effettuata su un albero di copertura: infatti i nodi in cui compare il simbolo ω rappresentano degli insiemi di posti e dunque occorre attenzione nello studio della raggiungibiità o della reversibilità del sistema. Per esempio la rete del sistema client-server con buffer infinito è reversibile (basta far scattare un numero uguale di transizioni t_1, t_2 e t_3 per compiere tanti servizi quante sono le richieste e quindi trovarsi in una configurazione con buffer vuoto e server libero) ma non è semplice capirlo osservando l'albero di copertura dato che la marcatura iniziale $x_0 = [0 \quad 1 \quad 0]^T$ è compresa nell'insieme definito dal nodo $[\omega \quad 1 \quad 0]^T$.

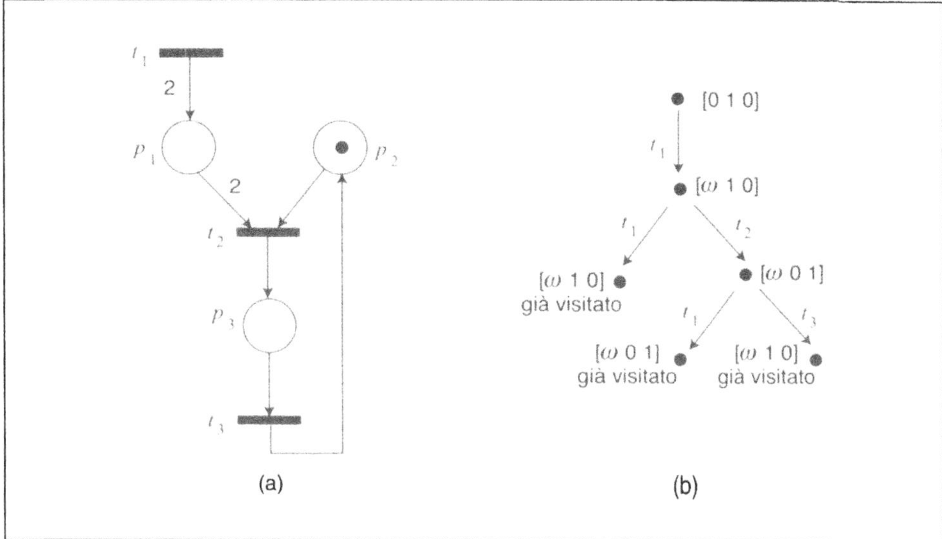

Figura 8.40 Sistema client-server per l'Esempio 8.11 (a) e relativo albero di copertura (b).

Esempio 8.11 Consideriamo la rete di Petri in Figura 8.40a che rappresenta un sistema client-server con buffer infinito in cui i pesi degli archi dalla transizione t_1 al posto p_1 e da questi alla transizione t_2 sono pari a due (le richieste di servizio arrivano e vengono servite due a due); l'albero di copertura (Figura 8.40b) non varia rispetto a quello studiato per la rete di Petri di Figura 8.38a, ma l'insieme di raggiungibilità diventa:

$$R(N) = \left\{ \begin{bmatrix} x(p_1) \\ x(p_2) \\ x(p_3) \end{bmatrix} \in \mathbb{N}^3 \text{ con } x(p_1) \text{ numero pari e } x(p_2) + x(p_3) = 1 \right\} .$$

Esempio 8.12 A titolo di esempio consideriamo nuovamente la rete in Figura 8.22 riportata per comodità in Figura 8.41. L'albero di copertura per tale rete di Petri è raffigurato in Figura 8.42. Dato che compare il simbolo ω, la rete è illimitata e il posto illimitato è p_3. Dall'analisi dell'albero si nota che la rete è bloccante e dunque non viva dato che esistono due foglie ($[0 \;\; 0 \;\; 0 \;\; 1 \;\; 0]$ e $[0 \;\; 0 \;\; \omega \;\; 0 \;\; 1]$) che non rappresentano nodi già visitati e non permettono lo scatto di altre transizioni; pertanto la rete non è neppure reversibile.

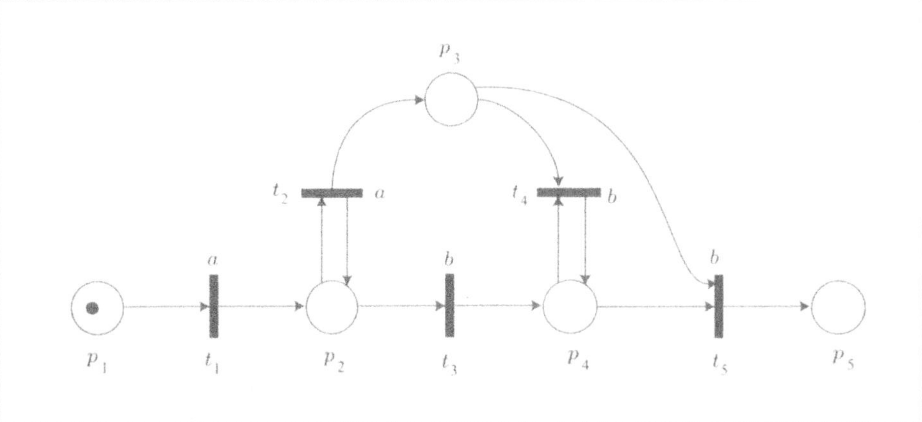

Figura 8.41 Rete di Petri per l'Esempio 8.12.

Figura 8.42 Albero di copertura per la rete in Figura 8.41.

8.5.3 Analisi matriciale delle reti di Petri

Ulteriori informazioni per l'analisi delle reti di Petri possono essere estrapolate dalla rappresentazione algebrica di queste e dall'equazione dinamica che ne regola l'evoluzione

$$\mathrm{x}' = \mathrm{x} + \mathbf{C} \cdot s \ ,$$

in cui $\mathbf{C}$ è la matrice di incidenza e x' è la marcatura che si raggiunge dalla marcatura x in seguito all'occorrenza di una sequenza di scatti ammissibile rappresentata dal vettore delle occorrenze s.

Come prima questione studiamo il problema della conservatività delle reti di Petri; ovvero ci chiediamo se esiste un insieme di posti tali che la somma pesata dei gettoni contenuti in essi rimanga costante per tutte le marcature raggiungibili della rete. Generalizzando il problema, studiamo se per una data rete

$N = (P, T, A, w, \mathrm{x}_0)$ esiste un vettore colonna $\gamma \neq \mathbf{0}$ con $|P|$ elementi in $\mathbb{Z}$ tale che

$$\gamma^{\mathrm{T}}\mathrm{x} = \text{costante} \qquad \forall \mathrm{x} \in R(N) .$$

È ovvio che tale proprietà deve essere valida anche per la marcatura iniziale x_0 che per definizione appartiene all'insieme di raggiungibilità; ne consegue dunque che

$$\gamma^{\mathrm{T}}\mathrm{x} = \gamma^{\mathrm{T}}\mathrm{x}_0 \qquad \forall \mathrm{x} \in R(N) .$$

Un vettore γ che soddisfa questa equazione per una rete di Petri è detto **P-invariante** della rete.

Ricordando ora l'equazione dinamica della rete e, moltiplicando ambo i membri di questa per il vettore γ^{T}, si ha:

$$\gamma^{\mathrm{T}}\mathrm{x} = \gamma^{\mathrm{T}}\mathrm{x}_0 + \gamma^{\mathrm{T}}\mathbf{C} \cdot s$$

che permette di scrivere la definizione di P-invariante come segue:

$$\gamma^{\mathrm{T}}\mathbf{C} \cdot s = \mathbf{0} \qquad \forall s \neq \mathbf{0} .$$

Un P-invariante della rete N è pertanto la soluzione non banale (esclusa quindi $\gamma = \mathbf{0}$) del seguente sistema di equazioni lineari

$$\gamma^{\mathrm{T}}\mathbf{C} = \mathbf{C}^{\mathrm{T}}\gamma = \mathbf{0} .$$

Data la struttura lineare della definizione di P-invariante è chiaro che se γ è un P-invariante anche $k_1\gamma$ ($k_1 \in \mathbb{N}$) è un P-invariante; inoltre se γ_1 e γ_2 sono P-invarianti, lo è anche la loro combinazione lineare $k_1\gamma_1 + k_2\gamma_2$ ($k_1, k_2 \in \mathbb{N}$).

Si definisce **supporto** di un P-invariante γ l'insieme dei posti della rete corrispondenti a elementi non nulli di γ; tale insieme, indicato con $\|\gamma\|$, è l'insieme dei posti che compaiono nell'**equazione di invarianza**

$$\gamma^{\mathrm{T}}\mathrm{x} = \gamma^{\mathrm{T}}\mathrm{x}_0 .$$

Questi posti mantengono dunque costante una combinazione lineare dei loro gettoni. È importante notare come tale definizione sia più generica di quella di parte conservativa della rete in cui si richiede che a conservarsi sia la media pesata dei gettoni.[2]

Dato un P-invariante γ si definisce **insieme delle soluzioni** di γ l'insieme $I_\gamma(N) \subseteq \mathbb{N}^{|P|}$ dei vettori che soddisfano l'equazione di invarianza di γ; per la definizione di P-invariante vale la seguente proprietà:

$$R(N) \subseteq I_\gamma(N) ,$$

[2]Il vettore Λ dei pesi nella definizione di conservatività è in $\mathbb{N}^{|P|}$ al contrario di γ che è un vettore in $\mathbb{Z}^{|P|}$.

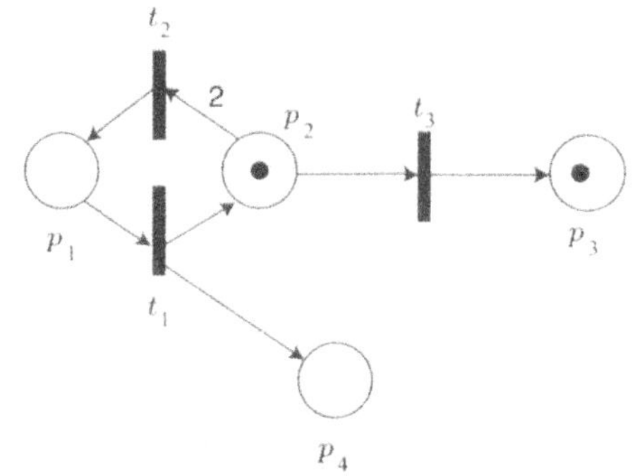

Figura 8.43 Rete di Petri N_5 per l'Esempio 8.13.

ovvero tutte le marcature raggiungibili della rete soddisfano le equazioni di invarianza.

Un P-invariante il cui supporto non contenga il supporto di nessun altro P-invariante è detto a **supporto minimo**; un P-invariante è detto **canonico** se il massimo comun divisore dei suoi elementi non nulli è uno.

Il supporto di un P-invariante **non negativo**, ovvero un P-invariante γ tale che tutti i suoi elementi non nulli sono positivi, identifica un gruppo di posti in cui la somma pesata dei gettoni si conserva in una qualunque evoluzione ammissibile della rete e dunque una parte conservativa della rete. Se ogni posto della rete appartiene al supporto di almeno un P-invariante non negativo, la rete è conservativa e pertanto limitata.

Esempio 8.13 Consideriamo la rete N_5 di Figura 8.43; dato che la matrice di incidenza è

$$\mathbf{C} = \begin{pmatrix} -1 & 1 & 0 \\ 1 & -2 & -1 \\ 0 & 0 & 1 \\ 1 & 0 & 0 \end{pmatrix},$$

i P-invarianti soddisfano il sistema:

$$\gamma^{\mathrm{T}}\mathbf{C} = \mathbf{0} \Rightarrow \begin{cases} -\gamma_1 + \gamma_2 + \gamma_4 = 0 \\ \gamma_1 - 2\gamma_2 = 0 \\ -\gamma_2 + \gamma_3 = 0 \end{cases} \Rightarrow \begin{cases} \gamma_2 = \gamma_4 \\ \gamma_1 = 2\gamma_2 \\ \gamma_2 = \gamma_3 \end{cases}$$

la cui soluzione non banale è il P-invariante

$$\gamma = [\ 2\alpha \quad \alpha \quad \alpha \quad \alpha\ ]^{\mathrm{T}} \qquad \alpha \in \mathbb{N} \setminus \{0\}$$

cui corrisponde il P-invariante minimo

$$\gamma = [\ 2 \quad 1 \quad 1 \quad 1\ ]^{\mathrm{T}} .$$

Il supporto del P-invariante trovato è tutto l'insieme dei posti P, inoltre, dato che γ è non negativo, la rete è conservativa e pertanto limitata. L'equazione di invarianza del P-invariante è:

$$[\ 2 \quad 1 \quad 1 \quad 1\ ] \begin{bmatrix} x(p_1) \\ x(p_2) \\ x(p_3) \\ x(p_4) \end{bmatrix} = [\ 2 \quad 1 \quad 1 \quad 1\ ] \begin{bmatrix} 0 \\ 1 \\ 1 \\ 0 \end{bmatrix} ,$$

ovvero

$$2x(p_1) + x(p_2) + x(p_3) + x(p_4) = 2 .$$

Le marcature in $I_\gamma(N_5)$ sono tutti i vettori in $\mathbb{N}^4$ che soddisfano l'equazione di invarianza, ovvero:

$$I_\gamma(N_5) = \left\{ \begin{bmatrix} 1 \\ 0 \\ 0 \\ 0 \end{bmatrix}, \begin{bmatrix} 0 \\ 2 \\ 0 \\ 0 \end{bmatrix}, \begin{bmatrix} 0 \\ 0 \\ 2 \\ 0 \end{bmatrix}, \begin{bmatrix} 0 \\ 0 \\ 0 \\ 2 \end{bmatrix}, \begin{bmatrix} 0 \\ 1 \\ 1 \\ 0 \end{bmatrix}, \begin{bmatrix} 0 \\ 1 \\ 0 \\ 1 \end{bmatrix}, \begin{bmatrix} 0 \\ 0 \\ 1 \\ 1 \end{bmatrix} \right\} .$$

È semplice inoltre costruire l'insieme di raggiungibilità che risulta essere

$$R(N_5) = \left\{ \begin{bmatrix} 0 \\ 0 \\ 2 \\ 0 \end{bmatrix}, \begin{bmatrix} 0 \\ 1 \\ 1 \\ 0 \end{bmatrix} \right\} \subseteq I_\gamma(N_5) .$$

Esempio 8.14 Consideriamo ora la rete di Petri di Figura 8.44 che modella il sistema client-server con buffer infinito. La matrice di incidenza è

$$\mathbf{C} = \begin{pmatrix} 1 & -1 & 0 \\ 0 & -1 & 1 \\ 0 & 1 & -1 \end{pmatrix} ;$$

i P-invarianti del sistema sono pertanto determinati dalle equazioni

$$\gamma^{\mathrm{T}} \mathbf{C} = \mathbf{0} \Rightarrow \begin{cases} \gamma_1 = 0 \\ -\gamma_1 - \gamma_2 + \gamma_3 = 0 \\ \gamma_2 - \gamma_3 = 0 \end{cases} \Rightarrow \begin{cases} \gamma_1 = 0 \\ \gamma_2 = \gamma_3 \end{cases}$$

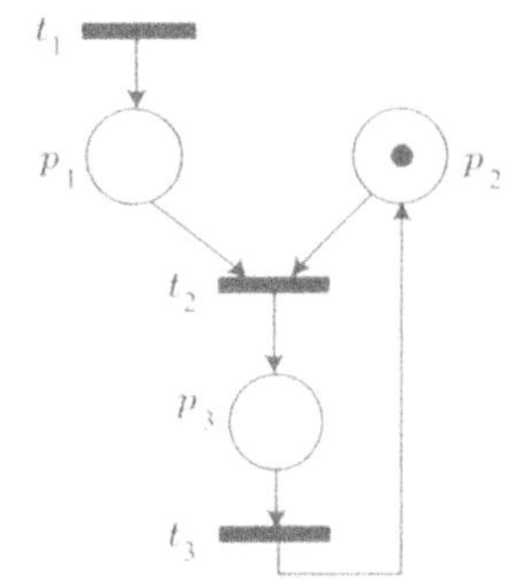

Figura 8.44 Rete di Petri N_6 per l'Esempio 8.14.

la cui soluzione non banale è il P-invariante

$$\gamma = [\ 0 \quad \alpha \quad \alpha\ ]^{\mathrm{T}} \qquad \alpha \in \mathbb{N} \setminus \{0\}$$

cui corrisponde l'equazione di invarianza

$$x(p_2) + x(p_3) = 1\ .$$

La rete, come ci aspettavamo, non è conservativa; esiste tuttavia una parte conservativa che indica che i posti p_2 e p_3 si "palleggiano" un gettone che si conserva, ovvero il server è libero o occupato.

Esempio 8.15 Si consideri la rete di Figura 8.45, la cui matrice di incidenza è

$$\mathbf{C} = \begin{pmatrix} -1 & 0 & 1 & 0 \\ -1 & 0 & 0 & 1 \\ 1 & -1 & 0 & 0 \\ 0 & 1 & -1 & 0 \\ 0 & 1 & 0 & -1 \end{pmatrix} .$$

Il sistema di equazioni per trovare i P-invarianti è

$$\gamma^{\mathrm{T}}\mathbf{C} = \mathbf{0} \Rightarrow \begin{cases} -\gamma_1 - \gamma_2 + \gamma_3 = 0 \\ -\gamma_3 + \gamma_4 + \gamma_5 = 0 \\ \gamma_1 - \gamma_4 = 0 \\ \gamma_2 - \gamma_5 = 0 \end{cases} \Rightarrow \begin{cases} \gamma_1 = \gamma_4 \\ \gamma_2 = \gamma_5 \\ \gamma_3 = \gamma_1 + \gamma_2 \end{cases} .$$

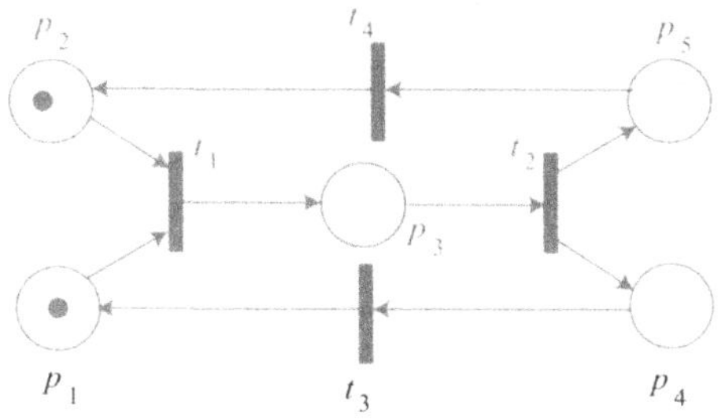

Figura 8.45 Rete di Petri N_7 per l'Esempio 8.15.

Dato che il sistema si è ridotto a tre equazioni con cinque incognite, avremo due P-invarianti minimi che risultano essere

$$\gamma_1 = [\ 1 \quad 0 \quad 1 \quad 1 \quad 0\ ]^{\mathrm{T}}\,, \qquad \gamma_2 = [\ 0 \quad 1 \quad 1 \quad 0 \quad 1\ ]^{\mathrm{T}}\,.$$

Entrambi i P-invarianti sono non negativi, inoltre

$$\|\gamma_1\| = \{p_1, p_3, p_4\}\,, \qquad \|\gamma_2\| = \{p_2, p_3, p_5\}\ ;$$

dato che ogni posto della rete è nel supporto di almeno un P-invariante, la rete è conservativa.

Utilizziamo ora la descrizione algebrica delle reti di Petri per studiare l'esistenza di sequenze di scatti $\mathcal{S}$ non vuote che, partendo dalla marcatura iniziale x_0, riportano la rete nella marcatura iniziale. Se tali sequenze esistono, sono rappresentate da un vettore delle occorrenze η per il quale vale la proprietà

$$\mathrm{x}_0 + \mathbf{C}\eta = \mathrm{x}_0\ ,$$

ovvero tale che

$$\mathbf{C}\eta = \mathbf{0}\ .$$

Il vettore η è detto **T-invariante** della rete.

È importante sottolineare che l'esistenza o meno di uno o più T-invarianti non è in alcun modo in relazione con la proprietà di reversibilità di cui avevamo parlato precedentemente in quanto, quest'ultima, si riferisce alla capacità di raggiungere lo stato iniziale da qualunque stato raggiungibile. Per esempio, anche nel caso in cui non esista un T-invariante, non si può concludere che la rete non sia reversibile dato che potrebbe trattarsi di una rete la cui unica marcatura raggiungibile è quella iniziale e che, pertanto, è reversibile.

È inoltre fondamentale capire che il T-invariante eventualmente trovato corrisponde a un vettore delle occorrenze rappresentativo di una sequenza di transizioni non necessariamente ammissibile per la rete; pertanto potrebbe non esistere alcuna sequenza di scatti che corrisponda a tale vettore delle occorrenze.

Esempio 8.16 Come esempio consideriamo nuovamente il sistema client-server con buffer infinito di Figura 8.44; il sistema di equazioni lineari che deve soddisfare il T-invariante è

$$\mathbf{C}\eta = \mathbf{0} \Rightarrow \begin{cases} \eta_1 - \eta_2 = 0 \\ -\eta_2 + \eta_3 = 0 \\ \eta_2 - \eta_3 = 0 \end{cases}$$

che ha soluzione non banale

$$\eta = [\ \alpha \quad \alpha \quad \alpha\ ]^{\mathrm{T}} \qquad \alpha \in \mathbb{N} \setminus \{0\}\ .$$

Tale T-invariante dice che, eseguendo un numero di servizi pari al numero delle richieste, il sistema torna nello stato iniziale con buffer vuoto e server libero. Consideriamo il T-invariante particolare $[1 \quad 1 \quad 1]^{\mathrm{T}}$; a questo vettore delle occorrenze corrispondono le sequenze di transizioni $t_1t_2t_3$, $t_1t_3t_2$, $t_2t_1t_3$, $t_2t_3t_1$, $t_3t_2t_1$ e $t_3t_1t_2$, ma solo la sequenza $t_1t_2t_3$ è ammissibile e dunque è una sequenza di scatti.

8.6 Il controllo di Reti di Petri

Controllare un sistema a eventi discreti significa supervisionarne l'evoluzione naturale in modo da soddisfare specifiche sul comportamento; tali specifiche sono solitamente descritte anche esse in termini di evoluzione a eventi discreti. La specifica sarà data in termini di sotto-linguaggio ammissibile del linguaggio del sistema; in altre parole il linguaggio del sistema non controllato contiene delle stringhe di eventi che non devono essere eseguite perché fuori specifica. Per esempio, nel sistema client-server con buffer infinito si vuole evitare che, quando il server è occupato, arrivino più di tre richieste di servizio.

Il paradigma della **supervisione di sistemi a eventi discreti** può essere sintetizzato come segue: il **supervisore** è un meccanismo che osserva alcuni eventi eseguiti dal sistema e, in base a questa osservazione, decide quali sono i prossimi eventi ammissibili che possono occorrere, **disabilitando** gli altri. È semplice intuire che l'azione del supervisore è un'azione in retroazione dato che il suo intervento sul sistema si basa sull'osservazione della corrente evoluzione.

Esempio 8.17 Consideriamo nuovamente l'impianto di produzione e movimentazione di Figura 8.24 e il suo modello che riportiamo per comodità in Figura 8.46a. Si vuole controllare il processo produttivo mediante un supervisore che permetta di posizionare sul nastro in maniera sequenziale e ripetitiva due pezzi lavorati dalla macchina M1 e, di seguito, uno lavorato dalla macchina M2. In Figura 8.46b è rappresentata una possibile implementazione del supervisore che soddisfa tale specifica: il supervisore S è realizzato mediante due posti (p_{S1} e p_{S2}) che con-

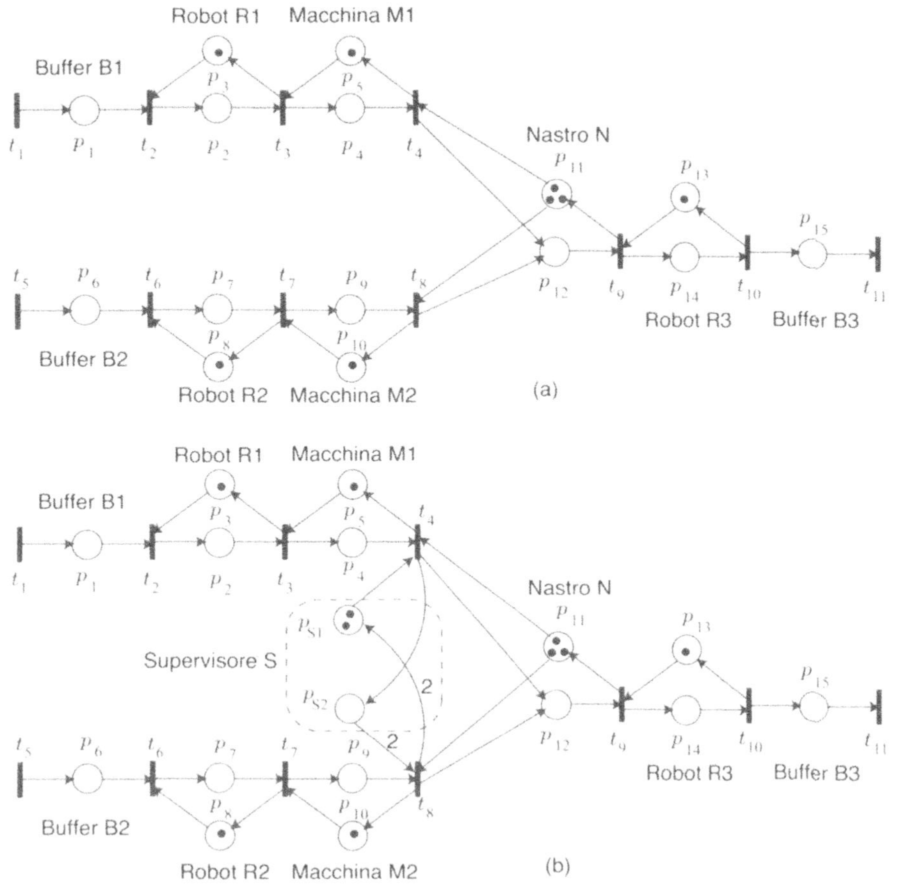

Figura 8.46 Modello a rete di Petri per il sistema di lavorazione e movimentazione di Figura 8.24 (a) e supervisore per l'Esempio 8.17.

dizionano, con opportuni pesi, le transizioni t_4 e t_8 rappresentanti l'immissione sul nastro di un pezzo lavorato da M1 e M2 rispettivamente. Si noti che, nella marcatura iniziale, la transizione t_4 è abilitata mentre t_8 non può scattare. Solo dopo due scatti consecutivi di t_4 (immissione sul nastro di due pezzi lavorati da M1), la situazione si inverte essendo t_8 abilitata (per un solo scatto) e t_4 non abilitata. Dopo lo scatto di t_8 (e quindi l'immissione sul nastro di un pezzo lavorato da M2) il supervisore torna nella configurazione iniziale. In definitiva il supervisore, per soddisfare le specifiche, condiziona l'abilitazione di alcune transizioni sulla base degli eventi occorsi nel sistema realizzando una politica di controllo in retroazione.

Lo scenario di controllo è tipicamente complicato dal fatto che non tutti gli eventi del sistema sono **osservabili** e non tutti gli eventi del sistema sono **controllabili**; in altre parole l'insieme degli eventi E è partizionato

$$E = E_c \cup E_{uc}\,, \qquad E = E_o \cup E_{uo}$$

dove:

- E_c è l'insieme degli eventi controllabili, ovvero eventi che possono essere disabilitati dal supervisore;
- E_{uc} è l'insieme degli eventi non controllabili, su cui il supervisore non può agire;
- E_o è l'insieme degli eventi osservabili, che possono essere registrati dal supervisore e in seguito ai quali quali può essere modificata l'azione di controllo;
- E_{uo} è l'insieme degli eventi non osservabili, che il supervisore non vede.

L'insieme degli eventi controllabili dipende dal set di attuatori presenti sul sistema, mentre l'insieme degli eventi osservabili dipende dal set di sensori disponibili. È semplice intuire che una specifica risulta essere ammissibile, cioè ottenibile secondo questo paradigma, se non richiede in nessuna situazione la disabilitazione di un evento non controllabile (in questo caso si parla di **specifica controllabile**) e se non richiede azioni di controllo diverse a seguito di stringhe non distinguibili a causa di eventi non osservabili (**specifica osservabile**).

In questo paragrafo daremo alcune linee guide per la costruzione di supervisori per sistemi modellati con reti di Petri: in questo caso il supervisore è un sistema che, in base alla precedente evoluzione della rete (ovvero in base alla marcatura attuale), modifica il meccanismo di abilitazione delle transizioni per limitare l'evoluzione futura della rete stessa.

Di seguito prenderemo in esame due diverse necessità di controllo:

1. il sistema va controllato perché alcune marcature non sono ammissibili per esempio per evitare una collisione che si avrebbe se più risorse operassero contemporaneamente su uno spazio condiviso (**problema degli stati proibiti**);
2. durante tutta l'evoluzione della rete vanno soddisfatti dei vincoli sulle marcature raggiungibili per esempio per soddisfare vincoli di capacità del sistema (**problema delle specifiche mutuamente esclusive generalizzate**).

Per semplicità assumeremo che tutte le transizioni siano osservabili; considereremo invece il caso in cui alcune transizioni non possano essere disabilitate dal supervisore perché non controllabili. L'insieme delle transizioni T è partizionato in insieme delle transizioni controllabili T_c e insieme delle transizioni non controllabili T_{uc}

$$T = T_c \cup T_{uc}\,.$$

Nel seguito verranno presentate due possibili approcci al problema del controllo di una rete di Petri, il primo basato sul concetto di posto di controllo e il secondo sui P-invarianti del sistema.

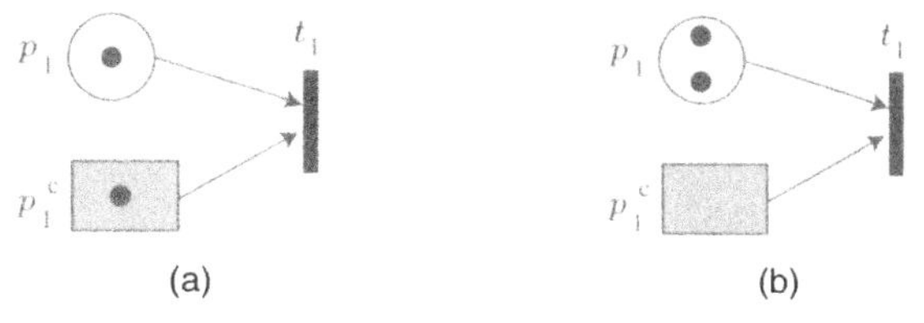

Figura 8.47 Esempio di utilizzo di un posto di controllo per la disabilitazione di una transizione controllabile.

8.6.1 Controllo mediante posti di controllo

Il controllore di una rete di Petri N può essere visto come una coppia (P^c, ξ) dove P^c è un insieme di **posti di controllo**:

$$P^c = \{p_j^c \; (j = 1, 2, \ldots, |T_c|)\}$$

e $\xi : R(N) \to \mathbb{N}^{|P^c|}$ è una funzione di controllo che, in base alla marcatura attuale della rete, forza la marcatura x^c dei posti di controllo decidendo il numero di gettoni presenti in essi. Ogni posto di controllo p_j^c è associato a una transizione controllabile t_j nel senso che $p_j^c \in I(t_j)$; viceversa p_j^c non è posto di uscita per nessuna transizione: $p_j^c \notin O(t_i)$ per ogni $t_i \in T$. Se nella marcatura attuale x la generica transizione controllabile t_j deve essere disabilitata, la j-esima componente del vettore $\mathrm{x}^c = \xi(\mathrm{x})$ sarà minore del peso dell'arco che collega il j-esimo posto di controllo p_j^c alla transizione t_j. Viceversa se t_j può essere eseguita, la j-esima componente del vettore $\mathrm{x}^c = \xi(\mathrm{x})$ sarà uguale al peso $w(p_j^c, t_j)$. Ad esempio, volendo controllare la transizione t_1 (controllabile) nella semplice rete di Figura 8.47 in modo che sia disabilitata quando nel posto p_1 è presente più di un gettone, si può utilizzare un posto di controllo p_1^c (rappresentato con un quadrato in grigio) con marcatura definita da

- $\mathrm{x}^c = x(p_1^c) = 1$ se $x(p_1) = 1$ (transizione abilitata in Figura 8.47a);
- $\mathrm{x}^c = x(p_1^c) = 0$ se $x(p_1) \geq 2$ (transizione disabilitata in Figura 8.47b).

La strategia di controllo descritta dalla funzione ξ può essere pertanto decisa a priori sulla base delle marcature appartenenti all'insieme di raggiungibilità della rete e il meccanismo può essere utilizzato per evitare che la rete venga a trovarsi in marcature indesiderate o proibite.

Esempio 8.18 Per illustrare meglio questo concetto facciamo uso di un classico esempio di problema di stato proibito: evitare la collisione tra veicoli a guida automatica che trasportano materiali in un sistema di produzione. L'impianto è costituito da due stazioni di arrivo delle materie prime, tre stazioni di lavorazione e una stazione di uscita dei prodotti finiti. I materiali e i prodotti sono movimentati all'interno dell'impianto da cinque veicoli a guida autonoma (AGV) che possono trasmettere informazioni relative alla loro posizione mediante dei sensori. I cinque veicoli condividono quattro zone di passaggio. Se due veicoli si trovano all'interno della stessa zona può avvenire una collisione; pertanto questa situazione è da evitare fermando i veicoli in posizioni predeterminate. In Figura 8.48 è raffigurata la rete di Petri che modella il processo; oltre alle stazioni di ingresso, lavorazione e uscita prodotti, sono facilmente riconoscibili i percorsi degli AGV modellati con percorsi chiusi di posti e transizioni. In particolare:

- AGV1 va dalla stazione di ingresso 1 alla stazione di lavoro 2;
- AGV2 va dalla stazione di ingresso 2 alla stazione di lavoro 3;
- AGV3 va dalla stazione di lavoro 1 alla stazione di lavoro 2;
- AGV4 va dalla stazione di lavoro 1 alla stazione di lavoro 3;
- AGV5 va dalla stazione di lavoro 1 alla stazione di uscita.

Si possono notare le zone di possibile collisione dei veicoli e i punti in cui questi possono essere fermati rappresentati da transizioni controllabili (t_i, $i = 1, \ldots, 10$): queste transizioni sono associate ai relativi posti di controllo (p_i^c, $i = 1, \ldots, 10$). La zona 1 è condivisa dai veicoli AGV1 e AGV2, la zona 2 dai veicoli AGV2 e AGV3, la zona 3 da AGV2 e AGV4 e infine nella zona 4 possono circolare i veicoli AGV4 e AGV5. Cerchiamo ora di ricostruire l'uscita della funzione di controllo ξ per la marcatura $\mathrm{x}^\star$ rappresentata in Figura 8.48; per quanto riguarda la zona 1 non ci sono problemi dato che nè il veicolo 1 nè il veicolo 2, nella marcatura considerata, possono entrare nella zona ed entrambi possono essere fermati in un secondo momento. Il veicolo 3 è all'interno della zona 2 e il veicolo 4, che condivide tale zona con il veicolo 3, non può al momento entrare essendo lontano; tuttavia la transizione t_4 è l'ultima controllabile prima dell'ingresso del veicolo 4 in zona 2 e quindi va disabilitata altrimenti, da questo momento in avanti, non riusciremmo più nè a forzare l'uscita del veicolo 3 nè a evitare l'ingresso del veicolo 4. Per quanto riguarda la zona 3 sia AGV2 che AGV4 possono entrare: occorre pertanto fermare uno dei due disabilitando t_4 o t_7. Per evitare collisione nella zona 4, occorre infine disabilitare t_7 per evitare l'ingresso di AGV4 o t_{10} per evitare l'ingresso di AGV5; si noti ancora come nè AGV4 nè AGV5 siano pronti a entrare in zona 4, ma, essendo t_7 e t_{10} le ultime transizioni controllabili prima dell'ingresso nella zona, la decisione deve essere presa in questa marcatura. Nella marcatura $\mathrm{x}^\star$ esistono dunque due soluzioni equivalenti al problema cui corrispondono due valori possibili della funzione $\xi(\mathrm{x}^\star)$:

- disabilitare t_4 e t_7, ovvero $\xi(\mathrm{x}^\star) = [1 \;\; 1 \;\; 1 \;\; 0 \;\; 1 \;\; 1 \;\; 0 \;\; 1 \;\; 1 \;\; 1]^{\mathrm{T}}$;
- disabilitare t_4 e t_{10}, ovvero $\xi(\mathrm{x}^\star) = [1 \;\; 1 \;\; 1 \;\; 0 \;\; 1 \;\; 1 \;\; 1 \;\; 1 \;\; 1 \;\; 0]^{\mathrm{T}}$.

Ragionando come sopra per ogni marcatura raggiungibile dalla rete si costruisce offline la funzione ξ in modo da definire esaustivamente la strategia di controllo.

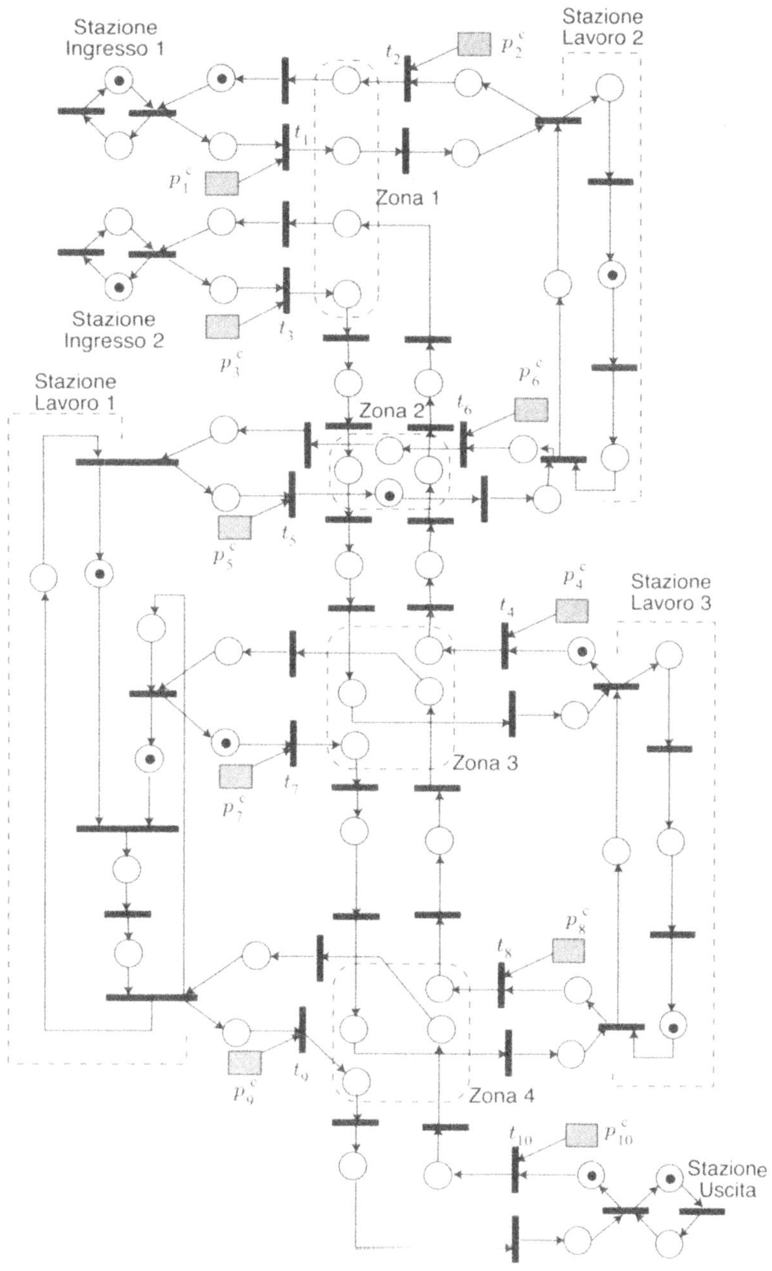

Figura 8.48 Rete di Petri per l'Esempio 8.18 che modella un sistema di lavorazione con veicoli autoguidati per la movimentazione dei materiali. Il sistema, nella marcatura x^* rappresentata in figura, è controllato mediante un insieme di posti di controllo.

8.6.2 Controllo mediante invarianti

Supponiamo di voler controllare una rete di Petri $N = (P, T, A, w, \mathrm{x}_0)$ in modo da ottenere un comportamento desiderato descrivibile mediante una disequazione del tipo

$$h^{\mathrm{T}}\mathrm{x} \leq k$$

con $h \in \mathbb{Z}^{|P|}$ vettore colonna con $|P|$ elementi e $k \in \mathbb{N}$ costante; ovvero definiamo come ammissibili l'insieme delle marcature raggiungibili dalla rete che soddisfano la disequazione $h^{\mathrm{T}}\mathrm{x} \leq k$:

$$\mathcal{M}(N) = \left\{\mathrm{x} \in \mathbb{N}^{|P|} \text{ tale che } h^{\mathrm{T}}\mathrm{x} \leq k\right\} \cap R(N) \,.$$

In generale vincoli di questo tipo esprimono **condizioni di mutua esclusione** per operazioni che condividono una risorsa (per esempio se due posti p_1 e p_2 sono rappresentativi di due operazioni effettuate dalla medesima risorsa deve essere $x(p_1) + x(p_2) \leq 1$ cioè la risorsa può effettuare una sola operazione alla volta) o condizioni di limitatezza della capacità delle risorse (per esempio se p_3 rappresenta un buffer di capacità tre deve essere $x(p_3) \leq 3$).

Si noti come gli elementi del vettore dei pesi h possano essere negativi; questa situazione viene usata per considerare vincoli di uguaglianza sulla marcatura dei posti (per esempio se vogliamo che nei posti p_4 e p_5 ci siano gettoni in numero uguale, il vincolo dovrà essere $x(p_4) - x(p_5) \leq 0$ e $x(p_5) - x(p_4) \leq 0$).

Se un sistema è soggetto a q vincoli di controllo del tipo

$$h_i^{\mathrm{T}}\mathrm{x} \leq k_i \quad (i = 1, 2, \ldots, q)$$

le marcature ammissibili dovranno soddisfare tutti i vincoli e pertanto

$$\mathcal{M}(N) = \left\{\bigcap_{i=1}^{q} \left\{\mathrm{x} \in \mathbb{N}^{|P|} \text{ tale che } h_i^{\mathrm{T}}\mathrm{x} \leq k_i\right\}\right\} \cap R(N) \,.$$

Supponiamo inizialmente che tutte le transizioni della rete siano controllabili. Per il generico vincolo i-esimo ($i = 1, 2, \ldots, q$) si introduce nella rete un nuovo posto p_i^{m}, detto **posto monitor**, che aggiunge alla matrice di incidenza **C** una riga

$$C_i^{\mathrm{m}} = -h_i^{\mathrm{T}}\mathbf{C} \,;$$

inoltre si pone la marcatura iniziale dell'i-esimo posto monitor uguale a

$$x_0(p_i^{\mathrm{m}}) = k_i - h_i^{\mathrm{T}}\mathrm{x}_0 \,.$$

Sotto la condizione che i posti monitor non siano contemporaneamente posti di ingresso e uscita alla stessa transizione[3], il vettore riga C_i^{m} è sufficiente per interconnettere opportunamente l'i-esimo posto monitor alle transizioni della rete.

[3]La matrice **C** in questo modo definisce univocamente la topologia dell'interconnessione del posto monitor con il resto della rete.

Inseriti e interconnessi i q posti monitor nella rete, la matrice di incidenza diventa

$$\mathbf{C}' = \begin{pmatrix} \mathbf{C} \\ -h_1^{\mathrm{T}}\mathbf{C} \\ \vdots \\ -h_q^{\mathrm{T}}\mathbf{C} \end{pmatrix} .$$

Il vettore colonna

$$\gamma_i = [\ h_i^{\mathrm{T}} \quad 0 \quad \ldots \quad 0 \quad 1 \quad 0 \quad \ldots \quad 0\ ]^{\mathrm{T}}$$

con $|P| + q$ elementi in cui i primi $|P|$ sono pari agli elementi del vettore h_i^{T} e i successivi q sono tutti nulli tranne il $(|P| + i)$-esimo che è pari a 1, è un P-invariante per $\mathbf{C}'$. È semplice verificare che

$$\gamma_i^{\mathrm{T}}\mathbf{C}' = [\ h_i^{\mathrm{T}} \quad 0 \quad \ldots \quad 0 \quad 1 \quad 0 \quad \ldots \quad 0\ ] \begin{pmatrix} \mathbf{C} \\ -h_1^{\mathrm{T}}\mathbf{C} \\ \vdots \\ -h_q^{\mathrm{T}}\mathbf{C} \end{pmatrix} = h_i^{\mathrm{T}}\mathbf{C} - h_i^{\mathrm{T}}\mathbf{C} = \mathbf{0} .$$

Inoltre l'equazione di invarianza è tale che per ogni marcatura raggiungibile valga

$$\gamma_i^{\mathrm{T}} \begin{bmatrix} \mathrm{x} \\ x(p_1^{\mathrm{m}}) \\ \vdots \\ x(p_q^{\mathrm{m}}) \end{bmatrix} = \gamma_i^{\mathrm{T}} \begin{bmatrix} \mathrm{x}_0 \\ k_1 - h_1^{\mathrm{T}}\mathrm{x}_0 \\ \vdots \\ k_q - h_q^{\mathrm{T}}\mathrm{x}_0 \end{bmatrix}$$

da cui

$$h_i^{\mathrm{T}}\mathrm{x} + x(p_i^{\mathrm{m}}) = h_i^{\mathrm{T}}\mathrm{x}_0 + k_i - h_i^{\mathrm{T}}\mathrm{x}_0 ,$$

cioè

$$h_i^{\mathrm{T}}\mathrm{x} = k_i - x(p_i^{\mathrm{m}}) \le k_i .$$

In altre parole, l'introduzione dei posti monitor così definiti fa sì che ogni marcatura raggiungibile dal sistema modificato sia tale da soddisfare tutti i q vincoli. Dato che la marcatura iniziale dei posti monitor $x_0(p_i^{\mathrm{m}})$ $(i = 1, 2, \ldots, q)$ deve essere non negativa, la soluzione trovata è ammissibile se e solo se:

$$x_0(p_i^{\mathrm{m}}) = k_i - h_i^{\mathrm{T}}\mathrm{x}_0 \ge 0 \iff h_i^{\mathrm{T}}\mathrm{x}_0 \le k_i$$

cioè se la marcatura iniziale della rete soddisfa già tutti i vincoli.

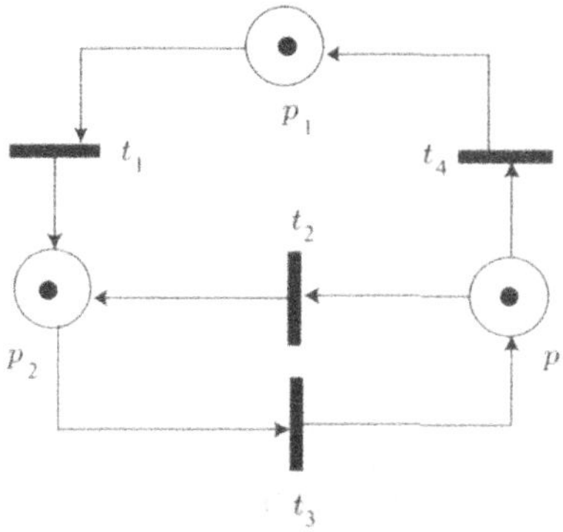

Figura 8.49 Rete di Petri N_8 per l'Esempio 8.19.

Supponiamo ora che nella rete siano presenti delle transizioni non controllabili; dato un generico vincolo i ($i = 1, 2, \ldots, q$), il corrispondente posto monitor p_i^{m} è **ammissibile** se, per ogni marcatura raggiungibile, la marcatura del posto monitor non disabilita una transizione non controllabile, cioè se $x(p_i^{\mathrm{m}}) \geq w(p_i^{\mathrm{m}}, t_j)$ $\forall t_j \in T_{uc}$. Questo è sicuramente vero se nessun posto monitor è in ingresso a una transizione non controllabile ovvero se $\forall t_j \in T_{uc}$, $p_i^{\mathrm{m}} \notin I(t_j)$, $i = 1, 2, \ldots, q$. In questo caso il vincolo i è detto **controllabile**.

Per semplicità tralasciamo la trattazione del caso in cui alcuni vincoli non siano ammissibili che porta alla definizione di monitor sub-ottimi; il lettore interessato può trovare al termine del capitolo alcuni riferimenti per approfondire l'argomento.

Esempio 8.19 Consideriamo la rete di Petri N_8 in Figura 8.49 in cui ogni transizione è controllabile; supponiamo che si desideri che ogni marcatura raggiungibile della rete soddisfi il vincolo

$$x(p_2) + x(p_3) \leq 2 \ ,$$

descrivibile mediante il vettore dei pesi $h = [0 \quad 1 \quad 1]^{\mathrm{T}}$ e il termine costante $k = 2$. La rete è caratterizzata da matrice di incidenza $\mathbf{C}$ e marcatura iniziale x_0 pari a

$$\mathbf{C} = \begin{pmatrix} -1 & 0 & 0 & 1 \\ 1 & 1 & -1 & 0 \\ 0 & -1 & 1 & -1 \end{pmatrix} \qquad \mathrm{x}_0 = \begin{bmatrix} 1 \\ 1 \\ 1 \end{bmatrix} .$$

Costruendo l'albero di raggiungibilità per la rete N_8 (riportato in Figura 8.50) si vede immediatamente che alcune marcature raggiungibili non soddisfano il vincolo. Per controllare il sistema utilizziamo un posto monitor p^{m} con interconnessioni

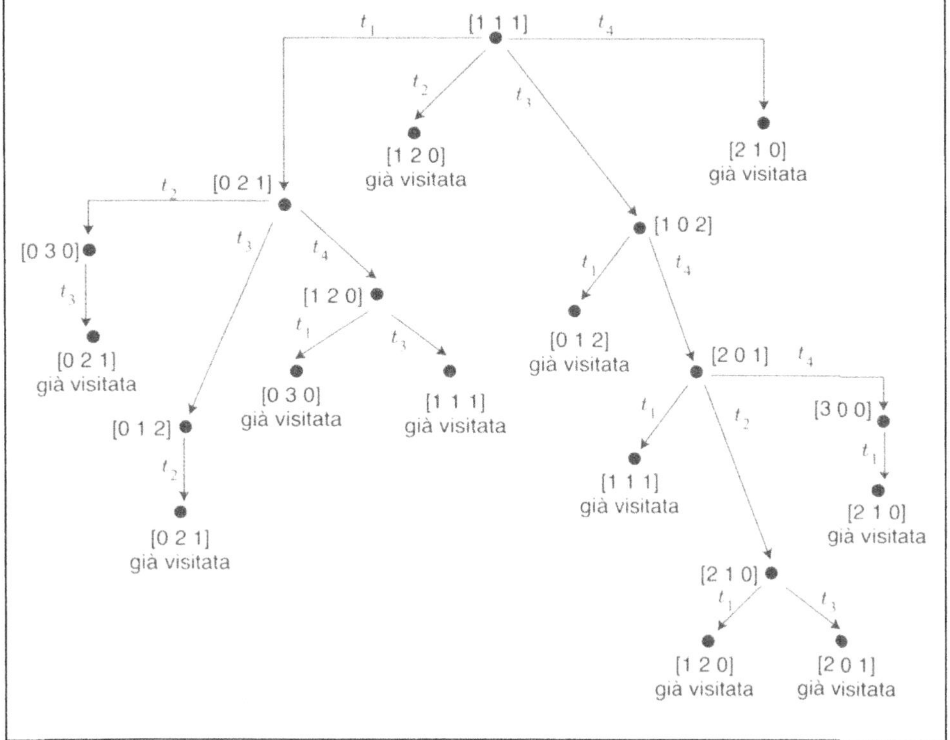

Figura 8.50 Albero di raggiungibilità della rete di Petri N_8 in Figura 8.49.

definite dalla riga aggiuntiva della matrice di incidenza

$$C^{\mathrm{m}} = -h^{\mathrm{T}}\mathbf{C} = [\ -1 \quad 0 \quad 0 \quad 1\ ]$$

e con marcatura iniziale

$$x_0(p^{\mathrm{m}}) = k - h^{\mathrm{T}}\mathrm{x}_0 = 0\ .$$

La rete di Petri N_8 controllata mediante tale posto monitor è mostrata in Figura 8.50a. L'albero di raggiungibilità per la nuova rete ottenuta (Figura 8.50b) mostra che ora ogni marcatura raggiungibile soddisfa il vincolo imposto. Nella marcatura iniziale della rete il posto monitor non contiene alcun gettone cosicché la transizione t_1 (che introdurrebbe il terzo gettone nella coppia di posti p_2 e p_3) è disabilitata; appena scatta la transizione t_4, che toglie un gettone alla coppia di posti p_2 e p_3, il posto monitor guadagna un gettone riabilitando la transizione t_1. Si noti inoltre come la marcatura iniziale della rete soddisfi il vincolo rendendo la soluzione ammissibile.

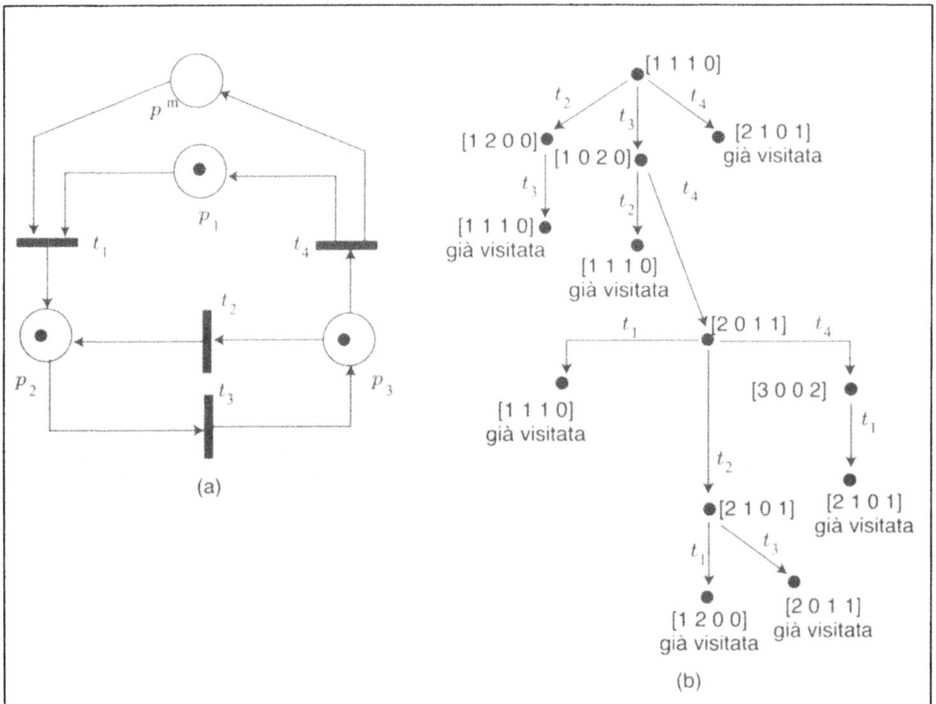

Figura 8.51 Rete di Petri N_8 controllata mediante un posto monitor (a) e albero di raggiungibilità (b).

Esempio 8.20 Consideriamo nuovamente l'impianto di produzione e movimentazione di Figura 8.24 e il suo modello che riportiamo per comodità in Figura 8.52. La matrice di incidenza della rete è

$$
\mathbf{C} = \begin{pmatrix}
1 & -1 & 0 & 0 & 0 & 0 & 0 & 0 & 0 & 0 & 0 \\
0 & 1 & -1 & 0 & 0 & 0 & 0 & 0 & 0 & 0 & 0 \\
0 & -1 & 1 & 0 & 0 & 0 & 0 & 0 & 0 & 0 & 0 \\
0 & 0 & 1 & -1 & 0 & 0 & 0 & 0 & 0 & 0 & 0 \\
0 & 0 & -1 & 1 & 0 & 0 & 0 & 0 & 0 & 0 & 0 \\
0 & 0 & 0 & 0 & 1 & -1 & 0 & 0 & 0 & 0 & 0 \\
0 & 0 & 0 & 0 & 0 & 1 & -1 & 0 & 0 & 0 & 0 \\
0 & 0 & 0 & 0 & 0 & -1 & 1 & 0 & 0 & 0 & 0 \\
0 & 0 & 0 & 0 & 0 & 0 & 1 & -1 & 0 & 0 & 0 \\
0 & 0 & 0 & 0 & 0 & 0 & -1 & 1 & 0 & 0 & 0 \\
0 & 0 & 0 & -1 & 0 & 0 & 0 & -1 & 1 & 0 & 0 \\
0 & 0 & 0 & 1 & 0 & 0 & 0 & 1 & -1 & 0 & 0 \\
0 & 0 & 0 & 0 & 0 & 0 & 0 & 0 & -1 & 1 & 0 \\
0 & 0 & 0 & 0 & 0 & 0 & 0 & 0 & 1 & -1 & 0 \\
0 & 0 & 0 & 0 & 0 & 0 & 0 & 0 & 0 & 1 & -1
\end{pmatrix}
$$

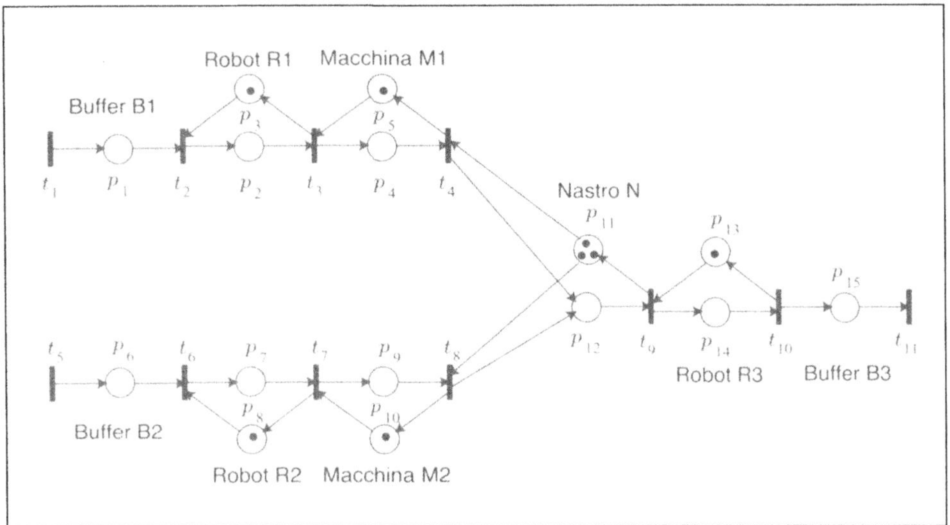

Figura 8.52 Modello a rete di Petri per il sistema di lavorazione e movimentazione di Figura 8.24.

e la marcatura iniziale

$$\mathrm{x}_0 = [\ 0\ \ 0\ \ 1\ \ 0\ \ 1\ \ 0\ \ 0\ \ 1\ \ 0\ \ 1\ \ 3\ \ 0\ \ 1\ \ 0\ \ 0\ ]^{\mathrm{T}}\ .$$

Si vogliono evitare problemi di saturazione della capacità del nastro N che può contenere al massimo tre pezzi. Supponendo che le uniche transizioni controllabili siano t_1 e t_5 che modellano l'arrivo delle materie prime nei buffer B1 e B2, si vuole controllare l'impianto in modo che in tali buffer non arrivi più materiale quando il nastro N è saturo. In altre parole si vuole che la somma dei pezzi nei buffer B1, B2 e sul nastro N sia minore della capacità del nastro. Traducendo questo vincolo si ha che le tutte le marcature raggiungibili devono soddisfare la disequazione

$$x(p_1) + x(p_6) + x(p_{12}) \leq 3\ ;$$

tale vincolo è rappresentabile mediante il vettore dei pesi

$$h = [\ 1\ \ 0\ \ 0\ \ 0\ \ 0\ \ 1\ \ 0\ \ 0\ \ 0\ \ 0\ \ 0\ \ 1\ \ 0\ \ 0\ \ 0\ ]^{\mathrm{T}}\ .$$

A tale vincolo corrisponde un posto monitor p^{m} con interconnessioni definite dal vettore riga

$$C^{\mathrm{m}} = -h^{\mathrm{T}}\mathbf{C} = [\ -1\ \ 1\ \ 0\ \ -1\ \ -1\ \ 1\ \ 0\ \ -1\ \ 1\ \ 0\ \ 0\ ]^{\mathrm{T}}$$

e con marcatura iniziale

$$x_0^{\mathrm{m}} = k - h^{\mathrm{T}}\mathrm{x}_0 = 3\ .$$

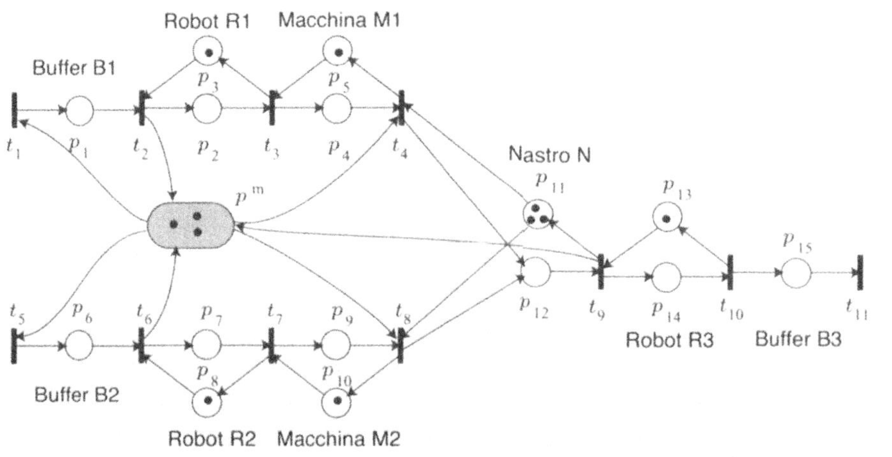

Figura 8.53 Controllo mediante invarianti per la rete di Figura 8.52.

La configurazione di controllo è illustrata in Figura 8.53. Come si nota il vincolo richiesto non è controllabile dato che il posto monitor p^{m} vincola le transizioni t_4 e t_8 che sono non controllabili. Per ovviare a tale problema cerchiamo di modificare il vincolo chiedendo per esempio che il numero totale di pezzi lavorati e semilavorati all'interno del sistema fino al nastro N sia minore o uguale al limite del nastro stesso. Si noti che il nuovo vincolo risulta più stringente di quello precedente. In altre parole il vincolo diviene

$$x(p_1) + x(p_2) + x(p_4) + x(p_6) + x(p_7) + x(p_9) + x(p_{12}) \leq 3 \, ;$$

tale vincolo è rappresentabile mediante il vettore dei pesi

$$h = [\ 1 \ \ 1 \ \ 0 \ \ 1 \ \ 0 \ \ 1 \ \ 1 \ \ 0 \ \ 1 \ \ 0 \ \ 0 \ \ 1 \ \ 0 \ \ 0 \ \ 0\ ]^{\mathrm{T}} \, ,$$

cui corrisponde un posto monitor p^{m} con interconnessioni definite dal vettore riga

$$C^{\mathrm{m}} = -h^{\mathrm{T}}\mathbf{C} = [\ -1 \ \ 0 \ \ 0 \ \ 0 \ \ -1 \ \ 0 \ \ 0 \ \ 0 \ \ 1 \ \ 0 \ \ 0\ ]^{\mathrm{T}}$$

e con marcatura iniziale

$$x_0^{\mathrm{m}} = k - h^{\mathrm{T}}\mathrm{x}_0 = 3 \, .$$

La configurazione di controllo è illustrata in Figura 8.54; dato che il posto monitor p^{m} è posto di ingresso solo per le transizioni controllabili t_1 e t_5, il vincolo è controllabile e il controllore trovato è ammissibile (la marcatura iniziale soddisfa il vincolo).

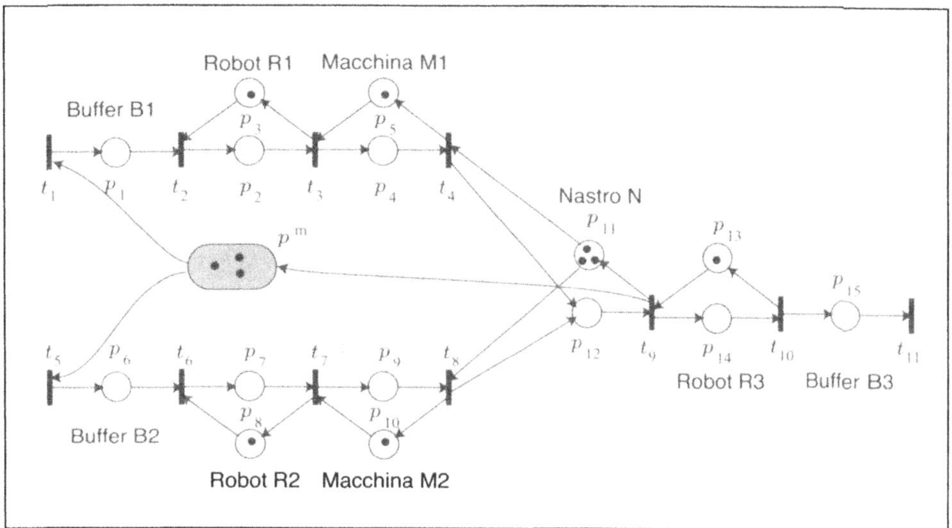

Figura 8.54 Controllo mediante invarianti ammissibili per il sistema di Figura 8.52.

8.7 Implementazione software dei sistemi a eventi discreti

In questo capitolo abbiamo studiato come modellare e analizzare sistemi fisici mediante modelli a eventi discreti e come costruire su di essi un supervisore che permetta di limitarne l'evoluzione in modo da ottenere certe specifiche comportamentali. L'ultimo argomento che dobbiamo trattare è come tradurre un sistema a eventi discreti in software SFC che possa essere implementato su PLC. Per fare ciò evidenzieremo le maggiori problematiche che nascono in seguito al passaggio dal mondo event driven all'implementazione time driven e illustreremo con alcuni esempi come sia possibile scrivere un software SFC che emuli il comportamento di un automa e di una rete di Petri.

Consideriamo come esempio di sistema a eventi discreti l'automa di Figura 8.55a. Per ipotesi gli eventi a e b non possono occorrere nello stesso istante altrimenti l'automa avrebbe un comportamento non deterministico; pertanto, supponendo che tali eventi scaturiscano in seguito al fronte di salita di due segnali logici x_a e x_b, l'andamento di tali segnali raffigurato in Figura 8.55b è ammissibile e l'automa viene a trovarsi nello stato x3. Nel caso di un'implementazione time driven, i segnali x_a e x_b vengono valutati a istanti di tempo regolari; pertanto potrebbe verificarsi la situazione di Figura 8.56a in cui il segnale x_a ha delle transizioni talmente veloci (tempo di commutazione minore del periodo di scansione) che non può essere memorizzato e valutato. In questo caso il sistema memorizzerebbe solo l'occorrenza dell'evento b e si porterebbe nello stato x2. Un'ipotesi fondamentale è pertanto che i segnali cui sono legati gli eventi commutino in modo che nessuna occorrenza di tali eventi venga persa.

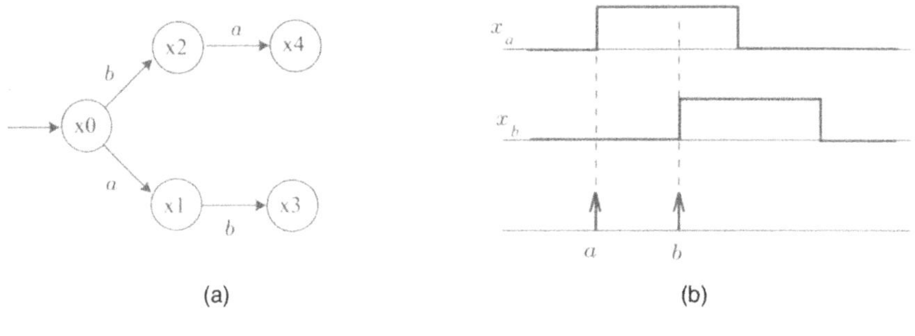

Figura 8.55 Un automa e una sequenza di eventi ammissibili.

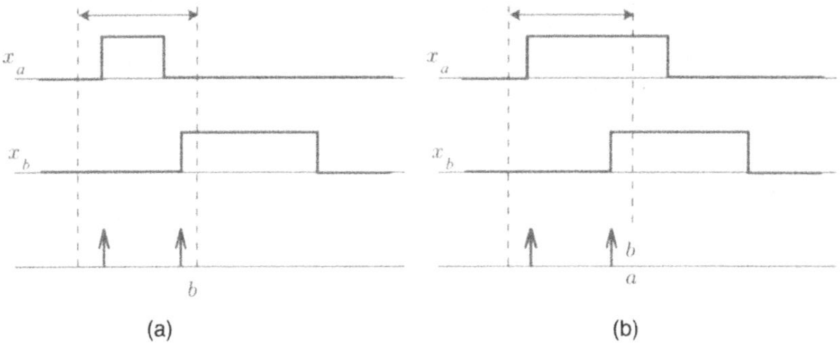

Figura 8.56 Sequenze di eventi possibili nell'implementazione time-driven.

Supponiamo ora di trovarci nel caso illustrato in Figura 8.56b; nei due istanti di campionamento successivi, prima il sistema non vede alcun evento, poi vede contemporaneamente l'evento a e l'evento b; per evitare un comportamento non deterministico dovremo dare un ordinamento di priorità agli eventi. In questo caso, se la priorità viene data all'evento a, il sistema si porta nello stato x3, se l'evento prioritario è b, lo stato in cui si viene a trovare l'automa è x4. Nel caso in cui l'automa rappresenti un supervisore a eventi discreti, per evitare che la priorità data a un evento rispetto a un altro comporti un'azione di controllo diversa, non è possibile accettare situazioni come quella dell'automa in Figura 8.55a in cui l'ordine degli eventi in una sequenza comporta un cambio di azione di controllo. Al contrario un automa come quello in Figura 8.57a è ben posto dato che, nel caso di sequenza di eventi come quella in Figura 8.57b, lo stato finale è x_3 sia che l'evento prioritario sia a sia che l'evento prioritario sia b.

Progettato dunque l'automa che definisce il comportamento del supervisore in modo da ovviare i problemi precedentemente elencati, la traduzione in SFC è molto semplice dato che stati dell'automa e fasi del codice SFC coincidono. In Figura 8.58 è raffigurato un semplice automa e la sua implementazione in codice

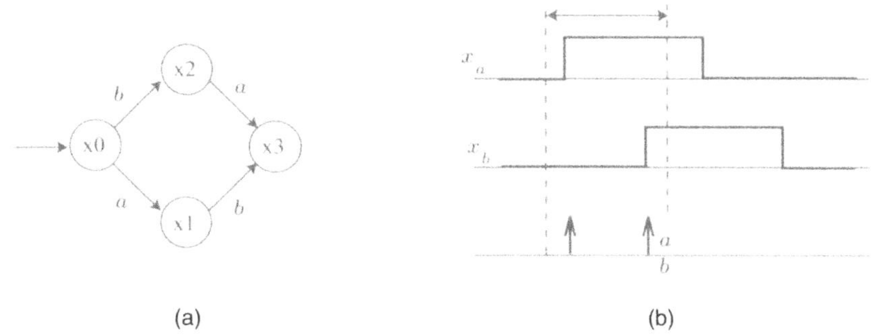

Figura 8.57 Un automa ben posto e una possibile sequenza di eventi nell'implementazione time-driven.

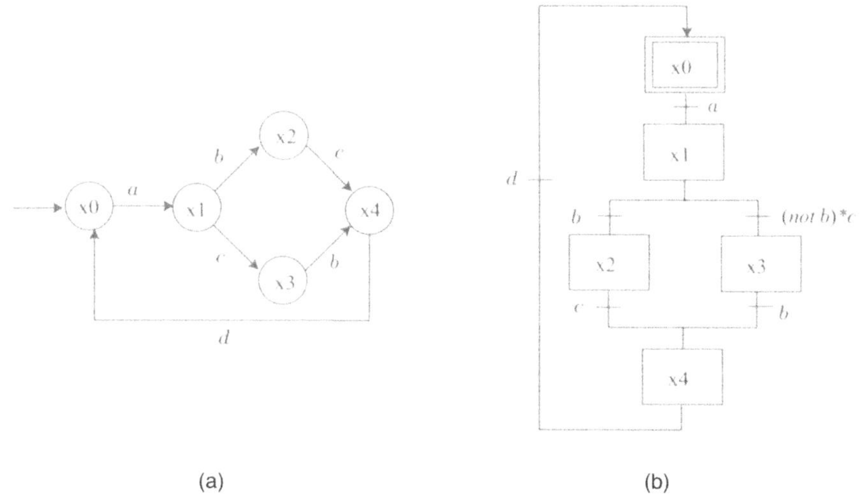

Figura 8.58 Un possibile supervisore descritto da un automa (a) e corrispettivo codice SFC (b).

SFC. Si noti come nell'automa non esistano situazioni che possano dare origine a un comportamento non deterministico e come, nel codice SFC, venga data priorità all'evento b in modo da avere condizioni mutuamente esclusive nella divergenza.

Abbiamo visto in precedenza come un supervisore per reti di Petri possa essere modellato mediante una sottorete. Per generalità considereremo ora il caso in cui occorra implementare in codice SFC un modello a rete di Petri; ovviamente le cose si complicano perché lo stato di una rete di Petri, definito dalla sua marcatura, è un concetto distribuito tra i vari posti. Supponiamo inizialmente di voler implementare una rete di Petri di tipo binario: ogni posto può avere al più un gettone.

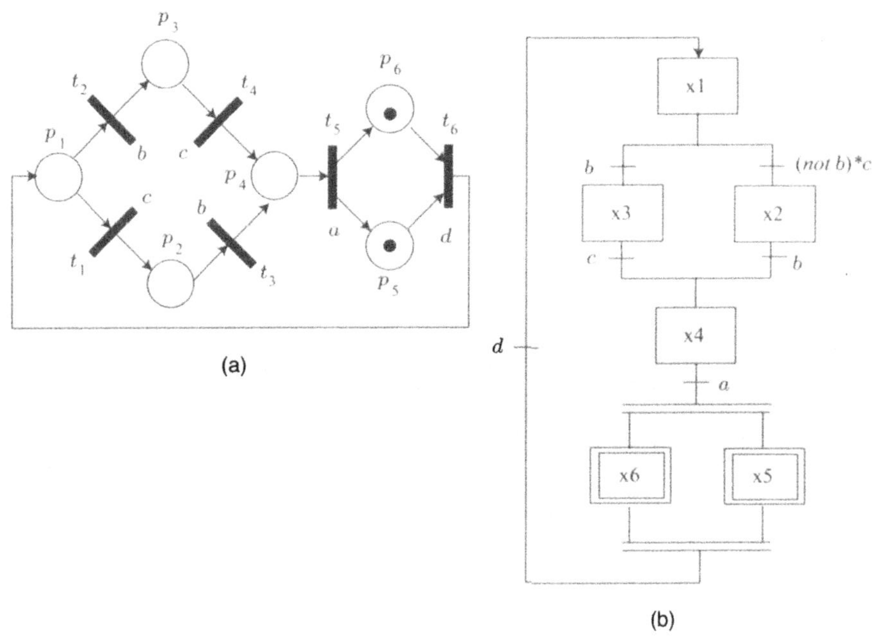

Figura 8.59 Un possibile supervisore descritto da una rete di Petri di tipo binario (a) e implementazione SFC (b).

In questo caso è possibile individuare una corrispondenza uno a uno tra le fasi del codice SFC e i posti della rete: se un posto ha un gettone, la corrispettiva fase è attiva e le transizioni di uscita sono abilitate, viceversa, se nel posto non ci sono gettoni, la fase corrispondente non è attiva. In Figura 8.59a è rappresentata una rete di Petri di tipo binario e, in Figura 8.59b, la conseguente traduzione in codice SFC. Si noti come la topologia della rete possa essere riconosciuta anche nella traduzione in codice: alla strutture di concorrenza nella rete di Petri corrisponde un parallelismo seguito da una sincronizzazione nel codice SFC; la marcatura iniziale definisce in maniera univoca la fase iniziale del codice SFC. Si è nuovamente dovuto dare una priorità a un evento (evento b) per rendere mutuamente esclusiva la struttura di scelta.

Nel caso in cui volessimo tradurre una rete di Petri non binaria, le cose si complicano perché non è possibile trovare una corrispondenza tra posti nella rete e fasi nel codice SFC; tuttavia ricordiamo che lo stato della rete è determinato dalla marcatura. Se la rete è limitata, è possibile individuare un numero limitato di fasi e descrivere le transizioni da una fase all'altra usando l'albero di raggiungibilità. In altre parole costruire l'albero di raggiungibilità equivale a costruire un automa equivalente alla rete di Petri da cui è possibile ricavare il codice SFC. Consideriamo per esempio la rete rappresentata in Figura 8.60a; tale rete non è binaria dato che già nella condizione iniziale il posto p_2 contiene due gettoni. Il suo albero

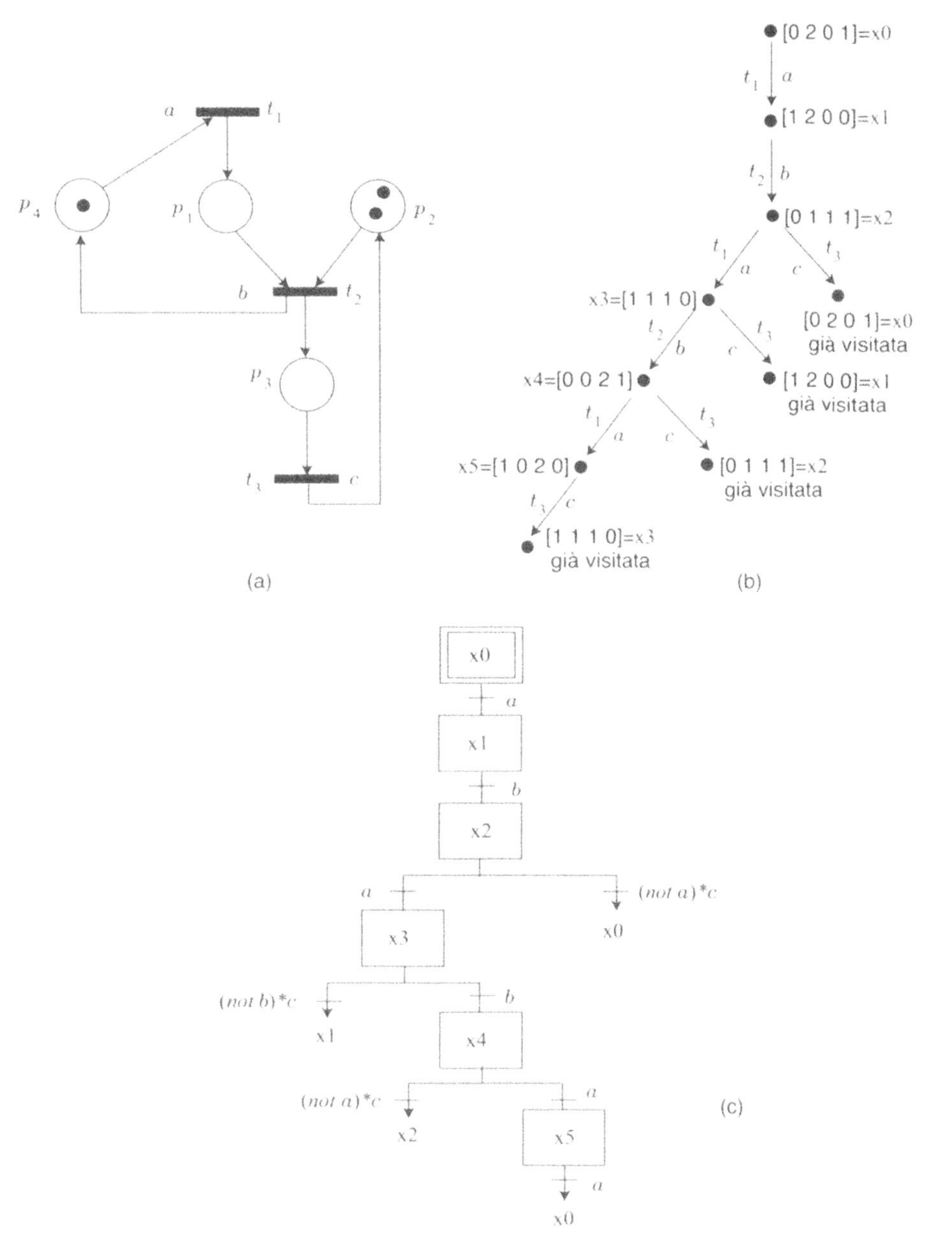

Figura 8.60 Un possibile supervisore descritto da una rete di Petri di tipo non binario (a), il corrispondente albero di raggiungibilità (b) e relativa implementazione SFC (c).

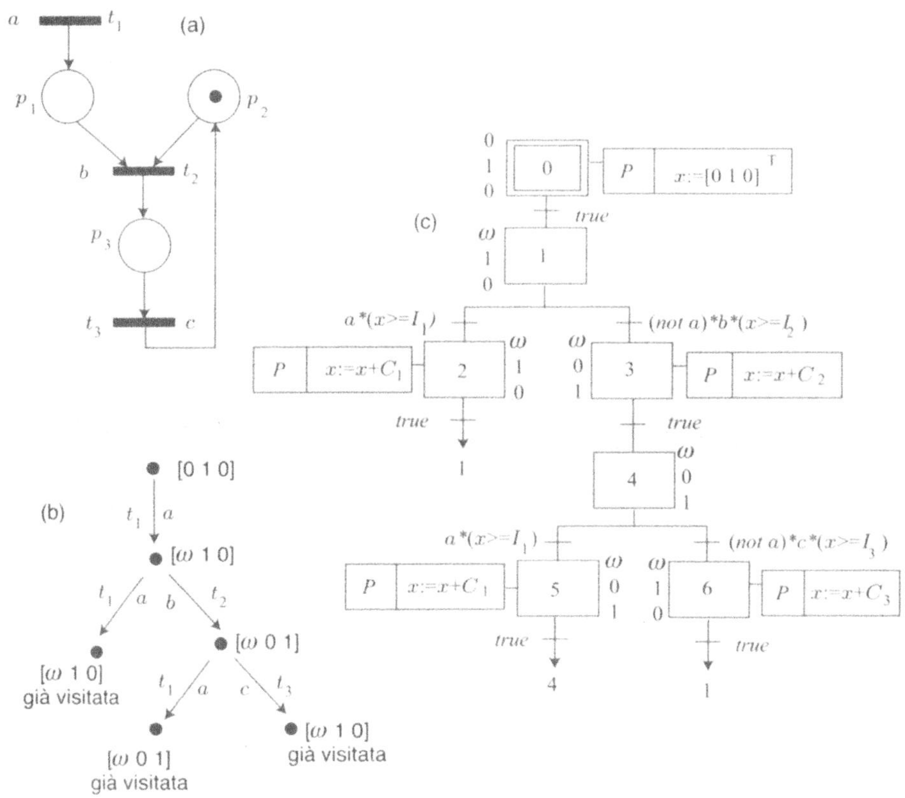

Figura 8.61 Un possibile supervisore descritto da una rete di Petri illimitata (a), il corrispondente albero di copertura (b) e relativa implementazione SFC (c).

di raggiungibilità è raffigurato in Figura 8.60b; partendo da tale rappresentazione della rete è possibile costruire il codice SFC corrispondente (Figura 8.60c).

Prendiamo infine in considerazione il caso più complesso: una rete di Petri illimitata. In questo caso il numero di marcature raggiungibili è infinito quindi non è possibile mettere in corrispondenza uno a uno le marcature della rete con le fasi del codice SFC. È tuttavia ancora possibile utilizzare l'albero di copertura per dare una struttura al codice; ancora una volta a ogni nodo dell'albero corrisponde una fase del codice SFC che, tuttavia, non è legata a una marcatura ma a un'istruzione di aggiornamento del vettore che rappresenta la marcatura della rete. Dato che la fase attiva non rappresenta una marcatura ma un'aggiornamento della marcatura, le transizioni dovranno controllare non solo la condizione legata all'evento ma anche la condizione di abilitazione della transizione. Consideriamo come esempio la rete rappresentata in Figura 8.61a e il suo albero di copertura raffigurato in Figura 8.61b; partendo da tale rappresentazione della rete è possibile costruire il codice SFC corrispondente raffigurato in Figura 8.61c. Si noti come sia ancora possibile dare alle fasi del codice un significato fisico legato alla marcatura della rete: la fase 0 rappresenta la condizione iniziale della rete di Petri, le fasi 1 e 2 indicano l'arrivo di richieste mentre il server è libero, la fase 3 diventa attiva nel momento in cui il server inizia un servizio, le fasi 4 e 5 rappresentano l'arrivo di ulteriori richieste mentre il server è in servizio e, infine, la fase 6 diviene attiva quando il server finisce di fornire il servizio. Le fasi 2, 3, 5 e 6 sono state utilizzate per aggiornare la marcatura della rete in presenza di posti illimitati.

Domande

D8.1 Illustrare le principali differenze tra un sistema pilotato dal tempo e un sistema a eventi discreti.

D8.2 Definire cosa si intende per automa indicando quali sono i linguaggi generati e marcati da questo.

D8.3 Definire cosa si intende per grafo e rete di Petri.

D8.4 Illustrare il meccanismo di evoluzione dinamica di una rete di Petri facendo riferimento alla sua descrizione algebrica.

D8.5 Indicare mediante opportuni esempi la differenze tra automi e reti di Petri.

D8.6 Definire il linguaggio generato e marcato da una rete di Petri.

D8.7 Mostrare mediante opportuni esempi che l'insieme dei linguaggi marcati da reti di Petri contiene in maniera stretta l'insieme dei linguaggi regolari.

D8.8 Definire l'insieme delle marcature raggiungibili per un rete di Petri.

D8.9 Illustrare il concetto di marcatura base definendo la proprietà di reversibilità di una rete di Petri.

D8.10 Definire il concetto di transizione viva discutendo le proprietà di vivezza e bloccaggio di una rete di Petri.

D8.11 Illustrare i concetti di limitatezza e conservatività di una rete di Petri.

D8.12 Si illustri la proprietà di conservatività in una rete di Petri indicando le tecniche per studiarla.

D8.13 Illustrare lo strumento "albero di raggiungibilità/copertura", indicando come si costruisce e le informazioni che se ne possono trarre.

D8.14 Definire cosa si intende per P-invariante, indicando come si calcola e le informazioni che se ne possono trarre.

D8.15 Definire cosa si intende per T-invariante, indicando come si calcola e le informazioni che se ne possono trarre.

D8.16 Definire il problema di controllo per un sistema a eventi discreti indicando cosa si intende per specifiche controllabili e osservabili.

D8.17 Discutere la tecnica di controllo mediante posti di controllo per una reti di Petri.

D8.18 Discutere la tecnica di controllo mediante invarianti per una reti di Petri.

D8.19 Discutere le problematiche che emergono dall'implementazione software di un sistema a eventi discreti.

Esercizi

E8.1 Si consideri la rete di Petri caratterizzata da matrici I, O e marcatura iniziale x_0

$$I = \begin{pmatrix} 1 & 0 & 0 \\ 0 & 2 & 0 \\ 1 & 1 & 0 \\ 0 & 0 & 1 \end{pmatrix}, \qquad O = \begin{pmatrix} 0 & 2 & 0 \\ 1 & 0 & 0 \\ 1 & 0 & 1 \\ 0 & 1 & 0 \end{pmatrix}, \qquad \mathrm{x}_0 = \begin{bmatrix} 1 \\ 1 \\ 1 \\ 1 \end{bmatrix}.$$

- Disegnare la rete.
- Disegnare l'albero di raggiungibilità/copertura.
- Classificare la rete in termini di vivezza, limitatezza e reversibilità.
- Calcolare i P-invarianti della rete. La rete è conservativa?
- Calcolare i T- invarianti della rete e verificarne l'ammissibilità.
- Scrivere (se esistono) le equazioni di invarianza e l'insieme delle marcature che soddisfano tutti gli eventuali P-invarianti.

E8.2 Si consideri la rete di Petri in Figura 1.

- Indicare la matrice di incidenza.
- Calcolare i P-invarianti della rete. La rete è conservativa?
- Calcolare i T-invarianti della rete. Il vettore di scatti eventualmente trovato è ammissibile?
- Scrivere (se esistono) le equazioni di invarianza della rete.
- Disegnare l'albero di raggiungibilità/copertura.
- Classificare la rete in termini di vivezza, limitatezza e reversibilità.

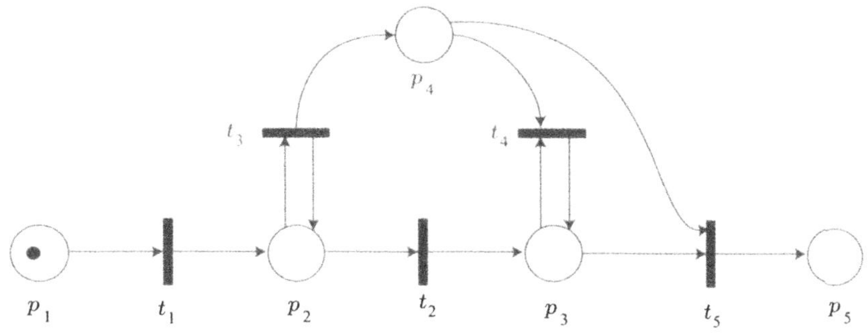

Figura 1 Rete di Petri per l'Esercizio E8.2.

- Si supponga di essere passati dalla marcatura iniziale $[1 \quad 0 \quad 0 \quad 0 \quad 0]^T$ alla marcatura finale $[0 \quad 0 \quad 0 \quad 0 \quad 1]^T$ mediante una sequenza di scatti $s = [a \quad b \quad c \quad d \quad e]^T$; indicare la relazione esistente tra c e d.

E8.3 Si consideri la rete di Petri in Figura 2.

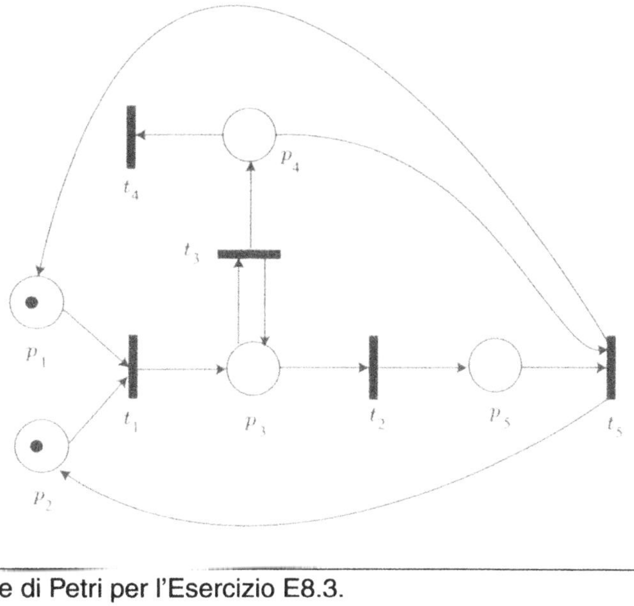

Figura 2 Rete di Petri per l'Esercizio E8.3.

- Scrivere l'equazione algebrica che descrive l'evoluzione della rete.
- Disegnare l'albero di raggiungibilità/copertura.
- Classificare la rete in termini di limitatezza, vivezza e reversibilità.

- Calcolare i P-invarianti canonici della rete; la rete è conservativa? Giustificare la risposta.
- Scrivere, se esistono, le equazioni di invarianza della rete.
- Calcolare i T-invarianti della rete e studiarne l'ammissibilità.
- Individuare una generica sequenza di scatti non vuota che permetta di tornare nella marcatura iniziale a partire dalla marcatura iniziale stessa. Scrivere il vettore delle occorrenze della sequenza di scatti trovata in funzione dei T-invarianti trovati al punto precedente.

E8.4 Si consideri la rete di Petri in Figura 3.

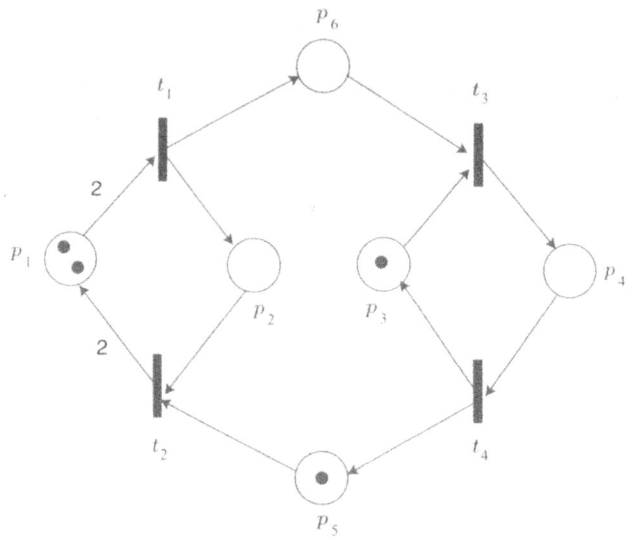

Figura 3 Rete di Petri per l'esercizio E8.4.

- Calcolare le matrici di ingresso, uscita e incidenza della rete.
- Calcolare i P-invarianti canonici della rete. La rete è conservativa?
- Scrivere le equazioni di invarianza.
- Calcolare i T-invarianti della rete.
- Calcolare il vettore delle occorrenze corrispondente alla sequenza di scatti che porta la rete dalla marcatura $[0 \quad 1 \quad 0 \quad 1 \quad 1 \quad 0]^T$ alla marcatura $[2 \quad 0 \quad 1 \quad 0 \quad 0 \quad 1]^T$.
- Disegnare l'albero di raggiungibilità/copertura della rete.
- Classificare la rete in termini di k-limitatezza, vivezza e reversibilità giustificando la risposta.

E8.5 In un sistema informatico ci sono quattro agenti software che possono accedere in lettura e scrittura ad un dato memorizzato su un disco rigido.

- Modellare il sistema mediante una rete di Petri considerando che le operazioni che un agente software esegue sequenzialmente per leggere il dato sono le seguenti:
  - accesso al disco;
  - lettura del dato;
  - copia del dato letto nella propria memoria.

  Nel disco sono state create quattro copie dello stesso dato per permettere a più agenti di leggerlo contemporaneamente. Le operazioni che un agente software esegue sequenzialmente per scrivere il dato sono le seguenti:
  - lettura dalla propria memoria di ciò che vuole scrivere;
  - accesso al disco;
  - scrittura del dato mediante testina di scrittura.

  Per evitare la corruzione del dato, la scrittura è possibile solo se tutte le quattro copie del dato sono disponibili.
- La testina di scrittura può guastarsi durante una operazione di scrittura (che dunque fallisce e viene abortita): si ipotizzi che in questo caso le copie del dato non risultino comunque corrotte e che sia possibile che agenti accedano ad essi in lettura e in scrittura mediante una testina di ridondanza. La testina di scrittura può essere successivamente riparata (mentre la testina di ridondanza è a riposo): in questo modo gli agenti software possono accedere nuovamente alla scrittura del dato mediante la testina di scrittura. Si modelli il sistema con una rete di Petri.

E8.6 In una rete di comunicazione seriale viene adottato un protocollo Alternating Bit Protocol; ovvero, per evitare errori dovuti alla perdita di pacchetti in rete, i dati trasmessi sono etichettati con un bit (0=packet0, 1=packet1) che viene cambiato di valore ogni volta che si trasmette un nuovo pacchetto. In questo modo il ricevitore sa che dovrà ricevere una serie di pacchetti con bit di etichetta alternato; una volta ricevuto il pacchetto, il ricevitore spedisce al trasmettitore un acknowledgment a sua volta etichettato con un bit che ha lo stesso valore del bit di etichetta del pacchetto ricevuto (0=ack0 a seguito della ricezione di un packet0; 1=ack1 a seguito della ricezione di un packte1). Se il trasmettitore riceve un acknowledgment etichettato come il pacchetto che aveva spedito, la trasmissione ha avuto buon fine e si può trasmettere il pacchetto successivo; altrimenti, se riceve un acknowledgment etichettato diversamente dal pacchetto che aveva spedito, la trasmissione non è avvenuta correttamente e il trasmettitore dovrà ritrasmettere lo stesso pacchetto.

- Si modelli mediante una rete di Petri il trasmettitore che implementa il protocollo appena descritto. In particolare il trasmettitore può trasmettere un solo pacchetto alla volta che prende da un buffer di trasmissione di capacità 100. Il trasmettitore deve gestire le seguenti operazioni:
  - etichettatura e trasmissione di un pacchetto 0 (Send0);

- etichettatura e trasmissione di un pacchetto 1 (Send1);
- attesa di un acknowledgment di tipo 0 (WaitAck0);
- attesa di un acknowledgment di tipo 1 (WaitAck1);
- ritrasmissione di un pacchetto 0 a seguito di un acknowledgment errato (Resend0);
- ritrasmissione di un pacchetto 1 a seguito di un acknowledgment errato (Resend1).

Inizialmente il buffer è vuoto e il trasmettitore è a riposo. Non si consideri la necessità di alternare l'etichettatura del pacchetto (il trasmettitore, preso il dato lo etichetta 0 o 1 in maniera casuale permettendo quindi la trasmissione in serie di più pacchetti con la stessa etichetta).

- Si modelli un supervisore che forzi il trasmettitore ad etichettare in maniera alternata il pacchetto da trasmettere, partendo da packet0.

E8.7 Si consideri un incrocio stradale in cui confluiscono due strade a senso unico con capacità illimitata (Strada 1 e Strada 2). Un semaforo consente alternativamente il passaggio dei due flussi verso l'unica direzione di uscita. Si supponga che la capacità dell'incrocio sia di quattro macchine e che il semaforo sia controllato nel seguente modo.

- Per ogni direzione il semaforo può essere verde, giallo e rosso; dunque gli stati possibili per il semaforo sono quattro:
  1. Verde 1 Rosso 2;
  2. Giallo 1 Rosso 2;
  3. Rosso 1 Verde 2;
  4. Rosso 1 Giallo 2.
- Le macchine possono passare quando una direzione ha il semaforo giallo o verde.
- Quando nella strada 1 c'è il verde e in coda nella strada 2 ci sono quattro macchine, scatta il giallo nella strada 1; quando nella coda della strada 2 si aggiunge un'ulteriore macchina, scatta il rosso in strada 1 e il verde in strada 2.
- Quando nella strada 2 c'è il verde e in coda nella strada 1 ci sono quattro macchine, scatta il giallo nella strada 2; quando nella coda della strada 1 si aggiunge un'ulteriore macchina, scatta il rosso in strada 2 e il verde in strada 1.

Inizialmente Strada1 ha il verde, l'incrocio è libero e non ci sono macchine in coda. Si modelli il sistema con una rete di Petri.

E8.8 Si modelli mediante una rete di Petri un sistema di produzione composto da due linee in parallelo. La linea A può lavorare un prodotto alla volta eseguendo le seguenti operazioni:

- riscaldamento (Op1);
- verniciatura (Op2);
- foratura (Op3).

La linea B può lavorare un prodotto alla volta eseguendo le seguenti operazioni:

- riscaldamento (Op4);
- verniciatura (Op5);
- foratura (Op6).

Tutte queste operazioni sono eseguite da due risorse R1 e R2:

- Op1 e Op4 sono eseguite da R1;
- Op2 e Op5 sono eseguite da R2;
- Op3 e Op6 sono eseguite da R1 e R2 in cooperazione.

Inizialmente entrambe le risorse sono libere. Vista la natura delle operazioni, sia per la linea A che per la linea B è anche possibile anticipare la verniciatura prima del riscaldamento.

Soluzioni e ulteriori esercizi sul sito www.ateneonline.it/bonivento

Bibliografia ragionata

Una trattazione approfondita dei sistemi a eventi discreti è fornita sia in [1] che [2]; in questi testi sono ampiamente descritte tematiche quali la descrizione dei sistemi mediante linguaggi, l'analisi e il controllo di automi e di reti di Petri.

Le reti di Petri come rappresentazione di sistemi a eventi discreti sono introdotte e sviluppate in [3] dal punto di vista della modellistica, dell'analisi e della supervisione; inoltre in [4] si possono trovare numerosi esempi ed esercizi.

Uno dei lavori più famosi sulle reti di Petri è [5] in cui possono essere trovati numerosi spunti di riflessione e riferimenti bibliografici in merito.

Il problema delle reti di Petri temporizzate è argomento di [6] in cui si introduce una particolare algebra detta (max,plus) con cui descrivere e analizzare il comportamento di tali sistemi.

In [7] è trattato ampiamente il problema della modellistica dei sistemi fisici mediante le reti di Petri e si possono trovare numerosi esempi e applicazioni.

Il tema della supervisione di sistemi mediante reti di Petri è argomento di [8] e [9] in cui vengono descritte varie metodologie.

Infine in [10] e [11] si possono trovare le trattazioni riguardo il confronto tra reti di Petri e codice SFC e la traduzione delle reti in codice per l'implementazione su PLC.

È infine opportuno ricordare che i sistemi a eventi discreti e le reti di Petri in particolare hanno attratto molto il mondo della ricerca scientifica dando luogo a una comunità molto numerosa che trova sul sito internet [12] un punto di ritrovo ricco di riferimenti, notizie, applicazioni e programmi utili.

[1] A. Di Febbraro, A. Giua, *Sistemi a eventi discreti*, ISBN 883860863-6, McGraw Hill Italia, Milano, 2002.

[2] G. C. Cassandras, S. Lafortune, *Introduction to discrete event systems*, ISBN 978-0387333328, Springer, New York, 2008.
[3] L. Ferrarini, *Automazione industriale: controllo logico con reti di Petri*, ISBN 883711296-3, Pitagora editrice, Bologna, 2001.
[4] L. Ferrarini, L. Piroddi, *Esercizi di controllo logico con reti di Petri*, ISBN 883711340-4, Pitagora editrice, Bologna, 2001.
[5] T. Murata, "Petri nets: properties, analysis and applications", *Proceedings of the IEEE*, 77(4), New York, 1994.
[6] F. Baccelli, G. Cohen, G. J. Olsder, J-P. Quadrat, *Synchronization and linearity: an algebra for discrete event systems*, ISBN 47193609-X, Wiley, Chichester, 1992.
[7] J. L. Peterson, *Petri net theory and the modeling of systems*, ISBN 13661983-5, Prentice Hall, Eaglewood, 1981.
[8] J. O. Moody, P. J. Antsaklils, *Supervisory control of discrete event systems using Petri nets*, ISBN 79238199-8, Kluwer Academic Publishers, Boston, 1998.
[9] J. O. Holloway, B. H. Krogh, A. Giua, "A survey of Petri net methods for controlled discrete event systems", *Discrete event dynamic systems*, 7(2), Dordrecht, 1997.
[10] R. David, H. Alla, *Petri nets and grafcet*, ISBN 013327537-X, Prentice Hall, Eaglewood, 1992.
[11] F. Bonfatti, G. Gadda, P. D. Monari, *Progettazione di software PLC secondo lo standard IEC 61131-3*, ISBN 883711458-3, Pitagora editrice, Bologna, 2004.
[12] `http://www.informatik.uni-hamburg.de/TGI/PetriNets`

Indice analitico

Finito di stampare
nel mese di settembre 2010

Made in the USA
Coppell, TX
10 November 2026

11840741R00267